Python概率统计

李　爽◎编著

清華大学出版社
北京

内容简介

本书以Python为工具，全面讲解概率论与数理统计的主要内容和多元统计分析常用技术。全书包括13章和4个附录，内容翔实，讲解深入浅出。概率论4章，讲解概率论基础知识，主要是随机变量的相关理论；数理统计4章，主要讲解样本理论、参数估计和假设检验；回归分析2章，包括一元和多元回归分析及其统计解释；多元统计3章，主要讲解主成分分析和因子分析理论。本书内容简明，易上手，实用性强。本书不需要读者有良好的数学基础，4个附录提供了Python基础知识、微积分与线性代数的必要基础及NumPy基础，可满足不同层次的读者需求。本书的特色是将Python贯穿于内容之中，为读者提供实践练习，也便于读者提高用Python解决实际问题的能力。

本书适合大数据与人工智能专业的教师和学生，也适合对数据科学感兴趣的人士和企业界的工程师阅读。

图书在版编目(CIP)数据

Python概率统计/李爽编著. —北京：清华大学出版社，2023.3
(清华开发者书库·Python)
ISBN 978-7-302-61657-3

Ⅰ. ①P… Ⅱ. ①李… Ⅲ. ①软件工具－程序设计－应用－概率统计 Ⅳ. ①O211-39

中国版本图书馆CIP数据核字(2022)第145425号

责任编辑：赵佳霓
封面设计：刘　键
责任校对：时翠兰
责任印制：朱雨萌

出版发行：清华大学出版社
网　　址：http://www.tup.com.cn，http://www.wqbook.com
地　　址：北京清华大学学研大厦A座　　**邮　　编**：100084
社 总 机：010-83470000　　**邮　　购**：010-62786544
投稿与读者服务：010-62776969，c-service@tup.tsinghua.edu.cn
质量反馈：010-62772015，zhiliang@tup.tsinghua.edu.cn
课件下载：http://www.tup.com.cn，010-83470236
印 装 者：三河市君旺印务有限公司
经　　销：全国新华书店
开　　本：185mm×260mm　　**印　　张**：32.5　　**字　　数**：790千字
版　　次：2023年4月第1版　　**印　　次**：2023年4月第1次印刷
印　　数：1～2000
定　　价：119.00元

产品编号：094807-01

前言
PREFACE

对于数据科学和人工智能的从业者和学生而言，概率论和数理统计是一门非常重要的基础课，因为现代人工智能和大数据理论是建立在概率统计之上的模型系统，它利用概率统计的“语言”完成人机交互和复杂系统的运行。笔者希望读者通过本书的学习，能打好概率统计基础，进而对后续人工智能、大数据挖掘等专业课起到良好的推动作用。

在广义的计算机科学的学习过程中，很多初学者遭遇的挫折大多来自抽象的数学推导。传统的概率论教学以板书的形式展开，强调理论的完整且细致的证明，这种带有浓重的数学风格的教学模式给很多学生造成了一定程度的困扰，特别是理工科学生，他们不学习数学专业，对数学的兴趣也不算高，他们更喜欢实现具体的模型和算法。笔者认为，要理解一个算法的内在逻辑，没有数学知识是不行的，但也不能一味地追求数学形式的完整，一般来讲，学生具备必要的能读懂文献的数学基础就可以工作了，不需要把书写得那么“数学化”。

本书内容

本书旨在帮助读者解决技术书籍过于“数学化”，一方面本书遵循概率论和数理统计的教学大纲，在数学方面不过于强调，没有过多展开；另一方面，利用 Python 工具，实现了大部分的理论和模型，使读者通过“实践”简化学习过程，提高代码编写能力，增强动手能力，为进一步学习人工智能和大数据科学奠定良好的基础。

本书特色

本书在附录中提供了 Python 基础、微积分基础、线性代数基础和 NumPy 基础，零基础的读者也能入门。采用计算机程序模拟数学推导的方法使数学知识更为清晰易懂，对初学者更加友好。

本书适合大数据与人工智能相关专业师生和企业一线开发人员参考，也适合对数据科学有兴趣的研究人员学习。

李　爽

2023 年 1 月

本书源代码

教学课件(PPT)

目录

CONTENTS

第1章 概率论的基本概念

在自然界和人类社会中存在两类不同的现象：必然现象和随机现象。必然现象是指在一定条件下必然会发生的现象，例如太阳东升西落、电荷异性相吸等。随机现象是指并不总是出现相同结果的现象，例如抛硬币或骰子，经常出现不同的结果。随机现象有两个特点：一是结果不唯一；二是事先并不知道会出现哪一个结果。随机现象也有不同种类，有些随机现象不能重复，例如某场体育竞赛的输赢、某些自然现象的出现等。有些随机现象则可以重复。对可重复的随机现象的观察、记录和试验称为随机试验，随机试验的结果称为随机事件。人们经过长期实践发现，虽然个别随机事件在某次随机试验中未必出现，但在大量试验中它却呈现出明显的规律性，这种规律性称为统计规律性。统计规律性就是概率论与数理统计研究的重要目标。

概率论最早可追溯到古希腊、古罗马时期，但那时的概率论以游戏的形式出现，甚至未形成完整的游戏理论。欧洲中世纪晚期宫廷流行赌博游戏，一些数学家详细讨论了骰子和纸牌游戏中随机事件的计算方法，其中的代表人物有卡丹诺、费马、帕斯卡、惠更斯等，代表著作有《论赌博中的计算》，该书受到当时学术界的一致认可并被当作教材长达半个世纪之久。18世纪以来，雅各布·伯努利和泊松相继发现了大数定律，棣莫弗和拉普拉斯证明了中心极限定理，至此古典概率论的大厦宣告建成。20世纪30年代苏联数学家柯尔莫哥洛夫出版了《概率论基础》，第一次在测度论基础上建立了概率论的公理系统，这一专著提出了概率论的公理化定义，在公理的框架内系统地给出了概率论理论体系，奠定了近代概率论的基础。后人在此基础上对概率论进行更细致的研究，使概率论在科学和工程中得到了广泛的应用。

本章介绍概率论的基本概念，主要包括以下内容：

(1) 随机事件与样本空间。

(2) 事件的关系与运算，完备事件组。

(3) 概率的概念和基本性质。

(4) 古典概型、几何概型。

(5) 条件概率与独立性。

(6) 全概率公式和贝叶斯公式。

1.1 随机试验、样本空间、事件

本节介绍随机试验、样本空间和事件的概念。

1.1.1 随机试验

称一个试验为随机试验，如果它满足以下3个条件：

(1) 试验可以在相同的条件下重复进行。

(2) 试验所有可能结果是明确的，并且数量多于一个。

(3) 每次试验会出现哪一个结果，事先并不能确定。

通过随机试验来研究随机现象，为了方便起见，一般用英文字母 E 来表示随机试验。下面举3个随机试验的例子。

E_1：抛一枚骰子，观察点数。

E_2：观察一台服务器，测试它受网络攻击的次数。

E_3：记录某地降水量的数值。

注意 在很多情况下，虽然不能确切地知道某一随机试验的全部可能结果，但可以知道它不超出某个范围，此时可以用这个范围作为全部可能结果的集合。例如记录某个城市的降水量，虽然无法确定降水量的确切取值，但可以把这个范围取为$[0,\infty)$，它必然能包含一切可能的数值。这种数学抽象经常可以为计算带来方便。

1.1.2 样本空间

将随机试验的每个可能的结果称为样本点或基本事件，样本点的全体组成的集合称为样本空间。一般用英文字母 S 表示样本空间。

例如，上面随机试验 E_1、E_2 和 E_3 的样本空间分别为

$S_1=\{1,2,3,4,5,6\}$。

$S_2=\{0,1,2,3,\cdots\}$。

$S_3=[0,\infty)$。

1.1.3 事件

样本空间的子集称为随机事件，简称事件。在每次试验中，当且仅当这一子集中的一个样本点出现，称这一事件发生。样本空间 S 包含所有的样本点，显然在每次试验中它都会发生，因此 S 称为必然事件。空集$\varnothing$不包含任何样本点，每次试验中都不发生，称为不可能事件。一般用英文字母 A、B、C 等表示随机事件。

例如，随机试验 E_1、E_2 和 E_3 的随机事件可以是

A_1：点数为奇数，即 $A_1=\{1,3,5\}$。

A_2：受攻击次数小于1000，即 $A_2=\{0,1,2,\cdots,1000\}$。

A_3：降水量大于100小于200，即 $A_2=(100,200)$。

注意 严格地说，随机事件应定义为样本空间的"可测子集"。可测这个概念涉及测度论，这里不展开介绍了，有兴趣的读者可参考测度论教材。

【例1-1】 判断下列试验是否为随机试验，如果是，则写出样本空间及相应的随机

事件。

(1) 2045 年某地区中秋节下雨。

(2) 某射手对一目标射击两次，考查目标被击中的次数，事件 A 为至少命中一次。

(3) 某品牌对设备的使用寿命(小时)进行测试，事件 A 为使用寿命不超过 2000h。

解：(1) 虽然 2045 年中秋节是否下雨现在不能确定，但这种试验不能在相同条件下重复进行，因此它不是随机试验。

(2) 目标可能被击中 0 次、1 次或 2 次，这是随机试验，样本空间为 $S=\{0,1,2\}$，事件 $A=\{1,2\}$。

(3) 记设备的使用寿命为 x 小时，该试验是随机试验，样本空间 $S=\{x: x>0\}$，事件 $A=\{x: x\leqslant 2000\}$。

1.2　事件的关系与运算

本节介绍事件之间的关系与运算规律。

1.2.1　事件的关系与运算

由于事件是样本空间的一个子集，因而事件的关系与运算就是集合的关系与运算。事件的运算主要有并、交、差等。

(1) 并集："事件 A 与 B 至少有一个发生"的事件称为事件 A 与 B 的并集，记为 $A\cup B$。

(2) 交集："事件 A 与 B 同时发生"的事件称为事件 A 与 B 的交集，记为 $A\cap B$ 或 AB。

(3) 差集："事件 A 发生而事件 B 不发生"的事件称为 A 与 B 的差集，记为 $A-B$；"事件 B 发生而事件 A 不发生"的事件称为 B 与 A 的差集，记为 $B-A$。

事件的关系主要有包含、相等、相容、互斥、对立等。

(1) 包含：如果事件 A 发生必然导致事件 B 发生，则称事件 B 包含事件 A，记作 $A\subseteq B$。

(2) 相等：如果 $A\subseteq B$ 且 $B\subseteq A$，则称事件 $A=B$。也就是说，A 与 B 由完全相同的试验结果构成，它们是同一事件，只是说法不同而已。

(3) 相容与互斥：如果 $A\cap B=\varnothing$，则称事件 A 与 B 不相容，或 A 与 B 互斥；如果 $A\cap B\neq\varnothing$，则称事件 A 与 B 相容。互斥的事件不能同时发生。

(4) 对立：如果 $A\cap B=\varnothing$ 且 $A\cup B=S$，则称事件 A 与 B 对立，或 A 与 B 互为对立事件。也就是说，每次试验事件 A 与 B 必有一个发生，并且仅有一个发生。A 的对立事件记为 $\overline{A}$。

【例 1-2】 设 A、B 和 C 是随机事件，则结论正确的是(　　)。

A. 当 $AB=AC$ 时，必有 $B=C$　　B. 当 $AB\supseteq AC$ 时，必有 $B\supseteq C$

C. 当 $AB=\varnothing$ 且 $A=B$ 时，必有 $A=\varnothing$　　D. 当 $AB=A$ 时，必有 $A=B$

解：当 $A=B$ 且 $AB=\varnothing$ 时，有 $A=A$，必有 $A=\varnothing$，即选 C。

【例 1-3】 从一批产品中每次抽一件不放回，如此抽取三次，用 $A_i(i=1,2,3)$ 表示事件

“第 i 次取到的产品为正品”。

(1) 用文字叙述下列事件：$A_1A_2 \cup A_2A_3 \cup A_1A_3$，$\overline{A}_1 \cup \overline{A}_2 \cup \overline{A}_3$。

(2) 用 $A_i(i=1,2,3)$表示下列事件：至少取到 2 件次品，最多取到 2 件正品。

解：(1) $A_1A_2 \cup A_2A_3 \cup A_1A_3$ 表示至少取到 2 件正品或最多取到 1 件次品。$\overline{A}_1 \cup \overline{A}_2 \cup \overline{A}_3$ 表示至少取到 1 件次品或最多取到 2 件正品。

(2) 至少取到 2 件次品：$\overline{A}_1\overline{A}_2 \cup \overline{A}_2\overline{A}_3 \cup \overline{A}_1\overline{A}_3$；最多取到 2 件正品：$\overline{A}_1 \cup \overline{A}_2 \cup \overline{A}_3$。

1.2.2 事件的运算律

事件的运算满足以下规律。

(1) 交换律：$A \cap B = B \cap A$；$A \cup B = B \cup A$。

(2) 结合律：$(A \cup B) \cup C = A \cup (B \cup C)$；$(A \cap B) \cap C = A \cap (B \cap C)$。

(3) 分配律：$A \cap (B \cup C) = (A \cap B) \cup (A \cap C)$，$A \cup (B \cap C) = (A \cup B) \cap (A \cup C)$。

(4) 对偶律或德摩根律：$\overline{A \cap B} = \overline{A} \cup \overline{B}$，$\overline{A \cup B} = \overline{A} \cap \overline{B}$。

【例 1-4】 设 A、B 和 C 是随机事件，A 的发生必然导致 B 与 C 最多有一个发生，则有(　　)。

A. $A \subseteq BC$　　B. $A \supseteq BC$　　C. $\overline{A} \subseteq BC$　　D. $\overline{A} \supseteq BC$

解：B 与 C 最多有一个发生就是 B 与 C 不能同时发生，即 $\overline{BC}$。A 导致了 $\overline{BC}$ 就是 $A \subseteq \overline{BC}$，也就是 $\overline{A} \supseteq BC$，选 D。

【例 1-5】 设 A 和 B 满足关系式 $A \cup B = \overline{A} \cup \overline{B}$，则必有(　　)。

A. $A - B = \varnothing$　　B. $AB = \varnothing$　　C. $AB \cup \overline{A}\overline{B} = S$　　D. $A \cup \overline{B} = S$

解：因为 $A \cup B = \overline{A} \cup \overline{B}$，所以 $A(A \cup B) = A(\overline{A} \cup \overline{B})$，即 $A \cup AB = \varnothing \cup A\overline{B}$，也就是 $A = A\overline{B} = A - B$，$AB = \varnothing$。选 B。

【例 1-6】 设 A、B 和 C 是随机事件，则结论正确的是(　　)。

A. 当 $A \cup C = B \cup C$ 时，就有 $B = A$　　B. 当 $A - C = B - C$ 时，就有 $B = A$

C. 当 $A - B = C$ 时，就有 $A = B \cup C$　　D. 当 $\overline{A} \cup \overline{B} \supseteq C$ 时，就有 $ABC = \varnothing$

解：当 $\overline{A} \cup \overline{B} \supseteq C$ 时，有 $\varnothing = C - (\overline{A} \cup \overline{B}) = ABC$。选 D。

事件的运算律，代码如下：

```
#第 1 章/1-1.py
import numpy as np
#全集
Omega = np.array(range(23))
A = np.array([0,3,4,5,23,7])
B = np.array([3,5,14,15,18,7,9])
C = np.array([13,5,0,15,18,17,19])
print('样本空间为', Omega)
print('集合 A 为', A)
print('集合 B 为', B)
print('集合 C 为', C)
#交换律
print('交换律:')
```

```
AB = np.intersect1d(A, B)
BA = np.intersect1d(B, A)
AB2 = np.union1d(A, B)
BA2 = np.union1d(B, A)
print('A交B等于', AB)
print('B交A等于', BA)
print('A并B等于', AB2)
print('B并A等于', BA2)
#结合律
print('结合律:')
t1 = np.union1d(np.union1d(A, B), C)
print('(A并B)并C为', t1)
t2 = np.union1d(A, np.union1d(B, C) )
print('A并(B并C)为', t2)
t1 = np.intersect1d(np.intersect1d(A, B), C)
print('(A并B)并C为', t1)
t2 = np.intersect1d(A, np.intersect1d(B, C) )
print('A并(B并C)为', t2)
#分配律
print('分配律:')
t1 = np.intersect1d(A, np.union1d(B, C))
t2 = np.union1d(np.intersect1d(A, B), np.intersect1d(A, C))
print('A交(B并C)为', t1)
print('(A交B)并(A交C)为', t2)
t1 = np.union1d(A, np.intersect1d(B, C))
t2 = np.intersect1d(np.union1d(A, B), np.union1d(A, C))
print('A并(B交C)为', t1)
print('(A并B)交(A并C)为', t2)
#对偶律
print('对偶律:')
a = np.intersect1d(A, B)
t1 = np.setdiff1d(Omega, a)
print('(A交B)的补集为', t1)
t2 = np.union1d(np.setdiff1d(Omega, A), np.setdiff1d(Omega, B))
print('A补并B补为', t2)
a = np.union1d(A, B)
t1 = np.setdiff1d(Omega, a)
print('(A并B)的补集为', t1)
t2 = np.intersect1d(np.setdiff1d(Omega, A), np.setdiff1d(Omega, B))
print('A补并B补为', t2)
```

输出如下：

```
样本空间为 [ 0 1 2 3 4 5 6 7 8 9 10 11 12 13 14 15 16 17 18 19 20 21 22]
集合A为 [ 0 3 4 5 23 7]
集合B为 [ 3 5 14 15 18 7 9]
集合C为 [13 5 0 15 18 17 19]
交换律:
A交B等于 [3 5 7]
```

```
B交A等于 [3 5 7]
A并B等于 [ 0 3 4 5 7 9 14 15 18 23]
B并A等于 [ 0 3 4 5 7 9 14 15 18 23]
结合律:
(A并B)并C为 [ 0 3 4 5 7 9 13 14 15 17 18 19 23]
A并(B并C)为 [ 0 3 4 5 7 9 13 14 15 17 18 19 23]
(A并B)并C为 [5]
A并(B并C)为 [5]
分配律:
A交(B并C)为 [0 3 5 7]
(A交B)并(A交C)为 [0 3 5 7]
A并(B交C)为 [ 0 3 4 5 7 15 18 23]
(A并B)交(A并C)为 [ 0 3 4 5 7 15 18 23]
对偶律:
(A交B)的补集为 [ 0 1 2 4 6 8 9 10 11 12 13 14 15 16 17 18 19 20 21 22]
A补并B补为 [ 0 1 2 4 6 8 9 10 11 12 13 14 15 16 17 18 19 20 21 22]
(A并B)的补集为 [ 1 2 6 8 10 11 12 13 16 17 19 20 21 22]
A补并B补为 [ 1 2 6 8 10 11 12 13 16 17 19 20 21 22]
```

1.3 频率与概率

本节介绍频率和概率的定义和概率的性质。

1.3.1 频率

人们在进行随机试验时，往往希望知道一个事件发生的可能性有多大，而且最好能用一个合适的数字表征它。为此，首先引入频率的概念，在此基础上，引入描述一个事件发生可能性大小的数字，也就是概率。

在相同试验条件下，进行了 n 次试验，在这 n 次试验中事件 A 发生的次数为 n_A，则称比值 n_A/n 为事件 A 发生的频率，一般记作 $f_n(A)$。显然 $f_n(A)$ 具有下列性质：

(1) $0 \leqslant f_n(A) \leqslant 1$。

(2) $f_n(S)=1$。

(3) 如果 $A_1, A_2, \cdots, A_k$ 是两两互不相容的事件，则

$$f_n(A_1 \cup A_2 \cup \cdots \cup A_k) = f_n(A_1) + f_n(A_2) + \cdots + f_n(A_k) \tag{1-1}$$

直观上看，频率越大的事件在一次试验中发生的“可能性”越大，而且大量的试验证实，当试验次数 n 逐渐增大时，频率 $f_n(A)$ 呈现出稳定性，逐渐趋近于某个常数。一般称频率稳定性为统计规律，依照此规律，让试验重复次数充分多，以频率来表征某个事件发生的可能性是合适的。

例如，抛硬币就是典型的随机试验，虽然抛硬币试验直观上容易接受正反面出现可能性各占一半的结果，但确实有一批数学家做过抛硬币试验，见表 1-1。这种严谨求实的科学精神令人钦佩，值得后人学习！

表 1-1 抛硬币试验

试验者	抛硬币次数	正面朝上次数	反面朝上次数
德摩根	4092	2048	2044
蒲丰	4044	2048	1992
费勒	10000	4979	5021
皮尔逊	24000	12012	11988
罗曼诺夫斯基	80640	36699	40491

抛硬币模拟代码如下：

```
#第 1 章/1-2.py
import numpy as np
#抛硬币总次数
N = 10000
#0 为反面,1 为正面
s = [0, 1]
ex = np.random.choice(s, size = N, replace = True, p = [0.5, 0.5])
n = ex.sum()
print('抛 10000 次,正面朝上的次数为', n)
```

输出如下：

```
抛 10000 次,正面朝上的次数为 4952
```

历史上还有一个有名的随机试验，即蒲丰扔针试验，这个试验以别具一格的思想来估算圆周率 π 的值，并且开创了随机模拟方法。1777 年法国学者蒲丰提出用投针试验求圆周率 π。在平面上画一些间距为 a 的平行线，向此平面随机投掷一枚长为 $l(l<a)$ 的针。针的位置可由针的中点与最近一条平行线的距离 X 及针与平行线的夹角 φ 来确定。随机投针的概率含义是：针的中点与平行线的距离 X 均匀分布在 $[0,a/2]$ 区间内；针与平行线的夹角 φ 均匀分布在 $[0,\pi]$ 区间内，并且 X 与 φ 是相互独立的。(由于尚未定义均匀分布、相互独立的概念，姑且忽略)。显然针与平行线相交的充分必要条件是：

$$X \leqslant \frac{l\sin\varphi}{2} \tag{1-2}$$

故

$$p = P\left(X \leqslant \frac{l\sin\varphi}{2}\right) = \frac{2}{a\pi}\int_0^{\pi}\left(\int_0^{l\sin\varphi/2} \mathrm{d}x\right)\mathrm{d}\varphi = \frac{2l}{a\pi} \tag{1-3}$$

利用投针试验计算 π 值，设随机投针 N 次，其中有 M 次与平行线相交。当 N 很大时，可以用频率 M/N 作为概率 p 的估计值，从而求得 π 的估计值为

$$\hat{\pi} = \frac{2lN}{aM} \tag{1-4}$$

根据这个公式，历史上有学者做了随机投针试验，他们所得到的 π 的估计值见表 1-2。

表 1-2 蒲丰扔针试验

试验者	时间	针长	投针次数	相交次数	π值
沃尔夫	1850	0.8	5000	2532	3.15956
史密斯	1855	0.6	3204	1218.5	3.1554
福克斯	1884	0.75	1030	489	3.1595
拉扎里尼	1901	0.83	3408	1808	3.141593

蒲丰随机扔针试验是随机模拟方法的雏形。在计算机技术诞生以前进行大量的随机试验是十分困难的，随着计算机的出现和发展，可以把真实的随机投针试验利用统计模拟试验方法来代替，即用计算机实现随机试验。该方法有一个更新颖的名称，即蒙特卡罗（Monte Carlo）方法。蒙特卡罗是摩纳哥王国的城市，世界闻名的赌城。1946 年数学家冯·诺依曼等在电子计算机上用随机抽样的方法模拟裂变物质的中子连锁反应，由于这项研究与原子弹有关，需要保密，他们就把此方法以赌城的名字命名，称为蒙特卡罗方法，既风趣又幽默，很快得到人们的普遍接受。从那以后出版的随机模拟书籍也常用蒙特卡罗方法为题。

必须注意的是，计算机产生的所谓随机数其实是伪随机数，它们是利用数学方法按照一定的计算程序产生的数列，并不是真正意义上的随机数。虽然如此，如果算法经过细心设计，可以产生看起来相互独立的随机数字，并且可以通过一系列的统计检验，就可以把这些伪随机数当作随机数来使用。

下面来看一个有趣的例子，用蒙特卡罗方法计算圆周率 π 的值。这种方法不同于蒲丰随机扔针试验，它更直观一些。在平面上画一个边长为 2 的正方形，用程序生成一系列随机的点，如图 1-1 所示，假设有 N 个，这些点的横坐标和纵坐标都是均匀分布的随机数，作该正方形的内切圆，然后统计落入此内切圆中的点的个数，假设有 M 个，则有以下估计式：

$$\frac{\text{圆的面积}}{\text{正方形的面积}}=\frac{\pi\times 1^2}{2^2}=\frac{\pi}{4}\approx\frac{\text{圆中点的个数}}{\text{正方形中点的个数}}=\frac{M}{N} \tag{1-5}$$

利用估计式，可得 $\pi\approx 4M/N$。

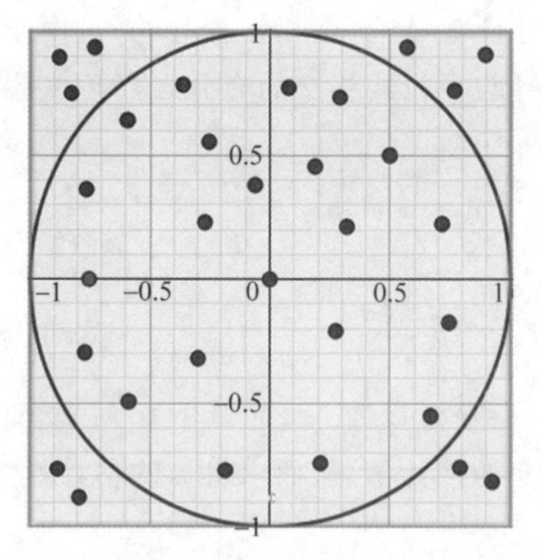

图 1-1 蒙特卡罗方法计算圆周率示意图

蒙特卡罗方法计算圆周率的代码如下：

```
#第1章/1-3.py
import numpy as np
#点的总数
N = 100000
#将(0,1)区间的随机数映射为-1到1
x = (np.random.rand(N) - 0.5) * 2
y = (np.random.rand(N) - 0.5) * 2
#统计落入圆周内的点的个数
M = 0
for k in range(N):
    if(x[k] ** 2 + y[k] ** 2 <= 1):
        M = M + 1
#结论
print('圆周率的近似值为', 4 * M / N)
```

输出如下：

```
圆周率的近似值为 3.1442
```

1.3.2 概率

在实际中，不可能对每个事件都做大量的试验，然后求事件的频率。为了研究需要，从频率稳定性出发，给出表征事件可能性大小的概率的定义。

设E是随机试验，S是该随机试验的样本空间，对于随机事件A赋予一个实数$P(A)$，称$P(A)$为事件A的概率，如果$P(A)$满足下面3个条件。

(1) 非负性：对任何事件A，总有$P(A)\geqslant 0$。

(2) 整体性：$P(S)=1$。

(3) 可列可加性：对于两两互斥的事件$A_1,A_2,A_3,\cdots,A_n$，即$A_i \cap A_j=\varnothing(i\neq j)$，有

$$P(A_1 \cup A_2 \cup A_3 \cup \cdots)=P(A_1)+P(A_2)+P(A_3)+\cdots \tag{1-6}$$

由概率的定义，经过简单的推导则可得概率的基本性质。

(1) $P(\varnothing)=0$。

(2) 对任何事件A，有$P(A)\leqslant 1$。

(3) 对任何事件A，有$P(\bar{A})=1-P(A)$。

(4) 对事件A和B，有$P(A-B)=P(A)-P(A\cap B)$。如果$B\subseteq A$，则有$P(A-B)=P(A)-P(B)$。

概率有重要的加法公式。对于任意两个事件A和B，有

$$P(A\cup B)=P(A)+P(B)-P(AB) \tag{1-7}$$

如果是3个事件，不妨设为A_1、A_2和A_3，则有

$$\begin{aligned}P(A_1\cup A_2\cup A_3)=P(A_1)+P(A_2)+P(A_3)-P(A_1A_2)-\\P(A_1A_3)-P(A_2A_3)+P(A_1A_2A_3)\end{aligned} \tag{1-8}$$

【例 1-7】 设随机事件 A 和 B 及其和事件 $A\cup B$ 的概率分别是 0.4、0.3 和 0.6，若 $\overline{B}$ 表示 B 的对立事件，求事件 $A\cap\overline{B}$ 的概率。

解：由 $P(A\cup B)=P(A)+P(B)-P(AB)$ 可知，$P(AB)=0.4+0.3-0.6=0.1$。又因为 $P(A-B)=P(A)-P(A\cap B)=P(A\cap\overline{B})$，故 $P(A\cap\overline{B})=0.4-0.1=0.3$。

【例 1-8】 设 A 和 B 为两个随机事件，则 $P(A-B)$ 等于(　　)。

A. $P(A)-P(B)$　　B. $P(B)P(A)-P(B)+P(A\cap B)$

C. $P(A)-P(A\cap B)$　　D. $P(A)+P(B)-P(A\cap B)$

解：由 $P(A-B)=P(A)-P(A\cap B)$ 知，选(C)。

1.4 等可能概型

本节介绍等可能概型，包括古典概型和几何概型。

1.4.1 古典概型

称随机试验的概率模型为古典概型，它的样本空间满足以下条件：

(1) 只有有限个样本点。

(2) 每个样本点发生的可能性都一样。

如果古典概型的样本点(基本事件)的总数为 n，事件 A 包含的样本点个数为 m 个，则 A 的概率为

$$P(A)=\frac{m}{n}=\frac{\text{事件 }A\text{ 包含的样本点个数}}{\text{样本点总数}} \tag{1-9}$$

由式(1-9)计算的概率称为事件 A 的古典概率。

【例 1-9】 从 0～9 中可重复随机抽取 4 个数，求下列事件的概率：

(1) 4 个数全相同。

(2) 4 个数全不相同。

(3) 4 个数中 2 出现了两次。

解：因为数可以重复取，所以基本事件总数 $n=10^4$。

(1) 设 $A=\{4\text{ 个数全相同}\}$，则 A 中包含的基本事件数 $m=10$，由古典概型定义，有

$$P(A)=\frac{m}{n}=\frac{10}{10^4}=10^{-3}$$

(2) 设 $B=\{4\text{ 个数全不相同}\}$，则 B 中包含的基本事件数 $m=10\times9\times8\times7=5040$，由古典概型定义，有

$$P(B)=\frac{m}{n}=\frac{5040}{10^4}=0.504$$

代码如下：

```
#第 1 章/1-4.py
from scipy.special import perm
result = perm(10,4) / 10 ** 4
print(result)
```

输出如下：

```
0.504
```

(3) 设 $C=\{4$ 个数中 2 出现了两次$\}$，则 C 中包含的基本事件数 $m=C_4^2\times 9^2=486$，由古典概型定义，有

$$P(C)=\frac{m}{n}=\frac{486}{10^4}=0.0486$$

代码如下：

```
#第 1 章/1-5.py
from scipy.special import binom
result = binom(4,2) * 9 ** 2 / 10 ** 4
print(result)
```

输出如下：

```
0.0486
```

【例 1-10】 设有 p 个人，每个人被等可能地分配到 N 个房间中的一间，求下列事件的概率：

(1) 某指定的 p 个房间中各有一人。

(2) 恰有 p 个房间，每间各有一人。

(3) 某指定的一间房中恰好有 q 个人。

解：因为每个人都可以分到 N 间房中的任意一间，所以 p 个人共有 N^p 种，即 $n=N^p$。

(1) 设 $A=\{$某指定的 p 个房间中各有一人$\}$，则 A 中包含的基本事件数 $m=p!$，由古典概型定义：

$$P(A)=\frac{m}{n}=\frac{p!}{N^p} \tag{1-10}$$

(2) 设 $B=\{$恰有 p 个房间，每间各有一人$\}$，则 B 中包含基本事件数 $m=C_N^p p!$，由古典概型定义：

$$P(B)=\frac{m}{n}=\frac{C_N^p p!}{N^p} \tag{1-11}$$

(3) 设 $C=\{$某指定的一间房中恰好有 q 个人$\}$，则 A 中包含的基本事件数 $m=C_p^q(N-1)^{p-q}$，由古典概型定义：

$$P(C)=\frac{m}{n}=\frac{C_p^q(N-1)^{p-q}}{N^p} \tag{1-12}$$

【例 1-11】 在 1～1000 中随机抽一个数，它既不能被 2 整除，也不能被 5 整除的概率是多少？

解：设 $A=\{$不能被 2 整除$\}$，$B=\{$不能被 5 整除$\}$，则

$$P(A\cap B)=1-P(\overline{A\cap B})=1-P(\bar{A}\cup\bar{B})=1-[P(\bar{A})+P(\bar{B})-P(\bar{A}\cap\bar{B})] \tag{1-13}$$

代入数据 $P(\bar{A})=500\div1000=0.5$，$P(\bar{B})=200\div1000=0.2$，$P(\bar{A}\cap\bar{B})=100\div1000=0.1$，故所求概率为 $P(A\cap B)=1-[0.5+0.2-0.1]=0.4$。

古典概型经常牵涉排列组合的计算，对于较为复杂的排列组合，用Python计算更简单，代码如下：

```
#第1章/1-6.py
#排列数与组合数的计算
from scipy.special import comb, perm
N = 20
k = 10
#计算排列数
print(perm(N,k))
#计算组合数
print(comb(N,k))
```

输出如下：

```
670442572800.0
184756.0
```

1.4.2 几何概型

称随机试验的概率模型为几何概型，其满足下面两个条件：

(1) 样本空间 S 是一个可度量的有界区域。

(2) 每个样本点发生的可能性都一样，即样本点落入 S 的某一可度量的子区域 A 的可能性大小与 A 的几何度量成正比，而与 A 的位置及形状无关。

在几何概型随机试验中，如果 A 是样本空间 S 的一个可度量的子区域，则事件 A 的概率为

$$P(A)=\frac{A\text{ 的面积}}{S\text{ 的面积}} \tag{1-14}$$

由式(1-14)计算得出的概率称为 A 的几何概率。

注意 古典概型与几何概型有区别。基本事件有限、等可能的随机试验为古典概型；基本事件无限且具有几何度量、等可能的随机试验为几何概型。

【例1-12】 在区间(0,1)中随机地选取两个数，求这两个数之差的绝对值小于0.5的概率。

解：设两个数分别是 x 和 y，由题意 (x,y) 的取值范围是正方形区域 $D=\{(x,y):0<x<1,0<y<1\}$。又因为 $|x-y|<0.5$，则满足此条件的区域如图1-2所示。

因此所求的概率为

$$p=\frac{1-0.5^2}{1}=0.75$$

【例1-13】 随机地向半圆 $0<y<\sqrt{2ax-x^2}\ (a>0)$ 内投掷一点，点均匀地落在半圆内

的任何一个区域，求该点和原点连线与 x 轴的夹角 $\theta\leqslant\pi/4$ 的概率。

解：由题意，半圆与直线 $y=x$ 的交点坐标为 (a,a)，则线段 OA 以下的半圆部分满足与 x 轴的夹角小于 $\pi/4$ 的条件，因此所求的概率为

$$p=\left(\frac{\pi a^2}{4}+\frac{a^2}{2}\right)/\frac{\pi a^2}{2}=\frac{1}{2}+\frac{1}{\pi}$$

几何概率示意图如图 1-3 所示。

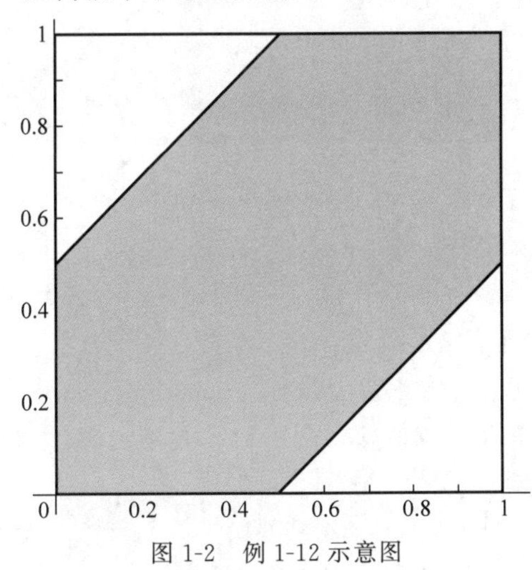

图 1-2　例 1-12 示意图

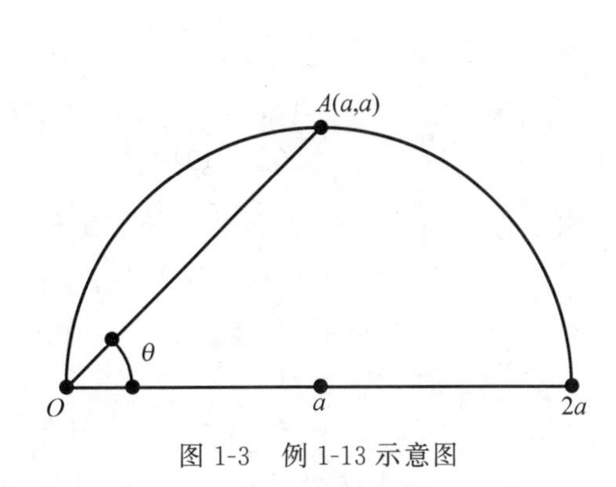

图 1-3　例 1-13 示意图

1.5　条件概率与独立性

条件概率是概率论中的重要概念，它考虑的是事件 A 发生条件下，事件 B 发生的概率。

1.5.1　条件概率

设 A 和 B 是两个事件，$P(A)>0$，称事件 A 发生条件下事件 B 发生的概率为条件概率，记为 $P(B|A)$。对于条件概率有以下公式：

$$P(B\mid A)=\frac{P(A\cap B)}{P(A)} \tag{1-15}$$

容易验证，条件概率满足概率定义中的以下 3 个条件。

(1) 非负性：对任何事件 B，总有 $P(B|A)\geqslant 0$。

(2) 整体性：对于必然事件 S，有 $P(S|A)=1$。

(3) 可列可加性：对两两互斥的事件 $B_1,B_2,B_3,\cdots,B_n,\cdots$，即 $B_i\cap B_j=\varnothing(i\neq j)$，有

$$P(B_1\cup B_2\cup B_3\cup\cdots\mid A)=P(B_1\mid A)+P(B_2\mid A)+P(B_3\mid A)+\cdots \tag{1-16}$$

这表明，对给定的随机事件 A，条件概率 $P(■|A)$ 也是概率，故对概率成立的结论对条件概率也成立。

【例 1-14】　设某机器的使用寿命超过 10 年的概率为 0.8，超过 20 年的概率为 0.5，求该机器在使用 10 年后，再使用 10 年损坏的概率。

解：设 $A=$｛机器使用超过 10 年｝，$B=$｛机器使用超过 20 年｝，则所求的概率为

$$P(\bar{B} \mid A)=\frac{P(A \cap \bar{B})}{P(A)}=\frac{P(A)-P(A \cap B)}{P(A)}=1-\frac{P(B)}{P(A)}=1-\frac{0.5}{0.8}=\frac{3}{8}$$

代码如下：

```
#第 1 章/1-7.py
PA = 0.8
PB = 0.5
p = 1 - PB / PA
print('再使用 10 年损坏的概率为', p)
```

输出如下：

```
再使用 10 年损坏的概率为 0.375
```

由条件概率的定义，可得如下乘法定理。设 $P(A)>0$，则有

$$P(A \cap B)=P(B \mid A)P(A) \tag{1-17}$$

容易把乘法定理推广到多个事件。例如 3 个事件，不妨设 A、B 和 C 是随机事件，并且 $P(AB)>0$，则有

$$P(A \cap B \cap C)=P(C \mid A \cap B)P(B \mid A)P(A) \tag{1-18}$$

一般而言，对于两个随机事件 A 和 B，事先并不能假设 A 对 B 没有影响，也就是说 $P(B|A)$不一定等于 $P(B)$，但是如果两个事件 A 和 B 相互独立，则可以得出 $P(B|A)=P(B)$的结论，这就是下面的随机事件独立性定义。

1.5.2 独立性

设 A 和 B 是两个事件，如果满足

$$P(A \cap B)=P(A)P(B) \tag{1-19}$$

则称事件 A 和 B 相互独立，简称 A 和 B 独立。

如果 A 和 B 相互独立，则有下面的结论：

(1) 如果事件 A 和 B 相互独立，并且 $P(A)>0$，则 $P(B|A)=P(B)$。

(2) 事件的独立性具有以下两条性质：

(2.1) 必然事件及不可能事件与任意事件互相独立。

(2.2) 在四组事件 A 与 B、$\bar{A}$ 与 B、A 与 $\bar{B}$、$\bar{A}$ 与 $\bar{B}$ 中，如果有一组事件相互独立，则其余 3 组也相互独立。

独立性的概念也可推广到多个事件的情况，下面以 3 个事件为例加以说明。设 A、B 和 C 是 3 个事件，如果同时满足以下 4 个等式：

(1) $P(A \cap B)=P(A)P(B)$

(2) $P(A \cap C)=P(A)P(C)$

(3) $P(C \cap B)=P(C)P(B)$

(4) $P(A \cap B \cap C)=P(A)P(B)P(C)$

则称事件 A、B 和 C 互相独立。

一般来讲，设 $A_1,A_2,\cdots,A_n$ 是 n 个事件，如果对于其中任意两个，任意三个，…，任意 n 个事件的积事件的概率都等于各个事件概率之积，则称事件 $A_1,A_2,\cdots,A_n$ 互相独立。由此定义可得如下两个结论：

(1) 如果事件 $A_1,A_2,\cdots,A_n$ 互相独立，则其中任意 k 个事件也是互相独立的。

(2) 如果事件 $A_1,A_2,\cdots,A_n$ 互相独立，则将 $A_1,A_2,\cdots,A_n$ 换成它们的对立事件，所得的 n 个事件也独立。

在解决实际问题的时候，一般凭经验来判断事件的独立性，然后利用定义去求事件的概率。为了研究某些现象需要做一系列试验，例如连续多次投掷同一枚硬币；在一批产品中随机抽取若干测试它们的使用寿命，这样的试验序列往往是相互独立的，称为独立重复试验。再例如，甲乙两人患感冒，如果两人的活动范围没有交集，就认为甲乙相互独立，反之，如果甲乙两人住在同一宿舍，则不能认为两人互相独立。

【例 1-15】 甲乙两人进行网球比赛，每局比赛甲获胜的概率为 $p,p\geqslant 1/2$。那么对于对甲而言，采用三局两胜有利还是采用五局三胜有利？假设每局比赛相互独立。

解：如果采用三局两胜，则甲获胜的可能性为“甲甲”“乙甲甲”“甲乙甲”3 种，而且这 3 种结局互不相容，那么甲最终获胜的概率为

$$p_1=p^2+2p^2(1-p)$$

如果采用五局三胜制，甲要想胜利需要三场胜利，可能的获胜局面是“甲甲甲”“甲乙甲甲”“甲甲乙甲”“乙甲甲甲”“甲甲乙乙甲”“甲乙甲乙甲”“乙乙甲甲甲”“乙甲甲乙甲”“乙甲乙甲甲”“甲乙乙甲甲”，且这 10 种结局互不相容，那么甲最终获胜的概率为

$$p_2=p^3+3p^3(1-p)+6p^3(1-p)^2$$

比较 p_1 和 p_2 的大小：

$$p_2-p_1=p^2(6p^3-15p^2+12p-3)=3p^2(p-1)^2(2p-1)$$

当 $p>1/2$ 时，p_2 大于 p_1，故当 $p>1/2$ 时，对甲来讲采用五局三胜制更有利。

代码如下：

```
#第 1 章/1-8.py
from sympy import *
p = symbols('p')
d = p ** 2 * (6 * p ** 3 - 15 * p ** 2 + 12 * p - 3)
print('提取公因式为', d.factor())
```

输出如下：

```
提取公因式为 3*p**2*(p - 1)**2*(2*p - 1)
```

1.6 全概率公式与贝叶斯公式

下面建立两个重要的计算概率的公式：全概率公式与贝叶斯公式。

1.6.1 样本空间的划分

设事件集合 $A_1,A_2,\cdots,A_n$ 满足以下两个条件：

(1) $A_i \cap A_j = \varnothing$，并且 $P(A_i)>0$ 对任意的 $1 \leqslant i,j \leqslant n$ 成立。

(2) $S=\bigcup_{i=1}^{n} A_i$。

则称 $A_1,A_2,\cdots,A_n$ 为样本空间 S 的一个划分。这样的事件集合也称为完备事件组。如果 $A_1,A_2,\cdots,A_n$ 是样本空间的一个划分，则对于每次试验，事件 $A_1,A_2,\cdots,A_n$ 中有且仅有一个发生。

1.6.2 全概率公式

设样本空间为 S，事件 $A_1,A_2,\cdots,A_n$ 是 S 的一个划分，并且每个 $P(A_k)>0$，则对于任何一个事件 B，有以下公式：

$$P(B)=P(B \mid A_1)P(A_1)+P(B \mid A_2)P(A_2)+\cdots+P(B \mid A_n)P(A_n) \tag{1-20}$$

称此公式为全概率公式。特别地，当 $n=2$ 时，A 和 $\bar{A}$ 就是 S 的一个划分，由全概率公式可得

$$P(B)=P(B \mid A)P(A)+P(B \mid \bar{A})P(\bar{A}) \tag{1-21}$$

【例 1-16】 设有一批产品，其中甲公司生产的占 60%，乙公司生产的占 40%，甲公司产品合格率是 95%，乙公司产品合格率为 90%，求从这批产品随机抽取一件为合格品的概率。

解：设 A={抽取的是甲公司的产品}，则 $\bar{A}$={抽取的是乙公司的产品}，设 B={抽取产品合格}，根据所给的条件有

$$P(A)=0.6, P(\bar{A})=0.4, P(B \mid A)=0.95, P(B \mid \bar{A})=0.9$$

由全概率公式有

$$P(B)=P(B \mid A)P(A)+P(B \mid \bar{A})P(\bar{A})=0.6\times 0.95+0.4\times 0.9=0.93$$

例 1-16 代码如下：

```
#第 1 章/1-9.py
pA, pA_ = 0.6, 0.4
pBA, pBA_ = 0.95, 0.9
pB = pA * pBA + pA_ * pBA_
print(pB)
```

输出如下：

```
0.9299999999999999
```

【例 1-17】 一批产品共有 10 个正品和 2 个次品，任意抽取两次，每次抽出一个，抽出后不再放回，求第 2 次抽出的是次品的概率。

解：设 A 表示事件：第 1 次抽出的是正品；B 表示事件：第 2 次抽出的是次品，则

$$P(A)=\frac{5}{6}, \quad P(\bar{A})=1-\frac{5}{6}=\frac{1}{6}$$

根据题意，抽出后不再放回，可得

$$P(B \mid A)=\frac{2}{11}, \quad P(B \mid \bar{A})=\frac{1}{11}$$

由全概率公式得

$$P(B)=P(A)P(B\mid A)+P(\overline{A})P(B\mid\overline{A})=\frac{5}{6}\times\frac{2}{11}+\frac{1}{6}\times\frac{1}{11}=\frac{1}{6}$$

代码如下：

```
#第1章/1-10.py
n_plus = 10
n_minus = 2
n = n_plus + n_minus
PA = n_plus / n
PA_ = 1 - PA
PB_A = n_minus / (n - 1)
PB_A_ = (n_minus - 1) / (n - 1)
#全概率公式
p = PA * PB_A + PA_ * PB_A_
print('第2次抽出的是次品的概率为', p)
```

输出如下：

```
第2次抽出的是次品的概率为 0.16666666666666666
```

1.6.3 贝叶斯公式

设样本空间为S，事件$A_1,A_2,\cdots,A_n$是S的一个划分，并且每个$P(A_k)>0$。设B为任意事件，并且$P(B)>0$，则由全概率公式可得

$$P(A_i\mid B)=\frac{P(B\cap A_i)}{P(B)}=\frac{P(B\mid A_i)P(A_i)}{\sum_{i=1}^{n}P(B\mid A_i)P(A_i)} \tag{1-22}$$

以上公式称为贝叶斯公式。贝叶斯公式也被称为后验概率公式或者逆概率公式，它表示在已知结果发生的情况下，求导致这一结果的某种原因的概率大小。

【例1-18】 四位工人生产同一种零件，产量分别占总产量的35%、30%、20%、15%，并且这四人生产产品的不合格率分别为2%、3%、4%、5%。从这批产品中任取一件，求

(1) 它是不合格品的概率。

(2) 已知是不合格品，它是第1个工人生产的概率。

解：设$B=\{$抽取产品不合格$\}$，设$A_i=\{$抽取的产品是第i个工人生产的$\}$，则

$P(A_1)=0.35$，$P(A_2)=0.3$，$P(A_3)=0.2$，$P(A_4)=0.15$

$P(B\mid A_1)=0.02$，$P(B\mid A_2)=0.03$，$P(B\mid A_3)=0.04$，$P(B\mid A_4)=0.05$

(1) 由全概率公式得

$$\begin{aligned}P(B)&=\sum_{i=1}^{4}P(B\mid A_i)P(A_i)\\&=0.35\times0.02+0.3\times0.03+0.2\times0.04+0.15\times0.05\\&=0.0315\end{aligned}$$

(2) 由贝叶斯公式得

$$P(A_1 \mid B)=\frac{P(A_1)P(B \mid A_1)}{P(B)}=\frac{0.35\times 0.02}{0.0315}\approx 0.222$$

代码如下：

```
#第1章/1-11.py
import numpy as np
pA = np.array([0.35, 0.3, 0.2, 0.15])
pBA = np.array([0.02, 0.03, 0.04, 0.05])
pB = (pA * pBA).sum()
print('它是不合格品的概率:', pB)
print('它由第1个工人生产的概率:',0.35 * 0.02 / pB)
```

输出如下：

```
它是不合格品的概率: 0.0315
它由第1个工人生产的概率: 0.2222222222222222
```

【例 1-19】 玻璃杯成箱出售，每箱 20 只，假设各箱含 0、1、2 只残次品的概率分别是 0.8、0.1、0.1，一顾客要购买一箱玻璃杯，在购买时售货员随意取一箱，而顾客开箱随机查看 4 只，若无残次品则买下整箱玻璃杯，否则退回。求

(1) 顾客买下该箱玻璃杯的概率。

(2) 在顾客买下的一箱中，确实没有残次品的概率。

解：设事件 A 表示顾客买下所查看的一箱玻璃杯，事件 B_i 表示这一箱中恰好有 i 件残次品。根据题意可知

$$P(B_0)=0.8,\quad P(B_1)=P(B_2)=0.1$$

$$P(A \mid B_0)=1,\quad P(A \mid B_1)=\frac{C_{19}^4}{C_{20}^4}=\frac{4}{5},\quad P(A \mid B_2)=\frac{C_{18}^4}{C_{20}^4}=\frac{12}{19}$$

(1) 由全概率公式

$$p=P(A)=\sum_{i=0}^{2}P(A \mid B_i)P(B_i)=0.8\times 1+0.1\times\frac{4}{5}+0.1\times\frac{12}{19}=0.94$$

(2) 由贝叶斯公式

$$p=P(B_0 \mid A)=\frac{P(A \mid B_0)P(B_0)}{P(A)}=\frac{1\times 0.8}{0.94}=0.85$$

代码如下：

```
#第1章/1-12.py
from scipy.special import comb
PB0 = 0.8
PB1 = 0.1
PB2 = 0.1
PA_B0 = 1
PA_B1 = comb(19,4) / comb(20,4)
PA_B2 = comb(18,4) / comb(20,4)
```

```
#第(1)问
p = PB0 * PA_B0 + PB1 * PA_B1 + PB2 * PA_B2
print('顾客买下该箱玻璃杯的概率为', p)
#第(2)问
p = PB0 * PA_B0 / p
print('在顾客买下的一箱中,确实没有残次品的概率为', p)
```

输出如下：

```
顾客买下该箱玻璃杯的概率为 0.9431578947368422
在顾客买下的一箱中,确实没有残次品的概率为 0.8482142857142857
```

1.7 本章练习

1. 设随机事件 A 和 B 及其和事件 $A\cup B$ 的概率分别是 0.4、0.3、0.6，若 $\bar{B}$ 表示 B 的对立事件，则事件 $A\cap\bar{B}$ 的概率等于(　　)。

A. 0.2　　B. 0.3　　C. 0.4　　D. 0.6

2. 设 A 和 B 为两个随机事件，并且 $B\subseteq A$，则以下正确的是(　　)。

A. $P(A+B)=P(A)$　　B. $P(A\cap B)=P(A)$

C. $P(B|A)=P(B)$　　D. $P(B-A)=P(B)-P(A)$

3. 设 A、B 和 C 是 3 个相互独立的事件，并且 $0<P(C)<1$，则以下四对事件中不相互独立的是(　　)。

A. $\overline{A+B}$ 和 C　　B. $A\cap C$ 和 $\bar{C}$

C. $\overline{A-B}$ 和 $\bar{C}$　　D. $\overline{A\cap B}$ 和 $\bar{C}$

4. 设 A 和 B 为两个随机事件，则 $P(A-B)$等于(　　)。

A. $P(A)-P(B)$　　B. $P(A)-P(B)+P(A\cap B)$

C. $P(A)-P(A\cap B)$　　D. $P(A)+P(B)-P(A\cap B)$

5. 从 0～9 中任取 4 个数，则所取的 4 个数能排成一个四位偶数的概率为多少？

6. 设 A 和 B 为两个独立事件，$P(A)=p$，$P(B)=q$，则 $P(A\cap B)$为多少？

7. 设 $P(A)=1/2$，$P(B|A)=1/3$，$P(A|B)=1/2$，则 $P(A\cup B)$为多少？

8. 从一副扑克牌(52 张，无大小王)中随机抽取 3 张，这 3 张牌中至少有两张花色相同的概率是多少？

9. 有一批蔬菜种子，出苗率为 0.7，现每穴种 7 粒，则有 3 粒出苗的概率是多少？

10. 设事件 A 和 B 相互独立，$P(A)=0.3$，$P(B)=0.4$，则 $P(A\cup B)$为多少？

11. 设有 m 件产品，其中有 n 件次品，若从中任取 k 件，求其中恰好有 l 件次品的概率。

12. 口袋中有白球 4 个，黑球 2 个，连续取两个球，不放回，如果已知第 1 个球是白球，求第 2 个球是白球的概率。

13. 设试验为“将一枚硬币抛 3 次，观察正反面出现的情况”，求

(1) 恰好出现一次正面的概率。

（2）至少出现一次正面的概率。

14. 在某个矿井内安放两种报警系统 A 和 B，如果 A 和 B 单独使用，A 的有效率为 0.9，B 的有效率为 0.9，在 A 失灵的条件下，B 的有效率为 0.7，求 B 失灵的条件下，A 有效概率是多少？

15. 某医生对某种疾病能正确诊断的概率为 0.3，当诊断正确时，病人痊愈的概率为 0.8，当诊断错误时，病人痊愈的概率为 0.1。现在已知病人痊愈，求他被诊断正确的概率是多少？

16. 某电报机发射 0 和 1 的概率分别是 0.7 和 0.3，当发射 0 时，接收器接收到 0 和 1 的概率分别是 0.8、0.2，当发射 1 时接收器接收到 0 和 1 的概率分别是 0.1、0.9，求

（1）收到 0 的概率是多少？

（2）假定已经接收到 0，电报机恰好发出信号 0 的概率是多少？

1.8 常见考题解析：随机事件和概率

本章是概率论与数理统计的基础，近几年单独出本章考题较少，大都是作为基础知识点出现在以后的各章考题中。本章的基本概念、基本理论和基本方法应熟练掌握。

本章的考题主要是选择、填空等客观题。考核重点有事件的关系和运算，概率的性质，概率的加法、减法、乘法公式，全概率公式和贝叶斯公式，古典概型与伯努利概型。本章的考题不难，重在理解概念和掌握基本技巧，不必追求复杂的难题。

【考题 1-1】 有 3 个箱子，第 1 个箱子有 4 个黑球 1 个白球，第 2 个箱子有 3 个黑球 3 个白球，第 3 个箱子有 3 个黑球 5 个白球。现随机地取一个箱子，再从这个箱子里取出一个球，这个球是白球的概率是多少？若已知此球是白球，则此球来自第 2 个箱子的概率是多少？

解：设事件 A 为取出白球，设事件 B_i 为从第 i 个箱子取出。由全概率公式可得

$$P(A)=P(A \mid B_1)P(B_1)+P(A \mid B_2)P(B_2)+P(A \mid B_3)P(B_3)$$

$$=\frac{1}{3}\times\frac{1}{5}+\frac{1}{3}\times\frac{1}{2}+\frac{1}{3}\times\frac{5}{8}=\frac{53}{120}$$

如果已知此球是白球，即时间 A 发生，求来自第 2 个箱子，即求 $P(B_2|A)$，由贝叶斯公式可得

$$P(B_2 \mid A)=\frac{P(B_2A)}{P(A)}=\frac{P(A \mid B_2)P(B_2)}{P(A)}=\frac{1}{3}\times\frac{1}{2}/\frac{53}{120}=\frac{20}{53}$$

代码如下：

```
#第 1 章/1-13.py
PB1 = PB2 = PB3 = 1 / 3
PA_B1 = 1 / 5
PA_B2 = 1 / 2
PA_B3 = 5 / 8
p = PB1 * PA_B1 + PB2 * PA_B2 + PB3 * PA_B3
print('白球的概率为', p)
p2 = PB2 * PA_B2 / p
print('来自第 2 个箱子的概率为', p2)
```

输出如下：

```
白球的概率为 0.44166666666666665
来自第 2 个箱子的概率为 0.3773584905660377
```

【考题 1-2】 已知事件 A 的概率 $P(A)=0.5$，事件 B 的概率 $P(B)=0.6$，条件概率 $P(B|A)=0.8$，求概率 $P(B\cup A)$是多少？

解：$P(B\cup A)=P(A)+P(B)-P(A\cap B)=P(A)+P(B)-P(B|A)P(A)=0.7$

【考题 1-3】 甲乙两人独立射击同一目标，命中率分别是 0.6 和 0.5。现已知目标被射中，则它是甲射中的概率为多少？

解：设事件 A 为甲射中，事件 B 为乙射中，则射中的概率为

$$P(A\cup B)=P(A)+P(B)-P(A\cap B)$$

又知道甲乙两人独立射击，故 $P(A\cap B)=P(A)P(B)$，因此

$$P(A\cup B)=0.6+0.5-0.6*0.5=0.8$$

由贝叶斯公式可知，所求的概率为

$$P(A\mid A\cup B)=\frac{P(A)}{P(A\cup B)}=\frac{0.6}{0.8}=0.75$$

【考题 1-4】 设事件 A 和 B，$A\cup B$ 的概率分别是 0.4、0.3 和 0.6，如果 $\bar{B}$ 表示 B 的对立事件，则积事件 $P(A\bar{B})$是多少？

解：由 $P(A\bar{B})=P(A)-P(AB)$可知，只需求出 $P(AB)$。再根据

$$P(AB)=P(A)+P(B)-P(A\cup B)$$

得 $P(AB)=0.4+0.3-0.6=0.1$，从而得 $P(A\bar{B})=0.4-0.1=0.3$。

【考题 1-5】 已知 $P(A)=P(B)=P(C)=1/4$，$P(AB)=0$，$P(AC)=P(BC)=1/12$，则事件 A、B 和 C 全不发生的概率为多少？

解：先求 $P(A\cup B\cup C)$：

$$\begin{aligned}P(A\cup B\cup C)&=P(A)+P(B)+P(C)-P(AB)-P(AC)-P(BC)+P(ABC)\\&=\frac{1}{4}+\frac{1}{4}+\frac{1}{4}-0-\frac{1}{12}-\frac{1}{12}+0=\frac{7}{12}\end{aligned}$$

然后由 $1-P(A\cup B\cup C)=P(\bar{A}\bar{B}\bar{C})$可知 $P(\bar{A}\bar{B}\bar{C})=1-7/12=5/12$。

【考题 1-6】 一批产品共有 10 个正品和 2 个次品，任意抽取两次，每次抽完后不放回，则第 2 次抽出是次品的概率是多少？

解：设 A_i 表示第 i 次抽出次品，则由全概率公式

$$P(A_2)=P(A_1)P(A_2\mid A_1)+P(\overline{A_1})P(A_2\mid\overline{A_1})=\frac{2}{12}\times\frac{1}{11}+\frac{10}{12}\times\frac{2}{11}=\frac{1}{6}$$

【考题 1-7】 若 A 和 B 两个事件满足条件 $P(AB)=P(\bar{A}\bar{B})$，并且 $P(A)=p$，则 $P(B)$是多少？

解：由 $P(AB)=P(\bar{A}\bar{B})=1-P(A\cup B)=1-P(A)-P(B)+P(AB)$知 $P(A)+P(B)=1$，故 $P(B)=1-p$。

【考题 1-8】 设工厂 A 和 B 的产品次品率分别为 1%和 2%，现从工厂 A 和 B 分别占

60%和40%的一批产品中随机抽取一件，发现是次品，则该次品是工厂 A 生产的概率是多少？

解：设事件 A 表示产品由 A 工厂生产，$\bar{A}$ 表示产品由 B 工厂生产；设事件 B 表示取出的产品是次品；所求概率为 $P(A|B)$，由贝叶斯公式

$$P(A \mid B)=\frac{P(B \mid A)P(A)}{P(B \mid A)P(A)+P(B \mid \bar{A})P(\bar{A})}=\frac{0.01\times 0.6}{0.01\times 0.6+0.02\times 0.4}=\frac{3}{7}$$

【考题 1-9】 设 A 和 B 是事件，并且 $0<P(A)<1, P(B)>0, P(B|A)=P(B|\bar{A})$，则必有（　　）。

A. $P(A|B)=P(\bar{A}|B)$　　B. $P(A|B)\neq P(\bar{A}|B)$

C. $P(AB)=P(A)P(B)$　　D. $P(AB)\neq P(A)P(B)$

解：由 $P(B|A)=P(B|\bar{A})$ 可得

$$P(B \mid A)=\frac{P(AB)}{P(A)}=P(B \mid \bar{A})=\frac{P(\bar{A}B)}{P(\bar{A})}=\frac{P(\bar{A}B)}{1-P(A)}$$

故 $P(AB)(1-P(A))=P(A)P(\bar{A}B)=P(A)(P(B)-P(AB))$，整理可得 $P(AB)=P(A)P(B)$。

【考题 1-10】 设两两相互独立的 3 个事件 A、B 和 C 满足 $ABC=\varnothing, P(A)=P(B)=P(C)<1/2$，并且 $P(A\cup B\cup C)=9/16$，则 $P(A)$ 是多少？

解：设 $P(A)=x$，则由

$$\begin{aligned}P(A \cup B \cup C)&=P(A)+P(B)+P(C)-P(AB)-P(BC)-P(AC)+P(ABC)\\&=9/16\end{aligned}$$

得到 $3x-3x^2+0=9/16$，解出 $x=1/4$ 或 $x=3/4$。又已知 $x<1/2$，则 $P(A)=1/4$。

【考题 1-11】 设两个互相独立的事件 A 和 B 都不发生的概率为 $1/9$，A 发生与 B 不发生的概率与 B 发生 A 不发生的概率相等，则 $P(A)$ 是多少？

解：由于 $P(\bar{A}B)=P(A\bar{B})$，所以 $P(A)-P(AB)=P(B)-P(AB)$，即 $P(A)=P(B)$。又因为 $P(\bar{A}\bar{B})=1/9$，并且 A 和 B 独立，所以 $P(\bar{A})=P(\bar{B})=1/3$，故 $P(A)=2/3$。

【考题 1-12】 已知甲乙两个箱中装有同种产品，甲箱中有 3 件合格品和 3 件次品，乙箱中有 3 件合格品，从甲箱中任取 3 件放入乙箱，求

(1) 乙箱中次品件数 X 的数学期望。

(2) 从乙箱中任取一件产品是次品的概率。

解：(1) 设 X 为从甲箱中取出次品的个数，X 可能的取值为 0、1、2、3，先求 X 的分布，

$$P(X=k)=\frac{C_3^k C_3^{3-k}}{C_6^3}$$

则 $E(X)=P(X=0)\times 0+P(X=1)\times 1+P(X=2)\times 2+P(X=3)\times 3=3/2$

(2) 设 A 表示从乙箱中任取一件产品是次品，由全概率公式可得

$$P(A)=\sum_{k=0}^{3}P(A \mid X=k)P(X=k)=\sum_{k=0}^{3}\frac{k}{6}P(X=k)=\frac{1}{6}\sum_{k=0}^{3}kP(X=k)=\frac{1}{4}$$

代码如下：

```
#第 1 章/1-14.py
from scipy.special import comb
import numpy as np
n1a = 3
n1b = 3
n2a = 3
#第(1)问
k = np.array([0, 1, 2, 3])
p = comb(3, k) * comb(3, 3 - k) / comb(6, 3)
p = (k * p).sum()
print('乙箱中次品件数的数学期望为', p)
#第(2)问
p = comb(3, k) * comb(3, 3 - k) / comb(6, 3)
p = (k / 6 * p).sum()
print('从乙箱中任取一件产品是次品的概率为', p)
```

输出如下：

```
乙箱中次品件数的数学期望为 1.5
从乙箱中任取一件产品是次品的概率为 0.24999999999999997
```

【考题 1-13】 设 A 和 B 为事件，并且 $P(B)>0, P(A|B)=1$，则必有(　　)。

A. $P(A\cup B)>P(A)$　　B. $P(A\cup B)>P(B)$

C. $P(A\cup B)=P(A)$　　D. $P(A\cup B)=P(B)$

解：由

$$P(A \mid B)=\frac{P(AB)}{P(B)}=1$$

可得 $P(AB)=P(B)$，从而有 $P(A\cup B)=P(A)+P(B)-P(AB)=P(A)$。

【考题 1-14】 设在一次试验中，事件 A 发生的概率为 p，现进行 n 次独立试验，则 A 至少发生一次的概率为多少？事件 A 至多发生一次的概率为多少？

解：A 至少发生一次的概率为 $1-(1-p)^n$；A 至多发生一次的概率为 $(1-p)^n+np(1-p)^{n-1}$。

【考题 1-15】 设在三次独立试验中，事件 A 出现的概率相等，如果已知 A 至少出现一次的概率等于 19/27，则事件 A 在一次试验中出现的概率为多少？

解：根据题意，A 至少出现一次的概率等于 19/27，则 A 一次也没出现的概率为 8/27，从而 $P(\bar{A})^3=8/27$，解得 $P(\bar{A})=2/3$，即 $P(A)=1/3$。

代码如下：

```
#第 1 章/1-15.py
from sympy import *
p = 1 - Rational(19, 27)
q = p ** (Rational(1,3))
print('事件 A 在一次试验中出现的概率为', q)
```

输出如下：

```
事件 A 在一次试验中出现的概率为 2/3
```

【考题 1-16】 在区间(0,1)中随机取两个数，则两个数之和小于 6/5 的概率为多少？

解：本题是几何概型，不妨假定随机取出的两个数分别是 X 和 Y，它们是相互独立的。如果把(X,Y)看成平面上一个点的坐标，则由于 $0<X<1$，$0<Y<1$ 知，(X,Y)是相应的正方形中的一个点。所求概率为 $X+Y<6/5$ 的区域，即阴影区域，面积为 17/25，如图 1-4 所示。

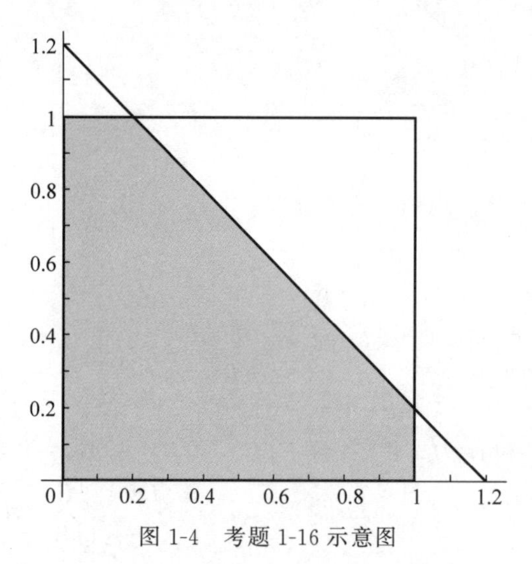

图 1-4 考题 1-16 示意图

【考题 1-17】 随机向半圆 $0<y<\sqrt{2ax-x^2}$ $(a>0)$内投掷一点，点落在半圆内任何区域的概率与该区域的面积成正比，则原点和该点连线与 x 轴的夹角小于 $\pi/4$ 的概率为多少？

解：本题是几何概型，见图 1-5，所求概率为阴影区域的面积占半圆面积的比例，即

$$P=\frac{a^2/2+\pi a^2/4}{\pi a^2/2}=\frac{1}{2}+\frac{1}{\pi}$$

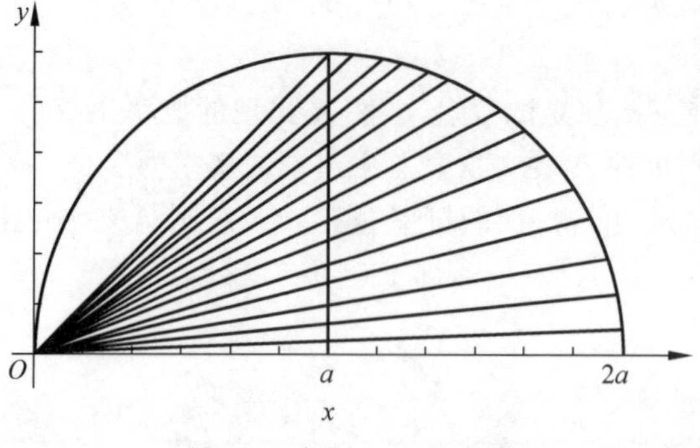

图 1-5 考题 1-17 示意图

【考题 1-18】 袋中有 50 个乒乓球，其中 20 个是黄球，30 个是白球。今有两人依次从袋中各取一球，取后不放回，则第 2 个人取得黄球的概率为多少？

解：设 A_i 为第 i 个人取得黄球，根据全概率公式

$$P(A_2)=P(A_2\mid A_1)P(A_1)+P(A_2\mid \overline{A}_1)P(\overline{A}_1)=\frac{19}{49}\times\frac{20}{50}+\frac{20}{49}\times\frac{30}{50}=\frac{2}{5}$$

【考题 1-19】 某人向同一目标独立重复射击，每次命中目标的概率为 p，则此人 4 次射击恰好第 2 次命中目标的概率为(　　)。

A. $3p(1-p)^2$　　B. $6p(1-p)^2$

C. $3p^2(1-p)^2$　　D. $6p^2(1-p)^2$

解：4 次射击恰好第 2 次命中说明 4 次且前 3 次射击恰有一次命中。故所求概率为

$$p\times C_3^1 p(1-p)^2=3p^2(1-p)^2$$

【考题 1-20】 在区间(0,1)中随机地取两个数，则这两个数之差的绝对值小于 1/2 的概率为多少？

解：本题是几何概型。不妨假定随机取出的两个数分别是 X 和 Y，它们是相互独立的。如果把 (X,Y) 看成平面上一个点的坐标，则由 $0<X<1,0<Y<1$ 可知，(X,Y) 是相应的正方形中的一个点。所求概率为 $|X-Y|<1/2$ 的区域，即阴影区域，面积为 3/4，如图 1-6 所示。

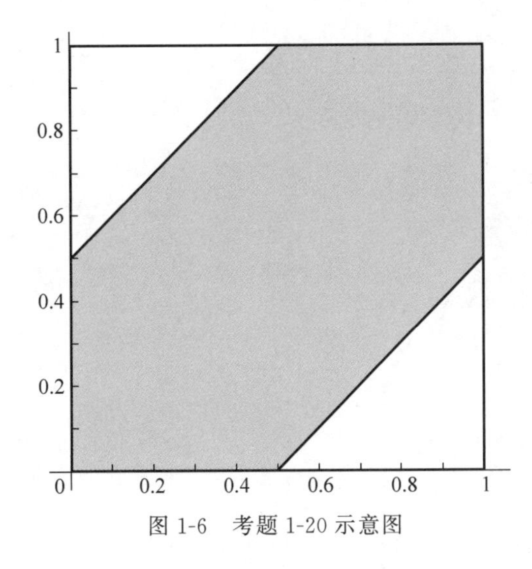

图 1-6　考题 1-20 示意图

1.9　本章常用的 Python 函数总结

本章常用的 Python 函数见表 1-3。

表 1-3　本章常用的 Python 函数

计算排列组合	代　码
排列数：从 N 个中选出 k 个并全排列个数	perm(N,k)
组合数：从 N 个中选出 k 个有多少种选法	comb(N,k)
随机数	import numpy as np
生成[0,1]区间的随机数	np.random.rand(d0,d1,…,dn)

1.10 本章上机练习

实训环境

(1) 使用 Python 3. x 版本。

(2) 使用 IPython 或 Jupyter Notebook 交互式编辑器,推荐使用 Anaconda 发行版中自带的 IPython 或 Jupyter Notebook。

【实训 1-1】 求排列数 P_N^k,代码如下:

```
#第 1 章/1-16.py
from scipy.special import perm
N = 20
k = 10
print(perm(N, k))
```

输出如下:

```
670442572800.0
```

【实训 1-2】 求组合数 C_N^k,代码如下:

```
#第 1 章/1-17.py
from scipy.special import comb
N = 20
k = 10
print(comb(N, k))
```

输出如下:

```
184756.0
```

【实训 1-3】 用蒙特卡罗方法估计 $y=\sin(x)$在$[0,\pi]$上的积分,代码如下:

```
#第 1 章/1-18.py
import numpy as np
#共产生 N 个点,每个点两个坐标
N = 1000000
M = 2
#生成随机点
r = np.random.rand(N, M)
#横坐标变换为 0 和 pi 之间
x = r[:, 0] * np.pi
y = r[:, 1]
#计算 y = sin(x)曲线之下的点的个数
result = y <= np.sin(x)
print('积分的估计值为', result.sum() / N * np.pi )
```

输出如下：

```
积分的估计值为 2.00186996275722
```

【实训 1-4】 用蒙特卡罗方法估计 $y=x^2$ 在[0,1]上的积分，代码如下：

```
#第 1 章/1-19.py
import numpy as np
#共产生 N 个点,每个点两个坐标
N = 100000
M = 2
#生成随机点
r = np.random.rand(N, M)
#横坐标变换为 0 和 pi 之间
x = r[:, 0]
y = r[:, 1]
#计算 y=x^2 曲线之下的点的个数
result = y <= x ** 2
print('积分的估计值为', result.sum() / N )
```

输出如下：

```
积分的估计值为 0.3324
```

【实训 1-5】 设工厂 A 和 B 的产品次品率分别为 1%和 2%，现从工厂 A 和 B 分别占 55%和 45%的一批产品中随机抽取一件，发现是次品，则该次品是工厂 A 生产的概率是多少？代码如下：

```
#第 1 章/1-20.py
#次品率
r1 = 0.01
r2 = 0.02
#产品比例
x1 = 0.55
x2 = 0.45
#贝叶斯公式
t = r1 * x1 + r2 * x2
p = r1 * x1 / t
print('A 厂生产的概率为', p)
```

输出如下：

```
A 厂生产的概率为 0.3793103448275862
```

【实训 1-6】 人的血型中，O 型、A 型、B 型、AB 型的概率分别为 0.46、0.40、0.11、0.03。现在任选 5 人，求下列事件的概率

(1) 恰有两人为 O 型。

(2) 三人为 O 型,两人为 A 型。

(3) 没有 AB 型。

代码如下:

```
#第 1 章/1-21.py
from scipy.special import comb
n = 5
#第(1)问
PO = 0.46
p = comb(n, 2) * PO ** 2 * (1 - PO) ** (n - 2)
print('恰有两人为 O 型概率为', p)
#第(2)问
PA = 0.4
p = comb(n, 2) * PO ** 3 * (1 - PO) ** (n - 2)
print('三人为 O 型,两人为 A 型的概率为', p)
#第(3)问
q = 1 - 0.03
p = q ** n
print('没有 AB 型的概率为', p)
```

输出如下:

```
恰有两人为 O 型概率为 0.3331938240000001
三人为 O 型,两人为 A 型的概率为 0.15326915904000002
没有 AB 型的概率为 0.8587340256999999
```

第 2 章

随机变量及其分布

一个随机试验的结果全体构成一个基本空间 S，可以把这个试验的所有可能的结果用实数表示。例如当抛硬币时，可能的结果是正面朝上和反面朝上。如果定义一个随机变量 X，当正面朝上时，X 取值为 1，当反面朝上时，X 取值为 0。又例如抛一个骰子，它所有可能的结果是 1 点、2 点、……、6 点，如果定义一个随机变量 X，当出现 i 点时取值为 i。这样定义的随机变量是定义在 Ω 上取值为实数的函数。也就是说，基本空间 S 的每个点，都有实数轴上的点与其对应，由此可以利用现代数学工具来研究随机现象。

对于随机变量，主要关注它的以下 4 方面。

(1) 分布律：随机变量在实数轴取不同值的可能性大小的刻画，是随机变量的分布规律。

(2) 分布函数：单调递增的用于定义概率值的函数，是分布"规律"的另一种描述。

(3) 分位数：分布函数的反函数，用于计算给定概率值的临界点，在统计学中经常使用。

(4) 随机数：数值模拟中经常需要产生符合某种分布的随机数，主要用于随机模拟和计算。

分布函数(Cumulative Distribution Function，CDF)是概率统计中重要的函数，正是通过它，可用数学分析的方法来研究随机变量。分布函数是随机变量最重要的概率特征，分布函数可以完整地描述随机变量的统计规律，并且决定随机变量的一切其他概率特征。

分位数(Quantile)，也称分位点，是指将一个随机变量的概率分布范围分为几个数值点，常用的有中位数(二分位数)、四分位数、百分位数等。

随机数一般指伪随机数，它是用确定性的算法计算出来的随机数序列，并不真正随机，但具有类似于随机数的统计特征，如均匀性、独立性等。在计算伪随机数时，若使用的初值(种子)不变，则伪随机数的数序也不变。伪随机数可以用计算机大量生成，在模拟研究中为了提高模拟效率，一般采用伪随机数代替真正的随机数。模拟中使用的一般是循环周期极长并能通过随机数检验的伪随机数，以保证计算结果的随机性。

本章介绍概率论的基本概念，主要包括以下内容：

(1) 随机变量及其分布函数。

(2) 离散型随机变量及其分布律。

(3) 连续型随机变量及其概率密度。

(4) 随机变量函数的分布。

2.1 随机变量

设随机试验的样本空间为 S，$e\in S$，令 $X(e)$ 是定义在样本空间 S 上的实值函数，称 $X=X(e)$ 为随机变量，如图 2-1 所示。随机变量是表示随机试验各种结果的实值单值函数。通常用大写英文字母 $X,Y,Z,\cdots$ 或小写希腊字母 $\xi,\eta,\cdots$ 表示随机变量，用小写的英文字母 $x,y,z,\cdots$ 表示随机变量取得的某个特殊的值。

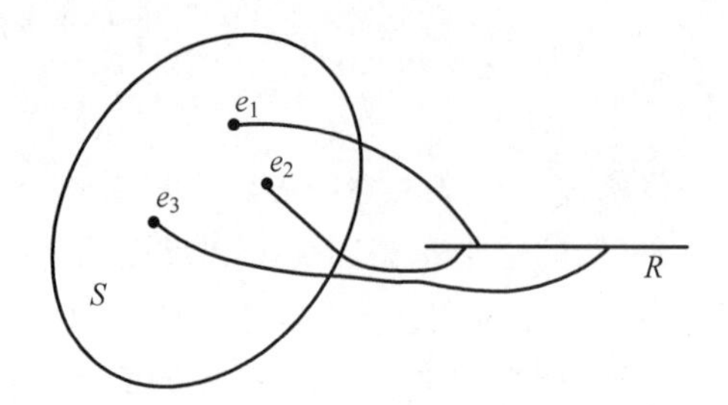

图 2-1　随机变量示意图

注意　随机变量的取值由随机试验的结果而定，在试验之前不能知道它取什么值，并且它的取值有一定的概率，这些性质显示了随机变量与普通函数有本质的区别。随机变量的引入使我们能用随机变量来描述各种随机现象，并用数学分析方法对随机试验的结果进行研究。

【例 2-1】　举一个随机变量的例子：设口袋中有 10 个球，其中 3 个为黑球，另外 7 个为白球。现在从中任意取出 2 个球，如果用 X 表示摸出黑球的数量，则 X 可能的取值为 0、1、2，即

$$X=\begin{cases}0, & \text{摸到 0 个黑球}\\1, & \text{摸到 1 个黑球}\\2, & \text{摸到 2 个黑球}\end{cases}$$

显然 X 是一个随机变量，它取不同的数值表示不同的结果，并且 X 的取值依赖于概率。例如 $\{X=2\}$ 表示事件"摸到两个黑球"，而且它的概率 $P(X=2)=C_3^2/C_{10}^2=1/15$，代码如下：

```
#第 2 章/2-1.py
#定义随机变量
from scipy import stats
import numpy as np
xk = np. arange(7)
pk = (0.1, 0.2, 0.3, 0.1, 0.1, 0.0, 0.2)
custm = stats. rv_discrete (values = (xk, pk))
```

输出如下：

```
< scipy. stats. _distn_infrastructure. rv_sample object at 0x0000000016F0CF08 >
```

2.2　离散型随机变量及其分布律

本节介绍离散型随机变量及其分布律和常见的离散型随机变量。

2.2.1　离散型随机变量

有些随机变量，它的全部可能取到的值是有限个或可数无穷多个，这样的随机变量称为离散型随机变量。由定义知道，要掌握一个离散型随机变量 X 的统计规律，必须且只需知道 X 的所有取值及取每个可能值的概率。

可数集(Countable Set)，是指每个元素都能与自然数集 N 的每个元素之间建立一一对应的集合。如果将可数集的每个元素标上与它对应的那个自然数记号，则可数集的元素就可以按自然数的顺序排成一个无穷序列 $a_1,a_2,a_3,\cdots,a_n,\cdots$。例如全体正偶数的集合是一个可数集，全体正奇数的集合也是可数集，它们与自然数集可以建立如下的一一对应。

设 X 是一个离散随机变量，$\{x_i\}(i=1,2,\cdots)$是 X 所有可能的取值。称 $P(X=x_i)=p_i$ 为 X 的分布律，则 p_i 应满足下面两个条件：

(1) $p_i\geqslant 0(i=1,2,\cdots)$。

(2) $\sum\limits_{i=1}^{\infty}p_i=1$。

分布律也称为分布列或概率分布，记作 $X\sim\{p_i\}$。分布律经常用表格或矩阵形式表示，如表 2-1 所示。

表 2-1　离散型随机变量的分布律

X	x_1	x_2	x_3	…
P	p_1	p_2	p_3	…

或者

$$X\sim\begin{bmatrix}x_1 & x_2 & x_3 & \cdots\\ p_1 & p_2 & p_3 & \cdots\end{bmatrix}$$

数列$\{p_i\}$是离散型随机变量的概率分布的充要条件是 $p_i\geqslant 0,i=1,2,\cdots$，并且 $\sum\limits_{i}p_i=1$。

设离散型随机变量 X 的概率分布律为 $P(X=x_i)=p_i$，定义 X 的分布函数为

$$F(x)=P(X\leqslant x)=\sum_{x_i\leqslant x}P(X=x_i) \tag{2-1}$$

并且对任一实数集合 B 有

$$P(X\in B)=\sum_{x_i\in B}P(X=x_i) \tag{2-2}$$

【例 2-2】 设随机变量 X 的分布律如下：

$$P(X=0)=0.5,\quad P(X=1)=0.3,\quad P(X=2)=0.2$$

(1) 求 X 的分布函数。

(2) 求 $P(0\leqslant X\leqslant 1)$和 $P(1<X<2)$。

解：(1) 随机变量 X 只在 3 个点 0、1 或 2 处取值，可知它的分布函数如下：

$$F(x)=P(X\leqslant x)=\sum_{x_k\leqslant x}p_k=\begin{cases}0 & x<0\\ p_1 & 0\leqslant x<1\\ p_1+p_2 & 1\leqslant x<2\\ p_1+p_2+p_3 & x\geqslant 2\end{cases}=\begin{cases}0 & x<0\\ 0.5 & 0\leqslant x<1\\ 0.8 & 1\leqslant x<2\\ 1 & x\geqslant 2\end{cases}$$

(2) 由分布函数的定义可知，若要 $0\leqslant X\leqslant 1$，X 只能取 0 和 1，因此

$$P(0\leqslant X\leqslant 1)=P(X=0)+P(X=1)=0.5+0.3=0.8$$

若要使 $1<X<2$，由于 X 只取 0,1,2，因此 $1<X<2$ 是不可能事件，即 $P(1<X<2)=0$，代码如下：

```
#第 2 章/2-2.py
from scipy import stats
import numpy as np
xk = np. arange(3)
pk = np.array((0.5, 0.3, 0.2))
custm = stats. rv_discrete (values = (xk, pk))
print('F(1.3) = ',custm.cdf(1.3)) #cdf 为分布函数,可以求其在任意一点的值
p1 = pk[(0 <= xk) & (xk <= 1)].sum()
p2 = pk[(1 < xk) & (xk < 1)].sum()
print('P(0<=X<=1) = ', p1)
print('P(1<X<2) = ', p2)
```

输出如下：

```
F(1.3) = 0.8
P(0<=X<=1) = 0.8
P(1<X<2) = 0.0
```

2.2.2 离散型随机变量：伯努利分布

伯努利分布也称 2 点分布或 0、1 分布，即 $X=0$：事件 A 不发生；$X=1$：事件 A 发生，其中 $P(X=1)=p$，$P(X=0)=1-p$。如果 X 服从伯努利分布，则记为 $X\sim\mathrm{Ber}(p)$。

【例 2-3】 一批产品中有正品 95 件，次品 5 件，从该产品中任取 1 件，用 X 表示取到的次品数，如果记 $X=1$ 为取正品，$X=0$ 为取次品，则 $P(X=1)=0.95$，则 $P(X=1)=0.05$。

伯努利分布是最简单的一种分布，当 1 次试验可能出现 2 种结果时，就可以确定一个 2 点分布。在随机试验中，设试验有两个可能的结果：A 或 $\overline{A}$，称这样的试验为伯努利试验。设 $P(A)=p$，则 $P(\overline{A})=1-p$。把试验重复进行 n 次，则称为 n 重伯努利试验。这里的“重复”是指在每次试验中 $P(A)=p$ 保持不变；“独立”是指各次试验的结果互不影响。n 重伯努利试验是一种重要的数学模型，它有广泛的应用。例如，抛硬币观察得到正面还是反面，这就是一个伯努利试验；抛 n 次就是 n 重伯努利试验。如果用 X 表示 n 重伯努利试验 A 发生的次数，则 X 的取值范围是 $0,1,2,3,\cdots,n$，不妨设 $X=k$，那么在剩下的 $n-k$ 次就有 $\overline{A}$ 发生，即 A 不发生。由于试验相互独立，则 $P(X=k)$ 相当于在 n 次试验中任选 k 次发生，余下的 $n-k$ 次不发生的概率，而这样的选择有 C_n^k 种，它们是两两互不相容的，因此有

$$P(X=k)=\mathrm{C}_n^k p^k(1-p)^{n-k} \tag{2-3}$$

定义伯努利分布随机变量的代码如下：

```
#第 2 章/2-3.py
from scipy.stats import bernoulli
p = 0.3
bernoulli(p)
```

2.2.3 离散型随机变量：几何分布

如果随机变量 X 的分布律为

$$P(X=k)=p(1-p)^{k-1},\quad k=1,2,3,\cdots \tag{2-4}$$

则称 X 服从参数为 p 的几何分布，其中 $0<p<1$。

几何分布的背景是“首次成功的概率”，即在伯努利试验中，如果每次试验的成功率为 p，则在第 k 次试验时才成功的概率服从几何分布。定义几何分布的代码如下：

```
#第 2 章/2-4.py
from scipy.stats import geom
p = 0.3
geom(p)
```

【例 2-4】 设某个射手向固定靶射击，如果他每次射中的概率为 0.6，求他第 7 次射击时才首次射中靶子的概率。

解：根据题意，他第 7 次射击才首次命中意味着前 6 次射击全部失败，因此概率为

$$P=(1-0.6)^6\times 0.6=0.0024576$$

2.2.4 离散型随机变量：超几何分布

如果随机变量 X 的分布律为

$$P(X=k)=\frac{C_M^k C_{N-M}^{n-k}}{C_N^n},\quad k=l_1,l_2,\cdots,l_n \tag{2-5}$$

则称 X 服从参数为 n、N、M 的超几何分布，其中 $l_1=\max\{0,n-N+M\}$，$l_2=\max\{M,n\}$。

超几何分布的背景如下。如果 N 件产品中含有 M 件次品，从中任意一次取出 n 件，不放回，令 X 为抽取的次品件数，则 X 服从参数为 n、N、M 的超几何分布。超几何分布的代码如下：

```
#第 2 章/2-5.py
from scipy.stats import hypergeom
hypergeom(M = N, N = n, n = M)
```

【例 2-5】 在一个口袋中装有 30 个球，其中 10 个为红球，其余为白球。这些球除了颜色外完全相同。游戏者一次从中摸出 5 个球。如果摸到 4 个红球就中一等奖，则获一等奖的概率是多少？

解：根据题意，摸到至少 4 个红球就中一等奖，那么获得一等奖就有两种情况，分别是摸到 4 个红球和摸到 5 个红球。设随机变量 X 表示摸到的红球数，则有

$$P(X=4)=\frac{C_{10}^{4}C_{20}^{1}}{C_{30}^{5}}=0.0295,P(X=5)=\frac{C_{10}^{5}C_{20}^{0}}{C_{30}^{5}}=0.0018$$

因此获得一等奖的概率为 $P(X=4)+P(X=5)=0.0312$，代码如下：

```
#第2章/2-6.py
from scipy.special import comb
#摸到4个红球
p1 = comb(10, 4) * comb(20, 1) / comb(30, 5)
#摸到5个红球
p2 = comb(10, 5) * comb(20, 0) / comb(30, 5)
#获得一等奖的概率
p = p1 + p2
print('获得一等奖的概率为', p)
```

输出如下：

```
获得一等奖的概率为 0.031240789861479518
```

绘制超几何分布的概率分布图像，代码如下：

```
#第2章/2-7.py
from scipy.stats import hypergeom
import numpy as np
import matplotlib.pyplot as plt
N, M, n = 78, 32, 25
rv = hypergeom(M = N, N = n, n = M)
l = max(0, n - N + M)
u = max(M, n)
k = np.arange(l, u + 1)
plt.subplot(1, 2, 1)
plt.bar(k, rv.pmf(k), label = 'N={},M={},n={}'.format(N, M, n))
plt.tick_params(direction='in')
plt.legend()

N, M, n = 80, 20, 17
rv = hypergeom(M = N, N = n, n = M)
l = max(0,n - N + M)
u = max(M, n)
k = np.arange(l, u + 1)
plt.subplot(1, 2, 2)
plt.bar(k, rv.pmf(k),label = 'N={},M={},n={}'.format(N, M, n))
plt.tick_params(direction='in')
plt.legend()
```

超几何分布示意图如图2-2所示。

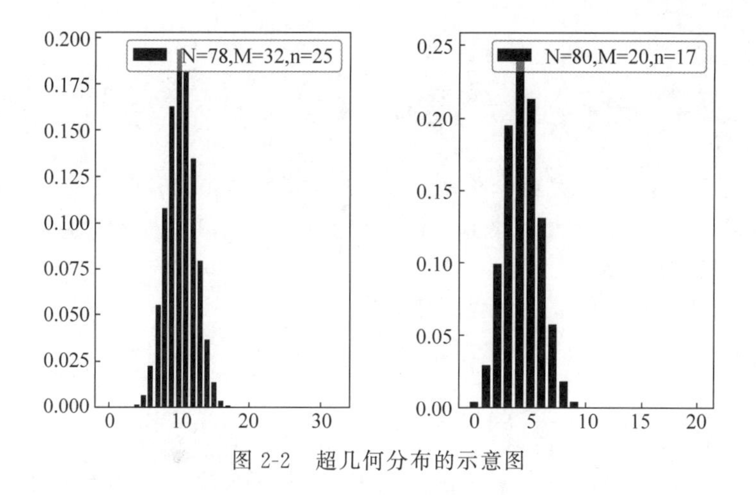

图 2-2　超几何分布的示意图

2.2.5　离散型随机变量：二项分布

二项分布表示 n 重伯努利试验中事件 A 发生的次数，X 可能的取值为 $0,1,2,\cdots,n$，相应的概率取值为

$$P(X=k)=\mathrm{C}_n^k p^k(1-p)^{n-k} \tag{2-6}$$

如果 X 服从概率为 p 的二项分布，则记为 $X\sim B(n,p)$或 $X\sim b(n,p)$。二项分布为什么叫二项分布呢？因为 $\mathrm{C}_n^k p^k(1-p)^{n-k}$ 正好是二项式$(p+q)^n$ 展开式中包含 p^k 的那一项。

二项分布与伯努利分布有紧密联系，实际上 n 个独立同分布的伯努利随机变量之和就是二项分布，即如果 $X_i\sim \mathrm{Ber}(p)$，$i=1,2,\cdots,n$，则

$$\sum_{i=1}^{n} X_i \sim B(n,p) \tag{2-7}$$

定义二项分布的代码如下：

```
#第 2 章/2-8.py
from scipy.stats import binom
n, p = 100, 0.4
binom(n, p)
```

【例 2-6】 一批相同设计的某大楼有两部电梯，每部电梯独立运行，每部电梯因故障不能使用的概率为 0.03，用 X 表示某时刻能正常运行的电梯数量，则有

$$P(X=0)=\mathrm{C}_2^0 0.97^0 0.03^2=0.0009$$

$$P(X=1)=\mathrm{C}_2^1 0.97^1 0.03^1=0.0582$$

$$P(X=2)=\mathrm{C}_2^2 0.97^2 0.03^0=0.9409$$

代码如下：

```
#第 2 章/2-9.py
from scipy.stats import binom
n, p = 2, 0.97
prob = binom(n, p).pmf(k = [0, 1, 1])
print('能正常运行的电梯个数的概率分别是:', prob)
```

输出如下：

```
能正常运行的电梯个数的概率分别是：[0.0009 0.0582 0.0582]
```

【例 2-7】 某厂生产的产品的合格率为 0.95，次品率为 0.05，产品质量是相互独立的。10 件产品打包成一包出售，如果其中有 2 件或以上次品即可退货(整包退货)，用 X 表示整包产品中的次品数，则有

$$P(X=k)=\mathrm{C}_n^k 0.05^k 0.95^{n-k}$$

退货的概率为

$$P(X \geqslant 2)=\sum_{k=2}^{10} P(X=k)=1-P(X=1)-P(X=0)$$

对于复杂的组合数计算，可借助 SciPy 中的二项分布函数实现，代码如下：

```
#第 2 章/2-10.py
from scipy.stats import binom
N = 10
p = 0.05
rv = binom(n = N, p = p)
prob = 1 - rv.pmf(k = 0) - rv.pmf(k = 1)
print(prob)
```

输出如下：

```
0.08613835589931607
```

【例 2-8】 设有 80 台同种类型的机器，发生故障的概率都是 0.01，每台机器工作是互相独立的，并且一台机器的故障只能由一个人处理。现有两种配备维护工人的方法，第 1 种是由 4 个人维护，每人负责 20 台机器；第 2 种是由 3 人共同维护 80 台，请比较这两种方案哪种更好，即求发生机器故障时不能及时维修的概率的大小。

解：第 1 种方案，每人维护 20 台，设 A_i 表示第 i 个人不能及时维修机器故障。设随机变量 X 表示第 1 个人维护的 20 台机器中同一时刻发生故障的次数，则第 1 种不能及时维修的概率为

$$P(A_1 \cup A_2 \cup A_3 \cup A_4) \geqslant P(A_1)=P(X \geqslant 2)$$

由于 $X \sim B(20,0,01)$，那么

$$P(X \geqslant 2)=1-\sum_{k=0}^{1} P(X=k)=1-\sum_{k=0}^{1} \mathrm{C}_{20}^k 0.01^k 0.99^{20-k}=0.0169$$

第 2 种方案，设随机变量 Y 表示 80 台机器中同一时刻发生故障的次数，易知 $Y \sim B(80,0,01)$，则 80 台机器不能及时维修的概率为

$$P(Y \geqslant 4)=1-\sum_{k=0}^{3} \mathrm{C}_{80}^k 0.01^k 0.99^{20-k}=0.0087$$

容易发现，第 2 种方案比第 1 种方案更好，虽然平均每个人的任务更重了，但工作效率非但没有降低，反而提高了，代码如下：

```
#第2章/2-11.py
from scipy.stats import binom
p = 0.01
X = binom(20, p)
p1 = 1 - X.pmf(k = [0, 1]).sum()
print('第1种方案不能及时维修的概率为', p1)
Y = binom(80, p)
p2 = 1 - Y.pmf(k = [0, 1, 2, 3]).sum()
print('第2种方案不能及时维修的概率为', p2)
```

输出如下：

```
第1种方案不能及时维修的概率为 0.01685933763565184
第2种方案不能及时维修的概率为 0.008659188892810699
```

二项分布概率的概率分布律作图：

$$P(X=k)=C_n^k p^k(1-p)^{n-k} \tag{2-8}$$

代码如下：

```
#第2章/2-12.py
from scipy.stats import binom
import matplotlib.pyplot as plt
N = 18
p = 0.3
rv = binom(n = N, p = p)
x = range(N + 1)
h = rv.pmf(k = x)
plt.subplot(1, 2, 1)
plt.bar(x = x, height = h, label = 'B({},{})'.format(N, p))
plt.tick_params(direction = 'in')
plt.legend()

N = 10
p = 0.8
rv = binom(n = N, p = p)
x = range(N + 1)
h = rv.pmf(k = x)
plt.subplot(1, 2, 2)
plt.bar(x = x, height = h, label = 'B({},{})'.format(N, p))
plt.tick_params(direction = 'in')
plt.legend()
```

二项分布示意图如图 2-3 所示。

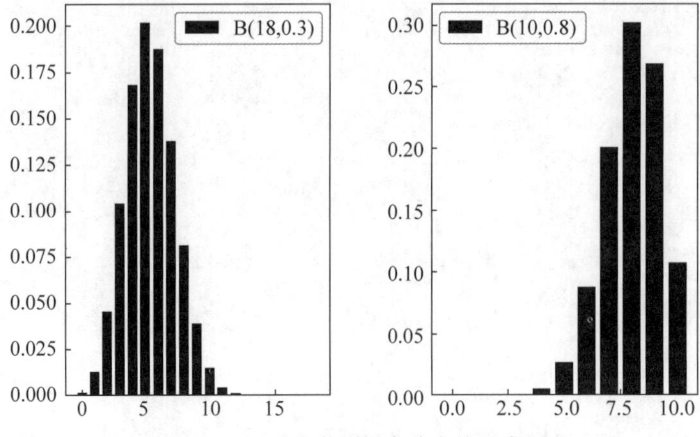

图 2-3 二项分布的概率分布律示意图

二项分布的分布函数作图

$$F(x)=P,\quad k\leqslant x \tag{2-9}$$

代码如下：

```
#第 2 章/2-13.py
from scipy.stats import binom
import matplotlib.pyplot as plt
N = 6
p = 0.8
rv = binom(n = N, p = p)
x = range(N + 1)
h = rv.cdf(x)
plt.subplot(1, 2, 1)
plt.step(x,h,label = 'B({},{})'.format(N, p))
plt.legend()
plt.tick_params(direction = 'in')

N = 16
p = 0.9
rv = binom(n = N, p = p)
x = range(N + 1)
h = rv.cdf(x)
plt.subplot(1, 2, 2)
plt.step(x,h,label = 'B({},{})'.format(N, p))
plt.legend()
plt.tick_params(direction = 'in')
```

二项分布的分布函数示意图如图 2-4 所示。

2.2.6 离散型随机变量：泊松分布

如果随机变量 X 的概率分布率为

$$P(X=k)=\frac{\lambda^{k}}{k!}\mathrm{e}^{-\lambda},\quad k=0,1,2,\cdots \tag{2-10}$$

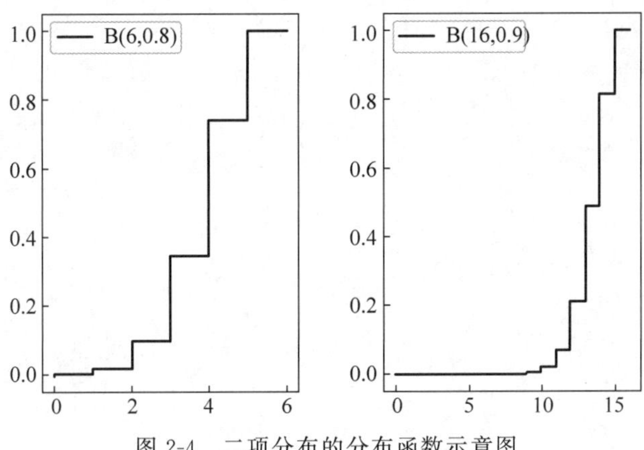

图 2-4 二项分布的分布函数示意图

其中 $\lambda>0$,则称 X 服从参数为 λ 的泊松分布,记为 $X\sim P(\lambda)$ 或 $X\sim\pi(\lambda)$。泊松分布是概率论中的一个重要分布,许多现象可以用泊松分布来刻画,例如一定时间范围内某电话接到的呼叫次数,某路段一定时间范围内出现的交通事故数等。容易验证

$$\sum_{k=0}^{\infty}P(X=k)=\sum_{k=0}^{\infty}\frac{\lambda^k e^{-\lambda}}{k!}=e^{-\lambda}\sum_{k=0}^{\infty}\frac{\lambda^k}{k!}=e^{-\lambda}e^{\lambda}=1 \tag{2-11}$$

即定义 $P(X=k)$满足概率的条件。定义泊松分布随机变量的代码如下:

```
#第 2 章/2-14.py
from scipy.stats import poisson
mu = 1
X = poisson(mu)
```

【例 2-9】 某电话机每分钟收到的呼叫次数服从参数为 4 的泊松分布,求某一分钟呼叫次数大于 3 的概率。

解:因为 $X\sim P(4)$,所以根据泊松分布的概率分布知

$$P(X>3)=1-P(X=0)-P(X=1)-P(X=2)-P(X=3)$$

即

$$P(X>3)=1-\sum_{k=0}^{3}\frac{1}{k!}e^{-4}=0.5665$$

代码如下:

```
#第 2 章/2-15.py
from scipy.stats import poisson
X = poisson(mu = 4)
p = 1 - X.pmf(k = [0, 1, 2, 3]).sum()
print('某一分钟呼叫次数大于 3 的概率为', p)
```

输出如下:

```
所求概率为 0.5665298796332912
```

【例 2-10】 某路口 10s 内通过的车辆数 X 服从参数为 1 的泊松分布,即 $X\sim P(1)$,求

这个路口 10s 内至少通过 3 辆车的概率。

解：由泊松分布的概率知

$$P(X \geqslant 3)=\sum_{k=3}^{\infty} \frac{1}{k!} \mathrm{e}^{-1}=1-P(X=0)-P(X=1)-P(X=2)=0.08$$

代码如下：

```
#第 2 章/2-16.py
from scipy.stats import poisson
X = poisson(mu = 1)
p = 1 - X.pmf(k = [0, 1, 2]).sum()
print('所求概率为', p)
```

输出如下：

```
所求概率为 0.08030139707139416
```

泊松分布有一个重要的应用，逼近二项分布，这就是著名的泊松定理。设 $\lambda>0$ 是一个常数，n 是正整数，设 $\lambda=np_n$，则对于任意固定的非负整数 k，有

$$\lim_{n\to\infty} \mathrm{C}_n^k p_n^k (1-p_n)^{n-k}=\frac{\lambda^k \mathrm{e}^{-\lambda}}{k!} \tag{2-12}$$

证明从略。泊松定理表明，当 n 很大时，近似地有

$$\mathrm{C}_n^k p^k (1-p)^{n-k} \approx \frac{\lambda^k \mathrm{e}^{-\lambda}}{k!} \tag{2-13}$$

也就是说，以 n 和 p 为参数的二项分布的概率值可以有参数为 $\lambda=np$ 的泊松分布的概率值近似，这个式子可以用来做二项分布的近似计算。验证泊松定理的代码如下：

```
#第 2 章/2-17.py
from scipy.stats import poisson, binom
n, p = 1000, 0.002
k = [0, 1, 10, 80]
X = binom(n, p)
Y = poisson(mu = n*p)
print('二项分布的概率为', X.pmf(k))
print('泊松分布的概率为', Y.pmf(k))
```

输出如下：

```
二项分布的概率为[1.35064522e-01 2.70670386e-01 3.71678436e-05 1.04114962e-97]
泊松分布的概率为[1.35335283e-01 2.70670566e-01 3.81898506e-05 2.28603548e-96]
```

2.3 分布函数

对于较为复杂的非离散型随机变量，其取值不能一一列举出来(特别是连续型随机变量)，因而转而去研究随机变量的值落入某个区间$(x_1, x_2]$的概率 $P(x_1<X\leqslant x_2)$，由于

$$P(x_1 < X \leqslant x_2) = P(X \leqslant x_2) - P(X \leqslant x_1) \tag{2-14}$$

所以只需知道 $P(X \leqslant x_2)$和 $P(X \leqslant x_1)$的值就可以了,这就是分布函数的概念。

设 X 是一个随机变量,x 是任意实数,称函数 $F(x)=P(X \leqslant x)$是随机变量 X 的分布函数,或者称 X 服从分布 $F(x)$,记作 $X \sim F(x)$。

分布函数完整地描述了随机变量的规律性。对任意实数 x_1 和 x_2,有 $P(x_1 < X \leqslant x_2)=F(x_1)-F(x_2)$。故如果已知 X 的分布函数,就知道了 X 落入任一区间$(x_1, x_2]$的概率。也正是通过分布函数,将能使用微积分的方法来研究随机变量。如果将 X 视为数轴上随机点的坐标,则分布函数 $F(x)$在 x 处的取值就表示 X 落在区间$(-\infty, x]$上的概率。

分布函数具有以下重要性质:

(1) $0 \leqslant F(x) \leqslant 1(-\infty < x < \infty)$。

(2) $F(x)$是关于自变量 x 的单调不减函数,即对于 $x_1 \leqslant x_2$,有 $F(x_1) \leqslant F(x_2)$。

(3) $F(x)$是右连续函数,即对于任意 x_0,有 $\lim\limits_{x \to x_0} F(x)=F(x_0+0)=F(x_0)$。

(4) $F(-\infty)=0=\lim\limits_{x \to -\infty} F(x)$,$F(\infty)=1=\lim\limits_{x \to \infty} F(x)$。

(5) 对任意实数 a 和 b 有

$$P(a < X \leqslant b) = P(X \leqslant b) - P(X \leqslant a) = F(b) - F(a) \tag{2-15}$$

$$P(X > a) = 1 - P(X \leqslant a) = 1 - F(a) \tag{2-16}$$

务必牢记分布函数表示事件的概率,因此必有 $0 \leqslant F(x) \leqslant 1$,即 $F(x)$是有界函数。同时,满足上面 5 个条件的函数 $F(x)$必然是某个随机变量的分布函数,因此这 5 个条件也是判断一个函数 $F(x)$是否为某一随机变量的分布函数的充要条件。

【例 2-11】 分布函数的应用:求概率值的公式。

(1) $P(X \leqslant a)=F(a)$。

(2) $P(X < a)=F(a-0)$。

(3) $P(X=a)=F(a)-F(a-0)$。

(4) $P(a < X \leqslant b)=F(b)-F(a)$。

分布函数示意图如图 2-5 所示。

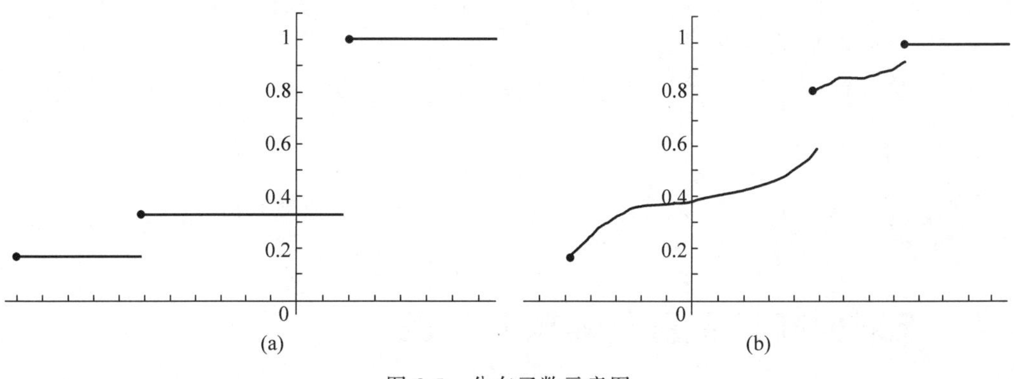

图 2-5　分布函数示意图

图 2-5(a)是离散型随机变量的分布函数示意图,图 2-5(b)是连续型随机变量的分布函数示意图。

分布函数对于研究随机变量而言极其重要,在学习了离散和连续型随机变量以后,再体会分布函数的重要应用。

【例 2-12】 设随机变量 X 的分布律如表 2-2 所示,求 X 的分布函数和概率 $P(X\leqslant 1/2)$, $P(1.5<X\leqslant 2.5)$和 $P(2\leqslant X\leqslant 3)$。

表 2-2 离散型随机变量的分布律

X	-1	2	3
p_k	1/4	1/2	1/4

解:X 只取 3 个值,根据分布函数的定义,$F(x)$的值是积累概率值,也就是

$$F(x)=\begin{cases}0, & x<-1\\ P(X=-1), & -1\leqslant x<2\\ P(X=-1)+P(X=2), & 2\leqslant x<3\\ 1, & 3\leqslant x\end{cases}$$

整理可得分布函数

$$F(x)=\begin{cases}0, & x<-1\\ 1/4, & -1\leqslant x<2\\ 3/4, & 2\leqslant x<3\\ 1, & 3\leqslant x\end{cases}$$

由分布函数的定义知道

$$P\left(X\leqslant \frac{1}{2}\right)=F\left(\frac{1}{2}\right)=\frac{1}{4}$$

$$P(1.5<X\leqslant 2.5)=F(2.5)-F(1.5)=0.5$$

$$P(2\leqslant X\leqslant 3)=F(3)-F(2)+P(X=2)=1-0.75+0.5=0.75$$

代码如下:

```
#第 2 章/2-18.py
from scipy import stats
xk = np.arange(7)
pk = (0.1, 0.2, 0.3, 0.1, 0.1, 0.0, 0.2)
x = stats.rv_discrete(values = (xk, pk))
print('分布函数的取值为', x.cdf(k = 3))
```

输出如下:

```
分布函数的取值为 0.7000000000000001
```

2.4 连续型随机变量及其概率密度

本节介绍连续型随机变量及其概率密度和常见的连续型随机变量。

2.4.1 连续型随机变量

设一个随机变量 X 的分布函数为 $F(x)$,如果存在非负可积函数 $f(x)$,使对于任意实

数 x，都有

$$F(x)=\int_{-\infty}^{x} f(t)\mathrm{d}t \tag{2-17}$$

则称随机变量 X 为连续型随机变量，$f(x)$ 称为 X 的概率密度，有时简称为概率密度或者密度。

由连续型随机变量的定义可知，概率密度具有以下性质：

(1) $f(x)\geqslant 0$。

(2) $\int_{-\infty}^{\infty} f(t)\mathrm{d}t=1$。

(3) 对于任意的 $x_1\leqslant x_2$ 有

$$P(x_1<X\leqslant x_2)=F(x_2)-F(x_1)=\int_{x_1}^{x_2} f(t)\mathrm{d}t \tag{2-18}$$

并且，如果 $f(x)$ 在点 x 连续，则有 $F'(x)=f(x)$。

注意　对于连续的密度函数来讲，$P(x_1<X\leqslant x_2)$ 中的等号加不加都不影响概率值。对于连续型随机变量 X，它取任一确定实数值 t 的概率为 0，即 $P(X=t)=0$。这里虽然有某事件的概率为 0，但不意味着此事件不能发生，需要注意区分零概率事件和不可能事件。不可能事件的概率为 0，但零概率事件不一定是不可能事件。

【例 2-13】　设随机变量 X 的概率密度函数为分段函数

$$f(x)=\begin{cases} kx, & 0\leqslant x<3 \\ 2-x/2, & 3\leqslant x\leqslant 4 \\ 0, & \text{其他} \end{cases}$$

(1) 求常数 k 的值。

(2) 求 X 的分布函数 $F(x)$。

(3) 求 $P(1<X\leqslant 7/2)$。

解：(1) 由密度函数的积分为 1 可知

$$\int_0^3 kx\,\mathrm{d}x+\int_3^4\left(2-\frac{x}{2}\right)\mathrm{d}x=1$$

可得 $k=1/6$，因此 X 的概率密度函数为

$$f(x)=\begin{cases} x/6, & 0\leqslant x<3 \\ 2-x/2, & 3\leqslant x\leqslant 4 \\ 0, & \text{其他} \end{cases}$$

(2) X 的分布函数 $F(x)$ 为密度函数 $f(x)$ 的积分

$$F(x)=\begin{cases} 0, & x<0 \\ \int_0^x \frac{t}{6}\mathrm{d}t=\frac{x^2}{12}, & 0\leqslant x<3 \\ \int_0^3 \frac{t}{6}\mathrm{d}t+\int_3^x\left(2-\frac{t}{2}\right)\mathrm{d}t=-3+2x-\frac{x^2}{4}, & 3\leqslant x\leqslant 4 \\ 1, & x\geqslant 4 \end{cases}$$

(3) 概率

$$P\left(1<X\leqslant\frac{7}{2}\right)=F\left(\frac{7}{2}\right)-F(1)=\frac{41}{48}$$

代码如下：

```
#第2章/2-19.py
from sympy import *
t, x, k = symbols('t, x, k')
#计算积分
f1 = integrate(k * x, x)
f2 = integrate(Rational(1, 6) * t,(t, 0, x))
f3 = integrate(2 - t / 2, (t, 3, x))
print(f1)
print(f2)
print(f3)
```

输出如下：

```
k*x**2/2
x**2/12
-x**2/4 + 2*x - 15/4
```

为了方便，以后提到随机变量 X 的概率分布时，指的是它的分布函数。当 X 是连续型随机变量时，指的是它的概率密度。当是离散型随机变量时，指的是它的分布律。

2.4.2 连续型随机变量：均匀分布

如果连续型随机变量 X 具有以下概率密度

$$f(x)=\begin{cases}\dfrac{1}{b-a}, & a<x<b \\ 0, & \text{其他}\end{cases} \tag{2-19}$$

则称 X 在区间 (a,b) 上服从均匀分布，记作 $X\sim U(a,b)$。

从直观上看，均匀分布的随机变量 X 落在区间 (a,b) 中任意等长度的子区间内的可能性是相同的，即 X 落在 (a,b) 子区间的概率只依赖于子区间的长度，而与子区间的位置无关。

【例 2-14】 设随机变量 X 在 (a,b) 区间上均匀分布，它的分布密度为

$$f(x)=\begin{cases}\dfrac{1}{b-a}, & a<x<b \\ 0, & \text{其他}\end{cases}$$

(1) 求分布函数 $F(x)$。

(2) 已知 $2<b$，求 $P(a<x\leqslant 2)$。

解：(1) 分布函数为密度函数的积分，当 $x<a$ 时有

$$F(x)=\int_{-\infty}^{x} f(t)\mathrm{d}t=\int_{-\infty}^{x} 0\mathrm{d}t=0$$

当 $a\leqslant x<b$ 时有

$$F(x)=\int_{-\infty}^{x} f(t)\mathrm{d}t=\int_{a}^{x}\frac{1}{b-a}\mathrm{d}t=\frac{x-a}{b-a}$$

当 $x\geqslant b$ 时

$$F(x)=\int_{-\infty}^{x} f(t)\mathrm{d}t=\int_{a}^{b}\frac{1}{b-a}\mathrm{d}t+\int_{b}^{\infty}0\mathrm{d}t=1+0=1$$

综上可得分布函数为

$$F(x)=\int_{-\infty}^{x} f(t)\mathrm{d}t=\begin{cases}0, & x<a\\ \dfrac{x-a}{b-a}, & a\leqslant x<b\\ 1, & x\geqslant b\end{cases}$$

(2) 由分布函数的定义可知

$$P(a<x\leqslant 2)=F(2)-F(a)=\frac{2-a}{b-a}-\frac{a-a}{b-a}=\frac{2-a}{b-a}$$

2.4.3 连续型随机变量：指数分布

如果连续型随机变量 X 具有以下概率密度

$$f(x)=\begin{cases}\dfrac{1}{\theta}\exp\left(-\dfrac{x}{\theta}\right), & x>0\\ 0, & 其他\end{cases} \tag{2-20}$$

其中，$\theta>0$ 是一个常数，则称随机变量 X 服从参数为 θ 的指数分布，记作 $X\sim\exp(\theta)$。

容易证明，指数分布的分布函数为

$$F(x)=\begin{cases}1-\exp\left(-\dfrac{x}{\theta}\right), & x>0\\ 0, & 其他\end{cases} \tag{2-21}$$

指数分布的一个重要的特点就是“无记忆性”。设随机变量 X 服从指数分布，则有

$$P(X>s+t\mid X>s)=P(X>t) \tag{2-22}$$

它的意义在于，如果已知 $X>s$，则 X 大于 $s+t$ 的概率等于去掉条件后 X 大于 t 的概率。实际上

$$\begin{aligned}P(X>s+t\mid X>s)&=\frac{P[(X>s+t)\cap(X>s)]}{P(X>s)}\\&=\frac{P(X>s+t)}{P(X>s)}=\frac{1-F(s+t)}{1-F(s)}=P(X>t)\end{aligned}$$

指数分布定义的代码如下：

```
#第 2 章/2-20.py
from scipy.stats import expon
theta = 1
X = expon(theta)
#指数分布的密度函数
x = 5
print('在 x=5 处的密度函数为', X.pdf(x))
print('在 x=5 处的分布函数为', X.cdf(x))
```

输出如下：

```
在 x = 5 处的密度函数为 0.01831563888873418
在 x = 5 处的分布函数为 0.9816843611112658
```

【例 2-15】 设某种零件的使用寿命(年)服从参数为 5 的指数分布，求这种零件使用超过 6 年的概率。

解：根据题意，设使用年限为随机变量 X，则 $X \sim \exp(5)$，那么

$$P(X > 6) = \int_6^{\infty} \frac{1}{\theta}\exp\left(-\frac{x}{\theta}\right)dx = \int_6^{\infty} \frac{1}{5}\exp\left(-\frac{x}{5}\right)dx = 0.301$$

代码如下：

```
#第 2 章/2-21.py
from scipy.stats import expon
theta = 5
X = expon(scale = theta)
p = 1 - X.cdf(6)
print('使用超过 6 年的概率为', p)
#第 2 种方法
from sympy import *
theta, x = symbols('theta, x')
p = integrate(1 / theta * exp( - x / theta), (x, 6, oo)).subs({theta: 5}).evalf()
print('第 2 种方法使用超过 6 年的概率为', p)
```

输出如下：

```
使用超过 6 年的概率为 0.3011942119122022
第 2 种方法使用超过 6 年的概率为 0.301194211912202
```

2.4.4 连续型随机变量：正态分布

在自然现象和社会现象中，有大量的随机变量服从或近似服从正态分布。在概率论与数理统计中，正态分布起着非常重要的作用。

如果连续型随机变量 X 具有以下概率密度

$$f(x) = \frac{1}{\sigma\sqrt{2\pi}}\exp\left(-\frac{(x-\mu)^2}{2\sigma^2}\right), \quad -\infty < x < \infty, -\infty < \mu < \infty, \sigma > 0 \quad (2\text{-}23)$$

其中，$\sigma>0$，则称 X 服从以 μ 和 σ 为参数的正态分布，记为 $X \sim N(\mu,\sigma^2)$。正态分布是概率统计中非常重要的分布，由于高斯首先对它做了系统研究故也称其为高斯分布。正态分布有两个参数，分别表示正态分布的均值 μ 和标准差 σ。特别地，如果令 $\mu=0,\sigma=1$，则此时该正态分布变为标准正态分布 $N(0,1)$，即标准正态分布的密度函数为

$$f(x) = \frac{1}{\sqrt{2\pi}}\exp\left(-\frac{x^2}{2}\right) \quad (2\text{-}24)$$

正态分布密度函数 $f(x)$ 的形状有以下特点：

(1) 曲线关于直线 $x=\mu$ 对称。

(2) 当 $x=\mu$ 时，$f(x)$ 取到最大值，并且 x 离 μ 越远，$f(x)$ 的值越小。也就是说，对于

同样长度的区间，当区间离 μ 越远时，X 落在这个区间上的概率越小。

(3) $f(x)$的曲线在 $x=\mu\pm\sigma$ 处有拐点，曲线以 x 轴为渐近线。

定义正态分布随机变量的代码如下：

```
#第 2 章/2-22.py
from scipy.stats import norm
import numpy as np
import matplotlib.pyplot as plt
N = 200
x = np.linspace(-4, 4, N)
fx = norm().pdf(x)
plt.plot(fx)
plt.tick_params(direction='in')
```

标准正态分布示意图如图 2-6 所示。

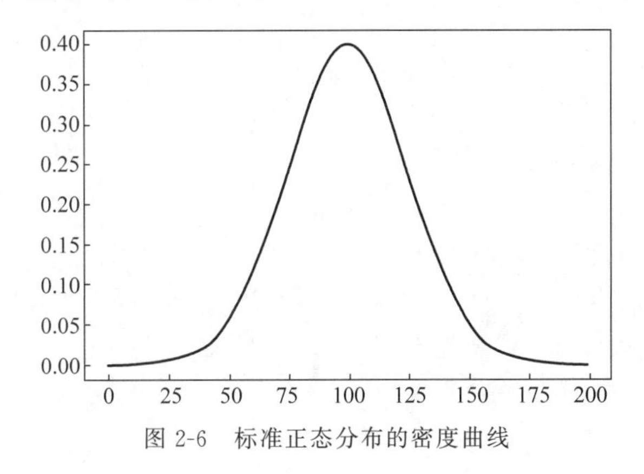

图 2-6　标准正态分布的密度曲线

标准正态分布随机变量的分布函数，在统计中经常用到，一般用 $\Phi(x)$表示，即

$$\Phi(x)=\int_{-\infty}^{x}\frac{1}{\sqrt{2\pi}}\exp\left(-\frac{t^2}{2}\right)\mathrm{d}t \tag{2-25}$$

$\Phi(x)$只能用积分表达，无法写出闭形式表达式，为了方便使用，用数值计算的方法计算出 $\Phi(x)$的近似值，做成数学表格，也可使用程序计算，例如使用 Python。由密度曲线的性质容易证明，$\Phi(-x)=1-\Phi(x)$，代码如下：

```
#第 2 章/2-23.py
from scipy.stats import norm
import numpy as np
import matplotlib.pyplot as plt
N = 200
x = np.linspace(-4,4,N)
fx = norm().cdf(x)
plt.plot(fx)
plt.tick_params(direction='in')
```

标准正态分布的分布函数示意图如图 2-7 所示。

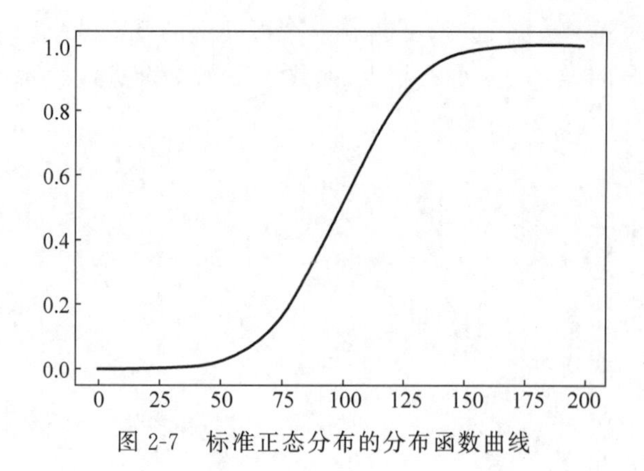

图 2-7 标准正态分布的分布函数曲线

任意一个正态分布都可以通过如下变换变为标准正态分布。设 $X\sim N(\mu,\sigma^2)$，则

$$Z=\frac{X-\mu}{\sigma}\sim N(0,1) \tag{2-26}$$

这个变换很有用，例如，已知 $X\sim N(1,4)$，则

$$P(0<X\leqslant 1.6)=P\left(\frac{0-1}{2}<Z\leqslant\frac{1.6-1}{2}\right)=\Phi(0.3)-\Phi(-0.5)$$

代码如下：

```
#第2章/2-24.py
from scipy.stats import norm
p = norm().cdf(0.3) - norm().cdf( - 0.5)
print('概率值为', p)
```

输出如下：

```
概率值为 0.3093738834629657
```

【例 2-16】 某种溶液的温度是一个随机变量 X，当它正常工作时，它的温度服从正态分布 $N(90,0.5^2)$，求 X 小于 89.5℃的概率是多少？

解：根据题意，X 小于 88℃的概率 P 为

$$P(X<88)=P\left(\frac{X-90}{0.5}<\frac{89.5-90}{0.5}\right)=P\left(\frac{X-90}{0.5}<-1\right)=\Phi(-1)$$

代码如下：

```
#第2章/2-25.py
from scipy.stats import norm
p = norm().cdf( - 1)
print('X小于89.5℃的概率为', p)
#或者
p = norm(loc = 90, scale = 0.5).cdf(89.5)
print('X小于89.5℃的概率为', p)
```

输出如下：

```
X小于 89.5℃ 的概率为 0.15865525393145707
X小于 89.5℃ 的概率为 0.15865525393145707
```

2.5 随机变量的函数分布

在实际问题中,大量的问题跟随机变量的函数有关。例如在一些随机试验中,人们关注的随机变量不能直接测量到,这个随机变量是某个可以直接测量的随机变量的函数。本节讨论随机变量函数的概率分布。

2.5.1 离散型随机变量的函数

离散型随机变量的函数比较简单,只需用函数对该随机变量的值做映射,相应的概率值保持不变,再合并相同的函数值。

【例 2-17】 设随机变量 X 具有的分布律如表 2-3 所示,求 $Y=(X-1)^2$ 的分布律。

表 2-3 随机变量 X 的分布律

X	-1	0	1	2
P	0.2	0.3	0.1	0.4

解:根据题意,Y 所有可能的取值为 0、1、4。根据 Y 的定义可知

$$P(Y=0)=P(X=1)=0.1$$
$$P(Y=1)=P(X=0)=0.1+P(X=2)=0.7$$
$$P(Y=4)=P(X=-1)=0.2$$

因此得到 Y 的分布律如表 2-4 所示。

表 2-4 随机变量 Y 的分布律

Y	0	1	4
P	0.1	0.7	0.2

2.5.2 连续型随机变量的函数

设 X 是连续型随机变量,$Y=g(X)$是随机变量 X 的函数,要求连续型随机变量的函数 Y 的分布,关键是在 $P(Y\leqslant y)$中解出一个关于 X 的等价不等式,再由 X 的分布计算出概率。

【例 2-18】 设随机变量 X 具有概率密度

$$f_X(x)=\begin{cases}\dfrac{x}{8}, & 0<x<4\\ 0, & \text{其他}\end{cases}$$

求随机变量 $Y=2X+8$ 的概率密度。

解:先求 Y 的分布函数。根据 Y 的定义

$$F_Y(y)=P(Y\leqslant y)=P(2X+8\leqslant y)=P\left(X\leqslant\frac{y-8}{2}\right)$$

当 $8<y<16$ 时，

$$F_Y(y)=\int_0^{y-8/2}\frac{x}{8}\mathrm{d}x=\frac{(y-8)^2}{64}$$

当 y 取其他值时 $F_Y(y)$ 等于 0。再对 $F_Y(y)$ 求导数即可得到 Y 的密度函数

$$f_Y(y)=\frac{\mathrm{d}F_Y(y)}{\mathrm{d}y}=\frac{y}{32}-\frac{1}{4}$$

综上有

$$f_Y(y)=\begin{cases}\dfrac{y-8}{32}, & 8<y<16\\ 0, & 其他\end{cases}$$

代码如下：

```
#第 2 章/2-26.py
from sympy import *
x, y = symbols('x, y')
fx = x / 8
Fy = integrate(fx, (x, 0, (y - 8) / 2) ).simplify()
print('Y的分布函数为', Fy)
fy = Fy.diff(y)
print('Y的密度函数为', fy)
```

输出如下：

```
Y的分布函数为 (y - 8)**2/64
Y的密度函数为 y/32 - 1/4
```

对于连续型随机变量的函数的分布，如果已知该函数是严格单调的，则有更一般的结论。设随机变量 X 具有概率密度 $f_X(x)$，又设函数 $g(x)$ 处处可导且恒有 $g'(x)>0$（或者 $g'(x)<0$），则 $Y=g(X)$ 是连续型随机变量，其概率密度为

$$f_Y(y)=\begin{cases}f_X[h(y)]\,|h'(y)|, & a<y<b\\ 0, & 其他\end{cases}\tag{2-27}$$

其中 a 和 b 为 $g(x)$ 值域的下界和上界，$h(y)$ 是 $g(x)$ 的反函数。利用这个结论可以快速地计算某些问题。

【例 2-19】 设 X 是 $(-\pi/2,\pi/2)$ 上均匀分布的随机变量，而 $Y=\sin(X)$，求 Y 的密度函数。

解：根据题意，$y=g(x)=\sin(x)$，当 $x\in(-\pi/2,\pi/2)$ 时，有 $g'(x)=\cos(x)>0$。函数 $g(x)$ 在 $(-\pi/2,\pi/2)$ 单调，它有反函数 $x=h(y)=\arcsin(y)$，并且 $h'(y)=1/\sqrt{1-y^2}$。又有 X 的分布密度

$$f(x)=\begin{cases}\dfrac{1}{\pi}, & -\dfrac{\pi}{2}<x<\dfrac{\pi}{2}\\ 0, & 其他\end{cases}$$

则根据上面的结论有

$$f_Y(y)=\begin{cases}\frac{1}{\pi}\frac{1}{\sqrt{1-y^2}}, & -1<y<1\\0, & 其他\end{cases}$$

2.6 本章练习

1. 设随机变量 X 可能取值为 -1、0、1，并且取这 3 个值的概率比为 2∶3∶5，求 X 的分布律。

2. 某射手连续向同一目标射击，射击命中率互相独立，直到第 1 次射中为止。假设该射手射中目标的概率为 p，求射击次数的分布律。

3. 有 4 张卡片，号码分别是 1～4，从中任取两张，记较小的号码为 X，求 X 的分布律。

4. 某口袋中有 5 个小球，编号分别是 1～5，从中任取 3 个，记最大的号码为 X，求 X 的分布律。

5. 抛一个骰子，记点数为 X，求 X 的分布律，并求 $P(X>1)$ 和 $P(2<X<6)$。

6. 某电话每小时接到的呼叫次数服从参数为 3 的泊松分布，求

(1) 某小时内恰好有 7 次呼叫的概率。

(2) 某小时内呼叫次数小于 4 的概率。

7. 设随机变量 X 的概率密度为

$$f(x)=\begin{cases}kx, & 0\leqslant x\leqslant 3\\3-x, & 3<x<4\\0, & 其他\end{cases}$$

(1) 求常数 k 的值。

(2) 求 $P(-2\leqslant X\leqslant 6)$。

8. 设随机变量 X 服从参数为 $\lambda=3$ 的指数函数，求 $P(2\leqslant X\leqslant 4)$。

9. 设随机变量 X 服从标准正态分布，求 $P(-1\leqslant X\leqslant 1)$。

10. 设随机变量 X 的概率密度为

$$f(x)=\begin{cases}x, & 0\leqslant x\leqslant 1\\2-x, & 1<x<2\\0, & 其他\end{cases}$$

(1) 求 $P(1.2\leqslant X\leqslant 2)$。

(2) 求 $P(3\leqslant X\leqslant 4)$。

(3) 求 $P(-1\leqslant X\leqslant 1)$。

11. 设随机变量 X 服从在(2,4)上均匀分布，现对 X 进行 3 次独立观测，求至少有一次观测值大于 3 的概率。

12. 设 $X\sim N(0,1)$，求 $P(1.2\leqslant X\leqslant 1.4)$ 和 $P(-2\leqslant X\leqslant 2)$。

13. 一个靶子是半径为 1 米的圆盘，击中靶上任意点的概率与该圆盘的面积成正比，并设每次射击都能中靶，用 X 表示弹洞与圆心的距离，求随机变量 X 的分布函数。

14. 在[0,1]区间上任意投掷一个质点，用 X 表示这个质点的坐标，设质点落入[0,1]中任意小区间的概率与小区间的长度成正比，求 X 的分布函数。

15. 口袋中装了 5 个小球，编号分别是 1～5，从中任取 3 个，记 X 为取出 3 个小球中编号最大的号码，求 X 的分布函数。

16. 设随机变量 X 的密度函数如下：

$$f(x)=\begin{cases}x, & 0<x\leqslant 1\\ 2-x, & 1<x\leqslant 2\\ 0, & \text{其他}\end{cases}$$

求 X 的分布函数。

2.7 常见考题解析：随机变量及其分布

本章内容作为基础渗透到后续各章考题中，特别是多维随机变量及其分布。对本章内容要给予充分重视。本章考点主要有分布函数、分布律、概率密度，常考一些分布函数的性质，通常是选择题或填空题。随机变量函数的分布常出现在解答题中。

【考题 2-1】 设随机变量 X 服从均值为 10，标准差为 0.02 的正态分布。已知

$$\Phi(x)=\int_{-\infty}^{x}\frac{1}{\sqrt{2\pi}}\exp\left(-\frac{x^2}{2}\right)\mathrm{d}x,\quad \Phi(2.5)=0.9938$$

则 X 落在(9.95,10.05)的概率为多少？

解：所求概率为

$$P(9.95<X<10.05)=P\left(\frac{9.95-10}{0.02}<\frac{X-10}{0.02}<\frac{10.05-10}{0.02}\right)=P(-2.5<Z<2.5)$$

其中，Z 为标准正态分布随机变量。故而

$$\begin{aligned}P(9.95<X<10.05)&=P(-2.5<Z<2.5)\\&=\Phi(2.5)-\Phi(-2.5)=2\Phi(2.5)-1=0.9876\end{aligned}$$

【考题 2-2】 设随机变量 X 的概率密度为 $f_X(x)=1/\pi(1+x^2)$，求随机变量 $Y=1-\sqrt[3]{X}$ 的概率密度函数 $f_Y(y)$。

解：设 Y 的分布函数为 $F_Y(y)$，则有

$$\begin{aligned}F_Y(y)&=P(Y\leqslant y)=P(1-\sqrt[3]{X}\leqslant y)=P(1-y\leqslant\sqrt[3]{X})=P(1-y^3\leqslant X)\\&=\int_{1-y^3}^{\infty}\frac{\mathrm{d}x}{\pi(1+x^2)}=\frac{1}{\pi}\left[\frac{\pi}{2}-\arctan(1-y)^3\right]\end{aligned}$$

因此

$$f_Y(y)=F'_Y(y)=\frac{3}{\pi}\,\frac{(1-y)^2}{1+(1-y)^6}$$

【考题 2-3】 若随机变量 ξ 在区间(1,6)上服从均匀分布，则方程 $x^2+\xi x+1=0$ 有实根的概率是多少？

解：方程 $x^2+\xi x+1=0$ 有实根的充要条件是判别式 $\xi^2-4\geqslant 0$，那么

$$P(\xi^2-4\geqslant 0)=P(\xi\geqslant 2)+P(\xi\leqslant -2)=P(\xi\geqslant 2)=\frac{6-2}{6-1}=0.8$$

【考题 2-4】 已知随机变量 X 的概率密度 $f(x)=\exp(-|x|)/2$，$-\infty<x<\infty$，则 X

的分布函数 $F(x)$ 是什么？

解：分布函数

$$F(x)=\int_{-\infty}^{x} f(x)\mathrm{d}x=\int_{-\infty}^{x} \frac{\exp(-|x|)}{2}\mathrm{d}x$$

当 $x<0$ 时，

$$F(x)=\int_{-\infty}^{x} f(x)\mathrm{d}x=\frac{1}{2}\int_{-\infty}^{x} \exp(t)\mathrm{d}t=\frac{1}{2}\exp(x)$$

当 $x\geqslant 0$ 时，

$$F(x)=\int_{-\infty}^{0} f(x)\mathrm{d}x+\int_{0}^{x} f(x)\mathrm{d}x=\frac{1}{2}+\frac{1}{2}\int_{0}^{x}\exp(-t)\mathrm{d}t=1-\frac{1}{2}\exp(-x)$$

综上，分布函数

$$F(x)=\begin{cases}\frac{1}{2}\exp(x), & x<0\\ 1-\frac{1}{2}\exp(-x), & x\geqslant 0\end{cases}$$

【考题 2-5】 若随机变量 X 服从均值为 2，方差为 σ^2 的正态分布，并且 $P(2<X<4)=0.3$，则 $P(X<0)$ 是多少？

解：由于

$$P(2<X<4)=P\left(0<\frac{X-2}{\sigma}<\frac{2}{\sigma}\right)=P\left(Z<\frac{2}{\sigma}\right)=0.3$$

其中，Z 服从标准正态分布，则

$$P(X<0)=P\left(Z<-\frac{2}{\sigma}\right)=\frac{1-0.3-0.3}{2}=0.2$$

【考题 2-6】 设随机变量 X 服从 $(0,2)$ 上均匀分布，则随机变量 $Y=X^2$ 在 $(0,4)$ 内的概率分布密度 $f_Y(y)$ 是什么。

解：设 Y 在 $(0,4)$ 内的分布函数为 $F_Y(y)$，当 $0<y<4$ 时，

$$\begin{aligned}F_Y(y)&=P(X^2\leqslant y)=P(0\leqslant X\leqslant\sqrt{y})+P(-\sqrt{y}\leqslant X<0)\\&=P(0\leqslant X\leqslant\sqrt{y})=\frac{\sqrt{y}}{2}\end{aligned}$$

故

$$f_Y(y)=F'_Y(y)=\frac{1}{4\sqrt{y}},\quad 0<y<4$$

【考题 2-7】 设随机变量 X 的概率密度为

$$f_X(x)=\begin{cases}\exp(-x), & x\geqslant 0\\ 0, & x<0\end{cases}$$

求随机变量 $Y=\exp(X)$ 的概率密度 $f_Y(y)$。

解：求 Y 的取值范围。由于 $X\geqslant 0$，因此 $Y=\exp(X)\geqslant 1$。设 Y 的分布函数为 $F_Y(y)$，$F_Y(y)=P(\exp(X)\leqslant y)=P(X\leqslant \log(y))$。当 $y\geqslant 1$ 时，

$$F_Y(y)=P(X\leqslant\log(y))=\int_{-\infty}^{\log(y)} f_X(x)\mathrm{d}x=\int_{0}^{\log(y)}\exp(-x)\mathrm{d}x=1-\frac{1}{y}$$

故有 $f_Y(y)=F'_Y(y)=1/y^2$。综上

$$f_Y(y)=F'_Y(y)=\begin{cases}0, & y<1\\ \dfrac{1}{y^2}, & y\geqslant 1\end{cases}$$

【考题 2-8】 设随机变量 X 服从正态分布 $N(\mu,\sigma^2)$，并且二次方程

$$y^2+4y+X=0$$

无实根的概率为 1/2，则 μ 是多少？

解：二次方程无实根当且仅当 $16-4X<0$，即 $X>4$。由 $P(X>4)=1/2$ 可知 $\mu=4$。

【考题 2-9】 设 X_1 和 X_2 是任意两个互相独立的连续型随机变量，它们的密度分别是 $f_1(x)$ 和 $f_2(x)$，分布函数分别是 $F_1(x)$ 和 $F_2(x)$，则（　　）。

A. $f_1(x)+f_2(x)$ 必为某一随机变量的概率密度

B. $f_1(x)f_2(x)$ 必为某一随机变量的概率密度

C. $F_1(x)+F_2(x)$ 必为某一随机变量的分布函数

D. $F_1(x)F_2(x)$ 必为某一随机变量的分布函数

解：令 $Z=\max(X_1,X_2)$，则 Z 的分布函数 $F_Z(x)$ 为

$$F_Z(x)=P(Z\leqslant x)=P(\max(X_1,X_2)\leqslant x)=P(X_1\leqslant x,X_2\leqslant x)$$

由独立性可得

$$F_Z(x)=P(X_1\leqslant x,X_2\leqslant x)=P(X_1\leqslant x)P(X_2\leqslant x)=F_1(x)F_2(x)$$

即 $F_1(x)F_2(x)$ 是 $\max(X_1,X_2)$ 的分布函数。

【考题 2-10】 设随机变量 X 服从正态分布 $N(0,1)$，对给定的 $\alpha(0<\alpha<1)$，数 u_α 满足 $P(X>u_\alpha)=\alpha$，若 $P(|X|<x)=\alpha$，则 x 等于（　　）

A. $u_{\alpha/2}$　　B. $u_{1-\alpha/2}$　　C. $u_{(1-\alpha)/2}$　　D. $u_{1-\alpha}$

解：

$$\begin{aligned}\alpha&=P(|X|<x)=1-P(|X|\geqslant x)\\&=1-P(X\geqslant x)-P(X\leqslant -x)=1-2P(X\geqslant x)\end{aligned}$$

故 $2P(X\geqslant x)=1-\alpha$，即 $P(X\geqslant x)=(1-\alpha)/2$，也就是 $x=u_{(1-\alpha)/2}$。

【考题 2-11】 设随机变量 X 服从正态分布 $N(\mu_1,\sigma_1^2)$，Y 服从 $N(\mu_2,\sigma_2^2)$，并且 $P(|X-\mu_1|<1)>P(|X-\mu_2|<1)$，则必有（　　）。

A. $\sigma_1<\sigma_2$　　B. $\sigma_1>\sigma_2$　　C. $\mu_1<\mu_2$　　D. $\mu_1>\mu_2$

解：由于 X 与 Y 分布不同，可先将其标准化。

$$\begin{aligned}P(|X-\mu_1|<1)&=P\left(\frac{|X-\mu_1|}{\sigma_1}<\frac{1}{\sigma_1}\right)=2P\left(0<\frac{X-\mu_1}{\sigma_1}<\frac{1}{\sigma_1}\right)\\&=2\left[\Phi\left(\frac{1}{\sigma_1}\right)-\Phi(0)\right]=2\Phi\left(\frac{1}{\sigma_1}\right)-1\end{aligned}$$

同理，

$$P(|Y-\mu_2|<1)=2\Phi\left(\frac{1}{\sigma_2}\right)-1$$

因此 $P(|X-\mu_1|<1)>P(|X-\mu_2|<1)$ 推出

$$2\Phi\left(\frac{1}{\sigma_1}\right)-1>2\Phi\left(\frac{1}{\sigma_2}\right)-1$$

由于 $\Phi(x)$是严格单调上升函数,故而

$$\frac{1}{\sigma_1}>\frac{1}{\sigma_2}$$

即 $\sigma_1<\sigma_2$。

2.8 本章常用的 Python 函数总结

本章使用的函数来自 scipy. stats 库,调用格式为 from scipy. stats import * 。本章常用的 Python 函数见表 2-5。

表 2-5 本章常用的 Python 函数

函 数	代 码
二项分布概率密度	binom. pmf(k = k,n = N,p = p)
二项分布的分布函数(积累概率)	binom. cdf(k = k,n = N,p = p)
二项分布的尾概率(尾概率)	1－binom. cdf(k = k,n = N,p = p)
二项分布的分位点	binom(n = n,p = p). ppf(q)
泊松分布概率密度	poisson. pmf(mu = mu,k = k)
泊松分布的分布函数(积累概率)	poisson. cdf(mu = mu,k = k)
泊松分布的尾概率(尾概率)	1－poisson. cdf(mu = mu,k = k)
泊松分布的分位点	poisson(mu =mu). ppf(q)
均匀分布概率密度	uniform. pdf(x = x,loc = a,scale = b)
均匀分布的分布函数(积累概率)	uniform(loc =a,scale = b). cdf(x)
均匀分布的区间概率	pc,pd = uniform. cdf(x = [c,d],loc = a,scale = b); print(pd－pc)
均匀分布的分位点	uniform(loc = 2,scale = 44). ppf(0. 4)
正态分布概率密度	norm(loc = loc,scale = scale). pdf(x)
正态分布的分布函数(积累概率)	norm(loc = loc,scale = scale). cdf(x)
正态分布的分位点	norm(loc = loc,scale = scale). ppf(q)
指数分布概率密度	expon. pdf(scale = 1 / mu,x = x)
指数分布的分布函数(积累概率)	expon. cdf(scale = 1 / mu,x = x)
指数分布的分位点	expon(scale =scale). ppf(q)

2.9 本章上机练习

实训环境

(1) 使用 Python 3. x 版本。

(2) 使用 IPython 或 Jupyter Notebook 交互式编辑器,推荐使用 Anaconda 发行版中自带的 IPython 或 Jupyter Notebook。

【实训 2-1】 设随机变量 X 服从标准正态分布,求 $P(X<1.3)$,代码如下:

```
#第2章/2-27.py
from scipy.stats import norm
x = 1.3
p = norm(loc = 0, scale = 1).cdf(x)
print('所求概率为', p)
```

输出如下：

```
所求概率为 0.9031995154143897
```

【实训 2-2】 设随机变量 X 服从均值为 2，标准差为 1.5 的正态分布，求 $P(0.3<X<1.3)$，代码如下：

```
#第2章/2-28.py
from scipy.stats import norm
m, s = 2, 1.5
X = norm(loc = m, scale = s)
x1, x2 = 0.3, 1.3
p = X.cdf(x2) - X.cdf(x1)
print('所求概率为', p)
#第2种方法
y1 = (x1 - m) / s
y2 = (x2 - m) / s
Y = norm()
p2 = Y.cdf(y2) - Y.cdf(y1)
print('第2种方法所求概率为', p2)
```

输出如下：

```
所求概率为 0.19183204155885542
第2种方法所求概率为 0.19183204155885542
```

【实训 2-3】 设随机变量 X 服从均值为 2，标准差为 1.5 的正态分布，求 X 的 0.6 分位点，代码如下：

```
#第2章/2-29.py
from scipy.stats import norm
m, s = 2, 1.5
X = norm(loc = m, scale = s)
q = 0.6
a = X.ppf(q)
print('所求分位点为', a)
```

输出如下：

```
所求分位点为 2.3800206547036997
```

【实训 2-4】 设随机变量 X 服从参数为 4 的泊松分布，求 X 等于 6 的概率，代码如下：

```
#第 2 章/2-30.py
from scipy.stats import poisson
mu = 4
X = poisson(mu)
p = X.pmf(6)
print('X = 6 的概率为', p)
```

输出如下：

```
X = 6 的概率为 0.10419563456702102
```

【实训 2-5】 设随机变量 X 服从均值为 10，标准差为 0.02 的正态分布，则 X 落在 (9.95，10.05)的概率是多少，代码如下：

```
#第 2 章/2-31.py
from scipy.stats import norm
m = 10
s = 0.02
X = norm(loc = m, scale = s)
p = X.cdf(10.05) - X.cdf(9.95)
print('X 落入区间的概率为', p)
```

输出如下：

```
X 落入区间的概率为 0.987580669348449
```

【实训 2-6】 设打一次电话所用时间 X(分钟)服从参数为 0.1 的指数分布，如果某人刚好在甲之前走进电话间，则求甲

(1) 等待的时间超过 10min 的概率。

(2) 在 10min 到 20min 的概率。

代码如下：

```
#第 2 章/2-32.py
from scipy.stats import expon
lambda = 0.1
#定义随机变量
X = expon(scale = 1 / lambda)
#第(1)问
p = 1 - X.cdf(10)
print('等待的时间超过 10min 的概率为', p)
#第(2)问
p = X.cdf(20) - X.cdf(10)
print('在 10min 到 20min 的概率为', p)
```

输出如下：

```
等待的时间超过 10min 的概率为 0.36787944117144233
在 10min 到 20min 的概率为 0.23254415793482963
```

【实训 2-7】 设某机器生产的螺栓的长度服从参数为均值 $\mu=10.05$，标准差 $\sigma=0.06$ 的正态分布，规定长度在 10.05 ± 0.12 内为合格。求一螺栓为不合格的概率，代码如下：

```
#第 2 章/2-33.py
from scipy.stats import norm
mu = 10.05
sigma = 0.06
#定义随机变量
X = norm(scale = sigma, loc = mu)
#合格的概率
p = X.cdf(10.05 + 0.12) - X.cdf(10.05 - 0.12)
print('不合格的概率为', 1 - p)
```

输出如下：

```
不合格的概率为 0.04550026389635975
```

第3章

多维随机变量及其分布

在前面的章节中，主要研究了单个随机变量的分布函数。实际上多维随机变量也是经常遇到的一种情形。例如，研究学生的学习成绩，一个学生对应他各个学科的学习成绩，这是一个一对多的关系，用概率论的语言来讲，各科成绩就构成了一个多维随机变量。再例如天气预报需要预报多个天气指标，包括空气质量、湿度、风力、风向、气压等，这些指标中的每个都是一维随机变量，它们结合在一起就构成了一个多维随机变量。研究多维随机变量就是要揭示这些单个随机变量之间的关系，这是研究一维随机变量无法做到的。为了简单起见，本章以二维随机变量为例，研究多维随机变量及其分布函数，主要研究分布函数、边缘分布、条件分布和独立性等重要问题。本章需要的数学工具主要是高等数学中的二重积分。

本章主要包括以下内容：

(1) 二维随机变量及其分布函数。

(2) 边缘分布。

(3) 条件分布。

(4) 随机变量的独立性。

3.1 二维随机变量及其分布函数

设 S 是一个样本空间，X 和 Y 是两个定义在 S 上的随机变量，则由 X 和 Y 所构成的二维向量 (X,Y) 称为定义在 S 上的随机向量。为了强调，把前面章节所学的随机变量称为一维随机变量。高维的随机变量也可类似定义。

3.1.1 二维随机变量的分布函数

二元实函数 $F(x,y)$ 称为二维随机变量 (X,Y) 的分布函数，如果它满足

$$F(x,y)=P((X\leqslant x)\cap(Y\leqslant y))=P(X\leqslant x,Y\leqslant y) \tag{3-1}$$

此时 $F(x,y)$ 也称为 X 和 Y 的联合分布。

如果将二维随机变量 (X,Y) 画在坐标平面上，用 (x,y) 表示点的坐标，则分布函数 $F(x,y)$ 就是二维随机变量 (X,Y) 落入以 (x,y) 为右上方顶点的无穷矩形内的概率，如图 3-1 所示。

根据分布函数的定义，随机点 (X,Y) 落在矩形区域 $\{(x,y):x_1<x\leqslant x_2,y_1<y\leqslant y_2\}$ 的概率为

$$P(x_1 < X \leqslant x_2, y_1 < Y \leqslant y_2) = F(x_2, y_2) - F(x_2, y_1) - F(x_1, y_2) + F(x_1, y_1) \tag{3-2}$$

概率如图 3-2 所示。

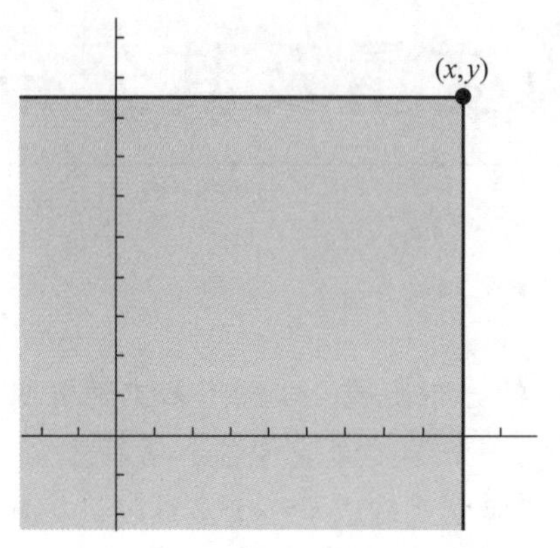

图 3-1　二维随机变量的分布函数

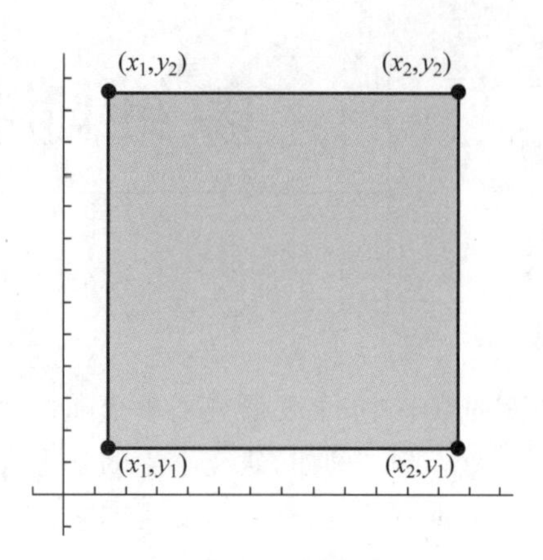

图 3-2　概率

分布函数的基本性质如下：

(1) 对于固定的 y，$F(x,y)$是 x 的增函数，即对于 $x_1 \leqslant x_2$，有 $F(x_1,y) \leqslant F(x_2,y)$。

(2) 对于固定的 x，$F(x,y)$是 y 的增函数，即对于 $y_1 \leqslant y_2$，有 $F(x,y_1) \leqslant F(x,y_2)$。

(3) $F(x,y)$是有界函数，并且 $0 \leqslant F(x,y) \leqslant 1$。

(4) $F(-\infty,y) = F(x,\infty) = F(-\infty,\infty) = 0$，$F(\infty,\infty) = 1$。

(5) $F(x,y)$关于 x 右连续，$F(x,y)$关于 y 右连续。

3.1.2　二维离散型随机变量

如果二维随机变量(X,Y)全部可能取到的值是有限对或者无限可列多对，则称(X,Y)是离散型随机变量。不妨设二维离散型随机变量全部可能的取值为(x_i, y_j)，相应的概率为 $p_{ij} = P(X=x_i, Y=y_j)$，则称 $P(X=x_i, Y=y_j)$为 X 和 Y 的联合分布律，见表 3-1。

表 3-1　X 和 Y 的联合分布律

X 和 Y 的联合分布		X				
		x_1	x_2	…	x_i	…
Y	y_1	p_{11}	p_{21}	…	p_{i1}	…
	y_2	p_{12}	p_{22}	…	p_{i2}	…
	⋮	⋮	⋮	⋮	⋮	…
	y_j	p_{1j}	p_{2j}	…	p_{ij}	…
	⋮	⋮	⋮	⋮	⋮	…

容易知道二维离散型随机变量的联合分布函数为

$$F(x,y) = \sum_{x_i \leqslant x} \sum_{y_j \leqslant y} p_{ij} \tag{3-3}$$

【例 3-1】　口袋中有 1 个红球，2 个黑球和 3 个白球，现在有放回地从袋中取两次，每次取一个球，用 X 和 Y 表示两次取球所得红球和黑球的个数，求二维随机变量(X,Y)的概率分布。

解：首先确定 X 和 Y 的取值范围都是 0、1 和 2。由于是有放回地取球，所以两次取球共 9 种可能，结果见表 3-2。

表 3-2　两次取球的联合分布

两次取球的联合分布		第 1 次取球		
		红	黑	白
第 2 次取球	红	1/36	1/18	1/12
	黑	1/18	1/9	1/6
	白	1/12	1/6	1/4

于是有

$$P(X=0,Y=0)=\frac{1}{4},\quad P(X=0,Y=1)=\frac{1}{3},\quad P(X=0,Y=2)=\frac{1}{9}$$

$$P(X=1,Y=0)=\frac{1}{6},\quad P(X=1,Y=1)=\frac{1}{9},\quad P(X=1,Y=2)=0$$

$$P(X=2,Y=0)=\frac{1}{36},\quad P(X=2,Y=1)=0,\quad P(X=2,Y=2)=0$$

结果见表 3-3。

表 3-3　X 和 Y 的联合概率分布

X 和 Y 的联合概率分布		Y		
		0	1	2
X	0	1/4	1/3	1/9
	1	1/6	1/9	0
	2	1/36	0	0

3.1.3　二维连续型随机变量

对于二维随机变量(X,Y)的分布函数 $F(x,y)$，如果存在非负可积函数 $f(x,y)$，使对于任意的 x 和 y 有

$$F(x,y)=\int_{-\infty}^{y}\int_{-\infty}^{x}f(s,t)\mathrm{d}s\mathrm{d}t \tag{3-4}$$

则称(X,Y)是连续型的二维随机变量，其中 $f(x,y)$称为二维随机变量(X,Y)的联合概率密度，简称概率密度。

概率密度具有以下性质。

(1) 非负性：$f(x,y)\geqslant 0$。

(2) 正则性：

$$F(\infty,\infty)=\int_{-\infty}^{\infty}\int_{-\infty}^{\infty}f(s,t)\mathrm{d}s\mathrm{d}t=1 \tag{3-5}$$

(3) 对于给定的平面区域 A，点(X,Y)落入 A 的概率为

$$P((X,Y)\in A)=\iint_{A}f(x,y)\mathrm{d}x\mathrm{d}y \tag{3-6}$$

(4) 在 $f(x,y)$的连续点处有

$$f(x,y)=\frac{\partial F(x,y)}{\partial x\partial y} \tag{3-7}$$

【例 3-2】 设二维随机变量具有概率密度

$$f(x,y)=\begin{cases}2\exp(-2x-y), & x>0,y>0\\0, & 其他\end{cases}$$

(1) 求分布函数 $F(x,y)$。

(2) 求概率 $P(Y\leqslant 2X)$。

解：(1) 由密度函数与分布函数的关系可知

$$F(x,y)=\int_{-\infty}^{y}\int_{-\infty}^{x}f(s,t)\mathrm{d}s\mathrm{d}t=\begin{cases}\int_{-\infty}^{y}\int_{-\infty}^{x}2\exp(-2s-t)\mathrm{d}s\mathrm{d}t, & x>0,y>0\\0, & 其他\end{cases}$$

计算后可得

$$F(x,y)=\begin{cases}(1-\exp(-2x))(1-\exp(-y)), & x>0,y>0\\0, & 其他\end{cases}$$

(2) 概率 $P(Y\leqslant 2X)$为

$$P(Y\leqslant 2X)=\int_{0}^{\infty}\mathrm{d}x\int_{0}^{2x}2\exp(-2x-y)\mathrm{d}y=\frac{1}{2}$$

代码如下：

```
#第 3 章/3-1.py
#第 1 问
from sympy import *
x, y, s, t = symbols('x, y, s, t')
expr = 2 * exp(-2 * s) * exp(-t)
tmp = integrate(expr, (s, 0, x), (t, 0, y)).simplify()
print('分布函数为', tmp)
#第 2 问
tmp = integrate(expr, (t, 0, 2 * s), (s, 0, oo)).simplify()
print('所求概率为', tmp)
```

输出如下：

```
分布函数为 exp(-2*x - y) + 1 - exp(-y) - exp(-2*x)
所求概率为 1/2
```

3.2 边缘分布

二维随机变量(X,Y)中的 X 和 Y 也是随机变量，有各自的分布函数，记作 $F_X(x)$和 $F_Y(y)$，称为二维随机变量(X,Y)关于 X 和 Y 的边缘分布函数。边缘分布函数与分布函数 $F(x,y)$有密切的联系，

$$F_X(x)=F(x,\infty)=P(X\leqslant x,Y<\infty) \tag{3-8}$$

$$F_Y(y)=F(\infty,y)=P(X<\infty,Y\leqslant y) \tag{3-9}$$

如果二维随机变量(X,Y)是离散型随机变量，则

$$p_{i.}=P(X=x_i)=\sum_{j=1}^{\infty}p_{ij}, p_{.j}=P(Y=y_i)=\sum_{i=1}^{\infty}p_{ij} \tag{3-10}$$

其中，$p_{i.}$ 和 $p_{.j}$ 分别称为(X,Y)关于 X 和 Y 的边缘分布律。

如果二维随机变量(X,Y)是连续型随机变量，则

$$f_X(x)=\int_{-\infty}^{\infty}f(x,y)\mathrm{d}y, f_Y(y)=\int_{-\infty}^{\infty}f(x,y)\mathrm{d}x \tag{3-11}$$

其中，$f_X(x)$和 $f_Y(y)$分别称为(X,Y)关于 X 和 Y 的边缘概率密度。

【例 3-3】 在例 3-1 中，求二维随机变量(X,Y)的边缘分布。

解：已知例 3-1 中(X,Y)的联合分布见表 3-4。

表 3-4 X 和 Y 的联合分布

X 和 Y 的联合分布		Y		
		0	1	2
X	0	1/4	1/3	1/9
	1	1/6	1/9	0
	2	1/36	0	0

由此可得边缘分布

$$p_{0.}=P(X=0)=\frac{1}{4}+\frac{1}{3}+\frac{1}{9}=\frac{25}{36}, p_{1.}=P(X=1)=\frac{1}{6}+\frac{1}{9}=\frac{5}{18}, p_{2.}=P(X=2)=\frac{1}{36}$$

$$p_{.0}=P(Y=0)=\frac{1}{4}+\frac{1}{6}+\frac{1}{36}=\frac{4}{9}, p_{.1}=P(Y=1)=\frac{1}{3}+\frac{1}{9}=\frac{4}{9}, p_{.2}=P(Y=2)=\frac{1}{9}$$

代码如下：

```
#第 3 章/3-2.py
from sympy import *
import numpy as np
arr = np.array([[Rational(1, 4), Rational(1, 3), Rational(1, 9)],
                [Rational(1, 6), Rational(1, 9), 0],
                [Rational(1, 36), 0, 0]])
#X 的边缘分布
print('X 的边缘分布为', arr.sum(axis = 1))
#Y 的边缘分布
print('Y 的边缘分布为', arr.sum(axis = 0))
```

输出如下：

```
X 的边缘分布为[25/36 5/18 1/36]
Y 的边缘分布为[4/9 4/9 1/9]
```

【例 3-4】 设二维随机变量(X,Y)的概率密度为

$$f(x,y)=\begin{cases}2(x+y), & 0<y<x<1\\ 0, & \text{其他}\end{cases}$$

求边缘密度 $f_X(x)$和 $f_Y(y)$。

解：由边缘分布的定义可得

$$f_X(x)=\int_{-\infty}^{\infty}f(x,y)\mathrm{d}y=\begin{cases}\int_0^x 2(x+y)\mathrm{d}y=3x^2, & 0<x<1\\ 0, & \text{其他}\end{cases}$$

$$f_Y(y)=\int_{-\infty}^{\infty}f(x,y)\mathrm{d}x=\begin{cases}\int_y^1 2(x+y)\mathrm{d}x=1+2y-3y^2, & 0<y<1\\ 0, & \text{其他}\end{cases}$$

代码如下：

```
#第3章/3-3.py
from sympy import *
x, y = symbols('x, y')
fxy = 2 * (x + y)
fxx = integrate(2 * (x + y), (y, 0, x))
print('x的边缘密度为', fxx)
fyy = integrate(2 * (x + y), (x, y, 1))
print('y的边缘密度为', fyy)
```

输出如下：

```
x的边缘密度为 3*x**2
y的边缘密度为 -3*y**2 + 2*y + 1
```

3.3 条件分布

由条件概率容易引出条件概率分布的概念。

如果二维随机变量(X,Y)是离散型随机变量，对于固定的j，如果$P(Y=y_j)>0$，则称

$$P(X=x_i\mid Y=y_j)=\frac{P(X=x_i,Y=y_j)}{P(Y=y_j)}=\frac{p_{ij}}{p_{\cdot j}} \tag{3-12}$$

为$Y=y_j$条件下随机变量X的条件分布律。同理，当$P(X=x_i)>0$时，称

$$P(Y=y_j\mid X=x_i)=\frac{P(X=x_i,Y=y_j)}{P(X=x_i)}=\frac{p_{ij}}{p_{i\cdot}} \tag{3-13}$$

为条件$X=x_i$之下随机变量Y的条件分布律。

【例3-5】 在例3-1中，求$X=1$条件下Y的条件分布律。

解：已知例3-1中(X,Y)的联合分布见表3-5。

表3-5 X和Y的联合分布

X和Y的联合分布		Y		
		0	1	2
X	0	1/4	1/3	1/9
	1	1/6	1/9	0
	2	1/36	0	0

因此$X=1$条件下Y的条件分布律为

$$P(Y=0 \mid X=1)=\frac{P(X=1,Y=0)}{P(X=1)}=\frac{1/6}{1/6+1/9}=\frac{3}{5}$$

$$P(Y=1 \mid X=1)=\frac{P(X=1,Y=1)}{P(X=1)}=\frac{1/9}{1/6+1/9}=\frac{2}{5}$$

$$P(Y=2 \mid X=1)=\frac{P(X=1,Y=2)}{P(X=1)}=\frac{0}{1/6+1/9}=0$$

代码如下：

```
#第 3 章/3-4.py
from sympy import *
import numpy as np
arr = np.array([[Rational(1, 4), Rational(1, 3), Rational(1, 9)],
                [Rational(1, 6), Rational(1, 9), 0],
                [Rational(1, 36), 0, 0]])
#X 的边缘分布
print('X 的边缘分布为', arr.sum(axis = 1))
#Y 的边缘分布
print('Y 的边缘分布为', arr.sum(axis = 0))
#X 的条件分布
print('X 的条件分布为\n', arr / arr.sum(axis = 1).reshape(3, 1))
#Y 的条件分布
print('Y 的条件分布为\n', arr / arr.sum(axis = 0).reshape(1, 3))
```

输出如下：

```
X 的边缘分布为[25/36 5/18 1/36]
Y 的边缘分布为[4/9 4/9 1/9]
X 的条件分布为
[[9/25 12/25 4/25]
[3/5 2/5 0]
[1 0 0]]
Y 的条件分布为
[[9/16 3/4 1]
[3/8 1/4 0]
[1/16 0 0]]
```

容易证明离散型随机变量的条件分布具有下面的性质：

(1) $P(X=x_i|Y=y_j)\geqslant 0$。

(2) $\sum_{i=1}^{\infty}P(X=x_i \mid Y=y_j)=\sum_{i=1}^{\infty}p_{ij}/p_{.j}=1$。

这个性质类似于分布律的性质，据此可定义离散型随机变量的条件分布律。设(X,Y)是二维离散型随机变量，对于固定的j，如果$P(Y=y_j)>0$，则称

$$P(X=x_i \mid Y=y_j)=\frac{P(X=x_i,Y=y_j)}{P(Y=y_j)}=\frac{p_{ij}}{p_{.j}} \tag{3-14}$$

为在 $P(Y=y_j)$ 条件下随机变量 X 的条件分布律。同理，对于固定的 i，如果 $P(X=x_i)>0$，则称

$$P(Y=y_j \mid X=x_i)=\frac{P(Y=y_j, X=x_i)}{P(X=x_i)}=\frac{p_{ij}}{p_{i.}} \tag{3-15}$$

为在 $P(X=x_i)$ 条件下随机变量 Y 的条件分布律。

如果二维随机变量(X,Y)是连续型随机变量，则概率密度为 $f(x,y)$。对于固定的 y，如果 $f_Y(y)>0$，则称

$$f_{X|Y}(x \mid y)=\frac{f(x,y)}{f_Y(y)} \tag{3-16}$$

为 $Y=y$ 条件下随机变量 X 的条件概率密度。称

$$F_{X|Y}(x \mid y)=P(X \leqslant x \mid Y=y)=\int_{-\infty}^{x} f_{X|Y}(x \mid y)\mathrm{d}x=\int_{-\infty}^{x} \frac{f(x,y)}{f_Y(y)}\mathrm{d}x \tag{3-17}$$

为 $Y=y$ 条件下随机变量 X 的条件分布函数。同理，对于固定的 x，如果 $f_X(x)>0$，则称

$$f_{Y|X}(y \mid x)=\frac{f(x,y)}{f_X(x)} \tag{3-18}$$

为 $X=x$ 条件下随机变量 Y 的条件概率密度。称

$$F_{Y|X}(y \mid x)=P(Y \leqslant y \mid X=x)=\int_{-\infty}^{y} f_{Y|X}(y \mid x)\mathrm{d}y=\int_{-\infty}^{y} \frac{f(x,y)}{f_X(x)}\mathrm{d}y \tag{3-19}$$

为 $X=x$ 条件下随机变量 Y 的条件分布函数。

【例 3-6】 设二维连续型随机变量(X,Y)的概率密度为

$$f(x,y)=\begin{cases}2(x+y), & 0<y<x<1 \\ 0, & \text{其他}\end{cases}$$

求条件概率密度 $f_{X|Y}(x|y)$和 $f_{Y|X}(y|x)$。

解：容易求得边缘密度

$$f_X(x)=\int_{-\infty}^{\infty} f(x,y)\mathrm{d}y=\begin{cases}\int_0^x 2(x+y)\mathrm{d}y=3x^2, & 0<x<1 \\ 0, & \text{其他}\end{cases}$$

$$f_Y(y)=\int_{-\infty}^{\infty} f(x,y)\mathrm{d}x=\begin{cases}\int_y^1 2(x+y)\mathrm{d}x=1+2y-3y^2, & 0<y<1 \\ 0, & \text{其他}\end{cases}$$

故当 $0<y<1$ 时，

$$f_{X|Y}(x \mid y)=\frac{f(x,y)}{f_Y(y)}=\begin{cases}\dfrac{2(x+y)}{1+2y-3y^2}, & 0<y<x<1 \\ 0, & \text{其他}\end{cases}$$

当 $0<x<1$ 时

$$f_{Y|X}(y \mid x)=\frac{f(x,y)}{f_X(x)}=\begin{cases}\dfrac{2(x+y)}{3x^2}, & 0<y<x<1 \\ 0, & \text{其他}\end{cases}$$

代码如下：

```
#第3章/3-5.py
from sympy import *
x, y = symbols('x, y')
fxy = 2 * (x + y)
#x的边缘密度
fxx = integrate(fxy, (y, 0, x))
#y的边缘密度
fyy = integrate(fxy, (x, y, 1))
#x的条件概率密度
fxyxy = fxy/fyy
print('x的条件概率密度为', fxyxy)
#y的条件概率密度
fyxyx = fxy/fxx
print('y的条件概率密度为', fyxyx)
```

输出如下：

```
x的条件概率密度为(2*x + 2*y)/(-3*y**2 + 2*y + 1)
y的条件概率密度为(2*x + 2*y)/(3*x**2)
```

【例 3-7】 设(X,Y)是二维随机变量，X 的边缘密度为

$$f_X(x)=\begin{cases}3x^2, & 0<x<1\\ 0, & \text{其他}\end{cases}$$

在给定 $X=x(0<x<1)$的条件下，Y 的条件概率密度为

$$f_{Y|X}(y\mid x)=\begin{cases}3y^2/x^3, & 0<y<x\\ 0, & \text{其他}\end{cases}$$

(1) 求(X,Y)的概率密度 $f(x,y)$。

(2) 求 Y 的边缘密度 $f_Y(y)$。

(3) 求概率 $P(X>2Y)$。

解：(1) 由于 $f(x,y)=f_{Y|X}(y|x)f_X(x)$，所以

$$f(x,y)=\begin{cases}3x^2\times 3y^2/x^3=9y^2/x, & 0<y<x<1\\ 0, & \text{其他}\end{cases}$$

(2) Y 的边缘密度为

$$f_Y(y)=\begin{cases}\int_y^1 f(x,y)\mathrm{d}x=\int_y^1\frac{9y^2}{x}\mathrm{d}x=-9y^2\ln(y), & 0<y<1\\ 0, & \text{其他}\end{cases}$$

(3) 概率 $P(X>2Y)$为

$$P(X>2Y)=\int_0^1\mathrm{d}x\int_0^{x/2}\frac{9y^2}{x}\mathrm{d}y=\int_0^1\frac{3x^2}{8}\mathrm{d}x=\frac{1}{8}$$

代码如下：

```
#第3章/3-6.py
from sympy import *
x, y = symbols('x, y')
fxy = 3 * x ** 2 * 3 * y ** 2 / x ** 3
#联合概率密度
print('联合密度 f(x,y)为', fxy)
#y的边缘密度
fyy = integrate(9 * y ** 2 / x, (x, y, 1))
print('y的边缘密度为', fyy)
#所求概率
p = integrate(9 * y ** 2 / x, (y, 0, x / 2),(x, 0, 1))
print('所求概率为', p)
```

输出如下：

```
联合密度 f(x,y)为 9*y**2/x
y的边缘密度为 -9*y**2*log(y)
所求概率为 1/8
```

3.4 相互独立的随机变量

随机变量的独立性与事件的独立性有相似的形式。设二维连续型随机变量(X,Y)的分布函数是$F(x,y)$，边缘分布函数分别是$F_X(x)$和$F_Y(y)$。称随机变量X和Y是相互独立的，如果对于任意的x和y有

$$P(X \leqslant x, Y \leqslant y) = P(X \leqslant x)P(Y \leqslant y) \tag{3-20}$$

也就是

$$F(x,y) = F_X(x)F_Y(y) \tag{3-21}$$

特别地，如果(X,Y)是连续型随机变量，具有联合密度函数$f(x,y)$和边缘概率密度$f_X(x)$和$f_Y(y)$，并且

$$f(x,y) = f_X(x)f_Y(y) \tag{3-22}$$

则称随机变量X和Y是相互独立的。

同理，如果(X,Y)是离散型随机变量，具有联合分布律$P(X=x_i,Y=y_j)$及边缘分布律$P(X=x_i)$和$P(Y=y_j)$，并且

$$P(X=x_i, Y=y_j) = P(X=x_i)P(Y=y_j) \tag{3-23}$$

则称随机变量X和Y是相互独立的。

【例3-8】 已知(X,Y)的分布律见表3-6，判断随机变量X与Y是否相互独立。

表3-6 X和Y的联合分布

X和Y的联合分布		Y		
		0	1	2
X	0	1/4	1/3	1/9
	1	1/6	1/9	0
	2	1/36	0	0

解：由 X 和 Y 的联合概率分布可得边缘概率分布

$$P(X=0)=\frac{1}{4}+\frac{1}{3}+\frac{1}{9}=\frac{25}{36},\quad P(X=1)=\frac{1}{6}+\frac{1}{9}=\frac{5}{18},\quad P(X=2)=\frac{1}{36}$$

$$P(Y=0)=\frac{1}{4}+\frac{1}{6}+\frac{1}{36}=\frac{4}{9},\quad P(Y=1)=\frac{1}{3}+\frac{1}{9}=\frac{4}{9},\quad P(Y=2)=\frac{1}{9}$$

如果 X 与 Y 互相独立，则

$$P(X=x_i,Y=y_j)=P(X=x_i)P(Y=y_j)$$

但经过计算发现

$$P(X=0,Y=0)=\frac{1}{4}\neq P(X=0)P(Y=0)=\frac{25}{36}\times\frac{4}{9}$$

因此 X 与 Y 不是互相独立的随机变量。

【例 3-9】 设二维随机变量(X,Y)具有概率密度

$$f(x,y)=\begin{cases}2\exp(-2x-y), & x>0,y>0\\ 0, & \text{其他}\end{cases}$$

判断 X 与 Y 是否相互独立。

解：求边缘分布 $f_X(x)$和 $f_Y(y)$

$$f_X(x)=\int_{-\infty}^{\infty}f(x,y)\mathrm{d}y=\begin{cases}\int_0^{\infty}2\exp(-2x-y)\mathrm{d}y=2\exp(-2x), & x>0\\ 0, & \text{其他}\end{cases}$$

$$f_Y(y)=\int_{-\infty}^{\infty}f(x,y)\mathrm{d}x=\begin{cases}\int_0^{\infty}2\exp(-2x-y)\mathrm{d}x=\exp(-y), & y>0\\ 0, & \text{其他}\end{cases}$$

因为 $f(x,y)=f_X(x)f_Y(y)$，所以 X 与 Y 相互独立，代码如下：

```
#第 3 章/3-7.py
from sympy import *
x, y = symbols('x, y')
fxy = 2 * exp(-2 * x - y)
#x 边缘密度
fxx = integrate(fxy, (x, 0, oo))
print('x 的边缘密度为', fxx)
#y 边缘密度
fyy = integrate(fxy, (y, 0, oo))
print('y 的边缘密度为', fyy)
tmp = (fxy - fxx * fyy).simplify()
print('联合密度减去边缘密度的乘积为', tmp)
```

输出如下：

```
x 的边缘密度为 exp(-y)
y 的边缘密度为 2*exp(-2*x)
联合密度减去边缘密度的乘积为 0
```

3.5 二维正态分布随机变量

正态分布是十分重要的概率分布，它有高维的形式，本节以二维为例阐述高维正态分布。如果二维连续随机变量(X,Y)的概率密度具有以下形式

$$f(x,y)=\frac{1}{2\pi\sigma_1\sigma_2\sqrt{1-\rho^2}}\exp\left(-\frac{1}{2(1-\rho^2)}\left[\frac{(x-\mu_1)^2}{\sigma_1^2}-\frac{2\rho(x-\mu_1)(y-\mu_2)}{\sigma_1\sigma_2}+\frac{(y-\mu_2)^2}{\sigma_2^2}\right]\right) \tag{3-24}$$

其中，$-\infty<x<\infty$，$-\infty<y<\infty$，$\sigma_1>0$，$\sigma_2>0$，$-1<\rho<1$，则称(X,Y)服从二维正态分布，记作$(X,Y)\sim N(\mu_1,\mu_2;\sigma_1^2,\sigma_2^2;\rho)$。

二维正态分布有重要的性质。设$(X,Y)\sim N(\mu_1,\mu_2;\sigma_1^2,\sigma_2^2;\rho)$，则

(1) $X\sim N(\mu_1,\sigma_1^2)$，$Y\sim N(\mu_2,\sigma_2^2)$。

(2) X 与 Y 相互独立的充分必要条件是$\rho=0$。

注意 (X,Y)服从二维正态分布可以保证X和Y都服从正态分布，但反之不成立，即X和Y都服从正态分布不能推出(X,Y)服从二维正态分布。

---

(3) $aX+bY\sim N(a\mu_1+b\mu_2,a^2\sigma_1^2+2ab\sigma_1\sigma_2\rho+b^2\sigma_2^2)$。

生成多元正态分布随机数的代码如下：

```
#第3章/3-8.py
from scipy.stats import multivariate_normal
a = multivariate_normal(mean = [1,2,3])
tmp = a.rvs(size = 6)
print('生成的多元正态分布随机向量为\n', tmp)
```

输出如下：

```
生成的多元正态分布随机向量为
[[ 1.73224318 -0.24252651 2.21188454]
 [ 0.61892977 1.4181899 1.60655183]
 [ 2.29399 2.96760229 3.03999999]
 [ 0.36019216 0.26900516 1.69847544]
 [ 0.80706445 1.50851257 3.53375826]
 [-0.66429832 3.12841725 3.31326497]]
```

3.6 随机变量函数的分布

本节讨论两个随机变量函数的分布，包括两个随机变量的和、商、乘积、最大值和最小值的分布。

3.6.1 随机变量和的分布

设(X,Y)是连续型随机变量，它的概率密度是$f(x,y)$，则$Z=X+Y$仍为连续型随机变量，Z的概率密度为

$$f_Z(z)=f_{X+Y}(z)=\int_{-\infty}^{\infty}f(z-y,y)\mathrm{d}y \tag{3-25}$$

或者

$$f_Z(z)=f_{X+Y}(z)=\int_{-\infty}^{\infty}f(x,z-y)\mathrm{d}x \tag{3-26}$$

当X与Y相互独立时，如果X的边缘密度是$f_X(x)$，Y的边缘密度是$f_Y(y)$，则Z的概率密度可以写成卷积公式形式

$$f_Z(z)=f_{X+Y}(z)=\int_{-\infty}^{\infty}f_X(z-y)f_Y(y)\mathrm{d}y \tag{3-27}$$

或者

$$f_Z(z)=f_{X+Y}(z)=\int_{-\infty}^{\infty}f_X(x)f_Y(z-x)\mathrm{d}x \tag{3-28}$$

【例3-10】 设随机变量X和Y互相独立，X服从标准正态分布，Y在$[-1,1]$区间上服从均匀分布，求随机变量$Z=X+Y$的概率密度$f_Z(z)$。

解：X和Y的概率密度分别是

$$f_X(x)=\frac{1}{\sqrt{2\pi}}\exp\left(-\frac{x^2}{2}\right)\text{和 }f_Y(y)=\begin{cases}1/2, & -1\leqslant y\leqslant 1\\0, & \text{其他}\end{cases}$$

因为X和Y互相独立，所以

$$\begin{aligned}f_Z(z)=f_{X+Y}(z)&=\int_{-\infty}^{\infty}f_X(z-y)f_Y(y)\mathrm{d}y=\frac{1}{2}\int_{-1}^{1}f_X(z-y)\mathrm{d}y=\frac{1}{2}\int_{z-1}^{z+1}f_X(t)\mathrm{d}t\\&=\frac{\Phi(z+1)-\Phi(z-1)}{2}\end{aligned}$$

其中，$\Phi(z)$为标准正态分布的积累函数，代码如下：

```
#第3章/3-9.py
from sympy import *
x, y, z = symbols('x, y, z')
fx = 1 / sqrt(2 * pi) * exp(-x ** 2 / 2)
t = integrate(fx, (x, z - 1, z + 1))
#概率密度
print('所求概率密度为', t)
```

输出如下：

```
所求概率密度为 -erf(sqrt(2)*(z - 1)/2)/2 + erf(sqrt(2)*(z + 1)/2)/2
```

3.6.2 随机变量商的分布

设(X,Y)是连续型随机变量，它的概率密度是$f(x,y)$，则$Z=Y/X$仍是连续型随机变

量,Z 的概率密度为

$$f_Z(z)=f_{\frac{Y}{X}}(z)=\int_{-\infty}^{\infty}|x|f(x,xz)\mathrm{d}x \tag{3-29}$$

当 X 与 Y 相互独立时,如果 X 的密度是 $f_X(x)$,Y 的密度是 $f_Y(y)$,则 $Z=Y/X$ 的概率密度可以写成如下形式

$$f_Z(z)=f_{\frac{Y}{X}}(z)=\int_{-\infty}^{\infty}|x|f_X(x)f_Y(xz)\mathrm{d}x \tag{3-30}$$

【例 3-11】 设随机变量 X 和 Y 互相独立,X 的概率密度为

$$f(x)=\begin{cases}\exp(-x/5)/5, & x>0\\ 0, & \text{其他}\end{cases}$$

Y 的密度函数为

$$f(y)=\begin{cases}y\exp(-y/5)/25, & y>0\\ 0, & \text{其他}\end{cases}$$

求 $Z=Y/X$ 的密度函数。

解:因为 X 和 Y 互相独立,所以 Z 的概率密度为

$$f_Z(z)=f_{Y/X}(z)=\int_{-\infty}^{\infty}|x|f_X(x)f_Y(xz)\mathrm{d}x=\int_0^{\infty}\frac{x}{5}\exp\left(\frac{-x}{5}\right)\exp\left(\frac{-xz}{5}\right)\frac{xz}{25}\mathrm{d}x$$

计算可得

$$f_Z(z)=\frac{z}{125}\int_0^{\infty}x^2\exp\left(\frac{-x(1+z)}{5}\right)\mathrm{d}x=\frac{2z}{(1+z)^3}$$

代码如下:

```
#第 3 章/3-10.py
from sympy import *
x, y, z = symbols('x, y, z')
fx = exp(-x / 5) / 5
fy = y * exp(-y / 5) / 25
#z = Y/X 的概率密度
t = integrate(fy.subs({y : x * z}) * x * fx,(x, 0, oo))
print('z = Y/X 的概率密度为', t)
```

输出如下:

```
z = Y/X 的概率密度为 Piecewise((2*z/(z + 1)**3, Abs(arg(z)) <= pi/2), (Integral(x**2
*z*exp(-x/5)*exp(-x*z/5)/125, (x, 0, oo)), True))
```

3.6.3 随机变量积的分布

设(X,Y)是连续型随机变量,它的概率密度是 $f(x,y)$,则 $Z=XY$ 仍是连续型随机变量,Z 的概率密度为

$$f_Z(z)=f_{XY}(z)=\int_{-\infty}^{\infty}\frac{1}{|x|}f\left(x,\frac{z}{x}\right)\mathrm{d}x \tag{3-31}$$

当 X 与 Y 相互独立时,如果 X 的密度是 $f_X(x)$,Y 的密度是 $f_Y(y)$,则 $Z=XY$ 的概

率密度可以写成如下形式

$$f_Z(z)=f_{XY}(z)=\int_{-\infty}^{\infty}\frac{1}{|x|}f_X(x)f_Y\left(\frac{z}{x}\right)\mathrm{d}x \tag{3-32}$$

【例 3-12】 设随机变量(X,Y)的概率密度为

$$f(x,y)=\begin{cases}x+y, 0<x<1, & 0<y<1\\ 0, & \text{其他}\end{cases}$$

求$Z=XY$的概率密度。

解：两个随机变量乘积$Z=XY$的概率密度为

$$f_Z(z)=f_{XY}(z)=\int_{-\infty}^{\infty}\frac{1}{|x|}f\left(x,\frac{z}{x}\right)\mathrm{d}x=\int_z^1\frac{1}{x}\left(x+\frac{z}{x}\right)\mathrm{d}x$$

计算可得

$$f_Z(z)=\begin{cases}2(1-z), & 0<z<1\\ 0, & \text{其他}\end{cases}$$

代码如下：

```
#第 3 章/3-11.py
from sympy import *
x, y, z = symbols('x, y, z')
#Z = XY 的概率密度
t = integrate(1 / x * (x + z / x), (x, z, 1))
print('Z = XY 的概率密度为', t)
```

输出如下：

```
Z = XY 的概率密度为 2 - 2*z
```

3.6.4 两个随机变量最大值与最小值的分布

设随机变量X和Y是两个相互独立的随机变量，它们的分布函数分别是$F_X(x)$和$F_Y(y)$，则X和Y的最大值$M=\max\{X,Y\}$具有以下分布

$$\begin{aligned}F_M(z)&=P(M\leqslant z)=P(X\leqslant z,Y\leqslant z)\\&=P(X\leqslant z)P(Y\leqslant z)=F_X(z)F_Y(z)\end{aligned} \tag{3-33}$$

X和Y的最小值$N=\min\{X,Y\}$具有以下分布

$$F_N(z)=1-P(N>z)=1-P(X>z)P(Y>z)=1-(1-F_X(z))(1-F_Y(z)) \tag{3-34}$$

【例 3-13】 设随机变量X和Y是两个相互独立的随机变量，X与Y的概率密度分别是

$$f_X(x)=\begin{cases}a\exp(-ax), & x>0\\ 0, & x\leqslant 0\end{cases}$$

$$f_Y(y)=\begin{cases}b\exp(-by), & y>0\\ 0, & y\leqslant 0\end{cases}$$

求 $\max\{X,Y\}$和 $\min\{X,Y\}$的概率密度。

解：先求分布函数。设 $M=\max\{X,Y\}$，$N=\min\{X,Y\}$则

$$F_M(z)=F_X(z)F_Y(z)=\int_0^z f_X(x)\mathrm{d}x\int_0^z f_Y(y)\mathrm{d}y$$

$$=\begin{cases}(1-\exp(-az))(1-\exp(-bz)), & z>0\\ 0, & z\leqslant 0\end{cases}$$

$$F_N(z)=1-(1-F_X(z))(1-F_Y(z))=1-\int_z^{\infty} f_X(x)\mathrm{d}x\int_z^{\infty} f_Y(y)\mathrm{d}y$$

计算可得

$$F_N(z)=\begin{cases}1-\exp((-a-b)z), & z>0\\ 0, & z\leqslant 0\end{cases}$$

再通过求导可得密度函数

$$f_M(z)=F'_M(z)=\begin{cases}a\exp(-az)+b\exp(-bz)-(a+b)\exp(-az-bz), & z>0\\ 0, & z\leqslant 0\end{cases}$$

$$f_N(z)=F'_N(z)=\begin{cases}(a+b)\exp\ (-az-bz), & z>0\\ 0, & z\leqslant 0\end{cases}$$

代码如下：

```
#第 3 章/3-12.py
from sympy import *
x, y, z, a, b = symbols('x, y, z, a, b')
fx = a * exp(-a * x)
fy = b * exp(-b * y)
#max 分布函数
M = integrate(fx, (x, 0, z)) * integrate(fy, (y, 0, z))
#max 密度函数
t = M.diff(z)
print('最大值密度为', t)
#min 分布函数
N = 1 - (1 - integrate(fx, (x, 0, z))) * (1 - integrate(fy, (y, 0, z)))
#min 密度函数
t = N.diff(z)
print('最小值密度为', t)
```

输出如下：

```
最大值密度为 a*(1 - exp(-b*z))*exp(-a*z) + b*(1 - exp(-a*z))*exp(-b*z)
最小值密度为 a*exp(-a*z)*exp(-b*z) + b*exp(-a*z)*exp(-b*z)
```

3.7 本章练习

1. 设随机变量(X,Y)的概率密度为

$$f(x,y)=\begin{cases}k(6-x-y), & 0<x<2,2<y<4\\ 0, & \text{其他}\end{cases}$$

(1) 求常数 k 的值。

(2) 求概率 $P(X<1,Y<3)$。

(3) 求概率 $P(X<1.6)$。

(4) 求概率 $P(X+Y\leqslant 5)$。

2. 某盒子里有 3 个黑球,2 个红球,2 个白球,在其中任取 4 个球。用随机变量 X 表示取到黑球的个数,用随机变量 Y 表示取到红球的个数。求 X 和 Y 的联合分布律。

3. 一枚硬币抛 3 次,用 X 表示前两次出现正面的次数,用 Y 表示 3 次中出现正面的次数。求 X 和 Y 的联合分布律和(X,Y)的边缘分布律。

4. 设二维随机变量(X,Y)的概率密度为

$$f(x,y)=\begin{cases}4.8y(2-x), & 0\leqslant x\leqslant 1,0\leqslant y\leqslant x\\0, & \text{其他}\end{cases}$$

求边缘分布律。

5. 设随机变量(X,Y)的概率密度为

$$f(x,y)=\begin{cases}1, & |y|<x,0<x<1\\0, & \text{其他}\end{cases}$$

求条件概率密度 $f_{Y|X}(y|x)$和 $f_{X|Y}(x|y)$。

6. 设随机变量 X 与 Y 相互独立,且 X 与 Y 都服从指数分布,即 $X\sim E(\lambda_1)$,$Y\sim E(\lambda_2)$,其中 $\lambda_1>0$,$\lambda_2>0$。令 $Z=\min\{X,Y\}$,求 Z 的概率密度函数 $f_Z(z)$。

7. 设随机变量(X,Y)的概率密度为

$$f(x,y)=\begin{cases}x+y, & 0<x<1,0<y<1\\0, & \text{其他}\end{cases}$$

分别求 $Z=X+Y$ 和 $Z=XY$ 的概率密度。

8. 设 X 与 Y 是两个相互独立的随机变量,其概率密度分别是

$$f_X(x)=\begin{cases}1, & 0\leqslant x\leqslant 1\\0, & \text{其他}\end{cases} \text{和 } f_Y(y)=\begin{cases}\exp(-y), & y>0\\0, & \text{其他}\end{cases}$$

求随机变量 $Z=X+Y$ 的概率密度。

9. 某种零件的寿命服从正态分布 $N(160,20^2)$,随机地选取 4 个该种零件,求其中没有一只寿命小于 190 的概率。

10. 设二维随机变量(X,Y)服从正态分布 $N(1,0;1,1,0)$,求概率 $P(XY-Y<0)$。

3.8 常见考题解析:多维随机变量及其分布

本章是概率论考试的重点和难点,其中二维随机变量及其分布函数、边缘分布、条件分布和随机变量的独立性都是重要的考点,有很大的出题发挥空间。在学习这一章时要特别注意概念的理解和计算的准确。

【考题 3-1】 设 X 和 Y 为两个随机变量,并且

$$P(X\geqslant 0,Y\geqslant 0)=\frac{3}{7},\quad P(X\geqslant 0)=P(Y\geqslant 0)=\frac{4}{7}$$

则 $P(\max(X,Y)\geqslant 0)$是多少?

解：根据题意易知

$$P(\max(X,Y)\geqslant 0)=P(X\geqslant 0\cup Y\geqslant 0)$$
$$=P(X\geqslant 0)+P(Y\geqslant 0)-P(X\geqslant 0,Y\geqslant 0)=\frac{5}{7}$$

【考题 3-2】 设平面区域 D 由曲线 $y=1/x$ 及直线 $y=0,x=1,x=\mathrm{e}^2$ 所围成，二维随机变量(X,Y)在区域 D 服从均匀分布，则(X,Y)关于 X 的边缘概率密度在 $x=2$ 处的值为多少？

解：根据题意，D 由 $y=1/x,y=0,x=1,x=\mathrm{e}^2$ 所围成，并且是均匀分布，则其概率密度是常数，设为 a，那么有

$$1=\int_1^{\mathrm{e}^2}\mathrm{d}x\int_0^{1/x}a\,\mathrm{d}y=a(\ln(\mathrm{e}^2)-0)=2a$$

解得 $a=1/2$。边缘概率密度为

$$f_X(2)=\int_0^{1/2}f(2,y)\mathrm{d}y=\int_0^{1/2}a\,\mathrm{d}y=\frac{1}{4}$$

代码如下：

```
#第 3 章/3-13.py
from sympy import *
x, y, density = symbols('x, y, density')
#求密度,得密度为 1/2
s = integrate(density,(y, 0, 1 / x),(x, 1, exp(1) ** 2))
#求函数值
print('函数值为',integrate(1 / 2,(y, 0, Rational(1, 2))))
```

输出如下：

```
函数值为 0.250000000000000
```

【考题 3-3】 设两个独立随机变量 X 和 Y 分别服从正态分布 $N(0,1)$和 $N(1,1)$，则有(　　)。

A. $P(X+Y\leqslant 0)=1/2$　　　　B. $P(X+Y\leqslant 1)=1/2$

C. $P(X-Y\leqslant 0)=1/2$　　　　D. $P(X-Y\leqslant 1)=1/2$

解：由 X 和 Y 分别服从正态分布 $N(0,1)$和 $N(1,1)$可知 $X+Y\sim N(1,2)$且 $X-Y\sim N(-1,2)$，故有 $P(X+Y\leqslant 1)=1/2$，选 B。

【考题 3-4】 设随机变量 X 与 Y 相互独立，下表列出了二维随机变量(X,Y)的联合分布律及关于 X 和关于 Y 的边缘分布律中的部分数值，试将其余数值填入表 3-7 中的空白处。

表 3-7　考题 3-4 的表格

X 与 Y 分布律	y_1	y_2	y_3	$P(X=x_i)=p_{i.}$
x_1		1/8		
x_2	1/8			
$P(Y=y_j)=p_{.j}$	1/6			1

解：提示，利用 X 与 Y 的独立性。由于 $P(Y=y_1)=1/6$，故 $P(X=x_1,Y=y_1)=1/6-1/8=1/24$，从而 $P(X=x_1)=1/4$，$P(X=x_1,Y=y_3)=1/4-1/24-1/8=1/12$。由独立性可知 $P(Y=y_j)=1/2$，$P(X=x_2,Y=y_2)=3/8$，$P(X=x_2)=3/4$，$P(X=x_2,Y=y_3)=1/4$，$P(Y=y_3)=1/3$。

【考题 3-5】 设某班车起点站上客人数 X 服从参数为 λ 的泊松分布，每位乘客在途中下车的概率为 p，并且中途下车与否互相独立，以 Y 表示在中途下车的人数，求

(1) 在发车时有 n 个乘客的条件下，中途有 m 人下车的概率。

(2) 二维随机变量(X,Y)的概率分布。

解：(1) 这是一个二项分布问题，n 个乘客下车 m 个，故概率为 $\mathrm{C}_n^m p^m(1-p)^{n-m}$。

(2) 由条件概率公式可得

$$P(X=n,Y=m)=P(Y=m\mid X=n)P(X=n)=\mathrm{C}_n^m p^m(1-p)^{n-m}\mathrm{e}^{-\lambda}\frac{\lambda^n}{n!}$$

其中 $0\leqslant m\leqslant n$，$n=0,1,2,\cdots$。

【考题 3-6】 设二维随机变量(X,Y)的概率密度为

$$f(x,y)=\begin{cases}6x, & 0\leqslant x\leqslant y\leqslant 1\\ 0, & \text{其他}\end{cases}$$

则 $P(X+Y\leqslant 1)$是多少？

解：根据题意，如图 3-3 所示的阴影区域为所求的概率。

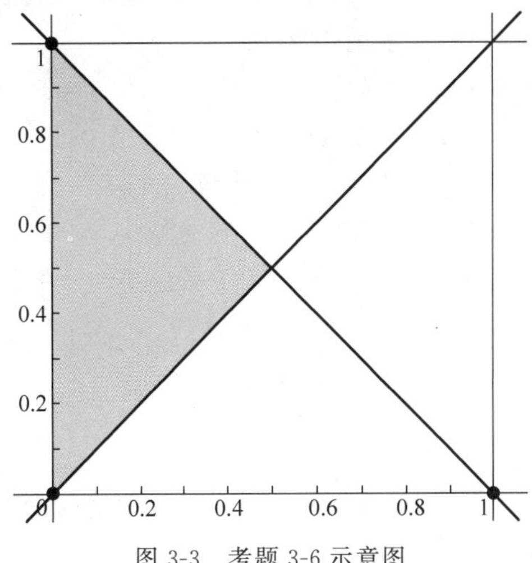

图 3-3　考题 3-6 示意图

$$P(X+Y\leqslant 1)=\iint_{x+y\leqslant 1}f(x,y)\mathrm{d}x\mathrm{d}y=\int_0^{1/2}\mathrm{d}x\int_x^{1-x}6x\mathrm{d}y=\int_0^{1/2}6x(1-2x)\mathrm{d}x=\frac{1}{4}$$

代码如下：

```
#第 3 章/3-14.py
from sympy import *
x = symbols('x')
#概率
t = integrate(6 * x, (y, x, 1 - x), (x, 0, Rational(1, 2)))
print('所求概率为', t)
```

输出如下：

```
所求概率为 1/4
```

【考题 3-7】 从数 1、2、3、4 中任取一个数，记为 X，在从 $1,2\cdots,X$ 中任取一个数，记为 Y，则 $P(Y=2)$ 是多少？

解：由全概率公式可得

$$P(Y=2)=\sum_{i=1}^{4}P(Y=2\mid X=i)P(X=i)=\left(\frac{1}{2}+\frac{1}{3}+\frac{1}{4}\right)\times\frac{1}{4}=\frac{13}{48}$$

【考题 3-8】 设二维随机变量(X,Y)的概率分布如表 3-8 所示。

表 3-8 X 和 Y 的概率分布

X 与 Y 概率分布	0	1
0	0.4	a
1	b	0.1

已知随机事件$\{X=0\}$与$\{X+Y=1\}$互相独立，则(　　)。

A. $a=0.2,b=0.3$　　　　B. $a=0.4,b=0.1$

C. $a=0.3,b=0.2$　　　　D. $a=0.1,b=0.4$

解：由$\{X=0\}$与$\{X+Y=1\}$互相独立可知

$P(\{X=0\}\cap\{X+Y=1\})=P(\{X=0\}\cap\{Y=1\})=P\{X=0\}P\{X+Y=1\}$

即 $P(\{X=0\}\cap\{Y=1\})=a=P\{X=0\}P\{X+Y=1\}=(a+0.4)(a+b)$；而且 $\{X=0\}^c=\{X=1\}$与$\{X+Y=1\}$也相互独立，从而

$P(\{X=1\}\cap\{X+Y=1\})=P(\{X=1\}\cap\{Y=0\})=P\{X=1\}P\{X+Y=1\}$

即 $P(\{X=1\}\cap\{Y=0\})=b=P\{X=1\}P\{X+Y=1\}=(b+0.1)(a+b)$。

整理可得

$$\frac{a}{b}=\frac{a+0.4}{b+0.1}$$

化简后可得 $a=4b$。又显然有 $a+b=0.5$，因此 $a=0.4,b=0.1$。

【考题 3-9】 设随机变量 X 与 Y 相互独立，并且均服从区间 $[0,3]$ 上均匀分布，则概率值 $P(\max\{X,Y\}\leqslant 1)$ 是多少？

解：事件$(\max\{X,Y\}\leqslant 1)=(X\leqslant 1,Y\leqslant 1)=(X\leqslant 1)\cap(Y\leqslant 1)$，由 X 与 Y 相互独立可知 $P(\max\{X,Y\}\leqslant 1)=P((X\leqslant 1)\cap(Y\leqslant 1))=P(X\leqslant 1)P(Y\leqslant 1)=(1/3)(1/3)=1/9$。

【考题 3-10】 设随机变量(X,Y)服从二维正态分布，并且 X 与 Y 不相关。$f_X(x)$和 $f_Y(y)$分别表示 X 与 Y 的概率密度，则在 $Y=y$ 的条件下，X 的条件概率密度 $f_{X|Y}(x|y)$ 为(　　)。

A. $f_X(x)$　　B. $f_Y(y)$　　C. $f_X(x)f_Y(y)$　　D. $f_X(x)/f_Y(y)$

解：在二维正态分布随机变量(X,Y)中，X 与 Y 独立等价于 X 与 Y 不相关，而对任意两个随机变量 X 与 Y，如果它们互相独立，则有 $f(x,y)=f_X(x)f_Y(y)$。根据条件密度的定义，当在 $Y=y$ 的条件下，如果 $f_Y(y)\neq 0$，则

$$f_{X|Y}(x \mid y)=\frac{f(x,y)}{f_Y(y)}=\frac{f_X(x)f_Y(y)}{f_Y(y)}=f_X(x)$$

现有 $f_Y(y)$ 显然不为 0，故 $f_{X|Y}(x|y)=f_X(x)$。

【考题 3-11】 设随机变量 X 与 Y 独立同分布，并且 X 的分布函数为 $F(x)$，则 $Z=\max(X,Y)$ 的分布函数是（　　）。

A. $F^2(x)$　　B. $F(x)F(y)$

C. $1-[1-F(x)]^2$　　D. $[1-F(x)][1-F(y)]$

解：随机变量 $Z=\max(X,Y)$ 的分布函数 $F_Z(x)$ 应为 $F_Z(x)=P(Z\leqslant x)$，由此定义推出

$$\begin{aligned}F_Z(x)&=P(\max(X,Y)\leqslant x)=P(X\leqslant x,Y\leqslant x)\\&=P(X\leqslant x)P(Y\leqslant x)=F(x)F(x)=F^2(x)\end{aligned}$$

【考题 3-12】 设随机变量 X 与 Y 互相独立，其概率密度函数分别为

$$f_X(x)=\begin{cases}1, & 0\leqslant x\leqslant 1\\0, & \text{其他}\end{cases},\quad f_Y(y)=\begin{cases}\exp(-y), & y>0\\0, & y\leqslant 0\end{cases}$$

求随机变量 $Z=2X+Y$ 的概率密度函数。

解：根据题意

$$P(Z\leqslant z)=P(2X+Y\leqslant z)=\iint_{2x+y\leqslant z}f(x,y)\mathrm{d}x\mathrm{d}y$$

积分区域为 $0\leqslant x\leqslant 1$ 且 $y>0$，还需满足 $2x+y\leqslant z$。故当 $z\leqslant 0$ 时，$F_Z(z)=0$。当 $0<z\leqslant 2$ 时，有积分

$$\begin{aligned}F_Z(z)&=P(Z\leqslant z)=\iint_{2x+y\leqslant z}f(x,y)\mathrm{d}x\mathrm{d}y=\int_0^{\frac{z}{2}}\mathrm{d}x\int_0^{z-2x}\exp(-y)\mathrm{d}y\\&=\int_0^{z/2}(1-\exp(2x-z))\mathrm{d}x=\frac{z}{2}+\frac{1}{2}(\exp(-z)-1)\end{aligned}$$

当 $2<z$ 时，有

$$F_Z(z)=\int_0^1\mathrm{d}x\int_0^{z-2x}\exp(-y)\mathrm{d}y=\int_0^1(1-\exp(2x-z))\mathrm{d}x=1-\frac{\exp(-z)}{2}(\mathrm{e}^2-2)$$

综上可得分布函数为

$$F_Z(z)=\begin{cases}0, & z\leqslant 0\\\frac{z}{2}+\frac{1}{2}(\exp(-z)-1), & 0<z\leqslant 2\\1-\frac{\exp(-z)}{2}(\mathrm{e}^2-2), & 2<z\end{cases}$$

求导即可得概率密度函数为

$$f_Z(z)=\begin{cases}0, & z\leqslant 0\\\frac{1}{2}-\frac{\exp(-z)}{2}, & 0<z\leqslant 2\\\frac{\exp(2-z)}{2}-\frac{\exp(-z)}{2}, & 2<z\end{cases}$$

代码如下：

```
#第3章/3-15.py
from sympy import *
x, y, z = symbols('x, y, z')
fx = 1
fy = exp(-y)
fxy = fx * fy
#0<z<= 2
t1 = integrate(fxy, (y, 0, z - 2 * x), (x, 0, z / 2))
print('当0<z<= 2时分布函数为', t1)
print('当0<z<= 2时密度函数为', t1.diff(z))
#z>2
t2 = integrate(fxy, (y, 0, z - 2 * x), (x, 0, 1))
print('当z>2时分布函数为', t2)
print('当z>2时密度函数为', t2.diff(z))
```

输出如下：

```
当0<z<= 2时分布函数为 z/2 - 1/2 + exp(-z)/2
当0<z<= 2时密度函数为 1/2 - exp(-z)/2
当z>2时分布函数为 -exp(2 - z)/2 + 1 + exp(-z)/2
当z>2时密度函数为 exp(2 - z)/2 - exp(-z)/2
```

【考题3-13】 设二维随机变量(X,Y)的概率密度为

$$f(x,y)=\begin{cases}2\exp(-x-2y), & x>0,y>0\\0, & \text{其他}\end{cases}$$

求随机变量$Z=X+2Y$的分布函数。

解：根据题意

$$F_Z(z)=P(Z\leqslant z)=P(2X+Y\leqslant z)=\iint_{x+2y\leqslant z}f(x,y)\mathrm{d}x\mathrm{d}y$$

积分区域为$x>0,y>0,x+2y\leqslant z$，故当$z<0$时，$F_Z(z)=0$。当$z>0$时，

$$F_Z(z)=\iint_{x+2y\leqslant z}f(x,y)\mathrm{d}x\mathrm{d}y=2\int_0^z\mathrm{d}x\int_0^{(z-x)/2}\exp(-x-2y)\mathrm{d}y$$
$$=2\int_0^z\exp(-x)\mathrm{d}x\int_0^{(z-x)/2}\exp(-2y)\mathrm{d}y=1-\exp(-z)-z\exp(-z)$$

综上可得

$$F_Z(z)=\begin{cases}0, & z\leqslant 0\\1-\exp(-z)-z\exp(-z), & z>0\end{cases}$$

代码如下：

```
#第3章/3-16.py
from sympy import *
x, y, z = symbols('x, y, z')
fxy = 2 * exp(-x - 2 * y)
#z>0
t = integrate(fxy, (y, 0, (z - x) / 2), (x, 0, z))
print('分布函数为', t)
```

输出如下：

```
分布函数为 -z*exp(-z) + 1 - exp(-z)
```

【考题 3-14】 设随机变量 X 与 Y 互相独立，X 服从正态分布 $N(\mu,\sigma^2)$，Y 服从$[-\pi,\pi]$上均匀分布，试求 $Z=X+Y$ 的概率分布密度函数（本题计算结果可以用标准正态分布函数$\Phi(x)$表示），其中

$$\Phi(x)=\frac{1}{\sqrt{2\pi}}\int_{-\infty}^{x}\exp\left(-\frac{x^2}{2}\right)$$

解：设 X 的密度函数为 $f(x)$，Y 的密度函数为 $g(y)$，显然

$$f(x)=\frac{1}{\sqrt{2\pi}\sigma}\exp\left(-\frac{(x-\mu)^2}{2\sigma^2}\right)$$

$$g(y)=\begin{cases}\dfrac{1}{2\pi}, & -\pi<y<\pi\\ 0, & 其他\end{cases}$$

先求分布函数

$$F(z)=P(Z\leqslant z)=P(X+Y\leqslant z)=P(X\leqslant z-y)=\int_{-\pi}^{\pi}\frac{1}{2\pi}\mathrm{d}y\int_{-\infty}^{z-y}f(x)\mathrm{d}x$$

所求的密度函数为分布函数的导数，对 z 求导数，即

$$f(z)=F'(z)=\int_{-\pi}^{\pi}\frac{1}{2\pi}\mathrm{d}y\left(\int_{-\infty}^{z-y}f(x)\mathrm{d}x\right)'=\int_{-\pi}^{\pi}\frac{1}{2\pi}f(z-y)\mathrm{d}y$$

令 $z-y=s$，则

$$\int_{-\pi}^{\pi}\frac{1}{2\pi}f(z-y)\,\mathrm{d}y=\frac{1}{2\pi}\int_{-\pi}^{\pi}f(z-y)\,\mathrm{d}y=\frac{1}{2\pi}\int_{z+\pi}^{z-\pi}-f(s)\,\mathrm{d}s=\frac{1}{2\pi}\int_{z-\pi}^{z+\pi}f(s)\,\mathrm{d}s$$

再令$(s-\mu)/\sigma=t$，可得

$$\frac{1}{2\pi}\int_{z-\pi}^{z+\pi}f(s)\,\mathrm{d}s=\frac{1}{2\pi}\int_{z-\pi}^{z+\pi}\frac{1}{\sqrt{2\pi}\sigma}\exp\left(-\frac{(s-\mu)^2}{2\sigma^2}\right)\mathrm{d}s=\frac{1}{2\pi}\int_{(z-\pi-\mu)/\sigma}^{(z+\pi-\mu)/\sigma}\frac{1}{\sqrt{2\pi}}\exp\left(-\frac{t^2}{2}\right)\mathrm{d}t$$

故有

$$f(z)=\frac{1}{2\pi}\left[\Phi\left(\frac{z+\pi-\mu}{\sigma}\right)-\Phi\left(\frac{z-\pi-\mu}{\sigma}\right)\right]$$

代码如下：

```
#第3章/3-17.py
from sympy import *
x, y, z = symbols('x, y, z')
sigma, mu = symbols('sigma, mu')
fx = 1 / (sqrt(2*pi) * sigma) * exp(-(x - mu) ** 2/(2 * sigma ** 2))
gy = 1 / (2 * pi)
#分布函数
t = integrate(gy * fx,(x, -oo, z - y), (y, -pi, pi))
print('分布函数为', t)
#密度函数
print('密度函数为', t.diff(z))
```

输出如下：

```
分布函数为 sqrt(2) * exp( - mu ** 2/(2 * sigma ** 2)) * Integral(exp( - x ** 2/(2 * sigma ** 2))
 * exp(mu * x/sigma ** 2), (x, - oo, - y + z), (y, - pi, pi))/(4 * pi ** (3/2) * sigma)
密度函数为 sqrt(2) * exp( - mu ** 2/(2 * sigma ** 2)) * Integral(exp( - ( - y + z) ** 2/(2 *
sigma ** 2)) * exp(mu * ( - y + z)/sigma ** 2), (y, - pi, pi))/(4 * pi ** (3/2) * sigma)
```

【考题 3-15】 设两个互相独立的随机变量 X 与 Y 具有同一分布，并且 X 的分布律为 $P(X=0)=0.5$，$P(X=1)=0.5$，则随机变量 $Z=\max\{X,Y\}$ 的分布律是什么。

解：Z 可以取值 0 和 1，

$$P(Z=0)=P(\max\{X,Y\}=0)=P(X=0,Y=0)=P(X=0)P(Y=0)=0.5^2=0.25$$

$$P(Z=1)=P(\max\{X,Y\}=1)=P(X=1,Y=0)+P(X=0,Y=1)+P(X=1,Y=1)$$
$$=3\times 0.5^2=0.75$$

【考题 3-16】 设二维随机变量(X,Y)的概率密度为

$$f(x,y)=\begin{cases}1, & 0<x<1,0<y<2x\\ 0, & \text{其他}\end{cases}$$

(1) 求(X,Y)的边缘概率密度 $f_X(x)$和 $f_Y(y)$。

(2) $Z=2X-Y$ 的概率密度 $f_Z(z)$。

解：(1) 边缘密度是联合密度关于各自变量的积分，可得

$$f_X(x)=\begin{cases}\int_0^{2x}\mathrm{d}y=2x, & 0<x<1\\ 0, & \text{其他}\end{cases} \text{和 } f_Y(y)=\begin{cases}\int_{y/2}^{1}\mathrm{d}x=1-\dfrac{y}{2}, & 0<y<2\\ 0, & \text{其他}\end{cases}$$

(2) 先求分布函数

$$F(z)=P(Z\leqslant z)=P(2X-Y\leqslant z)=P(Y\geqslant 2X-z)$$

由于二维随机变量(X,Y)分布在区域 $0<x<1,0<y<2x$ 中，因此只有当 $0<z<2$ 时，$F(z)$才有可能不为 0，故而当 $0<z<2$ 时，

$$F(z)=P(Y\geqslant 2X-z)=1-\left(1-\frac{z}{2}\right)\frac{2-z}{2}=z-\frac{z^2}{4}$$

因此

$$f_Z(z)=\begin{cases}1-\dfrac{z}{2}, & 0<z<2\\ 0, & \text{其他}\end{cases}$$

代码如下：

```
#第 3 章/3-18.py
from sympy import *
x, y, z = symbols('x, y, z')
fxy = 1
#x的边缘密度
fx = integrate(fxy, (y, 0, 2 * x))
print('x的边缘密度为', fx)
#y的边缘密度
fy = integrate(fxy,(x, y / 2, 1))
```

```
print('y的边缘密度为', fy)
#0<z<2
s = 1 - integrate(fxy, (y, 0, 2 * x - z),(x, z / 2, 1))
print('分布函数为', s)
print('密度函数为', s.diff(z))
```

输出如下：

```
x的边缘密度为 2*x
y的边缘密度为 1 - y/2
分布函数为 -z**2/4 + z
密度函数为 1 - z/2
```

【考题 3-17】 设随机变量 X 的概率密度为

$$f_X(x)=\begin{cases}\frac{1}{2}, & -1<x<0\\ \frac{1}{4}, & 0\leqslant x<2\\ 0, & \text{其他}\end{cases}$$

令 $Y=X^2$，$F(x,y)$为二维随机变量(X,Y)的分布函数。求

(1) Y 的概率密度 $f_Y(y)$。

(2) $F(-1/2,4)$。

解：(1) 先求 Y 的分布函数，$F_Y(y)=P(X^2\leqslant y)$，当 $y>4$ 或 $y<0$ 时，显然 $F_Y(y)=0$。当 $0\leqslant y\leqslant 1$ 时，

$$F_Y(y)=P(-\sqrt{y}\leqslant X\leqslant\sqrt{y})=\int_{-\sqrt{y}}^{0}f_X(x)\mathrm{d}x+\int_{0}^{\sqrt{y}}f_X(x)\mathrm{d}x=\frac{\sqrt{y}}{2}+\frac{\sqrt{y}}{4}=\frac{3\sqrt{y}}{4}$$

当 $1\leqslant y\leqslant 4$ 时，

$$F_Y(y)=P(-\sqrt{y}\leqslant X\leqslant\sqrt{y})=\int_{-1}^{0}f_X(x)\mathrm{d}x+\int_{0}^{\sqrt{y}}f_X(x)\mathrm{d}x=\frac{1}{2}+\frac{\sqrt{y}}{4}$$

综上 Y 的概率密度 $f_Y(y)$为

$$f_Y(y)=(F_Y(y))'=\begin{cases}\frac{3}{8\sqrt{y}}, & 0\leqslant y\leqslant 1\\ \frac{1}{8\sqrt{y}}, & 0\leqslant y\leqslant 4\\ 0, & \text{其他}\end{cases}$$

(2) 根据多元分布函数的定义可得

$$F(-1/2,4)=P(X\leqslant-1/2,Y\leqslant 4)=P(-1\leqslant X\leqslant-1/2)=1/4$$

代码如下：

```
#第3章/3-19.py
from sympy import *
x, y = symbols('x, y')
```

```
#0 <= y <= 1
Fy1 = sqrt(y) / 2 + sqrt(y) / 4
print('当 0 <= y <= 1 时密度为', Fy1.diff(y))
#1 <= y <= 4
Fy2 = sqrt(y) / 4 + 1
print('当 1 <= y <= 4 时密度为', Fy2.diff(y))
```

输出如下：

```
当 0 <= y <= 1 时密度为 3/(8 * sqrt(y))
当 1 <= y <= 4 时密度为 1/(8 * sqrt(y))
```

【考题 3-18】 设二维随机变量(X,Y)的概率密度为

$$f(x,y)=\begin{cases}2-x-y, & 0<x<1,0<y<1\\ 0, & \text{其他}\end{cases}$$

(1) 求 $P(X>2Y)$。

(2) 求 $Z=X+Y$ 的概率密度 $f_Z(z)$。

解：(1) 根据联合概率密度可得

$$P(X>2Y)=\int_0^1 \mathrm{d}x\int_0^{x/2}(2-x-y)\,\mathrm{d}y=\frac{7}{24}$$

(2) 先求分布函数，$F(z)=P(X+Y\leqslant z)$，显然当 $z<0$ 时，$F(z)=0$；当 $z>2$ 时，$F(z)=1$。当 $0\leqslant z\leqslant 1$ 时，

$$F(z)=P(X+Y\leqslant z)=\int_0^z \mathrm{d}x\int_0^{z-x}(2-x-y)\,\mathrm{d}y=z^2-\frac{1}{3}z^3$$

当 $1\leqslant z\leqslant 2$ 时，

$$F(z)=P(X+Y\leqslant z)=1-\int_{z-1}^1 \mathrm{d}x\int_{z-x}^1(2-x-y)\,\mathrm{d}y=\frac{1}{3}z^3-2z^2+4z-\frac{5}{3}$$

综上，可得

$$f_Z(z)=F(z)'=\begin{cases}2z-z^2, & 0<z<1\\ 4-4z+z^2, & 1<z<2\\ 0, & \text{其他}\end{cases}$$

代码如下：

```
#第 3 章/3-20.py
from sympy import *
x, y, z = symbols('x, y, z')
fxy = 2 - x - y
#求概率 P(X<Y)
p = integrate(fxy, (y, 0, x / 2), (x, 0, 1))
print('所取概率为', p)
#0 <= z <= 1
F = integrate(fxy, (y, 0, z - x),(x, 0, z)).simplify()
print('概率密度，当 0 <= z <= 1 时:',F.diff(z).simplify())
#1 <= z <= 2
F = 1 - integrate(fxy, (y, z - x,1),(x, z - 1,1)).simplify()
print('概率密度，当 1 <= z <= 2 时:', F.diff(z).simplify())
```

输出如下：

```
所取概率为 7/24
概率密度,当 0 <= z <= 1 时: z*(2 - z)
概率密度,当 1 <= z <= 2 时: z**2 - 4*z + 4
```

【考题 3-19】 设随机变量 X 与 Y 互相独立，X 的概率分布为 $P(X=i)=1/3, i=-1, 0, 1$，Y 的概率密度为

$$f_Y(y)=\begin{cases}1, & 0\leqslant y<1\\ 0, & \text{其他}\end{cases}$$

记 $Z=X+Y$，

(1) 求 $P(Z\leqslant 1/2 | X=0)$。

(2) 求 Z 的概率密度 $f_Z(z)$。

解：(1) 根据独立性和条件概率的定义可知

$$P(Z\leqslant 1/2 \mid X=0)=P(Y\leqslant 1/2 \mid X=0)=P(Y\leqslant 1/2)=1/2$$

(2) 分布函数为

$$F(z)=P(X+Y\leqslant z)=P(Y\leqslant z-X)=\sum_{i=-1}^{1}P(Y\leqslant z-X \mid X=i)P(X=i)$$

$$=\frac{1}{3}[F_Y(z+1)+F_Y(z)+F_Y(z-1)]$$

求导有

$$f_Z(z)=\frac{1}{3}[F_Y(z+1)+F_Y(z)+F_Y(z-1)]'$$

$$=\frac{1}{3}[f_Y(z+1)+f_Y(z)+f_Y(z-1)]$$

因此可得

$$f_Z(z)=\begin{cases}\dfrac{1}{3}, & -1<z<2\\ 0, & \text{其他}\end{cases}$$

3.9 本章常用的 Python 函数总结

本章主要用 sympy 库计算函数的微分和积分，导入 sympy 的方式为 from sympy import *，本章常用的 Python 函数见表 3-9。

表 3-9 本章常用的 Python 函数

函数	代码
声明符号变量	x,y,z = symbols('x,y,z')
定义表达式(包含未知变量)	expr = x ** 2 + 4 * x - 5
定义函数	f = lambda x: expr(x)，其中 expr(x)为包含 x 的表达式，例如 x ** 2 + 4 * x-5
对已知函数的微分(求导数)	设 expr 是包含 x 的表达式，expr.diff(x)

续表

函　数	代　码
对已知函数的积分（一元函数的积分）	integrate(f(x) ,(x,a,b))，其中 f(x)是被积函数表达式，a 和 b 是积分上下限
重积分	integrate(f(xy),(y,c,d),(x,a,b))，其中 f(xy)是被积函数表达式，a、b、c、d 是积分上下限。累次积分的顺序是：先对 y 积分，再对 x 积分
表达式化简	expr. simplify( )

3.10 本章上机练习

实训环境

（1）使用 Python 3. x 版本。

（2）使用 IPython 或 Jupyter Notebook 交互式编辑器，推荐使用 Anaconda 发行版中自带的 IPython 或 Jupyter Notebook。

【实训 3-1】 求下列函数的导数和不定积分：

（1）$y=f(x)=\sin(x)+3$。

（2）$y=f(x)=\exp(-x+4)-x^4$。

（3）$y=f(x)=\arcsin(x)$。

（4）$y=f(x)=\ln(-x^2+x)-\cos(x)$。

代码如下：

```
#第 3 章/3-21.py
from sympy import *
x = symbols('x')
#第(1)题
y = sin(x) + 3
df = y.diff(x)
print('第(1)题 y 对 x 的导数为', df)
integ = integrate(y, (x))
print('第(1)题 y 对 x 的积分为', integ)
#第(2)题
y = exp(- x + 4) + 3
df = y.diff(x)
print('第(2)题 y 对 x 的导数为', df)
integ = integrate(y, (x))
print('第(2)题 y 对 x 的积分为', integ)
#第(3)题
y = asin(x)
df = y.diff(x)
print('第(3)题 y 对 x 的导数为', df)
integ = integrate(y, (x))
print('第(3)题 y 对 x 的积分为', integ)
```

```
#第(4)题
y = ln( - x ** 2 + x) - cos(x)
df = y.diff(x)
print('第(4)题 y 对 x 的导数为', df)
integ = integrate(y, (x))
print('第(4)题 y 对 x 的积分为', integ)
```

输出如下：

```
第(1)题 y 对 x 的导数为 cos(x)
第(1)题 y 对 x 的积分为 3 * x - cos(x)
第(2)题 y 对 x 的导数为 - exp(4 - x)
第(2)题 y 对 x 的积分为 3 * x - exp(4 - x)
第(3)题 y 对 x 的导数为 1/sqrt(1 - x ** 2)
第(3)题 y 对 x 的积分为 x * asin(x) + sqrt(1 - x ** 2)
第(4)题 y 对 x 的导数为 (1 - 2 * x)/( - x ** 2 + x) + sin(x)
第(4)题 y 对 x 的积分为 x * log( - x ** 2 + x) - 2 * x - log(x - 1) - sin(x)
```

【实训 3-2】 求下列函数的 4 阶导数：

(1) $y=f(x)=\sin(x)*\cos(2x)$。

(2) $y=f(x)=\exp(-x)-x^4$。

(3) $y=f(x)=\arcsin(x)+\exp(-x)$。

(4) $y=f(x)=\ln(-x^2)*\cos(x)$。

代码如下：

```
#第 3 章/3 - 22.py
from sympy import *
x = symbols('x')
#第(1)题
y = sin(x) * cos(2 * x)
df = y.diff(x,4).simplify()
print('第(1)题 y 对 x 的导数 4 阶导数为', df)
#第(2)题
y = exp( - x) - x ** 4
df = y.diff(x,4).simplify()
print('第(2)题 y 对 x 的导数 4 阶导数为', df)
#第(3)题
y = asin(x) + exp( - x)
df = y.diff(x,4).simplify()
print('第(3)题 y 对 x 的导数 4 阶导数为', df)
#第(4)题
y = ln( - x ** 2) * cos(x)
df = y.diff(x,4).simplify()
print('第(4)题 y 对 x 的导数 4 阶导数为', df)
```

输出如下：

```
第(1)题 y 对 x 的导数 4 阶导数为 (121 - 162 * sin(x) ** 2) * sin(x)
第(2)题 y 对 x 的导数 4 阶导数为 -24 + exp(-x)
第(3)题 y 对 x 的导数 4 阶导数为 15 * x ** 3/(1 - x ** 2) ** (7/2) + 9 * x/(1 - x ** 2) ** (5/
2) + exp(-x)
第(4)题 y 对 x 的导数 4 阶导数为 log(-x ** 2) * cos(x) + 8 * sin(x)/x + 12 * cos(x)/x ** 2 - 16 *
sin(x)/x ** 3 - 12 * cos(x)/x ** 4
```

【实训 3-3】 求下列二元函数对变量 y 不定积分：

(1) $f(x,y)=\sin(x+y)*\cos(2y)$。

(2) $f(x,y)=\exp(-x-y)$。

(3) $f(x)=\arcsin(x-y)+\exp(-x+y)$。

(4) $f(x)=\ln(-x^2+y)+\cos(y)$。

代码如下：

```python
#第 3 章/3-23.py
from sympy import *
x, y = symbols('x, y')
#第(1)题
fxy = sin(x + y) * cos(2 * y)
integro = integrate(fxy, (y))
print('第(1)题对 y 的不定积分为', integro)
#第(2)题
fxy = exp(- x - y)
integro = integrate(fxy, (y))
print('第(2)题对 y 的不定积分为', integro)
#第(3)题
fxy = asin(x - y) + exp(- x + y)
integro = integrate(fxy, (y))
print('第(3)题对 y 的不定积分为', integro)
#第(4)题
fxy = ln(- x ** 2 + y) + cos(y)
integro = integrate(fxy, (y))
print('第(4)题对 y 的不定积分为', integro)
```

输出如下：

```
第(1)题对 y 的不定积分为 2 * sin(2 * y) * sin(x + y)/3 + cos(2 * y) * cos(x + y)/3
第(2)题对 y 的不定积分为 -exp(-x - y)
第(3)题对 y 的不定积分为 -x * asin(x - y) + y * asin(x - y) - sqrt(-x ** 2 + 2 * x * y - y
** 2 + 1) + exp(-x + y)
第(4)题对 y 的不定积分为 -x ** 2 * log(-x ** 2 + y) + y * log(-x ** 2 + y) - y + sin(y)
```

【实训 3-4】 求下列级数的前 n 项和：

(1) $a_k=k^2$。

(2) $a_k=k^3$。

(3) $a_k = 2^k k^2$。

代码如下：

```
#第 3 章/3 - 24.py
from sympy import *
n, k = symbols('n, k')
#第(1)题
s = summation(k ** 2, (k, 1, n))
print('第(1)题前 n 项和为', s)
#第(2)题
s = summation(k ** 3, (k, 1, n))
print('第(2)题前 n 项和为', s)
#第(3)题
s = summation(k ** 2 * 2 ** k, (k, 1, n))
print('第(3)题前 n 项和为', s)
```

输出如下：

```
第(1)题前 n 项和为 n**3/3 + n**2/2 + n/6
第(2)题前 n 项和为 n**4/4 + n**3/2 + n**2/4
第(3)题前 n 项和为 2*(2**n*n**2 - 2*2**n*n + 3*2**n - 3)
```

【实训 3-5】 计算下列二重积分：

(1) 被积函数为 $f(x,y)=xy$，积分区域为由直线 $y=1$，$x=2$ 和 $y=x$ 所围成的闭区域。

(2) 被积函数为 $f(x,y)=y\sqrt{1+x^2-y^2}$，积分区域为由直线 $y=x$，$x=-1$ 和 $y=1$ 所围成的闭区域。

(3) 被积函数为 $f(x,y)=xy$，积分区域为抛物线 $y^2=x$ 及直线 $y=x-2$ 所围成的闭区域。

代码如下：

```
#第 3 章/3 - 25.py
from sympy import *
x, y = symbols('x, y')
#第(1)题
fxy = x * y
#先对 x 积分,再对 y 积分
s1 = integrate(fxy, (y, 1, x), (x, 1, 2))
print('第(1)题先对 x 积分,再对 y 积分,结果为', s1)
#先对 y 积分,再对 x 积分
s2 = integrate(fxy, (x, y, 2), (y, 1, 2) )
print('第(1)题先对 y 积分,再对 x 积分,结果为', s2)
#第(2)题
fxy = y * sqrt(1 + x ** 2 - y ** 2)
#先对 x 积分,再对 y 积分
s1 = integrate(fxy, (y, x, 1), (x, -1, 1) )
print('第(2)题先对 x 积分,再对 y 积分,结果为', s1)
```

```
#第(3)题
fxy = x * y
#先对 x 积分,再对 y 积分
s1 = integrate(fxy, (y, - sqrt(x), sqrt(x)), (x, 0, 1)) + integrate(fxy, (y, x - 2, sqrt(x)),
(x, 1, 4))
print('第(3)题先对 x 积分,再对 y 积分,结果为', s1)
#先对 y 积分,再对 x 积分
s2 = integrate(fxy, (x, y ** 2, y + 2), (y, - 1, 2))
print('第(3)题先对 y 积分,再对 x 积分,结果为', s2)
```

输出如下：

```
第(1)题先对 x 积分,再对 y 积分,结果为 9/8
第(1)题先对 y 积分,再对 x 积分,结果为 9/8
第(2)题先对 x 积分,再对 y 积分,结果为 1/2
第(3)题先对 x 积分,再对 y 积分,结果为 45/8
第(3)题先对 y 积分,再对 x 积分,结果为 45/8
```

第 4 章 随机变量的数字特征

在前面的 3 章，主要讨论了随机变量的分布函数，包括连续型随机变量的概率密度和离散型随机变量的分布律，随机变量的分布函数完整地描述了随机变量，但在某些实际问题中，人们只对随机变量的某些特征感兴趣，而不想知道该具体随机变量的概率分布。例如某一批运动员的平均身高和体重，以及年龄的中位数；或者某个批次的大米的平均粒重和它的标准差等。像这种由随机变量所决定的，用于描述随机变量某一特征的常数称为随机变量的数字特征，它以简洁的形式反映随机变量的特性，而且数字特征的计算也比较简单。本章将学习几个常用且重要的数字特征：数学期望、方差、标准差和相关系数等。要特别注意区分相关性和前面介绍的独立性。相关系数有时候也称为线性相关系数，它描述了两个随机变量之间线性关系的紧密程度，相关系数介于 0 和 1 之间，它的绝对值越接近 0 代表线性相关性越差，越接近 1 表示线性相关性越强，但是线性相关性不强不代表没有非线性关系，所以线性相关与独立性有本质的差异。

本章主要包括以下内容：

(1) 数学期望。

(2) 方差和标准差。

(3) 协方差和相关系数。

(4) 协方差矩阵。

4.1 数学期望

数学期望的定义可分为离散型随机变量的数学期望和连续型随机变量的数学期望两种。随机变量的函数也是一个随机变量，也可以定义数学期望。数学期望有时简称为期望或均值。

4.1.1 离散型随机变量的数学期望

设离散型随机变量 X 的分布律为

$$P(X=x_k)=p_k,\quad k=1,2,3,\cdots \tag{4-1}$$

如果级数 $\sum\limits_{k=1}^{\infty}x_kp_k$ 绝对收敛，则称级数 $\sum\limits_{k=1}^{\infty}x_kp_k$ 为随机变量 X 的数学期望，记作 $E(X)$。也就是说

$$E(X)=\sum_{k=1}^{\infty}x_k p_k \tag{4-2}$$

【例 4-1】 设有一批零件的综合性能评分是随机变量 X，X 的分布律见表 4-1。

表 4-1 例 4-1 的数据表

X	1	2	3	4	5	6
p_k	0.01	0.04	0.03	0.45	0.46	0.01

求 X 的数学期望。

解：根据数学期望的定义可得

$$\begin{aligned}E(X)&=\sum_{k=1}^{\infty}x_k p_k\\&=1\times 0.01+2\times 0.04+3\times 0.03+4\times 0.45+5\times 0.46+6\times 0.01\\&=4.34\end{aligned}$$

代码如下：

```
#第 4 章/4-1.py
import numpy as np
x = np.array([1, 2, 3, 4, 5, 6])
pk = np.array([0.01, 0.04, 0.03, 0.45, 0.46, 0.01])
ex = (x * pk).sum()
print('数学期望为', ex)
```

输出如下：

```
数学期望为 4.34
```

4.1.2 连续型随机变量的数学期望

设连续型随机变量 X 的概率密度函数为 $f(x)$，如果积分 $\int_{-\infty}^{\infty}xf(x)\mathrm{d}x$ 绝对收敛，则称积分 $\int_{-\infty}^{\infty}xf(x)\mathrm{d}x$ 的值为随机变量 X 的数学期望，记作 $E(X)$。也就是说

$$E(X)=\int_{-\infty}^{\infty}xf(x)\mathrm{d}x$$

【例 4-2】 设随机变量 X 的概率密度为

$$f(x)=\begin{cases}\dfrac{x^n}{n!}\exp(-x), & x>0\\0, & x\leqslant 0\end{cases}$$

求 X 的数学期望。

解：容易验证绝对收敛，又知道

$$\int_{-\infty}^{\infty}f(x)\mathrm{d}x=\int_0^{\infty}\frac{x^n}{n!}\exp(-x)\mathrm{d}x=1$$

从而得

$$\int_{0}^{\infty} x^{n} \exp(-x)\,\mathrm{d}x = n!$$

则根据数学期望的定义有

$$E(X)=\int_{-\infty}^{\infty} x f(x)\,\mathrm{d}x=\int_{0}^{\infty} x \frac{x^{n}}{n!}\exp(-x)\,\mathrm{d}x=\frac{(n+1)!}{n!}=n+1$$

代码如下：

```
#第 4 章/4-2.py
from sympy import *
x, n = symbols('x, n')
t = integrate(x * x ** n * exp(-x) / factorial(n), (x, 0, oo))
print('X 的数学期望为', t)
```

输出如下：

```
X 的数学期望为 Piecewise((gamma(n + 2)/factorial(n), re(n) + 1 > -1), (Integral(x*x**n
*exp(-x)/factorial(n), (x, 0, oo)), True))
```

4.1.3 随机变量函数的数学期望

在实际问题中经常要求随机变量函数的数学期望。设 Y 是随机变量 X 的函数，$Y=g(X)$。如果 X 是离散型随机变量，则其分布律为

$$P(X=x_k)=p_k, \quad k=1,2,3,\cdots \tag{4-3}$$

当 $\sum_{k=1}^{\infty} g(x_k)p_k$ 绝对收敛时，Y 的数学期望为

$$E(Y)=E(g(X))=\sum_{k=1}^{\infty} g(x_k)p_k \tag{4-4}$$

如果 X 是连续型随机变量，其概率密度为 $f(x)$，当积分 $\int_{-\infty}^{\infty} g(x)f(x)\mathrm{d}x$ 绝对收敛时，Y 的数学期望为

$$E(Y)=E(g(X))=\int_{-\infty}^{\infty} g(x)f(x)\,\mathrm{d}x \tag{4-5}$$

上述结论可以推广到多维随机变量的情况。当(X,Y)是离散型随机变量时，设分布律为

$$P(X=x_i,Y=y_j)=p_{ij}, \quad i,j=1,2,3,\cdots \tag{4-6}$$

则 $g(X,Y)$的数学期望是

$$E(g(X,Y))=\sum_{i=1}^{\infty}\sum_{j=1}^{\infty} g(x_i,y_j)p_{ij} \tag{4-7}$$

当(X,Y)是连续型随机变量时，设其密度为 $f(x,y)$，则 $g(X,Y)$的数学期望是

$$E(g(X,Y))=\int_{-\infty}^{\infty}\int_{-\infty}^{\infty} g(x,y)f(x,y)\,\mathrm{d}x\,\mathrm{d}y \tag{4-8}$$

【例 4-3】 设随机变量 X 服从$(0,a)$上均匀分布，即 X 具有概率密度

$$f(x)=\begin{cases}\frac{1}{a}, & 0<x<a \\ 0, & \text{其他}\end{cases}$$

求随机变量 $Y=X^3$ 的数学期望。

解：由随机变量函数的数学期望公式可得

$$E(Y)=E(X^3)=\int_0^a x^3\,\frac{1}{a}\mathrm{d}x=\frac{a^3}{4}$$

代码如下：

```
#第 4 章/4-3.py
from sympy import *
a, x = symbols('a, x')
density = 1 / a
y = x ** 3
#y的数学期望
t = integrate(y * density,(x, 0, a))
print('y的数学期望为', t)
```

输出如下：

```
y的数学期望为 a**3/4
```

【例 4-4】 设随机变量(X,Y)的概率密度为

$$f(x,y)=\begin{cases}\dfrac{3}{2x^3y^2}, & \dfrac{1}{x}<y<x,x>1\\ 0, & \text{其他}\end{cases}$$

求 Y 和 $1/(XY)$的数学期望。

解：由数学期望的公式可得

$$E(Y)=\int_{-\infty}^{\infty}\int_{-\infty}^{\infty}yf(x,y)\mathrm{d}x\mathrm{d}y=\int_1^{\infty}\mathrm{d}x\int_{1/x}^{x}\frac{3}{2x^3y}\mathrm{d}y=\frac{3}{4}$$

$$E\left(\frac{1}{XY}\right)=\int_{-\infty}^{\infty}\int_{-\infty}^{\infty}\frac{1}{xy}f(x,y)\mathrm{d}x\mathrm{d}y=\int_1^{\infty}\mathrm{d}x\int_{1/x}^{x}\frac{3}{2x^4y^3}\mathrm{d}y=\frac{3}{5}$$

代码如下：

```
#第 4 章/4-4.py
from sympy import *
x, y = symbols('x, y')
density = 3 / (2 * x ** 3 * y ** 2)
#Y的数学期望
s = integrate((density * y).simplify() ,(y, 1 / x, x),(x, 1, oo))
print('Y的数学期望为', s)
#1/(XY)的数学期望
s = integrate((density / (y * x) ).simplify() ,(y, 1 / x, x),(x, 1, oo))
print('1/XY的数学期望为', s)
```

输出如下：

```
Y的数学期望为 3/4
1/XY的数学期望为 3/5
```

4.1.4 数学期望的重要性质

为了叙述方便,假设以下结论中的随机变量期望都存在。

(1) 如果 k 是常数,则 $E(k)=k$。常数的期望是它自己。

(2) 如果 k 是常数,X 是一个随机变量,则 $E(kX)=kE(X)$。

(3) 如果 X 和 Y 是随机变量,则 $E(X+Y)=E(X)+E(Y)$。

(4) 如果 X 和 Y 是随机变量,并且 X 和 Y 互相独立,则 $E(XY)=E(X)E(Y)$。

4.2 方差和标准差

方差和标准差一般用来衡量一个随机变量的"发散"程度,即偏离其数学期望的大小。如果方差较小,则说明 X 的取值集中在数学期望附近;如果方差较大,则说明 X 的取值不够集中,比较发散。

4.2.1 方差

设 X 是一个随机变量,如果 $E([X-E(X)]^2)$存在,则称 $E([X-E(X)]^2)$为 X 的方差,记作 $D(X)$或 $\mathrm{Var}(X)$。

$$D(X)=\mathrm{Var}(X)=E([X-E(X)]^2) \tag{4-9}$$

如果 $D(X)$是随机变量 X 的方差,则 $D(X)$的算术平方根$\sqrt{D(X)}$称为 X 的标准差或均方差,记作 $\sigma(X)$。

$$\sigma(X)=\sqrt{D(X)}=\sqrt{\mathrm{Var}(X)}=E([X-E(X)]^2)^{\frac{1}{2}} \tag{4-10}$$

如果 X 是离散型随机变量,设 X 的分布律为

$$P(X=x_k)=p_k,\quad k=1,2,3,\cdots \tag{4-11}$$

则 X 的方差为

$$D(X)=\sum_{k=1}^{\infty}(x_k-E(X))^2 p_k \tag{4-12}$$

如果 X 是连续型随机变量,设 X 的概率密度为 $f(x)$,则 X 的方差为

$$D(X)=\int_{-\infty}^{\infty}(x-E(X))^2 f(x)\mathrm{d}x \tag{4-13}$$

一般地,无论 X 是连续型还是离散型随机变量,总有

$$D(X)=E(X^2)-E(X)^2 \tag{4-14}$$

【例 4-5】 设随机变量 X 服从 0~1 分布,即其分布律为

$$P(X=1)=p, P(X=0)=1-p$$

求 X 的方差 $D(X)$。

解:根据 X 的分布律

$$E(X^2)=1\times p+0\times(1-p)=p$$

$$E(X)=1\times p+0\times(1-p)=p$$

由方差的计算公式可知

$$D(X)=E(X^2)-E(X)^2=p-p^2=p(1-p)$$

代码如下：

```
#第 4 章/4-5.py
import numpy as np
from sympy import *
p = symbols('p')
xk = np.array([1, 0])
pk = np.array([p, 1 - p])
#X 的方差 D(X)
s1 = (xk ** 2 * pk).sum()
s2 = (xk * pk).sum()
s = (s1 - s2 ** 2)
print('X 的方差 D(X)为', s)
```

输出如下：

```
X 的方差 D(X)为 -p**2 + p
```

【例 4-6】 设随机变量 X 服从参数为 λ 的泊松分布，求 X 的方差 $D(X)$。

解：根据泊松分布的定义可知

$$E(X)=\exp(-\lambda)\sum_{k=0}^{\infty}k\frac{\lambda^k}{k!}=\lambda\exp(-\lambda)\sum_{k=1}^{\infty}\frac{\lambda^{k-1}}{(k-1)!}=\lambda$$

$$E(X^2)=\exp(-\lambda)\sum_{k=0}^{\infty}k^2\frac{\lambda^k}{k!}=\exp(-\lambda)\left(\sum_{k=0}^{\infty}k(k-1)\frac{\lambda^k}{k!}+\sum_{k=0}^{\infty}k\frac{\lambda^k}{k!}\right)=\lambda^2+\lambda$$

因此方差为

$$D(X)=E(X^2)-E(X)^2=\lambda^2+\lambda-\lambda^2=\lambda$$

代码如下：

```
#第 4 章/4-6.py
from sympy import *
lambda, k = symbols('lambda, k')
#方差
s1 = summation(exp(-lambda) * k**2 * lambda ** k / factorial(k), (k, 0, oo))
s2 = summation(exp(-lambda) * k * lambda ** k / factorial(k), (k, 0, oo))
varr = (s1 - s2 ** 2).simplify()
print('泊松分布的方差为', varr)
```

输出如下：

```
泊松分布的方差为 lambda
```

【例 4-7】 设随机变量 X 服从(a,b)上均匀分布，求它的方差 $D(X)$。

解：X 的概率密度为

$$f(x)=\begin{cases}\dfrac{1}{b-a}, & a<x<b\\ 0, & \text{其他}\end{cases}$$

根据概率密度容易计算

$$E(X)=\int_a^b \frac{x}{b-a}\mathrm{d}x=\frac{a+b}{2}$$

$$E(X^2)=\int_a^b \frac{x^2}{b-a}\mathrm{d}x=\frac{b^3-a^3}{3(b-a)}=\frac{b^2+ab+a^2}{3}$$

则方差为

$$D(X)=E(X^2)-E(X)^2=\frac{b^2+ab+a^2}{3}-\left(\frac{a+b}{2}\right)^2=\frac{(a-b)^2}{12}$$

代码如下：

```
#第 4 章/4-7.py
from sympy import *
a, b = symbols('a, b')
fx = 1 / (b - a)
#方差
s1 = integrate(fx * x,(x, a, b)).simplify()
s2 = integrate(fx * x ** 2, (x, a, b)).simplify()
varr = s2 - s1 ** 2
print('方差为', varr.simplify())
```

输出如下：

```
方差为 a**2/12 - a*b/6 + b**2/12
```

【例 4-8】 设随机变量 X 服从参数为 θ 的指数分布，X 的概率密度为

$$f(x)=\begin{cases}\frac{1}{\theta}\exp\left(-\frac{x}{\theta}\right), & x>0\\ 0, & \text{其他}\end{cases}$$

求 X 的期望 $E(X)$ 和方差 $D(X)$。

解：根据 X 的密度可得

$$E(X)=\int_0^{\infty} xf(x)\mathrm{d}x=\int_0^{\infty}\frac{x}{\theta}\exp\left(-\frac{x}{\theta}\right)\mathrm{d}x=\theta$$

$$E(X^2)=\int_0^{\infty} x^2 f(x)\mathrm{d}x=\int_0^{\infty}\frac{x^2}{\theta}\exp\left(-\frac{x}{\theta}\right)\mathrm{d}x=2\theta^2$$

代码如下：

```
#第 4 章/4-8.py
from sympy import *
x, theta = symbols('x, theta')
fx = exp( - x / theta) / theta
#期望
s1 = integrate(fx * x, (x, 0, oo))
print('数学期望为', s1)
#方差
s2 = integrate(fx * x ** 2,(x, 0, oo))
s = s2 - s1 ** 2
print('方差为', s)
```

输出如下：

```
数学期望为 Piecewise((theta, Abs(arg(theta)) < pi/2), (Integral(x * exp( - x/theta)/theta,
(x, 0, oo)), True))
方差为 - Piecewise((theta ** 2, Abs(arg(theta)) < pi/2), (Integral(x * exp( - x/theta)/theta,
(x, 0, oo)) ** 2, True)) + Piecewise((2 * theta ** 2, Abs(arg(theta)) < pi/2), (Integral(x **
2 * exp( - x/theta)/theta, (x, 0, oo)), True))
```

4.2.2 方差的性质

方差有几个重要的性质：

(1) 如果 k 是常数，则 $D(k)=0$。

(2) 如果 k 是常数，X 是随机变量，则有

$$D(kX)=k^2D(X),D(k+X)=D(X) \tag{4-15}$$

(3) 设 X 和 Y 是两个随机变量，则有

$$D(X+Y)=D(X)+D(Y)+2E([X-E(X)][Y-E(Y)]) \tag{4-16}$$

关于方差有一个重要的不等式，即切比雪夫(Chebyshev)不等式。设随机变量 X 的期望和方差都存在，不妨设 X 的期望是 μ，方差是 σ^2，ε 是任意给定的正数，则有以下不等式

$$P(|X-\mu|\geqslant\varepsilon)\leqslant\frac{\sigma^2}{\varepsilon^2} \tag{4-17}$$

切比雪夫不等式的意义在于，该不等式与 X 的具体分布无关，只要知道 X 的期望和方差，而不需要知道 X 的分布函数，就有结论成立。

4.2.3 正态分布的均值和方差

正态分布对于概率统计而言非常重要，人们对正态分布的研究也较为完善。设有 n 个正态分布随机变量 $X_i\sim N(\mu_i,\sigma_i^2)$，它们相互独立，则它们的线性组合也服从正态分布，即

$$X=\sum_{i=1}^{n}k_iX_i\sim N\left(\sum_{i=1}^{n}k_i\mu_i,\sum_{i=1}^{n}k_i^2\sigma_i^2\right) \tag{4-18}$$

也就是说，X 的均值和方差为

$$E(X)=\sum_{i=1}^{n}k_i\mu_i,\quad D(X)=\sum_{i=1}^{n}k_i^2\sigma_i^2 \tag{4-19}$$

这个结论是说，独立正态分布的随机变量的线性组合仍然是正态分布随机变量。例如，$X\sim N(1,2)$，$Y\sim N(3,4)$，并且 X 和 Y 相互独立，则 $5X+6Y$ 服从正态分布 $N(23,194)$。

4.3 协方差和相关系数

协方差和相关系数研究的是两个随机变量之间的关系。

设 X 和 Y 是两个随机变量且均值与方差都存在，$\mu_X=E(X)$，$\mu_Y=E(Y)$，$\sigma_X^2=D(X)$，$\sigma_Y^2=D(Y)$。如果 $E([X-\mu_X][Y-\mu_Y])$ 存在，则称 $E([X-\mu_X][Y-\mu_Y])$ 为随机变量 X 和 Y 的协方差，记作 $\mathrm{cov}(X,Y)$，即

$$\mathrm{cov}(X,Y)=E([X-\mu_X][Y-\mu_Y]) \tag{4-20}$$

又称

$$\rho_{XY}=\frac{\mathrm{cov}(X,Y)}{\sqrt{\sigma_X^2}\sqrt{\sigma_Y^2}} \tag{4-21}$$

为随机变量 X 和 Y 的相关系数。如果 $\rho_{XY}=0$,则称 X 和 Y 不相关。

由上面的协方差的定义可知,$\mathrm{cov}(X,Y)=\mathrm{cov}(Y,X)$,$\mathrm{cov}(X,X)=D(X)$。两个随机变量的和的方差也可以用协方差表示

$$D(X+Y)=D(X)+D(Y)+2\mathrm{cov}(X,Y) \tag{4-22}$$

协方差展开可得

$$\mathrm{cov}(X,Y)=E(XY)-E(X)E(Y) \tag{4-23}$$

4.3.1 协方差的性质

协方差具有以下性质:

(1) 如果 a 和 b 是常数,则有 $\mathrm{cov}(aX,bY)=ab\mathrm{cov}(X,Y)$。

(2) 如果 X_1、X_2 和 Y 是随机变量,则有 $\mathrm{cov}(X_1+X_2,Y)=\mathrm{cov}(X_1,Y)+\mathrm{cov}(X_2,Y)$。

4.3.2 相关系数的性质

相关系数具有以下性质:

(1) 设 X 和 Y 是两个随机变量,则有 $|\rho_{XY}|\leqslant 1$。

(2) 设 X 和 Y 是两个随机变量,则 $|\rho_{XY}|=1$ 当且仅当存在常数 a 和 b 使 $P(Y=aX+b)=1$。

4.3.3 相关性与独立性

假设 X 和 Y 是两个随机变量,它们的相关系数为 ρ_{XY}。如果 X 和 Y 相互独立,则容易证明

$$\mathrm{cov}(X,Y)=E(XY)-E(X)E(Y)=E(X)E(Y)-E(X)E(Y)=0 \tag{4-24}$$

进而有 $\rho_{XY}=0$。这说明 X 和 Y 相互独立推出相关系数为 0。反之,如果 $\rho_{XY}=0$,则不能推出 X 和 Y 相互独立。看下面的例子,见表 4-2。

表 4-2　X 和 Y 联合概率分布

X 和 Y 联合概率分布		X				$P(X=j)$
		−2	−1	1	2	
Y	1	0	1/4	1/4	0	1/2
	4	1/4	0	0	1/4	1/2
$P(Y=i)$		1/4	1/4	1/4	1/4	1

根据 X 和 Y 联合概率分布,可以计算得 $E(X)=0$,$E(Y)=5/2$,$E(XY)=0$。显然 $\mathrm{cov}(X,Y)=0$,即 $\rho_{XY}=0$,不相关。又从表 4-2 中可以看出 X 与 Y 并不独立,例如

$$P(X=-1,Y=1)=\frac{1}{4}\neq P(X=-1)\times P(Y=1)=\frac{1}{4}\times\frac{1}{2}=\frac{1}{8}$$

因此得出结论，即使 X 和 Y 不相关也不一定相互独立。

对于正态分布而言，独立性和不相关是等价的。如果 (X,Y) 是二维正态分布随机变量，则 X 与 Y 互相独立的充分必要条件是 X 与 Y 的相关系数为 0，即 $\rho_{XY}=0$。

4.4 协方差矩阵

首先介绍"矩"的概念。设 X 和 Y 是随机变量，如果 $E(X^k)$ 存在，则称 $E(X^k)$ 为 X 的 k 阶原点矩，简称 k 阶矩。如果 $E([X-E(X)]^k)$ 存在，则称 $E([X-E(X)]^k)$ 为 X 的 k 阶中心矩。如果 $E(X^kY^l)$ 存在，则称 $E(X^kY^l)$ 为 X 和 Y 的 $k+l$ 阶混合中心矩，不难发现，X 的数学期望 $E(X)$ 是 X 的一阶原点矩，方差 $D(X)$ 是 X 的二阶中心矩，协方差 $\text{cov}(X,Y)$ 是 X 和 Y 的二阶混合中心矩。

利用"矩"可以定义协方差矩阵。设 $(X_1,X_2,\cdots,X_n)$ 是 n 维随机变量，$(X_1,X_2,\cdots,X_n)$ 的二阶混合中心距存在，即

$$c_{ij}=\text{cov}(X_i,X_j)=E(X_i-E(X_i)(X_j-E(X_j))) \tag{4-25}$$

那么称矩阵

$$\boldsymbol{C}=\begin{bmatrix} c_{11} & c_{12} & \cdots & c_{1n} \\ c_{21} & c_{22} & \cdots & c_{2n} \\ \vdots & \vdots & & \vdots \\ c_{n1} & c_{n2} & \cdots & c_{nn} \end{bmatrix} \tag{4-26}$$

为 n 维随机变量 $(X_1,X_2,\cdots,X_n)$ 的协方差矩阵。由协方差性质可知 $\boldsymbol{C}$ 是一个对称矩阵，即 $c_{ij}=c_{ji}$。

4.4.1 协方差矩阵的性质

协方差矩阵有以下性质：

(1) n 维正态随机变量 $(X_1,X_2,\cdots,X_n)$ 的每个分量 X_i 都是正态随机变量。反之，如果每个 X_i 都是正态随机变量，并且它们互相独立，则 $(X_1,X_2,\cdots,X_n)$ 是 n 维正态随机变量。

(2) n 维随机变量 $(X_1,X_2,\cdots,X_n)$ 服从 n 维正态分布的充要条件是它们的任意线性组合 $k_1X_1+k_2X_2+\cdots+k_nX_n$ 服从一维正态分布。

(3) 如果 $(X_1,X_2,\cdots,X_n)$ 服从 n 维正态分布，$\boldsymbol{A}$ 是一个 m 行 n 列的矩阵，则 m 维随机变量 $(Y_1,Y_2,\cdots,Y_m)$

$$\begin{bmatrix} y_1 \\ y_2 \\ \vdots \\ y_m \end{bmatrix}=\begin{bmatrix} a_{11} & a_{12} & \cdots & a_{1n} \\ a_{21} & a_{22} & \cdots & a_{2n} \\ \vdots & \vdots & & \vdots \\ a_{m1} & a_{m2} & \cdots & a_{mn} \end{bmatrix}\begin{bmatrix} x_1 \\ x_2 \\ \vdots \\ x_n \end{bmatrix} \tag{4-27}$$

服从多维正态分布。

(4) 如果 $(X_1,X_2,\cdots,X_n)$ 服从 n 维正态分布，则它们互相独立与两两不相关是等价的。

4.4.2 多维正态分布的联合密度

一般来讲，n 维随机变量的协方差矩阵没有明显的规律性，而 n 维正态分布则具有明显的规律性，具有很好的性质。

引入记号

$$\boldsymbol{X}=\begin{bmatrix}x_1\\x_2\\\vdots\\x_n\end{bmatrix},\quad \boldsymbol{\mu}=\begin{bmatrix}E(X_1)\\E(X_2)\\\vdots\\E(X_n)\end{bmatrix}=\begin{bmatrix}\mu_1\\\mu_2\\\vdots\\\mu_n\end{bmatrix} \tag{4-28}$$

则 n 维正态分布随机变量 $(X_1,X_2,\cdots,X_n)$ 的概率密度定义为

$$f(x_1,x_2,\cdots,x_n)=\frac{1}{(2\pi)^{\frac{n}{2}}(\det\boldsymbol{C})^{\frac{1}{2}}}\exp\left(-\frac{1}{2}(\boldsymbol{X}-\boldsymbol{\mu})^{\mathrm{T}}\boldsymbol{C}^{-1}(\boldsymbol{X}-\boldsymbol{\mu})\right) \tag{4-29}$$

其中矩阵 $\boldsymbol{C}$ 是随机变量 $(X_1,X_2,\cdots,X_n)$ 的协方差矩阵，即

$$\boldsymbol{C}=\begin{bmatrix}c_{11}&c_{12}&\cdots&c_{1n}\\c_{21}&c_{22}&\cdots&c_{2n}\\\vdots&\vdots&&\vdots\\c_{n1}&c_{n2}&\cdots&c_{nn}\end{bmatrix} \tag{4-30}$$

其中

$$c_{ij}=\operatorname{cov}(X_i,X_j)=E(X_i-E(X_i)(X_j-E(X_j))) \tag{4-31}$$

特别地，当随机变量 $(X_1,X_2,\cdots,X_n)$ 是二维正态随机变量 (X_1,X_2) 时，借助 X_1 与 X_2 的相关系数 ρ，协方差矩阵有以下更清晰的表达式。

$$\boldsymbol{C}=\begin{bmatrix}c_{11}&c_{12}\\c_{21}&c_{22}\end{bmatrix}=\begin{bmatrix}\sigma_1^2&\rho\sigma_1\sigma_2\\\rho\sigma_1\sigma_2&\sigma_2^2\end{bmatrix} \tag{4-32}$$

协方差矩阵 $\boldsymbol{C}$ 的行列式为

$$\det\boldsymbol{C}=\sigma_1^2\sigma_2^2(1-\rho^2) \tag{4-33}$$

协方差矩阵 $\boldsymbol{C}$ 的逆矩阵为

$$\boldsymbol{C}^{-1}=\frac{1}{\det\boldsymbol{C}}\begin{bmatrix}\sigma_2^2&-\rho\sigma_1\sigma_2\\-\rho\sigma_1\sigma_2&\sigma_1^2\end{bmatrix} \tag{4-34}$$

通过计算可得

$$\begin{aligned}(\boldsymbol{X}-\boldsymbol{\mu})^{\mathrm{T}}\boldsymbol{C}^{-1}(\boldsymbol{X}-\boldsymbol{\mu})&=\frac{1}{\det\boldsymbol{C}}[x_1-\mu_1,x_2-\mu_2]\begin{bmatrix}\sigma_2^2&-\rho\sigma_1\sigma_2\\-\rho\sigma_1\sigma_2&\sigma_1^2\end{bmatrix}\begin{bmatrix}x_1-\mu_1\\x_2-\mu_2\end{bmatrix}\\&=\frac{1}{1-\rho^2}\left[\frac{(x_1-\mu_1)^2}{\sigma_1^2}-2\rho\frac{(x_1-\mu_1)(x_2-\mu_2)}{\sigma_1\sigma_2}+\frac{(x_2-\mu_2)^2}{\sigma_2^2}\right]\end{aligned} \tag{4-35}$$

因此二维正态随机变量 (X_1,X_2) 的联合密度函数为

$$f(x_1,x_2)=\frac{1}{(2\pi)^{\frac{2}{2}}(\det\boldsymbol{C})^{\frac{1}{2}}}$$

$$\exp\left(\frac{1}{1-\rho^2}\left[\frac{(x_1-\mu_1)^2}{\sigma_1^2}-2\rho\frac{(x_1-\mu_1)(x_2-\mu_2)}{\sigma_1\sigma_2}+\frac{(x_2-\mu_2)^2}{\sigma_2^2}\right]\right) \tag{4-36}$$

4.5 本章练习

1. 设随机变量 X 的分布律为 $P(X=0)=0.3, P(X=1)=0.5, P(X=2)=0.2$，求 $E(X)$。

2. 口袋中有 3 个黑球和 1 个白球，从中一个一个地不放回抽取，直到摸出白球为止，若记摸球次数为 X，求 $E(X)$。

3. 设随机变量 $X\sim B(100,0.4)$，若 $Y=2X+3$，求 $E(X)$和 $E(Y)$。

4. 设随机变量 X 的密度函数为

$$f(x)=\begin{cases}2x, & 0\leqslant x\leqslant 1\\ 0, & \text{其他}\end{cases}$$

求 $E(X)$。

5. 设随机变量 X 的概率分布律为 $P(X=k)=1/4(k=1,2,3,4)$，求 $E(X)$、$E(X^2)$和 $E(\sin(X))$。

6. 有甲乙两名射击运动员，击中环数的随机变量分别为 X_1 和 X_2，它们的分布律如下

$$P(X_1=7)=0.2,\quad P(X_1=8)=0.3,\quad P(X_1=9)=0.4,\quad P(X_1=10)=0.1$$

$$P(X_2=7)=0.3,\quad P(X_2=8)=0.5,\quad P(X_2=9)=0.1,\quad P(X_2=10)=0.1$$

计算 X_1 和 X_2 的数学期望，进而评定两名运动员成绩的好坏。

7. 一辆机场送客车有 20 名旅客，旅客有 12 个车站可以下车。如果到达一个车站没有旅客下车就不停车，假设每个旅客在各个车站下车是等可能的，而且不同旅客相互独立。用 X 表示停车的次数，求 X 的数学期望。

8. 设随机变量(X,Y)具有概率密度

$$f(x,y)=\begin{cases}1, & |y|<x, 0<x<1\\ 0, & \text{其他}\end{cases}$$

求 $E(X)$、$E(Y)$和 $\operatorname{cov}(X,Y)$。

9. 设随机变量(X,Y)具有概率密度

$$f(x,y)=\begin{cases}1, & |y|<x, 0<x<1\\ 0, & \text{其他}\end{cases}$$

求 X 和 Y 的相关系数。

10. 设随机变量 $X\sim N(\mu,\sigma^2)$，$Y\sim N(\mu,\sigma^2)$且 X 与 Y 相互独立。令 $Z=aX+bY$，$W=aX-bY$，求 Z 和 W 的相关系数。

4.6 常见考题解析：随机变量的数字特征

本章的考点是随机变量的常见数据特征，包括数学期望、方差、标准差、协方差和相关系数等。主要强调的是相关性与独立性不是完全相同的概念，独立意味着不相关，但不相关不

能推出独立。对于正态分布随机变量而言，独立性与不相关是等价的。

【考题 4-1】 已知连续型随机变量 X 的概率密度为 $f(x)=(1/\sqrt{\pi})\exp(-x^2+2x-1)$，则 X 的数学期望和方差分别是多少？

解：借助于正态分布可得

$$E(X)=\int_{-\infty}^{\infty}\frac{x}{\sqrt{\pi}}\exp(-x^2+2x-1)\mathrm{d}x$$

$$=\sqrt{2}\sqrt{1/2}\int_{-\infty}^{\infty}\frac{1}{\sqrt{2\pi}\sqrt{1/2}}\exp\left(-\frac{(x-1)^2}{2(1/2)}\right)\mathrm{d}x=1$$

$$D(X)=\int_{-\infty}^{\infty}(x-1)^2\frac{1}{\sqrt{\pi}}\exp[-(x-1)^2]\mathrm{d}x$$

$$=\sqrt{2}\sqrt{1/2}\int_{-\infty}^{\infty}\frac{(x-1)^2}{\sqrt{2\pi}\sqrt{1/2}}\exp\left(-\frac{(x-1)^2}{2(1/2)}\right)=\frac{1}{2}$$

代码如下：

```
#第 4 章/4-9.py
from sympy import *
x = symbols('x')
#概率密度
density = 1 / sqrt(pi) * exp(-x ** 2 + 2 * x - 1)
#数学期望
ex = integrate(density * x, (x, -oo, oo)).simplify()
print('数学期望为', ex)
#方差
dx = integrate(density * (x - 1) ** 2 ,(x, -oo, oo)).simplify()
print('方差为', dx )
```

输出如下：

```
数学期望为 1
方差为 1/2
```

【考题 4-2】 设随机变量 X 与 Y 独立，并且服从均值为 1，标准差为$\sqrt{2}$的正态分布，而 Y 服从标准正态分布。试求随机变量 $Z=2X-Y+3$ 的概率密度。

解：独立正态分布的线性组合仍然是正态分布，故 Z 也服从正态分布，其均值为 5，方差为 $D(Z)=4D(X)+D(Y)=8+1=9$，即 $Z\sim N(5,9)$，不难写出它的概率密度函数。

代码如下：

```
#第 4 章/4-10.py
#均值
mz = 2 * 1 - 1 + 3
print('均值为', mz)
#方差
sz = 2 ** 2 * 2 + 1 * 2
print('方差为', sz)
```

输出如下：

```
均值为 4
方差为 10
```

【考题 4-3】 已知随机变量 X 服从参数为 2 的泊松分布，并且随机变量 $Z=3X-2$，求 $E(Z)$。

解：计算可得 $E(Z)=3E(X)-2=3*2-2=4$。

代码如下：

```
#第 4 章/4-11.py
#数学期望
m = 2
mz = 3 * 2 - 2
print('Z的数学期望为', mz)
```

输出如下：

```
Z的数学期望为 4
```

【考题 4-4】 设二维随机变量(X,Y)在区域 D：$0<x<1,|y|<x$ 内服从均匀分布，求关于 X 的边缘概率密度函数及随机变量 $Z=2X+1$ 的方差 $D(Z)$。

解：由联合分布求边缘分布可得

$$f_X(x)=\int_{-\infty}^{\infty}f(x,y)\mathrm{d}y=\begin{cases}\int_{-x}^{x}1\mathrm{d}y=2x, & 0<x<1\\ 0, & \text{其他}\end{cases}$$

$$D(Z)=D(2X+1)=4D(X)=4(E(X^2)-E(X)^2)=4\left[\int_0^1 2x^3\mathrm{d}x-\left(\int_0^1 2x^2\mathrm{d}x\right)^2\right]=\frac{2}{9}$$

代码如下：

```
#第 4 章/4-12.py
from sympy import *
x, y = symbols('x, y')
#边缘密度
fx = integrate(1,(y, -x, x))
print('x的边缘密度为', fx)
#期望
ex = integrate(fx * x, (x, 0, 1))
ex2 = integrate(fx * x ** 2, (x, 0, 1))
#方差
varr = 4 * (ex2 - ex ** 2)
print('Z的方差为', varr)
```

输出如下：

```
x的边缘密度为 2*x
Z的方差为 2/9
```

【考题 4-5】 设随机变量 X 服从参数为 1 的指数分布，求数学期望 $E(X+\exp(-2X))$。

解：由指数分布的概率密度可得

$$E(X+\exp(-2X))=E(X)+\int_0^{\infty}\exp(-2x)\exp(-x)\mathrm{d}x=1+\frac{1}{3}=\frac{4}{3}$$

代码如下：

```
#第 4 章/4-13.py
from sympy import *
x = symbols('x')
#概率密度
density = exp(-x)
#数学期望
s = integrate((x + exp(-2 * x) ) * density, (x, 0, oo))
print('数学期望为', s)
```

输出如下：

```
数学期望为 4/3
```

【考题 4-6】 设 X 表示 10 次独立重复射击命中目标的次数，每次射中目标的概率为 0.4，则 X^2 的数学期望 $E(X^2)$ 是多少？

解：显然 $X\sim B(10,0.4)$，那么有 $E(X)=np=10\times0.4=4$，$D(X)=np(1-p)=2.4$，因此 $E(X^2)=D(X)+E(X)^2=18.4$。

代码如下：

```
#第 4 章/4-14.py
from scipy.stats import binom
#定义随机变量
X = binom(n = 10, p = 0.4)
#数学期望
m = X.mean()
print('数学期望为', m)
#方差
v = X.var()
print('方差为', v)
#平方的期望
print('所求数学期望为', v + m ** 2)
```

输出如下：

```
数学期望为 4.0
方差为 2.4
所求数学期望为 18.4
```

【考题 4-7】 设 ξ 和 η 是两个独立且均服从正态分布 $N(0,1/2)$ 的随机变量，则随机变量 $|\xi-\eta|$ 的数学期望 $E|\xi-\eta|$ 是多少？

解：ξ 和 η 相互独立，并且服从正态分布，那么 $Z=\xi-\eta$ 也服从正态分布，即 $Z\sim N(0,1)$。

$$E|\xi-\eta|=E(|Z|)=\int_{-\infty}^{\infty}|z|\frac{1}{\sqrt{2\pi}}\exp\left(-\frac{z^2}{2}\right)\mathrm{d}z=2\int_0^{\infty}\frac{z}{\sqrt{2\pi}}\exp\left(-\frac{z^2}{2}\right)\mathrm{d}z=\sqrt{\frac{2}{\pi}}$$

代码如下：

```
#第4章/4-15.py
from sympy import *
x = symbols('x')
#密度函数
density = 1 / sqrt(2 * pi) * exp(-x ** 2 / 2)
#数学期望积分
s = integrate(abs(x) * density, (x, -oo, oo))
print('所求数学期望为', s)
```

输出如下：

```
所求数学期望为 sqrt(2)/sqrt(pi)
```

【考题 4-8】 设 ξ 和 η 是相互独立且服从同一分布的两个随机变量，已知 ξ 的分布律为 $P(\xi=i)=1/3, i=1,2,3$，又设 $X=\max\{\xi,\eta\}, Y=\min\{\xi,\eta\}$。

(1) 写出二维随机变量 (X,Y) 的分布律。

(2) 求随机变量 X 的数学期望。

解：(1) (X,Y) 分布律如下

$$P(X=1,Y=1)=P(\xi=1)P(\eta=1)=\frac{1}{9}$$

$$P(X=1,Y=2)=0$$

$$P(X=1,Y=3)=0$$

$$P(X=2,Y=1)=P(\xi=1)P(\eta=2)+P(\xi=2)P(\eta=1)=\frac{2}{9}$$

$$P(X=2,Y=2)=P(\xi=2)P(\eta=2)=\frac{1}{9},\quad P(X=2,Y=3)=0$$

$$P(X=3,Y=1)=P(\xi=3)P(\eta=1)+P(\xi=1)P(\eta=3)=\frac{2}{9}$$

$$P(X=3,Y=2)=P(\xi=3)P(\eta=2)+P(\xi=2)P(\eta=3)=\frac{2}{9}$$

$$P(X=3,Y=3)=P(\xi=3)P(\eta=3)=\frac{1}{9}$$

(2) 根据 X 的定义可知

$$E(X)=\frac{1}{9}\times 1+\frac{3}{9}\times 2+\frac{5}{9}\times 3=\frac{21}{9}$$

【考题 4-9】 设两个互相独立的随机变量 X 和 Y 的方差分别是 4 和 2，则随机变量 $3X-2Y$ 的方差是(　　)。

A. 8　　B. 16　　C. 28　　D. 44

解：

$$D(3X-2Y)=9D(X)+4D(Y)=36+8=44$$

代码如下：

```
#第 4 章/4-16.py
#方差
dx = 4
dy = 2
d = 3 ** 2 * dx + 2 ** 2 * dy
print('方差为', d)
```

输出如下：

```
方差为 44
```

【考题 4-10】 设从学校乘汽车到火车站途中有 3 个交通岗，假设在各个交通岗遇到红灯的事件是相互独立的，并且概率都是 2/5，设 X 为途中遇到红灯的次数，求随机变量 X 的分布律、分布函数和数学期望。

解：显然 X 服从二项分布 $B(3,2/5)$，故 X 的分布律为

$$P(X=i)=\mathrm{C}_3^i\left(\frac{2}{5}\right)^i\left(\frac{3}{5}\right)^{3-i}$$

其中，$i=0,1,2,3$。X 的分布函数如下

$$F(x)=\begin{cases}0, & x<0\\ \dfrac{27}{125}, & 0\leqslant x<1\\ \dfrac{81}{125}, & 1\leqslant x<2\\ \dfrac{117}{125}, & 2\leqslant x<3\\ 1, & 3\leqslant x\end{cases}$$

由二项分布的数学期望可得，$E(X)=np=3\times(2/5)=(6/5)$。

代码如下：

```
#第 4 章/4-17.py
from scipy.stats import binom
#定义随机变量
X = binom(n = 3, p = 0.4)
#数学期望
m = X.mean()
print('数学期望为', m)
```

输出如下：

```
数学期望为 1.2000000000000002
```

【考题 4-11】 设两个随机变量 X 和 Y 互相独立，并且都服从均值为 0，方差为 1/2 的正态分布，求随机变量 $|X-Y|$ 的方差。

解：由于 X 和 Y 独立同分布，服从 $N(0,1/2)$，所以 $Z=X-Y\sim N(0,1)$，故而

$$D(|X-Y|)=D(|Z|)=E(|Z|^2)-E(|Z|)^2=E(Z^2)-E(|Z|)^2=1-E(|Z|)^2$$

只需求 $E(|Z|)$

$$E(|Z|)=\int_{-\infty}^{\infty}|z|\frac{1}{\sqrt{2\pi}}\exp\left(-\frac{z^2}{2}\right)\mathrm{d}z$$

$$=\frac{2}{\sqrt{2\pi}}\int_0^{\infty}|z|\exp\left(-\frac{z^2}{2}\right)\mathrm{d}z=\frac{2}{\sqrt{2\pi}}\int_0^{\infty}z\exp\left(-\frac{z^2}{2}\right)\mathrm{d}z$$

因此 $E(|Z|)=\sqrt{2/\pi}$，综上 $D(|X-Y|)=1-2/\pi$。

代码如下：

```
#第 4 章/4-18.py
from sympy import *
x = symbols('x')
#密度函数
density = 1 / sqrt(2 * pi) * exp(-x ** 2 / 2)
#数学期望积分
s1 = integrate(abs(x) * density,(x, -oo, oo))
print('|Z|的数学期望值为', s1)
s2 = integrate(abs(x) ** 2 * density,(x, -oo, oo))
print('|Z|平方的数学期望值为', s2)
#方差
print('|Z|的方差为', s2 - s1 ** 2)
```

输出如下：

```
|Z|的数学期望值为 sqrt(2)/sqrt(pi)
|Z|平方的数学期望值为 1
|Z|的方差为 1 - 2/pi
```

【考题 4-12】 某流水线每个产品不合格的概率为 p，产品合格与否相互独立，当出现一个不合格产品时立即停机检修。设开机后第 1 次停机时已经生产的产品个数为 X，求 X 的数学期望和方差。

解：先求 X 的分布，根据题意，$P(X=k)=(1-p)^{k-1}p, k=1,2,3,\cdots$。则 X 的数学期望和方差如下

$$E(X)=\sum_{k=1}^{\infty}k(1-p)^{k-1}p=p\sum_{k=1}^{\infty}k(1-p)^{k-1}$$

$$=p\sum_{k=1}^{\infty}[(1-p)^k]'=\left[p\sum_{k=1}^{\infty}(1-p)^k\right]'=\frac{1}{p}$$

$$E(X^2)=p\sum_{k=1}^{\infty}k^2(1-p)^{k-1}=\frac{2-p}{p^2}$$

因此

$$D(X)=E(X^2)-E(X)^2=\frac{2-p}{p^2}-\left(\frac{1}{p}\right)^2=\frac{1-p}{p^2}$$

代码如下：

```
#第 4 章/4-19.py
from sympy import *
k, p = symbols('k, p')
#数学期望
ex = summation(k * (1 - p) ** (k - 1) * p, (k, 1, oo)).simplify()
print('数学期望为', ex)
#方差
ex2 = summation(k ** 2 * (1 - p) ** (k - 1) * p,(k, 1, oo)).simplify()
print('方差为', (ex2 - ex ** 2).simplify())
```

输出如下：

```
数学期望为 Piecewise((1/p, Abs(p - 1) < 1), (-p * Sum(k * (1 - p) ** k, (k, 1, oo))/(p - 1),
True))
方差为 Piecewise(((1 - p)/p ** 2, Abs(p - 1) < 1), (p * (-p * Sum(k * (1 - p) ** k, (k, 1,
oo)) ** 2 + (1 - p) * Sum(k ** 2 * (1 - p) ** k, (k, 1, oo)))/(p ** 2 - 2 * p + 1), True))
```

【考题 4-13】 设随机变量 X 的概念密度为

$$f(x)=\begin{cases}\frac{1}{2}\cos\left(\frac{x}{2}\right), & 0\leqslant x\leqslant \pi \\ 0, & \text{其他}\end{cases}$$

对 X 独立地重复观察 4 次，用 Y 表示观察值大于 $\pi/3$ 的次数，求 Y^2 的数学期望。

解：观察值大于 $\pi/3$ 的概率为

$$P\left(X>\frac{\pi}{3}\right)=\int_{\pi/3}^{\pi}\frac{1}{2}\cos\left(\frac{x}{2}\right)\mathrm{d}x=\frac{1}{2}$$

因此，$Y\sim B(4,0.5)$，$E(Y)=np=4\times 0.5=2$，$D(Y)=np(1-p)=4\times 0.5\times 0.5=1$，则

$$E(Y^2)=D(Y)+E(Y)^2=1+4=5$$

代码如下：

```
#第 4 章/4-20.py
from sympy import *
from scipy.stats import binom
x = symbols('x')
#数学期望
density = cos(x / 2) / 2
prob = integrate( density,(x, pi / 3, pi) )
v = binom(4, float(prob)).var()
m = binom(4, float(prob)).mean()
#所求的数学期望
ex = v + m ** 2
print('Y 的平方的数学期望为', ex)
```

输出如下：

```
Y的平方的数学期望为 5.0
```

【考题 4-14】 设随机变量 X 服从参数为 λ 的指数分布，则 $P(X>\sqrt{D(X)})$ 是多少？

解：因为 X 服从参数为 λ 的指数分布，所以 $D(X)=1/\lambda^2$，

$$P(X>\sqrt{D(X)})=P(X>1/\lambda)=\int_{1/\lambda}^{\infty} f(x)\mathrm{d}x=\int_{1/\lambda}^{\infty}\lambda\exp(-\lambda x)\mathrm{d}x=\frac{1}{\mathrm{e}}$$

代码如下：

```
#第4章/4-21.py
from sympy import *
x, lambda = symbols('x, lambda')
#指数分布密度
density = lambda * exp( - lambda * x)
#指数分布的方差
s1 = integrate(x * density, (x, 0, oo)).simplify()
s2 = integrate(x ** 2 * density, (x, 0, oo)).simplify()
varr = (s2 - s1 ** 2).simplify()
#所求的概率值
t = integrate(density,(x, 1 / lambda, oo))
print('所求的概率值为', t)
```

输出如下：

```
所求的概率值为 lambda * Integral(exp( - lambda * x), (x, 1/lambda, oo))
```

【考题 4-15】 设随机变量 X 服从参数为 1 的泊松分布，则 $P(X=E(X^2))$ 是多少？

解：因为 X 服从参数为 1 的泊松分布，所以 $D(X)=E(X)=1$，故有 $E(X^2)=D(X)+E(X)^2=1+1=2$，则

$$P(X=E(X^2))=P(X=2)=\frac{1}{2}\exp(-1)=\frac{1}{2\mathrm{e}}$$

代码如下：

```
#第4章/4-22.py
from scipy.stats import poisson
#定义泊松分布随机变量
X = poisson(1)
#均值
m = X.mean()
#方差
v = X.var()
ex2 = v + m ** 2
#所求概率
print('所求概率为', X.pmf(ex2))
```

输出如下：

```
所求概率为 0.18393972058572114
```

【考题 4-16】 设随机变量 X 的概率分布密度为 $f(x)=(1/2)\exp(-|x|)$，$-\infty<x<\infty$，

（1）求 X 的数学期望 $E(X)$ 和方差 $D(X)$。

（2）求 X 与 $|X|$ 的协方差，并说明 X 与 $|X|$ 是否不相关。

（3）X 与 $|X|$ 是否相互独立？为什么？

解：（1）X 的数学期望和方差

$$E(X)=\int_{-\infty}^{\infty}xf(x)\mathrm{d}x=\frac{1}{2}\int_{-\infty}^{\infty}x\exp(-|x|)\mathrm{d}x=0$$

$$D(X)=E(X^2)=\int_{-\infty}^{\infty}x^2f(x)\mathrm{d}x=\int_{0}^{\infty}x^2\exp(-x)\mathrm{d}x=2$$

（2）$\mathrm{cov}(X,|X|)=E(X-E(X))(|X|-E(|X|))=E(X|X|)-E(X)E(|X|)=E(X|X|)=0$，显然此时相关系数也是 0，说明 X 与 $|X|$ 不相关。

（3）事件 $\{X>1\}=\{X>1\}\cap\{|X|>1\}$，如果 X 与 $|X|$ 相互独立，则

$$P\{X>1\}=P(\{X>1\}\cap\{|X|>1\})=P\{X>1\}P\{|X|>1\}$$

但显然 $P\{|X|>1\}$ 的概率不等于 1，因此 $P\{X>1\}$ 不可能等于 $P\{X>1\}P\{|X|>1\}$，互相矛盾，因此 X 与 $|X|$ 不独立。

代码如下：

```
#第 4 章/4-23.py
from sympy import *
x = symbols('x')
fx = exp(-abs(x)) / 2
#数学期望
ex = integrate(fx * x, (x, -oo, oo))
print('数学期望为', ex)
#方差
dx = integrate(fx * x ** 2, (x, -oo, oo))
print('方差为', dx)
```

输出如下：

```
数学期望为 0
方差为 2
```

【考题 4-17】 设随机变量 $X_1,X_2,\cdots,X_n$ 独立同分布，方差为 σ^2，$Y=\sum_{i=1}^{n}X_i/n$，则（　　）。

A. $\mathrm{cov}(X_1,Y)=\sigma^2/n$

B. $\mathrm{cov}(X_1,Y)=\sigma^2$

C. $D(X_1+Y)=(n+2)\sigma^2/n$

D. $D(X_1-Y)=(n+1)\sigma^2/n$

解：由 $X_1,X_2,\cdots,X_n$ 独立同分布可知，

$$\operatorname{cov}(X_1,Y)=\frac{1}{n}\operatorname{cov}(X_1,X_1)=\frac{\sigma^2}{n}$$

$$D(X_1+Y)=\operatorname{cov}(X_1+Y,X_1+Y)$$

$$=\operatorname{cov}(X_1,X_1)+2\operatorname{cov}(X_1,Y)+D(Y)=\sigma^2+\frac{2\sigma^2}{n}+\frac{\sigma^2}{n}$$

$$D(X_1-Y)=\operatorname{cov}(X_1-Y,X_1-Y)$$

$$=\operatorname{cov}(X_1,X_1)-2\operatorname{cov}(X_1,Y)+D(Y)=\sigma^2-\frac{2\sigma^2}{n}+\frac{\sigma^2}{n}$$

【考题 4-18】 设随机变量 $X_1,X_2,\cdots,X_n(n\geqslant 2)$ 为来自 $N(0,1)$ 的简单随机样本，$\overline{X}$ 为样本均值，记 $Y_i=X_i-\overline{X},i=1,2,\cdots,n$。

(1) 求 Y_i 的方差 $D(Y_i)$。

(2) 求 Y_1 与 Y_n 的协方差。

解：(1) 由方差的定义可知

$$D(Y_i)=D(X_i-\overline{X})=D\left(\left(1-\frac{1}{n}\right)X_i-\frac{1}{n}\sum_{k=1,k\neq i}^{n}X_k\right)$$

$$=\left(1-\frac{1}{n}\right)^2 D(X_i)+\frac{1}{n^2}\sum_{k=1,k\neq i}^{n}D(X_k)=\frac{n-1}{n}$$

(2) Y_1 与 Y_n 的协方差

$$\operatorname{cov}(Y_1,Y_n)=\operatorname{cov}(X_1-\overline{X},X_n-\overline{X})$$

$$=\operatorname{cov}(X_1,X_n)-\operatorname{cov}(\overline{X},X_n)-\operatorname{cov}(X_1,\overline{X})+\operatorname{cov}(\overline{X},\overline{X})$$

由独立性知 $\operatorname{cov}(X_1,X_n)=0$，并且容易计算

$$\operatorname{cov}(\overline{X},X_n)=\operatorname{cov}(X_1,\overline{X})=\frac{1}{n},\operatorname{cov}(\overline{X},\overline{X})=D(\overline{X})=\frac{1}{n}$$

所以，$\operatorname{cov}(Y_1,Y_n)=-1/n$。

【考题 4-19】 已知随机变量 (X,Y) 服从二维正态分布，并且 X 和 Y 分别服从正态分布 $N(1,3^2)$ 和 $N(0,4^2)$，X 与 Y 的相关系数 $\rho_{XY}=-0.5$，设 $Z=X/3+Y/2$，

(1) 求 Z 的数学期望 $E(Z)$ 和方差 $D(Z)$。

(2) 求 X 与 Z 的相关系数 ρ_{XZ}。

(3) X 与 Z 是否相互独立？为什么？

解：(1) 数学期望和方差

$$E(Z)=\frac{1}{3}E(X)+\frac{1}{2}E(Y)=\frac{1}{3}$$

$$D(Z)=D\left(\frac{1}{3}X+\frac{1}{2}Y\right)=\frac{1}{9}D(X)+\frac{1}{4}D(Y)-\frac{0.5\sqrt{D(X)D(Y)}}{6}=4-1=3$$

(2) X 与 Z 的相关系数

$$\rho_{XZ}=\frac{\operatorname{cov}(X,Z)}{\sqrt{D(X)D(Z)}}=\frac{\operatorname{cov}(X,X/3+Y/2)}{\sqrt{D(X)D(Z)}}=\frac{\operatorname{cov}(X,X/3)+\operatorname{cov}(X,Y/2)}{\sqrt{D(X)D(Z)}}=0$$

(3) 由于 $Z=X/3+Y/2$，也是一个正态分布，因此 (X,Z) 也服从二维正态分布，又因为

$\rho_{XZ}=0$,因此 X 与 Z 互相独立。

代码如下:

```
#第 4 章/4-24.py
from scipy.stats import norm
X = norm(loc = 1, scale = 3)
Y = norm(loc = 0, scale = 2)
#Z 的数学期望
m = X.mean() / 3 + Y.mean() / 2
print('Z 的数学期望为', m)
#Z 的方差
v = X.var() / 9 + Y.var() / 4
print('Z 的方差为', v)
```

输出如下:

```
Z 的数学期望为 0.3333333333333333
Z 的方差为 2.0
```

【考题 4-20】 设二维随机变量(X,Y)服从二维正态分布,则随机变量 $\xi=X+Y$ 与 $\eta=X-Y$ 不相关的充分必要条件为(　　)。

A. $E(X)=E(Y)$　　B. $E(X^2)-E(X)^2=E(Y^2)-E(Y)^2$

C. $E(X^2)=E(Y^2)$　　D. $E(X^2)+E(X)^2=E(Y^2)+E(Y)^2$

解:如果 ξ 与 η 不相关,则

$$\mathrm{cov}(\xi,\eta)=\mathrm{cov}(X+Y,X-Y)=D(X)-D(Y)=0$$

反之也成立,即 $\mathrm{cov}(\xi,\eta)=D(X)-D(Y)=0$ 时,ξ 与 η 不相关,因此 $E(X^2)-E(X)^2=E(Y^2)-E(Y)^2$。

【考题 4-21】 将一枚硬币重复掷 n 次,以 X 和 Y 分别表示正面向上和反面向上的次数,则 X 和 Y 的相关系数等于(　　)。

A. -1　　B. 0　　C. 1/2　　D. 1

解:先求协方差 $\mathrm{cov}(X,Y)=\mathrm{cov}(X,n-X)=\mathrm{cov}(X,n)-\mathrm{cov}(X,X)=-D(X)$

$$\rho_{XY}=\frac{\mathrm{cov}(X,Y)}{\sqrt{D(X)D(Y)}}=\frac{-D(X)}{\sqrt{D(X)D(Y)}}=\frac{-D(X)}{D(X)}=-1$$

【考题 4-22】 A 和 B 为随机事件,并且 $P(A)=1/4$,$P(B|A)=1/3$,$P(A|B)=1/2$,令

$$X=\begin{cases}1, & A\text{ 发生}\\0, & A\text{ 不发生}\end{cases},\quad Y=\begin{cases}1, & B\text{ 发生}\\0, & B\text{ 不发生}\end{cases}$$

(1) 求二维随机变量(X,Y)的概率分布。

(2) 求 X 与 Y 的相关系数 ρ_{XY}。

解:(1) 根据(X,Y)的定义可知 $P(A\cap B)=P(A)P(B|A)=1/12$,$P(B)=2P(A\cap B)=1/6$,从而 $P(A\cup B)=P(A)+P(B)-P(A\cap B)=1/3$。

$$P(X=0,Y=0)=P(\bar{A}\cap\bar{B})=1-P(A\cup B)=1-\frac{1}{3}=\frac{2}{3}$$

$$P(X=0,Y=1)=P(\bar{A}\cap B)=P(\bar{A}\mid B)P(B)=\frac{1}{2}\times\frac{1}{6}=\frac{1}{12}$$

$$P(X=1,Y=0)=P(A\cap\bar{B})=P(\bar{B}\mid A)P(A)=\frac{2}{3}\times\frac{1}{4}=\frac{1}{6}$$

$$P(X=1,Y=1)=P(A\cap B)=\frac{1}{3}\times\frac{1}{4}=\frac{1}{12}$$

(2) 求 X 与 Y 的相关系数 ρ_{XY} 需要知道数学期望 $E(XY)$、$E(X)$、$E(Y)$，以及方差 $D(X)$和 $D(Y)$。根据(X,Y)的概率分布容易计算得

$$E(X)=\frac{1}{4},\quad E(Y)=\frac{1}{6},\quad E(XY)=\frac{1}{12},\quad D(X)=\frac{3}{16},\quad D(Y)=\frac{5}{36}$$

从而有

$$\rho_{XY}=\frac{\operatorname{cov}(X,Y)}{\sqrt{D(X)D(Y)}}=\frac{E(XY)-E(X)E(Y)}{\sqrt{D(X)D(Y)}}=\left(\frac{1}{12}-\frac{1}{4}\times\frac{1}{6}\right)\Big/\sqrt{\frac{3}{16}\times\frac{5}{36}}=\frac{1}{\sqrt{15}}$$

代码如下：

```
#第 4 章/4-25.py
from sympy import *
ex = Rational(1, 4)
ey = Rational(1, 6)
exy = Rational(1, 12)
dx = Rational(3, 16)
dy = Rational(5, 36)
#相关系数
rho = (exy - ex * ey) / sqrt(dx * dy)
print('相关系数为', rho)
```

输出如下：

```
相关系数为 sqrt(15)/15
```

【考题 4-23】 设随机变量 $X\sim N(0,1)$，$Y\sim N(1,4)$且相关系数 $\rho_{XY}=1$，则(　　)。

A. $P(Y=-2X-1)=1$　　B. $P(Y=2X-1)=1$

C. $P(Y=-2X+1)=1$　　D. $P(Y=2X+1)=1$

解：先来确定常数 b，由 $P(Y=aX+b)=1$ 可得 $E(Y)=aE(X)+b$，再因为 $X\sim N(0,1)$，$Y\sim N(1,4)$，所以 $1=0\times a+b=b$ 得 $b=1$。现来求常数 a，由相关系数

$$\rho_{XY}=\frac{\operatorname{cov}(X,Y)}{\sqrt{D(X)}\sqrt{D(Y)}}$$

可得，$\operatorname{cov}(X,Y)=\operatorname{cov}(X,aX+b)=a\operatorname{cov}(X,X)=a$，所以 $1=a/2$，即 $a=2$。

4.7 本章常用的 Python 函数总结

本章常用的 Python 函数见表 4-3。

表 4-3　本章常用的 Python 函数

函　　数	代　　码
计算全排列	sympy. factorial(n),n 是某个正整数
计算积分(均值和方差的符号计算)	integrate(f(x),(x,a,b)),f(x)是被积函数表达式,x 是积分变量,a 和 b 分别是积分下限和积分上限
声明一个数组(主要用于离散分布定义)	import numpy as np ; np. array([a1,a2,⋯ ,an]); 其中 a1,a2,⋯ ,an 是数组的元素
计算二项分布的均值	from scipy. stats import binom ; X = binom(n,p); X. mean(); 其中 n 是试验的总次数,p 是成功率,mean()是用来求均值的方法
计算二项分布的方差	from scipy. stats import binom ; X = binom(n,p); X. var( ); 其中 n 是试验的总次数,p 是成功率,var( )是用来求方差的方法
计算正态分布的均值	from scipy. stats import norm ; X = norm(loc = mu,scale = sigma); X. mean( ); 其中 loc 是正态分布的均值,scale 是正态分布的标准差,mean( )是用来求均值的方法
计算正态分布的方差	from scipy. stats import norm ; X = norm(loc = mu,scale = sigma); X. var( ); 其中 loc 是正态分布的均值,scale 是正态分布的标准差,var( )是用来求均值的方法
计算一个均匀离散分布的均值	import numpy as np ; a = np. array([a1,a2,⋯ ,an]); a. mean( ) ; 离散分布的均值
计算一个均匀离散分布的方差	import numpy as np ; a = np. array([a1,a2,⋯ ,an]); a. var( ); 离散分布的方差

4.8　本章上机练习

实训环境:

(1) 使用 Python 3. x 版本。

(2) 使用 IPython 或 Jupyter Notebook 交互式编辑器,推荐使用 Anaconda 发行版中自带的 IPython 或 Jupyter Notebook。

【实训 4-1】　设 $a=[1,2,-3,31,0.4,0,-9]$是一个离散分布,它取每个值的概率依次为 $p=[0.4,0.1,0.1,0.1,0.1,0.1,0.1]$,求这个离散分布的均值和方差。

代码如下：

```
#第4章/4-26.py
import numpy as np
a = [1, 2, -3, 31, 0.4, 0, -9]
a = np.array(a)
p = [0.4, 0.1, 0.1, 0.1, 0.1, 0.1, 0.1]
p = np.array(p)
m = (a * p).sum( )
print('该离散分布的均值为', m)
tmp = (a ** 2 * p).sum( )
var = tmp - m ** 2
print('该离散分布的方差为', var)
```

输出如下：

```
该离散分布的均值为 2.5400000000000005
该离散分布的方差为 99.46440000000001
```

【实训 4-2】 设随机变量 X 与 Y 的联合密度为

$$f(x,y)=\begin{cases}12y^2, & 0\leqslant y\leqslant x\leqslant 1\\ 0, & \text{其他}\end{cases}$$

求 $E(X)$、$E(Y)$、$E(XY)$和 $E(X^2+Y^2)$。

代码如下：

```
#第4章/4-27.py
from sympy import *
x, y = symbols('x, y')
fxy = 12 * y ** 2
#E(X)
ex = integrate(x * fxy, (y, 0, x), (x, 0, 1))
print('E(X)等于', ex)
#E(Y)
ey = integrate(y * fxy, (y, 0, x), (x, 0, 1))
print('E(Y)等于', ey)
#E(XY)
exy = integrate(x * y * fxy, (y, 0, x), (x, 0, 1 ))
print('E(XY)等于', exy)
#E(X^2 + Y^2)
ee = integrate( (x ** 2 + y ** 2 ) * fxy, (y, 0, x), (x, 0, 1) )
print('E(X^2 + Y^2)等于', ee)
```

输出如下：

```
E(X)等于 4/5
E(Y)等于 3/5
E(XY)等于 1/2
E(X^2 + Y^2)等于 16/15
```

【实训 4-3】 设随机变量 X 的概率密度为

$$f(x)=\begin{cases}\exp(-x), & x>0\\ 0, & x\leqslant 0\end{cases}$$

求 $Y=2X$ 和 $Y=\exp(-2X)$ 的数学期望。

代码如下：

```
#第 4 章/4-28.py
from sympy import *
x = symbols('x')
fx = exp( - x)
y = 2 * x * fx
#Y = 2X 的数学期望
e1 = integrate(y, (x, 0, oo) )
print('Y = 2X 的数学期望为', e1)
#Y = exp( - 2X)的数学期望
y = exp( - 2 * x) * fx
e2 = integrate(y, (x, 0, oo))
print('Y = exp( - 2X)的数学期望为', e2)
```

输出如下：

```
Y = 2X 的数学期望为 2
Y = exp( - 2X)的数学期望为 1/3
```

【实训 4-4】 设二维随机变量(X,Y)的概率密度为

$$f(x,y)=\begin{cases}\dfrac{1}{\pi}, & x^2+y^2=1\\ 0, & \text{其他}\end{cases}$$

试验证随机变量 X 与 Y 不相关，并且 X 与 Y 不是互相独立的。

代码如下：

```
#第 4 章/4-29.py
from sympy import *
x, y = symbols('x, y')
fxy = 1 / pi
#求 X 与 Y 的协方差
exy = integrate(fxy * x * y, (y, - sqrt(1 - x ** 2), sqrt(1 - x ** 2)), (x, - 1, 1))
print('E(XY)等于', exy)
ex = integrate(x * fxy, (y, - sqrt(1 - x ** 2), sqrt(1 - x ** 2)), (x, - 1, 1))
print('E(X)等于', ex)
ey = integrate(y * fxy,(y, - sqrt(1 - x ** 2), sqrt(1 - x ** 2) ),(x, - 1, 1))
print('E(Y)等于', ey)
print('X 与 Y 的协方差为', exy - ex * ey)
print('X 与 Y 的协方差为 0,因此 X 与 Y 不相关.')
#求 x 的边缘密度 fx
fx = integrate(fxy, (y, - sqrt(1 - x ** 2), sqrt(1 - x ** 2)))
print('x 的边缘密度为', fx)
```

```
#求 y 的边缘密度 fy
fy = integrate(fxy, (x, - sqrt(1 - y ** 2), sqrt(1 - y ** 2)))
print('x 的边缘密度为', fy)
print('边缘密度的乘积为', fx * fy)
print('边缘密度的乘积不等于联合概率密度,因此 X 与 Y 不是互相独立的随机变量.')
```

输出如下：

```
E(XY)等于 0
E(X)等于 0
E(Y)等于 0
X 与 Y 的协方差为 0
X 与 Y 的协方差为 0,因此 X 与 Y 不相关.
x 的边缘密度为 2 * sqrt(1 - x ** 2)/pi
x 的边缘密度为 2 * sqrt(1 - y ** 2)/pi
边缘密度的乘积为 4 * sqrt(1 - x ** 2) * sqrt(1 - y ** 2)/pi ** 2
边缘密度的乘积不等于联合概率密度,因此 X 与 Y 不是互相独立的随机变量.
```

【实训 4-5】 设随机变量(X,Y)具有概率密度

$$f(x,y)=\begin{cases}1, & |y|<x,0<x<1\\ 0, & \text{其他}\end{cases}$$

求 $E(X)$、$E(Y)$和 $\text{cov}(X,Y)$。

代码如下：

```
#第 4 章/4-30.py
from sympy import *
x, y = symbols('x, y')
fxy = 1
#求 E(X)
ex = integrate(fxy * x, (y, - x, x), (x,0,1) )
print('X 的期望 E(X)等于', ex)
#求 E(Y)
ey = integrate(fxy * y, (y, - x, x), (x,0,1) )
print('X 的期望 E(Y)等于', ey)
#求协方差 cov(X,Y)
exy = integrate(fxy * x * y, (y, - x, x), (x,0,1) )
print('协方差 cov(X,Y)等于 ', exy - ex * ey)
```

输出如下：

```
X 的期望 E(X)等于 2/3
X 的期望 E(Y)等于 0
协方差 cov(X,Y)等于 0
```

【实训 4-6】 设随机变量(X,Y)具有概率密度

$$f(x,y)=\begin{cases}\dfrac{1}{8}(x+y), & 0\leqslant x\leqslant 2,0\leqslant y\leqslant 2\\ 0, & \text{其他}\end{cases}$$

求 $E(X)$、$E(Y)$、$\mathrm{cov}(X,Y)$、$D(X+Y)$和相关系数 ρ_{XY}。

代码如下：

```
#第 4 章/4-31.py
from sympy import *
x, y = symbols('x, y')
fxy = (x + y) / 8
#X 的期望 E(X)
ex = integrate(x * fxy, (x, 0, 2), (y, 0, 2))
print('X 的期望 E(X)等于', ex)
#Y 的期望 E(Y)
ey = integrate(y * fxy, (x, 0, 2), (y, 0, 2))
print('Y 的期望 E(Y)等于', ey)
#求 E(XY)
exy = integrate(x * y * fxy, (x, 0, 2), (y, 0, 2))
#X 与 Y 的协方差
cov = exy - ex * ey
print('X 与 Y 的协方差等于', cov)
#X 的方差 D(X)
exx = integrate(x ** 2 * fxy, (x, 0, 2), (y, 0, 2))
dx = exx - ex ** 2
print('X 的方差 D(X)等于', dx)
#Y 的方差 D(Y)
eyy = integrate(y ** 2 * fxy, (x, 0, 2), (y, 0, 2))
dy = eyy - ey ** 2
print('Y 的方差 D(Y)等于', dy)
#X 与 Y 的相关系数
rho = cov / (sqrt(dx * dy))
print('X 与 Y 的相关系数为', rho)
#X 加 Y 的方差 D(X+Y)
dxdy = dx + dy + 2 * cov
print('X 加 Y 的方差 D(X+Y)等于', dxdy)
```

输出如下：

```
X 的期望 E(X)等于 7/6
Y 的期望 E(Y)等于 7/6
X 与 Y 的协方差等于 -1/36
X 的方差 D(X)等于 11/36
Y 的方差 D(Y)等于 11/36
X 与 Y 的相关系数为 -1/11
X 加 Y 的方差 D(X+Y)等于 5/9
```

【实训 4-7】 设随机变量 X 和 Y 互相独立且有 $X\sim N(720,900)$，$Y\sim N(640,625)$。求随机变量 $Z=2X+Y$ 和 $W=X-Y$ 的分布，并求概率 $P(X>Y)$和 $P(X+Y>1400)$。

代码如下：

```
#第4章/4-32.py
#由于正态分布随机变量X和Y相互独立,因此它们的线性组合Z和W也服从正态分布,只需求出
#均值和方差
from scipy.stats import norm
import numpy as np
#Z的分布
mz = 2 * 720 + 640
print('Z的均值为', mz)
sz = 4 * 900 + 625
print('Z的方差为', sz)
print('Z服从均值为{},方差为{}的正态分布'.format(mz, sz) )
#W的分布
mw = 720 - 640
print('W的均值为', mw)
sw = 900 + 625
print('W的方差为', sw)
print('W服从均值为{},方差为{}的正态分布'.format(mw, sw))
#求概率 P(X>Y) = P(X-Y>0)
A = norm(loc = mw, scale = np.sqrt(sw))
p = 1 - A.cdf(0)
print('概率 P(X>Y)为', p)
#求概率 P(X+Y>1400)
m = 720 + 640
s = 900 + 625
B = norm(loc = m, scale = np.sqrt(s))
p = 1 - B.cdf(1400)
print('概率 P(X+Y>1400)为', p)
```

输出如下：

```
Z的均值为 2080
Z的方差为 4225
Z服从均值为2080,方差为4225的正态分布
W的均值为 80
W的方差为 1525
W服从均值为80,方差为1525的正态分布
概率 P(X>Y)为 0.9797488922086965
概率 P(X+Y>1400)为 0.15284797012192075
```

【实训 4-8】 设随机变量 X 的概念密度为

$$f(x)=\begin{cases}\frac{1}{2}\cos\left(\frac{x}{2}\right), & 0\leqslant x\leqslant \pi\\ 0, & \text{其他}\end{cases}$$

对 X 独立地重复观察 4 次，用 Y 表示观察值大于 $\pi/3$ 的次数，求 Y^2 的数学期望。

代码如下：

```
#第 4 章/4-33.py
from sympy import *
from scipy.stats import binom
x = symbols('x')
#数学期望
density = cos(x / 2) / 2
prob = integrate( density,(x, pi / 3, pi) )
v = binom(4, float(prob)).var()
m = binom(4, float(prob)).mean()
#所求的数学期望
ex = v + m ** 2
print('Y的平方的数学期望为', ex)
```

输出如下：

```
Y的平方的数学期望为 5.0
```

第5章 大数定律与中心极限定理

大数定律和中心极限定理是概率论和统计学的基础理论，在理论研究和应用实践中都有着重要应用。大数定律描述了独立同分布随机变量序列的算术平均值依概率收敛到分布的数学期望；中心极限定理描述了独立同分布随机变量序列之和的分布逼近于正态分布。在很多场合中都能见到被冠以“大数定律”和“中心极限定理”的各类结论，实际上这两大类定理有很多版本，如果读者对此有兴趣，则可以阅读专门的概率论著作。本书介绍其中常用的一些，大数定律包括切比雪夫(Chebyshev)大数定律、伯努利(Bernoulli)大数定律和辛钦(Khinchine)大数定律；中心极限定理包括棣莫弗-拉普拉斯(De Moivre-Laplace)中心极限定理，列维-林德伯格(Levy-Lindberg)中心极限定理。

本章重点内容：

(1) 切比雪夫不等式和切比雪夫大数定律。

(2) 伯努利大数定律。

(3) 辛钦大数定律。

(4) 棣莫弗-拉普拉斯中心极限定理。

(5) 列维-林德伯格中心极限定理。

5.1 大数定律

前文提到过，在大量随机试验中，某事件出现的频率 $f_n(A)$具有稳定性，当重复试验的次数 n 趋于无穷大时，频率趋向于一个特定的常数。这也是概率论的客观基础，本节将对此作一些理论解释。

5.1.1 切比雪夫不等式

切比雪夫不等式。设随机变量 X 的数学期望 $E(X)$和方差 $D(X)$都存在，则对任意的 $\varepsilon>0$，总有

$$P(|X-E(X)|\geqslant\varepsilon)\leqslant\frac{D(X)}{\varepsilon^2} \tag{5-1}$$

证明：只证明连续随机变量的情形。设 X 的概率密度为 $f(x)$，则有

$$P(|X-E(X)|\geqslant\varepsilon)=\int_{|X-E(X)|\geqslant\varepsilon}f(x)\mathrm{d}x=\int_{|X-E(X)|\geqslant\varepsilon}\frac{|X-E(X)|^2}{\varepsilon^2}f(x)\mathrm{d}x$$
$$\leqslant\frac{1}{\varepsilon^2}\int_{-\infty}^{\infty}(x-E(X))^2f(x)\mathrm{d}x=\frac{D(X)}{\varepsilon^2} \tag{5-2}$$

证毕。

切比雪夫不等式有时也可写成

$$P(|X-E(X)|<\varepsilon)\geqslant 1-\frac{D(X)}{\varepsilon^2} \tag{5-3}$$

切比雪夫不等式给出了当随机变量的分布未知，只知道数学期望 $E(X)$和方差 $D(X)$时，估计概率 $P(|X-E(X)|\geqslant\varepsilon)$的上界，这个估计是比较粗糙的。例如取 $\varepsilon=2\sqrt{D(X)}$和 $3\sqrt{D(X)}$，可以得到

$$P(|X-E(X)|<2\sqrt{D(X)})\geqslant 1-\frac{D(X)}{4D(X)}=0.75$$
$$P(|X-E(X)|<2\sqrt{D(X)})\geqslant 1-\frac{D(X)}{9D(X)}=\frac{8}{9}$$

显然，如果已知随机变量的分布，则所求概率 $P(|X-E(X)|\geqslant\varepsilon)$可以明确地计算出来，也就没必要用切比雪夫不等式估计了，切比雪夫不等式只适用于分布未知的情形。

【例 5-1】 设随机变量 X 的概率密度为

$$f(x)=\begin{cases}2\mathrm{e}^{-2x}, & x>0\\ 0, & x\leqslant 0\end{cases}$$

(1) 根据切比雪夫不等式估计 $P(X\geqslant 3/2)\leqslant A$，求 A 的值。

(2) 直接计算 $P(X\geqslant 3/2)$的值。

解：(1) 随机变量 X 实际上服从参数为 2 的指数分布，因此 $E(X)=1/2$，$D(X)=1/4$。根据切比雪夫不等式

$$\begin{aligned}P(X\geqslant 3/2)&=P(X-1/2\geqslant 1)=P(X-1/2\geqslant 1)+P(X-1/2\leqslant -1)\\&=P(|X-1/2|\geqslant 1)=P(|X-E(X)|\geqslant 1)\\&\leqslant\frac{D(X)}{1}=\frac{1}{4}\end{aligned}$$

因此 $A=1/4$。

(2) 根据指数分布的性质

$$P(X>t)=\mathrm{e}^{-2t},\quad t>0$$

所以 $P(X\geqslant 3/2)=\mathrm{e}^{-3}$。

代码如下：

```
#第 5 章/5-1.py
from sympy import symbols, exp, oo, Rational, integrate
x = symbols('x')
f = lambda x : 2 * exp( - 2 * x)
p = integrate(f(x), (x,Rational(3, 2), oo))
print('所求的概率为', p)
```

输出如下：

```
所求的概率为 exp(-3)
```

【例 5-2】 设随机变量 X 的密度为 $f(x)$，$D(X)=1$，随机变量 Y 的密度为 $f(-y)$，并且 X 与 Y 的相关系数为 $-1/4$，用切比雪夫不等式估计 $P(|X+Y|\geqslant 2)$ 的上界。

解：随机变量 Y 的期望

$$E(Y)=\int_{-\infty}^{+\infty} yf(-y)\mathrm{d}y=\int_{+\infty}^{-\infty} -tf(t)\mathrm{d}(-t)=-\int_{-\infty}^{+\infty} tf(t)\mathrm{d}t=-E(X)$$

即

$$E(X+Y)=0$$

随机变量 Y 的方差

$$D(Y)=E(Y^2)-E(Y)^2=\int_{-\infty}^{+\infty} y^2 f(-y)\mathrm{d}y-(-E(X))^2$$

$$=\int_{-\infty}^{\infty} y^2 f(y)\mathrm{d}y-E(X)^2=D(X)$$

根据切比雪夫不等式

$$P(|X+Y|\geqslant 2)=P(|X+Y-E(X+Y)|\geqslant 2)$$

$$\leqslant \frac{D(X+Y)}{2^2}=\frac{D(X+Y)}{4}$$

对于 $D(X+Y)$ 有

$$D(X+Y)=D(X)+D(Y)+2\mathrm{cov}(X,Y)$$

$$=D(X)+D(Y)+2\rho_{XY}\sqrt{D(X)}\sqrt{D(Y)}$$

$$=1+1-\frac{1}{2}=\frac{3}{2}$$

综上有

$$P(|X+Y|\geqslant 2)\leqslant \frac{D(X+Y)}{4}=\frac{3}{8}$$

5.1.2 依概率收敛

下面给出依概率收敛的定义。设 $X_1,X_2,\cdots,X_n$ 是一个随机变量序列，A 是一个常数，如果对任意的 $\varepsilon>0$，有

$$\lim_{n\to\infty} P(|X_n-A|<\varepsilon)=1 \tag{5-4}$$

则称随机变量序列 $X_1,X_2,\cdots,X_n$ 依概率收敛于常数 A，也记作 $X_n\xrightarrow{P}A$。

依概率收敛的序列有以下性质。设 $X_n\xrightarrow{P}a$，$Y_n\xrightarrow{P}b$，并且函数 $g(x,y)$ 在点 (a,b) 连续，则

$$g(X_n,Y_n)\xrightarrow{P} g(a,b) \tag{5-5}$$

证明从略。

5.1.3 切比雪夫大数定律

下面不加证明地给出切比雪夫大数定律。切比雪夫大数定律。设 $X_1,X_2,\cdots,X_n$ 是

一个两两不相关的随机变量序列，存在常数 C 使 $D(X_i) \leqslant C(i=1,2,3,\cdots)$，则对任意的 $\varepsilon > 0$ 有

$$\lim_{n\to\infty} P\left(\left|\frac{1}{n}\sum_{i=1}^{n} X_i - \frac{1}{n}\sum_{i=1}^{n} E(X_i)\right| < \varepsilon\right) = 1 \tag{5-6}$$

证明从略。

【例 5-3】 设 $X_1, X_2, \cdots, X_n$ 是相互独立的随机变量序列，X_n 服从参数为 n 的指数分布，$n \geqslant 1$，则下列随机变量序列中不服从切比雪夫大数定律的是（　　）。

A. $X_1, \frac{1}{2}X_2, \cdots, \frac{1}{n}X_n$　　　　B. $X_1, X_2, \cdots, X_n$

C. $X_1, 2X_2, \cdots, nX_n$　　　　D. $X_1, 2^2X_2, \cdots, n^2X_n$

解：根据切比雪夫大数定律的条件，要求方差存在且一致有界，即 $D(X_n) \leqslant C$，其中 C 是常数。因为 X_n 服从参数为 n 的指数分布，故 $D(X_n) = 1/n^2$。检查 4 个选项，D 项不满足方差一致有界，因此，本题选 D。

5.1.4 辛钦大数定律

辛钦大数定律也称弱大数定律。设 $X_1, X_2, \cdots, X_n$ 是独立同分布的随机变量序列，具有数学期望 $E(X_i) = \mu$，则对任意的 $\varepsilon > 0$ 有

$$\lim_{n\to\infty} P\left(\left|\frac{1}{n}\sum_{i=1}^{n} X_i - \mu\right| < \varepsilon\right) = 1 \tag{5-7}$$

证明：只证明方差有限的情形。设 $D(X_i) = \sigma^2$，由于

$$E\left(\frac{1}{n}\sum_{i=1}^{n} X_i\right) = \frac{1}{n}\sum_{i=1}^{n} E(X_i) = \frac{1}{n} n\mu = \mu \tag{5-8}$$

且由独立性可得

$$D\left(\frac{1}{n}\sum_{i=1}^{n} X_i\right) = \frac{1}{n^2}\sum_{i=1}^{n} D(X_i) = \frac{1}{n^2} n\sigma^2 = \frac{\sigma^2}{n} \tag{5-9}$$

则由切比雪夫不等式得

$$1 \geqslant P\left(\left|\frac{1}{n}\sum_{i=1}^{n} X_i - \mu\right| < \varepsilon\right) \geqslant 1 - \frac{\frac{\sigma^2}{n}}{\varepsilon^2} \tag{5-10}$$

根据夹逼定理，令 $n \to \infty$ 有

$$\lim_{n\to\infty} P\left(\left|\frac{1}{n}\sum_{i=1}^{n} X_i - \mu\right| < \varepsilon\right) = 1 \tag{5-11}$$

证毕。

通俗地讲，辛钦大数定律保证了独立同分布的随机变量序列，当 n 很大时它们的算术平均值很可能接近于数学期望。

5.1.5 伯努利大数定律

伯努利大数定律是辛钦大数定律的一个重要推论。设随机变量 $X_n \sim B(n, p)$，则对任意的 $\varepsilon > 0$ 有

$$\lim_{n\to\infty} P\left(\left|\frac{X_n}{n} - p\right| < \varepsilon\right) = 1 \tag{5-12}$$

证明：二项分布 $X_n \sim B(n,p)$ 可以写成 n 个独立的符合 $B(1,p)$ 分布的随机变量之和，即

$$X_n = Y_1 + Y_2 + \cdots + Y_n \tag{5-13}$$

其中 $Y_1, Y_2, \cdots, Y_n$ 独立同分布，$Y_i \sim B(1,p)$。又因为 $E(Y_i)=p$，则由辛钦大数定律可得

$$\lim_{n\to\infty} P\left(\left|\frac{1}{n}\sum_{i=1}^{n} Y_i - p\right| < \varepsilon\right) = \lim_{n\to\infty} P\left(\left|\frac{X_n}{n} - p\right| < \varepsilon\right) = 1 \tag{5-14}$$

证毕。

伯努利大数定律表明，只要试验次数足够多，事件 $\{|X_n/n-p|<\varepsilon\}$ 是一个小概率事件，而小概率事件在实际中是几乎不发生的，这就是频率稳定性的真正含义。在实际应用中，当试验次数很大时，就可以用事件的频率来代替事件的概率。

【例 5-4】 设随机变量 $X_1, X_2, \cdots, X_n$ 相互独立，均服从分布函数

$$F(x;\theta) = \begin{cases} 1 - \exp\left\{-\dfrac{x^2}{\theta}\right\}, & x \geqslant 0 \\ 0, & x < 0 \end{cases}$$

(1) 是否存在实数 a，使对任意的 $\varepsilon > 0$ 都有

$$\lim_{n\to\infty} P\left(\left|\frac{1}{n}\sum_{i=1}^{n} X_i^2 - a\right| \geqslant \varepsilon\right) = 0$$

(2) 求 a 的取值。

解：(1) 记

$$f(x;\theta) = F'(x;\theta) = \begin{cases} \dfrac{2x}{\theta}\exp\left(-\dfrac{x^2}{\theta}\right), & x \geqslant 0 \\ 0, & x < 0 \end{cases}$$

求得

$$E(X_i^2) = \int_{-\infty}^{\infty} x^2 f(x;\theta)\,\mathrm{d}x = \int_0^{\infty} x^2 \frac{2x}{\theta}\exp\left(-\frac{x^2}{\theta}\right)\mathrm{d}x = \theta\int_0^{\infty} t\exp(-t)\,\mathrm{d}t = \theta$$

因为 $X_1, X_2, \cdots, X_n$ 独立同分布，所以 $X_1^2, X_2^2, \cdots, X_n^2$ 也相互独立，并且同分布。数学期望 $E(X_i^2)$ 存在，根据辛钦大数定律，对任意的 $\varepsilon > 0$ 有

$$\lim_{n\to\infty} P\left(\left|\frac{1}{n}\sum_{i=1}^{n} X_i^2 - \theta\right| \geqslant \varepsilon\right) = 0$$

(2) a 的取值为 θ。

代码如下：

```
#第 5 章/5-2.py
from sympy import *
theta, x = symbols('theta, x')
Fx = 1 - exp(- x ** 2 / theta)
fx = Fx.diff(x)
#X^2 的期望
ex2 = integrate(x ** 2 * fx, (x, 0, oo) )
print('X^2 的期望为', ex2)
```

输出如下：

```
X^2 的期望为 Piecewise((theta, Abs(arg(theta)) < pi/2), (Integral(2 * x ** 3 * exp( - x ** 2/theta)/theta, (x, 0, oo)), True))
```

5.2　中心极限定理

在客观实际中有很多随机变量，它们是由大量的相互独立的随机因素综合作用而成，其中每个因素在总的影响中所起的作用都是微小的，这种随机变量往往近似地服从正态分布。此现象就是中心极限定理的客观背景。

列维-林德伯格中心极限定理。设随机变量 $X_1, X_2, \cdots, X_n$ 独立同分布，存在数学期望和方差，$E(X_i)=\mu, D(X_i)=\sigma^2$，则对于任意实数，有

$$\lim_{n\to\infty} P\left(\frac{\sum_{i=1}^{n} X_i - n\mu}{\sqrt{n}\sigma} \leqslant x\right) = \Phi(x) = \frac{1}{\sqrt{2\pi}}\int_{-\infty}^{x} \exp\left(-\frac{t^2}{2}\right) \mathrm{d}t \tag{5-15}$$

证明从略。

中心极限定理表明，当 n 充分大时，$\sum_{i=1}^{n} X_i$ 的标准化

$$\frac{\sum_{i=1}^{n} X_i - n\mu}{\sqrt{n}\sigma} \tag{5-16}$$

近似服从标准正态分布 $N(0,1)$，或者说 $\sum_{i=1}^{n} X_i$ 近似服从 $N(n\mu, n\sigma^2)$，即

$$P\left(a < \sum_{i=1}^{n} X_i < b\right) \approx \Phi\left(\frac{b-n\mu}{\sqrt{n}\sigma}\right) - \Phi\left(\frac{a-n\mu}{\sqrt{n}\sigma}\right) \tag{5-17}$$

中心极限定理是数理统计中大样本统计推断的基础。注意，定理中独立同分布、数学期望存在、方差存在三者缺一不可。只要问题涉及独立同分布随机变量的和 $\sum_{i=1}^{n} X_i$，就可以考虑使用中心极限定理。

【例 5-5】 生产线生产的产品成箱包装，每箱质量是随机的。假如每箱平均重 50 千克，标准差为 5 千克，如果用载质量为 5 吨的汽车承运，试用中心极限定理说明每辆汽车最多可以装多少箱，才能保证不超载的概率大于 0.977 ($\Phi(2)=0.977$)。

解：假设一辆车放了 n 箱产品。设 X_i 为第 i 箱产品的质量，根据题意可知，X_i 独立同分布，并且 $E(X_i)=50, \sqrt{D(X_i)}=5$。$n$ 箱产品的总质量为 $T_n=\sum_{i=1}^{n} X_i, E(T_n)=50n$，$\sqrt{D(T_n)}=5\sqrt{n}$。由列维 - 林德伯格中心极限定理，$T_n$ 近似地服从 $N(50n, 25n)$，故有

$$P(T_n \leqslant 5000) = P\left(\frac{T_n-50n}{5\sqrt{n}} \leqslant \frac{5000-50n}{5\sqrt{n}}\right) \approx \Phi\left(\frac{1000-10n}{\sqrt{n}}\right) > 0.977$$

即

$$\frac{1000-10n}{\sqrt{n}}>2$$

解得 $n<98.02$,因此每辆汽车最多装 98 箱才能保证不超载的概率大于 0.977。

代码如下：

```
#第 5 章/5-3.py
from sympy import *
import numpy as np
t = symbols('t')
eq = 10 * t ** 2 + 2 * t - 1000
n_sqrt1, n_sqrt2 = solveset(eq, t)
#舍去负值
n = (n_sqrt1 ** 2).evalf()
print('最多{}箱才能保证不超载的概率大于 0.977'.format(np.floor(n)) )
```

输出如下：

```
最多 98 箱才能保证不超载的概率大于 0.977
```

【例 5-6】 设随机变量序列 $X_1,X_2,\cdots,X_n$ 独立同分布,都服从 $B(1,1/2)$,记 $\Phi(x)$为标准正态分布函数,则下面正确的是哪个(　　)。

A. $\lim\limits_{n\to\infty}P\left(\frac{\sum\limits_{i=1}^{n}X_i-2n}{2\sqrt{n}}\leqslant x\right)=\Phi(x)$　　B. $\lim\limits_{n\to\infty}P\left(\frac{\sum\limits_{i=1}^{n}X_i-2n}{\sqrt{2n}}\leqslant x\right)=\Phi(x)$

C. $\lim\limits_{n\to\infty}P\left(\frac{2\sum\limits_{i=1}^{n}X_i-n}{\sqrt{n}}\leqslant x\right)=\Phi(x)$　　D. $\lim\limits_{n\to\infty}P\left(\frac{\sum\limits_{i=1}^{n}X_i-n}{\sqrt{n}}\leqslant x\right)=\Phi(x)$

解：根据列维-林德伯格中心极限定理,选 C。

【例 5-7】 设随机变量序列 $X_1,X_2,\cdots,X_n$ 独立同分布,都服从参数为 1 的指数分布,求极限

$$\lim_{n\to\infty}P\left(\sum_{i=1}^{n}X_i\leqslant n\right)$$

解：因为 $X_1,X_2,\cdots,X_n$ 独立同分布,都服从参数为 1 的指数分布,所以 $E(X_i)=1$, $D(X_i)=1$。根据列维-林德伯格中心极限定理, $\sum\limits_{i=1}^{n}X_i$ 近似服从 $N(n,n)$, 故有

$$\lim_{n\to\infty}P\left(\frac{\sum\limits_{i=1}^{n}X_i-n}{\sqrt{n}}\leqslant x\right)=\Phi(x)$$

因此

$$\lim_{n\to\infty}P\left(\sum_{i=1}^{n}X_i\leqslant n\right)=\lim_{n\to\infty}P\left(\frac{\sum\limits_{i=1}^{n}X_i-n}{\sqrt{n}}\leqslant 0\right)=\Phi(x)=\frac{1}{2}$$

【例 5-8】 一个加法器同时收到 20 个噪声电压 $V_k(k=1,2,\cdots,20)$，假设噪声电压是互相独立的随机变量，并且都在(0,10)区间上均匀分布，记 $V=\sum_{k=1}^{20}V_k$，求 $P(V>105)$ 的近似值。

解：因为噪声电压服从均匀分布，所以 $E(V_k)=5, D(V_k)=100/12$，根据列维-林德伯格中心极限定理，

$$Z=\frac{\sum_{k=1}^{20}V_k-20\times 5}{\sqrt{20}\sqrt{100/12}}=\frac{V-100}{\sqrt{20}\sqrt{100/12}}$$

近似服从标准正态分布 $N(0,1)$，则

$$P(V>105)=P\left(\frac{V-100}{\sqrt{20}\sqrt{100/12}}>\frac{105-100}{\sqrt{20}\sqrt{100/12}}\right)=P\left(Z>\frac{105-100}{\sqrt{20}\sqrt{100/12}}\right)$$

即

$$P(V>105)\approx P(Z>0.387)=1-\Phi(0.387)\approx 0.348$$

代码如下：

```
#第 5 章/5-4.py
from scipy.stats import norm
import numpy as np
Z_score = (105 - 100) / (np.sqrt(20) * np.sqrt(100 / 12) )
Z = norm(loc = 0, scale = 1)
p = 1 - Z.cdf(Z_score)
print('P(V > 105) 的概率为', p)
```

输出如下：

```
P(V > 105) 的概率为 0.34926767915166934
```

棣莫弗-拉普拉斯中心极限定理是列维-林德伯格中心极限定理的重要推论。设随机变量 $X_n \sim B(n,p)$，则对任意的实数 $x>0$ 有

$$\lim_{n\to\infty}P\left(\frac{X_n-np}{\sqrt{np(1-p)}}\leqslant x\right)=\Phi(x)=\frac{1}{\sqrt{2\pi}}\int_{-\infty}^{x}\exp\left(-\frac{t^2}{2}\right)\mathrm{d}t \tag{5-18}$$

证明：二项分布 $X_n \sim B(n,p)$可以写成 n 个独立的符合 $B(1,p)$分布的随机变量之和，即

$$X_n=Y_1+Y_2+\cdots+Y_n$$

其中 $Y_1,Y_2,\cdots,Y_n$ 独立同分布，$Y_i\sim B(1,p)$。又因为 $E(Y_i)=p, D(Y_i)=p(1-p)$，则由列维-林德伯格中心极限定理可得

$$\begin{aligned}\lim_{n\to\infty}P\left(\frac{\sum_{i=1}^{n}Y_i-np}{\sqrt{np(1-p)}}\leqslant x\right)&=\lim_{n\to\infty}P\left(\frac{X_n-np}{\sqrt{np(1-p)}}\leqslant x\right)\\&=\Phi(x)=\frac{1}{\sqrt{2\pi}}\int_{-\infty}^{x}\exp\left(-\frac{t^2}{2}\right)\mathrm{d}t\end{aligned} \tag{5-19}$$

证毕。

中心极限定理表明，当 n 充分大时，$B(n,p)$的随机变量 X_n 的标准化

$$\frac{X_n - np}{\sqrt{np(1-p)}} \tag{5-20}$$

近似服从标准正态分布 $N(0,1)$，或者说 X_n 近似服从 $N(np,np(1-p))$，即

$$P(a < X_n < b) \approx \Phi\left(\frac{b-np}{\sqrt{np(1-p)}}\right) - \Phi\left(\frac{a-np}{\sqrt{np(1-p)}}\right) \tag{5-21}$$

【例 5-9】 一船舶在海上航行，已知每遭受一次海浪的冲击，纵摇角大于 3°的概率为 1/3。如果该船舶遭受了 90 000 次海浪的冲击，求其中有 29 500 到 30 500 次纵摇角大于 3°的概率是多少？

解：根据题意，可将海浪冲击看作伯努利试验，记 90 000 次海浪的冲击中纵摇角大于 3°的次数为 X，则有 $X \sim B(90\,000,1/3)$，其分布律为

$$P(X=k) = \begin{bmatrix} 90\,000 \\ k \end{bmatrix} \left(\frac{1}{3}\right)^k \left(\frac{2}{3}\right)^{90\,000-k}, \quad k=0,1,2,\cdots,90\,000$$

所求概率为

$$P(29\,500 \leqslant X \leqslant 30\,500) = \sum_{k=29\,500}^{30\,500} \begin{bmatrix} 90\,000 \\ k \end{bmatrix} \left(\frac{1}{3}\right)^k \left(\frac{2}{3}\right)^{90\,000-k}$$

这个数字不容易直接计算，可以利用棣莫弗-拉普拉斯中心极限定理计算它的近似值，

$$P(29\,500 \leqslant X \leqslant 30\,500) = P\left(\frac{29\,500-np}{\sqrt{np(1-p)}} \leqslant \frac{X-np}{\sqrt{np(1-p)}} \leqslant \frac{30\,500-np}{\sqrt{np(1-p)}}\right)$$

其中 $n=90\,000$，$p=1/3$，则有

$$\begin{aligned} P(29\,500 \leqslant X \leqslant 30\,500) &= P\left(-\frac{5}{\sqrt{2}} \leqslant \frac{X-np}{\sqrt{np(1-p)}} \leqslant \frac{5}{\sqrt{2}}\right) \\ &= \Phi\left(\frac{5}{\sqrt{2}}\right) - \Phi\left(-\frac{5}{\sqrt{2}}\right) \approx 0.9995 \end{aligned}$$

代码如下：

```
#第 5 章/5-5.py
from scipy.stats import binom, norm
import numpy as np
#第 1 种方法
X = binom(n = 90000, p = 1 / 3)
p = X.cdf(30500) - X.cdf(29500)
print('第 1 种方法,纵摇角大于 3°的概率是:', p)
#第 2 种方法
n = 90000
p = 1 / 3
a = (29500 - n * p) / np.sqrt(n * p * (1-p))
b = (30500 - n * p) / np.sqrt(n * p * (1-p))
X = norm(loc = 0, scale = 1)
p = X.cdf(b) - X.cdf(a)
print('第 2 种方法,纵摇角大于 3°的概率是:', p)
```

输出如下：

```
第 1 种方法,纵摇角大于 3°的概率是: 0.999593113636761
第 2 种方法,纵摇角大于 3°的概率是: 0.999593047982555
```

【例 5-10】 每个学生来开家长会的家长人数是一个随机变量，设一个学生无家长、1 名家长、2 名家长来参加会议的概率分别是 0.05、0.8 和 0.15。如果学校有 400 名学生，设各个学生参加会议的家长人数互相独立且服从同一分布，求

(1) 参加会议的家长总人数超过 450 人的概率。

(2) 有一名家长来参会的学生人数不多于 340 人的概率。

解：(1) 设每个学生来参会的家长人数为 $X_k(k=1,2,\cdots,400)$，X_k 独立同分布，X_k 的分布律见表 5-1。

表 5-1　X_k 的分布律

X_k	0	1	2
p_k	0.05	0.8	0.15

已知 $E(X_k)=1.1, D(X_k)=0.19$。设总家长人数为 $X=\sum_{k=1}^{400}X_k$，由列维-林德伯格中心极限定理，随机变量

$$\frac{\sum_{k=1}^{400}X_k-400\times 1.1}{\sqrt{400\times 0.19}}=\frac{X-400\times 1.1}{\sqrt{400\times 0.19}}$$

近似服从正态分布 $N(0,1)$，故而

$$P(X>450)=P\left(\frac{\sum_{k=1}^{400}X_k-400\times 1.1}{\sqrt{400\times 0.19}}>\frac{450-400\times 1.1}{\sqrt{400\times 0.19}}\right)\approx 1-\Phi(1.147)\approx 0.1251$$

(2) 用 Y 表示一名家长参加会议的学生人数，则 $Y\sim B(400,0.8)$，由棣莫弗-拉普拉斯中心极限定理，

$$P(Y\leqslant 340)=P\left(\frac{Y-400\times 0.8}{\sqrt{400\times 0.8\times 0.2}}\leqslant\frac{340-400\times 0.8}{\sqrt{400\times 0.8\times 0.2}}\right)=P\left(\frac{Y-400\times 0.8}{\sqrt{400\times 0.8\times 0.2}}\leqslant 2.5\right)$$

故 $P(Y\leqslant 340)\approx\Phi(2.5)\approx 0.9938$

代码如下：

```python
#第 5 章/5-6.py
from scipy.stats import binom, norm
import numpy as np
x = np.array([0, 1, 2])
p = np.array([0.05, 0.8, 0.15])
ex = (x * p).sum()
ex2 = (x ** 2 * p).sum()
dx = ex2 - ex ** 2
print('每个学生家长人数的期望为', ex)
```

```
print('每个学生家长人数的方差为', dx)
#(1) 求家长人数大于 450 的概率
a = (450 - 400 * ex) / np.sqrt(400 * dx)
X = norm(loc = 0, scale = 1)
p = 1 - X.cdf(a)
print('家长人数大于 450 的概率为', p)
#(2) 第 1 种方法
Y = binom(n = 400, p = 0.8)
p = Y.cdf(340)
print('第 1 种方法,有一名家长来参会的学生人数不多于 340 的概率为', p)
#(2) 第 2 种方法
a = (340 - 400 * 0.8) / np.sqrt(400 * 0.8 * 0.2)
X = norm(loc = 0, scale = 1)
p = X.cdf(a)
print('第 2 种方法,有一名家长来参会的学生人数不多于 340 的概率为', p)
```

输出如下：

```
每个学生家长人数的期望为 1.1
每个学生家长人数的方差为 0.18999999999999972
家长人数大于 450 的概率为 0.12567455440511255
第 1 种方法,有一名家长来参会的学生人数不多于 340 的概率为 0.9958883559149133
第 2 种方法,有一名家长来参会的学生人数不多于 340 的概率为 0.9937903346742238
```

5.3 本章习题

1. 一个保险公司有 10 000 个汽车投保人，每个投保人的索赔金额的数学期望为 280 元，标准差为 800 元，求索赔总金额超过 2 700 000 元的概率。

2. 假设各个零件的质量是独立同分布随机变量，其数学期望为 0.5kg，均方差为 0.1，求 5000 只零件的总质量超过 2510kg 的概率是多少？

3. 一批建筑木柱，其中有 80%的长度不小于 3m，现从这批木柱中随机抽取 100 根，求至少有 30 根短于 3m 的概率。

4. 一个食品店有 3 种蛋糕出售，并且出售哪一种是随机的，因而售出一个蛋糕的价格是一个随机变量，其取值为 1 元、1.2 元、1.5 元，概率分别是 0.3、0.2、0.5。如果已知售出 300 个蛋糕，求

(1) 收入至少为 400 元的概率。

(2) 售出价格为 1.2 元的蛋糕大于 60 个的概率。

5. 一栋楼有 200 住户，每个住户拥有的汽车数量 X 的分布律为

$$X=\begin{cases}0, & p=0.1\\1, & p=0.6\\2, & p=0.3\end{cases}$$

问需要多少车位才能使每辆汽车都具有一个车位的概率至少为 0.95？

6. 某制药厂断言，该厂生产的药品对于某种疾病的治愈率为0.8。医院任意抽查100个服用此药品的病人，如果其中多于75人治愈，就接受此断言，否则就拒绝此断言。

(1) 如果实际上此药品的治愈率为0.8，则接受这一断言的概率是多少？

(2) 如果实际上此药品的治愈率为0.7，则接受这一断言的概率是多少？

5.4 常见考题解析：大数定律与中心极限定理

本章的主要考点是切比雪夫不等式和中心极限定理。切比雪夫不等式主要以客观题的形式出现，难度不大。计算题集中在中心极限定理部分。

【考题5-1】 根据测试，某种畅销手机芯片的使用寿命服从均值为100周的指数分布，现在随机取出16只该芯片，假设它们的寿命是相互独立的。求这16只芯片的寿命之和大于1920周的概率。

解：设每个芯片的寿命为随机变量 X_i，X_i 服从均值为100周的指数分布，故有 $E(X_i)=100$，$\sigma^2(X_i)=10\,000$。根据中心极限定理，近似地有

$$X=\sum_{i=1}^{16}X_i \sim N(100\times16, 10\,000\times16)=N(1600, 400^2)$$

则问题转化为求概率 $P(X\geqslant1920)$。

$$P(X\geqslant1920)=P\left(\frac{X-1600}{400}\geqslant\frac{1920-1600}{400}\right)=P(Z\geqslant0.8)=0.212$$

代码如下：

```
#第5章/5-7.py
from scipy.stats import norm
import numpy as np
#第1种方法
X = norm(loc = 1600, scale = 400)
p = 1 - X.cdf(1920)
print('第1种方法,寿命之和大于1920周的概率为', p)
#第2种方法
X = norm(loc = 0, scale = 1)
p = 1 - X.cdf(0.8)
print('第2种方法,寿命之和大于1920周的概率为', p)
```

输出如下：

```
第1种方法,寿命之和大于1920周的概率为 0.21185539858339664
第2种方法,寿命之和大于1920周的概率为 0.21185539858339664
```

【考题5-2】 利用中心极限定理解决如下问题

(1) 某保险公司有10 000名投保人客户，每个投保人的理赔金额不等，它的数学期望是280元，标准差为800元，求理赔总金额超过2 700 000元的概率。

(2) 某保险公司有50张理赔单，金额不等。它们的数学期望是5，方差是6。求50张

理赔单赔付总金额大于 300 的概率(假设各个理赔单的理赔金额是相互独立的)。

解:(1) 设 X 为理赔总金额,由中心极限定理知道

$$P(X > 2\,700\,000) = P\left(\frac{X - 280 \times 10\,000}{800 \times \sqrt{10\,000}} > \frac{2\,700\,000 - 280 \times 10\,000}{800 \times \sqrt{10\,000}}\right) = P(Z > -1.25)$$

其中 Z 服从标准正态分布。可查表得 $P(Z > -1.25) = 0.894$。

(2) 设 X 为理赔总金额,由中心极限定理知道

$$P(X > 300) = P\left(\frac{X - 5 \times 50}{\sqrt{6} \times \sqrt{50}} > \frac{300 - 250}{\sqrt{6} \times \sqrt{50}}\right) = P\left(Z > \frac{50}{\sqrt{6} \times \sqrt{50}}\right)$$

其中,Z 服从标准正态分布。可查表得概率值。

代码如下:

```
#第 5 章/5-8.py
from scipy.stats import norm
import numpy as np
#第 1 问,第 1 种方法
X = norm(loc = 280 * 10000, scale = np.sqrt(10000 * 640000))
p = 1 - X.cdf(2700000)
print('第 1 问,第 1 种方法,赔偿总金额超过 2 700 000 的概率为', p)
#第 1 问,第 2 种方法
X = norm(loc = 0, scale = 1)
p = 1 - X.cdf(-1.25)
print('第 1 问,第 2 种方法,赔偿总金额超过 2 700 000 的概率为', p)
#第 2 问,第 1 种方法
X = norm(loc = 250, scale = np.sqrt(300))
p = 1 - X.cdf(300)
print('第 2 问,第 1 种方法,赔偿合计超过 300 的概率为', p)

#第 2 问,第 2 种方法
X = norm(loc = 0, scale = 1)
p = 1 - X.cdf(50 / np.sqrt(300))
print('第 2 问,第 2 种方法,赔偿合计超过 300 的概率为', p)
```

输出如下:

```
第 1 问,第 1 种方法,赔偿总金额超过 2 700 000 的概率为 0.8943502263331446
第 1 问,第 2 种方法,赔偿总金额超过 2 700 000 的概率为 0.8943502263331446
第 2 问,第 1 种方法,赔偿合计超过 300 的概率为 0.0019462085613892732
第 2 问,第 2 种方法,赔偿合计超过 300 的概率为 0.0019462085613892732
```

【考题 5-3】 设随机变量服从均匀分布,即 $U \sim U(-0.5, 0.5)$,解决下面的问题

(1) 将与 U 独立同分布的 1 500 个随机变量相加,求它们的和的绝对值超过 15 的概率。

(2) 最多可有多少个随机变量相加使总和的绝对值小于 10 的概率不小于 0.9?

解:(1) 设 1500 个随机变量之和的随机变量为 X,由中心极限定理,近似地有 X 服从均值为 0,方差为 1500/12=125 的正态分布,因此它们的和的绝对值不超过 15 的概率为

$$P(-15 \leqslant X \leqslant 15) = P\left(\frac{-15-0}{\sqrt{125}} \leqslant \frac{X-0}{\sqrt{125}} \leqslant \frac{15-0}{\sqrt{125}}\right) = P\left(\frac{-15}{\sqrt{125}} \leqslant Z \leqslant \frac{15}{\sqrt{125}}\right)$$

其中 Z 服从标准正态分布。故而可得绝对值超过15的概率为 $1-P(-15\leqslant X\leqslant 15)=0.1797$。

(2) 设有 n 个随机变量相加，设和为 X，那么由中心极限定理，近似地有 X 服从均值为0，方差为 $n/12$ 的正态分布，要使

$$P(-10\leqslant X\leqslant 10)=P\left(\frac{-10-0}{\sqrt{n/12}}\leqslant Z\leqslant \frac{10-0}{\sqrt{n/12}}\right)=P\left(\frac{-10}{\sqrt{n/12}}\leqslant Z\leqslant \frac{10}{\sqrt{n/12}}\right)\geqslant 0.9$$

则需要

$$\frac{10}{\sqrt{n/12}}\geqslant Z_{0.95}$$

即该数字大于或等于标准正态分布的0.95分位点，查表可得 $Z_{0.95}=1.6449$，解得 $n\leqslant 443$。

代码如下：

```
#第5章/5-9.py
from scipy.stats import norm
import numpy as np
#第1问,第1种方法
X = norm(loc = 0, scale = np.sqrt(1500 / 12))
p = 1 - (X.cdf(15) - X.cdf( - 15))
print('第1问,第1种方法,所求概率为', p)
#第1问,第2种方法
X = norm(loc = 0, scale = 1)
p = 1 - ( X.cdf(15 / np.sqrt(125)) - X.cdf( - 15 / np.sqrt(125) ) )
print('第1问,第2种方法,所求概率为', p)
#第2问
a = norm.ppf(0.95)
n = (10 / a) ** 2 * 12 #n越大,10/sqrt(n/12)越小
print('n至多为', np.floor(n))
```

输出如下：

```
第1问,第1种方法,所求概率为 0.17971249487899987
第1问,第2种方法,所求概率为 0.17971249487899987
n至多为 443.0
```

【考题5-4】 设某种带包装的零食的质量是随机变量，它们相互独立且服从同样的分布。通过测定该分布的数学期望为0.5kg，标准差为0.1kg，求5000袋这种零食总质量超过2510kg的概率是多少？

解：已知随机变量的均值和方差，由中心极限定理知

$$\sum_{i=1}^{5000}X_i=X\sim N(0.5\times 5000,5000\times 0.1^2)=N(2500,50)$$

则可知 $P(X>2\,510)$ 等于0.0786。

代码如下：

```
#第5章/5-10.py
from scipy.stats import norm
import numpy as np
#第1种方法
X = norm(loc = 2500, scale = np.sqrt(50))
p = 1 - X.cdf(2510)
print('第1种方法,总质量超过2510kg的概率为', p)
#第2种方法
X = norm(loc = 0, scale = 1)
p = 1 - X.cdf( (2510 - 2500) / np.sqrt(50) )
print('第2种方法,总质量超过2510kg的概率为', p)
```

输出如下：

```
第1种方法,总质量超过2510kg的概率为 0.07864960352514261
第2种方法,总质量超过2510kg的概率为 0.07864960352514261
```

【考题5-5】 有一批钢材，其中有80%的长度不小于3m，现从这批钢材中抽取100根做检测，求其中至少有30件小于3m的概率。

解：以3m为标准，钢材的长度服从二项分布，即$B(100,0.8)$，由二项分布知道所求概率为

$$p=\sum_{k=30}^{100}\mathrm{C}_{100}^{k}0.2^{k}0.8^{100-k}$$

这个数值不容易笔算，可用中心极限定理来近似，即

$$P(X\geqslant 30)=P\left(\frac{X-np}{\sqrt{np(1-p)}}\geqslant\frac{30-np}{\sqrt{np(1-p)}}\right)=P\left(\frac{X-np}{\sqrt{np(1-p)}}\geqslant 2.5\right)=P(Z\geqslant 2.5)$$

其中，$n=100,p=0.2$，Z服从标准正态分布。

代码如下：

```
#第5章/5-11.py
from scipy.stats import norm, binom
import numpy as np
#第1种方法,用二项分布,精确计算
X = binom(n = 100, p = 0.8)
p = X.cdf(70)
print('用二项分布,所求概率为', p)
#第2种方法,用中心极限定理,近似
X = norm(loc = 80, scale = 4)
p2 = X.cdf(70)
print('用中心极限定理,所求概率为', p2)
#或者
X = norm(loc = 0, scale = 1)
p3 = 1 - X.cdf(2.5)
print('用中心极限定理,化为标准正态分布,所求概率为', p3)
```

输出如下：

```
用二项分布,所求概率为 0.01124897872091605
用中心极限定理,所求概率为 0.006209665325776132
用中心极限定理,化为标准正态分布,所求概率为 0.006209665325776159
```

【考题 5-6】 加工某种特殊的零件需要两个阶段，第一阶段需要的时间（小时数）服从均值为 0.2 的指数分布，第二阶段所需时间服从均值为 0.3 的指数分布，并且这两个阶段相互独立。现在需要加工 20 个此类零件，求加工所需的总时间不超过 8h 的概率。

解：由指数分布的分布函数可知，若指数分布的均值为 θ，则它的方差为 θ^2。设第一阶段所用时间为随机变量 $X_1 \sim \exp(0.2)$，第二阶段所用时间为随机变量 $X_2 \sim \exp(0.3)$，则总时间 $X=X_1+X_2$ 的期望为 $E(X)=0.2+0.3=0.5$，方差 $D(X)=0.2^2+0.3^2=0.13$。设加工第 i 个零件所需时间为 $X^{(i)}$，根据中心极限定理，总的加工时间

$$X^*=\sum_{i=1}^{20} X^{(i)} \sim N(20\times 0.5, 20\times 0.13)=N(10,2.6)$$

根据 $N(10,2.6)$ 的分布计算出概率为 0.1074。或者将该正态分布化为标准正态分布

$$P(X^*\leqslant 8)=P\left(\frac{X^*-10}{\sqrt{2.6}}\leqslant\frac{8-10}{\sqrt{2.6}}\right)=P\left(Z\leqslant\frac{-2}{\sqrt{2.6}}\right)$$

其中，Z 服从标准正态分布。查表可得所求概率为 0.1074。

代码如下：

```python
#第 5 章/5-12.py
from scipy.stats import norm
import numpy as np
#第 1 种方法,标准正态分布
X = norm(loc = 0, scale = 1)
p = X.cdf(- 2 / np.sqrt(2.6))
print('第 1 种方法,标准正态分布,8h 内完成的概率为', p)
#第 2 种方法,正态分布
X = norm(loc = 10, scale = np.sqrt(2.6))
p = X.cdf(8)
print('第 2 种方法,正态分布,8h 内完成的概率为', p)
```

输出如下：

```
第 1 种方法,标准正态分布,8h 内完成的概率为 0.10742347370282451
第 2 种方法,正态分布,8h 内完成的概率为 0.10742347370282451
```

【考题 5-7】 某小商品超市有 3 种零食出售，由于这 3 种零食作为活动奖品随机出售，所以售出一袋零食的价格是一个随机变量，3 种零食的价格分别是 1 元、1.2 元和 1.5 元，取以上值的概率分别是 0.3、0.2 和 0.5。今假设共卖出 300 袋零食，

(1) 求此超市收入超过 400 元的概率。

(2) 求售出价格为 1.2 元的零食多于 60 袋的概率。

解：设每袋零食是随机变量 X，X 的期望为 $E(X)=1\times 0.3+1.2\times 0.2+1.5\times 0.5=$

1.29，X 的方差为 $D(X)=1\times0.3+1.44\times0.2+2.25\times0.5-E(X)^2=0.0489$。

(1) 根据中心极限定理，近似地有，卖出 300 袋零食的总收入

$$X=\sum_{i=1}^{300}X_i\sim N(300\times1.29,300\times0.0489)=N(387,14.67)$$

根据 $N(387,14.67)$的分布计算出概率为 0.0003。或者将该正态分布化为标准正态分布

$$P(X>400)=P\left(\frac{X-387}{\sqrt{14.67}}>\frac{400-387}{\sqrt{14.67}}\right)=P\left(Z>\frac{13}{\sqrt{14.67}}\right)$$

其中，Z 服从标准正态分布。查表可得所求概率为 0.0003。

(2) 这一问仅对价格为 1.2 元的零食感兴趣。将所有的零食分为两类，一类是 1.2 元单价的零食，另一类是其他，这是一个二项分布的模型。价格 1.2 元的零食服从 $B(300,0.2)$分布，因此多于 60 袋的概率为

$$P=\sum_{k=60}^{300}C_{300}^{k}0.2^{k}0.8^{300-k}$$

这个概率不容易笔算，使用中心极限定理将其化为正态分布

$$P(N\geqslant60)=P\left(\frac{N-60}{\sqrt{300\times0.2\times0.8}}\geqslant\frac{60-60}{\sqrt{300\times0.2\times0.8}}\right)=P(Z\geqslant0)$$

其中，Z 服从标准正态分布，容易计算这个概率为 0.5。

代码如下：

```
#第5章/5-13.py
from scipy.stats import norm, binom
import numpy as np
#第1问,第1种方法
S = norm(loc = 387, scale = np.sqrt(14.67))
p = 1 - S.cdf(400)
print('第1问,第1种方法,所求概率为', p)
#第1问,第2种方法
X = norm(loc = 0, scale = 1)
p = 1 - X.cdf(13 / np.sqrt(14.67))
print('第1问,第2种方法,所求概率为', p)
#第2问,用中心极限定理
S1 = norm(loc = 60, scale = np.sqrt(48))
print('第2问,用中心极限定理,概率为',1 - S1.cdf(60))
#第2问,用二项分布
S2 = binom(n = 300, p = 0.2)
p2 = 1 - S2.cdf(59)
print('第2问,用二项分布,概率为', p2)
```

输出如下：

```
第1问,第1种方法,所求概率为 0.0003442367509621791
第1问,第2种方法,所求概率为 0.0003442367509621791
第2问,用中心极限定理,概率为 0.5
第2问,用二项分布,概率为 0.5230223389695331
```

【考题 5-8】 某复杂输电设备由 100 个互相独立工作的零部件所组成，设备在正常工作时，每个零部件损坏的概率为 0.1，为了使设备正常维持工作，至少需要 85 个零部件正常运行，求整套设备正常工作的概率。

解：每个零部件是否损坏服从伯努利分布，损坏的概率为 0.1，整套设备 100 个零部件服从二项分布 $B(100,0.1)$。根据题意，设备正常工作，损坏的零件不能超过 15 个，这个概率可以表示为

$$P(N \leqslant 15)=\sum_{k=1}^{15} \mathrm{C}_{100}^{k} 0.1^{k} 0.9^{300-k}$$

这个概率不容易笔算得出，使用中心极限定理将其化为正态分布

$$P(N \leqslant 15)=P\left(\frac{N-100 \times 0.1}{\sqrt{100 \times 0.1 \times 0.9}} \leqslant \frac{15-100 \times 0.1}{\sqrt{100 \times 0.1 \times 0.9}}\right)=P\left(Z \leqslant \frac{5}{3}\right)$$

查表或利用软件计算此概率为 0.9522。

代码如下：

```
#第 5 章/5-14.py
from scipy.stats import norm, binom
#用中心极限定理
S = norm(loc = 90, scale = 3)
p = 1 - S.cdf(85)
print('用中心极限定理,设备正常工作的概率为', p)
#用二项分布
s = 0
for k in range(85,101):
    s += binom(n = 100, p = 0.9).pmf(k)
print('用二项分布,设备正常工作的概率为', s)
#用二项分布,第二种方法
p2 = 1 - binom(n = 100, p = 0.9).cdf(84)
print('用二项分布,第二种方法,用二项分布积累函数,概率为', p2)
```

输出如下：

```
用中心极限定理,设备正常工作的概率为 0.9522096477271853
用二项分布,设备正常工作的概率为 0.9601094728889118
用二项分布,第二种方法,用二项分布积累函数,概率为 0.9601094728889168
```

【考题 5-9】 假设某随机变量 X，已知它的数学期望为 2.2，标准差为 1.4。

(1) 假设有一个与 X 独立同分布的样本$(X_1, X_2, \cdots, X_{52})$，其样本均值为 $\overline{X}$，试用中心极限定理求 $\overline{X}$ 的近似分布，并依此计算概率 $P(\overline{X}<2)$。

(2) 求样本$(X_1, X_2, \cdots, X_{52})$之和小于 100 的概率。

解：(1) 由中心极限定理知道样本$(X_1, X_2, \cdots, X_{52})$之和近似地服从正态分布

$$\sum_{k=1}^{52} X_k = X \sim N(52 \times 2.2, 52 \times 1.4^2)=N(114.4, 101.92)$$

再由正态分布的性质，

$$\overline{X} \sim N(2.2, 1.4^2/52) = N(2.2, 1.4^2/52)$$

根据正态分布，可计算出概率 $P(\overline{X}<2)$ 为 0.1515。

(2) 由中心极限定理，已知样本$(X_1, X_2, \cdots, X_{52})$之和的分布

$$\sum_{k=1}^{52} X_k = X \sim N(52\times 2.2, 52\times 1.4^2) = N(114.4, 101.92)$$

根据分布 $N(114.4,101.92)$可计算小于 100 的概率。

代码如下：

```
#第5章/5-15.py
from scipy.stats import norm
import numpy as np
#第1问
X_ = norm(loc = 2.2, scale = 1.4 / np.sqrt(52))
p = X_.cdf(2)
print('第1问的概率为', p)
#第2问,第1种方法
S = norm(loc = 52 * 2.2, scale = 1.4 * np.sqrt(52))
p2 = S.cdf(100)
print('第2问,第1种方法,概率为', p2)
#第2问,第2种方法
X = norm(loc = 0, scale = 1)
p = X.cdf((100 - 114.4) / np.sqrt(101.92) )
print('第2问,第2种方法,概率为', p2)
```

输出如下：

```
第1问的概率为 0.15146803666167452
第2问,第1种方法,概率为 0.07688050541745406
第2问,第2种方法,概率为 0.07688050541745406
```

【考题 5-10】 有一款柴油内燃机一氧化碳的排放量的数学期望是 0.9，标准差是 1.9，某工厂有 100 台此种柴油内燃机，用 $\overline{X}$ 表示这些内燃机一氧化碳排放量的均值，求一个特殊的数字 M，使 $\overline{X}>M$ 的概率不超过 0.01。

解：此题的关键在于找到 $\overline{X}$ 的分布，由中心极限定理，近似地有

$$\overline{X} \sim N\left(0.9, \frac{1.9^2}{100}\right) = N(0.9, 0.0361)$$

因此取 M 为正态分布 $N(0.9,0.0361)$的 0.99 分位点即可。

```
#第5章/5-16.py
from scipy.stats import norm
X_ = norm(loc = 0.9, scale = 0.19)
M = X_.ppf(0.99)
print('M的最小值为', M)
```

输出如下：

```
M的最小值为 1.3420060960677598
```

【考题 5-11】 有一位心理学家对学生做心理测试，他把学生分成两组，每组有 80 人，两组学生相互独立，测试指标值服从同一种分布。指标的数学期望是 5，方差为 0.3。用 $\overline{X}$ 和 $\overline{Y}$ 表示第 1 组和第 2 组指标的算术平均值。

(1) 求概率 $P(4.9<\overline{X}<5.1)$。

(2) 求概率 $P(-0.1<\overline{X}-\overline{Y}<0.1)$。

解：根据题意，指标的数学期望是 5，方差为 0.3，$\overline{X}$ 和 $\overline{Y}$ 的分布分别是

$$\overline{X} \sim N\left(5,\frac{0.3}{80}\right)=N(5,0.00375),\overline{Y} \sim N\left(5,\frac{0.3}{80}\right)=N(5,0.00375)$$

(1) 根据 $\overline{X}$ 的分布可计算出概率 $P(4.9<\overline{X}<5.1)$。

(2) 已知 $\overline{X}$ 和 $\overline{Y}$ 的分布，可知 $\overline{X}-\overline{Y}$ 的分布

$$\overline{X}-\overline{Y}\sim N\left(0,\frac{0.6}{80}\right)=N(0,0.0075)$$

从而可算出概率 $P(-0.1<\overline{X}-\overline{Y}<0.1)$。

代码如下：

```
#第 5 章/5-17.py
from scipy.stats import norm
import numpy as np
#第 1 问
X_ = norm(loc = 5, scale = np.sqrt(0.3 / 80) )
p = X_.cdf(5.1) - X_.cdf(4.9)
print('第 1 问的概率值为', p)
#第 2 问
XY_ = norm(loc = 0, scale = np.sqrt(0.6 / 80))
p2 = XY_.cdf(0.1) - XY_.cdf(-0.1)
print('第 2 问的概率值为', p2)
```

输出如下：

```
第 1 问的概率值为 0.8975295651402493
第 2 问的概率值为 0.7517869210100763
```

【考题 5-12】 一高校计算机实验楼有 200 台服务器，每台服务器需要的管理员数量 X 满足以下分布：$P(X=0)=0.1,P(X=1)=0.6,P(X=2)=0.3$。求需要多少管理员才能使每台服务器有一个管理员的概率至少为 0.95？

解：根据随机变量 X 的分布，可以算出它的期望 $E(X)=1.2$，方差 $D(X)=0.36$。由中心极限定理，近似地有

$$Y=\sum_{i=1}^{200}X_i \sim N(200\times 1.2,200\times 0.36)=N(240,72)$$

显然管理员的数量应该是正态分布 $N(240,72)$的 0.95 分位点。也可将该正态分布转

化为标准正态分布求 0.95 分位点。设 N 为管理员数量，有

$$P(Y \leqslant N)=P\left(\frac{Y-240}{\sqrt{72}} \leqslant \frac{N-240}{\sqrt{72}}\right)=P\left(Z \leqslant \frac{N-240}{\sqrt{72}}\right)>0.05$$

则$(N-240)/\sqrt{72}$是标准正态分布的 0.95 分位点，解出 $N=254$。

代码如下：

```
#第 5 章/5-18.py
from scipy.stats import norm
import numpy as np
#第 1 种方法
k = norm(loc = 240, scale = np.sqrt(72)).ppf(0.95)
k = np.floor(k) + 1
print('第 1 种方法,至少需要{}个管理员'.format(k))

#第 2 种方法,化为标准正态分布
k2 = 240 + np.sqrt(72) * norm.ppf(0.95)
k2 = np.floor(k2) + 1
print('第 2 种方法,化为标准正态分布,至少需要{}个管理员'.format(k2))
```

输出如下：

```
第 1 种方法,至少需要 254.0 个管理员
第 2 种方法,化为标准正态分布,至少需要 254.0 个管理员
```

【考题 5-13】 某种芯片的使用寿命的数学期望 μ 未知，已知它的方差为 $\sigma^2=400$，为了估计 μ，随机独立抽取 n 只芯片进行独立测试。假设它们的寿命分别是 $X_1,X_2,\cdots,X_n$，用 $\overline{X}$ 表示它们的平均值，求 n 至少是多少才能使 $P(|\overline{X}-\mu|<1)\geqslant 0.95$。

解：此题需要算出 $\overline{X}$ 的分布，由中心极限定理，构造如下标准正态分布随机变量 Z

$$Z=\frac{\overline{X}-\mu}{\sigma/\sqrt{n}} \sim N(0,1)$$

则显然有

$$P(|\overline{X}-\mu|<1)=P\left(\left|\frac{\overline{X}-\mu}{\sigma/\sqrt{n}}\right|<\frac{\sqrt{n}}{\sigma}\right)=P\left(|Z|<\frac{\sqrt{n}}{\sigma}\right)\geqslant 0.95$$

这说明$\sqrt{n}/\sigma$ 是标准正态分布的 0.975 分位点。查表求出此分位点后可解出 $n=1537$。

代码如下：

```
#代码清单 5-19
#例 13
from scipy.stats import norm
import numpy as np
t = (20 * norm.ppf(0.975) ) ** 2
print('n 的最小值为', np.floor(t) + 1)
```

输出如下：

```
n的最小值为 1537.0
```

【考题 5-14】 某制药厂宣称，该厂生产的某种药品对于治疗一种疾病的治愈率达到0.8，医院随机抽查了100个服用此药物的患者，如果其中有多于75人治愈，就接受该制药厂断言，否则就拒绝。

(1) 如果实际上此药品的治愈率真是0.8，求接受这一断言的概率是多少？

(2) 如果实际上此药品的治愈率只有0.7，求接受这一断言的概率是多少？

解：对于每个患者，要么治愈要么不治愈，这是一个伯努利分布随机变量，因此100个患者的和服从二项分布 $B(100,p)$，其中 p 是未知参数。那么75人治愈的概率为

$$P=\sum_{k=75}^{100}\mathrm{C}_{100}^{k}p^{k}(1-p)^{100-k}$$

这个概率不好笔算，利用中心极限定理近似地有

$$P\left(\sum_{k=1}^{100}X_i\geqslant 75\right)=P\left(\frac{\sum_{k=1}^{100}X_i-100p}{\sqrt{100p(1-p)}}\geqslant\frac{75-100p}{\sqrt{100p(1-p)}}\right)=P\left(Z\geqslant\frac{75-100p}{\sqrt{100p(1-p)}}\right)$$

其中，Z 服从标准正态分布。

(1) 当 $p=0.8$ 时，

$$P\left(\sum_{k=1}^{100}X_i\geqslant 75\right)=P(Z\geqslant -1.25)$$

查表得概率为0.8944。

(2) 当 $p=0.7$ 时

$$P\left(\sum_{k=1}^{100}X_i\geqslant 75\right)=P\left(Z\geqslant\frac{1}{2\sqrt{0.21}}\right)$$

查表得概率为0.1376。

代码如下：

```
#第5章/5-20.py
from scipy.stats import binom, norm
import numpy as np
#第(1)问,中心极限定理
p = 1 - norm.cdf(-1.25)
print('第(1)问,中心极限定理,概率为', p)
#第(1)问,二项分布
p = 1 - binom(n = 100, p = 0.8).cdf(74)
print('第(1)问,二项分布,概率为', p)

#第(2)问,中心极限定理
p = 1 - norm.cdf(1 / (np.sqrt(0.21) * 2) )
print('中心极限定理:', p)
```

输出如下：

```
第(1)问,中心极限定理,概率为 0.8943502263331446
第(1)问,二项分布,概率为 0.9125246153564271
第(2)问,中心极限定理,概率为 0.13761676203741713
```

5.5 本章常用的 Python 函数总结

本章主要用到二项分布做精确计算,用正态分布做近似计算(利用中心极限定理)。导入函数的方式为 from scipy. stats import binom,norm。本章常用的 Python 函数见表 5-2。

表 5-2 本章常用的 Python 函数

函　数	代　码
二项分布的积累函数	binom(n = n,p = p).cdf(x) 其中 n 为试验总次数,p 为成功率,x 为分布函数中的自变量
正态分布的积累函数	norm(loc = loc,scale = scale).cdf(x) 其中 loc 为正态分布的均值,scale 为正态分布标准差,x 为分布函数中的自变量
正态分布的分位点函数	norm(loc = loc,scale = scale).ppf(q) 其中 loc 为正态分布的均值,scale 为正态分布标准差,q 为概率值,介于 0 和 1 之间

5.6 本章上机练习

实训环境:

(1) 使用 Python 3.x 版本。

(2) 使用 IPython 或 Jupyter Notebook 交互式编辑器,推荐使用 Anaconda 发行版中自带的 IPython 或 Jupyter Notebook。

【实训 5-1】 执行以下代码,解释所观察到的现象。

代码如下:

```
#第 5 章/5-21.py
import numpy as np
from scipy.stats import binom
import matplotlib.pyplot as plt
n = 10
p = 0.4
sample_size = 1500
expected_value = n * p
N_samples = range(1,sample_size,10)
for k in range(3):
    binom_rv = binom(n = n, p = p)
    X = binom_rv.rvs(size = sample_size)
    sample_average = [X[:i].mean() for i in N_samples]
    plt.plot(N_samples, sample_average, label = 'average of sample {}'.format(k))

plt.plot(N_samples, expected_value * np.ones_like(sample_average),
         ls = '--',label = 'true expected value: n*p = {}'.format(n*p),
```

```
        c = 'k')
plt.legend()
plt.grid(ls = '--')
plt.tick_params(direction = 'in')
plt.show()
```

输出结果如图 5-1 所示。

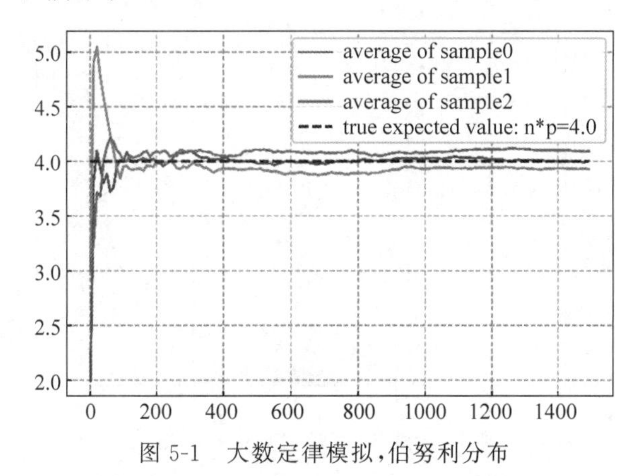

图 5-1　大数定律模拟,伯努利分布

在这个试验中,设置了 3 个实验组,分别用 3 种颜色表示。在每一组试验中,随着样本量的逐渐增大,样本均值越来越收敛于随机变量的期望。

【实训 5-2】 执行以下代码,解释所观察到的现象。

```
#第 5 章/5-22.py
import numpy as np
from scipy.stats import norm
import matplotlib.pyplot as plt
n = 100000

norm_rvs = norm(loc = 0,scale = 10).rvs(size = n)
_ = plt.hist(norm_rvs, density = True, alpha = 0.3, color = 'b',
        bins = 100, label = 'original')
mean_array = [ ]
n_samples = 5000
for i in range(n_samples):
    sample = np.random.choice(norm_rvs, size = 10, replace = False)
    mean_array.append(np.mean(sample))

plt.hist(mean_array,density = True, alpha = 0.3, color = 'r',
        bins = 100, label = 'sample size = 10')

for i in range(n_samples):
    sample = np.random.choice(norm_rvs, size = 50, replace = False)
    mean_array.append(np.mean(sample))
plt.hist(mean_array,density = True, alpha = 0.3, color = 'g',
        bins = 100, label = 'sample size = 50')
```

```
plt.gca().axes.set_xlim(-50,50)
plt.legend(loc = 'best')
plt.grid(ls = '--')
plt.tick_params(direction = 'in')
plt.show()
```

代码输出如图 5-2 所示。

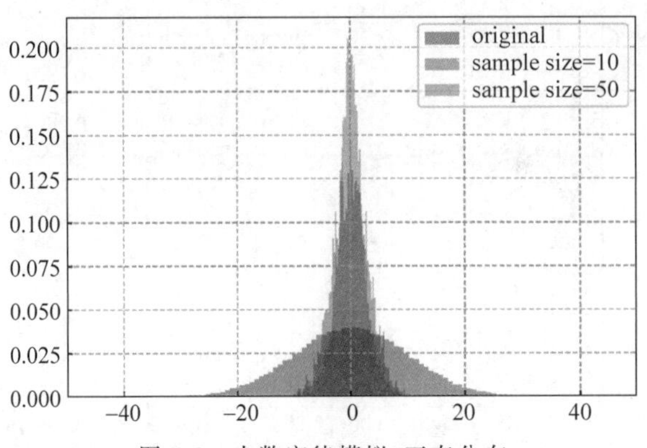

图 5-2 大数定律模拟,正态分布

在这个试验中,首先生成 100 000 个正态分布随机样本,分别从这 100 000 个样本中每次选出 10 个样本和 50 个样本,分别计算平均值,重复 5000 次,记录它们的平均值,画出平均值的直方图。从图 5-2 中发现,每次选出的样本数量越多,样本均值的分布越来越向期望值集中,这就是大数定律所要表达的意思。

【实训 5-3】 执行以下代码,解释所观察到的现象。

```
#第5章/5-23.py
import numpy as np
from scipy.stats import geom
import matplotlib.pyplot as plt
_, ax = plt.subplots(2,2)
p = 0.3
N = 1000000
geom_rvs = geom(p = p).rvs(size = N)
mean, var, skew, kurt = geom(p = p).stats(moments = 'mvsk')
ax[0,0].hist(geom_rvs, bins = 100, density = True)
ax[0,0].set_title('geometric distribution')
ax[0,0].grid(ls = '--')
ax[0,0].tick_params(direction = 'in')
n_array = [0,2,5,50]
for i in range(1,4):
    Z_array = []
    n = n_array[i]
    for j in range(100000):
        sample = np.random.choice(geom_rvs,n)
        Z_array.append((sum(sample) - n * mean)/np.sqrt(n * var))
    ax[i//2, i%2].hist(Z_array, bins = 100, density = True)
```

```
        ax[i//2, i%2].set_title('n={}'.format(n))
        ax[i//2, i%2].set_xlim(-3,3)
    ax[i//2, i%2].grid(ls = '--')
    ax[i//2, i%2].tick_params(direction='in')

    plt.show()
```

代码输出结果如图 5-3 所示。

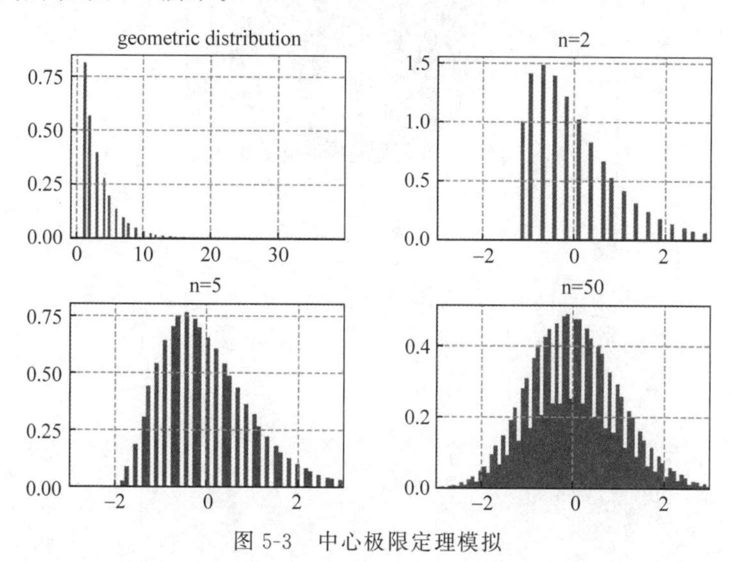

图 5-3 中心极限定理模拟

在这个试验中，可以发现随着采样数量的增加，随机变量和的标准化越来越接近于标准正态分布。

【实训 5-4】 执行以下代码，解释所观察到的现象。

```
#第 5 章/5-24.py
import numpy as np
import matplotlib.pyplot as plt
from matplotlib.patches import Circle
from scipy.stats import uniform

n = 100000
r = 1.0
o_x, o_y = (0.0, 0.0)
uniform_x = uniform(o_x - r, 2 * r).rvs(n)
uniform_y = uniform(o_y - r, 2 * r).rvs(n)
d_array = np.sqrt((uniform_x - o_x) ** 2 + (uniform_y - o_y) ** 2 )
res = sum(np.where(d_array<r,1,0))
pi = (res/n)/(r**2) * (2*r) ** 2
fig, ax = plt.subplots(1,1)
ax.plot(uniform_x, uniform_y, 'ro',alpha = 0.2, markersize = 0.3)
plt.axis('equal')
Circle = Circle(xy = (o_x,o_y),radius = r, alpha = 0.5)
ax.add_patch(Circle)
plt.grid(ls = '--')
```

代码输出如图 5-4 所示。

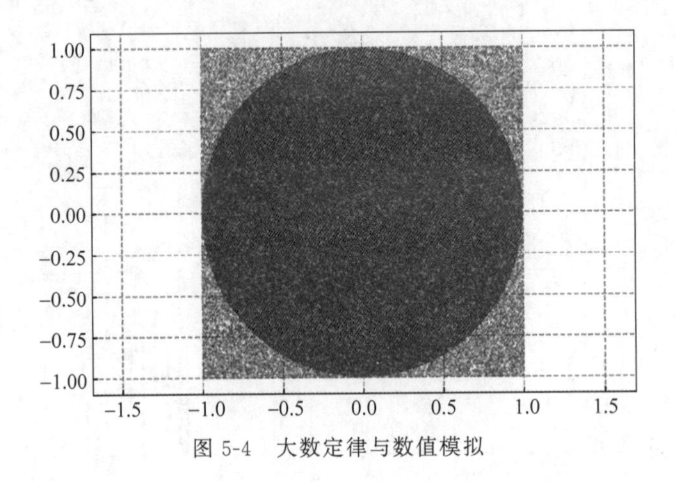

图 5-4 大数定律与数值模拟

【实训 5-5】 设某供电电网有 10 000 盏灯，夜晚每一盏灯开灯的概率都是 0.7，而所有电灯开或关是相互独立的，试估计开灯数量在 7000 至 8000 的概率。

代码如下：

```
#第 5 章/5-25.py
from scipy.stats import binom, norm
import numpy as np
#用二项分布
p = 0.7
n = 10000
X = binom(n = n, p = p)
p = X.cdf(8000) - X.cdf(7000)
print('用二项分布,概率为', p)
#用中心极限定理
p = 0.7
n = 10000
np_ = n * p
npq_ = n * p * (1 - p)
left = (7000 - np_) / np.sqrt(npq_)
right = (8000 - np_) / np.sqrt(npq_)
X = norm(loc = 0, scale = 1)
p = X.cdf(right) - X.cdf(left)
print('用中心极限定理,概率为', p)
```

输出如下：

```
用二项分布,概率为 0.4962276224574802
用中心极限定理,概率为 0.5
```

【实训 5-6】 某台服务器有 120 个终端，每个终端在 1h 内平均有 3min 使用打印机，假设各终端使用打印机与否是互相独立的，求至少有 10 个终端同时使用打印机的概率。

代码如下：

```
#第 5 章/5-26.py
from scipy.stats import binom, norm
import numpy as np
#用二项分布
n = 120
p = 3 / 60
X = binom(n = n, p = p)
m = 9
q = 1 - X.cdf(m)
print('用二项分布,概率为', q)
#用中心极限定理
c = (10 - n * p) / np.sqrt(n * p * (1 - p))
X = norm(loc = 0, scale = 1)
q = 1 - X.cdf(c)
print('用中心极限定理,概率为', q)
```

输出如下：

```
用二项分布,概率为 0.07862994670181611
用中心极限定理,概率为 0.04692635571997261
```

【实训 5-7】 有某种仪表 200 台,调整无误的概率为 0,调整过大或过小的概率都是 0.5。求调整过大的仪表在 95 台到 105 台的概率是多少?

代码如下：

```
#第 5 章/5-27.py
from scipy.stats import binom, norm
import numpy as np
#用二项分布
n = 200
p = 0.5
X = binom(n = n, p = p)
m1, m2 = 95, 105
q = X.cdf(m2) - X.cdf(m1)
print('用二项分布,概率为', q)
#用中心极限定理
left = (m1 - n * p) / np.sqrt(n * p * (1 - p))
right = (m2 - n * p) / np.sqrt(n * p * (1 - p))
X = norm(loc = 0, scale = 1)
q = X.cdf(right) - X.cdf(left)
print('用中心极限定理,概率为', q)
```

输出如下：

```
用二项分布,概率为 0.5193120773631319
用中心极限定理,概率为 0.5204998778130465
```

第6章

样本、统计量及抽样分布

本章是数理统计的基本内容。数理统计是应用广泛的一个数学分支,它以概率论为基础,根据试验数据研究随机现象,对现象的客观规律做出合理估计和判断。数理统计与概率论不完全一样,它们的区别是:概率论中随机变量的分布是已知的,它是在分布已知的前提下研究随机变量的各种性质;而在数理统计中随机变量的分布是未知的,或者不完全知道。人们通过对所研究的随机变量进行重复独立观测,得到大量的观测值,通过对这些数据的分析来研究随机变量的分布。

本章重点内容:

(1) 总体、个体、简单随机样本和统计量的概念。

(2) 样本均值、样本方差和样本矩的计算。

(3) 经验分布函数及其性质。

(4) 数理统计三大分布:χ^2 分布、t 分布和 F 分布。

(5) 正态总体的常用抽样分布。

6.1 总体与样本

随机试验的结果大多可以用数据来表示,其中定量的数据自然不必说,而定性的数据也可以将其数量化,例如用自然数为表示类别的数据编号等。在随机试验中,对某一指标进行观察,将试验的全部可能的观察值称为总体(此处的要点是"全部可能"的观察值),其中每个观察值称为个体。总体中包含的个体数量称为总体容量,容量有限的称为有限总体,容量无限的称为无限总体。

例如考查某所大学全体学生的入学考试成绩,这是一个随机试验。在这个试验中每个学生的考试成绩是可能观察值,这些观察值形成一个总体,总体容量就是学生的数量,很明显这是一个有限总体。再例如,考查某种畅销型号的手机芯片的使用寿命,此试验中每个芯片的寿命值是一个个体,它们共同构成了总体,虽然这个总体必然是一个有限总体,但由于可能观察到的值数量巨大,因此可近似认为是无限总体。

总体中的每个个体是随机实验的观察值,因而是某个随机变量 X 的值,这样一来,一个总体就对应于一个随机变量 X。对总体的研究就是对此随机变量 X 的研究,X 的分布函数与数字特征就称为总体的分布函数和数字特征,然而在实际中,总体的分布一般是未知的,或者只知道它具有某种形式,但其中包含未知参数。在数理统计中,人们通过随机试验取得总体的一部分个体，再由分析这一部分数据来推断总体性质。这些被取得的总体的一部分数据就称为样本，样本中个体的数量称为样本容量。所谓取得总体的一个个体，就是对总体进行一次观察并记录观察结果。如果在相同条件下对总体进行 n 次独立观察，就得到了一个样本，也称为简单随机样本，一般用 $X_1,X_2,\cdots,X_n$ 表示一个容量为 n 的样本。这些 $X_1,X_2,\cdots,X_n$ 都是与 X 同分布的独立的随机变量。当 n 次观察一完成，就得到了一组实数 $x_1,x_2,\cdots,x_n$，它们分别是随机变量 $X_1,X_2,\cdots,X_n$ 的观察值，称为样本值。

综上可将总体与样本的定义总结如下。

6.1.1　总体

数理统计所研究对象的某项数量指标 X 的全体称为总体，总体中每个元素称为个体。总体的容量可能是有限的也可能是无限的，容量有限的总体称为有限总体，容量无限的总体称为无限总体。经常把总体与随机变量等同起来，说“总体 X”，所谓总体的分布就是指随机变量 X 的分布。

6.1.2　样本

如果随机变量 $X_1,X_2,\cdots,X_n$ 相互独立且都与总体 X 同分布，则称 $X_1,X_2,\cdots,X_n$ 为来自总体的简单随机样本，简称样本，n 为样本容量。样本的具体观测值 $x_1,x_2,\cdots,x_n$ 称为样本值，或称总体 X 的 n 个独立观测值。也可将样本看作一个随机向量，写成 $(X_1,X_2,\cdots,X_n)$，此时样本值可写成 $(x_1,x_2,\cdots,x_n)$。

6.1.3　样本分布

如果总体 X 的分布为 $F(x)$，则样本 $X_1,X_2,\cdots,X_n$ 的联合分布函数为

$$F_n(x_1,x_2,\cdots,x_n)=\prod_{i=1}^{n}F(x_i) \tag{6-1}$$

如果连续总体 X 有概率密度 $f(x)$，则样本 $X_1,X_2,\cdots,X_n$ 的联合概率密度为

$$f_n(x_1,x_2,\cdots,x_n)=\prod_{i=1}^{n}f(x_i) \tag{6-2}$$

如果离散总体 X 有概率分布 $P(X=a_j)=p_j,j=1,2,\cdots$，则样本 $X_1,X_2,\cdots,X_n$ 的联合分布为

$$P(X_1=x_1,X_2=x_2,\cdots,X_n=x_n)=\prod_{j=1}^{n}P(X_j=x_j) \tag{6-3}$$

其中，x_j 取 $a_1,a_2,\cdots$ 中的某一个数。

【例 6-1】　设总体 $X\sim N(\mu,\sigma^2)$，则来自总体的样本 $X_1,X_2,\cdots,X_n$ 的联合密度为

$$\begin{aligned}f_n(x_1,x_2,\cdots,x_n)&=\prod_{i=1}^{n}f(x_i)=\prod_{i=1}^{n}\frac{1}{\sqrt{2\pi}\sigma}\exp\left(-\frac{(x_i-\mu)^2}{2\sigma^2}\right)\\&=\left(\frac{1}{\sqrt{2\pi}\sigma}\right)^n\exp\left(-\sum_{i=1}^{n}\frac{(x_i-\mu)^2}{2\sigma^2}\right)\end{aligned} \tag{6-4}$$

其中，$-\infty < x_1, x_2, \cdots, x_n < \infty$。

【例 6-2】 设总体 X 符合泊松分布，即 $X \sim P(\lambda), \lambda > 0$，则来自总体的样本 $X_1, X_2, \cdots, X_n$ 的联合分布为

$$P(X_1 = x_1, X_2 = x_2, \cdots, X_n = x_n) = \prod_{j=1}^{n} P(X_j = x_j)$$

$$= \prod_{j=1}^{n} \left(\frac{\lambda^{x_j}}{x_j !} \mathrm{e}^{-\lambda} \right) = (\mathrm{e}^{-n\lambda}) \frac{\lambda^{\sum_{j=1}^{n} x_j}}{\prod_{j=1}^{n} x_j !} \tag{6-5}$$

6.2 统计量与抽样分布

样本是进行统计推断的依据，在应用时，往往不是直接使用样本本身，而是针对不同的问题构造样本的适当函数，利用这些样本函数进行统计推断。

6.2.1 统计量

样本 $X_1, X_2, \cdots, X_n$ 的不含未知参数的函数 $T = T(X_1, X_2, \cdots, X_n)$ 称为统计量。作为随机样本 $X_1, X_2, \cdots, X_n$ 的函数，统计量本身也是随机变量。如果 $x_1, x_2, \cdots, x_n$ 是样本 $X_1, X_2, \cdots, X_n$ 的样本值（或观察值、观测值），则数值 $T(x_1, x_2, \cdots, x_n)$ 为统计量 $T(X_1, X_2, \cdots, X_n)$ 的观测值。

下面列出几个常用的统计量。

(1) 样本均值：

$$\overline{X} = \frac{1}{n} \sum_{i=1}^{n} X_i \tag{6-6}$$

(2) 样本方差：

$$S^2 = \frac{1}{n-1} \sum_{i=1}^{n} (X - X_i)^2 = \frac{1}{n-1} \left(\sum_{i=1}^{n} X_i^{\ 2} - n\overline{X}^2 \right) \tag{6-7}$$

(3) 样本标准差：

$$S = \sqrt{S^2} = \sqrt{\frac{1}{n-1} \sum_{i=1}^{n} (X - X_i)^2} \tag{6-8}$$

(4) 样本 K 阶原点矩：

$$A_k = \frac{1}{n} \sum_{i=1}^{n} X_i^k, \quad k = 1, 2, 3, \cdots \tag{6-9}$$

(5) 样本 K 阶中心矩：

$$B_k = \frac{1}{n} \sum_{i=1}^{n} (X_i - \overline{X})^k, \quad k = 1, 2, 3, \cdots \tag{6-10}$$

将这些统计量中的 $X_1, X_2, \cdots, X_n$ 替换为 $x_1, x_2, \cdots, x_n$ 就可得它们的观察值。这些观察值仍称为样本均值、样本方差、样本标准差、样本 K 阶原点矩和样本 K 阶中心矩。

代码如下：

```
#第 6 章/6-1.py
#常用统计量
import numpy as np
import pandas as pd
#产生随机样本
samples = np.random.randn(100)
#均值、方差、标准差
samples.mean()
samples.var()
samples.std()
#样本 k 阶原点矩和中心矩
k = 3
a = (samples ** k).mean()
print('三阶原点矩为', a)
b = ((samples - samples.mean()) ** 3).mean()
print('三阶中心矩为', b)
#偏度和丰度
a = pd.Series(samples).skew()
print('样本偏度为', a)
b = pd.Series(samples).kurt()
print('样本丰度为', b)
```

输出如下：

```
样本均值为 0.05874128603139706
样本方差为 1.0776096337666512
样本标准差为 1.0380797819853016
三阶原点矩为 0.57326387231107
三阶中心矩为 0.3831606560494063
样本偏度为 0.34776048418251404
样本丰度为 0.2875239475908451
```

需要指出，如果总体 X 的 K 阶原点矩 $\mu_k=E(X^k)$ 存在，则当 $n\to\infty$ 时，有 $A_k\xrightarrow{P}\mu_k$，$k=1,2,\cdots$。这是因为 $X_1,X_2,\cdots,X_n$ 独立同分布所以可推出 $X_1^k,X_2^k,\cdots,X_n^k$ 也独立同分布，即

$$E(X_1^k)=E(X_2^k)=\cdots=E(X_n^k)=\mu_k \tag{6-11}$$

根据辛钦大数定律有

$$A_k=\frac{1}{n}\sum_{i=1}^{n}X_i^k\xrightarrow{P}\mu_k,\quad k=1,2,\cdots \tag{6-12}$$

再由概率收敛的性质，如果 g 是连续函数，则

$$g(A_1,A_2,\cdots,A_k)\xrightarrow{P}g(\mu_1,\mu_2,\cdots,\mu_k) \tag{6-13}$$

常用统计量的性质总结如下。

(1) 如果总体 X 具有数学期望 $\mu=E(X)$，则

$$E(\overline{X})=E(X)=\mu \tag{6-14}$$

(2) 如果总体 X 具有方差 $\sigma^2=D(X)$，则

$$D(\overline{X})=\frac{1}{n}D(X)=\frac{\sigma^2}{n},\quad E(S^2)=D(X)=\sigma^2 \tag{6-15}$$

(3) 如果总体 X 具有 K 阶原点矩 $\mu_k=E(X^k)$，则当 $n\to\infty$ 时有

$$A_k=\frac{1}{n}\sum_{i=1}^{n}X_i^k \xrightarrow{P} \mu_k,\quad k=1,2,\cdots \tag{6-16}$$

【例 6-3】 设来自总体 X 的样本 $X_1,X_2,\cdots,X_n$ 的样本均值为 $\overline{X}$，求证 $\sum_{i=1}^{n}(X_i-\overline{X})^2=\sum_{i=1}^{n}X_i^2-n\overline{X}^2$。

证明：根据题意有

$$\sum_{i=1}^{n}(X_i-\overline{X})^2=\sum_{i=1}^{n}(X_i^2-2X_i\overline{X}+\overline{X}^2)=\sum_{i=1}^{n}X_i^2-2\overline{X}\sum_{i=1}^{n}X_i+n\overline{X}^2=\sum_{i=1}^{n}X_i^2-n\overline{X}^2$$

证毕。

【例 6-4】 设总体 X 的数学期望和方差都存在，并且 $\mu=E(X)$，$\sigma^2=D(X)$。来自总体 X 的样本是 $X_1,X_2,\cdots,X_n$，试求

$$E\left[\frac{1}{n}\sum_{i=1}^{n}(X_i-\mu)^2\right],\qquad E\left[\frac{1}{n}\sum_{i=1}^{n}(X_i-\overline{X})^2\right]$$

解：第 1 个表达式：

$$E\left[\frac{1}{n}\sum_{i=1}^{n}(X_i-\mu)^2\right]=\frac{1}{n}\sum_{i=1}^{n}E(X_i-\mu)^2=\frac{1}{n}\sum_{i=1}^{n}\sigma^2=\sigma^2$$

第 2 个表达式：

$$E\left[\frac{1}{n}\sum_{i=1}^{n}(X_i-\overline{X})^2\right]=\frac{1}{n}E\left(\sum_{i=1}^{n}X_i^2-n\overline{X}^2\right)=\frac{1}{n}\left[\sum_{i=1}^{n}E(X_i^2)-nE(\overline{X}^2)\right]$$

$$=\frac{1}{n}\left[\sum_{i=1}^{n}(D(X_i)+E(X_i)^2)-n(D(\overline{X})+E(\overline{X})^2)\right]$$

$$=\frac{1}{n}\left[\sum_{i=1}^{n}(\sigma^2+\mu^2)-n\left(\frac{\sigma^2}{n}+\mu^2\right)\right]=\sigma^2+\mu^2-\frac{\sigma^2}{n}-\mu^2=\frac{n-1}{n}\sigma^2$$

【例 6-5】 设总体 $X\sim B(1,p)$，求来自总体 X 的样本 $X_1,X_2,\cdots,X_n$ 的样本均值 $\overline{X}$ 的分布律。

解：由于样本 $X_1,X_2,\cdots,X_n$ 相互独立，则 X_i 可视为一次伯努利试验，因此 $\sum_{i=1}^{n}X_i$ 可视为 n 次伯努利试验，即 $\sum_{i=1}^{n}X_i\sim B(n,p)$。那么有

$$P\left(\sum_{i=1}^{n}X_i=k\right)=C_n^k p^k(1-p)^{n-k},\quad k=0,1,2,\cdots,n$$

$$P\left(\overline{X}=\frac{1}{n}\sum_{i=1}^{n}X_i=\frac{k}{n}\right)=P\left(\sum_{i=1}^{n}X_i=k\right)=C_n^k p^k(1-p)^{n-k},\quad k=0,1,2,\cdots,n$$

6.2.2 经验分布函数

将样本 $X_1, X_2, \cdots, X_n$ 的观测值 $x_1, x_2, \cdots, x_n$ 按从小到大的顺序排列，得到

$$x_{(1)} \leqslant x_{(2)} \leqslant \cdots \leqslant x_{(n)} \tag{6-17}$$

则称下面的函数

$$F_n(x)=\begin{cases} 0, & x < x_{(1)} \\ \dfrac{k}{n}, & x_{(k)} \leqslant x < x_{(k+1)} \\ 1, & x_{(n)} \leqslant x \end{cases} \tag{6-18}$$

为经验分布函数。

经验分布函数一般用来近似总体分布函数。数学家格里汶科曾证明如下结果：对任意的实数 x，当 $n \to \infty$ 时 $F_n(x)$ 以概率 1 一致收敛于总体分布函数 $F(x)$，即

$$P(\lim_{n \to \infty} \sup_{-\infty < x < \infty} |F_n(x) - F(x)| = 0) = 1 \tag{6-19}$$

也就是说，当 n 充分大时，经验分布函数与总体分布函数的差别非常小，因此可以用经验分布函数近似总体分布函数。

分布函数示意代码如下：

```
#第 6 章/6-2.py
#绘制经验分布函数
import matplotlib.pyplot as plt
import numpy as np
from scipy.stats import rv_discrete

xk = [-4,-1,0,2,4,5]
pk = [0.1,0.1,0.3,0.2,0.1,0.2]
rv = rv_discrete(values = (xk, pk))
x = np.linspace(-6,7,2000)
plt.plot(x,rv.cdf(x),label = 'Fn(x)')
plt.legend()
plt.tick_params(direction = 'in')
```

输出如图 6-1 所示。

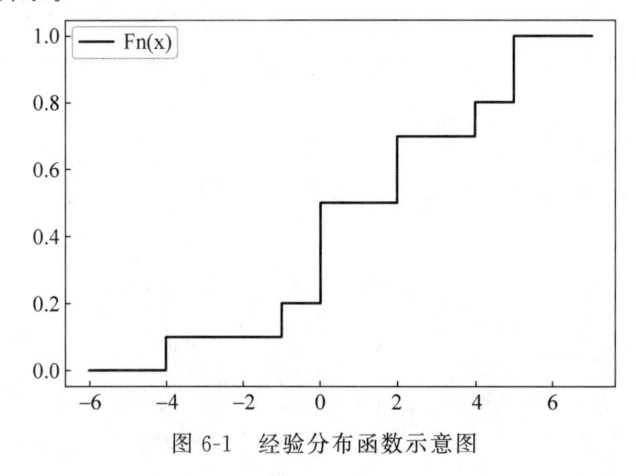

图 6-1 经验分布函数示意图

经验分布与总体分布的对比代码如下：

```
#第 6 章/6-3.py
#经验分布与总体分布对比
import matplotlib.pyplot as plt
import numpy as np
from scipy.stats import rv_discrete,norm

n = 100
xk = np.random.randn(n)
pk = np.tile(1/n,n)
rv = rv_discrete(values = (xk, pk))
x = np.linspace(-5,5,2000)
plt.plot(x,rv.cdf(x),label = 'Fn(x)')
plt.plot(x,norm.cdf(x),label = 'N(0,1)')
plt.legend()
plt.tick_params(direction = 'in')
```

输出如图 6-2 所示。

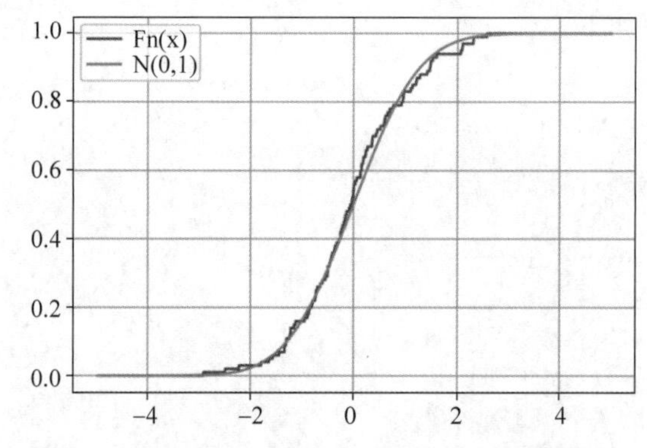

图 6-2 当 n 较大时经验分布与总体分布差别很小

6.3 三大抽样分布

统计量的分布称为抽样分布。在使用统计量进行统计推断时需要知道该统计量的分布。本节介绍来自正态总体的三个常用统计量的分布，俗称三大统计量或三大抽样分布。

6.3.1 卡方分布(χ^2 分布)

设 $X_1,X_2,\cdots,X_n$ 是来自总体 $N(0,1)$的样本，则称统计量

$$\chi^2 = X_1^2 + X_2^2 + \cdots + X_n^2 \tag{6-20}$$

服从自由度为 n 的 χ^2 分布，记作 $\chi^2 \sim \chi^2(n)$。$\chi^2(n)$分布的概率密度为

$$f(y) = \begin{cases} \dfrac{1}{2^{\frac{n}{2}}\Gamma\left(\dfrac{n}{2}\right)} y^{\frac{n}{2}} \mathrm{e}^{-\frac{y}{2}}, & y > 0 \\ 0, & 其他 \end{cases} \tag{6-21}$$

密度函数图像的代码如下：

```
#第 6 章/6-4.py
#绘制卡方分布密度曲线
from scipy.stats import chi2
import numpy as np
import matplotlib.pyplot as plt
x = np.linspace(0,24,100000)
dfs = [1,2,4,6,8,12]
k = 1
plt.figure(figsize = (12,5))
for df in dfs:
    rv = chi2(df = df)
    plt.subplot(2,3,k)
    pdfs = rv.pdf(x)
plt.plot(x, pdfs, label = 'df = {}'.format(df))
plt.tick_params(direction = 'in')
    plt.legend()
    k = k + 1
```

输出如图 6-3 所示。

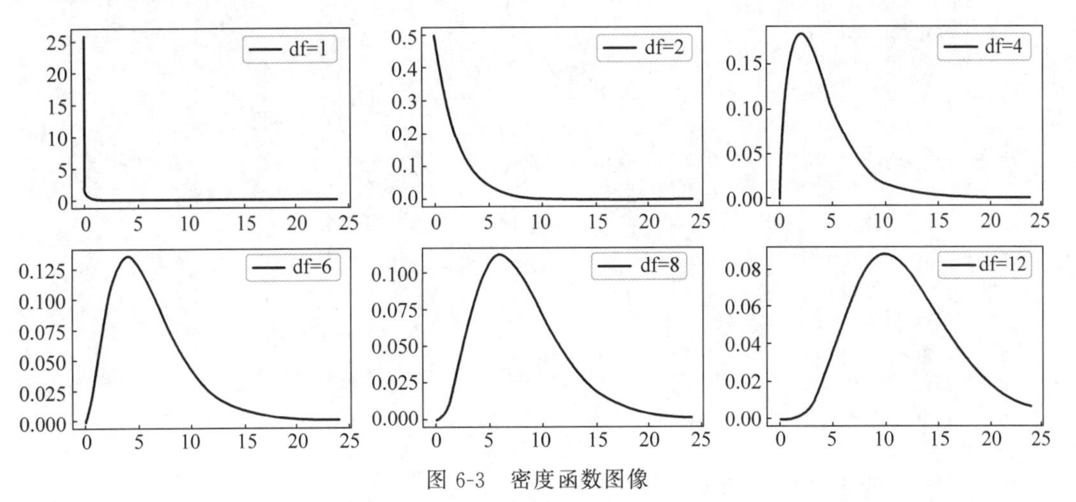

图 6-3　密度函数图像

图 6-3 为 $\chi^2(n)$分布的概率密度函数图像，df 表示自由度。

$\chi^2(n)$分布的性质：

(1) 卡方分布具有可加性。设 $\chi_1^2 \sim \chi^2(n_1)$，$\chi_2^2 \sim \chi^2(n_2)$，并且 χ_1^2 与 χ_2^2 相互独立，则有 $\chi_1^2+\chi_2^2 \sim \chi^2(n_1+n_2)$。

(2) 如果 $\chi^2 \sim \chi^2(n)$，则 $E(\chi^2)=n$，$D(\chi^2)=2n$。

卡方分布的均值和方差的代码如下：

```
#第 6 章/6-5.py
#卡方分布的均值和方差
from scipy.stats import chi2
#自由度为k
k = 16
```

```
rv = chi2(df = k)
print('均值为',rv.mean() )
print('方差为',rv.var() )
```

输出如下：

```
均值为 16.0
方差为 32.0
```

$\chi^2(n)$分布的上分位点。对任意给定的正数α，$0<\alpha<1$，满足条件

$$P(\chi^2 > \chi^2_\alpha(n)) = \int_{\chi^2_\alpha(n)}^{+\infty} f(y)\mathrm{d}y = \alpha \tag{6-22}$$

的点$\chi^2_\alpha(n)$就是$\chi^2(n)$分布的上α分位点，如图 6-4 所示，阴影部分左端点即为上分位点$\chi^2_\alpha(n)$，阴影区域的面积是α。

绘制卡方分布分位点图像的代码如下：

```
#第 6 章/6-6.py
#绘制卡方分布分位点图像
from scipy.stats import chi2
import numpy as np
import matplotlib.pyplot as plt

x = np.linspace(0, 45, 100000)
DF = 16
alpha = 0.05
rv = chi2(df = DF)
pdfs = rv.pdf(x)
plt.figure(figsize = (3.5, 2.4))
plt.plot(x, pdfs,label = 'df = {}'.format(DF))
plt.xlim(0,45)
plt.hlines(y = 0,xmin = 0, xmax = 45)
point = chi2(df = DF).ppf(q = 1 - alpha)
p_vector = np.linspace(point, 45, 36)
plt.vlines(p_vector, ymin = 0, ymax = rv.pdf(p_vector))
plt.legend()
plt.tick_params(direction = 'in')
```

输出如图 6-4 所示。

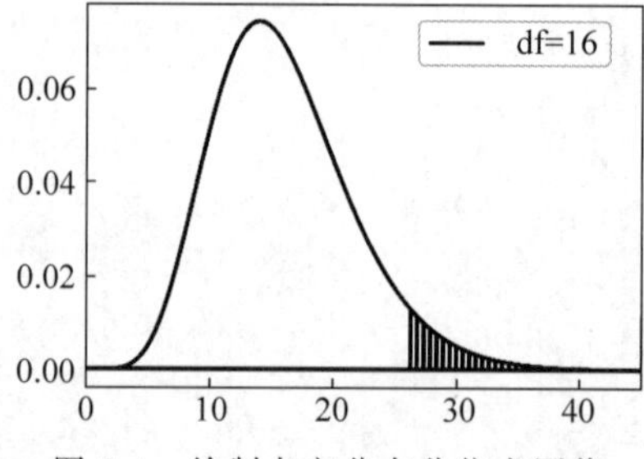

图 6-4　绘制卡方分布分位点图像

图 6-4 为 $\chi^2(n)$上 α 分位点示意图，df 表示自由度，$\alpha=0.05$。

下面介绍 $\chi^2(n)$分布的分位点计算。统计学家费希尔曾证明，当 n 充分大时，近似地有

$$\chi_\alpha^2(n) \approx \frac{1}{2}(z_\alpha + \sqrt{2n-1}) \tag{6-23}$$

其中，z_α 是标准正态分布的上 α 分位点。在统计学发展早期，$\chi^2(n)$分布的分位点一般通过查表求得，现在可以用基于 Python 的 SciPy 库计算，非常方便。

代码如下：

```
#第 6 章/6-7.py
#计算卡方分布分位点
from scipy.stats import chi2
DF = 10
alpha = 0.1
rv = chi2(df = DF)
point = rv.ppf(q = 1 - alpha)
print('自由度为{}的卡方分布上侧{}分位点为'.format(DF, alpha), point)
```

输出如下：

```
自由度为 10 的卡方分布上侧 0.1 分位点为 15.987179172105265
```

需要指出的是，参数 q 是从 $-\infty$ 到分位点的积分，因此 $\alpha=1-q$。例如当 $\alpha=0.1$ 时，在程序里需要将 q 赋值为 $q=0.9$。一般分位点是指左边的面积，而上分位点是指右边的面积。

【例 6-6】 已知 $\chi^2 \sim \chi^2(n)$，求 $E(\chi^4)$。

解：由于 $E(\chi^4)=E((\chi^2)^2)$，所以 $E(\chi^4)=D(\chi^2)+(E(\chi^2))^2=2n+n^2$。

【例 6-7】 设 X_1,X_2,X_3 是来自正态分布总体 $N(0,4)$的简单随机样本，记 $X=a(X_1-2X_2+3X_3)^2$，已知统计量 X 服从 χ^2 分布，求常数 a 的值。

解：由于 X_1,X_2,X_3 来自正态分布，所以 $X_1-2X_2+3X_3$ 也服从正态分布。易知

$$X_1 - 2X_2 + 3X_3 \sim N(0,56)$$

要想凑成 χ^2 分布，需要凑成标准正态分布的平方，即

$$a(X_1 - 2X_2 + 3X_3)^2 = \left(\frac{X_1 - 2X_2 + 3X_3}{\sqrt{56}}\right)^2 = \frac{1}{56}(X_1 - 2X_2 + 3X_3)^2 \sim \chi^2(1)$$

因此 $a=1/56$。

6.3.2 学生分布(t 分布)

设随机变量 X 与 Y 互相独立，并且 $X \sim N(0,1)$，$Y \sim \chi^2(n)$，则称随机变量

$$T = \frac{X}{\sqrt{Y/n}} \tag{6-24}$$

服从自由度为 n 的 t 分布，或自由度为 n 的学生分布，记作 $T \sim t(n)$。t 分布的概率密度为

$$h(t) = \frac{\Gamma\left(\frac{n+1}{2}\right)}{\sqrt{\pi n}\,\Gamma\left(\frac{n}{2}\right)}\left(1+\frac{t^2}{n}\right)^{-\frac{n+1}{2}}, \quad -\infty < t < \infty \tag{6-25}$$

学生分布密度函数图像的代码如下：

```
#第6章/6-8.py
#绘制t分布密度曲线
from scipy.stats import t,norm
import numpy as np
import matplotlib.pyplot as plt
x = np.linspace(-4,4,100000)
dfs = [2,8,15,25]
k = 1
plt.figure(figsize = (8,5))
for df in dfs:
    rv = t(df = df)
    plt.subplot(2,2,k)
    pdfs = rv.pdf(x)
    plt.plot(x, pdfs, label = 'df = {}'.format(df))
    plt.plot(x,norm(loc = 0,scale = 1).pdf(x),label = 'N(0,1)')
    plt.legend()
k = k + 1
plt.tick_params(direction= 'in')
```

输出如图 6-5 所示。

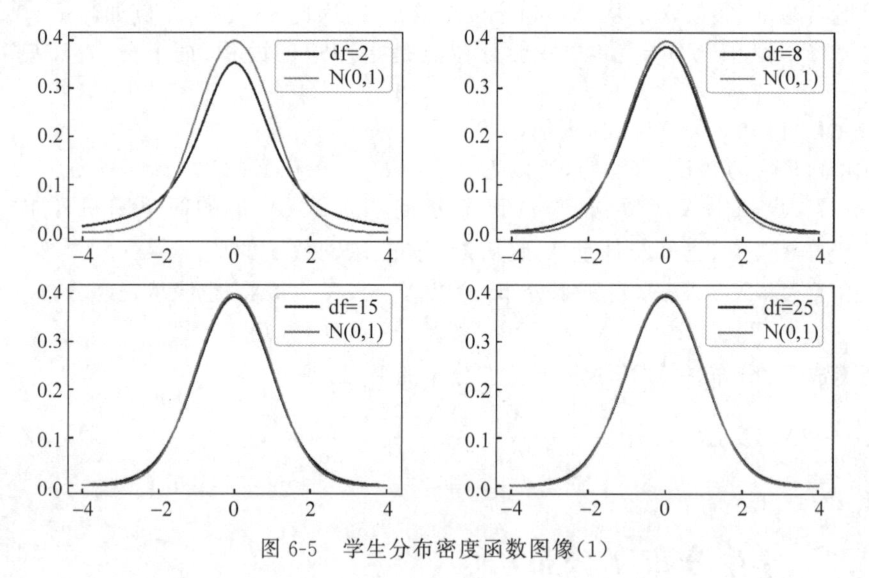

图 6-5　学生分布密度函数图像(1)

图 6-5 为 $t(n)$分布和标准正态分布的概率密度图像对比，df 表示自由度。

对于学生分布，当 n 充分大时，它的密度与正态分布接近；当 n 较小时，两者差异明显。学生分布的密度函数是偶函数。

下面介绍 $t(n)$分布的上分位点。对任意给定的正数 α，$0<\alpha<1$，满足条件

$$P(T > t_\alpha(n)) = \int_{t_\alpha(n)}^{+\infty} h(t)\mathrm{d}t = \alpha \tag{6-26}$$

的点 $t_\alpha(n)$就是 $t(n)$分布的上 α 分位点，如图 6-6 所示，阴影部分左端点即为上分位点 $t(n)$，阴影区域的面积是 α。

绘制 $t(n)$分布的分位点的代码如下：

```
#第 6 章/6 - 9.py
#绘制 t 分布分位点图像
from scipy.stats import t
import numpy as np
import matplotlib.pyplot as plt

x = np.linspace( - 4,4,100000)
DF = 15
alpha = 0.05
rv = t(df = DF)
pdfs = rv.pdf(x)
plt.figure(figsize = (3.5,2.4))
plt.plot(x, pdfs,label = 'df = {}'.format(DF))
plt.xlim( - 4,4)
plt.hlines(y = 0,xmin = - 4, xmax = 4)
point = t(df = DF).ppf(q = 1 - alpha)
p_vector = np.linspace(point,4,20)
plt.vlines(p_vector, ymin = 0, ymax = rv.pdf(p_vector))
plt.legend()
```

输出如图 6-6 所示。

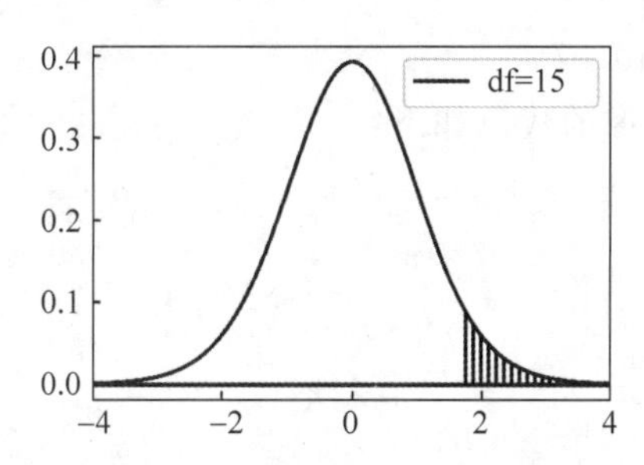

图 6-6 学生分布密度函数图像(2)

图 6-6 为 $t(n)$上 α 分位点示意图，df 表示自由度，$\alpha=0.05$。

由于 $t(n)$分布的概率密度为偶函数，可知 $t(n)$分布的双侧 α 分位点，记为 $t_{\alpha/2}(n)$，即

$$P(|T|>t_{\alpha/2}(n))=\alpha \tag{6-27}$$

且有 $t_{1-\alpha}(n)=-t_{\alpha}(n)$。$t(n)$分布的分位点计算可以用基于 Python 的 SciPy 库计算。

计算 t 分布分位点的代码如下：

```
#第 6 章/6 - 10.py
#计算 t 分布分位点
from scipy.stats import t
DF = 10
alpha = 0.05
rv = t(df = DF)
point = rv.ppf(q = 1 - alpha)
print('自由度为{}的 t 分布上侧{}分位点为'.format(DF, alpha), point)
```

输出如下：

```
自由度为10的t分布上侧0.05分位点为1.8124611228107335
```

6.3.3 F 分布

设随机变量 X 与 Y 互相独立，并且 $X \sim \chi^2(n_1)$，$Y \sim \chi^2(n_2)$，则称随机变量

$$F=\frac{X/n_1}{Y/n_2} \tag{6-28}$$

服从自由度为(n_1,n_2)的 F 分布，记作 $F \sim F(n_1,n_2)$。由定义可知，如果 $F \sim F(n_1,n_2)$，则显然有

$$\frac{1}{F} \sim F(n_2,n_1) \tag{6-29}$$

F 分布的概率密度为

$$\psi(y)=\begin{cases}\dfrac{\Gamma\left(\dfrac{n_1+n_2}{2}\right)\left(\dfrac{n_1}{n_2}\right)^{\frac{n_1}{2}} y^{\frac{n_1}{2}-1}}{\Gamma\left(\dfrac{n_1}{2}\right)\Gamma\left(\dfrac{n_2}{2}\right)\left[1+\left(\dfrac{n_1 y}{n_2}\right)\right]^{\frac{n_1+n_2}{2}}}, & y>0 \\ 0, & \text{其他}\end{cases} \tag{6-30}$$

绘制 F 分布密度函数图像的代码如下：

```
#第6章/6-11.py
#绘制F分布密度曲线
from scipy.stats import f
import numpy as np
import matplotlib.pyplot as plt
x = np.linspace(0,6,100000)
df1 = [3,34,5,56]
df2 = [10,7,24,2]
plt.figure(figsize = (8,5))
for idx in range(4):
    rv = f(dfn = df1[idx],dfd = df2[idx])
    plt.subplot(2,2,idx + 1)
    pdfs = rv.pdf(x)
    plt.plot(x, pdfs, label = 'n1 = {}, n2 = {}'.format(df1[idx],df2[idx]))
    plt.legend()
```

输出如图6-7所示。

下面介绍 $F(n_1,n_2)$分布的上分位点。对任意给定的正数 α，$0<\alpha<1$，满足条件

$$P(F>F_\alpha(n_1,n_2))=\int_{F_\alpha(n_1,n_2)}^{+\infty}\psi(y)\mathrm{d}y=\alpha \tag{6-31}$$

的点 $F_\alpha(n_1,n_2)$就是 $F(n_1,n_2)$分布的上 α 分位点，如图6-8所示，阴影部分左端点即为上分位点 $F_\alpha(n_1,n_2)$，阴影区域的面积是 α。

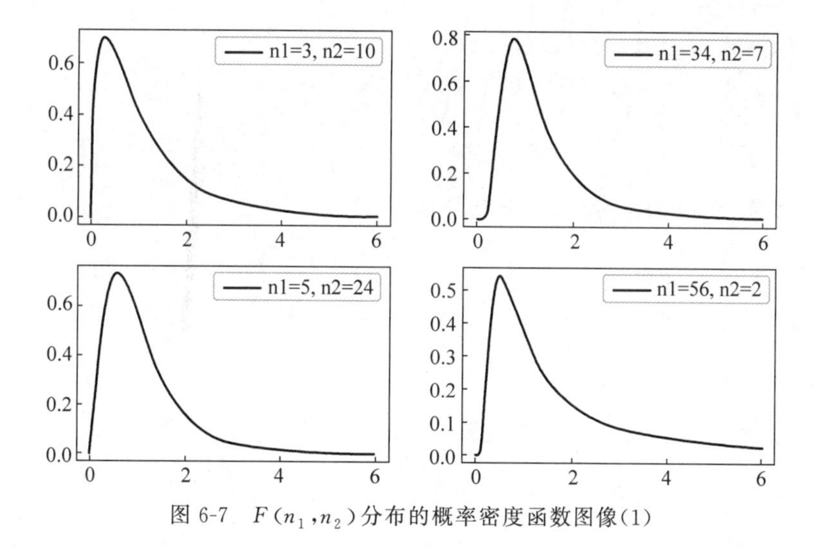

图 6-7 $F(n_1,n_2)$分布的概率密度函数图像(1)

绘制 F 分布分位点的代码如下：

```
#第 6 章/6-12.py
#绘制 F 分布分位点图像
from scipy.stats import f
import numpy as np
import matplotlib.pyplot as plt

x = np.linspace(0,4,100000)
df1 = 8
df2 = 17
alpha = 0.05
rv = f(dfn = df1,dfd = df2)
pdfs = rv.pdf(x)
plt.figure(figsize = (3.5,2.4))
plt.plot(x, pdfs,label = 'n1 = {}, n2 = {}'.format(df1,df2))
plt.xlim(0,4)
plt.hlines(y = 0,xmin = 0, xmax = 4)
point = rv.ppf(q = 1 - alpha)
p_vector = np.linspace(point,4,24)
plt.vlines(p_vector, ymin = 0, ymax = rv.pdf(p_vector))
plt.legend()
```

输出如图 6-8 所示。

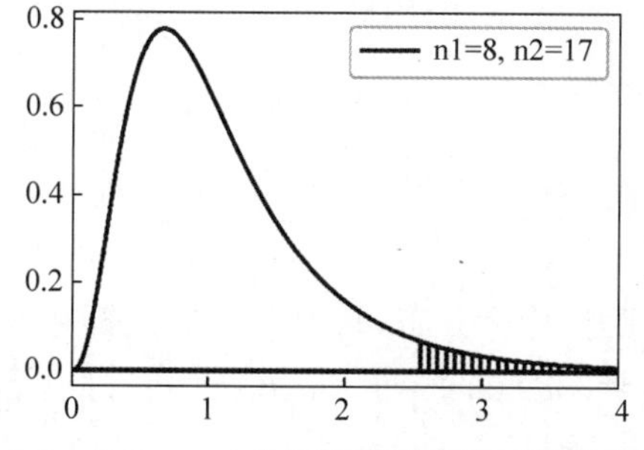

图 6-8 $F(n_1,n_2)$分布的概率密度函数图像(2)

图 6-8 为 $F(n_1,n_2)$ 上 α 分位点示意图，$\alpha=0.05$。

$F(n_1,n_2)$分布的上 α 分位点有以下重要性质：

$$F_{1-\alpha}(n_1,n_2)=\frac{1}{F_\alpha(n_2,n_1)} \tag{6-32}$$

实际上，如果 $F\sim F(n_1,n_2)$，由定义可知

$$1-\alpha=P(F>F_{1-\alpha}(n_1,n_2))=P\left(\frac{1}{F}<\frac{1}{F_{1-\alpha}(n_1,n_2)}\right)=1-P\left(\frac{1}{F}\geqslant\frac{1}{F_{1-\alpha}(n_1,n_2)}\right) \tag{6-33}$$

故

$$P\left(\frac{1}{F}\geqslant\frac{1}{F_{1-\alpha}(n_1,n_2)}\right)=\alpha \tag{6-34}$$

又知道 $1/F\sim F(n_2,n_1)$，因此

$$\frac{1}{F_{1-\alpha}(n_1,n_2)}=F_\alpha(n_2,n_1) \tag{6-35}$$

F 分布的分位点也可以用 SciPy 库计算。

其代码如下：

```
#第 6 章/6-13.py
#计算 F 分布分位点
from scipy.stats import f
df1 = 10
df2 = 3
alpha = 0.05
rv = f(dfn = df1,dfd = df2)
point = rv.ppf(q = 1 - alpha)
print('两个自由度为{}和{}的 F 分布上侧{}分位点为'.format(df1, df2, alpha), point)
```

输出如下：

```
两个自由度为 10 和 3 的 F 分布上侧 0.05 分位点为 8.785524710524003
```

【例 6-8】 设随机变量 X 和 Y 都服从标准正态分布，则有(　　)。

A. $X+Y$ 服从正态分布　　B. X^2+Y^2 服从 χ^2 分布

C. X^2 和 Y^2 都服从 χ^2 分布　　D. X^2/Y^2 服从 F 分布

解：由于题中没有给出独立性条件，因此 A、B、D 都错误，只有 C 正确。如果题中加上 X 和 Y 相互独立，则 4 个选项都正确。

6.4 正态总体的抽样分布

再次强调，无论总体 X 服从什么分布，只要均值方差都存在，那么对于来自 X 的样本 $X_1,X_2,\cdots,X_n$，总有 $E(\overline{X})=\mu,D(\overline{X})=\sigma^2/n,E(S^2)=\sigma^2$。当 X 服从正态分布时，则有更精细的结果。

【定理 1】 设 $X_1,X_2,\cdots,X_n$ 是来自正态总体 $N(\mu,\sigma^2)$的样本，$\overline{X}$ 是样本均值，S^2 是样本方差，则有

(1) $\overline{X}\sim N(\mu,\sigma^2/n)$，特别地，有

$$\frac{\overline{X}-\mu}{\sigma/\sqrt{n}}\sim N(0,1) \tag{6-36}$$

(2) $\overline{X}$ 与 S^2 相互独立，并且

$$\chi^2=\frac{(n-1)S^2}{\sigma^2}\sim\chi^2(n-1) \tag{6-37}$$

(3) 如下统计量分布律成立：

$$T=\frac{\overline{X}-\mu}{S/\sqrt{n}}\sim t(n-1) \tag{6-38}$$

(4) 如下统计量分布律成立：

$$\chi^2=\frac{1}{\sigma^2}\sum_{i=1}^{n}(X_i-\mu)^2\sim\chi^2(n) \tag{6-39}$$

证明从略。

【例 6-9】 设 $X_1,X_2,\cdots,X_n$ 是来自正态总体 $N(\mu,1)$的样本，则以下错误的是(　　)。

A. $\sum_{i=1}^{n}(X_i-\mu)^2$ 服从 χ^2 分布　　B. $2(X_n-X_1)^2$ 服从 χ^2 分布

C. $\sum_{i=1}^{n}(X_i-\overline{X})^2$ 服从 χ^2 分布　　D. $n(\overline{X}-\mu)^2$ 服从 χ^2 分布

解：B 项错误。易知 $X_n-X_1\sim N(0,2)$，因此 $(X_n-X_1)/\sqrt{2}\sim N(0,1)$，从而 $(X_n-X_1)^2/2$ 服从 χ^2 分布。

【例 6-10】 设总体 X 的概率密度函数 $f(x)=(1/2)\mathrm{e}^{-|x|}$，$-\infty<x<\infty$，$X_1,X_2,\cdots,X_n$ 是总体 X 的简单随机样本，其样本方差为 S^2，求 $E(S^2)$。

解：由于 $E(S^2)=D(X)=E(X^2)-(E(X))^2$，并且

$$E(X^2)=\int_{-\infty}^{\infty}x^2\,\frac{1}{2}\mathrm{e}^{-|x|}\,\mathrm{d}x=\int_0^{\infty}x^2\mathrm{e}^{-x}\,\mathrm{d}x=2$$

$$E(X)=\int_{-\infty}^{\infty}x\,\frac{1}{2}\mathrm{e}^{-|x|}\,\mathrm{d}x=0$$

因此 $E(S^2)=E(X^2)-(E(X))^2=2-0=2$。

【例 6-11】 设 X_1,X_2,X_3,X_4 为来自总体 $N(1,\sigma^2)$的简单随机样本，求统计量 $(X_1-X_2)/|X_3+X_4-2|$的分布。

解：根据题意知 $X_1-X_2\sim N(0,2\sigma^2)$，$X_3+X_4-2\sim N(0,2\sigma^2)$，并且两者相互独立。故而

$$\frac{X_1-X_2}{\sqrt{2}\sigma}\sim N(0,1),\quad \frac{|X_3+X_4-2|}{\sqrt{2}\sigma}=\sqrt{\left(\frac{|X_3+X_4-2|}{\sqrt{2}\sigma}\right)^2}\sim\chi^2(1)$$

所以

$$\frac{X_1-X_2}{|X_3+X_4-2|}\sim t(1)$$

【例 6-12】 设总体 X 服从正态分布 $N(-1,\sigma^2)$，$X_1,X_2,\cdots,X_n$ 是来自总体 X 的简单随机样本。求统计量 $T_1=(1/n)\sum_{i=1}^{n}X_i$ 和 $T_2=(1/(n-1))\sum_{i=1}^{n-1}X_i+(1/n)X_n$ 的数学期望和方差。

解：根据题意有

$$E(T_1)=\frac{1}{n}\sum_{i=1}^{n}E(X_i)=-1,\quad D(T_1)=\frac{1}{n^2}\sum_{i=1}^{n}D(X_i)=\frac{1}{n}\sigma^2$$

$$E(T_2)=\frac{1}{n-1}\sum_{i=1}^{n-1}E(X_i)+\frac{1}{n}E(X_n)=-1-\frac{1}{n}$$

$$D(T_2)=\frac{1}{(n-1)^2}\sum_{i=1}^{n-1}D(X_i)+\frac{\sigma^2}{n^2}=\frac{\sigma^2}{n-1}+\frac{\sigma^2}{n^2}$$

【定理 2】 设 $X\sim N(\mu_1,\sigma_1^2)$ 和 $Y\sim N(\mu_2,\sigma_2^2)$，$X_1,X_2,\cdots,X_{n_1}$ 是来自总体 X 的样本，$Y_1,Y_2,\cdots,Y_{n_2}$ 是来自总体 Y 的样本，并且两组样本相互独立，样本均值分别是 $\bar{X}$ 和 $\bar{Y}$，样本方差分别是 S_1^2 和 S_2^2。则有以下结论。

(1) 如下统计量分布律成立：

$$\bar{X}-\bar{Y}\sim N\left(\mu_1-\mu_2,\frac{\sigma_1^2}{n_1}+\frac{\sigma_2^2}{n_2}\right),\quad \frac{\bar{X}-\bar{Y}-(\mu_1-\mu_2)}{\sqrt{\sigma_1^2/n_1+\sigma_2^2/n_2}}\sim N(0,1) \tag{6-40}$$

(2) 如果 $\sigma_1^2=\sigma_2^2$，则

$$T=\frac{\bar{X}-\bar{Y}-(\mu_1-\mu_2)}{S_w\sqrt{1/n_1+1/n_2}}\sim t(n_1+n_2-2) \tag{6-41}$$

其中

$$S_w^2=\frac{(n_1-1)S_1^2+(n_2-1)S_2^2}{n_1+n_2-2} \tag{6-42}$$

(3) 如下统计量分布律成立：

$$F=\frac{\frac{S_1^2}{n_1}}{\frac{S_2^2}{n_2}}\sim F(n_1-1,n_2-1) \tag{6-43}$$

证明从略。

【例 6-13】 设总体 X 和总体 Y 均服从正态分布 $N(\mu,\sigma^2)$，$\sigma>0$，$X_1,X_2,\cdots,X_n$ 和 $Y_1,Y_2,\cdots,Y_n$ 分别是来自总体 X 和总体 Y 的两个相互独立的随机样本，它们的样本方差分别是 S_X^2 和 S_Y^2。求统计量 $T=(n-1)(S_X^2+S_Y^2)/\sigma^2$ 服从的分布及参数。

解：根据题意可知

$$\frac{(n-1)S_X^2}{\sigma^2}\sim\chi^2(n-1),\quad \frac{(n-1)S_Y^2}{\sigma^2}\sim\chi^2(n-1)$$

且这两个卡方分布随机变量相互独立，故有

$$T=\frac{(n-1)S_X^2}{\sigma^2}+\frac{(n-1)S_Y^2}{\sigma^2}\sim\chi^2(2n-2)$$

【例 6-14】 设随机变量 $X \sim t(n)$，$Y \sim F(1,n)$，给定 $0<\alpha<0.5$ 和常数 c 满足 $P(X>c)=\alpha$，求 $P(Y>c^2)$。

解：由 $0<\alpha<0.5$ 和 $P(X>c)=\alpha$ 可知 $c>0$，并且 $P(X>c)=P(X<-c)=\alpha$。随机变量 $X \sim t(n)$，$Y \sim F(1,n)$，说明 X^2 与 Y 同分布，所以

$$P(Y>c^2)=P(X^2>c^2)=P(X>c)+P(X<-c)=\alpha+\alpha=2\alpha$$

6.5 简单统计作图

统计作图是数据可视化的重要内容，它通过图形的方式使人更直观地感受数据。本节介绍统计中最常见的两种图形：频率直方图和箱线图。

6.5.1 频率直方图

频率直方图简称直方图，它将数据的分布范围划分成一个个小区间(通常是等长的小区间)，再统计每个小区间中数据点的频数。以此频数为高度画一条柱，形成的条形图称为频率直方图，如图 6-9 所示。随着划分小区间的增多，直方图的轮廓越来越接近于总体 X 的密度曲线。

其代码如下：

```
#第 6 章/6-14.py
#绘制直方图的示意图
import numpy as np
import matplotlib.pyplot as plt
x = np.random.randn(150)
print('样例数据为(保留 2 位小数)\n', x.round(2) )
_ = plt.hist(x, bins = 40)
plt.tick_params(direction = 'in')
```

输出如下：

```
样例数据为(保留 2 位小数)
[ 1.36 -0.68 1.42 -0.21 -0.21 -1.41 -1.48 1.24 -2.36 -0.26 -1.24 0.47
  1.44 1.44 -0.3 0.26 -0.01 -1.04 -0.22 -0.38 1.33 -0.33 0.29 -1.06
-0.76 0.8 -0.23 0.28 0.61 -1.34 -0.02 1.11 -1.4 -0.29 -1.15 -1.21
  0.99 0.2 -0.6 -0.44 -0.07 -0.12 -1.03 0.93 1.92 0.66 0.13 -1.05
-0.05 0.7 0.18 1.1 1.19 -0.73 0.23 0.41 -0.49 -0.27 0.93 -0.16
  0.29 0.47 1.23 -0.12 0.7 1.02 1.67 1.27 -0.85 0.79 -0.02 1.93
  0.51 0.87 0.18 0.25 -0.57 0.68 -0.21 -0.61 0.3 0.57 0.8 0.19
  0.73 1.07 -0.78 -1.4 1.27 -0.92 -0.83 -1.2 -0.06 0.55 -3.42 -0.22
-0.9 0.72 0.47 0.16 -0.14 -1.69 1.2 0.79 0.81 0.41 -1.01 1.28
-2.2 -3.04 0.15 -0.56 -1.03 -1.23 1.09 0.7 1.43 -0.74 -0.67 -1.53
-0.05 -0.53 0.1 -2.13 1.16 1.24 1.47 1.75 0.58 0.24 -2.01 -0.8
-0.18 -0.05 -0.74 0.15 -1.84 -0.19 -0.47 0.13 2.22 0.96 1.23 1.06
-1.07 -1.23 -0.48 -0.9 -0.85 0.22 ]
```

输出如图 6-9 所示。

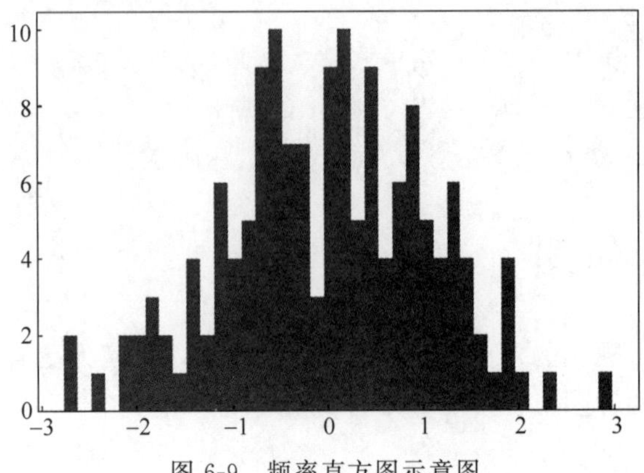

图 6-9 频率直方图示意图

6.5.2 箱线图

箱线图是样本的分位数图。分位数是数据排序的推广，箱线图涉及其中的 3 个分位点：0.25 分位点、0.5 分位点（中位数）和 0.75 分位点。

求数据集分位点的代码如下：

```
#第 6 章/6-15.py
#求样本数据的 0.25 分位点、0.5 分位点和 0.75 分位点
import numpy as np
x = np.random.randn(100)
print('样本数据为\n', x.round(2) )
x1 = np.quantile(x, q = 0.25)
print('0.25 分位点为', x1)
x2 = np.quantile(x, q = 0.5)
print('0.5 分位点为', x2)
x3 = np.quantile(x, q = 0.75)
print('0.75 分位点为', x3)
```

输出如下：

```
样本数据为
[ 1.73 0.58 -0.61 -0.12 -2.52 -0.76 0.05 0.15 1.77 0.37 1.7 1.9
-0.58 2.38 -0.56 0.38 0.07 1.28 -0.77 -1.21 -1.48 -1.97 -1.29 0.7
  0.02 0.15 -0.31 1.32 0.8 2.92 -1.64 -0.13 -0.5 -0.17 0.52 -0.45
-1.21 -1.1 1.93 1.67 -2.27 0.69 -0.28 0.83 -0.7 0.44 1.79 1.91
  0.13 -0.49 0.63 1.01 0.46 -1.39 1.39 -0.55 -0.69 0.3 0.3 0.52
  0.84 1.4 -0.51 -0.85 0.89 -0.11 0.15 1.4 0.38 -3.3 1.15 1.64
-0.3 -0.48 2.55 0.16 0.82 1.1 -1.09 -0.3 2.04 0.39 -0.34 -1.73
  0.39 -1.68 0.36 -0.64 1.25 -0.75 -0.16 -0.18 -0.63 0.01 -0.68 0.22
  1.46 -1.28 1.08 1.19]
0.25 分位点为 -0.586892723218268
0.5 分位点为 0.15130981463283574
0.75 分位点为 0.9171486798866528
```

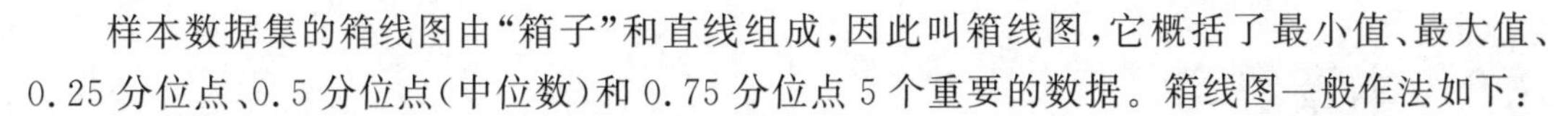

样本数据集的箱线图由“箱子”和直线组成，因此叫箱线图，它概括了最小值、最大值、0.25 分位点、0.5 分位点（中位数）和 0.75 分位点 5 个重要的数据。箱线图一般作法如下：

(1) 画一条水平或垂直的直线，标注以上 5 个数字，以 0.25 分位点和 0.75 分位点为两边做一个矩形箱子，在 0.5 分位点作一条线段。

(2) 从箱子的左侧或下侧引一条直线到最小值，从箱子的右侧或上侧引一条直线到最大值。

其代码如下：

```
#第 6 章/6 - 16.py
#箱线图示例
import numpy as np
import matplotlib.pyplot as plt
x = np.random.rand(100)
print('样本数据为\n', x.round(2))
_ = plt.boxplot(x)
```

输出如下：

```
样本数据为
[0.39 0.66 0.37 0.46 0.4 0.35 0.88 0.88 0.88 0.47 0.44 0.23 0.84 0.79
0.69 0.04 0.77 0.63 0.65 0.8 0.12 0.68 0.57 0.08 0.96 0.17 0.68 0.91
0.34 0.89 0.05 0.48 0.11 0.43 0.28 0.85 0.21 0.44 0.6 0.82 0.16 0.22
0.21 0.04 0.28 0.38 0.77 0.49 0.16 0.31 0.11 0.84 0.38 0.36 0.75 0.75
0.98 0.81 0.75 0.28 0.3 0.41 0.36 0.94 0.28 0.91 0.68 0.46 0.08 0.01
0.7 0.55 0.84 0.14 0.97 0.65 0.71 0.88 0.24 0.83 0.18 0.48 0.42 0.98
0.9 0.16 0.92 0.4 0.09 0.96 0.72 0.16 0.5 0.82 0.67 0.57 0.25 0.44
0.6 0.2 ]
```

输出箱线图如图 6-10 所示。

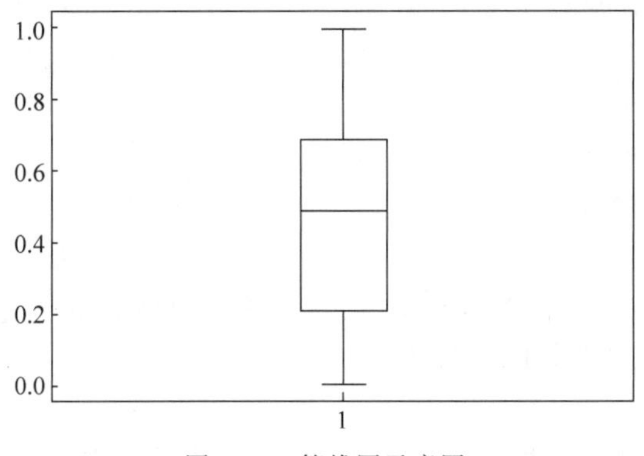

图 6-10　箱线图示意图

箱线图适合检测一个数据集是否有离群点或者疑似异常值。离群点的存在有可能对随后的计算结果造成不适当的影响，因此检测并删除异常值是十分必要的。0.25 分位点和 0.75 分位点之间的差称为极差，也称四分位数间距，即 IQR$=x_{0.75}-x_{0.25}$。如果数据小于 $x_{0.25}-1.5\times$IQR 或者大于 $x_{0.75}-1.5\times$IQR 就认为它是异常值。删除了异常值之后再作箱线图称为修正箱线图。

6.6 本章练习

1. 在总体 $N(52,6.3^2)$中随机抽取一容量为 49 的样本，求样本均值 $\overline{X}$ 落在 50.8 到 53.8 的概率。

2. 在总体 $N(11,4)$中随机抽取一容量为 5 的样本 X_1,X_2,X_3,X_4,X_5，求

(1) 样本均值与总体均值之差的绝对值大于 1 的概率。

(2) $P(\max(X_1,X_2,X_3,X_4,X_5)>14)$和 $P(\min(X_1,X_2,X_3,X_4,X_5)<9)$的概率。

3. 求总体 $N(20,3)$的容量分别为 12 和 16 的两个独立样本均值差的绝对值大于 0.2 的概率。

4. 解下面 3 个问题：

(1) 设样本 $X_1,X_2,\cdots,X_6$ 来自总体 $N(0,1)$，$Y=(X_1+X_2+X_3)^2+(X_4+X_5+X_6)^2$，求常数 C，使 CY 服从 χ^2 分布。

(2) 设样本 $X_1,X_2,\cdots,X_5$ 来自总体 $N(0,1)$，且有

$$Y=\frac{C(X_1+X_2)}{(X_3^2+X_4^2+X_5^2)^{1/2}}$$

求常数 C，使 Y 服从 t 分布。

(3) 已知 $X\sim t(n)$，求证 $X^2\sim F(1,n)$。

5. 解决下面两个问题：

(1) 设某种测试得分服从正态分布 $N(\mu,\sigma^2)$，随机抽取 16 个人参与测试，求他们得分的联合概率密度，并求这 16 个人得分的平均值小于 μ 的概率。

(2) 在(1)的基础上，设 $\mu=62,\sigma^2=25$，如果得分超过 72 就能获奖，求至少一人得奖的概率。

6. 设总体 $X\sim b(1,p)$，$X_1,X_2,\cdots,X_n$ 是来自 X 的样本，求

(1) $X_1,X_2,\cdots,X_n$ 的联合分布律。

(2) $\sum\limits_{i=1}^{n}X_i$ 的分布律。

(3) $E(\overline{X})$、$D(\overline{X})$ 和 $E(S^2)$。

7. 设总体 $X\sim\chi^2(n)$，$X_1,X_2,\cdots,X_{12}$ 是来自总体 X 的样本，求 $E(\overline{X})$、$D(\overline{X})$ 和 $E(S^2)$。

8. 设总体 $X\sim N(\mu,\sigma^2)$，$X_1,X_2,\cdots,X_8$ 是来自总体 X 的样本，求

(1) $X_1,X_2,\cdots,X_n$ 的联合概率密度。

(2) $\overline{X}$ 的概率密度。

9. 在总体 $N(\mu,\sigma^2)$ 中抽取容量为 25 的样本，这里的 μ 和 σ^2 未知，求

(1) $P(S^2/\sigma^2\leqslant 2.05)$，其中 S^2 为样本方差。

(2) $D(S^2)$。

10. 设总体 X 服从正态分布 $N(\mu,\sigma^2)$，从该总体中抽取简单随机样本 $X_1,X_2,\cdots,X_{2n}$，$n\geqslant 2$。其样本均值为 $\overline{X}=(1/2n)\sum\limits_{i=1}^{2n}X_i$，求统计量 $Y=\sum\limits_{i=1}^{n}(X_i+X_{n+i}-2\overline{X})^2$ 的数学期望 $E(Y)$。

6.7 常见考题解析：样本、统计量及抽样分布

本章是数理统计的基础，重点是正态分布、三大统计分布的概率和分位点的计算。

【考题 6-1】 在正态分布总体 $N(52,6.3^2)$中随机抽出一个样本，样本容量为 36，求样本均值 $\overline{X}$ 落入 50.8～53.8 的概率。

解：根据样本的分布可知 $\overline{X}$ 也服从正态分布，即 $\overline{X} \sim N(52,6.3^2/36)$，据此可计算 $\overline{X}$ 落入 50.8～53.8 的概率。

其代码如下：

```
#第 6 章/6-17.py
from scipy.stats import norm
import numpy as np
X = norm(loc = 52, scale = np.sqrt(6.3 ** 2 / 36) )
p = X.cdf(53.8) - X.cdf(50.8)
print('样本均值落在区间的概率为', p)
```

输出如下：

```
样本均值落在区间的概率为 0.8302129127796096
```

【考题 6-2】 从正态分布总体 $N(12,4)$中抽出一个样本，样本容量为 5，即 $X_1,X_2,\cdots,X_5$。

(1) 求样本均值与总体均值之差的绝对值大于 1 的概率。

(2) 求样本最大值大于 15 的概率和样本最小值小于 10 的概率。

解：(1) 样本均值与总体均值之差的绝对值大于 1，即 $\overline{X}$ 大于 13 或 $\overline{X}$ 小于 11。又因为 $\overline{X} \sim N(12,0.8)$，则可由分布 $N(12,0.8)$计算概率。

(2) 由最大值的分布可知

$$P(\max(X_1,X_2,\cdots,X_5) > 15) = 1 - P(X \leqslant 15)^5$$

由最小值的分布可知

$$P(\min(X_1,X_2,\cdots,X_5) < 10) = 1 - (1 - P(X \leqslant 10))^5$$

代码如下：

```
#第 6 章/6-18.py
from scipy.stats import norm
import numpy as np
#第 1 问
X = norm(loc = 12, scale = np.sqrt(0.8))
p = 1 - (X.cdf(13) - X.cdf(11))
print('第 1 问概率为', p)
#第 2 问
X1 = norm(loc = 12, scale = 2)
p1 = 1 - X1.cdf(15) ** 5
print('最大值概率为', p1)
X2 = norm(loc = 12, scale = 2)
p2 = 1 - (1 - X2.cdf(10) ) ** 5
print('最小值概率为', p2)
```

输出如下：

```
第1问概率为 0.2635524772829727
最大值概率为 0.2922874553123961
最小值概率为 0.5784297695424548
```

【考题 6-3】 从正态总体 $N(20,3)$选取两个独立样本，它们的样本容量分别是 10 和 15，求这两个样本均值之差的绝对值大于 0.3 的概率。

解：设 X 和 Y 表示两个样本，则有 $\overline{X}\sim N(20,0.3)$，$\overline{Y}\sim N(20,0.2)$，$\overline{X}-\overline{Y}\sim N(0,0.5)$，进而有 $P(|\overline{X}-\overline{Y}|>0.3)=1-P(-0.3\leqslant\overline{X}-\overline{Y}\leqslant 0.3)$。通过求概率 $P(-0.3\leqslant\overline{X}-\overline{Y}\leqslant 0.3)$的值即可得到结果。

代码如下：

```python
#第6章/6-19.py
from scipy.stats import norm
import numpy as np
X = norm(loc = 0, scale = np.sqrt(0.5) )
p = 1 - (X.cdf(0.3) - X.cdf( - 0.3))
print('所求概率为', p)
```

输出如下：

```
所求概率为 0.6713732405408726
```

【考题 6-4】 有下面 30 个篮球运动员的身高，见代码中的数据集，求身高介于 210 到 241 的人数。

解：用直方图做统计，代码如下：

```python
#第6章/6-20.py
import numpy as np
height = [225, 232, 232, 245, 235, 245, 270, 225, 240, 240,
          217, 195, 225, 185, 200, 220, 200, 210, 271, 240,
          220, 230, 215, 252, 225, 220, 206, 185, 227, 236]
height = np.array(height)
b = (height < 241) & (height > 210)
n = b.sum()
print('身高介于210到241的人数为', n)
```

输出如下：

```
身高介于210到241的人数为 18
```

6.8 本章常用的 Python 函数总结

本章常用正态分布与三大统计分布的分位点和概率计算函数。本章常用的 Python 函数见表 6-1。

表 6-1　本章常用的 Python 函数

函　　数	代　　码
正态分布的积累函数	norm(loc = loc,scale = scale).cdf(x) 其中 loc 是均值,scale 是标准差
正态分布的分位点函数	norm(loc = loc,scale = scale).ppf(q) 其中 loc 是均值,scale 是标准差
卡方分布的积累函数	chi2(df = df).cdf(x) 其中 df 是自由度
卡方分布的分位点函数	chi2(df = df).ppf(q) 其中 df 是自由度
学生分布的积累函数	t(df = df).cdf(x) 其中 df 是自由度
学生分布的分位点函数	t(df = df).ppf(q) 其中 df 是自由度
F 分布的积累函数	f(dfn = dfn,dfd = dfd).cdf(x) 其中 dfn 是分子自由度,dfd 是分母自由度
F 分布的分位点函数	f(dfn = dfn,dfd = dfd).ppf(q) 其中 dfn 是分子自由度,dfd 是分母自由度

6.9　本章上机练习

实训环境

(1) 使用 Python 3.x 版本。

(2) 使用 IPython 或 Jupyter Notebook 交互式编辑器。

(3) 推荐使用 Anaconda 发行版中自带的 IPython 或 Jupyter Notebook。

【实训 6-1】 随机生成 100 个标准正态分布随机数,并计算它们的 0.25 分位点和 0.75 分位点。

代码如下:

```
#第 6 章/6-21.py
import numpy as np
n = 100
x = np.random.randn(n)
x1 = np.quantile(a = x, q = 0.25)
print('0.25 分位点为', x1)
x2 = np.quantile(a = x, q = 0.75)
print('0.75 分位点为', x2)
```

输出如下:

```
0.25 分位点为 -0.4021431707142449
0.75 分位点为 0.8278403217133734
```

【实训 6-2】 随机生成 100 个标准正态分布随机数，计算它们的样本均值、样本方差、样本标准差和中位数。

代码如下：

```
#第 6 章/6-22.py
import numpy as np
import pandas as pd
n = 100
x = np.random.randn(n)
m = x.mean()
print('样本均值为', m)
v = x.var()
print('样本方差为', v)
sd = x.std()
print('样本标准差为', sd)
me = pd.Series(x).median()
print('样本中位数为', me)
```

输出如下：

```
样本均值为 -0.007061169623295727
样本方差为 0.972893312911173
样本标准差为 0.9863535435690253
样本中位数为 -0.018126191312170213
```

【实训 6-3】 在正态总体 $N(53, 6.3^2)$ 中随机抽取一个容量为 49 的样本，求样本均值落在 50～54 的概率。

代码如下：

```
#第 6 章/6-23.py
from scipy.stats import norm
import numpy as np
mu = 53
sigma = 6.3
n = 49
X = norm(loc = mu, scale = sigma / np.sqrt(n))
q = X.cdf(54) - X.cdf(50)
print('所取概率为', q)
#标准正态分布
left = (50 - mu) / (sigma / np.sqrt(n))
right = (54 - mu) / (sigma / np.sqrt(n))
X = norm(loc = 0, scale = 1)
q = X.cdf(right) - X.cdf(left)
print('用标准化正态分布,所取概率为', q)
```

输出如下：

```
所取概率为 0.8663106767642978
用标准化正态分布,所取概率为 0.8663106767642978
```

【实训 6-4】 求正态总体 $N(20,3)$的 10 和 15 的两个独立样本均值差的绝对值大于 0.3 的概率。

代码如下：

```
#第 6 章/6 - 24.py
from scipy.stats import norm
import numpy as np
mu = 20
n1, n2 = 10, 15
sigma2_1 = 3 / n1
sigma2_2 = 3 / n2
sigma2 = sigma2_1 + sigma2_1
#定义随机变量
X = norm(loc = 0, scale = np.sqrt(sigma2))
q = X.cdf(0.3) - X.cdf( - 0.3)
print('所求概率为', 1 - q)
```

输出如下：

```
所求概率为 0.6985353583033387
```

第7章

参数估计

参数估计是统计推断的一种。所谓“估计”就是根据从总体中抽取的随机样本来估计总体分布中未知参数的过程。从估计形式看，区分为点估计与区间估计；从构造估计量的方法讲，有矩法估计、最小二乘估计、似然估计、贝叶斯估计等。参数估计要处理两个问题：①求出未知参数的估计量；②在一定信度(可靠程度)下指出所求的估计量的精度。信度一般用概率表示，如可信程度为95%；精度用估计量与被估参数(或待估参数)之间的接近程度或误差来度量。

本章讨论统计推断的基本问题之一：参数估计。对于参数估计的类别，本章主要讲解两种，分别是点估计和区间估计。对于点估计又分为两种估计方法，即矩估计和最大似然估计；对于区间估计又分为单侧区间估计和双侧区间估计。

本章重点内容：

(1) 点估计的概念和问题提法。

(2) 矩估计法和最大似然估计法。

(3) 估计量的评选标准。

(4) 置信区间和区间估计。

(5) 正态总体均值与方差的区间估计。

(6) 单侧置信区间估计。

7.1 点估计

点估计问题一般提法如下。设总体 X 的分布函数 $F(x;\theta)$ 的形式已知，θ 是待估计的未知参数向量，其中可以有一个或多个未知参数。用样本 $X_1,X_2,\cdots,X_n$ 构造一个统计量 $\hat{\theta}(X_1,X_2,\cdots,X_n)$ 来估计未知参数 θ 称为点估计。统计量 $\hat{\theta}(X_1,X_2,\cdots,X_n)$ 称为估计量，它的观察值 $\hat{\theta}(x_1,x_2,\cdots,x_n)$ 称为估计值。简单来讲，建立一个适当的统计量作为参数 θ 的估计量并以相应的观察值作为未知参数估计值的问题，称为参数 θ 的点估计问题。

注意 估计量是一个随机变量，估计值是一个具体的数。估计量和估计值统称为估计。点估计的常用方法有两种，分别是矩估计法和最大似然估计法。

7.1.1　矩估计法

矩估计法是利用样本原点矩来构造统计量的点估计法。设总体 X 的分布函数中有 k 个未知参数 $F(x;\theta_1,\theta_2,\cdots,\theta_k)$。利用 X 的分布函数计算 X 的前 K 阶原点矩。如果 X 是连续分布的，则有

$$\mu_l=\mu_l(\theta_1,\theta_2,\cdots,\theta_k)=E(X^l)=\int_{-\infty}^{\infty}x^l f(x;\theta_1,\theta_2,\cdots,\theta_k)\,\mathrm{d}x,\quad l=1,2,\cdots,k \tag{7-1}$$

如果 X 是离散分布的，则有

$$\mu_l=\mu_l(\theta_1,\theta_2,\cdots,\theta_k)=E(X^l)=\sum_x x^l P(X=x;\theta_1,\theta_2,\cdots,\theta_k),\quad l=1,2,\cdots,k \tag{7-2}$$

利用样本 $X_1,X_2,\cdots,X_n$ 计算前 K 阶样本原点矩。

$$A_l=\frac{1}{n}\sum_{i=1}^{n}X_i^l \tag{7-3}$$

由辛钦大数定律可知 A_l 依概率收敛于 μ_l，因此就用样本原点矩作为总体矩的估计量，用样本原点矩的连续函数作为总体矩的连续函数的估计量，这种方法称为矩估计法。矩估计法的具体过程即为解方程组

$$\begin{cases}\mu_1=\mu_1(\theta_1,\theta_2,\cdots,\theta_k)=A_1\\ \mu_2=\mu_2(\theta_1,\theta_2,\cdots,\theta_k)=A_2\\ \quad\vdots\\ \mu_k=\mu_k(\theta_1,\theta_2,\cdots,\theta_k)=A_k\end{cases} \tag{7-4}$$

注意，这个方程组是非线性方程组，不是总能求出解。如果能求出解，则称

$$\hat{\theta}_l(A_1,A_2,\cdots,A_k),\quad l=1,2,\cdots,k \tag{7-5}$$

是参数 $\theta_l(l=1,2,\cdots,k)$ 的矩估计量，矩估计量的观测值称为矩估计值。

【例 7-1】 设总体 X 在 $[a,b]$ 服从均匀分布，但 a,b 未知，$X_1,X_2,\cdots,X_n$ 是来自 X 的样本，试求 a,b 的矩估计量。

解：由 X 服从均匀分布可知

$$\mu_1=\mu_1(a,b)=E(X)=\frac{a+b}{2}$$

$$\mu_2=\mu_2(a,b)=E(X^2)=D(X)+E(X)^2=\frac{(b-a)^2}{12}+\left(\frac{a+b}{2}\right)^2$$

从而

$$\begin{cases}\mu_1=\mu_1(a,b)=\dfrac{a+b}{2}=A_1\\ \mu_2=\mu_2(a,b)=\dfrac{(b-a)^2}{12}+\left(\dfrac{a+b}{2}\right)^2=A_2\end{cases}$$

解这个非线性方程组可得

$$\begin{cases}\hat{a}=A_1-\sqrt{3(A_2-A_1^2)}=\overline{X}-\sqrt{3\left(\dfrac{1}{n}\sum\limits_{i=1}^{n}X_i^2-\overline{X}^2\right)}\\ \hat{b}=A_1+\sqrt{3(A_2-A_1^2)}=\overline{X}+\sqrt{3\left(\dfrac{1}{n}\sum\limits_{i=1}^{n}X_i^2-\overline{X}^2\right)}\end{cases}$$

代码如下：

```
#第 7 章/7-1.py
#参数 a 和 b 的矩估计
from sympy import symbols,solve
a, b = symbols('a, b')
A1, A2 = symbols('A1, A2')
x1, x2 = solve([(a + b) / 2 - A1, (b - a) ** 2 / 12 + ((a + b) / 2) ** 2 - A2],(a, b))
print('a 和 b 的估计值分别为', x1, x2)
```

输出如下：

```
a 和 b 的估计值分别为
(A1 - sqrt(3) * sqrt(-A1 ** 2 + A2), A1 + sqrt(3) * sqrt(-A1 ** 2 + A2)) (A1 + sqrt(3) *
sqrt(-A1 ** 2 + A2), A1 - sqrt(3) * sqrt(-A1 ** 2 + A2))
```

【例 7-2】 设总体 X 的均值 μ 和方差 σ^2 都存在，但 μ 和 σ^2 未知。设 $X_1,X_2,\cdots,X_n$ 是来自 X 的样本，求 μ 和 σ^2 的矩估计量。

解：根据题意有

$$\begin{cases}\mu_1=\mu_1(\mu,\sigma^2)=E(X)=\mu=A_1\\ \mu_2=\mu_2(\mu,\sigma^2)=E(X^2)=D(X)+E(X)^2=\mu^2+\sigma^2=A_2\end{cases}$$

解这个方程组可得

$$\begin{cases}\hat{\mu}=A_1=\overline{X}\\ \hat{\sigma}^2=A_2-A_1^2=\left(\dfrac{1}{n}\sum_{i=1}^{n}X_i^2\right)-\overline{X}^2\end{cases}$$

代码如下：

```
#第 7 章/7-2.py
#参数 mu 和 sigma_square 的矩估计
from sympy import symbols,solve
mu, sigma = symbols('mu, sigma')
A1,A2 = symbols('A1, A2')
x = solve([mu - A1, mu ** 2 + sigma ** 2 - A2], [mu, sigma ** 2])
print('均值和方差的矩估计量分别为', x)
```

输出如下：

```
均值和方差的矩估计量分别为 [(A1, -A1 ** 2 + A2)]
```

【例 7-3】 设总体 $X\sim P(\lambda)$，$X_1,X_2,\cdots,X_n$ 是来自 X 的样本，求参数 λ 的矩估计量。

解：由于 X 服从泊松分布，所以 $E(X)=\lambda$。用一阶原点矩代替 $E(X)$，则有

$$\hat{\lambda}=A_1=\overline{X}$$

7.1.2　最大似然估计法

从直观上看，假设已经取到了样本值 $x_1, x_2, \cdots, x_n$，这说明取到这一样本值的概率比较大，也就是说这样的参数 θ 会使取到样本值 $x_1, x_2, \cdots, x_n$ 的可能性较大，取合适的 θ 使取到样本值 $x_1, x_2, \cdots, x_n$ 的概率最大就称为一种恰当的选择。最大似然估计法也称极大似然估计法。它的基本思想是，选取使似然函数达到最大值的参数值为未知参数的估计值。设 $X_1, X_2, \cdots, X_n$ 是来自 X 的样本，$x_1, x_2, \cdots, x_n$ 是样本值，θ 是待估计参数。似然函数的定义如下：

(1) 对于离散型总体 X，设其概率分布为 $P(X=a_i)=p(a_i;\theta)$，称函数

$$L(\theta)=L(x_1, x_2, \cdots, x_n;\theta)=\prod_{i=1}^{n} p(x_i;\theta) \tag{7-6}$$

为参数 θ 的似然函数。

(2) 对于连续型总体 X，设其概率密度为 $f(x;\theta)$，称函数

$$L(\theta)=L(x_1, x_2, \cdots, x_n;\theta)=\prod_{i=1}^{n} f(x_i;\theta) \tag{7-7}$$

为参数 θ 的似然函数。

最大似然估计法就是计算 $L(\theta)$的最大值点 $\hat{\theta}$ 作为参数 θ 的最大似然估计值。它的直观想法是，现在已经取到样本值 $x_1, x_2, \cdots, x_n$，表明取到这一样本值的概率 $L(x_1, x_2, \cdots, x_n;\theta)$ 比较大，因此固定 $x_1, x_2, \cdots, x_n$，在 θ 的取值范围中挑选使 $L(x_1, x_2, \cdots, x_n;\theta)$ 达到最大的参数值 $\hat{\theta}$ 作为 θ 的估计值。这就把最大似然估计问题转化为微积分中求最大值的问题。因为对数函数是单调增函数，所以使 $L(x_1, x_2, \cdots, x_n;\theta)$ 达到最大值的 $\hat{\theta}$ 必然使 $\ln(L(x_1, x_2, \cdots, x_n;\theta))$ 也达到最大值，反之亦然，因此最大似然估计法的步骤可总结如下。

(1) 如果 $L(\theta)$或者 $\ln L(\theta)$关于 θ 可微，值 $\hat{\theta}$ 往往可以从方程

$$\frac{\mathrm{d}L(\theta)}{\mathrm{d}\theta}=0 \quad 或者 \quad \frac{\mathrm{d}\ln L(\theta)}{\mathrm{d}\theta}=0 \tag{7-8}$$

中解得，这两个方程分别称为似然方程和对数似然方程。

(2) 如果要估计的参数有多个，例如 k 个，有似然方程组和对数似然方程组

$$\begin{cases} \dfrac{\partial L(\theta)}{\partial \theta_1}=0 \\ \vdots \\ \dfrac{\partial L(\theta)}{\partial \theta_k}=0 \end{cases} \quad 或者 \quad \begin{cases} \dfrac{\partial \ln L(\theta)}{\partial \theta_1}=0 \\ \vdots \\ \dfrac{\partial \ln L(\theta)}{\partial \theta_k}=0 \end{cases} \tag{7-9}$$

解方程组可得 $\hat{\theta}_1, \hat{\theta}_2, \cdots, \hat{\theta}_k$。

【例 7-4】 设总体 $X \sim B(1,p)$，$X_1, X_2, \cdots, X_n$ 是来自 X 的样本，求参数 p 的最大似然估计量。

解：设 $x_1, x_2, \cdots, x_n$ 是 $X_1, X_2, \cdots, X_n$ 的样本值，X 的分布律可写成

$$P(X=x)=p^x(1-p)^{1-x},\quad x=0,1$$

从而似然函数为

$$L(p)=\prod_{i=1}^{n}p^{x_i}(1-p)^{1-x_i}=p^{\sum_{i=1}^{n}x_i}(1-p)^{n-\sum_{i=1}^{n}x_i}$$

为了简化计算，求对数似然函数

$$\ln L(p)=\left(\sum_{i=1}^{n}x_i\right)\ln(p)+\left(n-\sum_{i=1}^{n}x_i\right)\ln(1-p)$$

将对数似然函数对 p 求导，令导数为 0，有

$$\frac{\mathrm{d}\ln L(p)}{\mathrm{d}p}=\frac{\sum_{i=1}^{n}x_i}{p}-\frac{n-\sum_{i=1}^{n}x_i}{1-p}=0$$

解这个关于 p 为未知数的方程可得到

$$\hat{p}=\bar{x}=\frac{1}{n}\sum_{i=1}^{n}x_i$$

也就是说参数 p 的最大似然估计量为

$$\hat{p}=\overline{X}$$

数值解见图 7-1。

代码如下：

```
#第 7 章/7-3.py
#求 p 的最大似然估计,样本量 1000
from scipy.optimize import minimize_scalar, minimize
from scipy.stats import binom
import numpy as np
N, P = 1000, 0.7
rv = binom(n = 1, p = P)
x = rv.rvs(N)
def lnL(p):
    sx = sum(x)
    result = sx * np.log(p) + (N - sx) * np.log(1 - p)
    return(result)
def minilnL(p):
    return( - lnL(p))

#绘制对数似然函数曲线,找求解区间
import matplotlib.pyplot as plt
ps = np.linspace(0.0001, 0.9999, 100)
lnL_vector = np.vectorize(lnL)
plt.plot(ps, lnL_vector(ps))
plt.grid()
plt.tick_params(direction = 'in')
minimize_scalar(fun = minilnL, method = 'Bounded', bounds = [0.6,0.8])
```

输出如下：

```
      fun: 300.31683170213427
 hess_inv: <1x1 LbfgsInvHessProduct with dtype = float64>
      jac: array([-1.70530256e-05])
  message: 'CONVERGENCE: REL_REDUCTION_OF_F_<=_FACTR*EPSMCH'
     nfev: 14
      nit: 5
     njev: 7
   status: 0
  success: True
        x: array([0.69829999])
```

对数似然函数曲线如图 7-1 所示。

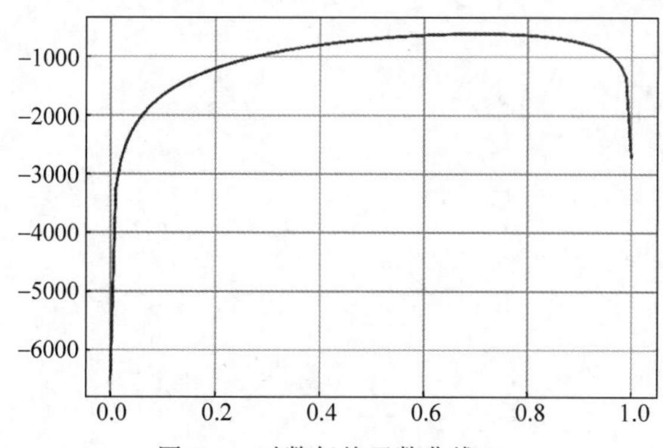

图 7-1　对数似然函数曲线(1)

图 7-1 为对数似然函数曲线，最大值出现在 0.6～0.8。

【例 7-5】 设总体 $X \sim N(\mu,\sigma^2)$，其中 μ,σ^2 未知。$X_1,X_2,\cdots,X_n$ 是来自 X 的样本，$x_1,x_2,\cdots,x_n$ 是 $X_1,X_2,\cdots,X_n$ 的样本值。求 μ 和 σ^2 的最大似然估计量。

解：X 的概率密度为

$$f(x;\mu,\sigma^2)=\frac{1}{\sqrt{2\pi}\sigma}\exp\left(-\frac{1}{2\sigma^2}(x-\mu)^2\right)$$

似然函数为

$$L(\mu,\sigma^2)=\prod_{i=1}^{n}\frac{1}{\sqrt{2\pi}\sigma}\exp\left(-\frac{1}{2\sigma^2}(x_i-\mu)^2\right)=\left(\frac{1}{2\pi\sigma^2}\right)^{n/2}\exp\left(-\frac{1}{2\sigma^2}\sum_{i=1}^{n}(x_i-\mu)^2\right)$$

对数似然函数为

$$\ln L(\mu,\sigma^2)=-\frac{n}{2}(\ln(2\pi)+\ln(\sigma^2))-\frac{1}{2\sigma^2}\sum_{i=1}^{n}(x_i-\mu)^2$$

将对数似然函数分别对 μ 和 σ^2 求偏导，令偏导数为 0，得方程组

$$\begin{cases}\dfrac{\partial}{\partial\mu}\ln L(\mu,\sigma^2)=\dfrac{1}{\sigma^2}\left[\left(\sum_{i=1}^{n}x_i\right)-n\mu\right]=0\\[2ex]\dfrac{\partial}{\partial\sigma^2}\ln L(\mu,\sigma^2)=-\dfrac{n}{2\sigma^2}+\dfrac{1}{2(\sigma^2)^2}\sum_{i=1}^{n}(x_i-\mu)^2=0\end{cases}$$

从第 1 个方程解出 $\hat{\mu}=\sum_{i=1}^{n}x_i/n=\bar{x}$。将其代入第 2 个方程可得$\widehat{\sigma^2}=\sum_{i=1}^{n}(x_i-\bar{x})^2/n$。从而 μ 和σ^2 的最大似然估计量为

$$\hat{\mu}=\overline{X},\quad \widehat{\sigma^2}=\frac{\sum_{i=1}^{n}(X_i-\overline{X})^2}{n}$$

代码如下：

```
#第 7 章/7-4.py
#求均值和方差的最大似然估计,样本量 1000
from scipy.optimize import minimize
from scipy.stats import norm
import numpy as np
N = 2000
rv = norm(loc = 1, scale = 2)
x = rv.rvs(N)

def lnL(par):
    mu = par[0]
    sig_squ = par[1]
    result = (-N / 2) * (np.log(2 * np.pi) + np.log(sig_squ)) + (-1 / (2 * sig_squ)) *
sum((x-mu) ** 2)
    return(result)

def minilnL(par):
    return(-lnL(par))
minimize(fun = minilnL, x0 = [0.5,5], bounds = [(0.5,2), (2,5)])
```

输出如下：

```
      fun: 4217.343683959431
 hess_inv: <2x2 LbfgsInvHessProduct with dtype = float64>
      jac: array([ 0.00000000e+00, -9.09494707e-05])
  message: 'CONVERGENCE: REL_REDUCTION_OF_F_<=_FACTR*EPSMCH'
     nfev: 24
      nit: 6
     njev: 8
   status: 0
  success: True
        x: array([1.0548213 , 3.97278037])
```

【例 7-6】 设某种元件的使用寿命的概率密度为

$$f(x)=\begin{cases}\lambda e^{-\lambda x}, & x>0\\ 0, & x\leqslant 0\end{cases}$$

其中 $\lambda>0$ 为未知参数，$x_1,x_2,\cdots,x_n$ 是一组样本值，求参数 λ 的最大似然估计。

解：似然函数为

$$L(\lambda)=\prod_{i=1}^{n} f(x_i;\lambda)=\begin{cases}\lambda^n \exp\left(-\lambda \sum_{i=1}^{n} x_i\right), & x_1,x_2,\cdots,x_n>0\\ 0, & 其他\end{cases}$$

当 $x_1,x_2,\cdots,x_n>0$ 时，$L(\lambda)>0$。对数似然函数为

$$\ln L(\lambda)=n\ln(\lambda)-\lambda\sum_{i=1}^{n} x_i$$

将对数似然函数对 λ 求导数，令导数等于 0，有

$$\frac{\mathrm{d}\ln L(\lambda)}{\mathrm{d}\lambda}=\frac{n}{\lambda}-\sum_{i=1}^{n} x_i=0$$

解得

$$\hat{\lambda}=\frac{\sum_{i=1}^{n} x_i}{n}=\bar{x}$$

数值解如图 7-2 所示。

代码如下：

```
#第 7 章/7 - 5.py
#求 lambda 的最大似然估计，样本量 1000
from scipy.optimize import minimize_scalar
from scipy.stats import expon
import numpy as np
N = 1000
lam_true = 1
rv = expon(scale = 1 / lam_true)
x = rv.rvs(N)
def lnL(lam):
    result = N * np.log(lam) - lam * sum(x)
    return(result)
def minilnL(lam):
    return( - lnL(lam))

import matplotlib.pyplot as plt
ps = np.linspace(0.2,2,N)
lnL_vector = np.vectorize(lnL)
lnL_vector(ps)
plt.plot(ps,lnL_vector(ps))
plt.tick_params(direction= 'in')
plt.grid()
minimize_scalar(fun = minilnL, method = 'Bounded', bounds = [0.75,1.25])
```

输出如下：

```
     fun: 988.7169942665962
 message: 'Solution found.'
    nfev: 9
  status: 0
 success: True
       x: 1.011346177766874
```

对数似然函数曲线如图 7-2 所示。

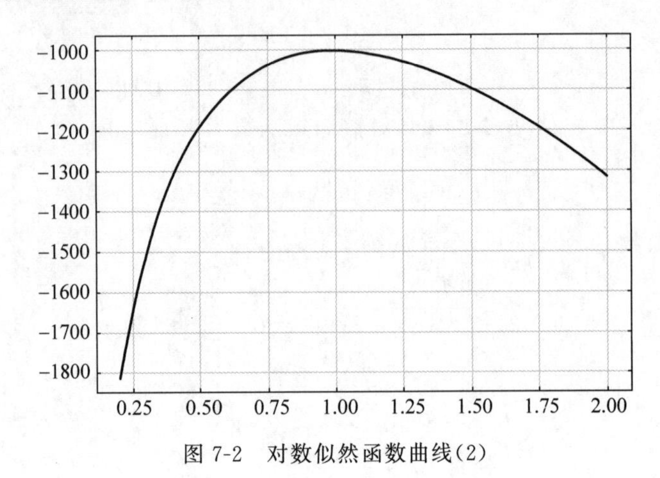

图 7-2 对数似然函数曲线(2)

图 7-2 为对数似然函数曲线，最大值出现在 0.75～1.25。

【例 7-7】 设总体 X 服从 $[a,b]$ 上的均匀分布，a,b 未知，$x_1,x_2,\cdots,x_n$ 是一组样本值，求 a 和 b 的最大似然估计。

解：记 $x_{(1)}=\min\{x_1,x_2,\cdots,x_n\}$，$x_{(n)}=\max\{x_1,x_2,\cdots,x_n\}$。$X$ 的概率密度为

$$f(x;a,b)=\begin{cases}\dfrac{1}{b-a}, & a\leqslant x\leqslant b\\ 0, & \text{其他}\end{cases}$$

似然函数为

$$L(a,b)=\begin{cases}\dfrac{1}{(b-a)^n}, & a\leqslant x_1,x_2,\cdots,x_n\leqslant b\\ 0, & \text{其他}\end{cases}$$

易知 $a\leqslant x_1,x_2,\cdots,x_n\leqslant b$ 等价于 $a\leqslant x_{(1)}\leqslant x_{(n)}\leqslant b$，似然函数也可以写成

$$L(a,b)=\begin{cases}\dfrac{1}{(b-a)^n}, & a\leqslant x_{(1)}\leqslant x_{(n)}\leqslant b\\ 0, & \text{其他}\end{cases}$$

对于满足条件 $a\leqslant x_{(1)}\leqslant x_{(n)}\leqslant b$ 的任意 a 和 b，有

$$L(a,b)=\frac{1}{(b-a)^n}\leqslant\frac{1}{(x_{(n)}-x_{(1)})^n}$$

也就是说 $L(a,b)$ 在 $a=x_{(1)}$，$b=x_{(n)}$ 取得最大值，故 a 和 b 的最大似然估计值为

$$\hat{a}=x_{(1)}=\min\{x_1,x_2,\cdots,x_n\},\quad \hat{b}=x_{(n)}=\max\{x_1,x_2,\cdots,x_n\}$$

【例 7-8】 设总体 X 的概率分布见表 7-1。

表 7-1 例 7-8 所用数据

X	-1	0	1
P	2θ	θ	$1-3\theta$

表 7-1 中 $0<\theta<1/3$ 是未知参数，利用总体 X 的如下样本 1，0，−1，1，1，−1 求 θ 的矩估计值和最大似然估计值。

解：先求矩估计值。

$$E(X)=-(2\theta)+1-3\theta=1-5\theta$$

$$\bar{x}=(1+0-1+1+1-1)/6=1/6$$

令 $E(X)=\bar{x}$ 得 $\hat{\theta}=1/6$。

再求最大似然估计值。对于给定的样本值，似然函数和对数的然函数分别为

$$L(\theta)=\theta(1-3\theta)^3(2\theta)^2=4\theta^3(1-3\theta)^3$$

$$\ln L(\theta)=\ln 4+3\ln\theta+3\ln(1-3\theta)$$

对 $\ln L(\theta)$ 求导，令导数为 0，有

$$\frac{\mathrm{d}\ln L(\theta)}{\mathrm{d}\theta}=\frac{3}{\theta}-\frac{9}{1-3\theta}=\frac{3-18\theta}{\theta(1-3\theta)}=0$$

解得 $\hat{\theta}=1/6$。

代码如下：

```
#第 7 章/7-6.py
#矩估计
from sympy import symbols,solve
import numpy as np
x = np.array([1, 0, -1, 1, 1, -1])
x_mean = x.mean()
theta = symbols('theta')
solve(1 - 5 * theta - x_mean,theta)
```

输出如下：

```
0.166666666666667
```

或者用下面的代码：

```
#第 7 章/7-7.py
#最大似然估计
from scipy.optimize import minimize_scalar
import numpy as np

def lnL(theta):
    result = np.log(4) + 3 * np.log(theta) + 3 * np.log(1 - 3 * theta)
    return(result)

def minilnL(theta):
    return( - lnL(theta))

minimize_scalar(fun = minilnL, method = 'Bounded', bounds = [0.001,0.4])
```

输出如下：

```
     fun: 6.0684255883391085
 message: 'Solution found.'
    nfev: 8
  status: 0
 success: True
       x: 0.16666760454382035
```

7.2 估计量的评选标准

对于同一参数，用不同的估计方法求出的估计量可能不一样，采用哪一种估计量取决于估计量的评选标准，本节介绍几个常用的标准。

7.2.1 无偏性

设 $X_1,X_2,\cdots,X_n$ 是来自总体 X 的样本，θ 是总体 X 的待估参数。如果估计量 $\hat{\theta}=\hat{\theta}(X_1,\cdots,X_n)$ 的数学期望存在，并且

$$E(\hat{\theta})=\theta$$

则称 $\hat{\theta}$ 是 θ 的无偏估计量。

在工程技术中一般将 $E(\hat{\theta})-\theta$ 称为以 $\hat{\theta}$ 作为 θ 的估计的系统误差。无偏估计的实际意义就是系统误差为 0。例如设总体 X 的均值为 μ，方差为 σ^2，样本均值 $\overline{X}$ 是总体均值 μ 的无偏估计；样本方差 S^2 是总体方差的无偏估计。

【例 7-9】 设总体 X 的 K 阶原点矩 $\mu_k=E(X^k)$，$k\geqslant 1$ 存在，$X_1,X_2,\cdots,X_n$ 是来自总体 X 的样本，求证无论总体服从何种分布，K 阶原点矩 $A_k=\sum_{i=1}^{n}X_i^k$ 是 K 阶总体矩的无偏估计量。

证明：对于样本 $X_1,X_2,\cdots,X_n$ 有

$$E(X_i^k)=E(X^k)=\mu_k,\quad i=1,2,\cdots,n$$

即

$$E(A_k)=\frac{1}{n}\sum_{i=1}^{n}E(X_i^k)=\mu_k$$

【例 7-10】 设总体 X 服从指数分布，其概率密度为

$$f(x;\theta)=\begin{cases}\dfrac{1}{\theta}\mathrm{e}^{-x/\theta}, & x>0\\ 0, & \text{其他}\end{cases}$$

其中，参数 $\theta>0$ 未知，$X_1,X_2,\cdots,X_n$ 是来自总体 X 的样本，求证 $\overline{X}$ 和 $nZ=n\min\{X_1,X_2,\cdots,X_n\}$ 都是 θ 的无偏估计量。

证明：因为 $E(\overline{X})=E(X)=\theta$，所以 $\overline{X}$ 是 θ 的无偏估计量，而 $Z=\min\{X_1,X_2,\cdots,X_n\}$ 具有概率密度

$$f_{\min}(x;\theta)=\begin{cases}\dfrac{n}{\theta}\mathrm{e}^{-nx/\theta}, & x>0\\ 0, & 其他\end{cases}$$

因此

$$E(nZ)=n\times\frac{\theta}{n}=\theta$$

即 nZ 也是参数 θ 的无偏估计量。

代码如下：

```
#第7章/7-8.py
#计算nZ的数学期望
from sympy import *
x, theta = symbols('x, theta', real = True)
n = symbols('n', integer = True)
def f(t):
    return((n / theta) * exp( - n * t / theta))
t = integrate(n * x * f(x),(x,0,oo))
print('nZ的数学期望为', t)
```

输出如下：

```
nZ的数学期望为 Piecewise((theta, Abs(arg(n) - arg(theta)) < pi/2), (Integral(n ** 2 * x * exp( - n * x/theta)/theta, (x, 0, oo)), True))
```

7.2.2 有效性

由例 7-10 可见一个未知参数可以有不同的无偏估计量，选择哪一个要看哪一个更接近真值。由于方差是随机变量取值与其数学期望的偏离程度，所以无偏估计以方差小者为好。

设 $\hat{\theta}_1=\hat{\theta}_1(X_1,X_2,\cdots,X_n)$ 与 $\hat{\theta}_2=\hat{\theta}_2(X_1,X_2,\cdots,X_n)$ 都是 θ 的无偏估计量，如果 $D(\hat{\theta}_1)\leqslant D(\hat{\theta}_2)$，则称 $\hat{\theta}_1$ 比 $\hat{\theta}_2$ 有效。

【例 7-11】 求证在例 7-10 中，当 $n>1$ 时，θ 的无偏估计量 $\overline{X}$ 比 nZ 更有效。

证明：因为 $D(\overline{X})=D(X)/n=\theta^2/n$，又因为 $D(nZ)=n^2D(Z)=n^2\theta^2/n^2=\theta^2$，所以当 $n>1$ 时，$D(\overline{X})<D(nZ)$，即 $\overline{X}$ 比 nZ 有效。

代码如下：

```
#第7章/7-9.py
#计算nZ的方差
from sympy import *
x, theta = symbols('x, theta', real = True)
n = symbols('n', integer = True)
def f(t):
    return((n / theta) * exp( - n * t / theta))
t = integrate(x ** 2 * f(x), (x,0,oo)) - integrate(x * f(x), (x,0,oo)) ** 2
print('nZ的方差为', t)
```

输出如下：

```
nZ 的方差为 - Piecewise((theta ** 2/n ** 2, Abs(arg(n) - arg(theta)) < pi/2), (Integral(n * x
* exp( - n * x/theta)/theta, (x, 0, oo)) ** 2, True)) + Piecewise((2 * theta ** 2/n ** 2, Abs
(arg(n) - arg(theta)) < pi/2), (Integral(n * x ** 2 * exp( - n * x/theta)/theta, (x, 0, oo)),
True))
```

7.2.3 相合性

估计量的无偏性和有效性都是在样本容量 n 固定的前提下提出的。此外，还希望随着样本容量的增大，一个估计量的值收敛于待估参数的真值，也就是相合性。

设 $\hat{\theta}=\hat{\theta}(X_1,X_2,\cdots,X_n)$ 是参数 θ 的估计量，如果当 $n\to\infty$ 时，$\hat{\theta}(X_1,X_2,\cdots,X_n)$ 依概率收敛于 θ，则称 $\hat{\theta}$ 为 θ 的相合估计量。即对任意的 $\varepsilon>0$，如果

$$\lim_{n\to\infty} P(|\hat{\theta}-\theta|<\varepsilon)=1 \tag{7-10}$$

则称 $\hat{\theta}$ 是 θ 的相合估计量。

相合性是对一个估计量的基本要求。如果估计量不具有相合性，则不论将样本容量 n 取多大，都不能将 θ 估计得足够精确，这样的估计量是没有意义的。

7.3 区间估计

对于一个未知量，只取得点估计值有时候是不够的，还需要知道近似程度，也就是估计一个区间，并量化这个区间包含参数 θ 真值的可信程度。这种形式的估计称为区间估计，这样的区间就是置信区间。

设总体 X 的分布函数 $F(x;\theta)$ 含有一个未知参数 θ，对于给定的 $\alpha(0<\alpha<1)$，如果两个来自样本 $X_1,X_2,\cdots,X_n$ 的统计量 $\underline{\theta}(X_1,X_2,\cdots,X_n)$ 和 $\bar{\theta}(X_1,X_2,\cdots,X_n)$ 满足

$$P(\underline{\theta}(X_1,X_2,\cdots,X_n)<\theta<\bar{\theta}(X_1,X_2,\cdots,X_n))\geqslant 1-\alpha \tag{7-11}$$

则称随机区间 $(\underline{\theta},\bar{\theta})$ 是 θ 的置信水平为 $1-\alpha$ 的置信区间。$\underline{\theta}$ 和 $\bar{\theta}$ 分别称为置信下限和置信上限，$1-\alpha$ 称为置信水平。

置信区间的含义是：如果反复抽样多次，每次的样本容量都是 n。每个样本确定一个区间 $(\underline{\theta},\bar{\theta})$，每个区间要么包含 θ 的真值，要么不包含 θ 的真值。根据伯努利大数定律，在这些区间中，包含 θ 真值的约占 $100(1-\alpha)\%$，不包含 θ 真值的约占 $100\alpha\%$。例如，当 $\alpha=0.01$ 时，反复抽样 1000 次，则得到的 1000 个区间中不包含 θ 真值的约为 10 个。

【例 7-12】 设总体 $X\sim N(\mu,\sigma^2)$，σ^2 已知，μ 未知，$X_1,X_2,\cdots,X_n$ 是来自总体 X 的样本，求 μ 的置信水平为 $1-\alpha$ 的置信区间。

解：已知 $\bar{X}$ 是 μ 的无偏估计，并且

$$\frac{\bar{X}-\mu}{\sigma/\sqrt{n}}\sim N(0,1)$$

上述分布不依赖于任何未知参数，按标准正态分布的上 α 分位点的定义，有

$$P\left(\left|\frac{\bar{X}-\mu}{\sigma/\sqrt{n}}\right|<z_{\alpha/2}\right)=1-\alpha$$

即

$$P\left(\overline{X}-\frac{\sigma}{\sqrt{n}}z_{\alpha/2}<\mu<\overline{X}+\frac{\sigma}{\sqrt{n}}z_{\alpha/2}\right)=1-\alpha$$

这样就得到了一个 μ 的置信区间，置信水平为 $1-\alpha$，即

$$\left(\overline{X}-\frac{\sigma}{\sqrt{n}}z_{\alpha/2},\overline{X}+\frac{\sigma}{\sqrt{n}}z_{\alpha/2}\right)$$

代码如下：

```
#第 7 章/7-10.py
#正态分布总体均值的置信区间图像
import numpy as np
import matplotlib.pyplot as plt
plt.rcParams['font.sans-serif'] = ['SimSun']
plt.rcParams['axes.unicode_minus'] = False
from scipy.stats import norm
alpha = 0.1
x = np.linspace(-3.6,3.6,10000)
density = norm().pdf(x)
cut1 = norm().ppf(q = 1 - alpha/2)
p_vector1 = np.linspace(cut1, 3.6, 24)
cut2 = norm().ppf(q = alpha / 2)
p_vector2 = np.linspace(-3.6, cut2, 24)

plt.plot(x, density)
plt.hlines(y = 0, xmin = -3.6, xmax = 3.6)
plt.vlines(p_vector1, ymin = 0, ymax = norm().pdf(p_vector1))
plt.vlines(p_vector2, ymin = 0, ymax = norm().pdf(p_vector2))
_ = plt.text(-3.6,0.05,s = r'阴影面积 = $\alpha/2$')
_ = plt.text(2.1,0.05,s = r'阴影面积 = $\alpha/2$')
_ = plt.text(-1.6,0.01,s = r'$-z_{\alpha/2}$')
_ = plt.text(1.1,0.01,s = r'$z_{\alpha/2}$')
plt.tick_params(direction='in')
```

输出如图 7-3 所示。

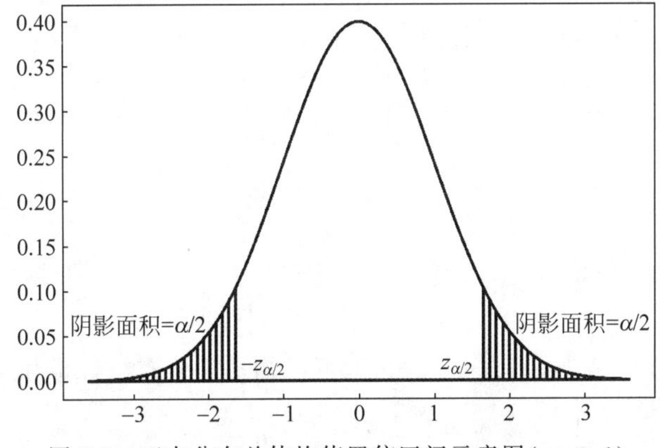

图 7-3　正态分布总体均值置信区间示意图(α=0.1)

在本题中，如果取 $\alpha=0.1$，则可查表或用 Python 计算 $z_{\alpha/2}=z_{0.05}=1.6449$，又如果 $n=16,\sigma=1,\bar{x}=5.4$，则得到一个置信水平为 0.9 的置信区间

$$\left(5.4-\frac{1.6449}{\sqrt{16}},5.4+\frac{1.6449}{\sqrt{16}}\right)$$

再次强调这个区间不是随机区间，而是一个确定的区间，称为置信区间。再次强调它的含义：如果反复抽样多次，每个样本值确定一个区间，在所有的区间中，包含 μ 的真值的区间约占 95%，不包含 μ 的真值的区间仅占 5%。

7.4 正态总体均值与方差的区间估计

本节讨论正态分布总体均值和方差的区间估计，给出计算均值和方差置信区间的公式。

7.4.1 单个正态总体

假设已经给定置信水平为 $1-\alpha$，并设 $X_1,X_2,\cdots,X_n$ 为总体 $N(\mu,\sigma^2)$ 的简单随机样本。记 $\bar{X}$ 是样本均值，S^2 是样本方差。

1. 均值 μ 的置信区间

(1) 方差 σ^2 已知的情形，构造统计量 U。

$$U=\frac{\bar{X}-\mu}{\sqrt{\sigma^2/n}}\sim N(0,1) \tag{7-12}$$

对于事先给出的置信度 α，求出相应的临界值 $u_{\alpha/2}=u_{(1-\alpha)/2}$，故有 $P(|U|<u_{\alpha/2})=1-\alpha$，即

$$P(\bar{X}-u_{\alpha/2}\sqrt{\sigma^2/n}<\mu<\bar{X}+u_{\alpha/2}\sqrt{\sigma^2/n})=1-\alpha \tag{7-13}$$

这样便构成了置信度为 $1-\alpha$ 的总体均值的置信区间$(\bar{x}-u_{\alpha/2}\sqrt{\sigma^2/n},\bar{x}+u_{\alpha/2}\sqrt{\sigma^2/n})$。

【例 7-13】 某公司生产零件，其直径服从正态分布，统计资料显示方差为 0.04，从某日生产的产品中随机抽取 9 个，测得直径分别为 12.1、12.3、12.2、11.9、12.0、12.3、12.2、12.0、11.9，求零件平均直径的置信区间(取 $\alpha=0.05$)。

解：首先计算出 $\bar{x}=12.1$，其次当 $\alpha=0.05$ 时，利用数学表或软件算出 $u_{\alpha/2}=u_{0.025}\approx 1.96$。由题意知 $n=9,\sigma^2=0.04$，因此得到

$$\bar{x}-u_{\alpha/2}\sqrt{\sigma^2/n}=12.1-1.96\times\sqrt{\frac{0.04}{9}}\approx 11.97$$

$$\bar{x}+u_{\alpha/2}\sqrt{\sigma^2/n}=12.1+1.96\times\sqrt{\frac{0.04}{9}}\approx 12.23$$

因此零件直径的置信度 0.95 的置信区间为(11.97,12,23)，即零件直径有 95%的概率落入此区间。

(2) 方差 σ^2 未知的情形，当方差未知时，可以构造 t 分布统计量如下：

$$t=\frac{\bar{X}-\mu}{\sqrt{s^2/n}}\sim t(n-1) \tag{7-14}$$

对于事先给定的小概率α,求得相应的临界值$t_{\alpha/2}(n-1)$,则有$P(|t|<t_{\alpha/2})=1-\alpha$,即

$$P\left(\left|\frac{\overline{X}-\mu}{\sqrt{s^2/n}}\right|<t_{\alpha/2}(n-1)\right)=1-\alpha \tag{7-15}$$

展开有

$$P(\overline{X}-t_{\alpha/2}\sqrt{s^2/n}<\mu<\overline{X}+t_{\alpha/2}\sqrt{s^2/n})=1-\alpha \tag{7-16}$$

由此当σ^2未知的情况下,均值μ的置信度为$1-\alpha$的置信区间为$(\overline{X}-t_{\alpha/2}\sqrt{s^2/n},\overline{X}+t_{\alpha/2}\sqrt{s^2/n})$。

代码如下:

```
#第 7 章/7-11.py
from scipy.stats import norm
import numpy as np
x = [12.1, 12.3, 12.2, 11.9, 12.0, 12.3, 12.2, 12.0, 11.9]
x = np.array(x)
m = x.mean()
sigma2 = 0.04
n = len(x)
alpha = 0.05
X = norm(loc = 0, scale = 1)
lower = X.ppf(0.025)
upper = X.ppf(1 - alpha / 2)
#置信区间的左右端点
left = m + lower * np.sqrt(0.04 / n)
right = m + upper * np.sqrt(0.04 / n)
print('置信区间的左端点为', left)
print('置信区间的右端点为', right)
```

输出如下:

```
置信区间的左端点为 11.969335734363998
置信区间的右端点为 12.230664265636005
```

【例 7-14】 有一批数据如下:506、508、499、503、504、510、497、512、514、505、493、496、506、502、509、496。假设这批数据来自某正态分布,求这个正态分布的总体均值μ的置信水平为0.95的置信区间。

解:根据题意有$\alpha=0.05$,$1-\alpha=0.95$,$\alpha/2=0.025$,$n-1=15$。查表得$t_{0.025}=2.1315$,由样本数据计算得$\bar{x}=503.75$,$s=6.2022$,因此正态分布均值μ的置信水平为0.95的置信区间为

$$\left(503.75-\frac{6.2022}{\sqrt{16}}\times 2.1315,503.75+\frac{6.2022}{\sqrt{16}}\times 2.1315\right)$$

即置信区间为(500.4,507.1)。

代码如下：

```
#第 7 章/7-12.py
from scipy.stats import t
import numpy as np
x = [506, 508, 499, 503, 504, 510, 497, 512, 514, 505, 493, 496, 506, 502, 509, 496]
x = np.array(x)
m = x.mean()
s = x.std()
n = len(x)
alpha = 0.05
X = t(df = n-1)
lower = X.ppf(alpha / 2)
upper = X.ppf(1 - alpha / 2)
#置信区间的左右端点
left = m + lower * (s / np.sqrt(n) )
right = m + upper * (s / np.sqrt(n) )
print('置信区间的左端点为', left)
print('置信区间的右端点为', right)
```

输出如下：

```
置信区间的左端点为 500.5500515602555
置信区间的右端点为 506.9499484397445
```

实际问题中，总体方差未知的情况居多，因此用样本方差计算置信区间的公式更常用。

2. 方差 σ^2 的置信区间

(1) 均值 μ 已知的情形，首先对每个样本 x_k 做标准化，即

$$\frac{x_k-\mu}{\sigma} \sim N(0,1) \tag{7-17}$$

其次构造样本函数(统计量)

$$\chi^2 = \sum_{k=1}^{n}\left(\frac{x_k-\mu}{\sigma}\right)^2 \sim \chi^2(n) \tag{7-18}$$

对于事先给定的置信度 $1-\alpha$ 及相应的上下临界值 $\chi^2(1-\alpha/2;\ n)$ 和 $\chi^2(\alpha/2;\ n)$，有

$$P\left(\chi^2(\alpha/2;\ n) < \sum_{k=1}^{n}\left(\frac{x_k-\mu}{\sigma}\right)^2 < \chi^2(1-\alpha/2;\ n)\right) = 1-\alpha \tag{7-19}$$

将式(7-19)简单变形得到

$$P\left(\frac{\sum_{k=1}^{n}(x_k-\mu)^2}{\chi^2(1-\alpha/2;\ n)} < \sigma^2 < \frac{\sum_{k=1}^{n}(x_k-\mu)^2}{\chi^2(\alpha/2;\ n)}\right) = 1-\alpha \tag{7-20}$$

因此当 μ 已知时，置信度为 $1-\alpha$ 的总体方差 σ^2 的置信区间为

$$\left(\frac{\sum_{k=1}^{n}(x_k-\mu)^2}{\chi^2(1-\alpha/2;\ n)},\frac{\sum_{k=1}^{n}(x_k-\mu)^2}{\chi^2(\alpha/2;\ n)}\right) \tag{7-21}$$

【例 7-15】 有一批数据如下：61、53、60、63、67、61、63、58、66、65、46、54、73、55、61、66、60、62、65、56、49、59、64、40、67。已知这批数据来自正态分布，正态总体均值 $\mu=60$，求这个正态分布的总体方差 σ^2 的置信水平为 0.95 的置信区间。

解：根据题意，先将数据标准化，即

$$y_k=\frac{x_k-\mu}{\sigma}$$

再构造卡方统计量 $\sum_{k=1}^{n} y_k$。当 $1-\alpha=0.95$ 时，查表得 $\chi^2(0.025;\ 25)=13.12$，$\chi^2(0.975;\ 25)=40.65$，因此可得方差的置信区间为(31.44,97.41)。

代码如下：

```
#第 7 章/7-13.py
from scipy.stats import chi2
import numpy as np
x = [61, 53, 60, 63, 67, 61, 63, 58, 66, 65, 46, 54, 73, 55, 61, 66, 60, 62, 65, 56, 49, 59, 64,
40, 67]
x = np.array(x)
mu = 60
x_ = x - mu
tmp = (x_ ** 2).sum()
alpha = 0.05
X = chi2(df = len(x))
lower = X.ppf(0.025)
upper = X.ppf(0.975)
#置信区间的左右端点
left = tmp / upper
right = tmp / lower
print('置信区间的左端点为', left)
print('置信区间的右端点为', right)
```

输出如下：

```
置信区间的左端点为 31.4418454458695
置信区间的右端点为 97.41061528529538
```

(2) 均值 μ 未知的情形。当 μ 未知时，用样本均值 $\bar{x}$ 代替 μ，构造新的样本函数

$$\chi^2=\sum_{k=1}^{n}\left(\frac{x_k-\bar{x}}{\sigma}\right)^2=\frac{(n-1)s^2}{\sigma^2}\sim\chi^2(n-1) \tag{7-22}$$

对于事先给定的置信度 $1-\alpha$ 及相应的上下临界值 $\chi^2(1-\alpha/2;\ n-1)$ 和 $\chi^2(\alpha/2;\ n-1)$ 有

$$P\left(\chi^2(\alpha/2;\ n-1)<\frac{(n-1)s^2}{\sigma^2}<\chi^2(1-\alpha/2;\ n-1)\right)=1-\alpha \tag{7-23}$$

将上式简单变形可得

$$P\left(\frac{(n-1)s^2}{\chi^2(1-\alpha/2;\ n-1)}<\sigma^2<\frac{(n-1)s^2}{\chi^2(\alpha/2;\ n-1)}\right)=1-\alpha \tag{7-24}$$

因此当 μ 未知时，置信度为 $1-\alpha$ 的总体方差 σ^2 的置信区间为

$$\left(\frac{(n-1)s^2}{\chi^2(1-\alpha/2;\ n-1)}, \frac{(n-1)s^2}{\chi^2(\alpha/2;\ n-1)}\right) \tag{7-25}$$

【例 7-16】 有一批数据如下：37、31、27、25、34、26、25、35、34、31、32、30、32、31、31、29、41、35、35、29、29、28、24、34、38。已知这批数据来自正态分布，正态总体均值 μ 未知，求这个正态分布的总体方差 σ^2 的置信水平为 0.95 的置信区间。

解：根据题意，$1-\alpha=0.95$，$n=25$，样本方差 $S^2=17.74$，分位点分别是 $\chi^2(1-\alpha/2;\ n-1)=39.36$，$\chi^2(\alpha/2;\ n-1)=12.4$，因此可得方差的置信区间为(6.76,21.45)。

代码如下：

```
#第 7 章/7 - 14.py
from scipy.stats import chi2
import numpy as np
x = [37, 31, 27, 25, 34, 26, 25, 35, 34, 31, 32, 30, 32, 31, 31, 29, 41, 35, 35, 29, 29, 28, 24,
34, 38]
x = np.array(x)
v = x.var()
alpha = 0.05
X = chi2(df = len(x) - 1)
lower = X.ppf(alpha / 2 )
upper = X.ppf(1 - alpha / 2)
#置信区间的左右端点
left = (n - 1) * v / upper
right = (n - 1) * v / lower
print('置信区间的左端点为', left)
print('置信区间的右端点为', right)
```

输出如下：

```
置信区间的左端点为 6.759055974313401
置信区间的右端点为 21.454784059121664
```

7.4.2 两个正态总体

求两个正态总体问题的置信区间的背景如下。已知某一随机变量服从正态分布，但由于某些因素改变，使该变量的均值和方差都有一定变化，要想知道这些变化有多大，就需要考虑正态总体均值之差或方差之比的估计问题。

1. 两个正态均值之差 $\mu_1-\mu_2$ 的置信区间

(1) 当方差 σ_1^2 和 σ_2^2 已知但不相等时，样本均值是总体均值的无偏估计，所以 $\bar{X}-\bar{Y}$ 是 $\mu_1-\mu_2$ 的无偏估计，由 $\bar{X}$ 和 $\bar{Y}$ 相互独立及 $\bar{X}\sim N(\mu_1,\sigma_1^2/n)$，$\bar{Y}\sim N(\mu_2,\sigma_2^2/n)$可得

$$\bar{X}-\bar{Y}\sim N\left(\mu_1-\mu_2,\frac{\sigma_1^2}{n_1}+\frac{\sigma_2^2}{n_2}\right) \tag{7-26}$$

或者写成

$$\frac{\overline{X}-\overline{Y}-(\mu_1-\mu_2)}{\sqrt{\frac{\sigma_1^2}{n}+\frac{\sigma_2^2}{n}}} \sim N(0,1) \tag{7-27}$$

进而可得 $\mu_1-\mu_2$ 的一个置信水平为 $1-\alpha$ 的置信区间为

$$\left(\overline{X}-\overline{Y}-z_{\frac{\alpha}{2}}\sqrt{\frac{\sigma_1^2}{n_1}+\frac{\sigma_2^2}{n_2}}, \overline{X}-\overline{Y}+z_{\frac{\alpha}{2}}\sqrt{\frac{\sigma_1^2}{n_1}+\frac{\sigma_2^2}{n_2}}\right) \tag{7-28}$$

【例 7-17】 有两批数据分别如下，第 1 批：11、11、9、11、5、9、3、6、16、6、3、9、8、3、19。第 2 批：3、−2、3、0、−2、−5、13、8、10、1、1、0、4、3、4。已知这两批数据来自正态分布，方差分别是 5 和 3，求这两个正态分布的总体均值 $\mu_1-\mu_2$ 的置信水平为 0.95 的置信区间。

解：根据题意，两批数据的均值分别为 8.6 和 2.73，两批数据的个数均是 $n_1=n_2=15$，查表求出正态分布分位点，代入公式中得到置信区间为(1.42,10.30)。

代码如下：

```
#第 7 章/7-15.py
import numpy as np
from scipy.stats import norm
#数据
x1 = [11, 11, 9, 11, 5, 9, 3, 6, 16, 6, 3, 9, 8, 3, 19]
x1 = np.array(x1)
print('第 1 批数据个数为', len(x1) )
print('第 1 批数据的均值为', x1.mean() )
x2 = [3, -2, 3, 0, -2, -5, 13, 8, 10, 1, 1, 0, 4, 3, 4]
x2 = np.array(x2)
print('第 2 批数据个数为', len(x2))
print('第 2 批数据的均值为', x2.mean())
#分位点
X = norm(loc = 0, scale = 1)
alpha = 0.05
c1 = X.ppf(alpha / 2)
c2 = X.ppf(1 - alpha / 2)
x = x1.mean() - x2.mean()
tmp = 5 ** 2 / 15 + 3 ** 2 / 15
#置信区间的左端点
left = x + c1 * tmp
right = x + c2 * tmp
print('置信区间的左端点为', left)
print('置信区间的右端点为', right)
```

输出如下：

```
第 1 批数据个数为 15
第 1 批数据的均值为 8.6
第 2 批数据个数为 15
第 2 批数据的均值为 2.7333333333333334
置信区间的左端点为 1.4240816350425431
置信区间的右端点为 10.309251698290788
```

(2) 当方差 σ_1^2 和 σ_2^2 未知但相等时，不妨设 $\sigma_1^2=\sigma_2^2=\sigma^2$，此时有置信水平为 $1-\alpha$ 的置信区间为

$$\bar{X}-\bar{Y}\pm t_{\frac{\alpha}{2}}(n_1+n_2-2)S_w\sqrt{\frac{1}{n_1}+\frac{1}{n_2}} \tag{7-29}$$

其中

$$S_w^2=\frac{(n_1-1)S_1^2+(n_2-1)S_2^2}{n_1+n_2-2} \tag{7-30}$$

遇到具体问题代入数据计算即可。

【例 7-18】 有两批数据分别如下，第 1 批：22、26、8、20、17、24、11、29、27、8、15、22、21、25、16。第 2 批：41、44、45、38、36、40、44、32、41、32、41、45、7、44、26。已知这两批数据来自正态分布，方差相等但未知，求这两个正态分布的总体均值 $\mu_1-\mu_2$ 的置信水平为 0.95 的置信区间。

解：根据数据计算，两批数据的均值分别是 19.4 和 39.06，方差分别是 41.97 和 29.39。查表求分位点，这两个正态分布的总体均值 $\mu_1-\mu_2$ 的置信水平为 0.95 的置信区间约为(−24.13,15.20)。

代码如下：

```
#第 7 章/7-16.py
import numpy as np
from scipy.stats import t
#数据
x1 = [22, 26, 8, 20, 17, 24, 11, 29, 27, 8, 15, 22, 21, 25, 16]
x1 = np.array(x1)
n1 = len(x1)
S1_squ = x1.var()
print('第 1 批数据个数为', n1)
print('第 1 批数据的均值为', x1.mean())
print('第 1 批数据的方差为', x1.var())
x2 = [41, 44, 45, 38, 36, 40, 44, 32, 41, 32, 41, 45, 37, 44, 26]
x2 = np.array(x2)
n2 = len(x2)
S2_squ = x2.var()
print('第 2 批数据个数为', n2)
print('第 2 批数据的均值为', x2.mean())
print('第 2 批数据的方差为', x2.var())
#分位点
X = t(df = n1 + n2 - 2)
alpha = 0.05
c1 = X.ppf(alpha / 2)
c2 = X.ppf(1 - alpha / 2)
x = x1.mean() - x2.mean()
Sw_squ = ((n1 - 1) * S1_squ + (n2 - 1) * S2_squ) / (n1 + n2 - 2)
tmp = np.sqrt(Sw_squ) * np.sqrt(1 / n1 + 1 / n2)
#置信区间的左端点
left = x + c1 * tmp
```

```
right = x + c2 * tmp
print('置信区间的左端点为', left)
print('置信区间的右端点为', right)
```

输出如下：

```
第 1 批数据个数为 15
第 1 批数据的均值为 19.4
第 1 批数据的方差为 41.973333333333336
第 2 批数据个数为 15
第 2 批数据的均值为 39.0666666666667
第 2 批数据的方差为 29.395555555555553
置信区间的左端点为 -24.134789661837075
置信区间的右端点为 -15.19854367149627
```

2. 两个正态总体方差之比 $\boldsymbol{\sigma_1^2/\sigma_2^2}$ 的置信区间

这里只讨论两个均值未知的情况，由

$$\frac{S_1^2/S_2^2}{\sigma_1^2/\sigma_2^2} \sim F(n_1-1,n_2-1) \tag{7-31}$$

因此有

$$P\left(F_{1-\alpha/2}(n_1-1,n_2-1)<\frac{S_1^2/S_2^2}{\sigma_1^2/\sigma_2^2}<F_{\alpha/2}(n_1-1,n_2-1)\right)=1-\alpha \tag{7-32}$$

于是 σ_1^2/σ_2^2 的一个置信水平为 $1-\alpha$ 的置信区间为

$$\left(\frac{S_1^2}{S_2^2}\frac{1}{F_{\alpha/2}(n_1-1,n_2-1)},\frac{S_1^2}{S_2^2}\frac{1}{F_{1-\alpha/2}(n_1-1,n_2-1)}\right) \tag{7-33}$$

遇到具体问题代入数据计算即可。

7.5 单侧区间估计

在上面的讨论中，对于未知参数 θ，构造了两个统计量作为 θ 的上下限，但对于某些实际问题，只有单侧的限制，这就是单侧置信区间的概念。

对于给定的 α，如果由样本 $X_1,X_2,\cdots,X_n$ 确定的统计量 θ^* 满足 $P(\theta>\theta^*)\geqslant 1-\alpha$，则称随机区间 (θ^*,∞) 是参数 θ 的置信水平为 $1-\alpha$ 的单侧置信区间，θ^* 称为 θ 的置信水平为 $1-\alpha$ 的单侧置信下限。同理可定义单侧置信上限。对于给定的 α，如果由样本 $X_1,X_2,\cdots,X_n$ 确定的统计量 θ^{**} 满足 $P(\theta<\theta^{**})\geqslant 1-\alpha$，则称随机区间 $(-\infty,\theta^{**})$ 是参数 θ 的置信水平为 $1-\alpha$ 的单侧置信区间，θ^{**} 称为 θ 的置信水平为 $1-\alpha$ 的单侧置信上限。

下面不加推导地给出正态总体单侧置信区间。

1. 单个正态总体均值的单侧置信区间

(1) 方差 σ^2 已知：

$$\mu^*=\overline{X}-\frac{\sigma}{\sqrt{n}}z_\alpha,\quad \mu^{**}=\overline{X}+\frac{\sigma}{\sqrt{n}}z_\alpha \tag{7-34}$$

(2) 方差 σ^2 未知：

$$\mu^* = \overline{X} - \frac{S}{\sqrt{n}} t_\alpha(n-1), \quad \mu^{**} = \overline{X} + \frac{S}{\sqrt{n}} t_\alpha(n-1) \tag{7-35}$$

2. 单个正态总体方差的单侧置信区间

均值 μ 未知：

$$\sigma^{2*} = \frac{(n-1)S^2}{\chi^2_\alpha(n-1)}, \quad \sigma^{2**} = \frac{(n-1)S^2}{\chi^2_{1-\alpha}(n-1)} \tag{7-36}$$

3. 两个正态总体均值之差的单侧置信区间

(1) 两个方差已知：

$$(\mu_1-\mu_2)^* = \overline{X} - \overline{Y} - z_\alpha\sqrt{\frac{\sigma_1^2}{n_1}+\frac{\sigma_2^2}{n_2}}, (\mu_1-\mu_2)^{**} = \overline{X} - \overline{Y} + z_\alpha\sqrt{\frac{\sigma_1^2}{n_1}+\frac{\sigma_2^2}{n_2}} \tag{7-37}$$

(2) 两个方差相等但未知：

$$(\mu_1-\mu_2)^* = \overline{X} - \overline{Y} - t_\alpha(n_1+n_2-2)S_w\sqrt{\frac{1}{n_1}+\frac{1}{n_2}} \tag{7-38}$$

$$(\mu_1-\mu_2)^{**} = \overline{X} - \overline{Y} + t_\alpha(n_1+n_2-2)S_w\sqrt{\frac{1}{n_1}+\frac{1}{n_2}} \tag{7-39}$$

4. 两个方差之比的单侧置信区间

两个均值未知：

$$\left(\frac{\sigma_1^2}{\sigma_2^2}\right)^* = \frac{S_1^2}{S_2^2}\frac{1}{F_\alpha(n_1-1,n_2-1)}, \quad \left(\frac{\sigma_1^2}{\sigma_2^2}\right)^{**} = \frac{S_1^2}{S_2^2}\frac{1}{F_{1-\alpha}(n_1-1,n_2-1)} \tag{7-40}$$

7.6 本章练习

1. 在某畅销书上随机抽查10页，发现各页的错误数分别为4、5、6、0、3、1、4、2、1、4，求其样本均值和方差。

2. 从总体 $N(3,4)$ 中抽取容量为 n 的样本，如果要求样本均值落在(2.5,3.8)内的概率不小于0.95，则样本量 n 至少为多少？

3. 设

$$f(x) = \begin{cases} \theta\exp(-\theta x), & x>0 \\ 0, & x \leqslant 0 \end{cases}$$

求 θ 的矩估计。

4. 设总体 X 的概率密度

$$f(x) = \begin{cases} (\theta+1)x^\theta, & 0<x<1 \\ 0, & \text{其他} \end{cases}$$

已知 $\theta>-1$，并且 $x_1,x_2,\cdots,x_n$ 为样本，求未知参数 θ 的极大似然估计。

5. 设 $x_1,x_2,\cdots,x_n$ 为正态分布总体 $X\sim N(\mu,4)$ 的样本，$\bar{x}$ 表示样本均值，则 μ 的置

信度为 $1-\alpha$ 的置信区间是什么？

6. 设测量零件长度的误差 X 服从正态分布 $N(\mu,\sigma^2)$，现随机测得 16 个零件，已知 $\sum_{k=1}^{16} x_k=8,\sum_{k=1}^{16} x_k{}^2=34$，在置信度 0.95 下，$\mu$ 的置信区间是什么？

7. 设总体 X 服从二项分布 $\mathrm{Bino}(n,p)$，n 与 p 都是未知参数，求 n 与 p 的矩估计。

8. 设 X 服从$(0,\theta)$上的均匀分布，求 θ 的矩估计和极大似然估计。

9. 某加热炉正常工作的炉内温度服从正态分布 $N(\mu,144)$，用仪器测量 5 次，炉内温度分别为 1250℃、1265℃、1245℃、1260℃、1275℃，试以 0.9 的置信度求它正常工作时炉内的平均温度 μ 的置信区间。

10. 已知成年人的脉搏 X 次/分钟服从正态分布 $N(\mu,\sigma^2)$，从一群成年人中随机抽取 10 人，测得他们的脉搏每分钟分别是 68 次、69 次、72 次、73 次、66 次、70 次、69 次、71 次、74 次、68 次。试以 0.95 的置信度，求每人平均脉搏 μ 的置信区间。

11. 已知每棵苹果树的产量 Xkg 服从正态分布 $N(\mu,\sigma^2)$，从一片苹果树林中随机抽取 6 棵，测得它们的产量分别是 221kg、191kg、202kg、205kg、256kg、245kg。试求：

(1) 每棵苹果树平均产量 μ 的估计值。

(2) 每棵苹果树产量方差 σ^2 的估计值。

12. 已知每桶奶粉的净重 Xg 服从正态分布 $N(\mu,25)$，从一批奶粉中随机抽取 20 桶，测得它们的平均净重为 446g，试以 0.95 的置信度，求每桶奶粉平均净重 μ 的置信区间。

7.7 常见考题解析：参数估计

【考题 7-1】 设总体 X 的概率密度为

$$f(x)=\begin{cases}(\theta+1)x^{\theta}, & 0<x<1\\ 0, & \text{其他}\end{cases}$$

其中，$\theta>-1$ 是一个未知参数，$X_1,X_2,\cdots,X_n$ 是来自总体 X 的一个容量为 n 的简单随机样本，请分别用矩估计法和最大似然估计法求 θ 的估计量。

解：(1) 先构造矩估计量：

$$E(X)=\int_{-\infty}^{\infty} xf(x)\mathrm{d}x=\int_0^1(\theta+1)x^{\theta+1}\mathrm{d}x=\frac{\theta+1}{\theta+2}$$

令样本矩等于总体矩，得

$$\overline{X}=\frac{1}{n}\sum_{i=1}^{n}X_i=\frac{\theta+1}{\theta+2}$$

解这个方程可得未知参数 θ 矩估计量为

$$\hat{\theta}=\frac{2\overline{X}-1}{1-\overline{X}}$$

(2) 再用最大似然估计法，构造似然函数

$$L(\theta)=\prod_{i=1}^{n}(\theta+1)x_i^{\theta}=(\theta+1)^n\prod_{i=1}^{n}x_i^{\theta}$$

取对数似然函数有

$$\ln(L(\theta))=n\ln(\theta+1)+\theta\sum_{i=1}^{n}\ln(x_i)$$

令对数似然函数对 θ 求导数且等于 0，得

$$\frac{\mathrm{dln}(L(\theta))}{\mathrm{d}\theta}=\frac{n}{\theta+1}+\sum_{i=1}^{n}\ln(x_i)=0$$

解这个方程，从而得未知参数 θ 最大似然估计值为

$$\hat{\theta}=-1-\frac{n}{\sum\limits_{i=1}^{n}\ln(x_i)}$$

也就是说，最大似然估计量为

$$\hat{\theta}=-1-\frac{n}{\sum\limits_{i=1}^{n}\ln(X_i)}$$

代码如下：

```
#第 7 章/7-17.py
from sympy import *
x, theta, n, C = symbols('x, theta, n, C')
#求 X 的数学期望
fx = (theta + 1) * x ** theta
EX = integrate(fx, (x, 0, 1) )
print('X 的数学期望为', EX)
#构造对数似然函数
ln_ = n * ln(theta + 1) + theta * C
#这里的 C 表示常数
t = ln_.diff(theta)
print('对数似然函数的导数为', t)
```

输出如下：

```
X 的数学期望为 Piecewise((1 - 0 ** (theta + 1), (theta > - oo) & (theta < oo) & Ne(theta, -
1)), (oo * sign(theta + 1), True))
对数似然函数的导数为 C + n/(theta + 1)
```

【考题 7-2】 设总体 X 的概率密度函数为

$$f(x)=\begin{cases}\dfrac{6x}{\theta^3}(\theta-x), & 0<x<\theta\\ 0, & \text{其他}\end{cases}$$

$X_1,X_2,\cdots,X_n$ 是来自总体 X 的一个容量为 n 的简单随机样本。试解决下面两个问题：

(1) 求 θ 的矩估计量 $\hat{\theta}$。

(2) 求 $\hat{\theta}$ 的方差 $D(\hat{\theta})$。

解：(1) 先构造矩估计量：

$$E(X)=\int_{-\infty}^{\infty}xf(x)\mathrm{d}x=\int_{0}^{\theta}\frac{6x^2}{\theta^3}(\theta-x)\mathrm{d}x=\frac{\theta}{2}$$

令样本矩等于总体矩，得

$$\overline{X}=\frac{1}{n}\sum_{i=1}^{n}X_i=\frac{\theta}{2}$$

从而有 θ 的矩估计量 $\hat{\theta}$ 表达式如下：$\hat{\theta}=2\overline{X}$。

（2）由方差和样本方差的性质可知 $\hat{\theta}$ 的方差：

$$D(\hat{\theta})=D(2\overline{X})=4D(\overline{X})=\frac{4}{n}D(X)$$

只需求出 $D(X)$。根据 X 的概率密度可知

$$E(X^2)=\int_{-\infty}^{\infty}x^2f(x)\mathrm{d}x=\int_0^{\theta}\frac{6x^3}{\theta^3}(\theta-x)\mathrm{d}x=\frac{6\theta^2}{20}=\frac{3}{10}\theta^2$$

所以

$$D(X)=E(X^2)-E(X)^2=\frac{3\theta^2}{10}-\frac{\theta^2}{4}=\frac{\theta^2}{20}$$

综上可得

$$D(\hat{\theta})=\frac{4}{n}D(X)=\frac{\theta^2}{5n}$$

代码如下：

```
#第 7 章/7-18.py
from sympy import *
x, theta = symbols('x, theta ')
#求 X 的数学期望
fx = 6 * x * (theta - x) / theta ** 3
EX = integrate(x * fx, (x, 0, theta) )
print('X 的一阶矩为', EX)
#求 X 的平方的数学期望
EX2 = integrate(x ** 2 * fx, (x, 0, theta) )
DX = EX2 - EX ** 2
print('X 的平方的数学期望为', DX)
#所求统计量的数学方差
t = 4 * DX / n
print('所求统计量的数学方差为', t)
```

输出如下：

```
X 的一阶矩为 theta/2
X 的平方的数学期望为 theta**2/20
所求统计量的数学方差为 theta**2/(5*n)
```

【考题 7-3】 设某种零件的使用寿命 X 的概率密度函数为

$$f(x)=\begin{cases}2\exp(-2x+2\theta), & x>\theta\\ 0, & x\leqslant\theta\end{cases}$$

其中，$\theta>0$ 是未知参数。又设 $x_1,x_2,\cdots,x_n$ 是 X 的一组样本观测值。求参数 θ 的最大似然估计值。

解：构造似然函数如下：

$$L(\theta)=\prod_{i=1}^{n}f(x_i)=2^n\prod_{i=1}^{n}\exp(-2x_i+2\theta)=2^n\exp\left(-2\sum_{i=1}^{n}x_i+2n\theta\right)$$

取它的对数，得对数似然函数如下：

$$\ln(L(\theta)) = n\ln(2) + 2n\theta - 2\sum_{i=1}^{n} x_i$$

对数似然函数对 θ 求导数，有

$$\frac{\mathrm{d}\ln(L(\theta))}{\mathrm{d}\theta} = 2n > 0$$

也就是说 $\ln(L(\theta))$ 是严格单调上升的，由于 θ 比任意一个 x_i 都小，所以取 θ 为 $x_1, x_2, \cdots, x_n$ 的最小值时，$\ln(L(\theta))$ 取到最大值，从而 $L(\theta)$ 取到最大值，因此 θ 的最大似然估计为

$$\hat{\theta} = \min(x_1, x_2, \cdots, x_n)$$

代码如下：

```
#第 7 章/7-19.py
from sympy import *
x, theta, C, n = symbols('x, theta, C, n')
#总体的密度函数
fx = 2 * exp(- 2 * x + 2 * theta)
#对数似然函数
ln_ = n * ln(2) + 2 * n * theta - C
d = ln_.diff(theta)
print('对数似然函数的导数为', d)
```

输出如下：

```
对数似然函数的导数为 2 * n
```

【考题 7-4】 设离散总体 X 的概率分布见表 7-2。

表 7-2 考题 7-4 所用数据

X	0	1	2	3
P	θ^2	$2\theta(1-\theta)$	θ^2	$1-2\theta$

其中，θ 是未知参数，且 $0<\theta<1/2$。利用总体样本 3、1、3、0、3、1、2、3，求参数 θ 的矩估计值和最大似然估计值。

解：(1) 先求离散总体 X 的一阶矩，即数学期望：

$$E(X) = 2\theta(1-\theta) + 2\theta^2 + 3(1-2\theta) = 3 - 4\theta$$

样本均值 $\overline{X}$ 为

$$\overline{X} = \frac{1}{8}(3+1+3+0+3+1+2+3) = \frac{16}{8} = 2$$

令总体矩等于样本矩，有 $3-4\theta=2$，解得 θ 的矩估计值为 $\hat{\theta}=1/4$。

(2) 再求最大似然估计值。先构造似然函数：

$$L(\theta) = 4\theta^6(1-\theta)^2(1-2\theta)^4$$

取对数，对数似然函数为

$$\ln L(\theta) = \ln 4 + 6\ln(\theta) + 2\ln(1-\theta) + 4\ln(1-2\theta)$$

对数似然函数求导,得

$$\frac{\mathrm{d}\ln L(\theta)}{\mathrm{d}\theta}=\frac{6}{\theta}-\frac{2}{1-\theta}-\frac{8}{1-2\theta}=\frac{6-28\theta+24\theta^2}{\theta(1-\theta)(1-2\theta)}$$

令导数为0,得

$$\frac{\mathrm{d}\ln L(\theta)}{\mathrm{d}\theta}=0=\frac{6-28\theta+24\theta^2}{\theta(1-\theta)(1-2\theta)}$$

求出两个解

$$\theta_1=\frac{7-\sqrt{13}}{12},\quad \theta_2=\frac{7+\sqrt{13}}{12}$$

显然 $\theta_2>1/2$,舍去,取 θ_1,所以 θ 的最大似然估计值为

$$\hat{\theta}=\frac{7-\sqrt{13}}{12}$$

代码如下:

```
#第 7 章/7-20.py
from sympy import *
x, theta = symbols('x, theta ')
#构造似然函数
L = 4 * theta ** 6 * (1 - theta) ** 2 * (1 - 2 * theta) ** 4
#构造对数似然函数
lnL = ln(L).expand()
#对数似然函数求导数
d = lnL.diff(theta).simplify()
#求导数的零点
solu = solveset(d)
print('两个根为', solu)
x = list(solu)[0]
print('取小于二分之一的根:', x)
```

输出如下:

```
两个根为 FiniteSet(7/12 - sqrt(13)/12, sqrt(13)/12 + 7/12)
取小于二分之一的根: 7/12 - sqrt(13)/12
```

【考题 7-5】 设总体 X 的分布函数为

$$F(x;\beta)=\begin{cases}1-\dfrac{1}{x^{\beta}}, & x>1\\ 0, & x\leqslant 1\end{cases}$$

其中,未知参数 $\beta>1$。$X_1,X_2,\cdots,X_n$ 为来自总体 X 的简单随机样本,求解下面两个问题:

(1) β 的矩估计量。

(2) β 的最大似然估计量。

解:(1) 总体 X 的概率密度为分布函数的导数:

$$f(x;\beta)=\begin{cases}\dfrac{\beta}{x^{\beta+1}}, & x>1\\ 0, & x\leqslant 1\end{cases}$$

矩估计量

$$E(X)=\int_{-\infty}^{\infty}xf(x;\beta)\,\mathrm{d}x=\int_{1}^{\infty}x\,\frac{\beta}{x^{\beta+1}}\mathrm{d}x=\frac{\beta}{\beta-1}$$

令总体矩等于样本矩，$E(X)=\overline{X}$，即

$$\frac{\beta}{\beta-1}=\overline{X}$$

解得

$$\beta=\frac{\overline{X}}{\overline{X}-1}$$

从而有 β 的矩估计量 $\hat{\beta}$ 表达式 $\hat{\beta}=\overline{X}/(\overline{X}-1)$。

(2) 最大似然估计，先构造似然函数：

$$L(\beta)=\prod_{i=1}^{n}f(x_i;\beta)=\frac{\beta^n}{(x_1x_2\cdots x_n)^{\beta+1}}$$

对数似然函数为

$$\ln L(\beta)=n\ln(\beta)-(\beta+1)\sum_{i=1}^{n}\ln(x_i)$$

对数似然函数对 β 求导，且令其等于 0，得

$$\frac{\mathrm{d}\ln L(\beta)}{\mathrm{d}\beta}=\frac{n}{\beta}-\sum_{i=1}^{n}\ln(x_i)=0$$

解得

$$\beta=\frac{n}{\sum_{i=1}^{n}\ln(x_i)}$$

则 β 的最大似然估计量为 $\hat{\beta}=n/\sum_{i=1}^{n}\ln(X_i)$。

代码如下：

```
#第 7 章/7-21.py
from sympy import *
x, beta, n, C = symbols('x, beta, n, C ')
#第(1)问
#总体 X 的分布函数
Fx = beta / x ** (beta + 1)
fx = Fx.diff(x)
#矩估计量,数学期望
EX = integrate(x * fx, (x, 1, oo))
print('数学期望为', EX)
#第(2)问
#构造对数似然函数
lnL = n * ln(beta) - (beta + 1) * C
d = lnL.diff(beta)
print('对数似然函数的导数为', d)
```

输出如下：

```
数学期望为 Piecewise((-beta - 1, re(beta) + 1 > 1), (Integral(beta * x ** (-beta - 1) *
(-beta - 1), (x, 1, oo)), True))
对数似然函数的导数为 -C + n/beta
```

【考题 7-6】 设总体 X 的概率密度函数为

$$f(x;\beta)=\begin{cases}\theta, & 0<x<1\\ 1-\theta, & 1\leqslant x<2\\ 0, & \text{其他}\end{cases}$$

其中，θ 是未知参数（$0<\theta<1$）。$X_1,X_2,\cdots,X_n$ 为来自总体 X 的简单随机样本，N 为样本值 $x_1,x_2,\cdots,x_n$ 中小于 1 的个数，求 θ 的最大似然估计。

解：先写出似然函数

$$L(\theta)=\prod_{i=1}^{n}f(x_i;\theta)=\theta^N(1-\theta)^{n-N}$$

对数似然函数为

$$\ln L(\theta)=N\ln(\theta)+(n-N)\ln(1-\theta)$$

对数似然函数对 θ 求导，且令其等于 0，有

$$\frac{\mathrm{d}\ln L(\theta)}{\mathrm{d}\theta}=\frac{N}{\theta}-\frac{n-N}{1-\theta}=0$$

解得 $\theta=N/n$，因而参数 θ 的最大似然估计为 $\hat{\theta}=N/n$。

代码如下：

```
#第 7 章/7-22.py
from sympy import *
x, theta, n, N = symbols('x, theta, n, N')
#构造似然函数
L = theta ** N * (1 - theta) ** (n - N)
#对数似然函数
lnL = ln(L).simplify()
#对数似然函数的导数
d = lnL.diff(theta).simplify()
x = solveset(d, theta)
print('参数的最大似然估计为', x)
```

输出如下：

```
参数的最大似然估计为 Complement(FiniteSet(N/n), FiniteSet(0, 1))
```

【考题 7-7】 设总体 X 的概率密度函数为

$$f(x;\theta)=\begin{cases}\dfrac{1}{2\theta}, & 0<x<\theta\\ \dfrac{1}{2(1-\theta)}, & \theta\leqslant x<1\\ 0, & \text{其他}\end{cases}$$

其中，θ 是一个未知参数($0<\theta<1$)，$X_1, X_2, \cdots, X_n$ 是来自总体 X 的一个容量为 n 的简单随机样本，$\overline{X}$ 是样本均值。

(1) 求参数 θ 的矩估计量 $\hat{\theta}$。

(2) 判断 $4\overline{X}^2$ 是否为 θ^2 的无偏估计量，并解释理由。

解：(1) 先求总体 X 的期望(也就是一阶矩)，得

$$E(X)=\int_{-\infty}^{\infty} x f(x;\theta)\,\mathrm{d}x=\int_0^\theta x\,\frac{1}{2\theta}\mathrm{d}x+\int_\theta^1 x\,\frac{1}{2(1-\theta)}\mathrm{d}x=\frac{1}{4}+\frac{1}{2}\theta$$

令总体矩等于样本矩，即用总体的期望等于样本均值，则有

$$\overline{X}=\frac{1}{4}+\frac{1}{2}\theta$$

因此可得参数 θ 的矩估计量 $\hat{\theta}$ 等于 $2\overline{X}-1/2$。

(2) 判断 $4\overline{X}^2$ 是否为 θ^2 的无偏估计量，就要判断 $4\overline{X}^2$ 的期望是否等于 θ^2。$4\overline{X}^2$ 的期望是

$$E(4\overline{X}^2)=4E(\overline{X}^2)=4(D(\overline{X})+E(\overline{X})^2)=4\left(\frac{D(X)}{n}+E(X)^2\right)$$

由第(1)问知道，$E(X)=1/4+\theta/2$。因此

$$E(X^2)=\int_{-\infty}^{\infty} x^2 f(x;\theta)\,\mathrm{d}x=\int_0^\theta x^2\,\frac{1}{2\theta}\mathrm{d}x+\int_\theta^1 x^2\,\frac{1}{2(1-\theta)}\mathrm{d}x=\frac{1+\theta+2\theta^2}{6}$$

因此

$$D(X)=E(X^2)-E(X)^2=\frac{1+\theta+2\theta^2}{6}-\left(\frac{1}{4}+\frac{1}{2}\theta\right)^2=\frac{5}{48}-\frac{\theta}{12}+\frac{\theta^2}{12}$$

综上有

$$\begin{aligned}E(4\overline{X}^2)&=4\left(\frac{D(X)}{n}+E(X)^2\right)=4\left(\frac{5}{48n}-\frac{\theta}{12n}+\frac{\theta^2}{12n}+\frac{1}{16}+\frac{\theta}{4}+\frac{\theta^2}{4}\right)\\&=\frac{3n+5}{12n}+\frac{3n-1}{3n}\theta+\frac{3n+1}{3n}\theta^2\end{aligned}$$

可以判断 $4\overline{X}^2$ 不是 θ^2 的无偏估计量。

代码如下：

```
#第 7 章/7-23.py
from sympy import *
x, theta, n = symbols('x, theta, n')
#求 X 的数学期望
t1 = integrate(x / (2 * theta), (x, 0, theta ))
t2 = integrate(x / (2 * (1 - theta) ), (x, theta, 1))
EX = (t1 + t2).simplify()
print('总体 X 的数学期望为', EX)
#求 X 的平方的数学期望
s1 = integrate(x ** 2 / (2 * theta), (x, 0, theta ))
s2 = integrate(x ** 2 / (2 * (1 - theta) ), (x, theta, 1))
EX2 = (s1 + s2).simplify()
print('X 的平方的数学期望为', EX2)
```

```
#求 X 的方差
DX = EX2 - EX ** 2
print('X 的方差为', DX)
#所求统计量的数学期望
E_ = 4 * (DX / n + EX ** 2).simplify()
print('所求统计量的数学期望为', E_)
```

输出如下：

```
总体 X 的数学期望为 theta/2 + 1/4
X 的平方的数学期望为 theta**2/3 + theta/6 + 1/6
X 的方差为 theta**2/3 + theta/6 - (theta/2 + 1/4)**2 + 1/6
所求统计量的数学期望为 (12*n*theta**2 + 12*n*theta + 3*n + 4*theta**2 - 4*theta + 5)/(12*n)
```

【考题 7-8】 从正态分布 $N(3.4,6^2)$中抽取容量为 n 的样本，如果要求其样本均值位于区间(1.4,5.4)内的概率不小于 0.95，则样本容量 n 至少应该取多大？

解：用 $\overline{X}$ 表示样本均值，$\overline{X}$ 的分布有

$$\frac{\overline{X}-3.4}{6}\sqrt{n} \sim N(0,1)$$

从而有

$$\begin{aligned}P(1.4<\overline{X}<5.4) &= P(-2<\overline{X}-3.4<2)=P(|\overline{X}-3.4|<2)\\ &= P\left(\frac{\overline{X}-3.4}{6}\sqrt{n}<\frac{2\sqrt{n}}{6}\right)=2\Phi\left(\frac{\sqrt{n}}{3}\right)-1\geqslant 0.95\end{aligned}$$

故得到

$$\Phi\left(\frac{\sqrt{n}}{3}\right)\geqslant 0.975$$

因此有$\sqrt{n}/3\geqslant 1.96$，即 $n\geqslant(1.96\times 3)^2=34.57$。也就是整数 n 至少为 35。

代码如下：

```
#第 7 章/7-24.py
from scipy.stats import norm
import numpy as np
#标准正态分布的 0.975 分位点
x = norm(loc = 0, scale = 1).ppf(0.975)
t = (x * 3) ** 2
print('整数 n 的最小值为', np.ceil(t))
```

输出如下：

```
整数 n 的最小值为 35.0
```

【考题 7-9】 已知一批零件的长度 X(单位：厘米)服从正态分布 $N(\mu,1)$，从中随机地

抽取 16 个零件,得到长度平均值为 40 厘米,求 μ 的置信度为 0.95 的置信区间。

解:已知样本均值 $\overline{X}$,它服从的分布为 $N(\mu,1/16)$,也就是 $4(\overline{X}-\mu)\sim N(0,1)$,代入数据知 $4(40-\mu)\sim N(0,1)$,即 $\mu\sim N(40,1/16)$。从而 μ 的置信度为 0.95 的置信区间为 $N(40,1/16)$的 0.025 和 0.975 分位点所确定的区间。

```
#第 7 章/7-25.py
from scipy.stats import norm
import numpy as np
#标准正态分布的 0.975 分位点
x1 = norm(loc = 40, scale = 1 / 4).ppf(0.975)
x2 = norm(loc = 40, scale = 1 / 4).ppf(0.025)
print('mu 的置信度为 0.95 的置信区间,两个端点分别为',x1, x2)
```

输出如下:

```
mu 的置信度为 0.95 的置信区间,两个端点分别为 40.48999099613501 39.51000900386499
```

【考题 7-10】 设总体 X 的概率密度函数为

$$f(x)=\begin{cases}2\exp(-2x+2\theta), & x>\theta\\ 0, & x\leqslant\theta\end{cases}$$

其中,$\theta>0$ 是未知参数。又设从总体中抽取简单随机样本 $X_1,X_2,\cdots,X_n$。记 $\hat{\theta}$ 为样本 $X_1,X_2,\cdots,X_n$ 的最小值。

(1) 求总体 X 的分布函数。

(2) 求统计量 $\hat{\theta}$ 的分布函数 $F_{\hat{\theta}}$。

(3) 如果用统计量 $\hat{\theta}$ 作为 θ 的估计量,讨论它是否具有无偏性。

解:(1) 分布函数是密度函数的不定积分,即

$$F(x)=\int_{-\infty}^{x}f(t)\mathrm{d}t=\begin{cases}1-\exp(-2x+2\theta), & x>\theta\\ 0, & x\leqslant\theta\end{cases}$$

(2) 因为统计量 $\hat{\theta}$ 是样本最小值,所以

$$F_{\hat{\theta}}(x)=1-P(\hat{\theta}>x)=1-(f-F(x))^{n}=\begin{cases}1-\exp(-2nx+2n\theta), & x>\theta\\ 0, & x\leqslant\theta\end{cases}$$

(3) 统计量 $\hat{\theta}$ 的概率密度为

$$f_{\hat{\theta}}(x)=F'_{\hat{\theta}}(x)=\begin{cases}2n\exp(-2nx+2n\theta), & x>\theta\\ 0, & x\leqslant\theta\end{cases}$$

则有 $\hat{\theta}$ 的数学期望

$$E(\hat{\theta})=\int_{-\infty}^{\infty}xf_{\hat{\theta}}(x)\mathrm{d}x=\int_{\theta}^{\infty}2nx\exp(-2nx+2n\theta)\,\mathrm{d}x=\theta+\frac{1}{2n}$$

由于 $E(\hat{\theta})\neq\theta$,所以 $\hat{\theta}$ 作为 θ 的估计量,不具有无偏性。

代码如下：

```
#第 7 章/7-26.py
from sympy import *
x, theta, n, t = symbols('x, theta, n, t')
#(1)求总体 X 的分布函数
ft = 2 * exp(-2 * t + 2 * theta)
#X 的分布函数
Fx = integrate(ft, (t, theta, x))
print('总体 X 的分布函数为', Fx)
#(2)求统计量的分布函数
F_ = 1 - (1 - Fx) ** n
print('统计量的分布函数为', F_)
#(3)统计量的期望值
fx_ = F_.diff(x).simplify()
z = integrate(fx_, (x, theta, oo) )
print('统计量的期望值为', z)
```

输出如下：

```
总体 X 的分布函数为 1 - exp(2*theta - 2*x)
统计量的分布函数为 1 - exp(2*theta - 2*x)**n
统计量的期望值为 Piecewise((-0**n*exp(2*theta)**n + exp(-2*theta)**n*exp(2*
theta)**n, (n>-oo) & (n<oo) & Ne(n, 0)), (-2*n*theta + oo*sign(n), True))
```

【考题 7-11】 设简单随机样本 $X_1,X_2,\cdots,X_n$ 是总体 $N(\mu,\sigma^2)$的容量为 n 的样本，记 $\overline{X}$ 是样本均值，S^2 是样本方差，统计量 $T=\overline{X}^2-S^2/n$。

(1) 证明 T 是 μ^2 的无偏估计量。

(2) 当 $\mu=0,\sigma=1$ 时，求 T 的方差 $D(T)$。

解：(1) 要证明 T 是 μ^2 的无偏估计量，只需证明 $E(T)=\mu^2$。

由 $D(\overline{X})=\sigma^2/n$ 可知 $E(\overline{X}^2)=D(\overline{X})+E(\overline{X})^2=\sigma^2/n+\mu^2$。又因为 $\overline{X}^2$ 与 S^2/n 是相互独立的，因此 $E(T)=E(\overline{X}^2)-E(S^2/n)=\sigma^2/n+\mu^2-\sigma^2/n=\mu^2$。证毕。

(2) 当 $\mu=0,\sigma=1$ 时，有 $\overline{X}\sim N(0,1/n)$，即 $n\overline{X}^2\sim\chi^2(1)$。$(n-1)S^2\sim\chi^2(n-1)$。又因为 $\overline{X}^2$ 与 S^2/n 是相互独立的，所以

$$
\begin{aligned}
D(T)&=D\left(\overline{X}^2-\frac{1}{n}S^2\right)=D(\overline{X}^2)+\frac{1}{n^2}D(S^2)\\
&=\frac{1}{n^2}D(n\overline{X}^2)+\frac{1}{n^2}\frac{1}{(n-1)^2}D\left[(n-1)S^2\right]=\frac{2}{n^2}+\frac{2(n-1)}{n^2(n-1)^2}\\
&=\frac{2}{n^2}\left(1+\frac{1}{n-1}\right)=\frac{2}{n(n-1)}
\end{aligned}
$$

7.8 本章常用的 Python 函数总结

本章常用的 Python 函数见表 7-3。

表 7-3 本章常用的 Python 函数

函数	代码
样本均值	x. mean( ),x 是样本
样本方差	x. var( ),x 是样本
正态分布的分位点	X = norm(loc = loc,scale = scale), X. ppf(q)
t 分布的分位点	X = t(df = df),X. ppf(q)
卡方分布的分位点	X = chi2(df = df),X. ppf(q)
F 分布的分位点	X = F(dfn = dfn,dfd = dfd),X. ppf(q)

7.9 本章上机练习

实训环境

(1) 使用 Python 3. x 版本。

(2) 使用 IPython 或 Jupyter Notebook 交互式编辑器。

(3) 推荐使用 Anaconda 发行版中自带的 IPython 或 Jupyter Notebook。

【实训 7-1】 随机生成两个正态分布样本,总体均值未知,方差未知但相等,样本容量分别是 20 和 30,求样本均值的置信区间(取 α=0.05),代码如下:

```
#第 7 章/7-27.py
from scipy.stats import t
import numpy as np
#生成两个样本
np.random.seed(0)
n1, n2 = 20, 30
x = 42 + 6 * np.random.randn(n1)
y = 14 + 6 * np.random.randn(n2)
S12 = x.var()
S22 = y.var()
print('第 1 个样本为\n', x)
print('第 2 个样本为\n', y)
Sw2 = ((n1 - 1) * S12 + (n2 - 1) * S22 ) / (n1 + n2 - 2)
Sw = np.sqrt(Sw2)
#分位数
alpha = 0.05
X = t(df = n1 + n2 - 2)
t = X.ppf(1 - alpha / 2)
#置信区间的端点
x_y_ = x.mean() - y.mean()
left = x_y_ - t * Sw * np.sqrt(1 / n1 + 1 / n2)
right = x_y_ + t * Sw * np.sqrt(1 / n1 + 1 / n2)
print('置信区间的左端点为', left)
print('置信区间的右端点为', right)
```

输出如下：

```
第 1 个样本为
[52.58431408  44.40094325  47.8724279  55.4453592  53.20534794  36.13633272
47.70053051  41.09185675  41.38068689 44.46359101 42.86426143  50.72564104
46.56622635  42.7300501   44.6631794  44.00204596 50.96447444  40.76905042
43.87840621  36.87542556]
第 2 个样本为
[-1.3179389   17.92171157  19.18661719 9.54700988  27.61852774  5.27380595
14.2745511    12.8768969  23.19667529 22.81615262 14.92968455  16.26897512
8.67328551   2.11522119   11.9125271  14.93809381 21.38174408  21.21427909
11.6760391   12.1861835   7.70868221  5.47989238  3.76237886   25.70465237
10.94208691  11.37155419  6.48322784  18.66494213 4.31661291    12.72355832]
置信区间的左端点为 28.557774452590614
置信区间的右端点为 36.017731960060125
```

【实训 7-2】 随机生成两个正态分布样本，总体均值未知，样本容量分别是 20 和 30，求两者方差之比的置信区间（取 $\alpha=0.05$），代码如下：

```
#第 7 章/7-28.py
from scipy.stats import f
import numpy as np
#生成两个样本
np.random.seed(0)
n1, n2 = 20, 30
x = 42 + 6 * np.random.randn(n1)
y = 14 + 6 * np.random.randn(n2)
S12 = x.var()
S22 = y.var()
print('第 1 个样本为\n', x)
print('第 2 个样本为\n', y)
#分位数
alpha = 0.05
X = f(dfn = n1 - 1, dfd = n2 - 1)
f_ = X.ppf(1 - alpha / 2)
f__ = X.ppf(alpha / 2)
#置信区间的端点
tmp = S12 / S22
left = tmp / f_
right = tmp / f__
print('置信区间的左端点为', left)
print('置信区间的右端点为', right)
```

输出如下：

```
第 1 个样本为
[52.58431408  44.40094325  47.8724279  55.4453592  53.20534794  36.13633272
47.70053051  41.09185675  41.38068689 44.46359101 42.86426143  50.72564104
46.56622635  42.7300501   44.6631794  44.00204596 50.96447444  40.76905042
```

```
43.87840621   36.87542556]
第 2 个样本为
[-1.3179389   17.92171157  19.18661719  9.54700988  27.61852774  5.27380595
14.2745511    12.8768969   23.19667529  22.81615262 14.92968455  16.26897512
8.67328551    2.11522119   11.9125271   14.93809381 21.38174408  21.21427909
11.6760391    12.1861835   7.70868221   5.47989238  3.76237886   25.70465237
10.94208691   11.37155419  6.48322784   18.66494213 4.31661291   12.72355832]
置信区间的左端点为 0.22730029605661367
置信区间的右端点为 1.2181913573101313
```

第 8 章

假设检验

假设检验是统计推断的另一种常见的形式。它的基本思想可以用小概率原理来解释。所谓小概率原理就是认为小概率事件在一次试验中几乎不可能发生。换言之,如果对总体的某个假设是真实的,则不利于这一假设的事件在一次试验中几乎不可能发生,一旦这样的事件出现,就有理由怀疑假设的真实性,从而拒绝原假设。

本章重点内容:

(1) 假设检验的原理。

(2) 正态总体均值的假设检验。

(3) 正态总体方差的假设检验。

(4) 置信区间与假设检验之间的关系。

(5) 分布拟合检验。

8.1 假设检验的原理

进行假设检验的基本方法类似于数学证明中的反证法,但是带有概率的味道。具体来讲,就是为了检验一个假设是否成立,就在假定该假设正确的条件下进行推导,构造某种统计量,如果该统计量的取值导致了一个小概率事件的出现,则表明该假设正确的前提被否决,即认为原假设不能成立。如果没有出现小概率事件,则接受原假设。概率小到什么程度才算小,没有统一的客观标准,需要根据具体情况在检验前指定,一般选择 0.1、0.05 或 0.01 等,这种小概率常用 α 表示,称其为显著性水平或者检验水平。所提出的假设用 H_0 表示,称为原假设或者零假设,将与之对立的假设用 H_1 表示,称为备择假设。

假设检验根据样本信息,利用以小概率事件不可能出现为判别准则对总体进行推断,实际上小概率事件毕竟也是可能出现的,因此假设检验也会出现错误,主要有两类错误:第一,在原假设为真的情况下,做出了拒绝原假设的推断,称这种错误为第一类错误或“弃真”错误。第二,在原假设不正确的情况下,做出了接受原假设的推断,称这种错误为第二类错误或“存伪”错误。人们当然希望两类错误的概率都尽可能小,但是当样本容量固定时,两类错误不可能同时变小,只有增加样本容量才能使两类错误同时变小,因此在实际假设检验时,往往先控制第一类错误的概率,再适当增加样本容量来减小第二类错误的概率。

假设检验的一般步骤如下:

(1) 提出原假设 H_0 和备择假设 H_1。在实际问题中,究竟选哪一个作为原假设要根据具体问题而定，通常把需要着重考虑的假设视为原假设。一般遵循以下原则，如果问题是要决定新方法是否比原方法好，往往把原方法取为原假设，而将新方法取为备择假设；如果提出一个假设，检验的目的是判别这个假设是否成立，则直接取此假设为原假设即可；如果检验的目的是希望从样本中取得对某一论断的有力支持，则把这一论断的否定作为原假设。

(2) 构造检验统计量。所取的检验统计量必须与假设有关，而且在原假设为真的前提下，检验统计量的分布或渐近分布是已知的。

(3) 设定检验水平 α，确定拒绝域。α 的取法要结合实际问题确定，主要取决于犯第一类错误的严重性。如果后果比较严重，则 α 取小一些。如果后果不那么严重，则 α 稍微大一些也可以。通常取 $\alpha=0.01$ 或 0.05，有时也取 0.1。

(4) 根据样本计算检验统计量的值。

(5) 做出统计推断：如果计算出的检验统计量的值落在拒绝域中，就拒绝原假设，接受备择假设；否则就接受原假设。

8.2 正态总体均值的假设检验

本节讨论单个正态总体均值和两个正态总体的均值的假设检验。

8.2.1 单个正态总体均值的假设检验

单个正态分布总体均值的假设检验有下面 3 种。

(1) H_0：$\mu=\mu_0$，H_1：$\mu\neq\mu_0$。

(2) H_0：$\mu\leqslant\mu_0$，H_1：$\mu>\mu_0$。

(3) H_0：$\mu\geqslant\mu_0$，H_1：$\mu<\mu_0$。

下面考虑当方差 σ^2 已知时均值 μ 的检验。此情形下取检验统计量为 $U=(\bar{x}-\mu_0)/(\sigma/\sqrt{n})$，则当 H_0 为真时，$U\sim N(0,1)$。如果给定的检验水平为 α，计算拒绝域：

对于情形(1)，取 $U_{\alpha/2}$ 使 $P(|U|\geqslant U_{\alpha/2})=\alpha$，因此它的拒绝域为 $(-\infty,-U_{\alpha/2})\cup(U_{\alpha/2},\infty)$，也就是说当统计量 U 落入 $(-\infty,-U_{\alpha/2})$ 或者 $(U_{\alpha/2},\infty)$ 时，拒绝 H_0。

对于情形(2)，取 U_α 使 $P(U>U_\alpha)=\alpha$，因此它的拒绝域为 (U_α,∞)，也就是说当统计量 U 落入 (U_α,∞) 时，拒绝 H_0。

对于情形(3)，取 U_α 使 $P(U<-U_\alpha)=\alpha$，因此它的拒绝域为 $(-\infty,-U_\alpha)$，也就是说当统计量 U 落入 $(-\infty,-U_\alpha)$ 时，拒绝 H_0。

情形(1)的假设检验称为双侧检验，情形(2)和(3)的假设检验称为单侧检验。

【例 8-1】 某公司用旧生产工艺生产零件的强度服从正态分布 $N(40,0.16)$，现采用新的生产工艺生产了一批零件，从中抽取 25 个进行检测，测得样本均值 $\bar{x}=40.25$，假设方差不变，仍然是 0.16，问采用新工艺生产的零件强度是否有显著提高？取检验水平 $\alpha=0.05$。

解：用 X 表示新工艺生产零件的强度，由于方差不变，故 $X\sim N(\mu,0.16)$。希望新工艺生产的零件强度有明显的提高，为此选取 H_1：$\mu>40$，也就是说：

(1) 假设 H_0：$\mu\leqslant 40$，H_1：$\mu>40$。

(2) 构造统计量 $U=(\bar{x}-\mu_0)/(\sigma/\sqrt{n})\sim N(0,1)$。

(3) 计算分位点 $U_\alpha=U_{0.05}=1.645$，可得拒绝域为 $(1.645,\infty)$。

(4) 计算统计量的值 $U=(\bar{x}-\mu_0)/(\sigma/\sqrt{n})=(40.25-40)/(0.4/\sqrt{25})=3.125$。

(5) 因为 3.125 大于 1.645，落在拒绝域内，因此拒绝原假设，认为新工艺确实显著提高了零件强度。

代码如下：

```
#第 8 章/8-1.py
from scipy.stats import norm
import numpy as np
#显著性水平
alpha = 0.05
#构造统计量
x_ = 40.25
n = 25
m = 40
sigma2 = 0.16
U = (x_ - m) / (np.sqrt(sigma2) / np.sqrt(n) )
#分位点
Z = norm(loc = 0, scale = 1)
z = Z.ppf(1 - alpha)
print('拒绝域分界线为', z)
#实际统计量的计算值
u = (40.25 - 40) / (np.sqrt(sigma2) / np.sqrt(n) )
print('统计量实际值为', u)
print('统计量落入拒绝域内,拒绝原假设,认为零件强度有显著提高.')

#解法 2
#分位点
X = norm(loc = 40, scale = 0.4/5)
cut = X.ppf(1 - alpha)
print('解法 2,拒绝域分界线为', cut)
print('真实样本均值为 40.25,落入拒绝域内,因此拒绝原假设,认为零件强度有显著提高.')
```

输出如下：

```
拒绝域分界线为 1.6448536269514722
统计量实际值为 3.125
统计量落入拒绝域内,拒绝原假设,认为零件强度有显著提高.
解法 2,拒绝域分界线为 40.13158829015612
真实样本均值为 40.25,落入拒绝域内,因此拒绝原假设,认为零件强度有显著提高.
```

下面考虑当方差 σ^2 未知时均值 μ 的检验。当 σ^2 未知时，利用样本标准差构造 t 分布统计量 $T=(\bar{x}-\mu_0)/(s/\sqrt{n})$。当 H_0 为真时，$T\sim t(n-1)$。如果给定的检验水平为 α，计算拒绝域：

对于情形(1)，取 $t_1=t_{\alpha/2}(n-1)$ 使 $P(|T|\geqslant t_1)=\alpha$，因此它的拒绝域为 $(-\infty,-t_1)\cup(t_1,\infty)$，也就是说当统计量 T 落入 $(-\infty,-t_1)$ 或者 (t_1,∞) 时，拒绝 H_0。

对于情形(2)，取 $t_2=t_\alpha(n-1)$ 使 $P(T>t_2)=\alpha$，因此它的拒绝域为 (t_2,∞)，也就是说

当统计量 T 落入(t_2,∞)时，拒绝 H_0。

对于情形(3)，取 $t_3=-t_\alpha(n-1)$使 $P(U<t_3)=\alpha$，因此它的拒绝域为$(-\infty,t_3)$，也就是说当统计量 T 落入$(-\infty,t_3)$时，拒绝 H_0。

这种利用 t 分布的检验称为 t 检验法，它用来解决总体方差未知时均值的检验问题。

【例 8-2】 某零食生产公司用自动打包机包装糖果，每包糖的质量服从正态分布，其均值为 100g，现有随机测得的 9 包糖的质量：99.7g、98.3g、100.5g、101.2g、98.3g、99.5g、99.7g、102.1g、100.5g。在显著性水平 $\alpha=0.05$ 下判断自动打包机是否正常工作。

解：用 X 表示自动打包机装糖的质量，则 $X\sim N(\mu,\sigma^2)$，此题为当 σ^2 未知时检验均值是否为 100g。

(1) 假设 $H_0: \mu=100, H_1: \mu\neq 100$。

(2) 选取 t 检验统计量 $T=(\bar{x}-\mu_0)/(s/\sqrt{n})\sim t(8)$。

(3) 计算分位点 $t_\alpha(8)=t_{0.05}(8)=2.306$，得拒绝域为$(-\infty,-2.306)\cup(2.306,\infty)$。

(4) 计算统计量的值：

$$\bar{x}=\frac{1}{n}\sum_{k=1}^{n}x_k=99.978,\qquad s^2=\frac{1}{n-1}\sum_{k=1}^{n}(x_k-\bar{x})^2=1.569$$

$$T=\frac{(\bar{x}-\mu_0)}{s/\sqrt{n}}=\frac{99.978-100}{\sqrt{1.569}/\sqrt{9}}=-0.053$$

由于-0.053不在拒绝域内，即-0.053在接受域内，所以接受原假设，认为打包机正常工作。

代码如下：

```
#第8章/8-2.py
from scipy.stats import t
import numpy as np
#数据
x = [99.7, 98.3, 100.5, 101.2, 98.3, 99.5, 99.7, 102.1, 100.5]
x = np.array(x)
n = len(x)
print('原始数据为', x)
m = x.mean()
v = x.var()
print('样本均值为', m)
print('样本方差为', v)
#显著性水平
alpha = 0.05
#拒绝域
X = t(df = n - 1)
right = X.ppf(1 - alpha / 2)
left = X.ppf(alpha / 2)
print('拒绝域的左分界线为', left)
print('拒绝域的右分界线为', right)
#构造统计量
t_ = (m - 100) / (np.sqrt(v) / np.sqrt(n))
print('统计量的值为', t_)
print('统计量的值不在拒绝域内,因此不拒绝原假设,认为机器正常工作.')
```

输出如下：

```
原始数据为 [ 99.7 98.3 100.5 101.2 98.3 99.5 99.7 102.1 100.5]
样本均值为 99.97777777777777
样本方差为 1.3950617283950615
拒绝域的左分界线为 -2.306004135033371
拒绝域的右分界线为 2.3060041350333704
统计量的值为 -0.05644325210302467
统计量的值不在拒绝域内,因此不拒绝原假设,认为机器正常工作.
```

【例 8-3】 某种零件的寿命 X 服从正态分布，但总体均值和方差未知，现测得 30 个这种零件的寿命值如下：196、199、210、200、197、195、202、194、193、206、203、207、200、206、193、204、201、195、199、193、202、205、194、196、204、202、198、201、193、196。是否有理由认为零件的平均寿命大于 200。（取 $\alpha=0.05$）

解：用 X 表示零件的寿命，则 $X\sim N(\mu,\sigma^2)$，此题为当 σ^2 未知时检验均值大于 200。

(1) 假设 $H_0: \mu\leqslant 200, H_1: \mu>200$。

(2) 选取 t 检验统计量 $T=(\bar{x}-\mu_0)/(s/\sqrt{n})\sim t(29)$。

(3) 计算分位点 $t_\alpha(29)=t_{0.05}(29)=1.699$，得拒绝域为 $(2.306,\infty)$。

(4) 计算统计量的值：

$$\bar{x}=\frac{1}{n}\sum_{k=1}^{n}x_k=199.47, \qquad s^2=\frac{1}{n-1}\sum_{k=1}^{n}(x_k-\bar{x})^2=22.45$$

$$T=\frac{(\bar{x}-\mu_0)}{s/\sqrt{n}}=\frac{199.47-200}{\sqrt{22.45}/\sqrt{30}}=-0.6165$$

由于 -0.6165 不在拒绝域内，即 -0.6165 在接受域内，所以接受原假设，认为平均寿命不大于 200。

代码如下：

```python
#第 8 章/8-3.py
from scipy.stats import t
import numpy as np
#数据
x = [196, 199, 210, 200, 197, 195, 202, 194, 193, 206, 203,
     207, 200, 206, 193, 204, 201, 195, 199, 193, 202, 205,
     194, 196, 204, 202, 198, 201, 193, 196 ]
x = np.array(x)
n = len(x)
print('原始数据为', x)
print('样本量为', n)
m = x.mean()
v = x.var()
print('样本均值为', m)
print('样本方差为', v)
#显著性水平
alpha = 0.05
```

```
#单侧拒绝域
X = t(df = n - 1)
cut = X.ppf(1 - alpha )
print('拒绝域的分界线为', cut)

#构造统计量
t_ = (m - 200) / (np.sqrt(v) / np.sqrt(n))
print('统计量的值为', t_)
print('统计量的值不在拒绝域内,因此不拒绝原假设,认为零件的平均寿命不大于 200.')
```

输出如下：

```
原始数据为 [196 199 210 200 197 195 202 194 193 206 203 207 200 206 193 204 201 195
199 193 202 205 194 196 204 202 198 201 193 196]
样本量为 30
样本均值为 199.46666666666667
样本方差为 22.448888888888895
拒绝域的分界线为 1.6991270265334972
统计量的值为 -0.6165409540092985
统计量的值不在拒绝域内,因此不拒绝原假设,认为零件的平均寿命不大于 200.
```

【例 8-4】 有一批数据，服从正态分布但总体均值和方差未知，现在有 50 个来自该总体的样本如下：490、499、499、513、498、499、496、501、496、496、505、518、513、497、502、491、499、501、493、501、486、500、507、498、500、495、504、494、492、492、489、510、492、504、494、497、500、494、511、494、493、501、497、507、495、505、494、496、492、515。是否有理由认为总体的平均值等于 500？（取 $\alpha=0.05$）

解：用 X 表示这个正态总体，则 $X\sim N(\mu,\sigma^2)$，此题为当 σ^2 未知时检验均值等于 500。

(1) 假设 $H_0: \mu=500, H_1: \mu\neq 500$。

(2) 选取 t 检验统计量 $T=(\bar{x}-\mu_0)/(s/\sqrt{n})\sim t(49)$。

(3) 计算分位点 $t_{\alpha/2}(49)=t_{0.025}(49)=-2, t_{1-\alpha/2}(49)=t_{0.975}(49)=2$，得拒绝域为 $(2,\infty)\cup(-\infty,-2)$。

(4) 计算统计量的值：

$$\bar{x}=\frac{1}{n}\sum_{k=1}^{n}x_k=499.1,\qquad s^2=\frac{1}{n-1}\sum_{k=1}^{n}(x_k-\bar{x})^2=48.81$$

$$T=\frac{\bar{x}-\mu_0}{s/\sqrt{n}}=\frac{499.1-500}{\sqrt{48.81}/\sqrt{50}}=-0.91$$

由于 -0.91 不在拒绝域内，即 -0.91 在接受域内，所以接受原假设，认为总体平均值等于 500。

代码如下：

```
#第 8 章/8-4.py
from scipy.stats import t
import numpy as np
```

```
#数据
x = [490, 499, 499, 513, 498, 499, 496, 501, 496, 496, 505, 518, 513, 497,
     502, 491, 499, 501, 493, 501, 486, 500, 507, 498, 500, 495, 504, 494,
     492, 492, 489, 510, 492, 504, 494, 497, 500, 494, 511, 494, 493, 501,
     497, 507, 495, 505, 494, 496, 492, 515]
x = np.array(x)
n = len(x)
print('原始数据为', x)
print('样本量为', n)
m = x.mean()
v = x.var()
print('样本均值为', m)
print('样本方差为', v)
#显著性水平
alpha = 0.05
#单侧拒绝域
X = t(df = n - 1)
right = X.ppf(1 - alpha / 2 )
left = X.ppf( alpha / 2 )
print('拒绝域的左分界线为', left)
print('拒绝域的右分界线为', right)
#构造统计量
t_ = (m - 500) / (np.sqrt(v) / np.sqrt(n))
print('统计量的值为', t_)
print('统计量的值不在拒绝域内,因此不拒绝原假设,认为总体均值为 500.')
```

输出如下：

```
原始数据为 [490 499 499 513 498 499 496 501 496 496 505 518 513 497 502 491 499 501
493 501 486 500 507 498 500 495 504 494 492 492 489 510 492 504 494 497
500 494 511 494 493 501 497 507 495 505 494 496 492 515]
样本量为 50
样本均值为 499.1
样本方差为 48.81
拒绝域的左分界线为 -2.0095752344892093
拒绝域的右分界线为 2.009575234489209
统计量的值为 -0.9109050457970198
统计量的值不在拒绝域内,因此不拒绝原假设,认为总体均值为 500.
```

8.2.2 两个正态总体均值的假设检验

两个正态分布总体均值的假设检验有下面 3 种。

(1) H_0：$\mu_1=\mu_2$，H_1：$\mu_1\neq\mu_2$。

(2) H_0：$\mu_1\leqslant\mu_2$，H_1：$\mu_1>\mu_2$。

(3) H_0：$\mu\geqslant\mu_0$，H_1：$\mu<\mu_0$。

本节主要考虑当两个正态总体方差相等但未知时，均值是否有 $\delta=\mu_1-\mu_2=0$ 的检验。此情形下构造检验统计量为

$$T=\frac{\overline{X}-\overline{Y}-\delta}{S_w\sqrt{1/n_1+1/n_2}} \tag{8-1}$$

其中

$$S_w^2=\frac{(n_1-1)S_1^2+(n_2-1)S_2^2}{n_1+n_2-2} \tag{8-2}$$

当 H_0 为真时，$T\sim t(n_1+n_2-2)$。如果给定的检验水平为 α，计算拒绝域：

对于情形(1)，取 $t_{\alpha/2}$ 使 $P(|T|\geqslant t_{\alpha/2})=\alpha$，因此它的拒绝域为 $(-\infty,-t_{\alpha/2})\cup(t_{\alpha/2},\infty)$，也就是说当统计量 T 落入 $(-\infty,-t_{\alpha/2})$ 或者 $(t_{\alpha/2},\infty)$ 时，拒绝 H_0。

对于情形(2)，取 t_α 使 $P(T>t_\alpha)=\alpha$，因此它的拒绝域为 (t_α,∞)，也就是说当统计量 T 落入 (t_α,∞) 时，拒绝 H_0。

对于情形(3)，取 t_α 使 $P(T<-t_\alpha)=\alpha$，因此它的拒绝域为 $(-\infty,-t_\alpha)$，也就是说当统计量 T 落入 $(-\infty,-t_\alpha)$ 时，拒绝 H_0。

情形(1)的假设检验称为双侧检验，情形(2)和(3)的假设检验称为单侧检验。

【例 8-5】 用两种工艺生产零件，测得零件的关键指标数据如下。

(1) 工艺 A：79.98、80.04、80.02、80.04、80.03、80.04、79.97、80.05、80.03、80.02、80.00、80.02。

(2) 工艺 B：80.02、79.94、79.98、79.97、79.97、80.03、79.95、79.97。

两个样本互相独立，并且分别来自正态总体，方差相等但未知。试检验两个均值是否相等，取显著性水平为 $\alpha=0.05$。

解：构造统计量

$$T=\frac{\overline{X}-\overline{Y}-\delta}{S_w\sqrt{1/n_1+1/n_2}}$$

代入数据可得 $T=3.796$，并且计算拒绝域为 $(-\infty,-2.1)$ 或者 $(2.1,\infty)$，因此统计量落在拒绝域内，拒绝原假设，认为两个总体均值不相等。

代码如下：

```
#第 8 章/8-5.py
from scipy.stats import t
import numpy as np
#数据
x = [79.98, 80.04, 80.02, 80.04, 80.03, 80.04, 79.97, 80.05, 80.03, 80.02, 80.00, 80.02]
y = [80.02, 79.94, 79.98, 79.97, 79.97, 80.03, 79.95, 79.97]
x = np.array(x)
y = np.array(y)
nx = len(x)
ny = len(y)
print('原始数据样本 1 为', x)
print('原始数据样本 2 为', y)
print('样本量 1 为', nx)
print('样本量 2 为', ny)
mx = x.mean()
my = y.mean()
vx = x.var()
```

```
vy = x.var()
print('样本均值 1 为', mx)
print('样本均值 2 为', my)
print('样本方差 1 为', vx)
print('样本方差 2 为', vy)
#显著性水平
alpha = 0.05
#单侧拒绝域
X = t(df = nx + ny - 2)
right = X.ppf(1 - alpha / 2 )
left = X.ppf( alpha / 2 )
print('拒绝域的左分界线为', left)
print('拒绝域的右分界线为', right)

#构造统计量
Sw2 = ((nx - 1) * vx + (ny - 1) * vy) / (nx + ny - 2)
t_ = (mx - my) / (np.sqrt(Sw2) * np.sqrt(1 / nx + 1 / ny))
print('统计量的值为', t_)
print('统计量的值在拒绝域内,因此拒绝原假设,认为两个总体均值不相等.')
```

输出如下：

```
原始数据样本 1 为 [79.98 80.04 80.02 80.04 80.03 80.04 79.97 80.05 80.03 80.02 80. 80.02]
原始数据样本 2 为 [80.02 79.94 79.98 79.97 79.97 80.03 79.95 79.97]
样本量 1 为 12
样本量 2 为 8
样本均值 1 为 80.02
样本均值 2 为 79.97874999999999
样本方差 1 为 0.0005666666666667017
样本方差 2 为 0.0005666666666667017
拒绝域的左分界线为 -2.10092204024096
拒绝域的右分界线为 2.10092204024096
统计量的值为 3.7964766947948374
统计量的值在拒绝域内,因此拒绝原假设,认为两个总体均值不相等.
```

【例 8-6】 有两批数据来源于正态总体，这两个总体均值未知，方差相等但是未知，数据如下：

(1) 第 1 组：47、54、56、52、54、41、61、54、36、60、50、58、60、57、50、47、33、57、54、47、61、47、48、48、37、51、61、51、44、46、38、56、45、56、37、40、38、52、45、43。

(2) 第 2 组：53、56、57、32、48、46、47、57、57、61、56、36、36、41、43、47、43、42、59、48、49、43、55、61、48、55、42、56、61、62。

试检验两个正态总体均值是否相等，取显著性水平为 $\alpha=0.05$。

解：构造统计量

$$T=\frac{\overline{X}-\overline{Y}-\delta}{S_w\sqrt{1/n_1+1/n_2}}$$

代入数据可得 $T=-0.3224$，并且计算拒绝域为 $(-\infty,-1.995)$ 或者 $(1.995,\infty)$，因

此统计量没有落在拒绝域内，不拒绝原假设，认为两个总体均值相等。

代码如下：

```
#第 8 章/8 - 6.py
from scipy.stats import t
import numpy as np
#数据
x = [47, 54, 56, 52, 54, 41, 61, 54, 36, 60, 50, 58, 60,
     57, 50, 47, 33, 57, 54, 47, 61, 47, 48, 48, 37, 51,
     61, 51, 44, 46, 38, 56, 45, 56, 37, 40, 38, 52, 45, 43]
y = [53, 56, 57, 32, 48, 46, 47, 57, 57, 61, 56, 36,
     36, 41, 43, 47, 43, 42, 59, 48, 49, 43, 55, 61, 48, 55, 42, 56, 61, 62]
x = np.array(x)
y = np.array(y)
nx = len(x)
ny = len(y)
print('原始数据样本 1 为', x)
print('原始数据样本 2 为', y)
print('样本量 1 为', nx)
print('样本量 2 为', ny)
mx = x.mean()
my = y.mean()
vx = x.var()
vy = x.var()
print('样本均值 1 为', mx)
print('样本均值 2 为', my)
print('样本方差 1 为', vx)
print('样本方差 2 为', vy)
#显著性水平
alpha = 0.05
#单侧拒绝域
X = t(df = nx + ny - 2)
right = X.ppf(1 - alpha / 2 )
left = X.ppf( alpha / 2 )
print('拒绝域的左分界线为', left)
print('拒绝域的右分界线为', right)

#构造统计量
Sw2 = ((nx - 1) * vx + (ny - 1) * vy) / (nx + ny - 2)
t_ = (mx - my) / (np.sqrt(Sw2) * np.sqrt(1 / nx + 1 / ny))
print('统计量的值为', t_)
print('统计量的值没有落在拒绝域内,因此不拒绝原假设,认为两个总体均值相等.')
```

输出如下：

```
原始数据样本 1 为 [47 54 56 52 54 41 61 54 36 60 50 58 60 57 50 47 33 57 54 47 61 47 48 48
37 51 61 51 44 46 38 56 45 56 37 40 38 52 45 43]
原始数据样本 2 为 [53 56 57 32 48 46 47 57 57 61 56 36 36 41 43 47 43 42 59 48 49 43 55 61
48 55 42 56 61 62]
```

```
样本量 1 为 40
样本量 2 为 30
样本均值 1 为 49.3
样本均值 2 为 49.9
样本方差 1 为 59.36
样本方差 2 为 59.36
拒绝域的左分界线为 -1.9954689309194023
拒绝域的右分界线为 1.9954689309194018
统计量的值为 -0.3224377687985488
统计量的值没有落在拒绝域内,因此不拒绝原假设,认为两个总体均值相等.
```

8.3 正态总体方差的假设检验

本节讨论单个正态总体方差和两个正态总体方差的假设检验。

8.3.1 单个正态总体方差的假设检验

单个正态分布总体方差的假设检验有下面 3 种。

(1) $H_0: \sigma^2=\sigma_0^2, H_1: \sigma^2\neq\sigma_0^2$。

(2) $H_0: \sigma^2\leqslant\sigma_0^2, H_1: \sigma^2>\sigma_0^2$。

(3) $H_0: \sigma^2\geqslant\sigma_0^2, H_1: \sigma^2<\sigma_0^2$。

此时取 $\chi^2=(n-1)s^2/\sigma^2$ 作为检验统计量,则当 H_0 为真时,有 $\chi^2=(n-1)s^2/\sigma^2\sim\chi^2(n-1)$。对于事先给定的检验水平 α,可以算出相应的拒绝域临界值从而得到拒绝域和接受域。

对于情形(1),取 $\chi^2(1-\alpha/2,n-1)$ 和 $\chi^2(\alpha/2,n-1)$ 使

$$P(\chi^2\leqslant\chi^2(1-\alpha/2,n-1))=\frac{\alpha}{2},\quad P(\chi^2\geqslant\chi^2(\alpha/2,n-1))=\frac{\alpha}{2} \tag{8-3}$$

得到拒绝域 $(0,\chi^2(1-\alpha/2,n-1))\cup(\chi^2(\alpha/2,n-1),\infty)$。也就是说当统计量 χ^2 落入 $(0,\chi^2(1-\alpha/2,n-1))$ 或者 $(\chi^2(\alpha/2,n-1),\infty)$ 时,拒绝 H_0。

对于情形(2),取 $\chi^2(\alpha,n-1)$ 为临界值使

$$P(\chi^2>\chi^2(\alpha,n-1))=\alpha \tag{8-4}$$

可得它的拒绝域为 $(\chi^2(\alpha,n-1),\infty)$,也就是说当统计量 χ^2 落入 $(\chi^2(\alpha,n-1),\infty)$ 时,拒绝 H_0。

对于情形(3),取 $\chi^2(1-\alpha,n-1)$ 使

$$P(\chi^2<\chi^2(1-\alpha,n-1))=\alpha \tag{8-5}$$

可得它的拒绝域为 $(0,\chi^2(1-\alpha,n-1))$,也就是说当统计量 χ^2 落入 $(0,\chi^2(1-\alpha,n-1))$ 时,拒绝 H_0。

【例 8-7】 某公司生产的产品寿命服从正态分布,并且生产质量很稳定。现从产品中随机抽取 9 个样品,测得它们的寿命样本均值为 $\bar{x}=287.89$h,样本方差 $s^2=20.36$,能否判断该公司的产品寿命方差为 20? 设显著性水平为 $\alpha=0.05$。

解：设 X 表示该公司生产的产品寿命，根据题意可知 $X \sim N(\mu, \sigma^2)$。按照假设检验的流程有

(1) 假设 $H_0: \sigma^2 = 20, H_1: \sigma^2 \neq 20$。

(2) 构造统计量

$$\chi^2 = \frac{(n-1)s^2}{\sigma^2} \sim \chi^2(n-1)$$

(3) 对显著性水平 $\alpha = 0.05$，计算 χ^2 分布临界值

$$\chi^2(\alpha/2, n-1) = \chi^2(0.025, 8) = 17.54$$

$$\chi^2(1-\alpha/2, n-1) = \chi^2(0.975, 8) = 2.18$$

得到拒绝域为 $(0, 2.18) \cup (17.54, \infty)$。

(4) 计算检验统计量的观测值

$$\chi^2 = \frac{(n-1)s^2}{\sigma^2} = \frac{8 \times 20.36}{20} = 8.144$$

(5) 因为 8.144 不在拒绝域内，故不拒绝原假设，可以判断该公司的产品寿命方差为 20。

代码如下：

```
#第8章/8-7.py
from scipy.stats import chi2
n = 9
alpha = 0.05
sigma2 = 20
X = chi2(df = n - 1)
left = X.ppf(alpha / 2)
right = X.ppf(1 - alpha / 2)
print('拒绝域的左端点为', left)
print('拒绝域的右端点为', right)
s2 = 20.36
c2 = (n - 1) * s2 / sigma2
print('卡方统计量的值为', c2)
print('卡方统计量不在拒绝域内,不拒绝原假设,认为方差为 20')
```

输出如下：

```
拒绝域的左端点为 2.1797307472526497
拒绝域的右端点为 17.534546139484647
卡方统计量的值为 8.144
卡方统计量不在拒绝域内,不拒绝原假设,认为方差为 20
```

【例 8-8】 有一批数据服从正态分布，具体如下：14.85、12.2、12.03、14.13、21.03、17.24、17.11、12.66、12.8、13.77、17.94、16.25、15.34、12.98、17.6、19.62、16.52、22.51、10.54、7.46。能否判断这批数据的方差为 4？设显著性水平为 $\alpha = 0.05$。

解：根据题意，检验流程如下。

(1) 假设 $H_0: \sigma^2 = 4, H_1: \sigma^2 \neq 4$。

(2) 构造统计量：

$$\chi^2=\frac{(n-1)s^2}{\sigma^2}\sim\chi^2(n-1)$$

(3) 对显著性水平 $\alpha=0.05$，计算 χ^2 分布临界值

$$\chi^2(\alpha/2,n-1)=\chi^2(0.025,19)=8.91$$

$$\chi^2(1-\alpha/2,n-1)=\chi^2(0.975,19)=32.85$$

(4) 计算检验统计量的观测值

$$\chi^2=\frac{(n-1)s^2}{\sigma^2}=\frac{19\times 12.6}{4}=59.85$$

(5) 因为 59.85 在拒绝域内，所以拒绝原假设，认为这批数据的方差不是 4。

代码如下：

```
#第 8 章/8-8.py
from scipy.stats import chi2
import numpy as np
x = [14.85, 12.2 , 12.03, 14.13, 21.03, 17.24, 17.11, 12.66, 12.8,13.77, 17.94,
     16.25, 15.34, 12.98, 17.6 , 19.62, 16.52, 22.51, 10.54, 7.46]
x = np.array(x)
s2 = x.var()
n = len(x)
sigma2 = 4
#拒绝域
alpha = 0.05
X = chi2(df = n - 1)
left = X.ppf(alpha / 2)
right = X.ppf(1 - alpha / 2)
print('拒绝域左端点为', left)
print('拒绝域右端点为', right)
#统计量
c2 = (n - 1) * s2 / sigma2
print('卡方统计量的值为', c2)
print('卡方统计量在拒绝域内,因此拒绝原假设,认为这批数据的方差不等于 4')
```

输出如下：

```
拒绝域左端点为 8.906516481987971
拒绝域右端点为 32.85232686172969
卡方统计量的值为 59.85256025
卡方统计量在拒绝域内,因此拒绝原假设,认为这批数据的方差不等于 4
```

【例 8-9】 有一批数据服从正态分布，具体如下：34.94、28.18、26.48、16.68、24.61、24.23、25.59、22.86、25.78、23.61、19.43、30.42、30.41、34.55、26.25、23.98、23.27、18.27、30.91、20.49、20.07、24.97、33.43、27.18、20.88、22.44、29.13、25.2、22.16、24.85。能否判断这批数据的方差大于 23？设显著性水平为 $\alpha=0.05$。

解：根据题意，检验流程如下。

(1) 假设 $H_0: \sigma^2 \leqslant 23, H_1: \sigma^2 > 23$。

(2) 构造统计量：

$$\chi^2 = \frac{(n-1)s^2}{\sigma^2} \sim \chi^2(n-1)$$

(3) 对显著性水平 $\alpha = 0.05$，计算 χ^2 分布临界值：

$$\chi^2(\alpha, n-1) = \chi^2(0.95, 29) = 42.55$$

(4) 计算检验统计量的观测值：

$$\chi^2 = \frac{(n-1)s^2}{\sigma^2} = \frac{29 \times 20.67}{23} = 26.07$$

(5) 因为 26.07 不在拒绝域内，所以不拒绝原假设，认为这批数据的方差小于或等于 23。

代码如下：

```
#第 8 章/8-9.py
from scipy.stats import chi2
import numpy as np
x = [34.94, 28.18, 26.48, 16.68, 24.61, 24.23, 25.59, 22.86, 25.78, 23.61, 19.43, 30.42,
30.41, 34.55, 26.25, 23.98, 23.27, 18.27, 30.91, 20.49, 20.07, 24.97, 33.43, 27.18, 20.88,
22.44, 29.13, 25.2 , 22.16, 24.85]
x = np.array(x)
print('原始数据为\n', x)
s2 = x.var()
n = len(x)
sigma2 = 23
print('样本方差为', s2)
#拒绝域
alpha = 0.05
X = chi2(df = n - 1)
cut = X.ppf(1 - alpha)
print('拒绝域端点为', cut)
#统计量
c2 = (n - 1) * s2 / sigma2
print('卡方统计量的值为', c2)
print('卡方统计量不在拒绝域内,因此不拒绝原假设,认为这批数据的方差小于或等于 23.')
```

输出如下：

```
原始数据为
[34.94 28.18 26.48 16.68 24.61 24.23 25.59 22.86 25.78 23.61 19.43 30.42
30.41 34.55 26.25 23.98 23.27 18.27 30.91 20.49 20.07 24.97 33.43 27.18
20.88 22.44 29.13 25.2 22.16 24.85]
样本方差为 20.67293833333333
拒绝域端点为 42.55696780429269
卡方统计量的值为 26.065878768115937
卡方统计量不在拒绝域内,因此不拒绝原假设,认为这批数据的方差小于或等于 23.
```

8.3.2　两个正态总体方差的假设检验

设 $X_1,X_2,\cdots,X_{n_1}$ 是来自正态总体 $N(\mu_1,\sigma_1^2)$ 的样本，$Y_1,Y_2,\cdots,Y_{n_2}$ 是来自正态总体 $N(\mu_2,\sigma_2^2)$ 的样本，并且两样本独立，它们的样本方差分别是 S_1^2 和 S_2^2，设总体均值 μ_1 和 μ_2 未知，总体方差 σ_1^2 和 σ_2^2 也未知。

两个正态分布总体方差的假设检验有下面 3 种。

(1) $H_0: \sigma_1^2 \leqslant \sigma_2^2, H_1: \sigma_1^2 > \sigma_2^2$

(2) $H_0: \sigma_1^2 \geqslant \sigma_2^2, H_1: \sigma_1^2 < \sigma_2^2$

(3) $H_0: \sigma_1^2 = \sigma_2^2, H_1: \sigma_1^2 \neq \sigma_2^2$

针对情形(1)，取

$$F=\frac{S_1^2/S_2^2}{\sigma_1^2/\sigma_2^2} \sim F(n_1-1,n_2-1) \tag{8-6}$$

作为检验统计量，当 H_0 为真时，观察值 S_1^2/S_2^2 除以一个小于 1 的数才服从 $F(n_1-1,n_2-1)$，也就是说 S_1^2/S_2^2 本身偏小，故当 S_1^2/S_2^2 比较大的时候拒绝 H_0，因此对于事先给定的检验水平 α，可以算出相应的拒绝域为

$$\frac{S_1^2}{S_2^2} \geqslant F_\alpha(n_1-1,n_2-1) \tag{8-7}$$

同理，针对情形(2)，当 H_0 为真时，观察值 S_1^2/S_2^2 除以一个大于 1 的数才服从 $F(n_1-1,n_2-1)$，也就是说 S_1^2/S_2^2 本身偏大，故当 S_1^2/S_2^2 比较小的时候拒绝 H_0，因此对于事先给定的检验水平 α，可以算出相应的拒绝域为

$$\frac{S_1^2}{S_2^2} \leqslant F_\alpha(n_1-1,n_2-1) \tag{8-8}$$

针对情形(3)，当 H_0 为真时，观察值既不能过大也不能过小，故当 S_1^2/S_2^2 过大或过小时拒绝 H_0，因此对于事先给定的检验水平 α，可以算出相应的拒绝域为

$$\frac{S_1^2}{S_2^2} > F_{1-\frac{\alpha}{2}}(n_1-1,n_2-1) \text{ 或者 } \frac{S_1^2}{S_2^2} < F_{\frac{\alpha}{2}}(n_1-1,n_2-1) \tag{8-9}$$

【例 8-10】 有两组数据，它们都服从正态分布且相互独立，具体如下。

第 1 组：30.35、33.5、23.03、34.86、27.07、18.91、25.47、34.19、32.33、21.97、34.33、29.38、32.98、32.33、21.9、32.46、25.75、40.83、35.06、30.32、23.12、30.38、31.12、21.54、45.56、32.76、41.85、22.21、41.45、20.47。

第 2 组：4.71、−2.23、−7.93、−0.25、0.54、−5.97、5.03、9.86、6.35、6.16、8.27、−0.57、−1.94、0.03、1.37、15.71、−11.66、10.25、−7.04、1.05。

能否判断这两组数据的正态总体方差相等？设显著性水平为 $\alpha=0.05$。

解：根据题意，计算两组数据的样本方差分别是 $S_1^2=46.04$，$S_2^2=44.46$，样本容量分别是 $n_1=30$ 和 $n_2=20$。计算样本方差之比为 $S_1^2/S_2^2=1.04$，构造 F 统计量并计算边界值

$$F_{1-\frac{\alpha}{2}}(n_1-1,n_2-1)=F_{0.975}(29,19)=2.40$$

$$F_{\frac{\alpha}{2}}(n_1-1,n_2-1)=F_{0.025}(29,19)=0.45$$

$S_1^2/S_2^2=1.04$ 不在拒绝域内，因此不拒绝原假设，认为两组数据总体方差相等。

代码如下：

```
#第 8 章/8-10.py
from scipy.stats import f
import numpy as np
x1 = [30.35, 33.5 , 23.03, 34.86, 27.07, 18.91, 25.47, 34.19, 32.33, 21.97, 34.33, 29.38,
32.98, 32.33, 21.9 , 32.46, 25.75, 40.83, 35.06, 30.32, 23.12, 30.38, 31.12, 21.54, 45.56,
32.76, 41.85, 22.21, 41.45, 20.47]
x2 = [4.71, -2.23, -7.93, -0.25, 0.54, -5.97, 5.03, 9.86, 6.35,
      6.16, 8.27, -0.57, -1.94, 0.03, 1.37, 15.71, -11.66, 10.25, -7.04, 1.05 ]
x1 = np.array(x1)
x2 = np.array(x2)
print('第 1 组原始数据为\n', x1)
print('第 2 组原始数据为\n', x2)
s12 = x1.var()
s22 = x2.var()
n1 = len(x1)
n2 = len(x2)
print('第 1 组数据样本量为', n1)
print('第 2 组数据样本量为', n2)
print('第 1 组原始数据样本方差为', s12)
print('第 2 组原始数据样本方差为', s22)
#拒绝域
alpha = 0.05
X = f(dfn = n1 - 1, dfd = n2 - 1)
left = X.ppf(alpha / 2)
right = X.ppf(1 - alpha / 2)
print('拒绝域左端点为', left)
print('拒绝域右端点为', right)
#统计量
st = s12 / s22
print('F 统计量的值为', st)
print('F 统计量不在拒绝域内,因此不拒绝原假设,认为这批数据的方差相等.')
```

输出如下：

```
第 1 组原始数据为
[30.35 33.5 23.03 34.86 27.07 18.91 25.47 34.19 32.33 21.97 34.33 29.38
32.98 32.33 21.9 32.46 25.75 40.83 35.06 30.32 23.12 30.38 31.12 21.54
45.56 32.76 41.85 22.21 41.45 20.47]
第 2 组原始数据为
[  4.71   -2.23   -7.93   -0.25   0.54   -5.97   5.03   9.86   6.35   6.16
   8.27   -0.57   -1.94   0.03   1.37   15.71   -11.66   10.25   -7.04   1.05]
第 1 组数据样本量为 30
第 2 组数据样本量为 20
第 1 组原始数据样本方差为 46.04984622222223
第 2 组原始数据样本方差为 44.46498100000001
拒绝域左端点为 0.44817448453214676
拒绝域右端点为 2.4019426859347415
F 统计量的值为 1.0356429978508754
F 统计量不在拒绝域内,因此不拒绝原假设,认为这批数据的方差相等.
```

【例 8-11】 有两组数据，它们都服从正态分布且相互独立，具体如下。

第 1 组：40.51、45、30.04、46.94、35.82、24.15、33.52、45.99、43.32、28.53、46.19、39.12、44.25、43.32、28.43、43.51、33.93、55.47、47.23、40.46、30.17、40.54、41.6、27.91、62.23、43.94、56.92、28.87、56.36、26.39。

第 2 组：7.15、−9.7、−23.54、−4.89、−2.99、−18.79、7.92、19.66、11.12、10.66、15.79、−5.68、−9、−4.21、−0.95、33.86、−32.61、20.61、−21.38、−1.73。

能否判断第 1 组数据的总体方差大于第 2 组的总体方差？设显著性水平为 $\alpha=0.05$。

解：根据题意，原假设与备择假设分别为 $H_0: \sigma_1^2 \leqslant \sigma_2^2, H_1: \sigma_1^2 > \sigma_2^2$。计算两组数据的样本方差分别为 $S_1^2=93.98, S_2^2=262.2$，样本容量分别是 $n_1=30$ 和 $n_2=20$。计算样本方差之比为 $S_1^2/S_2^2=0.358$，构造 F 统计量并计算边界值

$$F_{1-\alpha}(n_1-1, n_2-1)=F_{0.95}(29,19)=2.077$$

$S_1^2/S_2^2=0.358$ 不在拒绝域内，因此不拒绝原假设，认为第 1 组数据的总体方差小于或等于第 2 组的总体方差。

代码如下：

```
#第 8 章/8-11.py
from scipy.stats import f
import numpy as np
x1 = [40.51, 45, 30.04, 46.94, 35.82, 24.15, 33.52, 45.99, 43.32, 28.53, 46.19, 39.12,
44.25, 43.32, 28.43, 43.51, 33.93, 55.47, 47.23, 40.46, 30.17, 40.54, 41.6 , 27.91, 62.23,
43.94, 56.92, 28.87, 56.36, 26.39]
x2 = [7.15, -9.7 , -23.54, -4.89, -2.99, -18.79, 7.92, 19.66, 11.12, 10.66, 15.79,
-5.68, -9, -4.21, -0.95, 33.86, -32.61, 20.61, -21.38, -1.73]
x1 = np.array(x1)
x2 = np.array(x2)
print('第 1 组原始数据为\n', x1)
print('第 2 组原始数据为\n', x2)
s12 = x1.var()
s22 = x2.var()
n1 = len(x1)
n2 = len(x2)
print('第 1 组数据样本量为', n1)
print('第 2 组数据样本量为', n2)
print('第 1 组原始数据样本方差为', s12)
print('第 2 组原始数据样本方差为', s22)
#拒绝域
alpha = 0.05
X = f(dfn = n1 - 1, dfd = n2 - 1)
cut = X.ppf(1 - alpha )
print('拒绝域端点为', cut)
#统计量
st = s12 / s22
print('卡方统计量的值为', st)
print('卡方统计量不在拒绝域内,因此不拒绝原假设,认为第 1 组数据总体方差不超过第 2 组数据
的总体方差.')
```

输出如下：

```
第1组原始数据为
[40.51 45 30.04 46.94 35.82 24.15 33.52 45.99 43.32 28.53 46.19 39.12
44.25 43.32 28.43 43.51 33.93 55.47 47.23 40.46 30.17 40.54 41.6 27.91
62.23 43.94 56.92 28.87 56.36 26.39]
第2组原始数据为
[   7.15   -9.7   -23.54   -4.89   -2.99   -18.79   7.92   19.66   11.12   10.66
  15.79   -5.68   -9   -4.21   -0.95   33.86   -32.61   20.61   -21.38   -1.73]
第1组数据样本量为30
第2组数据样本量为20
第1组原始数据样本方差为93.97956488888889
第2组原始数据样本方差为262.200105
拒绝域端点为2.0772137495635685
卡方统计量的值为0.3584268773991867
卡方统计量不在拒绝域内,因此不拒绝原假设,认为第1组数据总体方差不超过第2组数据的总体方差.
```

8.4 置信区间与假设检验之间的关系

置信区间与假设检验之间有紧密联系。

设参数 θ 的一个置信水平为 $1-\alpha$ 的置信区间的下限和上限分别是 θ^* 和 θ^{**}，则由置信区间的定义可知

$$P(\theta^* < \theta < \theta^{**}) \geqslant 1-\alpha \tag{8-10}$$

这时考虑一个显著性水平为 α 的双边假设检验

$$H_0: \theta=\theta_0, \quad H_1: \theta \neq \theta_0 \tag{8-11}$$

按假设检验的定义，$\theta \geqslant \theta^{**}$ 或 $\theta \leqslant \theta^*$ 的概率为 $1-\alpha$。这就是说当要做假设检验时，可以先求出置信区间，然后考查 θ 的真值是否落在该置信区间内，如果不在，则拒绝原假设 H_0，否则就接受 H_0。

反之，如果假设检验问题的接受域为 $\theta^* < \theta < \theta^{**}$，则意味着

$$P(\theta^* < \theta < \theta^{**}) \geqslant 1-\alpha \tag{8-12}$$

因此(θ^*, θ^{**})就是参数 θ 的一个置信水平为 $1-\alpha$ 的置信区间。

8.5 分布拟合检验

在很多实际问题中，做假设检验时并不知道总体服从何种分布，此时需要根据样本来检验关于分布的假设。本节介绍的卡方拟合检验法适合于总体分布未知的假设检验。

8.5.1 单个分布的卡方拟合检验

设总体 X 的分布未知，$x_1, x_2, \cdots, x_n$ 是来自 X 的样本值，进行假设检验。

H_0：总体 X 的分布函数为 $F(x)$。H_1：总体 X 的分布函数不是 $F(x)$。为此，构造统计量如下：

(1) 将 X 可能取值的全体分成 k 个互不相交的子集 $A_1, A_2, \cdots, A_k$。

(2) 用 f_i 表示样本值 $x_1, x_2, \cdots, x_n$ 中落入 A_i 的个数。

(3) 令 $p_i = P(A_i)$。

(4) 构造统计量

$$\chi^2 = \sum_{i=1}^{k} \frac{n}{p_i}\left(\frac{f_i}{n} - p_i\right)^2 = \sum_{i=1}^{k} \frac{f_i^2}{np_i} - n \tag{8-13}$$

(5) 可以证明步骤(4)中的统计量 χ^2 近似服从 $\chi^2(k-1)$。当 H_0 为真时，χ^2 不会太大，如果 χ^2 过大就拒绝 H_0，拒绝域的形式为 $\chi^2 \geqslant \chi_\alpha^2(k-1)$，其中 α 为显著性水平。

在实践中，一般要求样本量 n 不小于 50，并且 np_i 不能小于 5，这些是经验法则。

【例 8-12】 某沿海地区 100 年间遭遇台风的次数统计如下。无台风年份有 22 个，1 次台风的年份有 37 个，2 次台风的年份有 20 个，3 次台风的年份有 13 个，4 次台风的年份有 6 个，5 次台风的年份有 2 个。试用卡方检验法判断该地区每年的台风次数是否服从均值为 1 的泊松分布，取显著性水平为 $\alpha = 0.05$。

解：根据题意，需要检验的问题是

$$H_0: P(X=i) = \frac{\lambda^i \exp(-\lambda)}{i!} = \frac{e^{-1}}{i!}$$

将 X 可能取值的全体分成 k 个互不相交的子集并计算每个子集的概率

$$P(X=0) = e^{-1} = 0.3679, \quad P(X=1) = e^{-1} = 0.3679$$

$$P(X=2) = e^{-1}/2 = 0.1839, \quad P(X=3) = e^{-1}/6 = 0.0613$$

$$P(X=4) = e^{-1}/24 = 0.0153, \quad P(X=5) = e^{-1}/120 = 0.0031$$

$$P(X \geqslant 6) = 0.0006$$

由此计算

$$nP(X=0) = 36.788, \quad nP(X=1) = 36.788$$

$$nP(X=2) = 18.394, \quad nP(X=3) = 6.131$$

$$nP(X=4) = 1.533, \quad nP(X=5) = 0.307$$

$$nP(X \geqslant 6) = 0.059$$

注意 其中有些分组小于 5 被合并，使每组均有 $np_i \geqslant 5$。合并之后共有 4 组，χ^2 的自由度为 $k=4-1=3$。分位点 $\chi_{0.05}^2(3) = 7.815$，卡方统计量的值 $\chi^2 = 27.04$，因此在显著性水平 $\alpha = 0.05$ 之下拒绝原假设，认为不服从参数为 1 的泊松分布。

代码如下：

```
#第 8 章/8-12.py
from scipy.stats import poisson, chi2
X = poisson(mu = 1)
n = 100
```

```
#概率值
p0 = X.pmf(k = 0)
p1 = X.pmf(k = 1)
p2 = X.pmf(k = 2)
p3 = X.pmf(k = 3)
p4 = X.pmf(k = 4)
p5 = X.pmf(k = 5)
p6 = 1 - X.cdf(5)
#每组值
f0 = 22
f1 = 37
f2 = 20
f3 = 13 + 6 + 2
#分成4组
np0 = n * p0
np1 = n * p1
np2 = n * p2
np4 = n * (p3 + p4 + p5 + p6)
#统计量
ch = (f0 ** 2 / np0) + (f1 ** 2 / np1) + (f2 ** 2 / np2) + (f3 ** 2 / np4) - n
print('卡方统计量的值为', ch)
#分位点
alpha = 0.05
X = chi2(df = k - 1)
b = X.ppf(q = 1 - alpha)
print('分位点为', b)
print('卡方统计量落入拒绝域,拒绝原假设,认为该地区每年的台风次数不服从均值为1的泊松分布.')
```

输出如下：

```
卡方统计量的值为 27.034114984935727
分位点为 7.814727903251179
卡方统计量落入拒绝域,拒绝原假设,认为该地区每年的台风次数不服从均值为1的泊松分布.
```

【例 8-13】 研究麋鹿的毛色和鹿角的有无。用黑色无角鹿与红色无角鹿杂交，子二代出现黑色无角鹿192头，黑色有角鹿78头，红色无角鹿72头，红色有角鹿18头，共360头。这两对性状是否符合孟德尔遗传规律中的9∶3∶3∶1的比例？取显著性水平为$\alpha=0.1$。

解：根据题意，用X表示麋鹿的4种性状序号，则需要检验的问题是

$$H_0: P(X=1)=9/16, P(X=2)=3/16, P(X=3)=3/16, P(X=4)=1/16$$

在H_0假设下，分别计算这4组的np_i的值，再代入样本值$f_1=192, f_2=78, f_3=72, f_4=18$可算出卡方统计量为$\chi^2=3.38$，分位点为$\chi_\alpha^2(0.1)=6.25$。卡方统计量没有落入拒绝域，因此不拒绝原假设，认为这两对性状符合孟德尔遗传规律中的9∶3∶3∶1的比例。

代码如下：

```
#第8章/8-13.py
from scipy.stats import chi2
import numpy as np
#原假设
t = np.array([9, 3, 3, 1])
p1, p2, p3, p4 = t / t.sum()
n = 360
print('样本容量为', n)
#样本
np1, np2, np3, np4 = n * p1, n * p2, n * p3, n * p4
f1, f2, f3, f4 = 192, 78, 72, 18
#统计量
st = (f1 ** 2 / np1) + (f2 ** 2 / np2) + (f3 ** 2 / np3) + (f4 ** 2 / np4) - 360
k = 4
print('组数为 4')
print('卡方统计量为', st)
#分位点
alpha = 0.1
X = chi2(df = k - 1)
a = X.ppf(1 - alpha)
print('分位点为', a)
print('卡方统计量没有落入拒绝域,故接受原假设,认为符合孟德尔遗传规律.')
```

输出如下：

```
样本容量为 360
组数为 4
卡方统计量为 3.377777777777794
分位点为 6.251388631170325
卡方统计量没有落入拒绝域,故接受原假设,认为符合孟德尔遗传规律.
```

8.5.2　分布族的卡方拟合检验

有时需要检验的分布中有未知参数，即原假设为 H_0：总体分布函数为 $F(x;\theta_1,\cdots,\theta_r)$。其中，$F$ 分布的形式已知，但 r 个参数 $\theta_1,\cdots,\theta_n$ 未知，当参数变动时得到不同的分布。原假设表示总体 X 服从分布族 $F(x;\theta_1,\cdots,\theta_n)$。对于这类检验问题有原假设 H_0：总体 X 的分布函数为 $F(x,\theta_1,\cdots,\theta_r)$。备择假设 H_1：总体 X 的分布函数为 $F(x,\theta_1,\cdots,\theta_r)$。步骤如下：

(1) 将 X 可能取值的全体分成 k 个互不相交的子集 $A_1,A_2,\cdots,A_k$。

(2) 用 f_i 表示样本值 $x_1,x_2,\cdots,x_n$ 中落入 A_i 的个数。

(3) 令 $p_i=P(A_i)$。

(4) 用最大似然估计算出 H_0 之下参数 $\theta_1,\cdots,\theta_r$ 的估计值，求出此时的概率分布 $\hat{p}_i=\hat{P}(A_i)$。

(5) 构造统计量

$$\chi^2=\sum_{i=1}^{k}\frac{n}{\hat{p}_i}\left(\frac{f_i}{n}-p_i\right)^2=\sum_{i=1}^{k}\frac{f_i^2}{n\hat{p}_i}-n \tag{8-14}$$

(6) 可以证明步骤(5)中的统计量 χ^2 当 H_0 为真时近似服从 $\chi^2(k-1-r)$。如果 χ^2 过大就拒绝 H_0,拒绝域的形式为 $\chi^2\geqslant\chi_{\alpha}^2(k-1)$,其中 α 为显著性水平。

【例 8-14】 某一次物理实验中,每隔一定时间观察一次由某种物质所放射的 α 粒子数,共观察了 100 次,结果为 1 次观察到 0 个 α 粒子,5 次观察到 1 个 α 粒子,16 次观察到 2 个 α 粒子,17 次观察到 3 个 α 粒子,26 次观察到 4 个 α 粒子,11 次观察到 5 个 α 粒子,9 次观察到 6 个 α 粒子,9 次观察到 7 个 α 粒子,2 次观察到 8 个 α 粒子,1 次观察到 9 个 α 粒子,2 次观察到 10 个 α 粒子,1 次观察到 11 个 α 粒子。能否认为 α 粒子数服从泊松分布?显著性水平取 $\alpha=0.05$。

解:根据题意,原假设为 α 粒子数服从泊松分布,但参数未知,用最大似然估计法计算参数 λ 的值为 $\hat{\lambda}=4.2$。在原假设之下,α 粒子分布的概率为

$$\hat{p}_i=\hat{P}(X=i)=\frac{4.2^i\exp(-4.2)}{i!},\quad i=0,1,2,\cdots$$

计算从 $i=0$ 到 $i=11$ 的概率值 $\hat{p}_0,\cdots,\hat{p}_{11}$,合并较小的概率,使每个 np_i 都大于 5,再合并相应的组,共计 8 组,代入公式

$$\chi^2=\sum_{i=1}^{k}\frac{n}{\hat{p}_i}\left(\frac{f_i}{n}-p_i\right)^2=\sum_{i=1}^{k}\frac{f_i^2}{n\hat{p}_i}-n$$

得 $\chi^2=6.281$,$\chi_{0.05}^2(k-r-1)=\chi_{0.05}^2(8-1-1)=12.592$。故在显著性水平 0.05 之下接受原假设,认为样本来自于泊松分布。

代码如下:

```
#代码清单 8-14
#例 8-14
from scipy.stats import chi2, poisson
import numpy as np
#样本量
n = 100
print('样本量为', n)
#泊松分布的参数估计
lambda = 4.2
print('泊松参数估计值为', lambda)
#分组,共 8 组
f1 = 1 + 5
f2, f3, f4, f5, f6, f7, f8 = 16, 17, 26, 11, 9, 9, 6
f = np.array([f1, f2, f3, f4, f5, f6, f7, f8])
X = poisson(mu = lambda)
p1 = X.pmf(k = [0,1]).sum()
p2, p3, p4, p5, p6, p7 = X.pmf(k = [2, 3, 4, 5, 6, 7])
p8 = X.pmf(k = [8, 9, 10, 11, 12]).sum()
p = np.array([p1, p2, p3, p4, p5, p6, p7, p8])
#统计量
ch = (f ** 2 / (n * p)).sum() - n
print('卡方统计量为', ch)
```

```
#拒绝域
k = 8
r = 1
alpha = 0.05
X = chi2(df = k - r - 1)
a = X.ppf(1 - alpha)
print('拒绝域分界线为', a)
print('卡方统计量没有落入拒绝域,因此不拒绝原假设,认为样本来自泊松分布.')
```

输出如下：

```
样本量为 100
泊松参数估计值为 4.2
卡方统计量为 6.320778120182567
拒绝域分界线为 12.591587243743977
卡方统计量没有落入拒绝域,因此不拒绝原假设,认为样本来自泊松分布.
```

8.6 本章练习

1. 现有一组数据样本，它们的样本均值 $\bar{x}=0.452\%$，样本标准差 $s=0.037\%$，假设这组数据服从正态分布 $N(\mu,\sigma^2)$，在显著性水平 $\alpha=0.05$ 下，分别检验如下假设。

(1) $H_0: \mu=0.5\%$。

(2) $H_0: \sigma=0.04\%$。

2. 某公司的产品标准质量为500g，每隔一段时间需要检查机器工作情况，现抽取10个样品，测得它们的质量为495g、510g、505g、498g、503g、492g、502g、612g、407g、506g，假定产品质量服从正态分布，在0.95的显著性水平下机器是否正常工作？

3. 某公司的产品寿命 X 服从正态分布 $N(\mu,\sigma^2)$，但 μ 和 σ^2 未知，从产品中随机抽取20个，计算样本均值 $\bar{x}=1832$，样本标准差为 $s=497$。检验该公司产品的使用寿命为2000是否成立，取显著性水平为 $\alpha=0.05$。

4. 某公司的某产品指标服从正态分布 $N(\mu,\sigma^2)$，已知 $\sigma=5.5$。按照国家规定这种产品的指标值不能低于65，现从中抽查了100个样品，测得样本均值 $\bar{x}=55.06$，试问在显著性水平 $\alpha=0.05$ 下，能否判断这批产品符合国家标准？

5. 有一个样本量为10的样本，它的均值为 $\bar{x}=2.7$，方差为 $s^2=2.25$，假设总体服从正态分布，试在显著性水平 $\alpha=0.05$ 下检验。

(1) $H_0: \mu=3, H_1: \mu\neq3$。

(2) $H_0: \sigma^2=2.5, H_1: \sigma^2\neq2.5$。

6. 根据历史数据，得知某钢铁厂铁水的含碳量 $X\sim N(4.55,0.108^2)$。现采用了新的生产工艺，测得9炉铁水，其平均含碳量为4.484。如果方差不变，能否认为新的生产工艺产出的铁水含碳量仍然是4.55？假设显著性水平为 $\alpha=0.05$。

7. 某产品的某指标值 X 服从正态分布 $N(1600,150^2)$，改进了制造工艺后，假设方差不变。抽取一组容量为25的样本，测得样本均值为 $\bar{x}=1657$，能否认为新的生产工艺使均值有了明显的提高？假设显著性水平 $\alpha=0.05$。

8. 某种钢筋的强度服从正态分布，现从钢筋中随机抽取 6 个样本，测得样本均值为 $\bar{x}=51.5$，样本标准差 $s=0.85$，能否判定钢筋强度均值为 52？假设显著性水平为 $\alpha=0.05$。

9. 某种电子元件的寿命服从正态分布 $N(\mu,\sigma^2)$，其中 μ 与 σ^2 未知，现有一组容量为 16 的样本，均值为 $\bar{x}=241.5$，样本标准差为 $s=98.74$，是否有理由相信这批电子元件的寿命大于 220？设显著性水平 $\alpha=0.05$。

10. 某种导线要求其电阻的标准差不得超过 0.005Ω，现从生产的一批导线中随机抽取 9 根，测得样本标准差 $s=0.007\Omega$，已知导线电阻总体服从正态分布，能否判定这批导线的标准差不符合要求？设显著性水平 $\alpha=0.05$。

8.7 常见考题解析：假设检验

【考题 8-1】 某次考试的考生成绩服从正态分布，从中随机地抽取 36 位考生的成绩，算得平均成绩为 66.5 分，标准差为 15 分。在显著性水平 0.05 下，是否可以认为这次考试全体考生的平均成绩为 70 分？说明理由。

解：设该次考试的考生成绩为 $X\sim N(\mu,\sigma^2)$，把从 X 中抽取的容量为 n 的样本均值记为 $\bar{X}$，样本标准差记为 S。本题是在显著性水平 $\alpha=0.05$ 下检验

$$H_0: \mu=70, \quad H_1: \mu\neq 70$$

此检验的拒绝域为

$$|t|=\frac{|\bar{X}-70|}{S}\sqrt{n}\geqslant t_{1-\frac{\alpha}{2}}(n-1)$$

代入 $n=36$，$\bar{x}=66.5$，$S=15$，$t_{0.975}(36-1)=2.0301$ 得

$$|t|=\frac{|66.5-70|}{15}\sqrt{36}=1.4<2.0301$$

因此接受假设 $H_0: \mu=70$，即在显著性水平 0.05 下，可以认为这次考试全体考生的平均成绩为 70 分。

代码如下：

```
#第 8 章/8-15.py
from scipy.stats import t
import numpy as np
n = 36
s = 15
x_ = 66.5
mu = 70
alpha = 0.05
X = t(df = n - 1)
left = X.ppf(alpha / 2)
right = X.ppf(1 - alpha / 2)
print('拒绝域的左端点为', left)
print('拒绝域的右端点为', right)
#统计量
t_ = (x_ - mu) / s * np.sqrt(n)
print('t统计量为', t_)
```

输出如下：

```
拒绝域的左端点为 -2.030107928250343
拒绝域的右端点为 2.030107928250343
t统计量为 -1.4
```

【考题 8-2】 某烟厂生产甲乙两种香烟，独立随机抽取容量大小相同的烟叶标本，测得尼古丁含量的毫克数。一个实验室分别做了 6 次测定，数据记录如下。甲：25、28、23、26、29、22；乙：28、23、30、25、21、27。假定尼古丁含量服从正态分布且具有相同的方差，在显著性水平 $\alpha=0.05$ 下，这两种香烟的尼古丁含量有无显著性差异？

解：提出待检假设 $H_0: \mu_1=\mu_2, H_1: \mu_1 \neq \mu_2$。由于 σ_1^2 和 σ_1^2 相等但未知。构造统计量

$$T=\frac{\bar{X}-\bar{Y}}{\sqrt{S_w}\sqrt{1/n_1+1/n_2}}$$

其中，$n_1=n_2=6$，并且

$$S_w=\frac{(n_1-1)S_1^2+(n_2-1)S_2^2}{n_1+n_2-2}$$

当原假设 H_0 为真时，T 服从 $t(6+6-2)=t(10)$ 分布。对于 $\alpha=0.05$，拒绝域为 $T<-2.23$ 或 $T>2.23$。代入数据算得统计量的值为 -0.115，不在拒绝域内，因此不拒绝原假设，认为两种香烟尼古丁含量无显著性差异。

代码如下：

```
#第 8 章/8-16.py
from scipy.stats import t
import numpy as np
#数据
x = [25, 28, 23, 26, 29, 22]
y = [28, 23, 30, 25, 21, 27]
x = np.array(x)
y = np.array(y)
nx = len(x)
ny = len(y)
print('样本 1 的原始数据为', x)
print('样本 2 的原始数据为', y)
print('样本量 1 为', nx)
print('样本量 2 为', ny)
mx = x.mean()
my = y.mean()
vx = x.var()
vy = x.var()
print('样本均值 1 为', mx)
print('样本均值 2 为', my)
print('样本方差 1 为', vx)
print('样本方差 2 为', vy)
```

```
#显著性水平
alpha = 0.05
#单侧拒绝域
X = t(df = nx + ny - 2)
right = X.ppf(1 - alpha / 2 )
left = X.ppf( alpha / 2 )
print('拒绝域的左分界线为', left)
print('拒绝域的右分界线为', right)

#构造统计量
Sw2 = ((nx - 1) * vx + (ny - 1) * vy) / (nx + ny - 2)
t_ = (mx - my) / (np.sqrt(Sw2) * np.sqrt(1 / nx + 1 / ny))
print('统计量的值为', t_)
print('统计量的值没有落在拒绝域内,因此不拒绝原假设,认为两个总体均值相等.')
```

输出如下：

```
样本1的原始数据为 [25 28 23 26 29 22]
样本2的原始数据为 [28 23 30 25 21 27]
样本量1为 6
样本量2为 6
样本均值1为 25.5
样本均值2为 25.666666666666668
样本方差1为 6.25
样本方差2为 6.25
拒绝域的左分界线为 -2.2281388519649385
拒绝域的右分界线为 2.2281388519649385
统计量的值为 -0.11547005383792598
统计量的值没有落在拒绝域内,因此不拒绝原假设,认为两个总体均值相等.
```

【考题 8-3】 用两种不同的工艺生产同一种材料。对第1种工艺生产的材料进行了7次试验，测得材料的平均强度 $\overline{X}=13.8$，标准差 $S_1=3.9$；对第2种工艺生产的材料进行了8次试验，测得材料的平均强度 $\overline{X}=17.8$，标准差 $S_1=4.7$。已知两种工艺生产的材料强度都服从正态分布，并且认为方差相等。在显著性水平 $\alpha=0.05$ 下能否认为第1种工艺生产的材料强度低于第2种工艺生产的材料强度？

解：本题是在两个正态总体方差都未知但相等的情况下，取显著性水平为 $\alpha=0.05$，检验假设 $H_0: \mu_1 \geqslant \mu_2, H_1: \mu_1 < \mu_2$。这属于单边检验，构造统计量

$$T=\frac{\overline{X}-\overline{Y}}{\sqrt{S_w}\sqrt{1/n_1+1/n_2}}$$

其中

$$S_w=\frac{(n_1-1)S_1^2+(n_2-1)S_2^2}{n_1+n_2-2}$$

当原假设 H_0 为真时，T 服从 $t(7+8-2)=t(13)$ 分布。对于 $\alpha=0.05$，拒绝域为 $T<-1.77$，代入数据算得统计量的值为 -1.777，落入拒绝域内，因此拒绝原假设，认为第1种工艺生产的材料强度低于第2种工艺生产的材料强度。

代码如下：

```
#第 8 章/8-17.py
from scipy.stats import t
import numpy as np
#数据
nx = 7
ny = 8
print('样本量 1 为', nx)
print('样本量 2 为', ny)
mx = 13.8
my = 17.8
vx = 3.9 ** 2
vy = 4.7 ** 2
print('样本均值 1 为', mx)
print('样本均值 2 为', my)
print('样本方差 1 为', vx)
print('样本方差 2 为', vy)
#显著性水平
alpha = 0.05
#单侧拒绝域
X = t(df = nx + ny - 2)
c = X.ppf(alpha )
print('拒绝域的分界线为', c)
#构造统计量
Sw2 = ((nx - 1) * vx + (ny - 1) * vy) / (nx + ny - 2)
t_ = (mx - my) / (np.sqrt(Sw2) * np.sqrt(1 / nx + 1 / ny))
print('统计量的值为', t_)
print('统计量的值落入拒绝域内,因此拒绝原假设,认为第 1 种工艺均值低于第 2 种工艺.')
```

输出如下：

```
样本量 1 为 7
样本量 2 为 8
样本均值 1 为 13.8
样本均值 2 为 17.8
样本方差 1 为 15.209999999999999
样本方差 2 为 22.090000000000003
拒绝域的分界线为 -1.7709333959867992
统计量的值为 -1.777090797718614
统计量的值落入拒绝域内,因此拒绝原假设,认为第 1 种工艺均值低于第 2 种工艺.
```

【考题 8-4】 已知某种纤维纤度在正常状态下服从正态分布 $N(\mu,0.048^2)$，某日抽取 5 根纤维，测得其纤度分别是 1.32、1.55、1.36、1.44、1.40。若规定加工精度 σ^2 不能超过 0.048^2，试在 $\alpha=0.05$ 下检验该日产品的精度是否正常。

解：本题的原假设为 $H_0:\sigma^2\leqslant 0.048^2$，备择假设为 $H_1:\sigma^2>0.048^2$。在 H_0 成立时有

$$\chi^2=\frac{(n-1)S^2}{0.048}=\frac{(5-1)S^2}{0.048}=\frac{4S^2}{0.048}\sim\chi^2(n-1)$$

在显著性水平 $\alpha=0.05$ 下，拒绝域为 $\chi^2 \geqslant \chi_\alpha^2(n-1)=\chi_{0.05}^2(4)=9.49$，代入数据计算统计量为 $\chi^2=10.8$，在拒绝域内，因此拒绝原假设 H_0，认为产品精度不正常。

代码如下：

```
#第8章/8-18.py
from scipy.stats import chi2
import numpy as np
#样本
x = [1.32, 1.55, 1.36, 1.44, 1.40]
x = np.array(x)
n = len(x)
print('样本容量为', n)
#统计量
c = 0.048
ch = (n - 1) * x.var() / c ** 2
print('统计量的值为', ch)
#拒绝域
alpha = 0.05
X = chi2(df = n - 1)
a = X.ppf(1 - alpha)
print('拒绝域的分割线为', a)
print('统计量落入拒绝域,拒绝原假设,认为该日产品精度不正常.')
```

输出如下：

```
样本容量为 5
统计量的值为 10.805555555555552
拒绝域的分割线为 9.487729036781154
统计量落入拒绝域,拒绝原假设,认为该日产品精度不正常.
```

【考题 8-5】 已知某钢铁厂的铁水含碳量正常情况下服从正态分布 $N(\mu,0.108^2)$，现在测了 5 炉铁水，其含碳量分别是 4.48、4.40、4.46、4.50、4.44，总体的方差是否有显著的变化？取显著性水平 $\alpha=0.05$。

解：本题要检验的假设 $H_0: \sigma^2=0.108^2, H_1: \sigma^2 \neq 0.108^2$。定义统计量

$$K=\frac{(n-1)S^2}{0.108^2}=\frac{4S^2}{0.108^2} \sim \chi^2(n-1)$$

在显著性水平 $\alpha=0.05$ 下，拒绝域为 $\chi^2 \geqslant \chi_\alpha^2(n-1)=\chi_{0.05}^2(4)=9.49$，代入数据计算统计量为 $\chi^2=10.8$，在拒绝域内，因此拒绝原假设 H_0，认为产品精度不正常。

代码如下：

```
#第8章/8-19.py
from scipy.stats import chi2
import numpy as np
#样本
x = [4.48, 4.40, 4.46, 4.50, 4.44]
x = np.array(x)
```

```
n = len(x)
print('样本容量:', n)
#统计量
c = 0.108
ch = (n - 1) * x.var() / c ** 2
print('统计量的值为', ch)
#拒绝域
alpha = 0.05
X = chi2(df = n - 1)
a = X.ppf(1 - alpha)
print('拒绝域的分割线为', a)
print('统计量未落入拒绝域,因此不拒绝原假设,认为方差没有显著性差异.')
```

输出如下:

```
样本容量: 5
统计量的值为 0.4060356652949224
拒绝域的分割线为 9.487729036781154
统计量未落入拒绝域,因此不拒绝原假设,认为方差没有显著性差异.
```

8.8 本章常用的 Python 函数总结

本章常用的 Python 函数见表 8-1。

表 8-1 本章常用的 Python 函数

函数	代码
样本均值	x.mean( ),x 是样本
样本方差	x.var( ),x 是样本
正态分布分位点	norm(loc = loc,scale = scale).ppf(q)
学生分布分位点	t(df = df).ppf(q)
卡方分布分位点	chi2(df = df).ppf(q)
F 分布的分位点	f(dfn = dfn,dfd = dfd).ppf(q)

8.9 本章上机练习

实训环境

(1) 使用 Python 3.x 版本。

(2) 使用 IPython 或 Jupyter Notebook 交互式编辑器。

(3) 推荐使用 Anaconda 发行版中自带的 IPython 或 Jupyter Notebook。

【实训 8-1】 某一橡胶配方中,原用氧化锌 5g,现减为 1g。如果分别用两种配方做对比试验,5g 配方测得 9 个橡胶伸长率,其样本方差为 $s_1^2=63.86$; 1g 配方测得 10 个橡胶伸长率,其样本方差为 $s_2^2=236.8$。设橡胶伸长率服从正态分布,两种配方伸长率的总体标准差有无显著性差异? 取 $\alpha=0.05$。

代码如下：

```
#第8章/8-20.py
from scipy.stats import f
import numpy as np
#样本方差
s12 = 63.86
s22 = 236.8
n1 = 9
n2 = 10
print('第1组样本方差为', s12)
print('第2组样本方差为', s22)
#统计量
f_ = s12 / s22
print('F统计量的值为', f_)
#拒绝域
alpha = 0.05
X = f(dfn = n1 - 1, dfd = n2 - 1)
left = X.ppf(alpha / 2)
right = X.ppf(1 - alpha / 2)
print('拒绝域的左端点为', left)
print('拒绝域的右端点为', right)
print('F统计量的值未落入拒绝域,不拒绝原假设,认为无显著性差异.')
```

输出如下：

```
第1组样本方差为 63.86
第2组样本方差为 236.8
F统计量的值为 0.269679054054054
拒绝域的左端点为 0.2295034452119975
拒绝域的右端点为 4.101955696939746
F统计量的值未落入拒绝域,不拒绝原假设,认为无显著性差异.
```

【实训 8-2】 为比较不同季节出生的婴儿体重的方差，从某年12月和6月出生的婴儿中分别随机抽取6名和10名，测得其体重(单位：克)如下。

12月出生：3520、2960、2560、2960、3260、3960。

6月出生：3220、3220、3760、3000、2920、3740、3060、3080、2940、3060。

假设冬天和夏天出生的婴儿体重服从正态分布 $N(\mu_1,\sigma_1^2)$ 和 $N(\mu_2,\sigma_2^2)$，试在显著性水平 $\alpha=0.05$ 下，检验假设 $H_0: \sigma_1^2 \leqslant \sigma_2^2, H_1: \sigma_1^2 > \sigma_2^2$。

代码如下：

```
#第8章/8-21.py
from scipy.stats import f
import numpy as np
#样本方差
x1 = [3520, 2960, 2560, 2960, 3260, 3960]
x1 = np.array(x1)
x2 = [3220, 3220, 3760, 3000, 2920, 3740, 3060, 3080, 2940, 3060]
x2 = np.array(x2)
s12 = x1.var()
```

```
s22 = x2.var()
n1 = len(x1)
n2 = len(x2)
print('第 1 组样本量为', n1)
print('第 2 组样本量为', n2)
print('第 1 组样本方差为', s12)
print('第 2 组样本方差为', s22)
#统计量
f_ = s12 / s22
print('F 统计量的值为', f_)
#拒绝域
alpha = 0.05
X = f(dfn = n1 - 1, dfd = n2 - 1)
a = X.ppf(1 - alpha)
print('拒绝域的端点为', a)
print('F 统计量的值未落入拒绝域,不拒绝原假设,认为方差无显著性差异.')
```

输出如下：

```
第 1 组样本量为 6
第 2 组样本量为 10
第 1 组样本方差为 201388.8888888889
第 2 组样本方差为 84560.0
F 统计量的值为 2.381609376642489З
拒绝域的端点为 3.481658653901522
F 统计量的值未落入拒绝域,不拒绝原假设,认为方差无显著性差异.
```

【实训 8-3】 某高校对 43 名大学生的概率统计课进行测验，假设男女同学的成绩都服从正态分布。根据测验结果知道，21 名女同学的平均成绩为 70 分，标准差为 19 分；22 名男同学的平均成绩为 76 分，标准差为 17 分。

(1) 请检验两个正态总体的方差是否相同。

(2) 判定男同学与女同学该门课程的平均成绩是否有显著性差异，显著性水平 $\alpha=0.05$。

代码如下：

```
#第 8 章/8 - 22.py
from scipy.stats import f, t
import numpy as np
#样本方差
s12 = 19 ** 2
s22 = 17 ** 2
n1 = 21
n2 = 22
print('第 1 组样本量为', n1)
print('第 2 组样本量为', n2)
print('第 1 组样本方差为', s12)
print('第 2 组样本方差为', s22)
#(1) 检验总体方差是否相等
#统计量
f_ = s12 / s22
```

```
print('F统计量的值为', f_)
#拒绝域
alpha = 0.05
X = f(dfn = n1 - 1, dfd = n2 - 1)
right = X.ppf(1 - alpha / 2)
left = X.ppf(alpha / 2)
print('拒绝域的左端点为', left)
print('拒绝域的右端点为', right)
print('F统计量的值未落入拒绝域,不拒绝原假设,认为方差无显著性差异.')
#(2) 检验总体均值是否相等
#统计量
xm = 70
ym = 76
Sw = ((n1 - 1) * s12 + (n2 - 1) * s22) / (n1 + n2 - 2)
T = (xm - ym) / (np.sqrt(Sw) * np.sqrt(1 / n1 + 1 / n2))
print('t统计量为', T)
#拒绝域
X = t(df = n1 + n2 - 2)
right = X.ppf(1 - alpha / 2)
left = X.ppf(alpha / 2)
print('拒绝域的左端点为', left)
print('拒绝域的右端点为', right)
print('F统计量的值未落入拒绝域,不拒绝原假设,认为均值无显著性差异.')
```

输出如下：

```
第1组样本量为 21
第2组样本量为 22
第1组样本方差为 361
第2组样本方差为 289
F统计量的值为 1.2491349480968859
拒绝域的左端点为 0.40842762523266035
拒绝域的右端点为 2.424735222588496
F统计量的值未落入拒绝域,不拒绝原假设,认为方差无显著性差异.
t统计量为 -1.09240527356404
拒绝域的左端点为 -2.019540963982894
拒绝域的右端点为 2.0195409639828936
F统计量的值未落入拒绝域,不拒绝原假设,认为均值无显著性差异.
```

第9章 一元线性回归

在客观世界中,变量之间普遍存在关系。变量之间的关系分为两种,即确定性的和非确定性的。确定性关系一般可以用函数关系来表达,而非确定性的关系往往通过统计模型来刻画。回归分析就是一类常用的统计模型,它能帮助人们通过一个变量来推测另一个变量的值。经典的回归模型分为两类,分别是一元线性回归和多元线性回归。本章讨论一元线性回归。

本章重点内容:

(1) 回归分析与一元线性回归概述。

(2) 一元线性回归的数学形式。

(3) 回归参数的普通最小二乘估计。

(4) 回归参数的最大似然估计。

(5) 最小二乘估计的性质。

(6) 回归方程的显著性检验。

(7) 决定系数与残差估计。

(8) 回归系数的区间估计。

(9) 值预测和区间预测。

9.1 回归分析概述

社会科学与自然科学中都要研究变量之间的相互联系和制约关系。这种联系和制约关系的紧密程度不一样,有些关系是完全确定的,例如某个保险公司的一款产品每份1000元,卖出10份,总收入10 000元。如果设总收入为y,卖出的数量为x,则x与y满足完全确定的关系,即$y=1000x$。自然科学中有很多这样的确定的函数关系,例如万有引力公式、余弦定理公式等。还有些关系是不完全确定的,变量之间的密切程度没有达到由一个可以完全确定另一个。例如某种高档商品的销售量与城镇居民收入密切相关,但居民收入并不能完全确定某高档消费品的销量,因为商品的销售量还受人们的消费习惯、心理因素等诸多因素的影响,故而这是一种非确定性关系,如图9-1所示,两个变量x与y之间的对应关系不完全落在一条直线上,这就是说x与y有一定关系,但又没有密切到通过x唯一确定y的程度。我们把变量间的密切但又不是确定性的关系称为统计关系或相关关系,这种统计关系是统计学的主要研究对象。回归分析就是研究这种关系的常用技术。

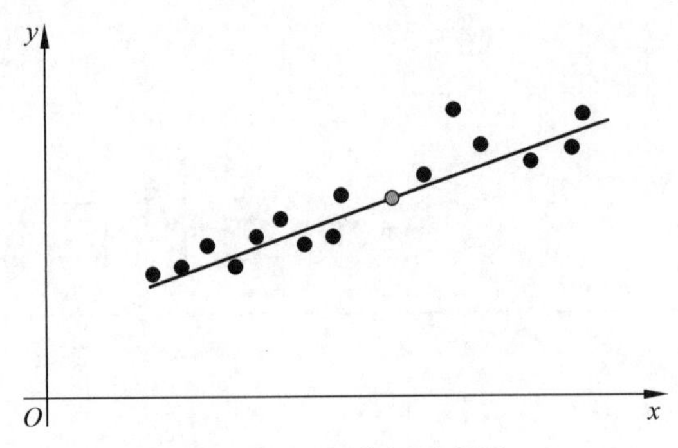

图 9-1　回归分析示意图

回归分析的基本思想和方法及“回归”一词的由来源于英国统计学家高尔顿。高尔顿和他的学生皮尔逊在研究父母身高与其子女身高的遗传问题时，发现子女身高与父母身高有一定的线性关系，特高个子父辈的后代在同龄人中仅为高个子，特矮个子父辈的后代在同龄人中仅为矮个子，而高个子父辈的后代仅为略高，矮个子父辈的后代仅为略矮。这个例子说明子代的平均高度向中心回归了，高尔顿引进的“回归”就是这个意思。

回归分析的主要研究对象是不同变量之间的统计关系。回归分析建立在对客观事物进行大量试验和观察的基础上，用来寻找隐藏在不确定现象中的统计规律。回归分析方法在生产实践中的广泛应用是它完善和发展的根本动力。如果从高斯于 1809 年提出最小二乘法算起，回归分析的历史已有 200 余年。如今回归分析已经发展出一整套理论，包含各式各样的回归模型。如果变量 $x_1,x_2,\cdots,x_p$ 与变量 y 之间存在相关关系，则 y 与 $x_1,x_2,\cdots,x_p$ 之间的概率模型为

$$y=f(x_1,x_2,\cdots,x_p)+\varepsilon \tag{9-1}$$

也称 y 为被解释变量或因变量，$x_1,x_2,\cdots,x_p$ 称为解释变量或自变量。在经济学中有时也把 y 称为内生变量，把 $x_1,x_2,\cdots,x_p$ 称为外生变量。从式(9-11)可以看出变量 y 与 $x_1,x_2,\cdots,x_p$ 的相关关系由两部分组成，一是确定性函数关系，二是随机误差 ε。

当函数 $f(x_1,x_2,\cdots,x_p)$为线性函数时，称此回归为线性回归。本书主要学习线性回归模型，也就是

$$y=\beta_0+\beta_1x_1+\cdots+\beta_px_p+\varepsilon \tag{9-2}$$

其中，$\beta_0,\beta_1,\cdots,\beta_p$ 为未知参数，一般称为回归系数。这里的“线性”指的是线性组合的意思而不是线性函数。如果 y_i 和 $x_{i1},x_{i2},\cdots,x_{ip}$ 是变量 y 和 $x_1,x_2,\cdots,x_p$ 的一组观测值，则线性回归模型可表示为

$$y_i=\beta_0+\beta_1x_{i1}+\cdots+\beta_px_{ip}+\varepsilon_i \tag{9-3}$$

为了估计模型的需要，线性回归模型通常应满足下面几个基本假设：

(1) 解释变量 $x_1,x_2,\cdots,x_p$ 是非随机变量，观测值 $x_{i1},x_{i2},\cdots,x_{ip}$ 是常数。

(2) 等方差性不相关性假定

$$E(\varepsilon_i)=0,\quad \operatorname{cov}(\varepsilon_i,\varepsilon_j)=\begin{cases}\sigma^2, & i=j\\ 0, & i\neq j\end{cases} \tag{9-4}$$

这个条件称为高斯马尔可夫条件，这是一条技术性假设，有了它便可以得到关于回归系

数的最小二乘估计及误差项方差 σ^2 估计的重要性质。

(3) 正态性假设

$$\begin{cases} \varepsilon_i \sim N(0,\sigma^2), & i=1,2,\cdots,n \\ \varepsilon_1,\varepsilon_2,\cdots,\varepsilon_n \text{ 相互独立} \end{cases} \tag{9-5}$$

在这个条件下,可得到关于回归系数和误差项方差 σ^2 估计的进一步结果,并且可以检验回归的显著性并做出区间估计。

(4) 通常为了数学上的方便,要求 $n>p$,即样本量的个数要多于解释变量的个数。

在整个回归分析中,线性回归占有中心地位,一方面线性模型应用最广泛,另一方面只有在回归模型为线性的假设下,才可以得到比较深入的结果。线性回归模型要研究的问题包括以下几个:

(1) 如何根据样本估计回归系数 $\beta_0,\beta_1,\cdots,\beta_p$ 及方差 σ^2。

(2) 对回归方程及回归系数的种种假设进行检验。

(3) 如何根据回归方程进行预测和控制。

9.2 一元线性回归

一元线性回归是描述两个变量之间统计关系的最简单的回归模型。虽然它形式简单,但通过一元线性回归模型的建立可以了解回归分析方法的基本统计思想及其在实际问题中的应用原理。

9.2.1 一元线性回归的数学形式

一元线性回归记为

$$y=\beta_0+\beta_1 x+\varepsilon \tag{9-6}$$

式(9-6)把实际问题中 y 与 x 的关系用两部分描述,一部分是由于 x 的变化引起的 y 的线性变化,即 $\beta_0+\beta_1 x$。另一部分则是由其他一切随机因素引起的,记为 ε。其中 ε 满足 $E(\varepsilon)=0$ 且 $D(\varepsilon)=\text{var}(\varepsilon)=\sigma^2$。式(9-6)表达了 x 与 y 的密切关系,但还没有密切到由 x 唯一确定 y 的程度。

在实际问题中,如果获得 n 组样本观测值 $(x_1,y_1),(x_2,y_2),\cdots,(x_n,y_n)$,则模型为

$$y_i=\beta_0+\beta_1 x_i+\varepsilon_i, \quad i=1,2,\cdots,n \tag{9-7}$$

误差满足

$$\begin{cases} \varepsilon_i \sim N(0,\sigma^2), & i=1,2,\cdots,n \\ \varepsilon_1,\varepsilon_2,\cdots,\varepsilon_n \text{ 相互独立} \end{cases} \tag{9-8}$$

为了方便讨论问题,引入矩阵记号

$$\boldsymbol{y}=\begin{bmatrix} y_1 \\ y_2 \\ \vdots \\ y_n \end{bmatrix}, \quad \boldsymbol{x}=\begin{bmatrix} 1 & x_1 \\ 1 & x_2 \\ \vdots & \vdots \\ 1 & x_n \end{bmatrix}, \quad \boldsymbol{\varepsilon}=\begin{bmatrix} \varepsilon_1 \\ \varepsilon_2 \\ \vdots \\ \varepsilon_n \end{bmatrix}, \quad \boldsymbol{\beta}=\begin{bmatrix} \beta_1 \\ \beta_2 \end{bmatrix} \tag{9-9}$$

一元线性回归模型用矩阵表示为

$$\begin{cases} \boldsymbol{y} = \boldsymbol{x\beta} + \boldsymbol{\varepsilon} \\ \boldsymbol{E}(\boldsymbol{\varepsilon}) = \boldsymbol{0} \\ \mathrm{var}(\boldsymbol{\varepsilon}) = \sigma^2 \boldsymbol{I}_n \end{cases} \tag{9-10}$$

其中 $\boldsymbol{I}_n$ 为 n 阶单位矩阵。

9.2.2 参数的普通最小二乘估计

参数的普通最小二乘估计是对每个样本观测值 (x_i, y_i)，考虑观测值 y_i 与其回归值 $\beta_0 + \beta_1 x_i$ 的离差越小越好，即离差平方和

$$Q(\beta_0, \beta_1) = \sum_{i=1}^{n} (y_i - \beta_0 - \beta_1 x_i)^2 \tag{9-11}$$

达到最小，求 β_0 和 β_1 的估计值，使 $Q(\beta_0, \beta_1)$ 达到最小称为最小二乘估计。

设 $\hat{\beta}_0$ 和 $\hat{\beta}_1$ 分别是 β_0 和 β_1 的最小二乘估计，称

$$\hat{y}_i = \hat{\beta}_0 + \hat{\beta}_1 x_i \tag{9-12}$$

为 y_i 的回归拟合值，简称回归值或拟合值。称

$$e_i = y_i - \hat{y}_i \tag{9-13}$$

为 y_i 的残差。称

$$\sum_{i=1}^{n} (e_i)^2 = \sum_{i=1}^{n} (y_i - \hat{\beta}_0 - \hat{\beta}_1 x_i)^2 \tag{9-14}$$

为残差平方和。残差平方和从整体上刻画了样本点到回归直线 $\hat{y}_i = \hat{\beta}_0 + \hat{\beta}_1 x_i$ 距离的大小。

求参数的最小二乘问题 $\hat{\beta}_0$ 和 $\hat{\beta}_1$ 是一个求极值的问题，由微积分中的极值原理有

$$\begin{cases} \dfrac{\partial Q}{\partial \beta_0} = -2\sum\limits_{i=1}^{n} (y_i - \hat{\beta}_0 - \hat{\beta}_1 x_i) = 0 \\ \dfrac{\partial Q}{\partial \beta_1} = -2\sum\limits_{i=1}^{n} (y_i - \hat{\beta}_0 - \hat{\beta}_1 x_i) x_i = 0 \end{cases} \tag{9-15}$$

整理后得到正规方程组

$$\begin{cases} n\hat{\beta}_0 + \left(\sum\limits_{i=1}^{n} x_i\right)\hat{\beta}_1 = \sum\limits_{i=1}^{n} y_i \\ \left(\sum\limits_{i=1}^{n} x_i\right)\hat{\beta}_0 + \left(\sum\limits_{i=1}^{n} x_i^2\right)\hat{\beta}_1 = \sum\limits_{i=1}^{n} x_i y_i \end{cases} \tag{9-16}$$

求解正规方程组得 β_0 和 β_1 的最小二乘估计 $\hat{\beta}_0$ 和 $\hat{\beta}_1$ 为

$$\begin{cases} \hat{\beta}_0 = \bar{y} - \hat{\beta}_1 \bar{x} \\ \hat{\beta}_1 = \dfrac{\sum\limits_{i=1}^{n} (x_i - \bar{x})(y_i - \bar{y})}{\sum\limits_{i=1}^{n} (x_i - \bar{x})^2} \end{cases} \tag{9-17}$$

其中

$$\bar{x}=\frac{1}{n}\sum_{i=1}^{n}x_i,\qquad \bar{y}=\frac{1}{n}\sum_{i=1}^{n}y_i \tag{9-18}$$

只要给出样本观测值，就可以利用公式计算出参数的最小二乘估计。

【例 9-1】 有两组数据 x 和 y，分别如下。

（1）x：−20、−17.895、−15.789、−13.684、−11.579、−9.474、−7.368、−5.263、−3.158、−1.053、1.053、3.158、5.263、7.368、9.474、11.579、13.684、15.789、17.895、20。

（2）y：−46.472、−42.885、−35.41、−26.57、−21.002、−20.377、−10.204、6.092、0.32、7.662、13.447、22.383、27.311、32.347、39.31、45.404、54.04、56.957、64.311、68.292。

试用 x 和 y 估计一元线性模型参数 β_0 和 β_1。

解：代入 $\hat{\beta}_0$ 和 $\hat{\beta}_1$ 的公式即可算出参数的最小二乘估计，代码如下：

```
#第 9 章/9-1.py
#一元线性回归最小二乘估计
import numpy as np
#数据
x = [-20 , -17.895, -15.789, -13.684, -11.579, -9.474, -7.368, -5.263, -3.158,
-1.053, 1.053, 3.158,
     5.263, 7.368, 9.474, 11.579, 13.684, 15.789, 17.895, 20]
y = [-46.472, -42.885, -35.41 , -26.57 , -21.002, -20.377, -10.204, -6.092, 0.32,
7.662, 13.447, 22.383,
     27.311, 32.347, 39.31, 45.404, 54.04, 56.957, 64.311, 68.292]
x = np.array(x)
y = np.array(y)
n = len(x)
#beta1
x_ = x.mean()
y_ = y.mean()
t = (x - x_) ** 2
beta1 = (x - x_).dot(y - y_) / t.sum()
print('beta1 的最小二乘估计值为', beta1)
#beta0
beta0 = y_ - beta1 * x_
print('beta0 的最小二乘估计值为', beta0)
```

输出如下：

```
beta1 的最小二乘估计值为 2.9431462131998374
beta0 的最小二乘估计值为 11.1386
```

【例 9-2】 有两组数据 x 和 y，分别如下。

（1）x：−12、−10.552、−9.103、−7.655、−6.207、−4.759、−3.31、−1.862、−0.414、1.034、2.483、3.931、5.379、6.828、8.276、9.724、11.172、12.621、14.069、15.517、16.966、18.414、19.862、21.31、22.759、24.207、25.655、27.103、28.552、30。

（2）y：94.528、83.112、75.575、69.412、59.977、45.599、40.76、29.869、21.278、

13.617、4.39、−1.677、−11.752、−21.725、−29.768、−38.677、−45.044、−57.136、−64.788、−75.81、−87.902、−90.177、−98.443、−110.344、−113.014、−129.151、−134.838、−143.992、−149.246、−158.061。

试用 x 和 y 估计一元线性模型参数 β_0 和 β_1。

解：代入 $\hat{\beta}_0$ 和 $\hat{\beta}_1$ 的公式即可算出参数的最小二乘估计，代码如下：

```
#第 9 章/9-2.py
#一元线性回归最小二乘估计
import numpy as np
#数据
x = [-12, -10.552, -9.103, -7.655, -6.207, -4.759, -3.31, -1.862, -0.414, 1.034,
2.483, 3.931, 5.379,
     6.828, 8.276, 9.724, 11.172, 12.621, 14.069, 15.517, 16.966, 18.414, 19.862, 21.31,
22.759,
     24.207, 25.655, 27.103, 28.552, 30.]
y = [94.528, 83.112, 75.575, 69.412, 59.977, 45.599, 40.76, 29.869, 21.278, 13.617, 4.39,
-1.677,
     -11.752, -21.725, -29.768, -38.677, -45.044, -57.136, -64.788, -75.81, -87.902,
-90.177, -98.443,
     -110.344, -113.014, -129.151, -134.838, -143.992, -149.246, -158.061]
x = np.array(x)
y = np.array(y)
n = len(x)
#beta1
x_ = x.mean()
y_ = y.mean()
t = (x - x_) ** 2
beta1 = (x - x_).dot(y - y_) / t.sum()
print('beta1 的最小二乘估计值为', beta1)
#beta0
beta0 = y_ - beta1 * x_
print('beta0 的最小二乘估计值为', beta0)
```

输出如下：

```
beta1 的最小二乘估计值为 -6.036778486526462
beta0 的最小二乘估计值为 20.216739712071487
```

9.2.3 参数的最大似然估计

除最小二乘估计以外，最大似然估计也可以用于估计线性回归参数。最大似然估计利用总体分布的密度或概率分布的表达式及其样本所提供的信息求未知参数。

对于一元线性回归模型参数的最大似然估计，如果已经得到样本观测值 (x_i, y_i)，则由模型的基本假设可知

$$y_i \sim N(\beta_0 + \beta_1 x_i, \sigma^2) \tag{9-19}$$

y_i 的分布密度为

$$f(y_i)=\frac{1}{\sqrt{2\pi}\sigma}\exp\left(-\frac{1}{2\sigma^2}[y_i-(\beta_0+\beta_1x_i)]^2\right) \tag{9-20}$$

似然函数为

$$L(\beta_0,\beta_1,\sigma^2)=\prod_{i=1}^{n}f(y_i)=(2\pi\sigma^2)^{-\frac{n}{2}}\exp\left(-\frac{1}{2\sigma^2}\sum_{i=1}^{n}[y_i-(\beta_0+\beta_1x_i)]^2\right) \tag{9-21}$$

求 β_0 和 β_1 以使 $L(\beta_0,\beta_1,\sigma^2)$ 达到最大。因为极大化 $L(\beta_0,\beta_1,\sigma^2)$ 与极大化 $\ln L(\beta_0,\beta_1,\sigma^2)$ 是等价的，故取对数以简化计算，即

$$\ln L(\beta_0,\beta_1,\sigma^2)=-\frac{n}{2}\ln(2\pi\sigma^2)-\frac{1}{2\sigma^2}\sum_{i=1}^{n}[y_i-(\beta_0+\beta_1x_i)]^2 \tag{9-22}$$

$\ln L(\beta_0,\beta_1,\sigma^2)$ 的最大值等价于求

$$\sum_{i=1}^{n}[y_i-(\beta_0+\beta_1x_i)]^2 \tag{9-23}$$

的最小值，这与最小二乘法所求的极值完全相同，即参数的最大似然估计与最小二乘估计是相同的。此外最大似然估计还可以得到 σ^2 的估计值为

$$\hat{\sigma}^2=\frac{1}{n}\sum_{i=1}^{n}(y_i-\hat{y}_i)^2=\frac{1}{n}\sum_{i=1}^{n}(y_i-(\hat{\beta}_0+\hat{\beta}_1x_i))^2 \tag{9-24}$$

注意这个 σ^2 的估计值 $\hat{\sigma}^2$ 不是无偏估计量，它是有偏的，实际应用时，常用如下无偏估计

$$\hat{\sigma}^2=\frac{1}{n-2}\sum_{i=1}^{n}(y_i-(\hat{\beta}_0+\hat{\beta}_1x_i))^2 \tag{9-25}$$

作为 σ^2 的无偏估计量。

最大似然估计是在 $\varepsilon_i\sim N(0,\sigma^2)$ 的正态分布假设下求得的，而最小二乘估计则对分布假设没有要求。另外 y_i 是独立正态分布样本，但并不是同分布的，因为它们的期望值

$$E(y_i)=\beta_0+\beta_1x_i \tag{9-26}$$

并不相等，但这不妨碍最大似然法的使用。

【例 9-3】 有两组数据 x 和 y，分别如下。

(1) x：30、30.87、31.74、32.61、33.48、34.35、35.22、36.09、36.96、37.83、38.7、39.57、40.43、41.3、42.17、43.04、43.91、44.78、45.65、46.52、47.39、48.26、49.13、50。

(2) y：310.06、313.3、324.31、338.05、345.25、342.57、358.97、363.26、372.15、382.9、390.53、404.47、410.39、416.53、426.51、434.77、448.11、450.01、460.77、464.8、466.7、488.22、497.76、500.03。

试用 x 和 y 估计一元线性模型参数 β_0 和 β_1，采用最大似然估计法。

解：代入 $\hat{\beta}_0$ 和 $\hat{\beta}_1$ 的最大似然公式即可算出参数的估计值，代码如下：

```
#第 9 章/9-3.py
import numpy as np
#数据
x = [30, 30.87, 31.74, 32.61, 33.48, 34.35, 35.22, 36.09, 36.96, 37.83, 38.7 , 39.57, 40.43,
41.3 , 42.17, 43.04, 43.91, 44.78,
    45.65, 46.52, 47.39, 48.26, 49.13, 50.]
```

```
y = [310.06, 313.3 , 324.31, 338.05, 345.25, 342.57, 358.97, 363.26, 372.15, 382.9, 390.53,
404.47, 410.39, 416.53, 426.51, 434.77,
    448.11, 450.01, 460.77, 464.8 , 466.7, 488.22, 497.76, 500.03]
x = np.array(x)
y = np.array(y)
n = len(x)
#beta1
x_ = x.mean()
y_ = y.mean()
t = (x - x_) ** 2
beta1 = (x - x_).dot(y - y_) / t.sum()
print('beta1 的最大似然估计值为', beta1)
#beta0
beta0 = y_ - beta1 * x_
print('beta0 的最大似然估计值为', beta0)
#方差的估计
tmp = (y - beta0 - beta1 * x) ** 2
sigma2 = tmp.sum() / n
print('方差的最大似然估计值为', sigma2)
```

输出如下：

```
beta1 的最大似然估计值为 9.691879199634414
beta0 的最大似然估计值为 16.925665347956794
方差的最大似然估计值为 13.428063957866158
```

【例 9-4】 有两组数据 x 和 y，分别如下。

（1）x：20、21.72、23.45、25.17、26.9、28.62、30.34、32.07、33.79、35.52、37.24、38.97、40.69、42.41、44.14、45.86、47.59、49.31、51.03、52.76、54.48、56.21、57.93、59.66、61.38、63.1、64.83、66.55、68.28、70。

（2）y：198.29、209.72、226.97、246.27、260.67、267.65、288.95、301.17、316.83、333.89、348.6 、368.05、381.49、395.09、411.57、426.76、445.76、456.18、473.25、485.27、495.69、520.82、536.97、547.67、572.22、576.57、596.59、611.4、632.08、647.41。

试用 x 和 y 估计一元线性模型参数 β_0 和 β_1，采用最大似然估计法。

解：代入 $\hat{\beta}_0$ 和 $\hat{\beta}_1$ 的最大似然公式即可算出参数的估计值，代码如下：

```
#第 9 章/9-4.py
import numpy as np
#数据
x = [20, 21.72, 23.45, 25.17, 26.9 , 28.62, 30.34, 32.07, 33.79,
     35.52, 37.24, 38.97, 40.69, 42.41, 44.14, 45.86, 47.59, 49.31,
     51.03, 52.76, 54.48, 56.21, 57.93, 59.66, 61.38, 63.1, 64.83, 66.55, 68.28, 70.]
y = [198.29, 209.72, 226.97, 246.27, 260.67, 267.65, 288.95, 301.17,
     316.83, 333.89, 348.6 , 368.05, 381.49, 395.09, 411.57, 426.76,
     445.76, 456.18, 473.25, 485.27, 495.69, 520.82, 536.97, 547.67,
     572.22, 576.57, 596.59, 611.4, 632.08, 647.41]
x = np.array(x)
y = np.array(y)
```

```
n = len(x)
#beta1
x_ = x.mean()
y_ = y.mean()
t = (x - x_) ** 2
beta1 = (x - x_).dot(y - y_) / t.sum()
print('beta1 的最大似然估计值为', beta1)
#beta0
beta0 = y_ - beta1 * x_
print('beta0 的最大似然估计值为', beta0)
#方差的估计
tmp = (y - beta0 - beta1 * x) ** 2
sigma2 = tmp.sum() / n
print('方差的最大似然估计值为', sigma2)
```

输出如下：

```
beta1 的最大似然估计值为 8.953393789971479
beta0 的最大似然估计值为 16.42561278461676
方差的最大似然估计值为 9.995250270415958
```

9.2.4 最小二乘估计的性质

参数的最小二乘估计有以下性质：

(1) 估计的线性性。线性是指估计量 $\hat{\beta}_0$ 和 $\hat{\beta}_1$ 是随机变量 y_i 的线性函数。这从估计量

$$\hat{\beta}_0 = \bar{y} - \hat{\beta}_1 \bar{x} \tag{9-27}$$

和

$$\hat{\beta}_1 = \frac{\sum_{i=1}^{n}(x_i - \bar{x})(y_i - \bar{y})}{\sum_{i=1}^{n}(x_i - \bar{x})^2} \tag{9-28}$$

中就能看出来。

(2) 无偏性。可以证明 $\hat{\beta}_0$ 和 $\hat{\beta}_1$ 的数学期望分别是 β_0 和 β_1。无偏估计的意义是，如果反复更改数据，则 β_0 和 β_1 的估计值 $\hat{\beta}_0$ 和 $\hat{\beta}_1$ 没有高估或低估的系统趋势，它们的平均值将分别趋于 β_0 和 β_1。

(3) 估计值的方差。可以证明 $\hat{\beta}_1$ 和 $\hat{\beta}_0$ 的方差分别如下：

$$\mathrm{var}(\hat{\beta}_1) = \sum_{i=1}^{n}\left[\frac{x_i - \bar{x}}{\sum_{j=1}^{n}(x_j - \bar{x})^2}\right]^2 \mathrm{var}(y_i) = \frac{\sigma^2}{\sum_{j=1}^{n}(x_j - \bar{x})^2} \tag{9-29}$$

$$\mathrm{var}(\hat{\beta}_0) = \left[\frac{1}{n} + \frac{\bar{x}^2}{\sum_{j=1}^{n}(x_j - \bar{x})^2}\right]\sigma^2 \tag{9-30}$$

从 $\mathrm{var}(\hat{\beta}_1)$ 的表达式不难发现，回归系数 $\hat{\beta}_1$ 不仅与随机误差的方差 σ^2 有关，而且与自变量 x 取值的离散程度有关。如果 x 取值比较分散，即 x 的波动较大，则 $\hat{\beta}_1$ 的波动就小，β_1 的估计就比较稳定。反之，如果原始数据 x 在一个较小的范围内取值，则 β_1 的估计值的稳定性就差。回归常数 $\hat{\beta}_0$ 的方差不仅与随机误差的方差 σ^2 和自变量的取值离散程度有关，而且与样本数据的个数 n 有关，显然 n 越大则 $\mathrm{var}(\hat{\beta}_0)$ 越小。

实际上可以进一步证明，$\hat{\beta}_1$ 和 $\hat{\beta}_0$ 分别是 β_1 和 β_0 的最佳线性无偏估计，也称为最小方差线性无偏估计，也就是说在对 β_1 和 β_0 的一切线性无偏估计中，它们的方差是最小的。

9.2.5 回归方程的显著性检验

当求得了一个实际问题的经验回归方程

$$\hat{y}=\hat{\beta}_0+\hat{\beta}_1 x \tag{9-31}$$

后，还要对该方程做显著性检验。检验分为对回归系数的 t 检验和对方程整体的 F 检验。

1. 对回归系数的 t 检验

t 检验用于检验回归系数的显著性。检验的原假设为 $H_0: \beta_1=0$，备择假设为 $H_1: \beta_1\neq 0$。引入记号

$$L_{xx}=\sum_{i=1}^{n}(x_i-\bar{x})^2=\sum_{i=1}^{n}x_i^2-n(\bar{x})^2 \tag{9-32}$$

$$L_{xy}=\sum_{i=1}^{n}(x_i-\bar{x})(y_i-\bar{y})=\sum_{i=1}^{n}x_i y_i-n\bar{x}\bar{y} \tag{9-33}$$

可以证明

$$\hat{\beta}_1\sim N\left(\beta_1,\frac{\sigma^2}{L_{xx}}\right) \tag{9-34}$$

也就是说当原假设成立时有

$$\hat{\beta}_1\sim N\left(0,\frac{\sigma^2}{L_{xx}}\right) \tag{9-35}$$

即此时 $\hat{\beta}_1$ 在 0 附近波动，构造 t 分布统计量

$$t=\frac{\hat{\beta}_1}{\sqrt{\dfrac{\hat{\sigma}^2}{L_{xx}}}}=\frac{\hat{\beta}_1\sqrt{L_{xx}}}{\hat{\sigma}} \tag{9-36}$$

其中

$$\hat{\sigma}^2=\frac{1}{n-2}\sum_{i=1}^{n}(y_i-\hat{y}_i)^2 \tag{9-37}$$

$\hat{\sigma}^2$ 是 σ^2 的无偏估计。可以看出 t 统计量就是回归系数的最小二乘估计值除以其标准差的样本估计值。当原假设成立时，t 统计量服从自由度为 $n-2$ 的 t 分布，给定显著性水平 α，双侧检验的临界值为 $t_{\alpha/2}(n-2)$。当 $|t|\geqslant t_{\alpha/2}(n-2)$ 时，拒绝原假设，认为 β_1 显著不为 0；当 $|t|<t_{\alpha/2}(n-2)$，接受原假设，认为 $\beta_1=0$，此时回归方程不成立。

【例 9-5】 有两组数据 x 和 y，分别如下。

(1) x：30.34、32.07、33.79、35.52、37.24、38.97、40.69、42.41、44.14、45.86、47.59、

49.31、51.03、52.76、54.48、56.21、57.93、59.66、61.38、63.1、64.83。

(2) y：288.95、301.17、316.83、333.89、348.6、368.05、381.49、395.09、411.57、426.76、445.76、456.18、473.25、485.27、495.69、520.82、536.97、547.67、572.22、576.57、596.59。

求 β_1 的估计值并进行显著性检验，取 $\alpha=0.05$。

解：求出 $\hat{\beta}_0$ 和 $\hat{\beta}_1$ 估计值，代入 t 统计量计算公式，然后作显著性检验，代码如下：

```
#第9章/9-5.py
import numpy as np
from scipy.stats import t
x = [30.34, 32.07, 33.79, 35.52, 37.24, 38.97, 40.69, 42.41, 44.14, 45.86, 47.59, 49.31,
51.03, 52.76,
     54.48, 56.21, 57.93, 59.66, 61.38, 63.1, 64.83]
y = [288.95, 301.17, 316.83, 333.89, 348.6, 368.05, 381.49, 395.09, 411.57, 426.76, 445.76,
456.18,
     473.25, 485.27, 495.69, 520.82, 536.97, 547.67, 572.22, 576.57, 596.59]
x = np.array(x)
y = np.array(y)
n = len(x)
#Lxx
x_ = x.mean()
y_ = y.mean()
Lxx = (x ** 2).sum() - n * x_ ** 2
Lxy = (x * y).sum() - n * x_ * y_
#回归系数
beta1 = Lxy / Lxx
beta0 = y_ - beta1 * x_
print('回归系数 beta0 = ', beta0)
print('回归系数 beta1 = ', beta1)
#y的预测值
y_hat = beta0 + beta1 * x
print('y的预测值为\n', y_hat)
dy = y - y_hat
#sigma2
sigma2 = (dy ** 2).sum() / (n - 2)
sigma = np.sqrt(sigma2)
print('标准差的预测值为', sigma)
#t统计量
T = beta1 * np.sqrt(Lxx) / sigma
print('t统计量的值为', T)
#检验
alpha = 0.05
t_test = t(df = n - 2)
right = t_test.ppf(1 - alpha / 2)
left = t_test.ppf(alpha / 2)
print('拒绝域区间的左端点为', left)
print('拒绝域区间的右端点为', right)
print('统计量落入拒绝域,因此拒绝原假设,认为 beta1 显著不为 0.')
```

输出如下：

```
回归系数 beta0 = 16.46906142033629
回归系数 beta1 = 8.93970810876799
y 的预测值为
[287.69980544 303.16550047 318.54179842 334.00749344 349.38379139
364.84948642 380.22578437 395.60208231 411.06777734 426.44407529
441.90977032 457.28606826 472.66236621 488.12806124 503.50435919
518.97005421 534.34635216 549.81204719 565.18834514 580.56464308
596.03033811]
标准差的预测值为 3.143863193296618
t 统计量的值为 136.04981440522948
拒绝域区间的左端点为 -2.0930240544082634
拒绝域区间的右端点为 2.093024054408263
统计量落入拒绝域,因此拒绝原假设,认为 beta1 显著不为 0.
```

2. 对方程整体的 F 检验

F 检验用于回归方程本身的检验。它利用平方和分解，从回归效果检验回归方程的显著性。平方和分解为

$$\sum_{i=1}^{n}(y_i-\bar{y})^2=\sum_{i=1}^{n}(\hat{y}_i-\bar{y})^2+\sum_{i=1}^{n}(y_i-\hat{y}_i)^2 \tag{9-38}$$

其中，等号左边的

$$\sum_{i=1}^{n}(y_i-\bar{y})^2 \tag{9-39}$$

称为总离差平方和，简记为 SST。等号右边的

$$\sum_{i=1}^{n}(\hat{y}_i-\bar{y})^2 \text{ 和} \sum_{i=1}^{n}(y_i-\hat{y}_i)^2 \tag{9-40}$$

分别称为回归平方和 SSR、残差平方和 SSE，因此平方和分解式可简写为

$$\text{SST}=\text{SSR}+\text{SSE} \tag{9-41}$$

总离差平方和反映了因变量 y 的不确定性，回归平方和反映了由自变量 x 的波动引起的变化，残差平方和是不能由自变量解释的波动，是由 x 以外的因素引起的，因此，在总离差平方和 SST 中，能够由自变量解释的部分为 SSR，不能由自变量解释的部分为 SSE，SSR 越大则回归效果越好。可据此构造 F 统计量如下：

$$F=\frac{\text{SSR}/1}{\text{SSE}/(n-2)} \tag{9-42}$$

在正态假设下，当原假设 H_0：$\beta_1=0$ 成立时，F 服从自由度为$(1,n-2)$的 F 分布。当 F 值大于临界值 $F_\alpha(1,n-2)$时，拒绝 H_0，说明回归方程显著，x 与 y 有显著的线性关系。当 F 值不大于临界值 $F_\alpha(1,n-2)$时，不拒绝 H_0，认为 x 与 y 没有显著的线性关系。检验过程可以总结为一元线性回归方差分析表，见表 9-1。

表 9-1 一元线性回归方差分析表

方差来源	自由度	平方和	均方	F 值	P 值
回归	1	SSR	SSR/1	$\frac{\text{SSR}/1}{\text{SSE}/(n-2)}$	$P(F>F$ 分位点)
残差	$n-2$	SSE	$\text{SSE}/(n-2)$		
总离差	$n-1$	SST	/		

【例 9-6】 有两组数据 x 和 y，分别如下。

（1）x：35.52、37.24、38.97、40.69、42.41、44.14、45.86、47.59、49.31、51.03、52.76、54.48、56.21、57.93、59.66、61.38、63.1、64.83。

（2）y：333.89、348.6、368.05、381.49、395.09、411.57、426.76、445.76、456.18、473.25、485.27、495.69、520.82、536.97、547.67、572.22、576.57、596.59。

试用 F 检验整个回归方程的显著性，取 $\alpha=0.05$。

解：求出 $\hat{\beta}_0$ 和 $\hat{\beta}_1$ 估计值并计算 y 的预测值 $\hat{y}$，计算方差分解，然后进行 F 检验，代码如下：

```
#第 9 章/9-6.py
import numpy as np
from scipy.stats import f
x = [35.52, 37.24, 38.97, 40.69, 42.41, 44.14, 45.86, 47.59, 49.31, 51.03, 52.76,
     54.48, 56.21, 57.93, 59.66, 61.38, 63.1, 64.83]
y = [333.89, 348.6, 368.05, 381.49, 395.09, 411.57, 426.76, 445.76, 456.18,
     473.25, 485.27, 495.69, 520.82, 536.97, 547.67, 572.22, 576.57, 596.59]
x = np.array(x)
y = np.array(y)
n = len(x)
print('样本量为', n)
#Lxx
x_ = x.mean()
y_ = y.mean()
Lxx = (x ** 2).sum() - n * x_ ** 2
Lxy = (x * y).sum() - n * x_ * y_
#回归系数
beta1 = Lxy / Lxx
beta0 = y_ - beta1 * x_
print('回归系数 beta0 = ', beta0)
print('回归系数 beta1 = ', beta1)
#y 的预测值
y_hat = beta0 + beta1 * x
print('y 的预测值为\n', y_hat)
dy = y - y_hat
#SST
tmp = (y - y_) ** 2
SST = tmp.sum()
print('SST:', SST)
#SSR
tmp = (y_hat - y_) ** 2
SSR = tmp.sum()
print('SSR:', SSR)
#SSE
tmp = (y_hat - y) ** 2
SSE = tmp.sum()
print('SSE:', SSE)
#F 统计量
F = SSR / (SSE / (n - 2))
```

```
print('F统计量的值为', F)
#检验
alpha = 0.05
f_test = f(dfn = 1, dfd = n - 2)
cut = f_test.ppf(1 - alpha)
print('拒绝域区间的端点为', cut)
print('统计量落入拒绝域,因此拒绝原假设,认为回归方程显著.')
```

输出如下：

```
样本量为 18
回归系数 beta0 = 17.977213598900335
回归系数 beta1 = 8.912369650673552
y的预测值为
[334.54458359  349.87385939  365.29225889  380.62153468  395.95081048
 411.36920998  426.69848578  442.11688527  457.44616107  472.77543687
 488.19383637  503.52311217  518.94151166  534.27078746  549.68918696
 565.01846276  580.34773856  595.76613805]
SST: 114574.73964444447
SSR: 114396.83308088098
SSE: 177.90656356495745
F统计量的值为 10288.261954010462
拒绝域区间的端点为 4.493998477666352
统计量落入拒绝域,因此拒绝原假设,认为回归方程显著.
```

方差分析表见表 9-2。

表 9-2　例 9-6 的方差分析表

方差来源	自由度	平方和	均方	F 值	P 值
回归	1	114396.83	114396.83	10288.26	1.11e−16
残差	16	177.91	11.12		
总离差	17	114574.74	/		

从方差分析表中可以看出,回归方程高度显著。

9.2.6 决定系数

由回归平方和与残差平方和的意义可知,如果在总离差平方和中回归平方和占的比重越大,则线性回归效果越好,这说明回归直线与样本观测值的拟合优度越好。据此引入决定系数的概念,决定系数定义为回归平方和与总离差平方和的比值,记为 r^2,即

$$r^2=\frac{\mathrm{SSR}}{\mathrm{SST}}=\frac{\sum_{i=1}^{n}(\hat{y}_i-\bar{y})^2}{\sum_{i=1}^{n}(y_i-\bar{y})^2} \tag{9-43}$$

可以证明 r^2 也可以写为

$$r^2 = \frac{\text{SSR}}{\text{SST}} = \frac{L_{xy}^2}{L_{xx}L_{yy}} \tag{9-44}$$

其中

$$L_{xx} = \sum_{i=1}^{n}(x_i - \bar{x})^2 = \sum_{i=1}^{n}x_i^2 - n(\bar{x})^2 \tag{9-45}$$

$$L_{yy} = \sum_{i=1}^{n}(y_i - \bar{y})^2 = \sum_{i=1}^{n}y_i^2 - n(\bar{y})^2 \tag{9-46}$$

$$L_{xy} = \sum_{i=1}^{n}(x_i - \bar{x})(y_i - \bar{y}) = \sum_{i=1}^{n}x_iy_i - n\bar{x}\bar{y} \tag{9-47}$$

决定系数 r^2 是一个回归直线与样本观测值拟合优度的相对指标,它反映了因变量的变异中能用自变量解释的比例,其数值在 0~1。如果决定系数接近于 1,说明因变量不确定性的绝大部分能由回归方程解释,回归方程的拟合优度就好。反之,如果 r^2 较小,则说明回归方程效果不好,应进行修改。一般考虑增加新的自变量或者采用曲线回归。

【例 9-7】 有两组数据 x 和 y,分别如下。

(1) x:40.69、42.41、44.14、45.86、47.59、49.31、51.03、52.76、54.48、56.21、57.93、59.66、61.38、63.1、64.83。

(2) y:381.49、395.09、411.57、426.76、445.76、456.18、473.25、485.27、495.69、520.82、536.97、547.67、572.22、576.57、596.59。

计算一元线性回归的决定系数 r^2。

解:先求回归方程,再计算回归平方和与总离差平方和,求出决定系数,代码如下:

```
#第9章/9-7.py
import numpy as np
from scipy.stats import f
x = [40.69, 42.41, 44.14, 45.86, 47.59, 49.31, 51.03, 52.76,
     54.48, 56.21, 57.93, 59.66, 61.38, 63.1, 64.83]
y = [381.49, 395.09, 411.57, 426.76, 445.76, 456.18,
     473.25, 485.27, 495.69, 520.82, 536.97, 547.67, 572.22, 576.57, 596.59]
x = np.array(x)
y = np.array(y)
n = len(x)
print('样本量为', n)
#Lxx
x_ = x.mean()
y_ = y.mean()
Lxx = (x ** 2).sum() - n * x_ ** 2
Lxy = (x * y).sum() - n * x_ * y_
#回归系数
beta1 = Lxy / Lxx
beta0 = y_ - beta1 * x_
#y的预测值
y_hat = beta0 + beta1 * x
print('y的预测值为\n', y_hat)
```

```
dy = y - y_hat
#SST
tmp = (y - y_) ** 2
SST = tmp.sum()
print('SST:', SST)
#SSR
tmp = (y_hat - y_) ** 2
SSR = tmp.sum()
print('SSR:', SSR)
#SSE
tmp = (y_hat - y) ** 2
SSE = tmp.sum()
print('SSE:', SSE)
#r^2
r2 = SSR / SST
print('决定系数 r^2 为', r2)
```

输出如下：

```
样本量为 15
y 的预测值为
[380.46515783 395.8088408 411.24173123 426.5854142 442.01830463
457.3619876 472.70567057 488.13856099 503.48224396 518.91513439
534.25881736 549.69170779 565.03539076 580.37907373 595.81196415]
SST: 66414.33513333336
SSR: 66246.18915847936
SSE: 168.1459748528496
决定系数 r^2 为 0.9974682276873446
```

9.2.7 残差分析

一个线性回归方程通过了 t 检验和 F 检验，只是表明因变量与自变量之间的线性关系是显著的，不能保证数据拟合得很好，也不能排除由于各种原因导致的数据不完全可靠。只有当与模型中的残差项有关的假定满足时，才能更安全地使用回归模型。

残差定义为 $e_i=y_i-\hat{y}_i$，即残差是实际观测值 y 与通过回归方程给出的回归值之差。如果一个回归模型满足所给出的基本假定，则所有的残差应该在 $e=0$ 附近随机变化，并且在变化幅度不大的一个区域内。残差具有下列性质：

(1) 均值：

$$E(e_i)=0 \tag{9-48}$$

(2) 方差：

$$\operatorname{var}(e_i)=\left[1-\frac{1}{n}-\frac{(x_i-\bar{x})^2}{L_{xx}}\right]\sigma^2=(1-h_{ii})\sigma^2 \tag{9-49}$$

其中

$$h_{ii}=\frac{1}{n}+\frac{(x_i-\bar{x})^2}{L_{xx}} \tag{9-50}$$

称为杠杆值。$0<h_{ii}<1$,当 x_i 靠近 $\bar{x}$ 时,h_{ii} 的值接近于0,相应的残差方差就大;当 x_i 远离 $\bar{x}$ 时,h_{ii} 的值接近于1,相应的残差方差就小。也就是说,靠近 $\bar{x}$ 的点相应的方差较大,远离 $\bar{x}$ 的点相应的方差较小。

(3) 残差满足约束条件:

$$\sum_{i=1}^{n} e_i, \quad \sum_{i=1}^{n} x_i e_i = 0 \tag{9-51}$$

这说明残差 e_i 是相关的,并不相互独立。

一般认为,超过 $\pm 2\hat{\sigma}$ 或者 $\pm 3\hat{\sigma}$ 的残差为异常值,考虑到残差 e_i 的方差不相等,因此引入标准化残差和学生化残差的概念。

(1) 标准化残差:

$$\mathrm{ZRE}_i = \frac{e_i}{\hat{\sigma}} \tag{9-52}$$

(2) 学生化残差:

$$\mathrm{SRE}_i = \frac{e_i}{\hat{\sigma}\sqrt{1-h_{ii}}} \tag{9-53}$$

标准化残差使残差具有可比性,$|\mathrm{ZRE}_i|>3$ 的观测值可判定为异常值,这简化了判定工作,但没有解决方差不等的问题。学生化残差进一步解决了方差不等的问题,$|\mathrm{SRE}_i|>3$ 可判定为异常值。

9.2.8 回归系数的区间估计

在实际问题中,往往不满足于给出回归系数的点估计 $\hat{\beta}_0$ 和 $\hat{\beta}_1$,还希望给出系数的区间估计,即在置信水平为 $1-\alpha$ 的前提下,计算回归系数 β_0 和 β_1 的置信区间。置信区间越短,说明估计效果越精确;置信区间越长,说明估计效果越粗糙。

这里只介绍回归系数 β_1 的置信区间。由下式

$$\hat{\beta}_1 \sim N\left(\beta_1, \frac{\sigma^2}{L_{xx}}\right) \tag{9-54}$$

可知,有

$$t = \frac{\hat{\beta}_1 - \beta_1}{\dfrac{\sqrt{\hat{\sigma}^2}}{L_{xx}}} = \frac{(\hat{\beta}_1 - \beta_1)\sqrt{L_{xx}}}{\hat{\sigma}} \tag{9-55}$$

服从参数为 $n-2$ 的 t 分布。故而

$$P\left(\left|\frac{(\hat{\beta}_1 - \beta_1)\sqrt{L_{xx}}}{\hat{\sigma}}\right| < t_{\frac{\alpha}{2}}(n-2)\right) = 1-\alpha \tag{9-56}$$

即 β_1 的置信度为 $1-\alpha$ 的置信区间为

$$\left(\hat{\beta}_1 - t_{\frac{\alpha}{2}}(n-2)\frac{\hat{\sigma}}{\sqrt{L_{xx}}}, \hat{\beta}_1 + t_{\frac{\alpha}{2}}(n-2)\frac{\hat{\sigma}}{\sqrt{L_{xx}}}\right) \tag{9-57}$$

【例 9-8】 有两组数据 x 和 y，分别如下。

(1) x：42.41、44.14、45.86、47.59、49.31、51.03、52.76、54.48、56.21、57.93、59.66、61.38、63.1、64.83。

(2) y：395.09、411.57、426.76、445.76、456.18、473.25、485.27、495.69、520.82、536.97、547.67、572.22、576.57、596.59。

计算回归系数 β_1 的置信区间，取 $\alpha=0.05$。

解：将数据代入公式，算出回归系数 β_1 的置信区间，代码如下：

```
#第 9 章/9 - 8.py
import numpy as np
from scipy.stats import t
x = [42.41, 44.14, 45.86, 47.59, 49.31, 51.03, 52.76,
     54.48, 56.21, 57.93, 59.66, 61.38, 63.1, 64.83]
y = [395.09, 411.57, 426.76, 445.76, 456.18,
     473.25, 485.27, 495.69, 520.82, 536.97, 547.67, 572.22, 576.57, 596.59]
x = np.array(x)
y = np.array(y)
n = len(x)
print('样本量为', n)
#Lxx
x_ = x.mean()
y_ = y.mean()
Lxx = (x ** 2).sum() - n * x_ ** 2
Lxy = (x * y).sum() - n * x_ * y_
print('Lxx 为', Lxx)
#回归系数
beta1 = Lxy / Lxx
beta0 = y_ - beta1 * x_
#y 的预测值
y_hat = beta0 + beta1 * x
print('y 的预测值为\n', y_hat)
dy = y - y_hat
#sigma2
tmp = (y - y_hat) ** 2
sigma2 = tmp.sum() / (n - 2)
print('标准差的估计值为', np.sqrt(sigma2))
#t 分位点
alpha = 0.05
X = t(df = n - 2)
t1 = X.ppf(alpha / 2)
t2 = X.ppf(1 - alpha / 2)
print('t 分布的分位点为', (t1, t2))
#区间估计
tmp1 = beta1 + t1 * np.sqrt(sigma2) / np.sqrt(Lxx)
tmp2 = beta1 + t2 * np.sqrt(sigma2) / np.sqrt(Lxx)
print('beta1 的置信区间为', (tmp1,tmp2))
```

输出如下：

```
样本量为 14
Lxx 为 676.3942928571341
y 的预测值为
[395.51599708  410.98278173  426.360163    441.82694765  457.20432892
472.58171019  488.04849484  503.42587611  518.89266076  534.27004203
549.73682668  565.11420795  580.49158922  595.95837387]
标准差的估计值为 3.7278347082779137
t 分布的分位点为 (-2.178812829663418, 2.1788128296634177)
beta1 的置信区间为 (8.628034625859142, 9.252641270271907)
```

9.2.9 单值预测和区间预测

单值预测就是用单个值作为因变量新值的预测值。在求得了回归系数 $\hat{\beta}_0$ 和 $\hat{\beta}_1$ 之后，对于新的自变量的值 x_0，可能的新的预测值 $\hat{y}_0$ 为

$$\hat{y}_0 = \beta_0 + \beta_1 x_0 \tag{9-58}$$

区间预测是以 α 为置信水平，对新的因变量 $\hat{y}_0$ 预测一个区间，使这个区间包含真值的概率为 $1-\alpha$。由

$$\hat{y}_0 = \beta_0 + \beta_1 x_0 = \sum_{i=1}^{n}\left[\frac{1}{n} + \frac{(x_i - \bar{x})(x_0 - \bar{x})}{L_{xx}}\right] y_i \tag{9-59}$$

可知

$$\mathrm{var}(\hat{y}_0) = \sum_{i=1}^{n}\left[\frac{1}{n} + \frac{(x_i - \bar{x})(x_0 - \bar{x})}{L_{xx}}\right]^2 \mathrm{var}(y_i) = \left[\frac{1}{n} + \frac{(x_0 - \bar{x})^2}{L_{xx}}\right]\sigma^2 \tag{9-60}$$

从而 $\hat{y}_0$ 服从正态分布

$$\hat{y}_0 \sim N\left(\beta_0 + \beta_1 x_0, \left[\frac{1}{n} + \frac{(x_0 - \bar{x})^2}{L_{xx}}\right]\sigma^2\right) \tag{9-61}$$

记

$$h_{00} = \frac{1}{n} + \frac{(x_0 - \bar{x})^2}{L_{xx}} \tag{9-62}$$

构造统计量

$$t = \frac{y_0 - \hat{y}_0}{\sqrt{1 + h_{00}}\,\hat{\sigma}} \sim t(n-2) \tag{9-63}$$

则有

$$P\left(\left|\frac{y_0 - \hat{y}_0}{\sqrt{1 + h_{00}}\,\hat{\sigma}}\right| \leqslant t_{\frac{\alpha}{2}}(n-2)\right) = 1 - \alpha \tag{9-64}$$

即真值 y_0 的置信水平为 $1-\alpha$ 的置信区间为

$$\hat{y}_0 \pm t_{\frac{\alpha}{2}}(n-2)\sqrt{1 + h_{00}}\,\hat{\sigma} \tag{9-65}$$

【例 9-9】 有两组数据 x 和 y，分别如下。

(1) x：44.14、45.86、47.59、49.31、51.03、52.76、54.48、56.21、57.93、59.66、61.38、63.1、64.83。

（2）y：411.57、426.76、445.76、456.18、473.25、485.27、495.69、520.82、536.97、547.67、572.22、576.57、596.59。

若新的自变量的值为 $x_0=53$，求 y_0 的置信区间，取 $\alpha=0.05$。

解：将数据代入公式，算出 y_0 的置信区间，代码如下：

```
#第 9 章/9-9.py
import numpy as np
from scipy.stats import t
x = [44.14, 45.86, 47.59, 49.31, 51.03, 52.76, 54.48, 56.21, 57.93, 59.66, 61.38, 63.1,
64.83]
y = [411.57, 426.76, 445.76, 456.18, 473.25, 485.27, 495.69, 520.82, 536.97, 547.67, 572.22,
576.57, 596.59]
x = np.array(x)
y = np.array(y)
n = len(x)
#Lxx
x_ = x.mean()
y_ = y.mean()
Lxx = (x ** 2).sum() - n * x_ ** 2
Lxy = (x * y).sum() - n * x_ * y_
print('Lxx 为', Lxx)
#回归系数
beta1 = Lxy / Lxx
beta0 = y_ - beta1 * x_
y_hat = beta0 + beta1 * x0
#sigma
tmp = (y - y_hat) ** 2
sigma2 = tmp.sum() / (n - 2)
sigma = np.sqrt(sigma2)
print('sigma 为', sigma)
#y 的预测值
x0 = 53
y0_hat = beta0 + beta1 * x0
print('x 的新值为', x0)
print('y 的预测值为', y0_hat)
#h00
tmp = (x0 - x_) ** 2
h00 = 1 / n + tmp / Lxx
print('h00 等于', h00)
#t 分位点
alpha = 0.05
X = t(df = n - 2)
t1 = X.ppf(alpha / 2)
t2 = X.ppf(1 - alpha / 2)
print('t 分布的分位点为', (t1, t2))
#区间预测
left = y0_hat + t1 * np.sqrt(1 + h00) * sigma
right = y0_hat + t2 * np.sqrt(1 + h00) * sigma
print('区间预测为', (left, right))
```

输出如下：

```
Lxx 为 541.0464769230675
sigma 为 64.38582824344368
x 的新值为 53
y 的预测值为 490.2410428269479
h00 等于 0.08098837861817712
t 分布的分位点为 (-2.200985160082949, 2.200985160082949)
区间预测为 (342.9019764461846, 637.5801092077111)
```

【例 9-10】 有两组数据 x 和 y，分别如下。

(1) x：100、106.9、113.8、120.7、127.6、134.5、141.4、148.3、155.2、162.1、169、175.9、182.8、189.7、196.6、203.4、210.3、217.2、224.1、231、237.9、244.8、251.7、258.6、265.5、272.4、279.3、286.2、293.1、300。

(2) y：2030.8、2167.4、2306、2445.2、2582.9、2718、2858、2994.8、3132.9、3271.4、3409.1、3548.5、3685.8、3823.1、3961.4、4097.3、4236.5、4372.8、4511.3、4648.1、4784.4、4925.7、5063.9、5200.3、5341.3、5475.5、5615、5752.8、5892.5、6030.5。

若新的自变量的值为 $x_0=193$，求 y_0 的置信区间，取 $\alpha=0.05$。

解：将数据代入公式，算出 y_0 的置信区间，代码如下：

```
#第 9 章/9-10.py
import numpy as np
from scipy.stats import t
x = [100, 106.9, 113.8, 120.7, 127.6, 134.5, 141.4, 148.3, 155.2, 162.1, 169, 175.9, 182.8,
189.7, 196.6, 203.4, 210.3, 217.2, 224.1, 231, 237.9, 244.8, 251.7, 258.6, 265.5, 272.4,
279.3, 286.2, 293.1, 300.]
y = [2030.8, 2167.4, 2306. , 2445.2, 2582.9, 2718, 2858, 2994.8, 3132.9, 3271.4, 3409.1,
3548.5, 3685.8, 3823.1, 3961.4, 4097.3, 4236.5, 4372.8, 4511.3, 4648.1, 4784.4, 4925.7,
5063.9, 5200.3, 5341.3, 5475.5, 5615. , 5752.8, 5892.5, 6030.5]
x = np.array(x)
y = np.array(y)
n = len(x)
#Lxx
x_ = x.mean()
y_ = y.mean()
Lxx = (x ** 2).sum() - n * x_ ** 2
Lxy = (x * y).sum() - n * x_ * y_
print('Lxx 为', Lxx)
#回归系数
beta1 = Lxy / Lxx
beta0 = y_ - beta1 * x_
y_hat = beta0 + beta1 * x0
#sigma
tmp = (y - y_hat) ** 2
sigma2 = tmp.sum() / (n - 2)
sigma = np.sqrt(sigma2)
print('sigma 为', sigma)
```

```
#y的预测值
x0 = 193
y0_hat = beta0 + beta1 * x0
print('x的新值为', x0)
print('y的预测值为', y0_hat)
#h00
tmp = (x0 - x_) ** 2
h00 = 1 / n + tmp / Lxx
print('h00等于', h00)
#t分位点
alpha = 0.05
X = t(df = n - 2)
t1 = X.ppf(alpha / 2)
t2 = X.ppf(1 - alpha / 2)
print('t分布的分位点为', (t1, t2))
#区间预测
left = y0_hat + t1 * np.sqrt(1 + h00) * sigma
right = y0_hat + t2 * np.sqrt(1 + h00) * sigma
print('区间预测为', (left, right))
```

输出如下：

```
Lxx为 106848.30000000005
sigma为 3283.774382876332
x的新值为 193
y的预测值为 3889.4674599595887
h00等于 0.03379192743356703
t分布的分位点为 (-2.048407141795244, 2.048407141795244)
区间预测为 (-2949.74602186707, 10728.680941786248)
```

9.3 本章练习

1. 一元线性回归模型有哪些基本假定？

2. 考虑过原点的线性回归模型

$$y_i = \beta_i x_i + \varepsilon_i$$

它的误差 ε_i 仍满足基本假定。求 β_i 的最小二乘估计。

3. 证明回归系数的方差

$$\operatorname{var}(\hat{\beta}_0) = \left[\frac{1}{n} + \frac{\bar{x}}{\sum_{i=1}^{n}(x_i - \bar{x})^2}\right]\sigma^2$$

4. 证明平方和的分解式 SST＝SSR＋SSE。

5. 验证下面 3 种检验关系：

(1) $t = \dfrac{\hat{\beta}_1\sqrt{L_{xx}}}{\hat{\sigma}} = \dfrac{\sqrt{n-2}\,r}{\sqrt{1-r^2}}$

(2) $F=\frac{SSR/1}{SSE/(n-2)}=\frac{\hat{\beta}_1^2 L_{xx}}{\hat{\sigma}^2}=t^2$

(3) $\text{var}(e_i)=\left[1-\frac{1}{n}-\frac{(x_i-\bar{x})^2}{L_{xx}}\right]\sigma^2$

6. 证明

$$\hat{\sigma}^2=\frac{1}{n-2}\sum_{i=1}^{n}(y_i-\hat{y}_i)^2$$

是 σ^2 的无偏估计量。

7. 验证决定系数 r^2 与 F 值之间的关系式

$$r^2=\frac{F}{F+n-2}$$

9.4 常见考题解析：一元线性回归

本节考点是求解一元线性回归问题。

【考题 9-1】 某保险公司关心其公司营业额与加班程度之间的关系。经过一定时间，收集了每周加班时间的数据和签发保单数量。变量 x 为每周签发的新保单数量，y 为每周加班时间，单位为小时，详细数据如下。

(1) x：825、215、1070、550、480、920、1350、325、670、1215。

(2) y：3.5、1.0、4.0、2.0、1.0、3.0、4.5、1.5、3.0、5.0。

求解下列问题：

(1) 用最小二乘估计求出回归方程。

(2) 计算标准差的估计值 $\hat{\sigma}$。

(3) 给出回归系数 β_1 的区间估计。

(4) 做回归系数 β_1 的显著性检验，取 $\alpha=0.05$。

(5) 对自变量的新值 $x_0=1100$ 求预测值 $\hat{y}_0$，并求区间估计，取 $\alpha=0.05$。

解：将数据代入公式计算，代码如下：

```
#第 9 章/9-11.py
import numpy as np
from scipy.stats import t
x = [825, 215, 1070, 550, 480, 920, 1350, 325, 670, 1215]
y = [3.5, 1.0, 4.0, 2.0, 1.0, 3.0, 4.5, 1.5, 3.0, 5.0]
x = np.array(x)
y = np.array(y)
n = len(x)
#Lxx
x_ = x.mean()
y_ = y.mean()
Lxx = (x ** 2).sum() - n * x_ ** 2
Lxy = (x * y).sum() - n * x_ * y_
#回归系数
beta1 = Lxy / Lxx
```

```
beta0 = y_ - beta1 * x_
y_hat = beta0 + beta1 * x0
print('beta0 = ', beta0)
print('beta1 = ', beta1)
#sigma
tmp = (y - y_hat) ** 2
sigma2 = tmp.sum() / (n - 2)
sigma = np.sqrt(sigma2)
print('sigma为', sigma)
#y的预测值
x0 = 193
y0_hat = beta0 + beta1 * x0
print('x的新值为', x0)
print('y的预测值为', y0_hat)
#h00
tmp = (x0 - x_) ** 2
h00 = 1 / n + tmp / Lxx
#t分位点
alpha = 0.05
X = t(df = n - 2)
t1 = X.ppf(alpha / 2)
t2 = X.ppf(1 - alpha / 2)
print('t分布的分位点为', (t1, t2))
#区间估计
tmp1 = beta1 + t1 * np.sqrt(sigma2) / np.sqrt(Lxx)
tmp2 = beta1 + t2 * np.sqrt(sigma2) / np.sqrt(Lxx)
print('beta1的置信区间为', (tmp1,tmp2))
#t统计量
T = beta1 * np.sqrt(Lxx) / sigma
print('t统计量的值为', T)
#检验
alpha = 0.05
t_test = t(df = n - 2)
right = t_test.ppf(1 - alpha / 2)
left = t_test.ppf(alpha / 2)
print('拒绝域区间的左端点为', left)
print('拒绝域区间的右端点为', right)
print('统计量未落入拒绝域,因此不拒绝原假设,认为beta1等于0.')
#区间预测
x0 = 1100
y0_hat = beta0 + beta1 * x0
left = y0_hat + t1 * np.sqrt(1 + h00) * sigma
right = y0_hat + t2 * np.sqrt(1 + h00) * sigma
print('区间预测为', (left, right))
```

输出如下：

```
beta0 = 0.11812907401414652
beta1 = 0.003585132448800333
```

```
sigma 为 2.741773305293373
x 的新值为 193
y 的预测值为 0.8100596366326107
t 分布的分位点为 (-2.306004135033371, 2.3060041350333704)
beta1 的置信区间为 (-0.0019646722663063695, 0.009134937163907035)
t 统计量的值为 1.4896614702625497
拒绝域区间的左端点为 -2.306004135033371
拒绝域区间的右端点为 2.3060041350333704
统计量未落入拒绝域,因此不拒绝原假设,认为 beta1 等于 0.
区间预测为 (-3.282877553916008, 11.406427089305032)
```

9.5 本章常用的 Python 函数总结

本章常用的 Python 函数见表 9-3。

表 9-3　本章常用的 Python 函数

函　　数	代　　码
样本均值	x.mean( ),x 是样本
样本方差	x.var( ),x 是样本
正态分布分位点	norm(loc = loc,scale = scale).ppf(q)
学生分布分位点	t(df = df).ppf(q)
F 分布的分位点	f(dfn = dfn,dfd = dfd).ppf(q)

9.6 本章上机练习

实训环境

(1) 使用 Python 3.x 版本。

(2) 使用 IPython 或 Jupyter Notebook 交互式编辑器。

(3) 推荐使用 Anaconda 发行版中自带的 IPython 或 Jupyter Notebook。

【实训 9-1】 下面列出了 18 名 5～8 岁儿童的体重 x 和体积 y：

(1) 体重：17.1、10.5、13.8、15.7、11.9、10.4、15.0、16.0、17.8、15.8、15.1、12.1、18.4、17.1、16.7、16.5、15.1、15.1。

(2) 体积：16.7、10.4、13.5、15.7、11.6、10.2、14.5、15.8、17.6、15.2、14.8、11.9、18.3、16.7、16.6、15.9、15.1、14.5。

求体积关于体重的回归方程，并求当 $x=14$ 时，y 的置信水平为 0.95 的置信区间。

代码如下：

```
#第 9 章/9-12.py
import numpy as np
from scipy.stats import t
```

```
x = [17.1, 10.5, 13.8, 15.7, 11.9, 10.4, 15.0, 16.0,
     17.8, 15.8, 15.1, 12.1, 18.4, 17.1, 16.7, 16.5, 15.1, 15.1]
y = [16.7, 10.4, 13.5, 15.7, 11.6, 10.2, 14.5, 15.8, 17.6,
     15.2, 14.8, 11.9, 18.3, 16.7, 16.6, 15.9, 15.1, 14.5]
x = np.array(x)
y = np.array(y)
n = len(x)
#Lxx, Lxy
x_ = x.mean()
y_ = y.mean()
Lxx = (x ** 2).sum() - n * x_ ** 2
Lxy = (x * y).sum() - n * x_ * y_
#回归系数
beta1 = Lxy / Lxx
beta0 = y_ - beta1 * x_
y_hat = beta0 + beta1 * x
print('beta0 = ', beta0)
print('beta1 = ', beta1)
#sigma
tmp = (y - y_hat) ** 2
sigma2 = tmp.sum() / (n - 2)
sigma = np.sqrt(sigma2)
print('sigma为', sigma)
#y的预测值
x0 = 14
y0_hat = beta0 + beta1 * x0
print('x的新值为', x0)
print('y的预测值为', y0_hat)
#h00
tmp = (x0 - x_) ** 2
h00 = 1 / n + tmp / Lxx
#t分位点
alpha = 0.05
X = t(df = n - 2)
t1 = X.ppf(alpha / 2)
t2 = X.ppf(1 - alpha / 2)
print('t分布的分位点为', (t1, t2))
#区间估计
tmp1 = beta1 + t1 * np.sqrt(sigma2) / np.sqrt(Lxx)
tmp2 = beta1 + t2 * np.sqrt(sigma2) / np.sqrt(Lxx)
print('beta1的置信区间为', (tmp1,tmp2))
#t统计量
T = beta1 * np.sqrt(Lxx) / sigma
print('t统计量的值为', T)
#检验
alpha = 0.05
t_test = t(df = n - 2)
right = t_test.ppf(1 - alpha / 2)
left = t_test.ppf(alpha / 2)
```

```
print('拒绝域区间的左端点为', left)
print('拒绝域区间的右端点为', right)
print('统计量落入拒绝域,因此拒绝原假设,认为 beta1 显著不为 0.')
#区间预测
x0 = 14
y0_hat = beta0 + beta1 * x0
left = y0_hat + t1 * np.sqrt(1 + h00) * sigma
right = y0_hat + t2 * np.sqrt(1 + h00) * sigma
print('区间预测为', (left, right))
```

输出如下：

```
beta0 = -0.10404608618971167
beta1 = 0.9880519420637348
sigma 为 0.20174857805313698
x 的新值为 14
y 的预测值为 13.728681102702575
t 分布的分位点为 (-2.1199052992210112, 2.119905299221011)
beta1 的置信区间为 (0.9444895013535788, 1.0316143827738908)
t 统计量的值为 48.08216697091989
拒绝域区间的左端点为 -2.1199052992210112
拒绝域区间的右端点为 2.119905299221011
统计量落入拒绝域,因此拒绝原假设,认为 beta1 显著不为 0.
区间预测为 (13.287095545957742, 14.170266659447408)
```

【实训 9-2】 设某种昆虫叫声的频率 x 与气温 y 具有线性关系，下面给出 15 对频率与气温的对应关系的观察结果。

(1) 频率：20.0、16.0、19.8、18.4、17.1、15.5、14.7、17.1、15.4、16.2、15.0、17.2、16.0、17.0、14.4。

(2) 气温：31.4、22.0、31.4、29.1、27.0、24.0、20.9、27.8、20.8、28.5、26.4、28.1、27.0、28.6、24.6。

试求气温 y 关于频率 x 的回归方程，并求当 $x=24$ 时，y 的置信水平为 0.95 的置信区间。

代码如下：

```
#第 9 章/9-13.py
import numpy as np
from scipy.stats import t
x = [20.0, 16.0, 19.8, 18.4, 17.1, 15.5, 14.7, 17.1, 15.4, 16.2, 15.0, 17.2, 16.0, 17.0, 14.4]
y = [31.4, 22.0, 31.4, 29.1, 27.0, 24.0, 20.9, 27.8, 20.8, 28.5, 26.4, 28.1, 27.0, 28.6, 24.6]
x = np.array(x)
y = np.array(y)
n = len(x)
#Lxx, Lxy
x_ = x.mean()
y_ = y.mean()
```

```
Lxx = (x ** 2).sum() - n * x_ ** 2
Lxy = (x * y).sum() - n * x_ * y_
#回归系数
beta1 = Lxy / Lxx
beta0 = y_ - beta1 * x_
y_hat = beta0 + beta1 * x
print('beta0 = ', beta0)
print('beta1 = ', beta1)
#sigma
tmp = (y - y_hat) ** 2
sigma2 = tmp.sum() / (n - 2)
sigma = np.sqrt(sigma2)
print('sigma为', sigma)
#y的预测值
x0 = 24
y0_hat = beta0 + beta1 * x0
print('x的新值为', x0)
print('y的预测值为', y0_hat)
#h00
tmp = (x0 - x_) ** 2
h00 = 1 / n + tmp / Lxx
#t分位点
alpha = 0.05
X = t(df = n - 2)
t1 = X.ppf(alpha / 2)
t2 = X.ppf(1 - alpha / 2)
print('t分布的分位点为', (t1, t2))
#区间估计
tmp1 = beta1 + t1 * np.sqrt(sigma2) / np.sqrt(Lxx)
tmp2 = beta1 + t2 * np.sqrt(sigma2) / np.sqrt(Lxx)
print('beta1的置信区间为', (tmp1,tmp2))
#t统计量
T = beta1 * np.sqrt(Lxx) / sigma
print('t统计量的值为', T)
#检验
alpha = 0.05
t_test = t(df = n - 2)
right = t_test.ppf(1 - alpha / 2)
left = t_test.ppf(alpha / 2)
print('拒绝域区间的左端点为', left)
print('拒绝域区间的右端点为', right)
print('统计量落入拒绝域,因此拒绝原假设,认为beta1显著不为0.')
#区间预测
x0 = 24
y0_hat = beta0 + beta1 * x0
left = y0_hat + t1 * np.sqrt(1 + h00) * sigma
right = y0_hat + t2 * np.sqrt(1 + h00) * sigma
print('区间预测为', (left, right))
```

输出如下：

```
beta0 = -0.5463771451102453
beta1 = 1.6244822144781976
sigma 为 2.0546544558168423
x 的新值为 24
y 的预测值为 38.441196002366496
t 分布的分位点为 (-2.160368656461013, 2.1603686564610127)
beta1 的置信区间为 (0.9274835178811012, 2.321480911075294)
t 统计量的值为 5.0351320257428664
拒绝域区间的左端点为 -2.160368656461013
拒绝域区间的右端点为 2.1603686564610127
统计量落入拒绝域,因此拒绝原假设,认为 beta1 显著不为 0.
区间预测为 (31.568256346809907, 45.31413565792308)
```

第10章 多元线性回归

在实际问题中，一个因变量往往需要多个自变量来解释，这就需要对一元线性回归做扩展，引入多元线性回归。多元线性回归通过多个变量来推测另一个变量的值。

本章重点内容：

（1）多元线性回归模型的数学形式。

（2）多元线性回归模型的基本假设和解释。

（3）回归参数的最小二乘估计。

（4）回归参数的最大似然估计。

（5）参数估计的性质。

（6）回归方程的显著性检验。

（7）回归系数的置信区间与拟合优度检验。

10.1 多元线性回归模型的数学形式

设随机变量 y 与多个变量 $x_1,x_2,\cdots,x_p$ 的线性回归模型为

$$y=\beta_0+\beta_1x_1+\beta_2x_2+\cdots+\beta_px_p+\varepsilon \tag{10-1}$$

其中，$\beta_0,\beta_1,\cdots,\beta_p$ 是 $p+1$ 个未知参数，β_0 称为回归常数，$\beta_1,\beta_2,\cdots,\beta_p$ 称为回归系数。y 称为被解释变量或因变量，$x_1,x_2,\cdots,x_p$ 是可以精确测量并控制的一般变量，称为解释变量或自变量。当 $p=1$ 时，回归模型就是一元线性回归模型。当 $p\geqslant 2$ 时，称为多元线性回归模型。ε 是随机误差，对随机误差通常作如下假定：

$$E(\varepsilon_i)=0,\qquad \operatorname{var}(\varepsilon_i,\varepsilon_j)=\begin{cases}\sigma^2, & i=j\\ 0, & i\neq j\end{cases} \tag{10-2}$$

对一个实际问题，如果获得 n 组观测数据 $(x_{i1},x_{i2},\cdots,x_{ip},y_i)$，$i=1,2,\cdots,n$，则线性回归模型可表示为

$$\begin{cases}y_1=\beta_0+\beta_1x_{11}+\beta_2x_{12}+\cdots+\beta_px_{1p}+\varepsilon_1\\ y_2=\beta_0+\beta_1x_{21}+\beta_2x_{22}+\cdots+\beta_px_{2p}+\varepsilon_2\\ \qquad\vdots\\ y_n=\beta_0+\beta_1x_{n1}+\beta_2x_{n2}+\cdots+\beta_px_{np}+\varepsilon_n\end{cases} \tag{10-3}$$

写成矩阵形式为

$$\boldsymbol{y}=\boldsymbol{X\beta}+\boldsymbol{\varepsilon} \tag{10-4}$$

其中

$$\boldsymbol{y}=\begin{bmatrix}y_1\\y_2\\\vdots\\y_n\end{bmatrix},\quad \boldsymbol{X}=\begin{bmatrix}1 & x_{11} & \cdots & x_{1p}\\1 & x_{21} & \cdots & x_{2p}\\\vdots & \vdots & & \vdots\\1 & x_{n1} & \cdots & x_{np}\end{bmatrix},\quad \boldsymbol{\beta}=\begin{bmatrix}\beta_1\\\beta_2\\\vdots\\\beta_n\end{bmatrix},\quad \boldsymbol{\varepsilon}=\begin{bmatrix}\varepsilon_1\\\varepsilon_2\\\vdots\\\varepsilon_n\end{bmatrix} \tag{10-5}$$

$\boldsymbol{X}$ 是一个 n 行 $p+1$ 列矩阵，一般称为回归设计矩阵或资料矩阵，$\boldsymbol{\beta}$ 称为系数向量。

10.2　多元线性回归模型的基本假定

为了方便估计模型参数，对回归方程要作如下假定：

(1) 解释变量 $x_1,x_2,\cdots,x_p$ 是确定性变量，不是随机变量，并且要求设计矩阵 $\boldsymbol{X}$ 的秩 $\mathrm{rank}(\boldsymbol{X})=p+1<n$，表明设计矩阵 $\boldsymbol{X}$ 的自变量列之间不相关，样本量的个数大于解释变量的个数，$\boldsymbol{X}$ 是一满秩矩阵。

(2) 随机误差项具有零均值和等方差性质，即

$$E(\varepsilon_i)=0,\quad \mathrm{cov}(\varepsilon_i,\varepsilon_j)=\begin{cases}\sigma^2, & i=j\\0, & i\neq j\end{cases} \tag{10-6}$$

这个条件通常称为高斯-马尔可夫条件，表明随机误差在不同样本之间是不相关的，并且有相同的精度。

(3) 正态分布的假定：

$$\begin{cases}\varepsilon_i\sim N(0,\sigma^2)\\\varepsilon_1,\varepsilon_2,\cdots,\varepsilon_n\ 相互独立\end{cases} \tag{10-7}$$

写成矩阵形式为

$$\boldsymbol{\varepsilon}\sim N(0,\sigma^2\boldsymbol{I}_n) \tag{10-8}$$

其中，$\boldsymbol{I}_n$ 是 n 阶单位矩阵，因此对多元随机变量的被解释变量有

$$\boldsymbol{y}\sim N(\boldsymbol{X\beta},\sigma^2\boldsymbol{I}_n) \tag{10-9}$$

10.3　多元线性回归模型的解释

对一般含有 p 个自变量的多元回归方程来讲，每个回归系数 β_i 表示在回归方程中其他自变量保持不变的情况下，当自变量增加一个单位时因变量 y 的平均增加程度，因此也把多元线性回归系数称为偏回归系数。

例如，在预测某电器销量时，建立如下模型。

$$y=\beta_0+\beta_1x_1+\beta_2x_2+\varepsilon \tag{10-10}$$

其中，x_1 表示电器的价格，x_2 表示可支配收入，y 表示电器的销量。两边取期望可得

$$E(y)=\beta_0+\beta_1x_1+\beta_2x_2 \tag{10-11}$$

假如 x_2 保持不变，那么

$$\frac{\partial E(y)}{\partial x_1}=\beta_1 \tag{10-12}$$

即 β_1 可解释为在消费者收入 x_2 保持不变时，该电器的价格每增加一个单位，销量 y 的平均增加程度。如果 β_1 是负数，则说明随着电器价格的提高，销售量是减少的。假如 x_1 保持不变，则有

$$\frac{\partial E(y)}{\partial x_2}=\beta_2 \tag{10-13}$$

即 β_2 可解释为在电器的价格 x_1 保持不变时，消费者收入 x_2 每增加一个单位，电器销售量 y 的平均增加程度。如果 β_2 是正数，则说明随着消费者收入的提高，销售量是增加的。

多元线性回归方程的图像与一元线性回归的图像不同。一元线性回归方程是一条直线，而多元线性回归方程是一个回归平面。

10.4 回归参数的估计

本节讨论如何估计多元回归方程的参数。

10.4.1 回归参数的普通最小二乘估计

多元线性回归的未知参数的最小二乘估计与一元回归的参数估计原理类似。所谓最小二乘，就是寻找 $\beta_0,\beta_1,\cdots,\beta_p$ 的估计值 $\hat{\beta}_0,\hat{\beta}_1,\cdots,\hat{\beta}_p$ 使离差平方和

$$Q(\beta_0,\beta_1,\cdots,\beta_p)=\sum_{i=1}^{n}(y_i-\beta_0-\beta_1 x_{i1}-\cdots-\beta_p x_{ip})^2 \tag{10-14}$$

达到极小。求解这个极值问题，利用微积分中的极值原理，$\hat{\beta}_0,\hat{\beta}_1,\cdots,\hat{\beta}_p$ 应该满足

$$\begin{cases}\dfrac{\partial Q}{\partial \beta_0}=-2\sum\limits_{i=1}^{n}(y_i-\hat{\beta}_0-\hat{\beta}_1 x_{i1}-\cdots-\hat{\beta}_p x_{ip})=0\\ \dfrac{\partial Q}{\partial \beta_1}=-2\sum\limits_{i=1}^{n}(y_i-\hat{\beta}_0-\hat{\beta}_1 x_{i1}-\cdots-\hat{\beta}_p x_{ip})x_{i1}=0\\ \dfrac{\partial Q}{\partial \beta_2}=-2\sum\limits_{i=1}^{n}(y_i-\hat{\beta}_0-\hat{\beta}_1 x_{i1}-\cdots-\hat{\beta}_p x_{ip})x_{i2}=0\\ \qquad\vdots\\ \dfrac{\partial Q}{\partial \beta_p}=-2\sum\limits_{i=1}^{n}(y_i-\hat{\beta}_0-\hat{\beta}_1 x_{i1}-\cdots-\hat{\beta}_p x_{ip})x_{ip}=0\end{cases} \tag{10-15}$$

以上方程组经整理后，得出用矩阵表示的正规方程组

$$\boldsymbol{X}'(\boldsymbol{y}-\boldsymbol{X}\hat{\boldsymbol{\beta}})=\boldsymbol{0} \tag{10-16}$$

当 $\boldsymbol{X}'\boldsymbol{X}$ 可逆时，即得最小二乘估计

$$\hat{\boldsymbol{\beta}}=(\boldsymbol{X}'\boldsymbol{X})^{-1}\boldsymbol{X}'\boldsymbol{y} \tag{10-17}$$

称

$$\hat{\boldsymbol{y}}=\hat{\beta}_0+\hat{\beta}_1 x_1+\cdots+\hat{\beta}_p x_p \tag{10-18}$$

为经验回归方程。

在求得参数的最小二乘估计以后，可以用经验回归方程计算因变量的回归值和残差。

回归值为

$$\hat{\boldsymbol{y}}=\boldsymbol{X}\hat{\boldsymbol{\beta}}=\boldsymbol{X}(\boldsymbol{X}'\boldsymbol{X})^{-1}\boldsymbol{X}'\boldsymbol{y} \tag{10-19}$$

从式(10-19)可以发现，矩阵 $\boldsymbol{X}(\boldsymbol{X}'\boldsymbol{X})^{-1}\boldsymbol{X}'$ 的作用就是把因变量 $\boldsymbol{y}$ 变为拟合值向量 $\hat{\boldsymbol{y}}$，一般称矩阵 $\boldsymbol{X}(\boldsymbol{X}'\boldsymbol{X})^{-1}\boldsymbol{X}'$ 为“帽子”矩阵，记作 $\boldsymbol{H}=\boldsymbol{X}(\boldsymbol{X}'\boldsymbol{X})^{-1}\boldsymbol{X}'$。通过计算发现，帽子矩阵满足性质

$$\boldsymbol{H}^2=\boldsymbol{H} \tag{10-20}$$

即 $\boldsymbol{H}$ 是幂等阵。帽子矩阵 $\boldsymbol{H}$ 也是一个投影矩阵，这个投影过程是把 $\boldsymbol{y}$ 投影到自变量 $\boldsymbol{X}$ 生成的空间中。另外帽子矩阵 $\boldsymbol{H}$ 的迹为

$$\operatorname{tr}(\boldsymbol{H})=\sum_{i=1}^{n}h_{ii}=p+1 \tag{10-21}$$

残差为

$$e_i=y_i-\hat{y}_i \tag{10-22}$$

残差向量为

$$\boldsymbol{e}=\boldsymbol{y}-\hat{\boldsymbol{y}} \tag{10-23}$$

代入

$$\hat{\boldsymbol{y}}=\boldsymbol{H}\boldsymbol{y} \tag{10-24}$$

中得

$$\boldsymbol{e}=\boldsymbol{y}-\boldsymbol{H}\boldsymbol{y}=(\boldsymbol{I}-\boldsymbol{H})\boldsymbol{y} \tag{10-25}$$

记 $\boldsymbol{e}$ 的协方差矩阵为

$$\operatorname{cov}(\boldsymbol{e},\boldsymbol{e})=\operatorname{cov}((\boldsymbol{I}-\boldsymbol{H})\boldsymbol{y},(\boldsymbol{I}-\boldsymbol{H})\boldsymbol{y})=\sigma^2(\boldsymbol{I}-\boldsymbol{H}) \tag{10-26}$$

于是有

$$\operatorname{var}(e_i)=D(e_i)=(i-h_{ii})\sigma^2 \tag{10-27}$$

误差项方差 σ^2 的无偏估计为

$$\hat{\sigma}^2=\frac{1}{n-p-1}\mathrm{SSE}=\frac{1}{n-p-1}\sum_{i=1}^{n}\mathrm{e}_i^2=\frac{1}{n-p-1}\boldsymbol{e}'\boldsymbol{e} \tag{10-28}$$

正规方程组要求 $\boldsymbol{X}'\boldsymbol{X}$ 是可逆矩阵，此时 $\operatorname{rank}(\boldsymbol{X}'\boldsymbol{X})=p+1$，系数的最小二乘解为

$$\hat{\boldsymbol{\beta}}=(\boldsymbol{X}'\boldsymbol{X})^{-1}\boldsymbol{X}'\boldsymbol{y} \tag{10-29}$$

【例 10-1】 有三组数据 x_1、x_2，和 y，分别如下。

(1) x_1：21.2、22.2、23.21、24.21、25.21、26.22、27.22、28.22、29.23、30.23、31.23、32.24、33.24、34.24、35.25、36.25、37.26、38.26、39.26、40.27、41.27、42.27、43.28、44.28、45.28、46.29、47.29、48.29、49.3、50.3。

(2) x_2：12.3、14.41、16.53、18.64、20.76、22.87、24.98、27.1、29.21、31.32、33.44、35.55、37.67、39.78、41.89、44.01、46.12、48.23、50.35、52.46、54.58、56.69、58.8、60.92、63.03、65.14、67.26、69.37、71.49、73.6。

(3) y：91.18、101.98、110.4、124.62、131.67、143.08、154.86、163.59、174.24、184.83、196.77、208.97、217.2、226.48、238.6、247.94、258.98、270.62、279.17、290.39、299.98、311.14、322.02、331.25、342.34、352.9、362.98、372.87、383.14、394.85。

求 y 关于 x_1 和 x_2 回归系数的最小二乘估计，代码如下：

```
#第10章/10-1.py
import numpy as np
#数据
x1 = [21.2, 22.2, 23.21, 24.21, 25.21, 26.22, 27.22, 28.22, 29.23,
      30.23, 31.23, 32.24, 33.24, 34.24, 35.25, 36.25, 37.26, 38.26,
      39.26, 40.27, 41.27, 42.27, 43.28, 44.28, 45.28, 46.29, 47.29,
      48.29, 49.3, 50.3]
x2 = [12.3 , 14.41, 16.53, 18.64, 20.76, 22.87, 24.98, 27.1 , 29.21,
      31.32, 33.44, 35.55, 37.67, 39.78, 41.89, 44.01, 46.12, 48.23,
      50.35, 52.46, 54.58, 56.69, 58.8 , 60.92, 63.03, 65.14, 67.26,
      69.37, 71.49, 73.6]
y = [91.18, 101.98, 110.4 , 124.62, 131.67, 143.08, 154.86, 163.59,
     174.24, 184.83, 196.77, 208.97, 217.2 , 226.48, 238.6 , 247.94,
     258.98, 270.62, 279.17, 290.39, 299.98, 311.14, 322.02, 331.25,
     342.34, 352.9 , 362.98, 372.87, 383.14, 394.85]
x1 = np.array(x1)
x2 = np.array(x2)
y = np.array(y)
#样本量
n = len(y)
#设计矩阵
const = np.ones(shape = (n, 1))
x1 = x1.reshape((n, 1))
x2 = x2.reshape((n, 1))
X = np.c_[const, x1, x2]
#因变量
y = y.reshape((n, 1))
#最小二乘估计
beta = np.linalg.inv(X.T @ X) @ X.T @ y
print('回归系数向量为\n ', beta)
```

输出如下：

```
回归系数向量为
  [[ - 1444.91909985]
[ 96.05874407]
[ - 40.65688005]]
```

【例 10-2】 有三组数据 x_1、x_2，和 y，分别如下。

(1) x_1：−2.2、−1.94、−1.68、−1.42、−1.17、−0.91、−0.65、−0.39、−0.13、0.13、0.39、0.64、0.9、1.16、1.42、1.68、1.94、2.2、2.46、2.71、2.97、3.23、3.49、3.75、4.01、4.27、4.52、4.78、5.04、5.3。

(2) x_2：13.3、14.34、15.39、16.43、17.48、18.52、19.57、20.61、21.66、22.7、23.75、24.79、25.84、26.88、27.93、28.97、30.02、31.06、32.11、33.15、34.2、35.24、36.29、37.33、38.38、39.42、40.47、41.51、42.56、43.6。

(3) y：6.87、16.6、25.64、36.39、44.81、54.72、64.78、73.88、83.59、93.26、103.36、113.29、122.27、131.54、141.7、150.98、160.81、170.79、179.88、189.51、198.91、208.74、

218.53、227.77、237.63、247.28、256.61、266.06、275.65、285.65。

求 y 关于 x_1 和 x_2 回归系数的最小二乘估计，代码如下：

```
#第 10 章/10-2.py
import numpy as np
#数据
x1 = [-2.2, -1.94, -1.68, -1.42, -1.17, -0.91, -0.65, -0.39, -0.13,
      0.13, 0.39, 0.64, 0.9 , 1.16, 1.42, 1.68, 1.94, 2.2 ,
      2.46, 2.71, 2.97, 3.23, 3.49, 3.75, 4.01, 4.27, 4.52,
      4.78, 5.04, 5.3]
x2 = [13.3 , 14.34, 15.39, 16.43, 17.48, 18.52, 19.57, 20.61, 21.66,
      22.7 , 23.75, 24.79, 25.84, 26.88, 27.93, 28.97, 30.02, 31.06,
      32.11, 33.15, 34.2 , 35.24, 36.29, 37.33, 38.38, 39.42, 40.47,
      41.51, 42.56, 43.6]
y = [6.87, 16.6 , 25.64, 36.39, 44.81, 54.72, 64.78, 73.88,
     83.59, 93.26, 103.36, 113.29, 122.27, 131.54, 141.7 , 150.98,
     160.81, 170.79, 179.88, 189.51, 198.91, 208.74, 218.53, 227.77,
     237.63, 247.28, 256.61, 266.06, 275.65, 285.65]
x1 = np.array(x1)
x2 = np.array(x2)
y = np.array(y)
#样本量
n = len(y)
#设计矩阵
const = np.ones(shape = (n, 1))
x1 = x1.reshape((n, 1))
x2 = x2.reshape((n, 1))
X = np.c_[const, x1, x2]
#因变量
y = y.reshape((n, 1))
#最小二乘估计
beta = np.linalg.inv(X.T @ X) @ X.T @ y
print('回归系数向量为\n ', beta)
```

输出如下：

```
回归系数向量为
  [[65.90748351]
[33.01348154]
[ 1.0253645 ]]
```

10.4.2 回归参数的最大似然估计

多元线性回归参数的最大似然估计与一元线性回归参数的最大似然估计思想一致，对于模型

$$\begin{cases} y = X\beta + \varepsilon \\ \varepsilon \sim N(0, \sigma^2 I) \end{cases} \tag{10-30}$$

y 的概率分布为

$$y \sim N(X\beta,\sigma^2 I) \tag{10-31}$$

此时可知似然函数为

$$L=(2\pi)^{-n/2}(\sigma^2)^{-n/2}\exp\left(\frac{1}{2\sigma^2}(y-X\beta)'(y-X\beta)\right) \tag{10-32}$$

其中，未知参数是 β 和 σ^2。最大似然估计就是选取 β 和 σ^2 使似然函数 L 达到最大。由对数函数的单调性知，L 与 $\ln L$ 同时达到最大值，故取对数可得

$$\ln L=-\frac{n}{2}\ln(2\pi)-\frac{n}{2}\ln(\sigma^2)-\frac{1}{2\sigma^2}(y-X\beta)'(y-X\beta) \tag{10-33}$$

容易发现

$$(y-X\beta)'(y-X\beta) \tag{10-34}$$

最小的时候可使 $\ln L$ 达到最大，这与最小二乘法的估计完全一样。也就是说，在正态假定下，回归参数 β 的最大似然估计与普通最小二乘估计完全相同，即

$$\hat{\beta}=(X'X)^{-1}X'y \tag{10-35}$$

误差项 σ^2 的最大似然估计为

$$\hat{\sigma}^2=\frac{1}{n}\text{SSE}=\frac{1}{n}(e'e) \tag{10-36}$$

注意 它是 σ^2 的有偏估计，但在大样本情况下，$\hat{\sigma}^2$ 是 σ^2 的渐近无偏估计。

【例 10-3】 有三组数据 x_1、x_2 和 y，分别如下。

(1) x_1：−1.68、−1.42、−1.17、−0.91、−0.65、−0.39、−0.13、0.13、0.39、0.64、0.9、1.16、1.42、1.68、1.94、2.2、2.46、2.71、2.97、3.23、3.49、3.75、4.01、4.27、4.52、4.78、5.04、5.3。

(2) x_2：15.39、16.43、17.48、18.52、19.57、20.61、21.66、22.7、23.75、24.79、25.84、26.88、27.93、28.97、30.02、31.06、32.11、33.15、34.2、35.24、36.29、37.33、38.38、39.42、40.47、41.51、42.56、43.6。

(3) y：25.64、36.39、44.81、54.72、64.78、73.88、83.59、93.26、103.36、113.29、122.27、131.54、141.7、150.98、160.81、170.79、179.88、189.51、198.91、208.74、218.53、227.77、237.63、247.28、256.61、266.06、275.65、285.65。

求 y 关于 x_1 和 x_2 回归系数的最大似然估计，代码如下：

```
#第 10 章/10 - 3.py
import numpy as np
#数据
x1 = [ - 1.68, - 1.42, - 1.17, - 0.91, - 0.65, - 0.39, - 0.13,
      0.13, 0.39, 0.64, 0.9 , 1.16, 1.42, 1.68, 1.94, 2.2 ,
      2.46, 2.71, 2.97, 3.23, 3.49, 3.75, 4.01, 4.27, 4.52,
      4.78, 5.04, 5.3]
x2 = [15.39, 16.43, 17.48, 18.52, 19.57, 20.61, 21.66,
      22.7 , 23.75, 24.79, 25.84, 26.88, 27.93, 28.97, 30.02, 31.06,
      32.11, 33.15, 34.2 , 35.24, 36.29, 37.33, 38.38, 39.42, 40.47,
      41.51, 42.56, 43.6]
```

```
y = [25.64, 36.39, 44.81, 54.72, 64.78, 73.88,
     83.59, 93.26, 103.36, 113.29, 122.27, 131.54, 141.7 , 150.98,
     160.81, 170.79, 179.88, 189.51, 198.91, 208.74, 218.53, 227.77,
     237.63, 247.28, 256.61, 266.06, 275.65, 285.65]
x1 = np.array(x1)
x2 = np.array(x2)
y = np.array(y)
#样本量
n = len(y)
#设计矩阵
const = np.ones(shape = (n, 1))
x1 = x1.reshape((n, 1))
x2 = x2.reshape((n, 1))
X = np.c_[const, x1, x2]
#因变量
y = y.reshape((n, 1))
#最大似然估计
beta = np.linalg.inv(X.T @ X) @ X.T @ y
print('回归系数最大似然估计为\n ', beta)
```

输出如下：

```
回归系数最大似然估计为
  [[63.76513476]
[32.62271088]
[ 1.12197243]]
```

【例 10-4】 有三组数据 x_1、x_2 和 y，分别如下。

(1) x_1：−0.65、−0.39、−0.13、0.13、0.39、0.64、0.9、1.16、1.42、1.68、1.94、2.2、2.46、2.71、2.97、3.23、3.49、3.75、4.01、4.27、4.52、4.78、5.04、5.3。

(2) x_2：19.57、20.61、21.66、22.7、23.75、24.79、25.84、26.88、27.93、28.97、30.02、31.06、32.11、33.15、34.2、35.24、36.29、37.33、38.38、39.42、40.47、41.51、42.56、43.6。

(3) y：64.78、73.88、83.59、93.26、103.36、113.29、122.27、131.54、141.7、150.98、160.81、170.79、179.88、189.51、198.91、208.74、218.53、227.77、237.63、247.28、256.61、266.06、275.65、285.65。

求 y 关于 x_1 和 x_2 回归系数的最大似然估计和方差的最大似然估计，代码如下：

```
#第 10 章/10-4.py
import numpy as np
#数据
x1 = [-0.65, -0.39, -0.13, 0.13, 0.39, 0.64, 0.9, 1.16, 1.42, 1.68, 1.94, 2.2,
      2.46, 2.71, 2.97, 3.23, 3.49, 3.75, 4.01, 4.27, 4.52,
      4.78, 5.04, 5.3]
x2 = [19.57, 20.61, 21.66, 22.7 , 23.75, 24.79, 25.84, 26.88, 27.93, 28.97, 30.02, 31.06,
      32.11, 33.15, 34.2 , 35.24, 36.29, 37.33, 38.38, 39.42, 40.47,
      41.51, 42.56, 43.6]
y = [64.78, 73.88, 83.59, 93.26, 103.36, 113.29, 122.27, 131.54, 141.7, 150.98,
```

```
    160.81, 170.79, 179.88, 189.51, 198.91, 208.74, 218.53, 227.77,
    237.63, 247.28, 256.61, 266.06, 275.65, 285.65]
x1 = np.array(x1)
x2 = np.array(x2)
y = np.array(y)
#样本量
n = len(y)
#设计矩阵
const = np.ones(shape = (n, 1))
x1 = x1.reshape((n, 1))
x2 = x2.reshape((n, 1))
X = np.c_[const, x1, x2]
#因变量
y = y.reshape((n, 1))
#最大似然估计
beta = np.linalg.inv(X.T @ X) @ X.T @ y
print('回归系数最大似然估计为\n ', beta)
#方差的最大似然估计
e = y - X @ beta
sigma2 = e.T @ e /n
print('方差的最大似然估计为', sigma2)
```

输出如下：

```
回归系数最大似然估计为
  [[-37.93857355]
[ 14.05464915]
[ 5.710075 ]]
方差的最大似然估计为 [[0.06084591]]
```

10.4.3 参数估计的性质

参数的估计具有下列性质：

(1) $\hat{\boldsymbol{\beta}}$ 是随机向量 $\boldsymbol{y}$ 的线性变换。这一点可以从公式 $\hat{\boldsymbol{\beta}}=(\boldsymbol{X}'\boldsymbol{X})^{-1}\boldsymbol{X}'\boldsymbol{y}$ 中发现。

(2) $\hat{\boldsymbol{\beta}}$ 是 $\boldsymbol{\beta}$ 的无偏估计。实际上有

$$\begin{aligned}E(\hat{\boldsymbol{\beta}})&=E((\boldsymbol{X}'\boldsymbol{X})^{-1}\boldsymbol{X}'\boldsymbol{y})=(\boldsymbol{X}'\boldsymbol{X})^{-1}\boldsymbol{X}'E(\boldsymbol{y})\\&=(\boldsymbol{X}'\boldsymbol{X})^{-1}\boldsymbol{X}'E(\boldsymbol{X\beta}+\varepsilon)=(\boldsymbol{X}'\boldsymbol{X})^{-1}\boldsymbol{X}'\boldsymbol{X\beta}=\boldsymbol{\beta}\end{aligned}\tag{10-37}$$

(3) 方差 $D(\hat{\boldsymbol{\beta}})=\sigma^2(\boldsymbol{X}'\boldsymbol{X})^{-1}$。实际上有

$$\begin{aligned}D(\hat{\boldsymbol{\beta}})&=\mathrm{cov}(\hat{\boldsymbol{\beta}},\hat{\boldsymbol{\beta}})=\mathrm{cov}((\boldsymbol{X}'\boldsymbol{X})^{-1}\boldsymbol{X}'\boldsymbol{y},(\boldsymbol{X}'\boldsymbol{X})^{-1}\boldsymbol{X}'\boldsymbol{y})\\&=(\boldsymbol{X}'\boldsymbol{X})^{-1}\boldsymbol{X}'\mathrm{cov}(\boldsymbol{y},\boldsymbol{y})((\boldsymbol{X}'\boldsymbol{X})^{-1}\boldsymbol{X}')'\\&=(\boldsymbol{X}'\boldsymbol{X})^{-1}\boldsymbol{X}'\sigma^2\boldsymbol{X}(\boldsymbol{X}'\boldsymbol{X})^{-1}=\sigma^2(\boldsymbol{X}'\boldsymbol{X})^{-1}\end{aligned}\tag{10-38}$$

(4) 高斯-马尔可夫定理。预测函数

$$\hat{y}_0=\hat{\beta}_0+\hat{\beta}_1x_{10}+\hat{\beta}_2x_{20}+\cdots+\hat{\beta}_px_{p0}\tag{10-39}$$

是 $\hat{\boldsymbol{\beta}}$ 的线性函数，因而希望 $\hat{\boldsymbol{\beta}}$ 的线性函数的波动越小越好。设 c 是任一 $p+1$ 维常数向量，

如果要求 $\boldsymbol{\beta}$ 的估计量 $\hat{\boldsymbol{\beta}}$ 满足下面两条性质：

(4.1) $c'\hat{\boldsymbol{\beta}}$ 是 $c'\boldsymbol{\beta}$ 的无偏估计。

(4.2) $c'\hat{\boldsymbol{\beta}}$ 的方差达到最小。

则高斯-马尔可夫定理给出：参数 $\boldsymbol{\beta}$ 的普通最小二乘估计满足上面的要求。

(5) 协方差 $\mathrm{cov}(\hat{\boldsymbol{\beta}},\boldsymbol{e})=0$。即 $\hat{\boldsymbol{\beta}}$ 与 $\boldsymbol{e}$ 不相关。在正态假定下，不相关意味着相互独立，从而 $\hat{\boldsymbol{\beta}}$ 与残差的平方和 $\mathrm{SSE}=\boldsymbol{e}'\boldsymbol{e}$ 相互独立。

(6) 当 $y\sim N(\boldsymbol{X\beta},\sigma^2\boldsymbol{I}_n)$时，有

$$\hat{\boldsymbol{\beta}}\sim N(\boldsymbol{\beta},\sigma^2(\boldsymbol{X}'\boldsymbol{X})^{-1}) \tag{10-40}$$

$$\frac{\mathrm{SSE}}{\sigma^2}\sim\chi^2(n-p-1) \tag{10-41}$$

10.4.4 回归方程的显著性检验

在实际问题中，事先并不能断定随机变量 y 与变量 $x_1,x_2,\cdots,x_p$ 之间是否有线性关系，在进行回归参数的估计以前，用多元线性回归去拟合随机变量 y 与变量 $x_1,x_2,\cdots,x_p$ 之间的关系，只是根据一些定性分析所作的一种假设，因此当求出线性回归方程以后，还需要对回归方程进行显著性检验。下面主要介绍两种统计检验方法，一种是回归方程显著性的 F 检验，另一种是回归系数显著性的 t 检验。

1. *F* 检验

F 检验就是要看自变量 $x_1,x_2,\cdots,x_p$ 从整体上对随机变量 y 是否有明显的影响，为此提出原假设

$$H_0:\beta_1=\beta_2=\cdots=\beta_p=0 \tag{10-42}$$

如果 H_0 未被拒绝，则表明 y 与 $x_1,x_2,\cdots,x_p$ 之间的关系由线性回归模型表示不合适。为了建立对 H_0 进行检验的 F 检验，利用总离差平方和的分解式

$$\sum_{i=1}^{n}(y_i-\bar{y})^2=\sum_{i=1}^{n}(y_i-\hat{y}_i)^2+\sum_{i=1}^{n}(\hat{y}_i-\bar{y})^2 \tag{10-43}$$

简单记为

$$\mathrm{SST}=\mathrm{SSE}+\mathrm{SSR} \tag{10-44}$$

构造 F 检验统计量如下

$$F=\frac{\mathrm{SSR}/p}{\mathrm{SSE}/(n-p-1)} \tag{10-45}$$

在正态假设下，当原假设 $H_0:\beta_1=\beta_2=\cdots=\beta_p=0$ 为真时，F 服从自由度为$(p,n-p-1)$的 F 分布，因此利用 F 统计量对回归方程的总体显著性进行检验。对于给定的数据，计算出 SSR 和 SSE，进而算出 F 统计量的值，其计算过程列在下面的方差分析中，见表 10-1。

表 10-1 多元线性回归方差分析表

方差来源	自由度	平方和	均方	F 值	P 值
回归	p	SSR	SSR/p	$\dfrac{\mathrm{SSR}/p}{\mathrm{SSE}/(n-p-1)}$	$P(F>F$ 分位点)
残差	$n-p-1$	SSE	$\mathrm{SSE}/(n-2)$		
总离差	$n-1$	SST	/		

当 $F>F_\alpha(p,n-p-1)$时，拒绝原假设 H_0，认为在显著性水平，y 与 $x_1,x_2,\cdots,x_p$ 有显著的线性关系，即回归方程是显著的。当 $F\leqslant F_\alpha(p,n-p-1)$时，则认为回归方程不显著。

【例 10-5】 有三组数据 x_1、x_2 和 y，分别如下。

(1) x_1：−0.65、−0.39、−0.13、0.13、0.39、0.64、0.9、1.16、1.42、1.68、1.94、2.2、2.46、2.71、2.97、3.23、3.49、3.75、4.01、4.27、4.52、4.78、5.04、5.3。

(2) x_2：19.57、20.61、21.66、22.7、23.75、24.79、25.84、26.88、27.93、28.97、30.02、31.06、32.11、33.15、34.2、35.24、36.29、37.33、38.38、39.42、40.47、41.51、42.56、43.6。

(3) y：64.78、73.88、83.59、93.26、103.36、113.29、122.27、131.54、141.7、150.98、160.81、170.79、179.88、189.51、198.91、208.74、218.53、227.77、237.63、247.28、256.61、266.06、275.65、285.65。

问 y 对 x_1 与 x_2 的线性回归方程是否显著，取 $\alpha=0.05$，代码如下：

```
#第10章/10-5.py
import numpy as np
from scipy.stats import f
#数据
x1 = [-0.65, -0.39, -0.13, 0.13, 0.39, 0.64, 0.9, 1.16, 1.42, 1.68, 1.94, 2.2,
      2.46, 2.71, 2.97, 3.23, 3.49, 3.75, 4.01, 4.27, 4.52,
      4.78, 5.04, 5.3]
x2 = [19.57, 20.61, 21.66, 22.7 , 23.75, 24.79, 25.84, 26.88, 27.93, 28.97, 30.02, 31.06,
      32.11, 33.15, 34.2 , 35.24, 36.29, 37.33, 38.38, 39.42, 40.47,
      41.51, 42.56, 43.6]
y = [64.78, 73.88, 83.59, 93.26, 103.36, 113.29, 122.27, 131.54, 141.7, 150.98,
     160.81, 170.79, 179.88, 189.51, 198.91, 208.74, 218.53, 227.77,
     237.63, 247.28, 256.61, 266.06, 275.65, 285.65]
x1 = np.array(x1)
x2 = np.array(x2)
y = np.array(y)
#样本量
n = len(y)
#设计矩阵
const = np.ones(shape = (n, 1))
x1 = x1.reshape((n, 1))
x2 = x2.reshape((n, 1))
X = np.c_[const, x1, x2]
#因变量
y = y.reshape((n, 1))
#最大似然估计
beta = np.linalg.inv(X.T @ X) @ X.T @ y
print('回归系数最大似然估计为\n ', beta)
#方差的最大似然估计
e = y - X @ beta
sigma2 = e.T @ e /n
print('方差的最大似然估计为', sigma2)
```

```
#F 统计量
y_hat = X @ beta
SSE = ((y - y_hat) ** 2).sum()
SSR = ((y_hat - y.mean()) ** 2).sum()
p = 2
F = (SSR / p) / (SSE / (n - p - 1))
print('F统计量的值为', F)
alpha = 0.05
ppf = f(dfn = p, dfd = n - p - 1).ppf(1 - alpha)
print('拒绝域分界线为', ppf)
print('F统计量的值落入拒绝域,因此拒绝原假设,认为回归方程显著.')
```

输出如下：

```
回归系数最大似然估计为
  [[-37.93857355]
[ 14.05464915]
[ 5.710075 ]]
方差的最大似然估计为 [[0.06084591]]
F统计量的值为 762319.4283863262
拒绝域分界线为 3.4668001115424154
F统计量的值落入拒绝域,因此拒绝原假设,认为回归方程显著.
```

2. *t* 检验

在多元线性回归中，回归方程显著并不意味着每个自变量对 y 的影响都显著，所以要对每个自变量进行显著性检验。如果某个自变量 x_j 对 y 的作用不显著，则在回归模型中，它的系数 β_j 就取 0，故检验变量 x_j 是否显著，等价于检验假设

$$H_{0j}: \beta_j = 0 \tag{10-46}$$

如果不拒绝原假设 H_{0j}，则变量 x_j 不显著。如果拒绝原假设 H_{0j}，则变量 x_j 是显著的。

在正态分布假设下，$\hat{\beta}$ 有分布

$$\hat{\beta} \sim N(\beta, \sigma^2 (X'X)^{-1}) \tag{10-47}$$

记

$$(X'X)^{-1} = (c_{ij}), \quad i,j = 0,1,\cdots,p \tag{10-48}$$

构造 t 统计量

$$t_j = \frac{\hat{\beta}_j}{\sqrt{c_{jj}}\hat{\sigma}} \tag{10-49}$$

其中

$$\hat{\sigma} = \sqrt{\frac{1}{n-p-1}\sum_{i=1}^{n} e_i^2} = \sqrt{\frac{1}{n-p-1}\sum_{i=1}^{n}(y_i - \hat{y}_i)^2} \tag{10-50}$$

是回归标准差。

当原假设 $H_{0j}: \beta_j = 0$ 成立时，统计量 t_j 服从自由度为 $n-p-1$ 的 t 分布。给定显著性水平 α，查表或计算出临界值 $t_{\alpha/2}$。当 $|t_j| \geqslant t_{\alpha/2}$ 时，拒绝原假设，认为 β_j 显著不为 0，自变量 x_j 对因变量 y 的线性效果显著。当 $|t_j| < t_{\alpha/2}$ 时，接受原假设，认为 β_j 为 0，自变量

x_j 对因变量 y 的线性效果不显著。

【例 10-6】 有 4 组数据 x_1、x_2、x_3 和 y,分别如下。

(1) x_1：157、254、136、261、282、152、207、174、143、124、153、98、31、155、263、134、74、115、102、111、157、12、176、38、181、298、25、54、211、33。

(2) x_2：59、5、197、279、170、189、170、258、179、38、118、6、122、240、104、224、165、279、188、228、146、53、294、247、7、161、41、237、177、181。

(3) x_3：187、96、282、118、109、290、165、181、14、38、221、272、217、213、81、49、280、125、231、172、183、40、178、247、57、262、279、7、220、153。

(4) y：638.1、696.3、1309.8、2339.4、1757.3、1299.8、1476.5、1889.8、1490.2、561.9、946.8、59.2、608.2、1692.7、1332.8、1694.9、931.5、1893.5、1203.9、1529.7、1163.1、314.1、2114.8、1349、527.9、1599.5、40.5、1576.8、1475.3、1032.8。

求 y 对 x_1、x_2 和 x_3 的线性回归方程,并检验每个自变量是否显著。取 $\alpha=0.05$。

代码如下：

```
#第10章/10-6.py
import numpy as np
from scipy.stats import f,t
#数据
x1 = [157, 254, 136, 261, 282, 152, 207, 174, 143, 124, 153, 98, 31,
      155, 263, 134, 74, 115, 102, 111, 157, 12, 176, 38, 181, 298,
      25, 54, 211, 33]
x2 = [59, 5, 197, 279, 170, 189, 170, 258, 179, 38, 118, 6, 122,
      240, 104, 224, 165, 279, 188, 228, 146, 53, 294, 247, 7, 161,
      41, 237, 177, 181]
x3 = [187, 96, 282, 118, 109, 290, 165, 181, 14, 38, 221, 272, 217,
      213, 81, 49, 280, 125, 231, 172, 183, 40, 178, 247, 57, 262,
      279, 7, 220, 153]
y = [638.1, 696.3, 1309.8, 2339.4, 1757.3, 1299.8, 1476.5, 1889.8,
     1490.2, 561.9, 946.8, 59.2, 608.2, 1692.7, 1332.8, 1694.9,
     931.5, 1893.5, 1203.9, 1529.7, 1163.1, 314.1, 2114.8, 1349. ,
     527.9, 1599.5, 40.5, 1576.8, 1475.3, 1032.8]
x1 = np.array(x1)
x2 = np.array(x2)
x3 = np.array(x3)
y = np.array(y)
#样本量
n = len(y)
#设计矩阵
const = np.ones(shape = (n, 1))
x1 = x1.reshape((n, 1))
x2 = x2.reshape((n, 1))
x3 = x3.reshape((n, 1))
X = np.c_[x1, x2, x3]
#因变量
y = y.reshape((n, 1))
```

```
#最大似然估计
beta = np.linalg.inv(X.T @ X) @ X.T @ y
print('回归系数最大似然估计为\n ', beta)
#方差的最大似然估计
e = y - X @ beta
sigma2 = e.T @ e / n
print('方差的最大似然估计为', sigma2)
#F 统计量
y_hat = X @ beta
SSE = ((y - y_hat) ** 2).sum()
SSR = ((y_hat - y.mean()) ** 2).sum()
p = 2
F = (SSR / p) / (SSE / (n - p - 1))
print('F 统计量的值为', F)
alpha = 0.05
ppf = f(dfn = p, dfd = n - p - 1).ppf(1 - alpha)
print('拒绝域分界线为', ppf)
print('F 统计量的值落入拒绝域,因此拒绝原假设,认为回归方程显著.')
#单个自变量的检验
sigma = np.sqrt(e.T @ e / (n - p - 1))
C = np.linalg.inv(X.T @ X)
c11, c22, c33 = C[0,0], C[1,1], C[2,2]
beta1, beta2, beta3 = beta[0], beta[1], beta[2]
t1 = beta1 / (np.sqrt(c11) * sigma)
print('t1 = ', t1)
t2 = beta2 / (np.sqrt(c22) * sigma)
print('t2 = ', t2)
t3 = beta3 / (np.sqrt(c33) * sigma)
print('t3 = ', t3)
interval = t(df = n - p - 1).ppf([alpha, 1 - alpha])
print('接受域为', interval)
print('t1、t2 和 t3 都落入拒绝域,所以拒绝原假设,认为每个变量都高度显著.')
```

输出如下：

```
回归系数最大似然估计为
  [[ 3.00195801]
[ 5.99940405]
[ - 0.99917681]]
方差的最大似然估计为 [[0.60723388]]
F 统计量的值为 7380756.231271588
拒绝域分界线为 3.3541308285291986
F 统计量的值落入拒绝域,因此拒绝原假设,认为回归方程显著.
t1 = [[1897.54728851]]
t2 = [[3852.21391027]]
t3 = [[ - 702.8669792]]
接受域为 [ - 1.70328845 1.70328845]
t1、t2 和 t3 都落入拒绝域,所以拒绝原假设,认为每个变量都高度显著.
```

【例 10-7】 有 4 组数据 x_1、x_2、x_3 和 y，分别如下。

（1）x_1：52、109、283、73、70、79、108、294、188、50、183、134、266、118、219、39、30、97、268、16、271、283、262、88、170、120、12、216、109、192。

（2）x_2：75、170、68、33、148、64、110、122、268、9、47、43、296、158、155、200、139、169、80、194、85、241、115、237、195、171、80、210、165、250。

（3）x_3：94、124、290、214、262、135、152、97、40、177、95、85、42、91、223、161、78、188、101、143、281、18、87、132、168、245、38、22、137、148。

（4）y：261.9、1012.1、2075.5、−268.3、−366.4、343.7、711.4、3483.4、2738.6、−393.9、1904、1318.7、3798.8、1303、1818.9、−61、200.3、470、3040、−263.9、2008.9、4052.7、3113、825.4、1592.5、432.5、87.6、3096.7、927.5、2107.4。

求 y 对 x_1、x_2 和 x_3 的线性回归方程，并检验每个自变量是否显著。取 $\alpha=0.05$。

代码如下：

```
#第 10 章/10-7.py
import numpy as np
from scipy.stats import f,t
#数据
x1 = [52, 109, 283, 73, 70, 79, 108, 294, 188, 50, 183, 134, 266,
      118, 219, 39, 30, 97, 268, 16, 271, 283, 262, 88, 170, 120,
      12, 216, 109, 192]
x2 = [75, 170, 68, 33, 148, 64, 110, 122, 268, 9, 47, 43, 296,
      158, 155, 200, 139, 169, 80, 194, 85, 241, 115, 237, 195, 171,
      80, 210, 165, 250]
x3 = [94, 124, 290, 214, 262, 135, 152, 97, 40, 177, 95, 85, 42,
      91, 223, 161, 78, 188, 101, 143, 281, 18, 87, 132, 168, 245,
      38, 22, 137, 148]
y = [261.9, 1012.1, 2075.5, -268.3, -366.4, 343.7, 711.4, 3483.4,
     2738.6, -393.9, 1904. , 1318.7, 3798.8, 1303. , 1818.9, -61. ,
     200.3, 470. , 3040. , -263.9, 2008.9, 4052.7, 3113. , 825.4,
     1592.5, 432.5, 87.6, 3096.7, 927.5, 2107.4]
x1 = np.array(x1)
x2 = np.array(x2)
x3 = np.array(x3)
y = np.array(y)
#样本量
n = len(y)
#设计矩阵
const = np.ones(shape = (n, 1))
x1 = x1.reshape((n, 1))
x2 = x2.reshape((n, 1))
x3 = x3.reshape((n, 1))
X = np.c_[x1, x2, x3]
#因变量
y = y.reshape((n, 1))
#最大似然估计
beta = np.linalg.inv(X.T @ X) @ X.T @ y
```

```
print('回归系数最大似然估计为\n ', beta)
#方差的最大似然估计
e = y - X @ beta
sigma2 = e.T @ e / n
print('方差的最大似然估计为', sigma2)
#F 统计量
y_hat = X @ beta
SSE = ((y - y_hat) ** 2).sum()
SSR = ((y_hat - y.mean()) ** 2).sum()
p = 2
F = (SSR / p) / (SSE / (n - p - 1))
print('F 统计量的值为', F)
alpha = 0.05
ppf = f(dfn = p, dfd = n - p - 1).ppf(1 - alpha)
print('拒绝域分界线为', ppf)
print('F 统计量的值落入拒绝域,因此拒绝原假设,认为回归方程显著.')
#单个自变量的检验
sigma = np.sqrt(e.T @ e / (n - p - 1))
C = np.linalg.inv(X.T @ X)
c11, c22, c33 = C[0,0], C[1,1], C[2,2]
beta1, beta2, beta3 = beta[0], beta[1], beta[2]
t1 = beta1 / (np.sqrt(c11) * sigma)
print('t1 = ', t1)
t2 = beta2 / (np.sqrt(c22) * sigma)
print('t2 = ', t2)
t3 = beta3 / (np.sqrt(c33) * sigma)
print('t3 = ', t3)
interval = t(df = n - p - 1).ppf([alpha, 1 - alpha])
print('接受域为', interval)
print('t1、t2 和 t3 都落入拒绝域,所以拒绝原假设,认为每个变量都高度显著.')
```

输出如下：

```
回归系数最大似然估计为
  [[13.00471751]
[ 1.99454589]
[-5.99971052]]
方差的最大似然估计为 [[0.87123841]]
F 统计量的值为 26753973.100591157
拒绝域分界线为 3.3541308285291986
F 统计量的值落入拒绝域,因此拒绝原假设,认为回归方程显著.
t1 = [[6865.06748536]]
t2 = [[1018.08403045]]
t3 = [[-3322.56093428]]
接受域为 [-1.70328845 1.70328845]
t1、t2 和 t3 都落入拒绝域,所以拒绝原假设,认为每个变量都高度显著.
```

10.4.5 回归系数的置信区间与拟合优度检验

当有了参数 β 的点估计量 $\hat{\beta}$ 时，还需要求 β 的置信区间。由

$$t_j = \frac{\hat{\beta}_j - \beta_j}{\sqrt{c_{jj}}\hat{\sigma}} \sim t(n-p-1) \tag{10-51}$$

可知 β_j 的置信度为 $1-\alpha$ 的置信区间为

$$(\hat{\beta}_j - t_{\frac{\alpha}{2}}\sqrt{c_{jj}}\hat{\sigma}, \hat{\beta}_j + t_{\frac{\alpha}{2}}\sqrt{c_{jj}}\hat{\sigma}) \tag{10-52}$$

拟合优度检验用于回归方程对样本观测值的拟合程度。在多元线性回归中，将样本决定系数定义为

$$R^2 = \frac{\text{SSR}}{\text{SST}} = 1 - \frac{\text{SSE}}{\text{SST}} \tag{10-53}$$

样本决定系数 R^2 的取值在 $[0,1]$ 区间内，R^2 越接近 1，说明回归的拟合效果越好，R^2 越接近 0，说明回归的拟合效果越差。与 F 检验相比，R^2 可以更清晰直观地反映回归拟合的效果，但是并不能作为严格的显著性检验。

【例 10-8】 有 4 组数据 x_1、x_2、x_3 和 y，分别如下。

(1) x_1：109、283、73、70、79、108、294、188、50、183、134、266、118、219、39、30、97、268、16、271、283、262、88、170、120、12、216、109、192。

(2) x_2：170、68、33、148、64、110、122、268、9、47、43、296、158、155、200、139、169、80、194、85、241、115、237、195、171、80、210、165、250。

(3) x_3：124、290、214、262、135、152、97、40、177、95、85、42、91、223、161、78、188、101、143、281、18、87、132、168、245、38、22、137、148。

(4) y：1012.1、2075.5、−268.3、−366.4、343.7、711.4、3483.4、2738.6、−393.9、1904、1318.7、3798.8、1303、1818.9、−61、200.3、470、3040、−263.9、2008.9、4052.7、3113、825.4、1592.5、432.5、87.6、3096.7、927.5、2107.4。

求 y 对 x_1、x_2 和 x_3 的线性回归方程，并检验每个回归系数的置信区间和样本决定系数。取 $\alpha=0.05$，代码如下：

```
#第 10 章/10-8.py
import numpy as np
from scipy.stats import f,t
#数据
x1 = [109, 283, 73, 70, 79, 108, 294, 188, 50, 183, 134, 266,
      118, 219, 39, 30, 97, 268, 16, 271, 283, 262, 88, 170, 120,
      12, 216, 109, 192]
x2 = [70, 68, 33, 148, 64, 110, 122, 268, 9, 47, 43, 296,
      158, 155, 200, 139, 169, 80, 194, 85, 241, 115, 237, 195, 171,
      80, 210, 165, 250]
x3 = [124, 290, 214, 262, 135, 152, 97, 40, 177, 95, 85, 42,
      91, 223, 161, 78, 188, 101, 143, 281, 18, 87, 132, 168, 245,
      38, 22, 137, 148]
```

```
y = [1012.1, 2075.5, -268.3, -366.4, 343.7, 711.4, 3483.4,
     2738.6, -393.9, 1904. , 1318.7, 3798.8, 1303. , 1818.9, -61. ,
     200.3, 470. , 3040. , -263.9, 2008.9, 4052.7, 3113. , 825.4,
     1592.5, 432.5, 87.6, 3096.7, 927.5, 2107.4]
x1 = np.array(x1)
x2 = np.array(x2)
x3 = np.array(x3)
y = np.array(y)
#样本量
n = len(y)
#设计矩阵
const = np.ones(shape = (n, 1))
x1 = x1.reshape((n, 1))
x2 = x2.reshape((n, 1))
x3 = x3.reshape((n, 1))
X = np.c_[x1, x2, x3]
#因变量
y = y.reshape((n, 1))
#最大似然估计
beta = np.linalg.inv(X.T @ X) @ X.T @ y
print('回归系数最大似然估计为\n ', beta)
#方差的最大似然估计
e = y - X @ beta
sigma2 = e.T @ e / n
print('方差的最大似然估计为', sigma2)
#F 统计量
y_hat = X @ beta
SSE = ((y - y_hat) ** 2).sum()
SSR = ((y_hat - y.mean()) ** 2).sum()
p = 2
F = (SSR / p) / (SSE / (n - p - 1))
print('F 统计量的值为', F)
alpha = 0.05
ppf = f(dfn = p, dfd = n - p - 1).ppf(1 - alpha)
print('拒绝域分界线为', ppf)
print('F 统计量的值落入拒绝域,因此拒绝原假设,认为回归方程显著.')
#单个自变量的检验
sigma = np.sqrt(e.T @ e / (n - p - 1))
C = np.linalg.inv(X.T @ X)
c11, c22, c33 = C[0,0], C[1,1], C[2,2]
beta1, beta2, beta3 = beta[0], beta[1], beta[2]
t1 = beta1 / (np.sqrt(c11) * sigma)
print('t1 = ', t1)
t2 = beta2 / (np.sqrt(c22) * sigma)
print('t2 = ', t2)
t3 = beta3 / (np.sqrt(c33) * sigma)
print('t3 = ', t3)
interval = t(df = n - p - 1).ppf([alpha, 1 - alpha])
print('接受域为', interval)
```

```
print('t1、t2 和 t3 都落入拒绝域,所以拒绝原假设,认为每个变量都高度显著.')
#区间估计
i1 = beta1 + t(df = n - p - 1).ppf([alpha, 1 - alpha]) * c11 * sigma
print('beta1 的置信区间为', i1)
i2 = beta2 + t(df = n - p - 1).ppf([alpha, 1 - alpha]) * c22 * sigma
print('beta2 的置信区间为', i2)
i3 = beta3 + t(df = n - p - 1).ppf([alpha, 1 - alpha]) * c33 * sigma
print('beta3 的置信区间为', i3)
#样本决定系数
r2 = SSR / (SSR + SSE)
print('样本决定系数为', r2)
```

输出如下:

```
回归系数最大似然估计为
  [[13.01930653]
[ 1.97494898]
[-5.96239212]]
方差的最大似然估计为 [[1332.21610613]]
F 统计量的值为 17047.346636602648
拒绝域分界线为 3.3690163594954443
F 统计量的值落入拒绝域,因此拒绝原假设,认为回归方程显著.
t1 = [[174.77997607]]
t2 = [[25.46210401]]
t3 = [[-84.32523297]]
接受域为 [-1.70561792 1.70561792]
t1、t2 和 t3 都落入拒绝域,所以拒绝原假设,认为每个变量都高度显著.
beta1 的置信区间为 [[13.01906102 13.01955204]]
beta2 的置信区间为 [[1.97468278 1.97521517]]
beta3 的置信区间为 [[-5.96261334 -5.96217091]]
样本决定系数为 0.9992379990701883
```

【例 10-9】 有 4 组数据 x_1、x_2、x_3 和 y,分别如下。

(1) x_1: 127、251、90、40、144、211、162、23、34、94、253、290、107、123、281、101、266、24、282、196、77、47、111、82、169、135、298、231、191、208。

(2) x_2: 295、63、195、171、221、75、229、218、36、217、222、252、195、95、210、280、111、226、243、43、284、146、141、105、41、226、181、18、246、6。

(3) x_3: 10、206、104、5、49、224、153、150、112、296、154、150、66、16、11、64、82、162、278、5、90、107、108、48、177、227、171、28、106、119。

(4) y: 2386.6、−41.6、1011.2、1287.6、1684.6、−188.、1171.4、693.9、−317.8、25.9、1389.、1732.5、1290.5、939.3、2245.9、1881.3、1083.8、681.4、878.8、859.7、1679.3、521.8、672.、692.2、−267.3、625.6、1136、650.9、1659.6、−48.1。

求 y 对 x_1、x_2 和 x_3 的线性回归方程,并检验每个回归系数的置信区间和样本决定系数。取 $\alpha=0.05$,代码如下:

```
#第10章/10-9.py
import numpy as np
from scipy.stats import f,t
#数据
x1 = [127, 251, 90, 40, 144, 211, 162, 23, 34, 94, 253, 290, 107,
      123, 281, 101, 266, 24, 282, 196, 77, 47, 111, 82, 169, 135,
      298, 231, 191, 208]
x2 = [295, 63, 195, 171, 221, 75, 229, 218, 36, 217, 222, 252, 195,
      95, 210, 280, 111, 226, 243, 43, 284, 146, 141, 105, 41, 226,
      181, 18, 246, 6]
x3 = [10, 206, 104, 5, 49, 224, 153, 150, 112, 296, 154, 150, 66,
      16, 11, 64, 82, 162, 278, 5, 90, 107, 108, 48, 177, 227,
      171, 28, 106, 119]
y = [2386.6, -41.6, 1011.2, 1287.6, 1684.6, -188. , 1171.4, 693.9,
     -317.8, 25.9, 1389., 1732.5, 1290.5, 939.3, 2245.9, 1881.3,
     1083.8, 681.4, 878.8, 859.7, 1679.3, 521.8, 672. , 692.2,
     -267.3, 625.6, 1136. , 650.9, 1659.6, -48.1]
x1 = np.array(x1)
x2 = np.array(x2)
x3 = np.array(x3)
y = np.array(y)
#样本量
n = len(y)
#设计矩阵
const = np.ones(shape = (n, 1))
x1 = x1.reshape((n, 1))
x2 = x2.reshape((n, 1))
x3 = x3.reshape((n, 1))
X = np.c_[x1, x2, x3]
#因变量
y = y.reshape((n, 1))
#最大似然估计
beta = np.linalg.inv(X.T @ X) @ X.T @ y
print('回归系数最大似然估计为\n ', beta)
#方差的最大似然估计
e = y - X @ beta
sigma2 = e.T @ e / n
print('方差的最大似然估计为', sigma2)
#F统计量
y_hat = X @ beta
SSE = ((y - y_hat) ** 2).sum()
SSR = ((y_hat - y.mean()) ** 2).sum()
p = 2
F = (SSR / p) / (SSE / (n - p - 1))
print('F统计量的值为', F)
alpha = 0.05
ppf = f(dfn = p, dfd = n - p - 1).ppf(1 - alpha)
print('拒绝域分界线为', ppf)
print('F统计量的值落入拒绝域,因此拒绝原假设,认为回归方程显著.')
```

```
#单个自变量的检验
sigma = np.sqrt(e.T @ e / (n - p - 1))
C = np.linalg.inv(X.T @ X)
c11, c22, c33 = C[0,0], C[1,1], C[2,2]
beta1, beta2, beta3 = beta[0], beta[1], beta[2]
t1 = beta1 / (np.sqrt(c11) * sigma)
print('t1 = ', t1)
t2 = beta2 / (np.sqrt(c22) * sigma)
print('t2 = ', t2)
t3 = beta3 / (np.sqrt(c33) * sigma)
print('t3 = ', t3)
interval = t(df = n - p - 1).ppf([alpha, 1 - alpha])
print('接受域为', interval)
print('t1、t2 和 t3 都落入拒绝域,所以拒绝原假设,认为每个变量都高度显著.')
#区间估计
i1 = beta1 + t(df = n - p - 1).ppf([alpha, 1 - alpha]) * c11 * sigma
print('beta1 的置信区间为', i1)
i2 = beta2 + t(df = n - p - 1).ppf([alpha, 1 - alpha]) * c22 * sigma
print('beta2 的置信区间为', i2)
i3 = beta3 + t(df = n - p - 1).ppf([alpha, 1 - alpha]) * c33 * sigma
print('beta3 的置信区间为', i3)
#样本决定系数
r2 = SSR / (SSR + SSE)
print('样本决定系数为', r2)
```

输出如下：

```
回归系数最大似然估计为
 [[ 2.99968445]
[ 7.00169462]
[ - 6.0009677 ]]
方差的最大似然估计为 [[0.72936907]]
F 统计量的值为 9384773.989208376
拒绝域分界线为 3.3541308285291986
F 统计量的值落入拒绝域,因此拒绝原假设,认为回归方程显著.
t1 = [[1885.39155744]]
t2 = [[4716.82844681]]
t3 = [[ - 2934.13339981]]
接受域为 [ - 1.70328845 1.70328845]
t1、t2 和 t3 都落入拒绝域,所以拒绝原假设,认为每个变量都高度显著.
beta1 的置信区间为 [[2.99967966 2.99968924]]
beta2 的置信区间为 [[7.00169045 7.00169879]]
beta3 的置信区间为 [[ - 6.00097561 - 6.00095978]]
样本决定系数为 0.9999985615017905
```

【例 10-10】 有 4 组数据 x_1、x_2、x_3 和 y，分别如下。

(1) x_1：279、148、46、111、57、239、20、251、43、260、128、61、74、14、271、15、154、76、76、130、44、209、221、240、82、83、225。

(2) x_2：273、122、243、287、57、295、120、176、140、42、150、287、41、265、290、248、215、

98、291、6、129、295、156、233、187、214、288。

(3) x_3：182、17、93、219、205、295、58、59、117、74、207、262、87、208、224、270、35、254、288、262、42、196、222、34、72、36、71。

(4) y：2863.7、929.、578.9、1953.8、1926.8、3443.6、364.8、1875.7、956.5、2327.8、2250.8、1948.7、1134.1、1231.6、3106.8、1767.8、928.8、2368.6、2254.、2993.6、385.4、2442.、3011.8、1485.5、776.、440.3、1567.1。

求 y 对 x_1、x_2 和 x_3 的线性回归方程，并检验每个回归系数的置信区间和样本决定系数。取 $\alpha=0.05$，代码如下：

```
#第10章/10-10.py
import numpy as np
from scipy.stats import f,t
#数据
x1 = [279, 148, 46, 111, 57, 239, 20, 251, 43, 260, 128, 61, 74,
      14, 271, 15, 154, 76, 76, 130, 44, 209, 221, 240, 82, 83, 225]
x2 = [273, 122, 243, 287, 57, 295, 120, 176, 140, 42, 150, 287, 41,
      265, 290, 248, 215, 98, 291, 6, 129, 295, 156, 233, 187, 214, 288]
x3 = [182, 17, 93, 219, 205, 295, 58, 59, 117, 74, 207, 262, 87,
      208, 224, 270, 35, 254, 288, 262, 42, 196, 222, 34, 72, 36, 71]
y = [2863.7, 929. , 578.9, 1953.8, 1926.8, 3443.6, 364.8, 1875.7,
     956.5, 2327.8, 2250.8, 1948.7, 1134.1, 1231.6, 3106.8, 1767.8,
     928.8, 2368.6, 2254. , 2993.6, 385.4, 2442. , 3011.8, 1485.5, 776. , 440.3, 1567.1]
x1 = np.array(x1)
x2 = np.array(x2)
x3 = np.array(x3)
y = np.array(y)
#样本量
n = len(y)
#设计矩阵
const = np.ones(shape = (n, 1))
x1 = x1.reshape((n, 1))
x2 = x2.reshape((n, 1))
x3 = x3.reshape((n, 1))
X = np.c_[x1, x2, x3]
#因变量
y = y.reshape((n, 1))
#最大似然估计
beta = np.linalg.inv(X.T @ X) @ X.T @ y
print('回归系数最大似然估计为\n', beta)
#方差的最大似然估计
e = y - X @ beta
sigma2 = e.T @ e / n
print('方差的最大似然估计为', sigma2)
#F 统计量
y_hat = X @ beta
SSE = ((y - y_hat) ** 2).sum()
SSR = ((y_hat - y.mean()) ** 2).sum()
```

```
p = 2
F = (SSR / p) / (SSE / (n - p - 1))
print('F统计量的值为', F)
alpha = 0.05
ppf = f(dfn = p, dfd = n - p - 1).ppf(1 - alpha)
print('拒绝域分界线为', ppf)
print('F统计量的值落入拒绝域,因此拒绝原假设,认为回归方程显著.')
#单个自变量的检验
sigma = np.sqrt(e.T @ e / (n - p - 1))
C = np.linalg.inv(X.T @ X)
c11, c22, c33 = C[0,0], C[1,1], C[2,2]
beta1, beta2, beta3 = beta[0], beta[1], beta[2]
t1 = beta1 / (np.sqrt(c11) * sigma)
print('t1 = ', t1)
t2 = beta2 / (np.sqrt(c22) * sigma)
print('t2 = ', t2)
t3 = beta3 / (np.sqrt(c33) * sigma)
print('t3 = ', t3)
interval = t(df = n - p - 1).ppf([alpha, 1 - alpha])
print('接受域为', interval)
print('t1、t2和t3都落入拒绝域,所以拒绝原假设,认为每个变量都高度显著.')
#区间估计
i1 = beta1 + t(df = n - p - 1).ppf([alpha, 1 - alpha]) * c11 * sigma
print('beta1的置信区间为', i1)
i2 = beta2 + t(df = n - p - 1).ppf([alpha, 1 - alpha]) * c22 * sigma
print('beta2的置信区间为', i2)
i3 = beta3 + t(df = n - p - 1).ppf([alpha, 1 - alpha]) * c33 * sigma
print('beta3的置信区间为', i3)
#样本决定系数
r2 = SSR / (SSR + SSE)
print('样本决定系数为', r2)
```

输出如下：

```
回归系数最大似然估计为
 [[ 7.00143958]
[ -2.00261061]
[ 8.0011622 ]]
方差的最大似然估计为 [[0.91323388]]
F统计量的值为 10448714.04332138
拒绝域分界线为 3.4028261053501945
F统计量的值落入拒绝域,因此拒绝原假设,认为回归方程显著.
t1 = [[3388.4513658]]
t2 = [[ -1006.74031947]]
t3 = [[4064.58823724]]
接受域为 [ -1.71088208  1.71088208]
t1、t2和t3都落入拒绝域,所以拒绝原假设,认为每个变量都高度显著.
beta1的置信区间为 [[7.00143237 7.00144679]]
beta2的置信区间为 [[ -2.00261729  -2.00260393]]
beta3的置信区间为 [[8.00115566  8.00116874]]
样本决定系数为 0.9999988515346321
```

10.5 本章练习

1. 写出多元线性回归的矩阵表示形式，并给出多元线性回归模型的基本假设。

2. 讨论样本量 n 与自变量 p 的关系，以及它们对模型的参数估计有什么影响。

3. 证明

$$\hat{\sigma}^2=\frac{1}{n-p-1}\text{SSE}$$

4. 一个回归方程的复相关系数 $R=0.99$，样本决定系数 $R^2=0.9801$，能否判断这个回归方程就很理想？

5. 如何正确理解回归方程显著性检验拒绝 H_0 或者接受 H_0？

6. 验证样本决定系数 R^2 与 F 之间的关系式

$$R^2=\frac{F}{F+(n-p-1)/p}$$

10.6 常见考题解析：多元线性回归

本章考点是求解多元线性回归问题。

【考题 10-1】 研究货运总量 y 与工业总产值 x_1、农业总产值 x_2 和居民非商品支出 x_3 的关系，数据如下。

(1) 货运总量 y：160、260、210、265、240、220、275、160、275、250。

(2) 工业总产值 x_1：70、75、65、74、72、68、78、66、70、65。

(3) 农业总产值 x_2：35、40、40、42、38、45、42、36、44、42。

(4) 居民非商品支出 x_3：1.0、2.4、2.0、3.0、1.2、1.5、4.0、2.0、3.2、3.0。

求 y 关于 x_1、x_2 和 x_3 的三元线性回归方程。

解：将数据代入公式计算。

代码如下：

```
#第10章/10-11.py
import numpy as np
from scipy.stats import f,t
#数据
x1 = [70, 75, 65, 74, 72, 68, 78, 66, 70, 65]
x2 = [35, 40, 40, 42, 38, 45, 42, 36, 44, 42]
x3 = [1.0, 2.4, 2.0, 3.0, 1.2, 1.5, 4.0, 2.0, 3.2, 3.0]
y = [160, 260, 210, 265, 240, 220, 275, 160, 275, 250]
x1 = np.array(x1)
x2 = np.array(x2)
x3 = np.array(x3)
y = np.array(y)
```

```
#样本量
n = len(y)
#设计矩阵
const = np.ones(shape = (n, 1))
x1 = x1.reshape((n, 1))
x2 = x2.reshape((n, 1))
x3 = x3.reshape((n, 1))
X = np.c_[x1, x2, x3]
#因变量
y = y.reshape((n, 1))
#最大似然估计
beta = np.linalg.inv(X.T @ X) @ X.T @ y
print('回归系数最大似然估计为\n ', beta)
#方差的最大似然估计
e = y - X @ beta
sigma2 = e.T @ e / n
print('方差的最大似然估计为', sigma2)
#F 统计量
y_hat = X @ beta
SSE = ((y - y_hat) ** 2).sum()
SSR = ((y_hat - y.mean()) ** 2).sum()
p = 2
F = (SSR / p) / (SSE / (n - p - 1))
print('F 统计量的值为', F)
alpha = 0.05
ppf = f(dfn = p, dfd = n - p - 1).ppf(1 - alpha)
print('拒绝域分界线为', ppf)
print('F 统计量的值落入拒绝域,因此拒绝原假设,认为回归方程显著.')
#单个自变量的检验
sigma = np.sqrt(e.T @ e / (n - p - 1))
C = np.linalg.inv(X.T @ X)
c11, c22, c33 = C[0,0], C[1,1], C[2,2]
beta1, beta2, beta3 = beta[0], beta[1], beta[2]
t1 = beta1 / (np.sqrt(c11) * sigma)
print('t1 = ', t1)
t2 = beta2 / (np.sqrt(c22) * sigma)
print('t2 = ', t2)
t3 = beta3 / (np.sqrt(c33) * sigma)
print('t3 = ', t3)
interval = t(df = n - p - 1).ppf([alpha, 1 - alpha])
print('接受域为', interval)
print('t1、t2 和 t3 都落入拒绝域,所以拒绝原假设,认为每个变量都高度显著.')
#区间估计
i1 = beta1 + t(df = n - p - 1).ppf([alpha, 1 - alpha]) * c11 * sigma
print('beta1 的置信区间为', i1)
i2 = beta2 + t(df = n - p - 1).ppf([alpha, 1 - alpha]) * c22 * sigma
print('beta2 的置信区间为', i2)
i3 = beta3 + t(df = n - p - 1).ppf([alpha, 1 - alpha]) * c33 * sigma
print('beta3 的置信区间为', i3)
#样本决定系数
r2 = SSR / (SSE + SSE)
print('样本决定系数为', r2)
```

输出如下：

```
回归系数最大似然估计为
 [[ 0.68584625]
[ 3.18948106]
[23.62430037]]
方差的最大似然估计为 [[543.78199056]]
F 统计量的值为 5.579634067220188
拒绝域分界线为 4.73741412777588
F 统计量的值落入拒绝域,因此拒绝原假设,认为回归方程显著.
t1 = [[0.50185542]]
t2 = [[1.28338169]]
t3 = [[2.22645671]]
接受域为 [ - 1.89457861 1.89457861]
t1、t2 和 t3 都落入拒绝域,所以拒绝原假设,认为每个变量都高度显著.
beta1 的置信区间为 [[0.5588925 0.8128 ]]
beta2 的置信区间为 [[2.76964705 3.60931507]]
beta3 的置信区间为 [[15.97117829 31.27742244]]
样本决定系数为 0.6145219097941514
```

也可以用 statsmodels 库中的 ols 命令做多元线性回归，代码如下：

```
#第 10 章/10 - 12.py
import statsmodels.formula.api as smf
import numpy as np
import pandas as pd
#数据
x1 = [70, 75, 65, 74, 72, 68, 78, 66, 70, 65]
x2 = [35, 40, 40, 42, 38, 45, 42, 36, 44, 42]
x3 = [1.0, 2.4, 2.0, 3.0, 1.2, 1.5, 4.0, 2.0, 3.2, 3.0]
y = [160, 260, 210, 265, 240, 220, 275, 160, 275, 250]
x1 = np.array(x1)
x2 = np.array(x2)
x3 = np.array(x3)
y = np.array(y)
dat = pd.DataFrame({'x1':x1, 'x2':x2, 'x3':x3, 'y':y})
res = smf.ols('y~ x1 + x2 + x3 - 1',data = dat).fit()
print(res.summary())
```

输出如下：

```
                                 OLS Regression Results
=======================================================================================
Dep. Variable:                     y    R-squared (uncentered):          0.990
Model:                           OLS    Adj. R-squared (uncentered):     0.986
Method:                Least Squares    F-statistic:                     234.9
Date:               Fri, 10 Dec 2021    Prob (F-statistic):              2.19e-07
Time:                       20:12:12    Log-Likelihood:                  -45.682
No. Observations:                 10    AIC:                             97.36
```

```
Df Residuals:                    7   BIC:        98.27
Df Model:                        3
Covariance Type:          nonrobust
==============================================================================
            coef    std err     t     P>|t|     [0.025     0.975]
------------------------------------------------------------------------------
x1        0.6858   1.367    0.502    0.631     -2.546      3.917
x2        3.1895   2.485    1.283    0.240     -2.687      9.066
x3       23.6243  10.611    2.226    0.061     -1.466     48.715
==============================================================================
Omnibus:                    0.640    Durbin-Watson:                  2.222
Prob(Omnibus):              0.726    Jarque-Bera (JB):               0.068
Skew:                      -0.191    Prob(JB):                       0.967
Kurtosis:                   2.868    Cond. No.                       98.0
==============================================================================
```

【考题 10-2】 有 4 组数据 x_1、x_2、x_3 和 y，分别如下。

(1) x_1：111、57、239、20、251、43、260、128、61、74、14、271、15、154、76、76、130、44、209、221、240、82、83、225。

(2) x_2：287、57、295、120、176、140、42、150、287、41、265、290、248、215、98、291、6、129、295、156、233、187、214、288。

(3) x_3：219、205、295、58、59、117、74、207、262、87、208、224、270、35、254、288、262、42、196、222、34、72、36、71。

(4) y：1953.8、1926.8、3443.6、364.8、1875.7、956.5、2327.8、2250.8、1948.7、1134.1、1231.6、3106.8、1767.8、928.8、2368.6、2254、2993.6、385.4、2442、3011.8、1485.5、776、440.3、1567.1。

求 y 对 x_1、x_2 和 x_3 的线性回归方程，并检验每个回归系数的置信区间和样本决定系数。取 $\alpha=0.05$，代码如下：

```
#第 10 章/10-13.py
import statsmodels.formula.api as smf
import numpy as np
import pandas as pd
#数据
x1 = [111, 57, 239, 20, 251, 43, 260, 128, 61, 74, 14, 271, 15, 154, 76,
      76, 130, 44, 209, 221, 240, 82, 83, 225]
x2 = [287, 57, 295, 120, 176, 140, 42, 150, 287, 41, 265, 290, 248, 215,
      98, 291, 6, 129, 295, 156, 233, 187, 214, 288]
x3 = [219, 205, 295, 58, 59, 117, 74, 207, 262, 87, 208, 224, 270, 35,
      254, 288, 262, 42, 196, 222, 34, 72, 36, 71]
y = [1953.8, 1926.8, 3443.6, 364.8, 1875.7, 956.5, 2327.8, 2250.8, 1948.7, 1134.1, 1231.6,
     3106.8, 1767.8, 928.8, 2368.6, 2254., 2993.6,
     385.4, 2442., 3011.8, 1485.5, 776., 440.3, 1567.1]
x1 = np.array(x1)
x2 = np.array(x2)
x3 = np.array(x3)
```

```
y = np.array(y)
dat = pd.DataFrame({'x1':x1, 'x2':x2, 'x3':x3, 'y':y})
res = smf.ols('y~ x1 + x2 + x3 - 1',data = dat).fit()
print(res.summary())
```

输出如下：

```
                            OLS Regression Results
==============================================================================
Dep. Variable:                  y   R-squared (uncentered):              1.000
Model:                        OLS   Adj. R-squared (uncentered):         1.000
Method:             Least Squares   F-statistic:                     3.007e+07
Date:            Fri, 10 Dec 2021   Prob (F-statistic):               8.53e-70
Time:                    21:08:57   Log-Likelihood:                   -33.069
No. Observations:              24   AIC:                                72.14
Df Residuals:                  21   BIC:                                75.67
Df Model:                       3
Covariance Type:        nonrobust
==============================================================================
        coef    std err      t       P>|t|     [0.025      0.975]
------------------------------------------------------------------------------
x1     7.0003   0.002   3139.216    0.000      6.996       7.005
x2    -2.0023   0.002   -943.215    0.000     -2.007      -1.998
x3     8.0014   0.002   3927.698    0.000      7.997       8.006
==============================================================================
Omnibus:                   0.085   Durbin-Watson:                 1.762
Prob(Omnibus):             0.958   Jarque-Bera (JB):              0.300
Skew:                      0.068   Prob(JB):                      0.861
Kurtosis:                  2.470   Cond. No.                      4.01
```

10.7 本章常用的 Python 函数总结

本章常用的 Python 函数见表 10-2。

表 10-2 本章常用的 Python 函数

函　数	代　码
样本均值	x.mean( ),x 是样本
样本方差	x.var( ),x 是样本
样本标准差	x.std( ),x 是样本
正态分布分位点	norm(loc = loc,scale = scale).ppf(q)
学生分布分位点	t(df = df).ppf(q)
F 分布的分位点	f(dfn = dfn,dfd = dfd).ppf(q)

10.8 本章上机练习

实训环境

(1) 使用 Python 3.x 版本。

（2）使用 IPython 或 Jupyter Notebook 交互式编辑器。

（3）推荐使用 Anaconda 发行版中自带的 IPython 或 Jupyter Notebook。

【实训 10-1】 用 x 与 y 分别表示人的脚长和手长，下面列出了 15 名成年人的脚长和手长数据。

（1）x：9.00、8.50、9.25、9.75、9.00、10.00、9.50、9.00、9.25、9.50、9.25、10.00、10.00、9.75、9.50。

（2）y：6.5、6.25、7.25、7.00、6.75、7.00、6.50、7.00、7.00、7.00、7.00、7.50、7.25、7.25、7.25。

求 y 关于 x 的回归方程，代码如下：

```
#第 10 章/10-14.py
import statsmodels.formula.api as smf
import numpy as np
import pandas as pd
x = [9.00, 8.50, 9.25, 9.75, 9.00, 10.00, 9.50, 9.00,
      9.25, 9.50, 9.25, 10.00, 10.00, 9.75, 9.50]
y = [6.5, 6.25, 7.25, 7.00, 6.75, 7.00, 6.50, 7.00,
     7.00, 7.00, 7.00, 7.50, 7.25, 7.25, 7.25]
x = np.array(x)
y = np.array(y)
dat = pd.DataFrame({'x':x, 'y':y})
res = smf.ols('y~ x ',data = dat).fit()
print(res.summary())
```

输出如下：

```
                            OLS Regression Results
==============================================================================
Dep. Variable:                      y   R-squared:                       0.488
Model:                            OLS   Adj. R-squared:                  0.449
Method:                 Least Squares   F-statistic:                     12.40
Date:                Fri, 10 Dec 2021   Prob (F-statistic):            0.00375
Time:                        22:00:33   Log-Likelihood:                0.48659
No. Observations:                  15   AIC:                             3.027
Df Residuals:                      13   BIC:                             4.443
Df Model:                           1
Covariance Type:            nonrobust
==============================================================================
                 coef    std err          t      P>|t|      [0.025      0.975]
------------------------------------------------------------------------------
Intercept      1.8962      1.441      1.316      0.211      -1.217       5.010
x              0.5385      0.153      3.522      0.004       0.208       0.869
==============================================================================
Omnibus:                        0.807   Durbin-Watson:                   1.871
Prob(Omnibus):                  0.668   Jarque-Bera (JB):                0.687
Skew:                          -0.449   Prob(JB):                        0.709
Kurtosis:                       2.457   Cond. No.                         211.
==============================================================================
```

【实训 10-2】 在钢线碳含量对于电阻的效应的研究中搜集了如下数据。

(1) 碳含量 x：0.10、0.30、0.40、0.55、0.70、0.80、0.95。

(2) 电阻 y：15、18、19、21、22.6、23.8、26。

求 y 对 x 的回归方程，代码如下：

```
#第 10 章/10-15.py
import statsmodels.formula.api as smf
import numpy as np
import pandas as pd
x = [0.10, 0.30, 0.40, 0.55, 0.70, 0.80, 0.95]
y = [15, 18, 19, 21, 22.6, 23.8, 26]
x = np.array(x)
y = np.array(y)
dat = pd.DataFrame({'x':x, 'y':y})
res = smf.ols('y~ x ',data = dat).fit()
print(res.summary())
```

输出如下：

```
                            OLS Regression Results
==============================================================================
Dep. Variable:                      y   R-squared:                       0.997
Model:                            OLS   Adj. R-squared:                  0.997
Method:                 Least Squares   F-statistic:                     1940.
Date:                Fri, 10 Dec 2021   Prob (F-statistic):           1.14e-07
Time:                        22:09:35   Log-Likelihood:                 2.2422
No. Observations:                   7   AIC:                           -0.4844
Df Residuals:                       5   BIC:                           -0.5926
Df Model:                           1
Covariance Type:            nonrobust
==============================================================================
              coef    std err          t      P>|t|      [0.025      0.975]
------------------------------------------------------------------------------
Intercept   13.9584    0.173      80.466   0.000      13.512      14.404
x           12.5503    0.285      44.051   0.000      11.818      13.283
==============================================================================
Omnibus:                          nan   Durbin-Watson:                   2.327
Prob(Omnibus):                    nan   Jarque-Bera (JB):                0.615
Skew:                           0.131   Prob(JB):                        0.735
Kurtosis:                       1.572   Cond. No.                         4.76
```

第 11 章

多重共线性与岭回归

多元线性回归模型有一个基本假设，要求设计矩阵 $\boldsymbol{X}$ 的秩等于 $p+1$，其中 p 是自变量个数。这个条件等价于 $\boldsymbol{X}$ 的列向量之间线性无关，但在实际问题中，有时会遇到 $\boldsymbol{X}$ 的列向量近似线性相关的情况，即存在常数 $c_0,c_1,\cdots,c_p$，使

$$c_0+c_1x_{i1}+c_2x_{i2}+\cdots+c_px_{ip}\approx 0 \tag{11-1}$$

当自变量存在近似线性相关性时，也称为存在多重共线性。本章学习如何诊断变量间的多重共线性及如何克服多重共线性的影响。

本章重点内容：

(1) 多重共线性产生的原因。

(2) 多重共线性的诊断。

(3) 消除多重共线性的方法。

(4) 岭回归及其性质。

11.1 多重共线性产生的原因及其影响

自变量之间完全不相关的情形并不能概括所有的实际问题，当涉及的自变量较多时就很难找到一组自变量，它们之间互不相关而且都对因变量有显著影响。实际上，当某个因变量涉及多个影响因素时，这些因素之间大都有一定的相关性。当它们之间的相关性较弱时，一般认为设计矩阵符合多元线性回归模型设计矩阵的要求，当这一组变量间有较强的相关性时，就认为违背多元线性回归模型基本假设的情形。

设随机变量 y 与多个变量 $x_1,x_2,\cdots,x_p$ 的线性回归模型

$$y=\beta_0+\beta_1x_1+\cdots+\beta_px_p+\varepsilon \tag{11-2}$$

存在完全的多重共线性，即设计矩阵 $\boldsymbol{X}$ 的列向量存在不全为 0 的一组数 $c_0,c_1,\cdots,c_p$ 使

$$c_0+c_1x_{i1}+c_2x_{i2}+\cdots+c_px_{ip}=0 \tag{11-3}$$

设计矩阵 $\boldsymbol{X}$ 的秩小于 $p+1$，此时 $\det(\boldsymbol{X}'\boldsymbol{X})=0$，正规方程组 $\boldsymbol{X}'\boldsymbol{X}\hat{\boldsymbol{\beta}}=\boldsymbol{X}'\boldsymbol{y}$ 的解不唯一，$\boldsymbol{X}'\boldsymbol{X}$ 的逆矩阵不存在，回归参数的最小二乘估计表达式

$$\hat{\boldsymbol{\beta}}=(\boldsymbol{X}'\boldsymbol{X})^{-1}\boldsymbol{X}'\boldsymbol{y} \tag{11-4}$$

不成立。实际问题更多出现的是近似共线性的情形，即存在不全为 0 的一组数 $c_0,c_1,\cdots,c_p$ 使

$$c_0 + c_1 x_{i1} + c_2 x_{i2} + \cdots + c_p x_{ip} \approx 0 \tag{11-5}$$

此时虽然设计矩阵 $\boldsymbol{X}$ 的秩等于 $p+1$,但是 $\det(\boldsymbol{X}'\boldsymbol{X}) \approx 0$,$\boldsymbol{X}'\boldsymbol{X}$ 的逆矩阵对角线元素很大,$\hat{\boldsymbol{\beta}}$ 的方差阵 $\boldsymbol{D}(\hat{\boldsymbol{\beta}}) = \sigma^2(\boldsymbol{X}'\boldsymbol{X})^{-1}$ 的对角线元素很大,因而 $\beta_0, \beta_1, \cdots, \beta_p$ 的估计精度很低。虽然用普通最小二乘估计可以得到 $\boldsymbol{\beta}$ 的无偏估计,但估计量 $\hat{\boldsymbol{\beta}}$ 的方差很大,不能正确判断解释变量对被解释变量的影响程度。举个二元回归的例子,做 y 对两个自变量 x_1 和 x_2 的线性回归

$$y = \beta_1 x_1 + \beta_2 x_2 \tag{11-6}$$

估计量 $\hat{\boldsymbol{\beta}} = (\hat{\beta}_1, \hat{\beta}_2)$ 的协方差矩阵

$$\text{cov}(\hat{\boldsymbol{\beta}}) = \sigma^2(\boldsymbol{X}'\boldsymbol{X})^{-1} \tag{11-7}$$

$$\boldsymbol{X}'\boldsymbol{X} = \begin{bmatrix} L_{11} & L_{12} \\ L_{21} & L_{22} \end{bmatrix} \tag{11-8}$$

其中

$$L_{11} = \sum_{i=1}^{n} x_{i1}^2, \quad L_{12} = L_{21} = \sum_{i=1}^{n} x_{i1} x_{i2}, \quad L_{22} = \sum_{i=1}^{n} x_{i2}^2, \quad r_{12} = \frac{L_{12}}{\sqrt{L_{11} L_{22}}} \tag{11-9}$$

$$(\boldsymbol{X}'\boldsymbol{X})^{-1} = \frac{1}{\det(\boldsymbol{X}'\boldsymbol{X})} \begin{bmatrix} L_{22} & -L_{12} \\ -L_{12} & L_{11} \end{bmatrix} = \frac{1}{L_{11}L_{22} - L_{12}^2} \begin{bmatrix} L_{22} & -L_{12} \\ -L_{12} & L_{11} \end{bmatrix} \tag{11-10}$$

由此可得

$$\text{var}(\hat{\beta}_1) = \frac{\sigma^2}{(1 - r_{12}^2) L_{11}}, \quad \text{var}(\hat{\beta}_2) = \frac{\sigma^2}{(1 - r_{12}^2) L_{22}} \tag{11-11}$$

随着自变量 x_1 与 x_2 的相关性增强,$\hat{\beta}_1$ 和 $\hat{\beta}_2$ 的方差将逐渐增大。当 x_1 与 x_2 完全相关时,$r_{12}=1$,方差将变为无穷大。

从上面的例子可以看到,当自变量存在多重共线性时,利用普通最小二乘法得到的回归参数的估计值很不稳定,此时无法获得参数的有效估计。

相关系数代码如下:

```
#第 11 章/11 - 1.py
#两个变量的相关系数
import numpy as np
#数据
x1 = [70, 75, 65, 74, 72, 68, 78, 66, 70, 65]
x1 = np.array(x1)
x2 = 3 * x1 + 0.3 * np.random.randn(len(x1))
x2 = x2.round(2)
X = np.c_[x1, x2]
A = X.T @ X
L11 = A[0,0]
L12 = A[0,1]
L22 = A[1,1]
r = L12 / np.sqrt(L11 * L22)
print('r = ', r)
```

输出如下：

```
r = 0.9999990088062568
```

11.2 多重共线性的诊断

当回归方程的解释变量之间存在很强的线性关系且回归方程的检验高度显著时，有些与因变量 y 的相关系数绝对值很高的自变量，其回归系数不能通过显著性检验，这时就认为变量之间存在多重共线性。本节讨论两种多重共线性的诊断方法。

11.2.1 方差扩大因子法

对自变量进行中心化处理，则 $\boldsymbol{X}^{*'}\boldsymbol{X}^{*}=(r_{ij})$ 为自变量的相关阵。记

$$\boldsymbol{C}=(c_{ij})=(\boldsymbol{X}^{*'}\boldsymbol{X}^{*})^{-1} \tag{11-12}$$

称其主对角线元素 $\mathrm{VIF}_j=c_{jj}$ 为自变量 x_j 的方差扩大因子。由回归系数估计量的方差为

$$\mathrm{var}(\hat{\beta}_j)=\frac{c_{jj}\sigma^2}{L_{jj}} \tag{11-13}$$

可知 c_{jj} 作为衡量自变量 x_j 的方差扩大因子是恰当的。可以证明

$$c_{jj}=\frac{1}{1-R_j^2} \tag{11-14}$$

可以看出 $\mathrm{VIF}_j=c_{jj}>1$。R_j 度量了自变量 x_j 与其余 $p-1$ 个自变量的线性相关程度，这种相关程度越强，说明自变量之间的多重共线性越严重，R_j 就越接近 1，VIF_j 就越大。反之，x_j 与其余 $p-1$ 个自变量的线性相关程度越弱，自变量间的多重共线性就越弱，R_j 越接近于 0，VIF_j 就越接近于 1。

也可以用 p 个自变量所对应的方差扩大因子的平均数来度量多重共线性。当

$$\overline{\mathrm{VIF}}=\frac{1}{p}\sum_{j=1}^{p}\mathrm{VIF}_j \tag{11-15}$$

远大于 1 时，就表示存在严重的多重共线性问题。

【例 11-1】 有 3 组数据 x_1、x_2 和 x_3，分别如下。

(1) x_1：21.2、22.2、23.21、24.21、25.21、26.22、27.22、28.22、29.23、30.23、31.23、32.24、33.24、34.24、35.25、36.25、37.26、38.26、39.26、40.27、41.27、42.27、43.28、44.28、45.28、46.29、47.29、48.29、49.3、50.3。

(2) x_2：12.3、14.41、16.53、18.64、20.76、22.87、24.98、27.1、29.21、31.32、33.44、35.55、37.67、39.78、41.89、44.01、46.12、48.23、50.35、52.46、54.58、56.69、58.8、60.92、63.03、65.14、67.26、69.37、71.49、73.6。

(3) x_3：33.5、36.61、39.74、42.85、45.97、49.09、52.2、55.32、58.44、61.55、64.67、67.79、70.91、74.02、77.14、80.26、83.38、86.49、89.61、92.73、95.85、98.96、102.08、105.2、108.31、111.43、114.55、117.66、120.79、123.9。

求 x_1、x_2 和 x_3 构成的设计矩阵 $\boldsymbol{X}$ 的方差扩大因子，代码如下：

```
#第 11 章/11 - 2.py
import numpy as np
#数据
x1 = [21.2, 22.2, 23.21, 24.21, 25.21, 26.22, 27.22, 28.22, 29.23,
      30.23, 31.23, 32.24, 33.24, 34.24, 35.25, 36.25, 37.26, 38.26,
      39.26, 40.27, 41.27, 42.27, 43.28, 44.28, 45.28, 46.29, 47.29,
      48.29, 49.3, 50.3]
x2 = [12.3 , 14.41, 16.53, 18.64, 20.76, 22.87, 24.98, 27.1 , 29.21,
      31.32, 33.44, 35.55, 37.67, 39.78, 41.89, 44.01, 46.12, 48.23,
      50.35, 52.46, 54.58, 56.69, 58.8 , 60.92, 63.03, 65.14, 67.26,
      69.37, 71.49, 73.6]
x3 = [33.5 , 36.61, 39.74, 42.85, 45.97, 49.09, 52.2, 55.32,
      58.44, 61.55, 64.67, 67.79, 70.91, 74.02, 77.14, 80.26,
      83.38, 86.49, 89.61, 92.73, 95.85, 98.96, 102.08, 105.2 ,
      108.31, 111.43, 114.55, 117.66, 120.79, 123.9]
n = len(x1)
x1 = np.array(x1)
x2 = np.array(x2)
x3 = np.array(x3)
x1 = x1.reshape((n, 1))
x2 = x2.reshape((n, 1))
x3 = x3.reshape((n, 1))
X = np.c_[x1, x2, x3]
X_star = (X - X.mean()) / X.std()
C = np.linalg.inv(X_star.T @ X)
c11, c22, c33 = C[0,0], C[1,1], C[2,2]
print('VIF1 = ', c11)
print('VIF2 = ', c22)
print('VIF3 = ', c33)
vif = (c11 + c22 + c33) / 3
print('vif = ', vif)
```

输出如下：

```
VIF1 = -4208509785626.8516
VIF2 = 3878157051774.5645
VIF3 = 1274909398804.955
vif = 314852221650.88934
```

11.2.2 特征根判定法

根据矩阵行列式等于其特征根的连乘积，因此当 $\boldsymbol{X}'\boldsymbol{X}$ 的行列式趋近于 0 时，矩阵 $\boldsymbol{X}'\boldsymbol{X}$ 至少有一个特征根近似为 0。反之可以证明，当矩阵 $\boldsymbol{X}'\boldsymbol{X}$ 至少有一个特征根近似为 0 时，$\boldsymbol{X}$ 的列向量间必存在多重共线性。实际上，记 $\boldsymbol{X}=(\boldsymbol{X}_0,\boldsymbol{X}_1,\cdots,\boldsymbol{X}_p)$，其中 $\boldsymbol{X}_i$ 是 $\boldsymbol{X}$ 的列向量，λ 是矩阵 $\boldsymbol{X}'\boldsymbol{X}$ 的一个近似为 0 的特征根，即 $\lambda\approx 0$，令 $\boldsymbol{c}$ 是对应于特征根 λ 的单位特征向量，

$$\boldsymbol{X}'\boldsymbol{X}\boldsymbol{c}=\lambda\boldsymbol{c}\approx\boldsymbol{0} \tag{11-16}$$

上式两边左乘 $\boldsymbol{c}'$ 得

$$c'X'Xc \approx \mathbf{0} \tag{11-17}$$

从而有

$$Xc \approx \mathbf{0} \tag{11-18}$$

即

$$c_0 X_0 + c_1 X_1 + \cdots + c_p X_p \approx \mathbf{0} \tag{11-19}$$

这就是多重共线性关系。可以证明 $X'X$ 有多少个特征根接近 0,设计矩阵 X 就有多少个多重共线性关系,并且这些多重共线性关系的系数向量就等于接近于 0 的那些特征根对应的特征向量。

特征根接近于 0,示例代码如下:

```
#第 11 章/11-2.py
#接近于 0 的特征根
import numpy as np
#数据
x1 = [21.2, 22.2, 23.21, 24.21, 25.21, 26.22, 27.22, 28.22, 29.23,
      30.23, 31.23, 32.24, 33.24, 34.24, 35.25, 36.25, 37.26, 38.26,
      39.26, 40.27, 41.27, 42.27, 43.28, 44.28, 45.28, 46.29, 47.29,
      48.29, 49.3, 50.3]
x2 = [12.3 , 14.41, 16.53, 18.64, 20.76, 22.87, 24.98, 27.1 , 29.21,
      31.32, 33.44, 35.55, 37.67, 39.78, 41.89, 44.01, 46.12, 48.23,
      50.35, 52.46, 54.58, 56.69, 58.8 , 60.92, 63.03, 65.14, 67.26,
      69.37, 71.49, 73.6]
x3 = [33.5 , 36.61, 39.74, 42.85, 45.97, 49.09, 52.2, 55.32,
      58.44, 61.55, 64.67, 67.79, 70.91, 74.02, 77.14, 80.26,
      83.38, 86.49, 89.61, 92.73, 95.85, 98.96, 102.08, 105.2 ,
      108.31, 111.43, 114.55, 117.66, 120.79, 123.9]
n = len(x1)
x1 = np.array(x1)
x2 = np.array(x2)
x3 = np.array(x3)
x1 = x1.reshape((n, 1))
x2 = x2.reshape((n, 1))
x3 = x3.reshape((n, 1))
X = np.c_[x1, x2, x3]
eig_val, eig_vec = np.linalg.eig(X.T@X)
print('特征根:', eig_val)
print('特征向量:\n', eig_vec)
```

输出如下:

```
特征根: [ 3.12957806e+05 6.81289566e+02 -3.17470128e-11]
特征向量:
[[-0.35857382 -0.73354719 -0.57735027]
[-0.4559836 0.67730763 -0.57735027]
[-0.81455741 -0.05623956 0.57735027]]
```

特征根分析表明，当矩阵 $\boldsymbol{X}'\boldsymbol{X}$ 有一个特征根近似等于0时，设计矩阵 $\boldsymbol{X}$ 的列向量间必存在多重共线性，那么特征根近似于0的标准如何确定，可以用下面介绍的条件数来确定，记 $\boldsymbol{X}'\boldsymbol{X}$ 的最大特征根为 λ_{m}，称

$$k_i=\sqrt{\frac{\lambda_{\mathrm{m}}}{\lambda_i}} \tag{11-20}$$

为特征根 λ_i 的条件数。在其他书中也有条件数的定义不需开平方，本书采用开平方的定义。条件数度量了矩阵 $\boldsymbol{X}'\boldsymbol{X}$ 的特征根的散布程度，可以用来判断多重共线性是否存在及多重共线性的严重程度。一般认为，当 $0<k<10$ 时，设计矩阵没有多重共线性；当 $10\leqslant k<100$ 时，存在较强的多重共线性；当 $k\geqslant 100$ 时，存在严重的多重共线性。

条件数的计算系列代码如下：

```
#第 11 章/11-3.py
#条件数的计算
import numpy as np
#数据
x1 = [21.2, 22.2, 23.21, 24.21, 25.21, 26.22, 27.22, 28.22, 29.23,
      30.23, 31.23, 32.24, 33.24, 34.24, 35.25, 36.25, 37.26, 38.26,
      39.26, 40.27, 41.27, 42.27, 43.28, 44.28, 45.28, 46.29, 47.29,
      48.29, 49.3, 50.3]
x2 = [12.3 , 14.41, 16.53, 18.64, 20.76, 22.87, 24.98, 27.1 , 29.21,
      31.32, 33.44, 35.55, 37.67, 39.78, 41.89, 44.01, 46.12, 48.23,
      50.35, 52.46, 54.58, 56.69, 58.8 , 60.92, 63.03, 65.14, 67.26,
      69.37, 71.49, 73.6]
x3 = [33.5 , 36.61, 39.74, 42.85, 45.97, 49.09, 52.2, 55.32,
      58.44, 61.55, 64.67, 67.79, 70.91, 74.02, 77.14, 80.26,
      83.38, 86.49, 89.61, 92.73, 95.85, 98.96, 102.08, 105.2 ,
      108.31, 111.43, 114.55, 117.66, 120.79, 123.9]
n = len(x1)
x1 = np.array(x1)
x2 = np.array(x2)
x3 = np.array(x3)
x1 = x1.reshape((n, 1))
x2 = x2.reshape((n, 1))
x3 = x3.reshape((n, 1))
X = np.c_[x1, x2, x3]
eig_val, eig_vec = np.linalg.eig(X.T@X)
print('特征根为', eig_val)
print('特征向量为\n', eig_vec)
k1 = eig_val[0]/eig_val[0]
print('k1 = ', np.sqrt(k1))
k2 = eig_val[0]/eig_val[1]
print('k2 = ', np.sqrt(k2))
k3 = eig_val[0]/eig_val[2]
print('k3 = ', np.sqrt(-k3))
```

输出如下：

```
特征根为[ 3.12957806e+05 6.81289566e+02 -3.17470128e-11]
特征向量为
[[-0.35857382 -0.73354719 -0.57735027]
[-0.4559836 0.67730763 -0.57735027]
[-0.81455741 -0.05623956 0.57735027]]
k1 = 1.0
k2 = 21.432706933748122
k3 = 99286787.85926409
```

11.3 消除多重共线性的方法

当发现解释变量中存在严重的多重共线性问题时，就要设法消除这种共线性，主要的方法有以下几种。

11.3.1 剔除不重要的解释变量

如果自变量较多，大多数回归方程受到多重共线性的影响，可以先剔除一些自变量，如果回归方程中仍存在严重的多重共线性，则可以把方差扩大因子最大者所对应的自变量首先剔除，再重新建立回归方程，如果仍然存在多重共线性，再继续剔除方差扩大因子最大者所对应的自变量，直到回归方程中不存在多重共线性为止。

【例 11-2】 有三组数据 x_1、x_2 和 y，分别如下。

(1) x_1：216、171、144、137、45、108、202、226、176、81、134、133、28、78、155、66、70、131、213、228、59、21、194、153、175、137、37、25、30、243。

(2) x_2：496.8、393.3、331.2、315.1、103.5、248.4、464.6、519.8、404.8、186.3、308.2、305.9、64.4、179.4、356.5、151.8、161、301.3、489.9、524.4、135.7、48.3、446.2、351.9、402.5、315.1、85.1、57.5、69、558.9。

(3) y：2161、1711、1441、1371、451、1081、2021、2261、1761、811、1341、1331、281、781、1551、661、701、1311、2131、2281、591、211、1941、1531、1751、1371、371、251、301、2431。

试剔除多余变量，求 y 相对于 x_1 或 x_2 的回归，代码如下：

```
#第 11 章/11-4.py
import pandas as pd
import numpy as np
from statsmodels.formula.api import ols
x1 = [216, 171, 144, 137, 45, 108, 202, 226, 176, 81, 134, 133, 28,
      78, 155, 66, 70, 131, 213, 228, 59, 21, 194, 153, 175, 137,
      37, 25, 30, 243]
x1 = np.array(x1)
x2 = [496.8, 393.3, 331.2, 315.1, 103.5, 248.4, 464.6, 519.8, 404.8,
      186.3, 308.2, 305.9, 64.4, 179.4, 356.5, 151.8, 161. , 301.3,
      489.9, 524.4, 135.7, 48.3, 446.2, 351.9, 402.5, 315.1, 85.1,
      57.5, 69. , 558.9]
```

```
x2 = np.array(x2)
y = [2161, 1711, 1441, 1371, 451, 1081, 2021, 2261, 1761, 811, 1341,
     1331, 281, 781, 1551, 661, 701, 1311, 2131, 2281, 591, 211,
     1941, 1531, 1751, 1371, 371, 251, 301, 2431]
y = np.array(y) + 3 * np.random.randn(len(y))
df = pd.DataFrame({'x1':x1, 'x2':x2, 'y':y})
t = ols('y~ x1 + x2',data = df).fit()
print(t.summary())
```

输出如下：

```
                            OLS Regression Results
==============================================================================
Dep. Variable:                      y   R-squared:                       1.000
Model:                            OLS   Adj. R-squared:                  1.000
Method:                 Least Squares   F-statistic:                 2.173e+06
Date:                Mon,13 Dec 2021   Prob (F-statistic):           5.19e-70
Time:                        22:35:11   Log-Likelihood:                -69.467
No. Observations:                  30   AIC:                             142.9
Df Residuals:                      28   BIC:                             145.7
Df Model:                           1
Covariance Type:            nonrobust
==============================================================================
                 coef    std err          t      P>|t|      [0.025      0.975]
------------------------------------------------------------------------------
Intercept     -0.7346      0.980     -0.750      0.460      -2.742       1.273
x1             1.5910      0.001   1474.232      0.000       1.589       1.593
x2             3.6593      0.002   1474.232      0.000       3.654       3.664
==============================================================================
Omnibus:                        0.589   Durbin-Watson:                   2.506
Prob(Omnibus):                  0.745   Jarque-Bera (JB):                0.522
Skew:                           0.293   Prob(JB):                        0.770
Kurtosis:                       2.729   Cond. No.                     2.51e+16
==============================================================================
```

存在不显著的变量，剔除 x_1，得到新的回归模型，代码如下：

```
t = ols('y ~ x2 - 1',data = df).fit()
print(t.summary())
```

输出如下：

```
                            OLS Regression Results
==============================================================================
Dep. Variable:                      y   R-squared (uncentered):          1.000
Model:                            OLS   Adj. R-squared (uncentered):     1.000
Method:                 Least Squares   F-statistic:                 9.864e+06
Date:                Mon,13 Dec 2021   Prob (F-statistic):           9.08e-82
```

```
Time:                         22:38:04   Log-Likelihood:                -69.765
No. Observations:                   30   AIC:                             141.5
Df Residuals:                       29   BIC:                             142.9
Df Model:                            1
Covariance Type:             nonrobust
==============================================================================
                 coef    std err          t      P>|t|      [0.025      0.975]
------------------------------------------------------------------------------
x2             4.3490      0.001   3140.657      0.000       4.346       4.352
==============================================================================
Omnibus:                        0.453   Durbin-Watson:                   2.499
Prob(Omnibus):                  0.797   Jarque-Bera (JB):                0.506
Skew:                           0.258   Prob(JB):                        0.777
Kurtosis:                       2.628   Cond. No.                         1.00
==============================================================================
```

剔除 x_2，得到新的回归模型，代码如下：

```
t = ols('y ~ x1 - 1',data = df).fit()
print(t.summary())
```

输出如下：

```
                                 OLS Regression Results
==============================================================================
Dep. Variable:                      y   R-squared (uncentered):           1.000
Model:                            OLS   Adj. R-squared (uncentered):      1.000
Method:                 Least Squares   F-statistic:                  9.864e+06
Date:                Mon,13 Dec 2021   Prob (F-statistic):            9.08e-82
Time:                         22:40:05   Log-Likelihood:                -69.765
No. Observations:                   30   AIC:                             141.5
Df Residuals:                       29   BIC:                             142.9
Df Model:                            1
Covariance Type:             nonrobust
==============================================================================
                 coef    std err          t      P>|t|      [0.025      0.975]
------------------------------------------------------------------------------
x1            10.0028      0.003   3140.657      0.000       9.996      10.009
==============================================================================
Omnibus:                        0.453   Durbin-Watson:                   2.499
Prob(Omnibus):                  0.797   Jarque-Bera (JB):                0.506
Skew:                           0.258   Prob(JB):                        0.777
Kurtosis:                       2.628   Cond. No.                         1.00
==============================================================================
```

11.3.2 增大样本量

建立一个回归模型，如果所收集的样本数据太少，则容易产生多重共线性。例如，回归问题涉及两个自变量 x_1 和 x_2，假设 x_1 和 x_2 都已经中心化，由

$$\mathrm{var}(\hat{\beta}_1)=\frac{\sigma^2}{(1-r_{12}^2)L_{11}} \tag{11-21}$$

$$\mathrm{var}(\hat{\beta}_2)=\frac{\sigma^2}{(1-r_{12}^2)L_{22}} \tag{11-22}$$

可知当 r_{12} 固定且样本量增大时

$$L_{11}=\sum_{i=1}^{n}x_{i1}^2,\quad L_{22}=\sum_{i=1}^{n}x_{i2}^2 \tag{11-23}$$

都会增大，因此两个回归系数估计值的方差都可以变小，从而减弱多重共线性对回归方程的影响。增大样本量是减小多重共线性的一个途径。

11.3.3 回归系数的有偏估计与岭回归

消除多重共线性除了以上方法，也可采用有偏估计来代替传统最小二乘法的无偏估计，其中一个典型的模型就是岭回归模型。

岭回归的想法很自然。当自变量间存在多重共线性时，$\boldsymbol{X}'\boldsymbol{X}$ 的行列式约等于0，这时给 $\boldsymbol{X}'\boldsymbol{X}$ 加上一个正常数矩阵 $k\boldsymbol{I}(k>0)$，那么 $\boldsymbol{X}'\boldsymbol{X}+k\boldsymbol{I}$ 接近奇异的程度就比 $\boldsymbol{X}'\boldsymbol{X}$ 接近奇异的程度小很多，这样就改善了多重共线性问题。岭回归模型的参数估计为

$$\hat{\beta}(k)=(\boldsymbol{X}'\boldsymbol{X}+k\boldsymbol{I})^{-1}\boldsymbol{X}'y \tag{11-24}$$

其中，k 为参数，称为岭参数。岭估计比普通最小二乘估计稳定，当 $k=0$ 时，$\hat{\beta}(k)$ 就是普通最小二乘估计。岭回归参数 k 不是唯一的，所以得到的估计 $\hat{\beta}(k)$ 实际上是一个估计族。

估计族代码如下：

```
#第 11 章/11-5.py
#回归系数估计族
import numpy as np
x1 = [21.2, 22.2, 23.21, 24.21, 25.21, 26.22, 27.22, 28.22, 29.23,
      30.23, 31.23, 32.24, 33.24, 34.24, 35.25, 36.25, 37.26, 38.26,
      39.26, 40.27, 41.27, 42.27, 43.28, 44.28, 45.28, 46.29, 47.29,
      48.29, 49.3, 50.3]
x2 = [12.3 , 14.41, 16.53, 18.64, 20.76, 22.87, 24.98, 27.1 , 29.21,
      31.32, 33.44, 35.55, 37.67, 39.78, 41.89, 44.01, 46.12, 48.23,
      50.35, 52.46, 54.58, 56.69, 58.8 , 60.92, 63.03, 65.14, 67.26,
      69.37, 71.49, 73.6]
x3 = [33.5 , 36.61, 39.74, 42.85, 45.97, 49.09, 52.2, 55.32,
      58.44, 61.55, 64.67, 67.79, 70.91, 74.02, 77.14, 80.26,
      83.38, 86.49, 89.61, 92.73, 95.85, 98.96, 102.08, 105.2 ,
      108.31, 111.43, 114.55, 117.66, 120.79, 123.9]
y = [3 , 3, 9.74, 4.85, 5.97, 49.09, 52.2, 55.32,
      8.44, 1.55, 6.67, 7.79, 40.91, 24.02, 77.14, 80.26,
      83.38, 6.49, 89.61, 92.73, 5.85, 98.96, 2.8, 105.2 ,
      10.1, 1.43, 114.55, 17.66, 1.79, 13.9]
n = len(x1)
x1 = np.array(x1)
x2 = np.array(x2)
x3 = np.array(x3)
```

```
x1 = x1.reshape((n, 1))
x2 = x2.reshape((n, 1))
x3 = x3.reshape((n, 1))
X = np.c_[x1, x2, x3]
k = np.linspace(0,3,10)
b1, b2, b3 = [ ], [ ], [ ]
for ki in k:
    tmp = np.linalg.inv(X.T@X + ki * np.eye(3)) @ X.T @ y
    b1.append(tmp[0])
    b2.append(tmp[1])
    b3.append(tmp[2])
print('beta1 = \n',b1)
print('beta2 = \n',b2)
print('beta3 = \n',b3)
```

输出如下：

```
beta1 =
[1.0315436393259254, 0.5717987825473453, 0.5715824843242769,
0.5713663973222096, 0.5711505212253489, 0.5709348557083231,
0.5707194004847435, 0.5705041552426081, 0.5702891196663904, 0.5700742934554129]
beta2 =
[0.11553510966283936, -0.24356972190847356, -0.24337030973553708,
-0.24317109258610842, -0.24297207015621647, -0.24277324218515317,
-0.24257460837267195, -0.2423761684386675, -0.2421779221045332, -0.24197986907636657]
beta3 =
[0.0552146156789574, 0.3282290606668691, 0.3282121746238868, 0.3281953047635442,
0.32817845107443927, 0.328161613538905, 0.32814479212351105, 0.32812798680639876,
0.3281111975694291, 0.328094424381972]
```

11.3.4 岭回归估计的性质

岭回归的估计不同于最小二乘估计，它有下面的性质：

(1) 岭回归参数 $\hat{\beta}(k)$是回归参数 β 的有偏估计。实际上

$$
\begin{aligned}
E[\hat{\beta}(k)] &= E((\boldsymbol{X}'\boldsymbol{X}+k\boldsymbol{I})^{-1}\boldsymbol{X}'y) = (\boldsymbol{X}'\boldsymbol{X}+k\boldsymbol{I})^{-1}\boldsymbol{X}'E(y) \\
&= (\boldsymbol{X}'\boldsymbol{X}+k\boldsymbol{I})^{-1}\boldsymbol{X}'\boldsymbol{X}\beta
\end{aligned}
\tag{11-25}
$$

只有当 $k=0$ 时，$E[\hat{\beta}(k)]=\beta$。当 $k\neq 0$ 时，$\hat{\beta}(k)$是 β 的有偏估计。有偏性是岭回归估计的一个重要特性。

(2) 用 MSE 表示估计向量的均方误差，则存在 $k>0$，使

$$
\mathrm{MSE}[\hat{\beta}(k)] < \mathrm{MSE}(\beta) \tag{11-26}
$$

即

$$
\sum_{j=1}^{p} E[\hat{\beta}_j(k)-\beta_j]^2 < \sum_{j=1}^{p} D(\hat{\beta}_j) \tag{11-27}
$$

11.3.5　岭回归 k 的选择

选择参数 k 的目的是使 $\mathrm{MSE}(\hat{\beta}(k))$ 达到最小，但如何选取 k 在理论上尚无统一的答案，几种经验方法如下：

(1) 岭迹法。岭迹法选择 k 值的一般原则是，各回归参数基本稳定。用最小二乘法估计时，符号不合理的回归系数，其岭估计的符号变得合理。回归系数没有不合乎实际意义的绝对值。残差平方和不要增加太多。岭迹法确定 k 值缺少严格的令人信服的理论依据，存在一定的主观性，但从另一方面来看，这种主观性有助于实现定性分析与定量分析的有机结合。

(2) 方差扩大因子法。方差扩大因子 c_{jj} 可以度量多重共线性的严重程度，一般当 $c_{jj}>10$ 时，模型就有严重的多重共线性。$\hat{\beta}(k)$ 的协方差阵

$$
\begin{aligned}
\boldsymbol{D}(\hat{\beta}(k)) &= \mathrm{cov}(\hat{\beta}(k),\hat{\beta}(k)) \\
&= \mathrm{cov}((\boldsymbol{X}'\boldsymbol{X}+k\boldsymbol{I})^{-1}\boldsymbol{X}'y,(\boldsymbol{X}'\boldsymbol{X}+k\boldsymbol{I})^{-1}\boldsymbol{X}'y) \\
&= (\boldsymbol{X}'\boldsymbol{X}+k\boldsymbol{I})^{-1}\boldsymbol{X}'\mathrm{cov}(y,y)\boldsymbol{X}(\boldsymbol{X}'\boldsymbol{X}+k\boldsymbol{I})^{-1} \\
&= \sigma^2(\boldsymbol{X}'\boldsymbol{X}+k\boldsymbol{I})^{-1}\boldsymbol{X}'\boldsymbol{X}(\boldsymbol{X}'\boldsymbol{X}+k\boldsymbol{I})^{-1} \\
&= \sigma^2\boldsymbol{c}(k)
\end{aligned}
\tag{11-28}
$$

其中，$\boldsymbol{c}(k)=(\boldsymbol{X}'\boldsymbol{X}+k\boldsymbol{I})^{-1}\boldsymbol{X}'\boldsymbol{X}(\boldsymbol{X}'\boldsymbol{X}+k\boldsymbol{I})^{-1}$ 的对角线元素 $c_{jj}(k)$ 为岭估计的方差扩大因子。容易看出，$c_{jj}(k)$ 随着 k 的增大而减小。使用方差扩大因子选择 k 的经验做法是，选择 k 使所有方差扩大因子 $c_{jj}(k)\leqslant 10$。当 $c_{jj}(k)\leqslant 10$ 时，所对应的 k 值的岭估计就会相对稳定。

(3) 由残差平方和确定 k 值。岭估计 $\hat{\beta}(k)$ 在减小均方误差的同时增大了残差平方和，要使岭回归的残差平方和 $\mathrm{SSE}(k)$ 的增加幅度控制在一定的限度以内，就可以给定一个大于 1 的常数 p，使 $\mathrm{SSE}(k)<p\,\mathrm{SSE}$，即寻找满足该不等式的最大的 k 值。

11.4　本章练习

1. 岭回归估计是在什么情况下提出的？

2. 岭回归估计的定义及其统计思想是什么？

3. 选择岭参数有哪几种主要方法？

4. 用岭回归方法选择自变量应遵循哪些基本原则？

第 12 章

主成分分析

主成分分析是将多指标化为少数几个综合指标的一种多元统计分析方法，它所关注的问题是通过一组变量的几个线性组合来解释这组变量的协方差结构，它的目的是数据的压缩和解释。多元统计分析处理的是多变量问题，由于变量个数多，彼此之间存在一定的相关性，因而所观测到的数据存在一定程度的信息重叠，增加分析问题的复杂性。人们希望用较少的综合变量来代替原来较多的变量，而这少数综合变量又能尽可能多地反映原来变量的信息，并且彼此之间互不相关，这就是降维思想。本章讨论基于降维思想的主成分分析方法，也称为主分量分析或主轴分析。

本章重点内容：

(1) 总体主成分及其求法和性质。

(2) 样本主成分及其求法和性质。

(3) 主成分分析的应用。

12.1 总体主成分

主成分在代数学上看，它是 p 个随机变量 $X_1,X_2,\cdots,X_p$ 的特殊线性组合；在几何学上看，它是一个新的坐标变换，新的坐标轴由 $X_1,X_2,\cdots,X_p$ 旋转之后得到，新的坐标轴表示数据变异最大的方向。

设 $\boldsymbol{X}=(X_1,X_2,\cdots,X_p)'$ 是 p 维随机向量，均值 $E(\boldsymbol{X})=\mu$，协方差矩阵 $\boldsymbol{\Sigma}=\boldsymbol{D}(\boldsymbol{X})$。考虑线性变换

$$\begin{cases}Z_1=\boldsymbol{a}'_1\boldsymbol{X}=a_{11}X_1+a_{21}X_2+\cdots+a_{p1}X_p\\ Z_2=\boldsymbol{a}'_2\boldsymbol{X}=a_{12}X_1+a_{22}X_2+\cdots+a_{p2}X_p\\ \quad\vdots\\ Z_p=\boldsymbol{a}'_p\boldsymbol{X}=a_{1p}X_1+a_{2p}X_2+\cdots+a_{pp}X_p\end{cases} \tag{12-1}$$

可以发现

$$\operatorname{var}(Z_i)=\boldsymbol{a}'_i\boldsymbol{\Sigma}\boldsymbol{a}_i,\quad i=1,2,\cdots,p \tag{12-2}$$

$$\operatorname{cov}(Z_i,Z_j)=\boldsymbol{a}'_i\boldsymbol{\Sigma}\boldsymbol{a}_j,\quad i=1,2,\cdots,p \tag{12-3}$$

设 $\boldsymbol{X}=(X_1,X_2,\cdots,X_p)'$ 是 p 维随机向量。如果满足以下条件：

(1) $\boldsymbol{a}'_i\boldsymbol{a}_i=1,i=1,2,\cdots,p$。

(2) 当 $i>1$ 时，$\boldsymbol{a}_i'\boldsymbol{\Sigma}\boldsymbol{a}_j=0, j=1,2,\cdots,i-1$。

(3) $\operatorname{var}(Z_i)=\max\limits_{\boldsymbol{a}'\boldsymbol{a}=1}(\operatorname{var}(\boldsymbol{a}'\boldsymbol{X}))$。

则称 $Z_i=\boldsymbol{a}_i'\boldsymbol{X}$ 为 $\boldsymbol{X}$ 的第 i 个主成分。

例如，当 $p=2$ 时，设 (X_1,X_2) 服从二元正态分布，则样本点的散布图集中在一个椭圆区域，即 n 个点分布在一个椭圆内，X_1 与 X_2 的相关性越强，这个椭圆就越扁。若取椭圆的长半轴为 Z_1，短半轴为 Z_2，相当于在平面上做一个坐标变换，按逆时针旋转一个角度 θ。根据坐标变换公式，新坐标与旧坐标之间满足

$$\begin{cases}Z_1=\cos(\theta)X_1+\sin(\theta)X_2\\Z_2=-\sin(\theta)X_1+\cos(\theta)X_2\end{cases}\tag{12-4}$$

新变量 Z_1 和 Z_2 是原始变量 X_1 和 X_2 的特殊线性组合。从图 12-1 可以看出，二维平面上 n 个点的波动大部分可以归结为在 Z_1 方向上的波动，而在 Z_2 方向上的波动很小。如果将其忽略，则二维问题就可以降低一维，成为一维问题，只取第 1 个综合变量 Z_1 即可，Z_1 是椭圆的长半轴。

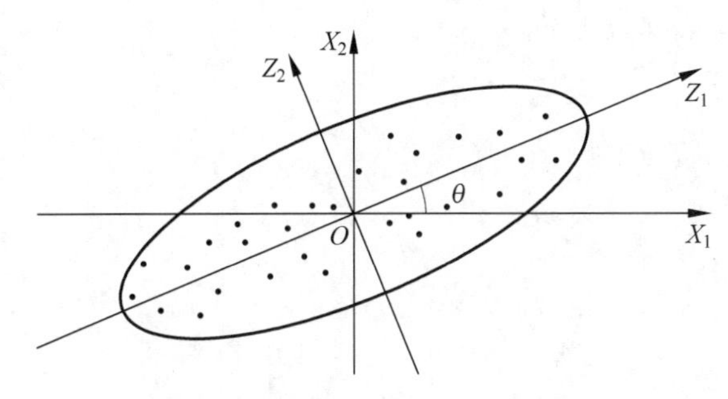

图 12-1　椭圆的主轴与坐标轴示意图

一般情况下，p 个变量组成 p 维空间，n 个样本点就是 p 维空间的 n 个点。对于 p 维正态随机向量而言，找主成分的问题就是找 p 维空间中椭球的主轴问题。

12.1.1　主成分的求法

设 p 维随机向量 $\boldsymbol{X}$ 的均值 $E(\boldsymbol{X})=0$，协方差矩阵 $\boldsymbol{D}(\boldsymbol{X})=\boldsymbol{\Sigma}>0$。由主成分的定义，求第一主成分 $Z_1=\boldsymbol{a}_1'\boldsymbol{X}$ 的问题，即为求 $\boldsymbol{a}_1$ 向量，使在 $\boldsymbol{a}_1'\boldsymbol{a}_1=1$ 条件下，$\operatorname{var}(Z_1)$ 达到最大。这个条件极值问题可用拉格朗日乘子法求解。令

$$\phi(\boldsymbol{a}_1)=\operatorname{var}(\boldsymbol{a}_1'\boldsymbol{X})-\lambda(\boldsymbol{a}_1'\boldsymbol{a}_1-1)=\boldsymbol{a}_1'\Sigma\boldsymbol{a}_1-\lambda(\boldsymbol{a}_1'\boldsymbol{a}_1-1)\tag{12-5}$$

由拉格朗日乘子法可得

$$\begin{cases}\dfrac{\partial\phi}{\partial a_1}=2(\boldsymbol{\Sigma}-\lambda\boldsymbol{I})\boldsymbol{a}_1=\boldsymbol{0}\\[2ex]\dfrac{\partial\phi}{\partial\lambda}=\boldsymbol{a}_1'\boldsymbol{a}_1-1=0\end{cases}\tag{12-6}$$

因为 $\boldsymbol{a}_1\neq\boldsymbol{0}$，所以必有

$$\boldsymbol{\Sigma}-\lambda\boldsymbol{I}=\boldsymbol{0}\tag{12-7}$$

这表明就是求$\boldsymbol{\Sigma}$ 的特征值和特征向量的问题。设 $\lambda=\lambda_1$ 是$\boldsymbol{\Sigma}$ 的最大特征值，则相应的

单位特征向量 $\boldsymbol{a}_1$ 就是所要求的向量。一般来讲，求第 i 个主成分可通过求$\boldsymbol{\Sigma}$ 的第 i 大特征值所对应的单位特征向量得到，即有下面的结论。

设 $\boldsymbol{X}=(X_1,X_2,\cdots,X_p)'$是 p 维随机向量，并且 $\boldsymbol{D}(\boldsymbol{X})=\boldsymbol{\Sigma}$ 是正定矩阵，$\boldsymbol{\Sigma}$ 的特征值为 $\lambda_1\geqslant\lambda_2\geqslant\cdots\geqslant\lambda_p\geqslant 0$，相应的单位特征向量为 $\boldsymbol{a}_1,\boldsymbol{a}_2,\cdots,\boldsymbol{a}_p$，则 $\boldsymbol{X}$ 的第 i 个主成分为

$$Z_i=\boldsymbol{a}'_i\boldsymbol{X},\quad i=1,2,\cdots,p \tag{12-8}$$

【例 12-1】 已知总体协方差矩阵为

$$\boldsymbol{\Sigma}=\begin{bmatrix}66 & 78 & 90\\ 78 & 93 & 108\\ 90 & 108 & 126\end{bmatrix}$$

求它的特征值和特征向量及主成分，代码如下：

```
#第 12 章/12 - 1.py
#求主成分
import numpy as np
A = np.array([[66,78,90],[78,93,108],[90,108,126]])
vals, vects = np.linalg.eig(A)
print('总体协方差矩阵为\n', A)
print('特征值为', vals)
print('特征向量为\n', vects)
v1 = vects[:,0]
v2 = vects[:,1]
v3 = vects[:,2]
print('第 1 个主成分为', '{}X1 + {}X2 + {}X3'.format(v1[0],v1[1],v1[2]))
print('第 2 个主成分为', '{}X1 + {}X2 + {}X3'.format(v2[0],v2[1],v2[2]))
print('第 3 个主成分为', '{}X1 + {}X2 + {}X3'.format(v3[0],v3[1],v3[2]))
```

输出如下：

```
总体协方差矩阵为
[[ 66 78 90]
[ 78 93 108]
[ 90 108 126]]
特征值为 [2.83858587e + 02 1.14141342e + 00 1.03583089e - 15]
特征向量为
[[ - 0.47967118  - 0.77669099 0.40824829]
[ - 0.57236779  - 0.07568647  - 0.81649658]
[ - 0.66506441 0.62531805 0.40824829]]
第 1 个主成分为 - 0.4796711778777147X1 +- 0.5723677939720624X2 +- 0.665064410066353X3
第 2 个主成分为 - 0.7766909903215635X1 +- 0.07568647010455037X2 + 0.6253180501124382X3
第 3 个主成分为 0.40824829046385464X1 +- 0.8164965809277268X2 + 0.40824829046386985X3
```

【例 12-2】 已知总体协方差矩阵为

$$\boldsymbol{\Sigma}=\begin{bmatrix}111.5 & -216.8 & 282.9\\ -216.8 & 52.18 & -34.42\\ 282.9 & -34.42 & 257.25\end{bmatrix}$$

求它的特征值和特征向量及主成分，代码如下：

```
#第 12 章/12-2.py
#求主成分
import numpy as np
A = np.array([[111.5, -216.8, 282.9],[-216.8, 52.18, -34.42],[282.9, -34.42, 257.25]])
vals, vects = np.linalg.eig(A)
print('总体协方差矩阵为\n', A)
print('特征值为', vals)
print('特征向量为\n', vects)
v1 = vects[:,0]
v2 = vects[:,1]
v3 = vects[:,2]
print('第 1 个主成分为','{}X1 + {}X2 + {}X3'.format(v1[0],v1[1],v1[2]))
print('第 2 个主成分为','{}X1 + {}X2 + {}X3'.format(v2[0],v2[1],v2[2]))
print('第 3 个主成分为','{}X1 + {}X2 + {}X3'.format(v3[0],v3[1],v3[2]))
```

输出如下：

```
总体协方差矩阵为
[[ 111.5   -216.8   282.9 ]
[-216.8   52.18   -34.42]
[ 282.9   -34.42   257.25]]
特征值为 [ 533.85888726   -208.76276832   95.83388106]
特征向量为
[[-0.63714622   0.72962416   -0.24838133]
[ 0.33633026   0.55316031   0.76216509]
[-0.69348876   -0.40207245   0.59783868]]
第 1 个主成分为 -0.6371462196500847X1 + 0.33633025582908954X2 +-0.6934887553519128X3
第 2 个主成分为 0.7296241574948858X1 + 0.5531603136463273X2 +-0.4020724514395068X3
第 3 个主成分为 -0.2483813269661866X1 + 0.7621650913159405X2 + 0.5978386822495517X3
```

12.1.2 主成分的性质

记总体协方差矩阵为$\boldsymbol{\Sigma}=(\sigma_{ij})$，它的特征值为$\lambda_1\geqslant\lambda_2\geqslant\cdots\geqslant\lambda_p\geqslant 0$，$\boldsymbol{\Lambda}=\mathrm{diag}(\lambda_1,\lambda_2,\cdots,\lambda_p)$，相应的单位特征向量为$\boldsymbol{a}_1,\boldsymbol{a}_2,\cdots,\boldsymbol{a}_p$，相应的正交矩阵$\boldsymbol{A}=[\boldsymbol{a}_1,\boldsymbol{a}_2,\cdots,\boldsymbol{a}_p]$，主成分为$Z_i=\boldsymbol{a}_i'\boldsymbol{X}$，$i=1,2,\cdots,p$，$\boldsymbol{Z}=(Z_1,Z_2,\cdots,Z_p)'$。

总体主成分有下面的性质：

(1) $\boldsymbol{D}(\boldsymbol{Z})=\boldsymbol{\Lambda}$，即$p$个主成分的方差为$\mathrm{var}(Z_i)=\lambda_i$，并且它们彼此互不相关。

(2) 特征值的和

$$\sum_{i=1}^{p}\lambda_i=\sum_{i=1}^{p}\sigma_{ii} \tag{12-9}$$

通常称式(12-9)之和为总体$\boldsymbol{X}$的总方差，或称总惯量。

验证特征值之和等于总惯量的代码如下：

```
#第12章/12-3.py
import numpy as np
A = np.array([[111.5, -216.8, 282.9],[-216.8, 52.18, -34.42],[282.9, -34.42, 257.25]])
vals, vects = np.linalg.eig(A)
print('总体协方差矩阵为\n', A)
print('特征值为', vals)
print('特征向量为\n', vects)
s1 = np.diag(A).sum()
print('总体协方差矩阵的对角线之和为', s1)
s2 = vals.sum().round(2)
print('特征值之和为', s2)
```

输出如下：

```
总体协方差矩阵为
[[ 111.5  -216.8  282.9 ]
 [-216.8  52.18  -34.42]
 [ 282.9  -34.42 257.25]]
特征值为 [ 533.85888726 -208.76276832 95.83388106]
特征向量为
[[-0.63714622 0.72962416 -0.24838133]
 [ 0.33633026 0.55316031 0.76216509]
 [-0.69348876 -0.40207245 0.59783868]]
总体协方差矩阵的对角线之和为 420.93
特征值之和为 420.93
```

(3) 主成分 Z_k 与原始变量 X_i 的相关系数为

$$\rho(Z_k, X_i)=\frac{\sqrt{\lambda_k}a_{ik}}{\sqrt{\sigma_{ii}}} \tag{12-10}$$

证明：由主成分的定义可知

$$\rho(Z_k, X_i)=\frac{\operatorname{cov}(Z_k, X_i)}{\sqrt{\operatorname{var}(Z_k)\operatorname{var}(X_i)}}=\frac{\operatorname{cov}(\boldsymbol{a}'_k\boldsymbol{X}, \boldsymbol{e}'_i\boldsymbol{X})}{\sqrt{\lambda_k\sigma_{ii}}}$$

其中，$\boldsymbol{e}'_i=(0,0,\cdots,1,\cdots,0)$，只有第 i 个分量为 1，其余全为 0。利用协方差的性质有

$$\operatorname{cov}(\boldsymbol{a}'_k\boldsymbol{X}, \boldsymbol{e}'_i\boldsymbol{X})=\boldsymbol{a}'_k\boldsymbol{D}(\boldsymbol{X})\boldsymbol{e}_i=\boldsymbol{a}'_k\boldsymbol{\Sigma}\boldsymbol{e}_i=\boldsymbol{e}'_i\boldsymbol{\Sigma}\boldsymbol{a}_k=\lambda_k\boldsymbol{e}'_i\boldsymbol{a}_k=\lambda_k a_{ik}$$

整理可得

$$\rho(Z_k, X_i)=\frac{\sqrt{\lambda_k}a_{ik}}{\sqrt{\sigma_{ii}}}$$

如果把主成分与原始变量列成表格，则可得到相关系数表，见表 12-1。

表 12-1 主成分与原始变量的相关系数

X_i	Z_1	…	Z_k	…	Z_p
X_1	$\rho(Z_1,X_1)$	…	$\rho(Z_k,X_1)$	…	$\rho(Z_p,X_1)$
X_2	$\rho(Z_1,X_2)$	…	$\rho(Z_k,X_2)$	…	$\rho(Z_p,X_2)$
⋮					
X_p	$\rho(Z_1,X_p)$	…	$\rho(Z_k,X_p)$	…	$\rho(Z_p,X_p)$

输出相关系数表的代码如下：

```
#第 12 章/12-4.py
#输出相关系数表
import numpy as np
S = np.array([[66,78,90],[78,93,108],[90,108,126]])
vals, vects = np.linalg.eig(S)
print('总体协方差矩阵为\n', S)
print('特征值为', vals)
print('特征向量为\n', vects)
A = np.array(vects)
rho = np.zeros((3,3))
for row in range(3):
    for col in range(3):
        rho[row, col] = np.sqrt(vals[row]) * A[col, row] / np.sqrt(S[col,col])
print('相关系数表为\n', rho)
```

输出如下：

```
总体协方差矩阵为
[[ 66 78 90]
[ 78 93 108]
[ 90 108 126]]
特征值为 [2.83858587e+02 1.14141342e+00 1.03583089e-15]
特征向量为
[[-0.47967118 -0.77669099 0.40824829]
[-0.57236779 -0.07568647 -0.81649658]
[-0.66506441 0.62531805 0.40824829]]
相关系数表为
[[-9.94769987e-01 -9.99964846e-01 -9.98227324e-01]
[-1.02140455e-01 -8.38490726e-03 5.95164720e-02]
[ 1.61732327e-09 -2.72494239e-09 1.17053265e-09]]
```

(4) 相关系数的平方和有以下关系：

$$\sum_{k=1}^{p}\rho^2(Z_k,X_i)=\sum_{k=1}^{p}\frac{\lambda_k a_{ik}^2}{\sigma_{ii}}=1 \tag{12-11}$$

证明：由协方差矩阵的对角化可知 $\boldsymbol{A}'\boldsymbol{\Sigma}\boldsymbol{A}=\boldsymbol{\Lambda}$，从而有$\boldsymbol{\Sigma}=\boldsymbol{A}\boldsymbol{\Lambda}\boldsymbol{A}'$，因此

$$\sigma_{ii}=[a_{i1},\cdots,a_{ip}]\boldsymbol{\Lambda}\begin{bmatrix}a_{i1}\\ \vdots\\ a_{ip}\end{bmatrix}=\sum_{k=1}^{p}\lambda_k a_{ik}^2$$

整理可得

$$\sum_{k=1}^{p}\rho^2(Z_k,X_i)=\sum_{k=1}^{p}\frac{\lambda_k a_{ik}^2}{\sigma_{ii}}=1$$

(5) 关于特征值 λ_k 有以下结论：

$$\sum_{i=1}^{p}\sigma_{ii}\rho^2(Z_k,X_i)=\lambda_k \tag{12-12}$$

验证特征值式(12-12)的代码如下：

```
#第 12 章/12 - 5.py
#验证每列平方和
import numpy as np
S = np.array([[66,78,90],[78,93,108],[90,108,126]])
vals, vects = np.linalg.eig(S)
print('总体协方差矩阵为\n', S)
print('特征值为', vals)
print('特征向量为\n', vects)
A = np.array(vects)
rho = np.zeros((3,3))
for row in range(3):
    for col in range(3):
        rho[row, col] = np.sqrt(vals[row]) * A[col, row] / np.sqrt(S[col,col])
print('相关系数表为\n', rho)
ss = (rho ** 2).sum(axis = 0)
print('相关系数每列的平方和为', ss)
```

输出如下：

```
总体协方差矩阵为
[[ 66 78 90]
[ 78 93 108]
[ 90 108 126]]
特征值为 [2.83858587e + 02 1.14141342e + 00 1.03583089e - 15]
特征向量为
[[ - 0.47967118  - 0.77669099 0.40824829]
[ - 0.57236779  - 0.07568647  - 0.81649658]
[ - 0.66506441 0.62531805 0.40824829]]
相关系数表为
[[ - 9.94769987e - 01  - 9.99964846e - 01  - 9.98227324e - 01]
[ - 1.02140455e - 01  - 8.38490726e - 03 5.95164720e - 02]
[ 1.61732327e - 09  - 2.72494239e - 09 1.17053265e - 09]]
相关系数每列的平方和为 [1. 1. 1.]
```

主成分分析的目的是简化样本数据，因此在实际应用中不用 p 个主成分，而选用少量的 m 个主成分，具体的 m 取多大，可利用贡献率来分析。

一般称 $\lambda_k \Big/ \sum_{i=1}^{p} \lambda_i$ 为主成分 Z_k 的贡献率；称 $\sum_{i=1}^{m} \lambda_i \Big/ \sum_{i=1}^{p} \lambda_i$ 为主成分 $Z_1, Z_2, \cdots, Z_m$ 的累计贡献率。

【例 12-3】 设随机向量 $\boldsymbol{X}=(X_1, X_2, X_3)'$ 的协方差矩阵为

$$\boldsymbol{\Sigma} = \begin{bmatrix} 1 & -2 & 0 \\ -2 & 5 & 0 \\ 0 & 0 & 2 \end{bmatrix}$$

试求 $\boldsymbol{X}$ 的主成分及主成分贡献率。

解：$\boldsymbol{\Sigma}$ 的特征值为$\lambda_1=3+\sqrt{8},\lambda_2=2,\lambda_3=3-\sqrt{8}$。相应的单位正交特征向量为

$$\boldsymbol{a}_1=\begin{bmatrix}0.383\\-0.924\\0.000\end{bmatrix},\quad \boldsymbol{a}_2=\begin{bmatrix}0\\0\\1\end{bmatrix},\quad \boldsymbol{a}_3=\begin{bmatrix}0.924\\0.383\\0.000\end{bmatrix}$$

故主成分为

$$Z_1=0.383X_1-0.924X_2$$
$$Z_2=X_3$$
$$Z_3=0.924X_1+0.383X_2$$

当$m=1$时,Z_1 对 $\boldsymbol{X}$ 的贡献率为

$$\frac{3+\sqrt{8}}{\lambda_1+\lambda_2+\lambda_3}\times 100\%=\frac{3+\sqrt{8}}{8}\times 100\%=72.8\%$$

当$m=2$时,Z_1 和 Z_2 对 $\boldsymbol{X}$ 的贡献率为

$$\frac{3+\sqrt{8}+2}{\lambda_1+\lambda_2+\lambda_3}\times 100\%=\frac{5+\sqrt{8}}{8}\times 100\%=97.86\%$$

代码如下：

```
#第 12 章/12-6.py
import numpy as np
S = np.array([[1, -2, 0], [-2, 5, 0], [0, 0, 2]])
#特征值与特征向量
vals, vects = np.linalg.eigh(S)
print('特征值为', vals)
#主成分
y1 = vects[:,0]
y2 = vects[:,1]
y3 = vects[:,2]
print('第一主成分为{}X1 + {}X2 + {}X3'.format(y3[0],y3[1],y3[2]))
print('第二主成分为{}X1 + {}X2 + {}X3'.format(y2[0],y2[1],y2[2]))
print('第三主成分为{}X1 + {}X2 + {}X3'.format(y1[0],y1[1],y1[2]))
c = vals[::-1].cumsum()/vals.sum()
print('累计贡献率为', c)
```

输出如下：

```
特征值为 [0.17157288 2.         5.82842712]
第一主成分为-0.3826834323650898X1 + 0.9238795325112867X2 + 0.0X3
第二主成分为 0.0X1 + 0.0X2 + 1.0X3
第三主成分为-0.9238795325112867X1 + -0.3826834323650898X2 + -0.0X3
累计贡献率为 [0.72855339 0.97855339 1.        ]
```

12.1.3 标准化变量的主成分

在实际问题中,不同的变量往往有不同的量纲,通过协方差矩阵$\boldsymbol{\Sigma}$ 来求主成分时总是优先考虑方差大的变量,但有可能造成不合理的结果。为了消除量纲的影响,经常采用将变量

标准化的方式。记 $\mu_i=E(X_i)$，$\mathrm{var}(X_i)=\sigma_i^2$，令

$$X_i^*=\frac{X_i-E(X_i)}{\sqrt{\mathrm{var}(X_i)}}=\frac{X_i-\mu_i}{\sigma_i} \tag{12-13}$$

则标准化后的随机向量 $\boldsymbol{X}^*=(X_1^*,X_2^*,\cdots,X_p^*)'$ 的协方差矩阵 $\boldsymbol{\Sigma}^*$ 就是原随机向量 $\boldsymbol{X}$ 的相关系数矩阵 $\boldsymbol{R}$。从相关系数矩阵出发也可定义主成分。记主成分分量为 $\boldsymbol{Z}^*=(Z_1^*,\cdots,Z_p^*)'$，则 $\boldsymbol{Z}^*$ 有以下性质：

(1) $\boldsymbol{D}(\boldsymbol{Z}^*)=\boldsymbol{\Lambda}^*=\mathrm{diag}(\lambda_1^*,\lambda_2^*,\cdots,\lambda_p^*)$，其中 λ_i^* 为相关系数矩阵 $\boldsymbol{R}$ 的特征值。

(2) 矩阵 $\boldsymbol{R}$ 的特征值之和满足

$$\sum_{i=1}^{p}\lambda_i^*=p \tag{12-14}$$

(3) 主成分 Z_k^* 与标准化变量 X_i^* 的相关系数 $\rho(Z_k^*,X_i^*)$ 为

$$\rho(Z_k^*,X_i^*)=\sqrt{\lambda_k^*}\,a_{ik}^* \tag{12-15}$$

其中 $\boldsymbol{a}_k^*=(a_{1k}^*,\cdots,a_{pk}^*)'$ 是 $\boldsymbol{R}$ 对应于 λ_k^* 的单位正交特征向量。

(4) 相关系数的平方和满足

$$\sum_{i=1}^{p}\rho^2(Z_k^*,X_i^*)=\sum_{i=1}^{p}\lambda_k^*(a_{ik}^*)^2=\lambda_k^* \tag{12-16}$$

$$\sum_{k=1}^{p}\rho^2(Z_k^*,X_i^*)=\sum_{k=1}^{p}\lambda_k^*(a_{ik}^*)^2=1 \tag{12-17}$$

标准化主成分与标准化原始变量的相关系数见表 12-2。

表 12-2 标准化主成分与标准化原始变量的相关系数

	Z_1^*	…	Z_k^*	…	Z_p^*	$\sum_{k=1}^{p}\rho_{ik}^2$
X_1^*	$\sqrt{\lambda_1^*}\,a_{11}^*$	…	$\sqrt{\lambda_k^*}\,a_{1k}^*$	…	$\sqrt{\lambda_p^*}\,a_{1p}^*$	1
X_2^*	$\sqrt{\lambda_1^*}\,a_{21}^*$	…	$\sqrt{\lambda_k^*}\,a_{2k}^*$	…	$\sqrt{\lambda_p^*}\,a_{2p}^*$	1
⋮	⋮	⋮	⋮	⋮	⋮	⋮
X_p^*	$\sqrt{\lambda_1^*}\,a_{p1}^*$	…	$\sqrt{\lambda_k^*}\,a_{pk}^*$	…	$\sqrt{\lambda_p^*}\,a_{pp}^*$	1
$\sum_{i=1}^{p}\rho_{ik}^2$	λ_1^*	…	λ_k^*	…	λ_p^*	$\sum_{k=1}^{p}\sum_{i=1}^{p}\rho_{ik}^2=p$

12.2 样本主成分

在实际问题中，协方差矩阵 $\boldsymbol{\Sigma}$ 一般未知，需要通过样本来估计。设来自总体 $\boldsymbol{X}$ 的样本为 $\boldsymbol{X}_{(t)}=(x_{t1},\cdots,x_{tp})'$，记样本数据为

$$X=\begin{bmatrix}x_{11} & x_{12} & \cdots & x_{1p}\\ x_{21} & x_{22} & \cdots & x_{2p}\\ \vdots & \vdots & & \vdots\\ x_{n1} & x_{n2} & \cdots & x_{np}\end{bmatrix}=\begin{bmatrix}X'_{(1)}\\ X'_{(2)}\\ \vdots\\ X'_{(n)}\end{bmatrix} \tag{12-18}$$

则样本方差矩阵 $\boldsymbol{S}$ 及样本相关系数矩阵 $\boldsymbol{R}$ 分别为

$$\boldsymbol{S}=\frac{1}{n-1}\sum_{t=1}^{n}(\boldsymbol{X}_{(t)}-\bar{\boldsymbol{X}})(\boldsymbol{X}_{(t)}-\bar{\boldsymbol{X}})'=(s_{ij})_{p\times p} \tag{12-19}$$

和

$$\boldsymbol{R}=(r_{ij})_{p\times p},\quad r_{ij}=\frac{s_{ij}}{\sqrt{s_{ii}s_{jj}}} \tag{12-20}$$

其中

$$\bar{\boldsymbol{X}}=\frac{1}{n}\sum_{t=1}^{n}\boldsymbol{X}_{(t)}=(\bar{x}_1,\cdots,\bar{x}_p)' \tag{12-21}$$

$$s_{ij}=\frac{1}{n-1}\sum_{t=1}^{n}(x_{ti}-\bar{x}_i)(x_{tj}-\bar{x}_j) \tag{12-22}$$

计算样本方差矩阵的数字特征,代码如下:

```
#第 12 章/12-7.py
#样本均值、协方差矩阵
import numpy as np
np.random.seed(3)
X = np.random.randint(0,60,size = (10,4))
print('原始样本为\n', X)
#样本协方差矩阵
S = np.cov(X,rowvar = False)
print('样本协方差矩阵为\n', S)
#样本相关系数矩阵
rho = np.corrcoef(X,rowvar = False)
print('样本相关系数矩阵为\n', rho)
#根据定义计算协方差矩阵
n = 10
S2 = (X - X.mean(axis = 0)).T @(X - X.mean(axis = 0))/(n - 1)
print('根据定义计算协方差矩阵为\n', S2)
#根据定义计算相关系数矩阵
t = (X - X.mean(axis = 0))/X.std(axis = 0)
rho2 = t.T @ t / n
print('根据定义计算相关系数矩阵为\n', rho2)
```

输出如下:

```
原始样本为
[[42 24 57 3]
[56 8 0 21]
[19 10 43 57]
[41 10 21 55]
```

```
[38 32 20 44]
[29 39 14 56]
[26 17 26 22]
[ 2 2 1 51]
[26 5 40 46]
[33 29 42 24]]
样本协方差矩阵为
[[ 215.28888889 49.42222222 11.68888889 -136.31111111]
[ 49.42222222 160.71111111 45.51111111 -35.15555556]
[ 11.68888889 45.51111111 356.26666667 -121.51111111]
[-136.31111111 -35.15555556 -121.51111111 356.54444444]]
样本相关系数矩阵为
[[ 1.         0.26569814 0.04220606 -0.49199831]
[ 0.26569814 1.         0.19019841 -0.1468636 ]
[ 0.04220606 0.19019841 1.         -0.34093498]
[-0.49199831 -0.1468636 -0.34093498 1.        ]]
根据定义计算协方差矩阵为
[[ 215.28888889 49.42222222 11.68888889 -136.31111111]
[ 49.42222222 160.71111111 45.51111111 -35.15555556]
[ 11.68888889 45.51111111 356.26666667 -121.51111111]
[-136.31111111 -35.15555556 -121.51111111 356.54444444]]
根据定义计算相关系数矩阵为
[[ 1.         0.26569814 0.04220606 -0.49199831]
[ 0.26569814 1.         0.19019841 -0.1468636 ]
[ 0.04220606 0.19019841 1.         -0.34093498]
[-0.49199831 -0.1468636 -0.34093498 1.        ]]
```

12.2.1 样本主成分的性质

假设每个变量的观测数据都已经标准化,这时样本协方差矩阵就是样本相关系数矩阵 $\boldsymbol{R}$。

$$\boldsymbol{R}=\frac{1}{n-1}\boldsymbol{X}'\boldsymbol{X} \tag{12-23}$$

记相关矩阵的 p 个主成分为 $Z_1,Z_2,\cdots,Z_p$,特征值为 $\lambda_1,\lambda_2,\cdots,\lambda_p$,正交特征向量为 $\boldsymbol{a}_1,\boldsymbol{a}_2,\cdots,\boldsymbol{a}_p$。显然矩阵 $\boldsymbol{A}=(\boldsymbol{a}_1,\boldsymbol{a}_2,\cdots,\boldsymbol{a}_p)$为正交矩阵。与总体主成分类似,样本主成分有下面的性质:

(1) 正交性。即

$$\bar{Z}=\frac{1}{n}\sum_{t=1}^{n}Z_{(t)}=0 \tag{12-24}$$

且有

$$Z'_iZ_j=\begin{cases}0, & i\neq j\\(n-1)\lambda_i, & i=j\end{cases} \tag{12-25}$$

(2) 归一性。即

$$\sum_{i=1}^{p}\lambda_i = p \tag{12-26}$$

称 λ_k/p 为样本主成分 Z_k 的贡献率，称 $(\lambda_1+\cdots+\lambda_m)/p$ 为样本主成分 $Z_1,Z_2,\cdots,Z_m$ 的累计贡献率。

(3) 残差最小性。即样本主成分的残差平方和最小。设 $Z_1,Z_2,\cdots,Z_p$ 是样本主成分

$$\begin{cases} Z_1 = a_{11}X_1 + a_{12}X_2 + \cdots + a_{p1}X_p = a'_1X \\ \qquad\vdots \\ Z_p = a_{1p}X_1 + a_{1p}X_2 + \cdots + a_{pp}X_p = a'_pX \end{cases} \tag{12-27}$$

上式等价于 p 维随机向量 $\boldsymbol{Z}$，可表示为

$$\boldsymbol{Z} = \begin{bmatrix} Z_1 \\ \vdots \\ Z_p \end{bmatrix} = \boldsymbol{A}' \begin{bmatrix} X_1 \\ \vdots \\ X_p \end{bmatrix} = \boldsymbol{A}'\boldsymbol{X} = \begin{bmatrix} a_{11}X_1 & + & \cdots & + & a_{p1}X_1 \\ \vdots & \vdots & & \vdots & \vdots \\ a_{1p}X_1 & + & \cdots & + & a_{pp}X_p \end{bmatrix} \tag{12-28}$$

同理原 p 维随机向量 $\boldsymbol{X}$ 可表示为

$$\boldsymbol{X} = \begin{bmatrix} X_1 \\ \vdots \\ X_p \end{bmatrix} = \boldsymbol{A} \begin{bmatrix} Z_1 \\ \vdots \\ Z_p \end{bmatrix} = \boldsymbol{AZ} = \begin{bmatrix} a_{11}Z_1 & + & \cdots & + & a_{p1}Z_1 \\ \vdots & \vdots & & \vdots & \vdots \\ a_{1p}Z_1 & + & \cdots & + & a_{pp}Z_p \end{bmatrix} \tag{12-29}$$

这说明原始随机向量与主成分可以相互表示。如果只取前 m 个主成分 $(m<p)$，用 $Z_1,Z_2,\cdots,Z_m$ 的线性组合来表示 X_j，也就是假定 $X_1,X_2,\cdots,X_p$ 和 $Z_1,Z_2,\cdots,Z_m$ 满足以下多元线性回归模型：

$$\begin{cases} X_1 = b_{11}Z_1 + b_{12}Z_2 + \cdots + b_{1m}Z_p + \varepsilon_1 \\ \qquad\vdots \\ X_p = b_{p1}Z_1 + b_{p2}Z_2 + \cdots + b_{pm}Z_p + \varepsilon_p \end{cases} \tag{12-30}$$

按最小二乘准则求参数矩阵

$$\boldsymbol{B} = \begin{bmatrix} b_{11} & \cdots & b_{1m} \\ \vdots & & \vdots \\ b_{p1} & \cdots & b_{pm} \end{bmatrix} \tag{12-31}$$

使残差平方和最小。记

$$\boldsymbol{Z}^* = \begin{bmatrix} z_{11} & \cdots & z_{1m} \\ \vdots & & \vdots \\ z_{n1} & \cdots & z_{nm} \end{bmatrix},\quad \boldsymbol{X} = \begin{bmatrix} x_{11} & \cdots & x_{1p} \\ \vdots & & \vdots \\ x_{n1} & \cdots & x_{np} \end{bmatrix} \tag{12-32}$$

参数矩阵的最小二乘估计为

$$\boldsymbol{B}' = [(\boldsymbol{Z}^*)'\boldsymbol{Z}^*]^{-1}(\boldsymbol{Z}^*)'\boldsymbol{X} \tag{12-33}$$

令 $\boldsymbol{A}^* = (\boldsymbol{a}_1,\boldsymbol{a}_2,\cdots,\boldsymbol{a}_m)$，则

$$\boldsymbol{Z}^* = \boldsymbol{XA}^* \tag{12-34}$$

又因为

$$(\boldsymbol{A}^*)'\boldsymbol{R}\boldsymbol{A}^* = \mathrm{diag}(\lambda_1,\lambda_2,\cdots,\lambda_m) \tag{12-35}$$

故有

$$(\boldsymbol{Z}^*)'\boldsymbol{Z}^* = (\boldsymbol{A}^*)'\boldsymbol{X}'\boldsymbol{X}(\boldsymbol{A}^*) = (n-1)(\boldsymbol{A}^*)'\boldsymbol{R}(\boldsymbol{A}^*) = (n-1)\mathrm{diag}(\lambda_1,\lambda_2,\cdots,\lambda_m) \tag{12-36}$$

进而有

$$\begin{aligned}\boldsymbol{B}' &= \frac{1}{n-1}\mathrm{diag}(\lambda_1^{-1},\lambda_2^{-1},\cdots,\lambda_m^{-1})(\boldsymbol{A}^*)'\boldsymbol{X}'\boldsymbol{X} \\ &= \mathrm{diag}(\lambda_1^{-1},\lambda_2^{-1},\cdots,\lambda_m^{-1})[\boldsymbol{R}(\boldsymbol{A}^*)]' \\ &= \mathrm{diag}(\lambda_1^{-1},\lambda_2^{-1},\cdots,\lambda_m^{-1})[\lambda_1 a_1,\lambda_2 a_2,\cdots,\lambda_m a_m]' \\ &= (\boldsymbol{a}_1,\boldsymbol{a}_2,\cdots,\boldsymbol{a}_m)' = (\boldsymbol{A}^*)'\end{aligned} \tag{12-37}$$

这说明当 $b_{jk}=a_{jk}$ 时可使回归模型的残差平方和达到最小。

12.2.2 主成分的个数

主成分分析的主要目的就是简化数据结构,用尽可能少的 m 个主要成分代替原来的 p 个变量,这样就把 p 个变量压缩到 m 个,简化了数据结构。在这一过程中要求:

(1) m 个主成分所反映的信息与原来的 p 个变量提供的信息基本一致。

(2) m 个主成分能够对数据的含义做出合理的解释。

主成分的个数 m 如何选取是一个现实问题。主成分的个数确定方法通常有两种方法,一种是按累计贡献率达到一定程度,例如 70%或 80%以上来确定 m。另一种是先计算 $\boldsymbol{S}$ 或者 R 的 p 个特征值的均值 $\bar{\lambda}$,取大于 $\bar{\lambda}$ 的特征值的个数 m。大量实践表明,第 1 种方法容易取过多的特征值,第 2 种方法容易取较少的特征值,最好两者结合起来使用。

12.3 主成分分析的应用

【例 12-4】 在某个学校抽取 30 名学生,测量他们的身高 X_1、体重 X_2、胸围 X_3 和坐高 X_4,数据如下。

(1) X_1:148、160、159、153、151、140、158、139、149、142、150、139、161、140、137、149、160、151、157、157、144、139、152、145、156、147、147、151、141、148。

(2) X_2:41、49、45、43、42、29、49、34、36、31、43、31、47、33、31、47、47、42、39、48、36、32、35、35、44、38、30、36、30、38。

(3) X_3:72、77、80、76、77、64、78、71、67、66、77、68、78、67、66、82、74、73、68、80、68、68、73、70、78、73、65、74、67、70。

(4) X_4:78、86、86、83、80、74、83、76、79、76、79、74、84、77、73、79、87、82、80、88、76、73、79、77、85、78、75、80、76、78。

试对这 30 名学生的身体 4 项指标进行主成分分析,代码如下:

```
#第12章/12-8.py
import numpy as np
#数据
x1 = [148, 160, 159, 153, 151, 140, 158, 139, 149, 142, 150, 139, 161, 140, 137, 149, 160,
151, 157, 157, 144, 139, 152, 145, 156, 147, 147, 151, 141, 148]
x2 = [41, 49, 45, 43, 42, 29, 49, 34, 36, 31, 43, 31, 47, 33, 31, 47, 47, 42, 39, 48, 36, 32,
35, 35, 44, 38, 30, 36, 30, 38]
x3 = [72, 77, 80, 76, 77, 64, 78, 71, 67, 66, 77, 68, 78, 67, 66, 82, 74, 73, 68, 80, 68, 68,
73, 70, 78, 73, 65, 74, 67, 70]
x4 = [78, 86, 86, 83, 80, 74, 83, 76, 79, 76, 79, 74, 84, 77, 73, 79, 87, 82, 80, 88, 76, 73,
79, 77, 85, 78, 75, 80, 76, 78]
x1 = np.array(x1)
x2 = np.array(x2)
x3 = np.array(x3)
x4 = np.array(x4)
#数据矩阵
X = np.c_[x1, x2, x3, x4]
R = np.corrcoef(X, rowvar = False)
print('相关系数矩阵为\n', R)
vals, vects = np.linalg.eigh(R)
print('相关系数矩阵的特征值为', vals)
print('相关系数矩阵的特征向量为\n', vects)
t = vals[::-1].cumsum()/vals.sum()
print('累计贡献率为', t)
print('取前两个主成分')
v1 = vects[:,3]
v2 = vects[:,2]
print('第一主成分 z1 = {}X1 + {}X2 + {}X3 + {}X4'.format(v1[0], v1[1], v1[2], v1[3]))
print('第二主成分 z2 = {}X1 + {}X2 + {}X3 + {}X4'.format(v2[0], v2[1], v2[2], v2[3]))
```

输出如下：

```
相关系数矩阵为
[[1.         0.86316211 0.73211187 0.92046237]
[0.86316211 1.         0.89650582 0.88273132]
[0.73211187 0.89650582 1.         0.78288269]
[0.92046237 0.88273132 0.78288269 1.        ]]
相关系数矩阵的特征值为 [0.06610989 0.07940895 0.31338316 3.541098 ]
相关系数矩阵的特征向量为
[[-0.50574706 0.44962709 0.54321279 -0.49696605]
[ 0.69084365 0.46233003 -0.2102455 -0.51457053]
[-0.46148842 -0.17517651 -0.7246214 -0.48090067]
[ 0.2323433 -0.74390834 0.36829406 -0.50692846]]
累计贡献率为 [0.8852745 0.96362029 0.98347253 1.        ]
取前两个主成分
第一主成分 z1 = -0.49696605235199465X1 + -0.5145705293995965X2 +
-0.480900669540801X3 + -0.5069284556210109X4
第二主成分 z2 = 0.5432127901795072X1 + -0.2102455027384944X2 +
-0.7246214016749316X3 + 0.36829406375651763X4
```

12.4 本章练习

1. 设 p 元总体 $\boldsymbol{X}$ 的协方差为

$$\boldsymbol{\Sigma}=\sigma^2\begin{bmatrix}1 & \rho & \cdots & \rho\\ \rho & 1 & \cdots & \rho\\ \vdots & \vdots & & \vdots\\ \rho & \rho & \cdots & 1\end{bmatrix}$$

其中，$0<\rho<1$。试证明该总体的第一主成分为

$$Z_1=\frac{1}{\sqrt{p}}(X_1+X_2+\cdots+X_p)$$

并求第一主成分的贡献率。

2. 设三元总体的协方差矩阵为

$$\boldsymbol{\Sigma}=\begin{bmatrix}4 & 0 & 0\\ 0 & 4 & 0\\ 0 & 0 & 2\end{bmatrix}$$

试求总体主成分。

3. 设 $\boldsymbol{X}=(X_1,X_2)'$的协方差矩阵

$$\boldsymbol{\Sigma}=\begin{bmatrix}1 & 4\\ 4 & 100\end{bmatrix}$$

试从协方差矩阵$\boldsymbol{\Sigma}$ 出发求出总体主成分。

4. 设 $\boldsymbol{X}=(X_1,X_2)'\sim \boldsymbol{N}(0,\boldsymbol{\Sigma})$，协方差矩阵

$$\boldsymbol{\Sigma}=\begin{bmatrix}1 & \rho\\ \rho & 1\end{bmatrix}$$

其中，ρ 为 X_1 和 X_2 的相关系数。

(1) 试从$\boldsymbol{\Sigma}$ 出发求 $\boldsymbol{X}$ 的总体主成分。

(2) 求 $\boldsymbol{X}$ 的等概率密度椭圆的主轴方向。

(3) 求当 ρ 取多大时才能使第一主成分的贡献率达到 95%以上。

5. 设三元总体 $\boldsymbol{X}$ 的协方差矩阵为

$$\boldsymbol{\Sigma}=\begin{bmatrix}\sigma^2 & \rho\sigma^2 & 0\\ \rho\sigma^2 & \sigma^2 & \rho\sigma^2\\ 0 & \rho\sigma^2 & \sigma^2\end{bmatrix}$$

试求总体主成分，并计算每个主成分解释的方差比例($|\rho|<1/\sqrt{2}$)。

12.5 本章常用的 Python 函数总结

本章常用的函数为样本主成分的协方差矩阵、相关系数矩阵、矩阵的特征值和特征向量。本章常用的 Python 函数见表 12-3。

表 12-3 本章常用的 Python 函数

函数	代码
矩阵 **X** 的特征值和特征向量	numpy. linalg. eig(X)
样本协方差矩阵	numpy. cov(X)
样本相关系数矩阵	numpy. corrcoef(X)

12.6 本章上机练习

实训环境

(1) 使用 Python 3. x 版本。

(2) 使用 IPython 或 Jupyter Notebook 交互式编辑器。

(3) 推荐使用 Anaconda 发行版中自带的 IPython 或 Jupyter Notebook。

【实训 12-1】 设 4 元总体 $\boldsymbol{X}$ 的协方差为

$$\boldsymbol{\Sigma}=\sigma^2\begin{bmatrix}1 & 1 & 2 & 3\\1 & 4 & 5 & 6\\2 & 5 & 6 & 7\\3 & 6 & 7 & 9\end{bmatrix}$$

求它的主成分和累计贡献率,代码如下:

```
#第 12 章/12-9.py
import numpy as np
#协方差矩阵
cov = np.array([[1,1,2,3],[1,4,5,6],[2,5,6,7],[3,6,7,9]])
print('协方差矩阵为\n', cov)
#特征值和特征向量
vals, vects = np.linalg.eigh(cov)
print('特征值为', vals)
print('特征向量为\n', vects)
#主成分
v1 = vects[:,3]
v2 = vects[:,2]
v3 = vects[:,1]
v4 = vects[:,0]
print('第一主成分为{}X1 + {}X2 + {}X3 + {}X4'.format(v1[0], v1[1], v1[2], v1[3]))
print('第二主成分为{}X1 + {}X2 + {}X3 + {}X4'.format(v2[0], v2[1], v2[2], v2[3]))
print('第三主成分为{}X1 + {}X2 + {}X3 + {}X4'.format(v3[0], v3[1], v3[2], v3[3]))
print('第四主成分为{}X1 + {}X2 + {}X3 + {}X4'.format(v4[0], v4[1], v4[2], v4[3]))
```

输出如下:

```
协方差矩阵为
[[1 1 2 3]
[1 4 5 6]
[2 5 6 7]
[3 6 7 9]]
```

```
特征值为 [-0.74080532 0.19989496 1.03880446 19.50210591]
特征向量为
[[ 0.61450674 -0.26234307 0.7184253 -0.19344942]
 [ 0.62818525 0.34067879 -0.53444304 -0.45132238]
 [-0.19676702 -0.77071857 -0.26047724 -0.54719945]
 [-0.43479594 0.47022012 0.36109187 -0.67783345]]
第一主成分为
-0.19344941927521955X1 +-0.4513223835805852X2 +-0.5471994501400744X3 +-0.6778334530160194X4
第二主成分为
0.7184252959042567X1 +-0.5344430376610522X2 +-0.2604772396537341X3 + 0.36109187379790075X4
第三主成分为
-0.26234307465034695X1 + 0.3406787917046073X2 +-0.7707185678083819X3 + 0.47022012005133024X4
第四主成分为
0.614506735170546X1 + 0.6281852485194594X2 +-0.19676701609814554X3 +-0.434795937594193X4
```

第13章

因子分析

因子分析是主成分分析的推广，也是多元统计中降维的一种方法。因子分析是研究相关矩阵或协方差矩阵的内部依赖关系，它将多个综合为少数几个因子，以再现原始变量与因子之间的相关关系。

本章重点内容：

(1) 因子模型的相关概念和统计意义。

(2) 因子模型的参数估计。

13.1 因子模型

设 $\boldsymbol{X}=(X_1,X_2,\cdots,X_p)'$ 是 p 维可观测的随机向量，均值 $\boldsymbol{E}(\boldsymbol{X})=\mu$，协方差矩阵 $\boldsymbol{\Sigma}=\boldsymbol{D}(\boldsymbol{X})$。设 $\boldsymbol{F}=(F_1,F_2,\cdots,F_m)'$ 是不可观测的随机向量，且 $E(\boldsymbol{F})=0$，$\boldsymbol{D}(\boldsymbol{F})=\boldsymbol{I}_m$，即 $\boldsymbol{F}$ 的各分量方差为 1 且互不相关。设 $\boldsymbol{\varepsilon}=(\varepsilon_1,\varepsilon_2,\cdots,\varepsilon_p)'$ 与 $\boldsymbol{F}$ 互不相关且满足 $\boldsymbol{E}(\boldsymbol{\varepsilon})=0$，$\boldsymbol{D}(\boldsymbol{\varepsilon})=\mathrm{diag}(\sigma_1^2,\sigma_2^2,\cdots,\sigma_p^2)$。

假设随机向量 $\boldsymbol{X}$ 满足以下的模型：

$$\begin{cases} X_1-\mu_1=a_{11}F_1+a_{12}F_2+\cdots+a_{1m}F_m+\varepsilon_1 \\ X_2-\mu_2=a_{21}F_1+a_{22}F_2+\cdots+a_{2m}F_m+\varepsilon_2 \\ \qquad\vdots \\ X_p-\mu_p=a_{p1}F_1+a_{p2}F_2+\cdots+a_{pm}F_m+\varepsilon_p \end{cases} \tag{13-1}$$

称此模型为正交因子模型。用矩阵表示为

$$\boldsymbol{X}=\boldsymbol{\mu}+\boldsymbol{A}\boldsymbol{F}+\boldsymbol{\varepsilon} \tag{13-2}$$

其中，$\boldsymbol{F}=(F_1,F_2,\cdots,F_m)'$，$F_1,F_2,\cdots,F_m$ 称为 $\boldsymbol{X}$ 的公共因子。$\boldsymbol{\varepsilon}=(\varepsilon_1,\varepsilon_2,\cdots,\varepsilon_p)'$，$\varepsilon_1,\varepsilon_2,\cdots,\varepsilon_p$ 称为 $\boldsymbol{X}$ 的特殊因子。公共因子对 $\boldsymbol{X}$ 的每个分量 $\boldsymbol{X}$ 都有作用，而 ε_i 只对 X_i 起作用，而且各特殊因子之间及特殊因子与公共因子之间都是互不相关的。模型中的矩阵 $\boldsymbol{A}=(a_{ij})$ 是待估的系数矩阵，称为因子载荷矩阵。a_{ij} 称为第 i 个变量在第 j 个因子上的载荷。

正交因子模型用 $m+p$ 个不可观测的随机变量 $F_1,F_2,\cdots,F_m$ 和 $\varepsilon_1,\varepsilon_2,\cdots,\varepsilon_p$ 来表示 p 个原始变量 $X_1,X_2,\cdots,X_p$。因子模型对 $\boldsymbol{F}$ 和 $\boldsymbol{\varepsilon}$ 做了两个关键假设：

(1) 特殊因子互不相关，并且 $\boldsymbol{D}(\boldsymbol{\varepsilon})=\mathrm{diag}(\sigma_1^2,\cdots,\sigma_p^2)$。

(2) 特殊因子与公共因子互不相关，即 $\mathrm{cov}(\boldsymbol{\varepsilon},\boldsymbol{F})=0$。

在主成分分析中，回归模型的残差通常是彼此相关的，在因子分析中，特殊因子起着残差的作用,但被定义为彼此互不相关且与公共因子也不相关,而且每个公共因子至少对两个变量有贡献,否则它将是一个特殊因子。在正交因子模型中,假设公共因子彼此互不相关且具有单位方差,即 $\boldsymbol{D}(\boldsymbol{F})=\boldsymbol{I}_m$,在这种情况下有

$$\begin{aligned}\boldsymbol{\Sigma} &= \boldsymbol{D}(\boldsymbol{X})=\boldsymbol{E}[(\boldsymbol{X}-\boldsymbol{\mu})(\boldsymbol{X}-\boldsymbol{\mu})'] \\ &= \boldsymbol{E}[(\boldsymbol{AF}+\boldsymbol{\varepsilon})(\boldsymbol{AF}+\boldsymbol{\varepsilon})']=\boldsymbol{AD}(\boldsymbol{F})\boldsymbol{A}'+\boldsymbol{D}(\boldsymbol{\varepsilon})=\boldsymbol{AA}'+\boldsymbol{D}\end{aligned} \tag{13-3}$$

即有

$$\boldsymbol{\Sigma}-\boldsymbol{D}=\boldsymbol{AA}' \tag{13-4}$$

也就是说

$$\sigma_{jk}=a_{j1}a_{k1}+a_{j2}a_{k2}+\cdots+a_{jm}a_{km},\quad j\neq k \tag{13-5}$$

$$\sigma_{jj}=a_{j1}^2+a_{j2}^2+\cdots+a_{jm}^2+\sigma_j^2,\quad j=k \tag{13-6}$$

如果原始变量已经被标准化为单位方差,则用相关系数矩阵代替协方差矩阵。

因子分析的目的首先是由样本协方差阵$\hat{\boldsymbol{\Sigma}}$ 来估计$\boldsymbol{\Sigma}$,然后由

$$\boldsymbol{\Sigma}-\boldsymbol{D}=\boldsymbol{AA}' \tag{13-7}$$

求得 $\boldsymbol{A}$ 和 $\boldsymbol{D}$。也就是说从可以观测的变量 $X_1,X_2,\cdots,X_p$ 给出的样本资料中,求出载荷矩阵 $\boldsymbol{A}$,然后预测公共因子 $F_1,F_2,\cdots,F_m$。注意到

$$\begin{aligned}\operatorname{cov}(\boldsymbol{X},\boldsymbol{F}) &= \boldsymbol{E}[(\boldsymbol{X}-\boldsymbol{E}(\boldsymbol{X}))(\boldsymbol{F}-\boldsymbol{E}(\boldsymbol{F}))']=\boldsymbol{E}[(\boldsymbol{X}-\boldsymbol{\mu})\boldsymbol{F}'] \\ &= \boldsymbol{E}[(\boldsymbol{AF}+\boldsymbol{\varepsilon})\boldsymbol{F}']=\boldsymbol{AE}(\boldsymbol{FF}')+\boldsymbol{E}(\boldsymbol{\varepsilon F}')=\boldsymbol{A}\end{aligned} \tag{13-8}$$

其中,$\boldsymbol{A}$ 为 $p\times m$ 矩阵,可见 $\boldsymbol{A}$ 中元素 a_{ij} 刻画变量 X_i 与 F_j 之间的相关性,称为 X_i 在 F_j 上的载荷。

13.1.1 因子载荷的统计意义

由因子模型可知,X_i 与 F_j 的协方差

$$\operatorname{cov}(X_i,F_j)=a_{ij} \tag{13-9}$$

如果变量 X_i 是标准化变量,则

$$\rho_{ij}=\frac{\operatorname{cov}(X_i,F_j)}{\sqrt{\operatorname{var}(X_i)}\sqrt{\operatorname{var}(F_j)}}=\operatorname{cov}(X_i,F_j)=a_{ij} \tag{13-10}$$

因子载荷 a_{ij} 就是第 i 个变量与第 j 个公共因子的相关系数。从因子模型可知,X_i 是 $F_1,F_2,\cdots,F_m$ 的线性组合,系数 $a_{i1},a_{i2},\cdots,a_{im}$ 是用来度量这种线性表示的程度。由于历史原因,在心理学上将系数 $a_{i1},a_{i2},\cdots,a_{im}$ 叫作载荷,反映了第 i 个变量在第 j 个公共因子上的相对重要性。

13.1.2 变量共同度的统计意义

将因子载荷矩阵 $\boldsymbol{A}$ 中各行元素的平方和记为 h_i^2,即

$$h_i^2=\sum_{j=1}^m a_{ij}^2 \tag{13-11}$$

称为变量 X_i 的共同度。为了看出 h_i^2 的统计意义,计算 X_i 的方差

$$\operatorname{var}(X_i)=\operatorname{var}\left(\sum_{t=1}^m a_{it}F_t+\varepsilon_i\right)=\sum_{t=1}^m a_{it}^2\operatorname{var}(F_t)+\operatorname{var}(\varepsilon_i)=h_i^2+\sigma_i^2 \tag{13-12}$$

式(13-12)表明 X_i 的方差由两部分组成,第一部分 h_i^2 是全部公共因子对变量 X_i 的总方差所做出的贡献,称为公共因子方差;第二部分 σ_i^2 是由特定因子 ε_i 产生的方差,它仅与变量 X_i 有关,称为剩余方差。

如果 h_i^2 大,则 σ_i^2 必小,而 h_i^2 大说明 X_i 对公共因子 $F_1,F_2,\cdots,F_m$ 的共同依赖程度大。当 $h_i^2=\mathrm{var}(X_i)$ 时,$\sigma_i^2=0$,即 X_i 完全能够由公共因子的线性组合表示。如果 $h_i^2\approx 0$,表明公共因子对 X_i 的影响很小,X_i 主要由特殊因子 ε_i 来描述。综上,h_i^2 反映了变量 X_i 对公共因子 $\boldsymbol{F}$ 的依赖程度,故而称 h_i^2 为变量 X_i 的共同度。

13.1.3　公共因子的方差贡献

在因子载荷矩阵 $\boldsymbol{A}$ 中,求 $\boldsymbol{A}$ 的各列的平方和,记为 q_j^2,即

$$q_j^2=\sum_{t=1}^{p}a_{tj}^2 \tag{13-13}$$

q_j^2 的统计意义与 X_i 的共同度 h_i^2 恰好相反,q_j^2 表示第 j 个公共因子 F_j 对 $\boldsymbol{X}$ 的所有分量 $X_1,X_2,\cdots,X_p$ 的总影响,称为第 j 个公共因子 F_j 对 $\boldsymbol{X}$ 的贡献,它是衡量第 j 个公共因子相对重要性的指标。显然 q_j^2 越大,表明 F_j 对 $\boldsymbol{X}$ 的贡献越大。

关于因子模型有两点需要说明:

(1) 因子模型不受量纲的影响,变量 $\boldsymbol{X}$ 量纲的变化等价于做变换 $\boldsymbol{X}^*=\boldsymbol{CX}$,其中 $\boldsymbol{C}$ 为对角矩阵,则

$$\boldsymbol{D}(\boldsymbol{X}^*)=\boldsymbol{CD}(\boldsymbol{X})\boldsymbol{C}'=\boldsymbol{C}(\boldsymbol{AA}'+\boldsymbol{D})\boldsymbol{C}'=\boldsymbol{CAA}'\boldsymbol{C}'+\boldsymbol{CDC}' \tag{13-14}$$

$$\boldsymbol{E}(\boldsymbol{X}^*)=\boldsymbol{C\mu} \tag{13-15}$$

记 $\boldsymbol{\mu}^*=\boldsymbol{C\mu}$,$\boldsymbol{A}^*=\boldsymbol{CA}$,$\boldsymbol{C\Sigma C}'=\boldsymbol{\Sigma}^*$,$\boldsymbol{CDC}'=\boldsymbol{D}^*$,$\boldsymbol{\varepsilon}^*=\boldsymbol{C\varepsilon}$,则转化为下面的因子模型

$$\begin{cases}\boldsymbol{X}^*=\boldsymbol{\mu}^*+\boldsymbol{A}^*\boldsymbol{F}+\boldsymbol{\varepsilon}^*\\ \boldsymbol{\Sigma}^*=\boldsymbol{A}^*(\boldsymbol{A}^*)'+\boldsymbol{D}^*\end{cases} \tag{13-16}$$

(2) 因子载荷矩阵 $\boldsymbol{A}$ 不是唯一的。设 $\boldsymbol{\Gamma}$ 是任一正交矩阵,则因子模型可表示为

$$\boldsymbol{X}=\boldsymbol{\mu}+(\boldsymbol{A\Gamma})(\boldsymbol{\Gamma}'\boldsymbol{F})+\boldsymbol{\varepsilon} \tag{13-17}$$

因为

$$\boldsymbol{E}(\boldsymbol{\Gamma}'\boldsymbol{F})=0,\quad D(\boldsymbol{\Gamma}'\boldsymbol{F})=\boldsymbol{1} \tag{13-18}$$

$$\mathrm{cov}(\boldsymbol{\Gamma}'\boldsymbol{F},\boldsymbol{\varepsilon})=\boldsymbol{\Gamma}'\mathrm{cov}(\boldsymbol{F},\boldsymbol{\varepsilon})=0 \tag{13-19}$$

所以将 $\boldsymbol{\Gamma}'\boldsymbol{F}$ 看作公共因子,将 $\boldsymbol{A\Gamma}$ 看成相应的因子载荷矩阵,那么有

$$\boldsymbol{\Sigma}=\boldsymbol{AA}'+\boldsymbol{D}=(\boldsymbol{A\Gamma})(\boldsymbol{A\Gamma})'+\boldsymbol{D} \tag{13-20}$$

也就是说,因子载荷矩阵不唯一。

【例 13-1】 已知 $\boldsymbol{X}=(X_1,\cdots,X_4)'$ 的协方差矩阵 $\boldsymbol{\Sigma}$ 为

$$\boldsymbol{\Sigma}=\begin{bmatrix}19 & 30 & 2 & 12\\ 30 & 57 & 5 & 23\\ 2 & 5 & 38 & 47\\ 12 & 23 & 47 & 68\end{bmatrix}$$

求它的因子载荷矩阵 $\boldsymbol{A}$ 和特殊因子协方差矩阵 $\boldsymbol{D}$,并计算 X_1 的共同度。

解:容易验证

$$\boldsymbol{\Sigma}=\begin{bmatrix}4 & 1\\ 7 & 2\\ -1 & 6\\ 1 & 8\end{bmatrix}\begin{bmatrix}4 & 7 & -1 & 1\\ 1 & 2 & 6 & 8\end{bmatrix}+\begin{bmatrix}2 & 0 & 0 & 0\\ 0 & 4 & 0 & 0\\ 0 & 0 & 1 & 0\\ 0 & 0 & 0 & 3\end{bmatrix}$$

即

$$\boldsymbol{\Sigma}=\boldsymbol{A}\boldsymbol{A}'+\boldsymbol{D}$$

从而得到因子载荷矩阵和特殊因子协方差矩阵

$$\boldsymbol{A}=\begin{bmatrix}4 & 1\\ 7 & 2\\ -1 & 6\\ 1 & 8\end{bmatrix},\quad \boldsymbol{D}=\begin{bmatrix}2 & 0 & 0 & 0\\ 0 & 4 & 0 & 0\\ 0 & 0 & 1 & 0\\ 0 & 0 & 0 & 3\end{bmatrix}$$

说明 $\boldsymbol{X}$ 的协方差矩阵$\boldsymbol{\Sigma}$ 具有 $m=2$ 的正交因子模型结构，且 X_1 的共同度为

$$h_1^2=4^2+1^2=17$$

第 1 个特殊因子 ε_1 的方差 $\sigma_1^2=2$，X_1 的方差可分解为 $19=17+2$，代码如下：

```
#第 13 章/13-1.py
import numpy as np
S = np.array([[19, 30, 2, 12], [30, 57, 5, 23],[2, 5, 38, 47],[12, 23, 47, 68]])
print('协方差矩阵为\n', S)
A = np.array([[4,1],[7,2],[-1,6],[1,8]])
print('载荷矩阵为\n', A)
e = np.diag([2,4,1,3])
print('特殊因子协方差矩阵为\n', e)
print('验证等式\n',S - A@A.T - e)
```

输出如下：

```
协方差矩阵为
[[19 30 2 12]
[30 57 5 23]
[ 2 5 38 47]
[12 23 47 68]]
载荷矩阵为
[[ 4 1]
[ 7 2]
[-1 6]
[ 1 8]]
特殊因子协方差矩阵为
[[2 0 0 0]
[0 4 0 0]
[0 0 1 0]
[0 0 0 3]]
验证等式
[[0 0 0 0]
[0 0 0 0]
[0 0 0 0]
[0 0 0 0]]
```

13.2 参数估计

已知 p 个相关变量的 n 次观测值，因子分析的目的是用少数几个公共因子来描述 p 个相关变量之间的协方差结构

$$\boldsymbol{\Sigma}=\boldsymbol{A}\boldsymbol{A}'+\boldsymbol{D} \tag{13-21}$$

其中，$\boldsymbol{A}$ 是因子载荷矩阵，$\boldsymbol{D}$ 是 p 阶对角矩阵。参数估计也就是公共因子的个数 m，因子载荷矩阵 $\boldsymbol{A}$ 及特殊因子方差 $\boldsymbol{D}$。

由 p 个相关变量的观测数据计算样本协方差矩阵 $\boldsymbol{S}$，作为协方差矩阵的估计，为了建立公因子模型，首先要估计因子载荷矩阵 $\boldsymbol{A}$ 和特殊因子方差 $\boldsymbol{D}$。常用的估计方法有以下 3 种：主成分法、主因子解和最大似然法。

13.2.1 主成分法

设样本协方差矩阵 $\boldsymbol{S}$ 的特征值为 $\lambda_1\geqslant\lambda_2\geqslant\cdots\geqslant\lambda_p\geqslant 0$，相应的单位正交特征向量为 $\boldsymbol{l}_1$，$\boldsymbol{l}_2,\cdots,\boldsymbol{l}_p$，则 $\boldsymbol{S}$ 有谱分解式

$$\boldsymbol{S}=\sum_{i=1}^{p}\lambda_i\boldsymbol{l}_i\boldsymbol{l}_i' \tag{13-22}$$

当最后 $p-m$ 个特征值较小时，$\boldsymbol{S}$ 可近似分解为

$$\boldsymbol{S}\approx\lambda_1\boldsymbol{l}_1\boldsymbol{l}_1'+\lambda_2\boldsymbol{l}_2\boldsymbol{l}_2'+\cdots+\lambda_m\boldsymbol{l}_m\boldsymbol{l}_m'+D \tag{13-23}$$

写成矩阵形式为

$$\boldsymbol{S}\approx\begin{bmatrix}\sqrt{\lambda_1}\,l_1 & \cdots & \sqrt{\lambda_m}\,l_m\end{bmatrix}\begin{bmatrix}\sqrt{\lambda_1}\,l_1' \\ \vdots \\ \sqrt{\lambda_m}\,l_m'\end{bmatrix}+\begin{bmatrix}\sigma_1^2 & \cdots & 0 \\ \vdots & & \vdots \\ 0 & \cdots & \sigma_p^2\end{bmatrix}=\boldsymbol{A}\boldsymbol{A}'+\boldsymbol{D} \tag{13-24}$$

其中

$$\boldsymbol{A}=\begin{bmatrix}\sqrt{\lambda_1}\,l_1 & \cdots & \sqrt{\lambda_m}\,l_m\end{bmatrix}=(a_{ij})_{p\times m} \tag{13-25}$$

$$\sigma_i^2=s_{ii}-\sum_{t=1}^{m}a_{it}^2 \tag{13-26}$$

公因子个数 m 的确定方法一般有两种，一是根据实际问题的意义和专业知识，二是用确定主成分个数的原则，选择 m 满足

$$\frac{\lambda_1+\cdots+\lambda_m}{\lambda_1+\cdots+\lambda_m+\cdots+\lambda_p}\geqslant k \tag{13-27}$$

其中，k 一般取 70%或 80%。

当相关变量所取单位不同时，常常先对变量进行标准化。标准化变量的样本协方差矩阵就是原始变量的样本相关矩阵 $\boldsymbol{R}$，再用 $\boldsymbol{R}$ 代替 $\boldsymbol{S}$ 即可。

【例 13-2】 已知样本协方差矩阵为

$$\boldsymbol{\Sigma}=\begin{bmatrix}358 & 258 & 306 & 163 & 253 \\ 258 & 202 & 216 & 81 & 189 \\ 306 & 216 & 289 & 150 & 211 \\ 163 & 81 & 150 & 157 & 100 \\ 253 & 189 & 211 & 100 & 182\end{bmatrix}$$

求它的载荷矩阵和特殊方差矩阵,代码如下:

```
#第13章/13-2.py
#求载荷矩阵和特殊方差矩阵
import numpy as np
S = [[358, 258, 306, 163, 253],
     [258, 202, 216, 81, 189],
     [306, 216, 289, 150, 211],
     [163, 81, 150, 157, 100],
     [253, 189, 211, 100, 182]]
S = np.array(S)
vals, vects = np.linalg.eigh(S)
print('特征值为\n', vals)
print('特征向量为\n', vects)
tmp = (vects @ vects.T).round(2)
print('验证特征向量组成的矩阵是正交矩阵:\n', tmp)
#m的确定
tmp = vals[::-1].cumsum()/vals.sum()
print('特征值累计求和占比为n', tmp)
print('取最大的两个特征值,即m = 2')
#因子载荷矩阵A
v = vals[::-1]
print('最大的特征值为', v[0])
b1 = vects[:,[-1]]
print('最大特征值对应的特征向量为', b1)
print('第二大的特征值为', v[1])
b2 = vects[:,[-2]]
print('第二大特征值对应的特征向量为', b2)
cum = v[0] * b1@b1.T + v[1] * b2@b2.T
print('载荷矩阵AA为\n', cum)
err = S - cum
tmp = np.diag(err)
print('特殊因子方差为\n', np.diag(tmp))
```

输出如下:

```
特征值为
[-2.15364611e-13 -2.08770770e-14 2.07835379e+01 1.02928031e+02
 1.06428843e+03]
特征向量为
[[-0.75627223 0.08092684 0.29086801 0.04908292 -0.57835096]
[ 0.46790561 0.63609368 0.14355328 0.42926263 -0.4142164 ]
[ 0.04326988 -0.09839707 -0.84901437 -0.10602297 -0.50633928]
[ 0.26807165 0.15621906 0.26513228 -0.87228411 -0.26936687]
[ 0.36794288 -0.74481494 0.32197474 0.20298776 -0.40619819]]
验证特征向量组成的矩阵是正交矩阵:
[[ 1. -0. 0. -0. -0.]
[-0. 1. 0. 0. -0.]
[ 0. 0. 1. -0. 0.]
```

```
[ - 0. 0. - 0. 1. - 0.]
[ - 0. - 0. 0. - 0. 1.]]
特征值累计求和占比为
[0.89586568 0.98250544 1.          1.          1.          ]
取最大的两个特征值,即 m = 2
最大的特征值为 1064.2884313192665
最大特征值对应的特征向量为 [[ - 0.57835096]
[ - 0.4142164 ]
[ - 0.50633928]
[ - 0.26936687]
[ - 0.40619819]]
第二大的特征值为 102.928030731637
第二大特征值对应的特征向量为 [[ 0.04908292]
[ 0.42926263]
[ - 0.10602297]
[ - 0.87228411]
[ 0.20298776]]
载荷矩阵 AA 为
[[356.24162547 257.13218219 311.13251789 161.39720481 251.05357696]
[257.13218219 201.57170231 218.53307265 80.2089659 188.03937384]
[311.13251789 218.53307265 274.01869794 154.6783975 216.68141252]
[161.39720481 80.2089659 154.6783975 155.53901863 98.22579466]
[251.05357696 188.03937384 216.68141252 98.22579466 179.8454177 ]]
特殊因子方差为
[[ 1.75837453 0.          0.          0.          0.          ]
[ 0.          0.42829769 0.          0.          0.          ]
[ 0.          0.          14.98130206 0.          0.          ]
[ 0.          0.          0.          1.46098137 0.          ]
[ 0.          0.          0.          0.          2.1545823 ]]
```

13.2.2 主因子解

从相关系数矩阵 $\boldsymbol{R}$ 出发,可得主成分法的一种修正。设

$$\boldsymbol{R}=\boldsymbol{A}\boldsymbol{A}'+\boldsymbol{D} \tag{13-28}$$

则有

$$\boldsymbol{R}^{*}=\boldsymbol{R}-\boldsymbol{D}=\boldsymbol{A}\boldsymbol{A}' \tag{13-29}$$

$\boldsymbol{R}^{*}$ 称为约相关矩阵。如果已知特殊方差的估计值 $(\hat{\sigma}_i^{*})^2$,也就是已知初始公共因子方差的估计值为

$$(h_i^{*})^2=1-(\hat{\sigma}_i^{*})^2 \tag{13-30}$$

则约相关矩阵 $\boldsymbol{R}^{*}=\boldsymbol{R}-\boldsymbol{D}$ 为

$$\boldsymbol{R}^{*}=\begin{bmatrix}(h_1^{*})^2 & r_{12} & \cdots & r_{1p}\\ r_{21} & (h_2^{*})^2 & \cdots & r_{2p}\\ \vdots & \vdots & & \vdots\\ r_{p1} & r_{p2} & \cdots & (h_p^{*})^2\end{bmatrix} \tag{13-31}$$

计算 $\boldsymbol{R}^{*}$ 的特征值和单位正交特征向量,可取前 m 个正特征值 $\lambda_1^{*}\geqslant\lambda_2^{*}\geqslant\cdots\geqslant\lambda_m^{*}\geqslant0$,

相应的单位正交特征向量为 $l_1^*, l_2^*, \cdots, l_m^*$，则有近似分解

$$\boldsymbol{R}^* = \boldsymbol{A}\boldsymbol{A}' \tag{13-32}$$

其中

$$\boldsymbol{A} = \left[\sqrt{\lambda_1^*}\, \boldsymbol{l}_1^* \quad \cdots \quad \sqrt{\lambda_m^*}\, \boldsymbol{l}_m^*\right] \tag{13-33}$$

令

$$\hat{\sigma}_i^2 = 1 - \sum_{t=1}^{m} a_{it}^2 \tag{13-34}$$

则 $\boldsymbol{A}$ 和 $\boldsymbol{D}^* = \mathrm{diag}(\hat{\sigma}_1^2, \cdots, \hat{\sigma}_p^2)$ 为因子模型的一个解，这个解就是主因子解。

【例 13-3】 已知样本相关系数矩阵为

$$\boldsymbol{R} = \begin{bmatrix} 1 & 0.97 & 0.976 & 0.171 & 0.991 \\ 0.97 & 1 & 0.915 & -0.075 & 0.993 \\ 0.976 & 0.915 & 1 & 0.295 & 0.947 \\ 0.171 & -0.075 & 0.295 & 1 & 0.043 \\ 0.991 & 0.993 & 0.947 & 0.043 & 1 \end{bmatrix}$$

求它的载荷矩阵和特殊方差矩阵，代码如下：

```
#第 13 章/13 - 3.py
#求载荷矩阵和特殊方差矩阵
import numpy as np
R = [[ 1. , 0.97 , 0.976, 0.171, 0.991],
     [ 0.97 , 1. , 0.915, - 0.075, 0.993],
     [ 0.976, 0.915, 1. , 0.295, 0.947],
     [ 0.171, - 0.075, 0.295, 1. , 0.043],
     [ 0.991, 0.993, 0.947, 0.043, 1. ]]
R = np.array(R)
vals, vects = np.linalg.eigh(R)
print('特征值为\n', vals)
print('特征向量为\n', vects)
tmp = (vects @ vects.T).round(2)
print('验证特征向量组成的矩阵是正交矩阵:\n', tmp)
#m 的确定
tmp = vals[:: - 1].cumsum()/vals.sum()
print('特征值累计求和占比为\n', tmp)
print('取最大的两个特征值,即 m = 2')
#因子载荷矩阵 A
v = vals[:: - 1]
print('最大的特征值为', v[0])
b1 = vects[:,[ - 1]]
print('最大特征值对应的特征向量为', b1)
print('第二大的特征值为', v[1])
b2 = vects[:,[ - 2]]
print('第二大特征值对应的特征向量为', b2)
cum = v[0] * b1@b1.T + v[1] * b2@b2.T
print('载荷矩阵 AA 为\n', cum)
err = R - cum
tmp = np.diag(err)
print('特殊因子方差为\n', np.diag(tmp))
```

输出如下：

```
特征值为
[-5.21607259e-04 4.57541719e-04 2.44748437e-02 1.06302859e+00
  3.91256064e+00]
特征向量为
[[ 0.42398738 -0.71016208 0.24571096 0.02211622 -0.50501636]
[-0.81688224 -0.07692861 0.19379027 -0.21539703 -0.49278276]
[ 0.0481912 0.09148362 -0.84931642 0.1523119 -0.49474343]
[-0.16304322 0.05898124 0.2124306 0.95878265 -0.07447944]
[ 0.35218265 0.69130585 0.36824764 -0.10320805 -0.50180213]]
验证特征向量组成的矩阵是正交矩阵:
[[ 1. -0. -0. -0. -0.]
[-0. 1. -0. 0. 0.]
[-0. -0. 1. -0. -0.]
[-0. 0. -0. 1. 0.]
[-0. 0. -0. 0. 1.]]
特征值累计求和占比为
[0.78251213 0.99511784 1.00001281 1.00010432 1.        ]
取最大的两个特征值,即 m = 2
最大的特征值为 3.912560635292232
最大特征值对应的特征向量为 [[-0.50501636]
[-0.49278276]
[-0.49474343]
[-0.07447944]
[-0.50180213]]
第二大的特征值为 1.0630285865242841
第二大特征值对应的特征向量为 [[ 0.02211622]
[-0.21539703]
[ 0.1523119 ]
[ 0.95878265]
[-0.10320805]]
载荷矩阵 AA 为
[[ 0.99838537 0.96862894 0.98114795 0.16970561 0.98908797]
[ 0.96862894 0.99942621 0.91901098 -0.07593601 0.99112768]
[ 0.98114795 0.91901098 0.98234274 0.2994092 0.95463464]
[ 0.16970561 -0.07593601 0.2994092 0.9989078 0.0410368 ]
[ 0.98908797 0.99112768 0.95463464 0.0410368 0.99652709]]
特殊因子方差为
[[0.00161463 0.         0.         0.         0.        ]
[0.         0.00057379 0.         0.         0.        ]
[0.         0.         0.01765726 0.         0.        ]
[0.         0.         0.         0.0010922 0.        ]
[0.         0.         0.         0.         0.00347291]]
```

13.2.3 最大似然法

假定公因子 $\boldsymbol{F}$ 和特殊因子 $\boldsymbol{\varepsilon}$ 服从正态分布，则可以得到因子载荷矩阵和特殊方差的最大似然估计。设 p 维观测向量 $\boldsymbol{X}_{(1)},\cdots,\boldsymbol{X}_{(n)}$ 为来自正态总体 $\boldsymbol{N}(\boldsymbol{\mu},\boldsymbol{\Sigma})$ 的随机样本，则样

本似然函数为$\boldsymbol{\mu}$和$\boldsymbol{\Sigma}$的函数$L(\boldsymbol{\mu},\boldsymbol{\Sigma})$。

设$\boldsymbol{\Sigma}=\boldsymbol{AA}'+\boldsymbol{D}$,取$\boldsymbol{\mu}=\bar{\boldsymbol{X}}$,则似然函数$L(\bar{\boldsymbol{X}},\boldsymbol{AA}'+\boldsymbol{D})$的对数为$\boldsymbol{A}$和$\boldsymbol{D}$的函数,记作$\phi(\boldsymbol{A},\boldsymbol{D})$。要求$\boldsymbol{A}$和$\boldsymbol{D}$使函数值$\phi$达到最大。可以证明使函数值$\phi$最大的解$\hat{\boldsymbol{A}}$和$\hat{\boldsymbol{D}}$满足

$$\begin{cases}\boldsymbol{S}\hat{\boldsymbol{D}}^{-1}\hat{\boldsymbol{A}}=\hat{\boldsymbol{A}}(\boldsymbol{I}+\hat{\boldsymbol{A}}'\hat{\boldsymbol{D}}^{-1}\hat{\boldsymbol{A}})\\ \hat{\boldsymbol{D}}=\mathrm{diag}(\boldsymbol{S}-\hat{\boldsymbol{A}}\hat{\boldsymbol{A}}')\end{cases} \tag{13-35}$$

其中

$$\boldsymbol{S}=\frac{1}{n}\sum_{i=1}^{n}(\boldsymbol{X}_{(i)}-\bar{\boldsymbol{X}})(\boldsymbol{X}_{(i)}-\bar{\boldsymbol{X}})' \tag{13-36}$$

为了保证求出唯一解,可附加一个条件,即$\boldsymbol{A}'\boldsymbol{D}^{-1}\boldsymbol{A}$为对角矩阵。$\hat{\boldsymbol{A}}$和$\hat{\boldsymbol{D}}$没有闭形式解,一般用迭代方法求最大似然估计$\hat{\boldsymbol{A}}$和$\hat{\boldsymbol{D}}$。

13.2.4 主成分估计法的步骤

在3种估计方法中,主成分分解应用得最广泛。设样本数据矩阵为

$$\boldsymbol{X}=\begin{bmatrix}x_{11} & x_{12} & \cdots & x_{1p}\\ x_{21} & x_{22} & \cdots & x_{2p}\\ \vdots & \vdots & & \vdots\\ x_{n1} & x_{n2} & \cdots & x_{np}\end{bmatrix} \tag{13-37}$$

则应用主成分估计法的具体步骤如下。

(1) 由样本数据$\boldsymbol{X}$计算样本均值、样本协方差矩阵及样本相关矩阵。样本均值$\bar{\boldsymbol{X}}$为

$$\bar{\boldsymbol{X}}=\frac{1}{n}\sum_{t=1}^{n}X_{(t)}=(\bar{x}_1,\bar{x}_2,\cdots,\bar{x}_p)' \tag{13-38}$$

样本协方差矩阵$\boldsymbol{S}$为

$$\boldsymbol{S}=\frac{1}{n-1}\sum_{t=1}^{n}(\boldsymbol{X}_{(t)}-\bar{\boldsymbol{X}})(X_{(t)}-\bar{\boldsymbol{X}})'=(s_{ij}) \tag{13-39}$$

其中

$$s_{ij}=\frac{1}{n-1}\sum_{t=1}^{n}(x_{ti}-\bar{x}_i)(x_{tj}-\bar{x}_j) \tag{13-40}$$

样本相关矩阵$\boldsymbol{R}=(r_{ij})$,其中

$$r_{ij}=\frac{s_{ij}}{\sqrt{s_{ii}s_{jj}}} \tag{13-41}$$

(2) 求$\boldsymbol{R}$的特征值和标准化特征向量,记$\lambda_1\geqslant\lambda_2\geqslant\cdots\geqslant\lambda_p\geqslant 0$为$\boldsymbol{R}$的特征值,其相应的单位正交特征向量为$\boldsymbol{l}_1,\boldsymbol{l}_2,\cdots,\boldsymbol{l}_p$。

(3) 求因子模型的因子载荷矩阵$\boldsymbol{A}$。确定公共因子的个数m,例如取m满足$(\lambda_1+\lambda_2+\cdots+\lambda_m)/p$大于0.8或0.9的最小正整数。令$a_i=\sqrt{\lambda_i}\boldsymbol{l}_i$,则$\boldsymbol{A}=[\boldsymbol{a}_1,\boldsymbol{a}_2,\cdots,\boldsymbol{a}_m]$为因子载荷矩阵。

(4) 求特殊因子方差

$$\hat{\sigma}_i^2=1-\sum_{t=1}^{m}a_{it}^2 \tag{13-42}$$

X_i 的共同度 h_i^2 的估计为

$$\hat{h}_i^2 = \sum_{t=1}^{m} a_{it}^2 \tag{13-43}$$

（5）对 m 个共同因子进行解释。求出因子载荷矩阵 $\boldsymbol{A}$ 以后，就可得到变量 $X_1,\cdots,X_p$ 由 m 个不可测变量的共同因子及各自特殊因子的表示式，再结合专业知识给出解释。

【例 13-4】 已知样本相关系数矩阵为

$$\boldsymbol{R} = \begin{bmatrix} 1 & 0.884 & -0.178 & 0.055 & -0.115 \\ 0.884 & 1 & -0.615 & -0.406 & -0.567 \\ -0.178 & -0.615 & 1 & 0.966 & 0.994 \\ 0.055 & -0.406 & 0.966 & 1 & 0.965 \\ -0.115 & -0.567 & 0.994 & 0.965 & 1 \end{bmatrix}$$

求它的载荷矩阵和特殊方差矩阵，代码如下：

```
#第13章/13-4.py
import numpy as np
R = [[ 1. , 0.884, -0.178, 0.055, -0.115],
     [ 0.884, 1. , -0.615, -0.406, -0.567],
     [-0.178, -0.615, 1. , 0.966, 0.994],
     [ 0.055, -0.406, 0.966, 1. , 0.965],
     [-0.115, -0.567, 0.994, 0.965, 1. ]]
R = np.array(R)
vals, vects = np.linalg.eigh(R)
print('特征值为\n', vals)
print('特征向量为\n', vects)
tmp = (vects @ vects.T).round(2)
print('验证特征向量组成的矩阵是正交矩阵为\n', tmp)
#m的确定
tmp = vals[::-1].cumsum()/vals.sum()
print('特征值累计求和占比为\n', tmp)
print('取最大的两个特征值,即 m = 2')
#因子载荷矩阵 A
v = vals[::-1]
print('最大的特征值为', v[0])
b1 = vects[:,[-1]]
print('最大特征值对应的特征向量为', b1)
print('第二大的特征值为', v[1])
b2 = vects[:,[-2]]
print('第二大特征值对应的特征向量为', b2)
cum = v[0] * b1@b1.T + v[1] * b2@b2.T
print('载荷矩阵 AA 为\n', cum)
err = R - cum
tmp = np.diag(err)
print('特殊因子方差为\n', np.diag(tmp))
```

输出如下：

```
特征值为
[-6.29357151e-04 2.35427375e-04 2.15216859e-02 1.56811480e+00
  3.41075744e+00]
特征向量为
[[ 0.57545912 -0.084916 0.27214548 0.73868786 -0.20472704]
[-0.72995487 -0.03285366 -0.17378617 0.51410227 -0.41422669]
[-0.14960221 -0.81827091 0.01021026 0.16551655 0.52967152]
[ 0.12030232 0.35288312 -0.71216278 0.34376004 0.48544214]
[-0.31489557 0.44454036 0.62326169 0.21088484 0.51990104]]
验证特征向量组成的矩阵是正交矩阵:
[[1. 0. 0. 0. 0.]
[0. 1. 0. 0. 0.]
[0. 0. 1. 0. 0.]
[0. 0. 0. 1. 0.]
[0. 0. 0. 0. 1.]]
特征值累计求和占比为
[0.68215149 0.99577445 1.00007879 1.00012587 1.         ]
取最大的两个特征值,即 m = 2
最大的特征值为 3.4107574434503127
最大特征值对应的特征向量为 [[-0.20472704]
[-0.41422669]
[ 0.52967152]
[ 0.48544214]
[ 0.51990104]]
第二大的特征值为 1.5681148004753869
第二大特征值对应的特征向量为 [[0.73868786]
[0.51410227]
[0.16551655]
[0.34376004]
[0.21088484]]
载荷矩阵 AA 为
[[ 0.99861275 0.88475285 -0.17813034 0.05922178 -0.11875562]
[ 0.88475285 0.9996851 -0.61489941 -0.40871615 -0.56452079]
[-0.17813034 -0.61489941 0.99985421 0.96621315 0.99397833]
[ 0.05922178 -0.40871615 0.96621315 0.98906451 0.97449192]
[-0.11875562 -0.56452079 0.99397833 0.97449192 0.99165567]]
特殊因子方差为
[[0.00138725 0.         0.         0.         0.        ]
[0.         0.0003149 0.         0.         0.        ]
[0.         0.         0.00014579 0.         0.        ]
[0.         0.         0.         0.01093549 0.        ]
[0.         0.         0.         0.         0.00834433]]
```

13.3 本章练习

1. 设标准化变量 X_1, X_2, X_3 的协方差矩阵为

$$R=\begin{bmatrix}1 & 0.63 & 0.45\\0.63 & 1 & 0.35\\0.45 & 0.35 & 1\end{bmatrix}$$

试求 $m=1$ 的正交因子模型。

2. 试比较主成分分析和因子分析的相同之处和不同之处。

3. 证明公共因子个数为 m 的主成分解，其误差平方和 $Q(m)$ 满足以下不等式：

$$Q(m)=\sum_{i=1}^{p}\sum_{j=1}^{p}\varepsilon_{ij}^{2}\leqslant\sum_{j=m+1}^{p}\lambda_j^2$$

4. 已知某相关系数矩阵 $\boldsymbol{R}$ 的特征值和特征向量分别为

$$\lambda_1=1.9633,\quad \boldsymbol{l}_1=(0.6250,0.5932,0.5075)'$$

$$\lambda_2=0.6795,\quad \boldsymbol{l}_2=(-0.2186,-0.4911,0.8432)'$$

$$\lambda_3=0.3672,\quad \boldsymbol{l}_3=(0.7494,-0.6379,-0.1772)'$$

(1) 取共同因子个数 $m=1$ 时，求因子模型的主成分解。

(2) 取共同因子个数 $m=2$ 时，求因子模型的主成分解。

(3) 试求误差平方和 $Q(m)<0.1$ 的主成分解。

13.4 本章常用的 Python 函数总结

本章常用的函数为样本主成分的协方差矩阵、相关系数矩阵、矩阵的特征值和特征向量。本章常用的 Python 函数见表 13-1。

表 13-1 本章常用的 Python 函数

函　　数	代　　码
矩阵 **X** 的特征值和特征向量	numpy.linalg.eig(X)
样本协方差矩阵	numpy.cov(X)
样本相关系数矩阵	numpy.corrcoef(X)

13.5 本章上机练习

实训环境

(1) 使用 Python 3.x 版本。

(2) 使用 IPython 或 Jupyter Notebook 交互式编辑器，推荐使用 Anaconda 发行版中自带的 IPython 或 Jupyter Notebook。

【实训 13-1】 有 20 种水样，水样的各种盐分如下。

(1) X_1：11.835、45.596、3.525、3.681、48.287、17.956、7.37、4.223、6.442、16.234、10.585、23.535、5.398、283.149、316.604、307.310、322.515、254.580、304.092、202.446。

(2) X_2：0.48、0.526、0.086、0.37、0.386、0.28、0.506、0.34、0.19、0.39、0.42、0.23、0.12、0.148、0.317、0.173、0.312、0.297、0.283、0.042。

(3) X_3：14.36、13.85、24.4、13.57、14.5、9.75、13.6、3.8、4.7、3.1、2.4、2.6、2.8、

1.763、1.453、1.627、1.382、0.899、0.789、0.741。

(4) X_4：25.21、24.04、49.3、25.12、25.9、17.05、34.28、7.1、9.1、5.4、4.7、4.6、6.2、2.968、2.432、2.729、2.32、1.476、1.357、1.266。

(5) X_5：25.21、26.01、11.3、26.00、23.32、37.20、10.69、88.2、73.2、121.5、135.6、151.8、111.2、215.86、263.41、235.7、282.21、410.3、438.36、309.77。

(6) X_6：0.81、0.91、6.82、0.82、2.18、0.464、8.8、1.11、0.74、0.42、0.87、0.31、1.14、0.14、0.249、0.214、0.024、0.239、0.193、0.29。

(7) X_7：0.98、0.96、0.85、1.01、0.93、0.98、0.56、0.97、1.03、1.00、0.98、1.02、1.07、0.98、0.98、0.99、1.00、0.93、1.01、0.99。

试对水样的盐分进行因子分析，代码如下：

```
#第13章/13-5.py
import numpy as np
x1 = [11.835, 45.596, 3.525, 3.681, 48.287, 17.956, 7.37, 4.223, 6.442, 16.234, 10.585, 23.535,
      5.398, 283.149, 316.604, 307.310, 322.515, 254.580, 304.092, 202.446]
x2 = [0.48, 0.526, 0.086, 0.37, 0.386, 0.28, 0.506, 0.34, 0.19, 0.39, 0.42, 0.23, 0.12, 0.148,
      0.317, 0.173, 0.312, 0.297, 0.283, 0.042]
x3 = [14.36, 13.85, 24.4, 13.57, 14.5, 9.75, 13.6, 3.8, 4.7, 3.1, 2.4, 2.6, 2.8, 1.763, 1.453,
      1.627, 1.382, 0.899, 0.789, 0.741]
x4 = [25.21, 24.04, 49.3, 25.12, 25.9, 17.05, 34.28, 7.1, 9.1, 5.4, 4.7, 4.6, 6.2, 2.968,
      2.432, 2.729, 2.32, 1.476, 1.357, 1.266]
x5 = [25.21, 26.01, 11.3, 26.00, 23.32, 37.20, 10.69, 88.2, 73.2, 121.5, 135.6, 151.8, 111.2,
      215.86, 263.41, 235.7, 282.21, 410.3, 438.36, 309.77]
x6 = [0.81, 0.91, 6.82, 0.82, 2.18, 0.464, 8.8, 1.11, 0.74, 0.42, 0.87, 0.31, 1.14, 0.14,
      0.249, 0.214, 0.024, 0.239, 0.193, 0.29]
x7 = [0.98, 0.96, 0.85, 1.01, 0.93, 0.98, 0.56, 0.97, 1.03, 1.00, 0.98, 1.02, 1.07, 0.98,
      0.98, 0.99, 1.00, 0.93, 1.01, 0.99]
X = np.c_[x1,x2,x3,x4,x5,x6,x7]
R = np.corrcoef(X).round(2)
vals, vects = np.linalg.eigh(R)
print('特征值为\n', vals.round(2))
print('特征向量为\n', vects.round(2))
tmp = (vects @ vects.T).round(2)
print('验证特征向量组成的矩阵是正交矩阵为\n', tmp)
#m的确定
tmp = vals[::-1].cumsum()/vals.sum()
print('特征值累计求和占比为\n', tmp)
print('取最大的两个特征值,即m = 2')
#因子载荷矩阵A
v = vals[::-1]
print('最大的特征值为', v[0])
b1 = vects[:,[-1]]
print('最大特征值对应的特征向量为', b1)
print('第二大的特征值为', v[1])
b2 = vects[:,[-2]]
print('第二大特征值对应的特征向量为', b2)
cum = v[0] * b1@b1.T + v[1] * b2@b2.T
```

```
print('载荷矩阵AA为\n', cum)
err = R - cum
tmp = np.diag(err)
print('特殊因子方差为\n', np.diag(tmp))
```

输出如下：

```
特征值为
[-2.000e-02 -1.000e-02 -1.000e-02 -1.000e-02 -1.000e-02 -0.000e+00
-0.000e+00 -0.000e+00 0.000e+00 0.000e+00 0.000e+00 1.000e-02
 1.000e-02 1.000e-02 1.000e-02 2.000e-02 7.000e-02 2.870e+00
 3.680e+00 1.338e+01]
特征向量为
[[ 0.22 0.08 0.22 0.  -0.46 -0.11 -0.29 -0.01 -0.06 -0.05 0.23 -0.02
  -0.33 -0.14 0.02 -0.3 -0.37 0.1 0.36 -0.19]
 [ 0.18 0.06 0.13 -0.14 0.58 0.26 0.09 0.01 0.26 -0.21 0.02 -0.13
   0.06 0.08 -0.07 -0.35 -0.21 0.41 0.03 -0.2 ]
 [-0.14 -0.07 -0.22 0.2 0.01 -0.06 0.23 0.06 0.03 0.01 -0.43 0.41
  -0.13 0.22 0.3 -0.2 0.05 0.17 0.5 -0. ]
 [-0.05 -0.1 0.17 0.14 0.28 -0.15 0.16 -0.24 0.09 0.37 0.25 0.05
   0.1 0.  -0.12 0.49 -0.29 -0.04 0.41 -0.16]
 [-0.2 -0.31 -0.4 -0.02 -0.26 -0.14 -0.11 0.14 0.13 0.04 -0.2 -0.35
   0.26 -0.13 -0.22 0.11 -0.14 0.45 0.03 -0.18]
 [-0.18 0.36 -0.09 -0.34 -0.03 0.33 -0.09 0.09 -0.48 -0.2 -0.06 0.11
   0.25 0.08 0.12 0.29 -0.2 0.02 0.15 -0.26]
 [ 0.05 0.06 0.12 -0.06 -0. 0.06 -0.08 -0.  -0.07 -0.06 0.2 -0.19
   0.09 -0.1 -0.1 0.04 0.77 0.21 0.47 -0.03]
 [-0.11 0.08 -0.4 0.13 0.2 -0.22 0.14 -0.04 0.03 -0.5 0.16 0.09
  -0.14 -0.48 -0.14 -0.02 0.01 -0.28 0.07 -0.24]
 [ 0.46 -0.16 0.01 -0.18 0.03 0.09 0.15 0.23 -0.02 0.01 -0.43 -0.27
  -0.41 0.02 -0.09 0.29 0.05 -0.25 0.08 -0.24]
 [ 0.33 -0.13 -0.36 0.17 -0.14 0.11 -0.07 -0.18 0.01 -0.08 0.23 0.08
   0.23 0.57 -0.24 -0.13 0.05 -0.24 0.03 -0.25]
 [-0.24 0.02 0.26 0.49 -0.17 0.41 0.19 -0.1 0.06 -0.04 -0.17 -0.37
   0.2 -0.13 0.15 -0.14 -0.02 -0.27 0.04 -0.24]
 [-0.14 -0.43 0.16 -0.35 0.02 -0.24 -0.11 0.09 0.21 -0.19 0.16 -0.05
   0.16 0.12 0.55 -0.01 0.05 -0.23 0.02 -0.25]
 [-0.27 0.26 0.04 -0.38 -0.1 0.05 -0.08 0.02 0.45 0.32 -0.17 0.21
   0.03 -0.04 -0.35 -0.21 0.1 -0.28 0.06 -0.24]
 [ 0.27 0.21 -0.13 0.12 -0.23 0.16 0.27 0.35 0.33 0.17 0.29 0.23
   0.06 -0.16 0.3 0.21 0.09 0.21 -0.19 -0.23]
 [-0.04 -0.18 -0.13 -0.3 -0.12 0.13 0.34 -0.62 -0.22 0.2 0.05 0.02
  -0.22 -0.14 0.12 -0.13 0.11 0.19 -0.19 -0.24]
 [-0.1 0.41 0.15 0.14 -0.09 -0.33 -0.09 -0.32 0.23 -0.27 -0.17 -0.11
  -0.2 0.34 0.06 0.28 0.1 0.21 -0.19 -0.23]
 [-0.2 -0.42 0.35 0.16 -0.04 0.22 -0.11 0.14 -0.09 -0.21 0.02 0.46
  -0.18 0.01 -0.33 0.14 0.1 0.17 -0.18 -0.24]
 [-0.34 0.08 -0.19 0.16 0.25 -0.04 -0.13 0.32 -0.24 0.35 0.26 -0.24
  -0.39 0.23 0.07 -0.15 0.08 -0.01 -0.11 -0.27]
```

```
[ 0.14 0.09 0.28 0.02 -0.02 -0.52 0.36 0.2 -0.37 0.08 -0.11 0.04
  0.34 0. -0.16 -0.25 0.05 0.02 -0.12 -0.27]
[ 0.27 0. -0.06 0.21 0.26 -0.03 -0.59 -0.18 -0.09 0.24 -0.28 0.17
  0.16 -0.3 0.21 -0.02 0.11 0. -0.11 -0.27]]
验证特征向量组成的矩阵是正交矩阵:
[[ 1. 0. 0. 0. 0. -0. 0. -0. 0. -0. 0. -0. 0. -0. -0. -0. 0. -0.
  0. -0.]
 [ 0. 1. 0. -0. -0. 0. 0. -0. -0. -0. -0. 0. -0. 0. 0. 0. -0. 0.
 -0. 0.]
 [ 0. 0. 1. -0. -0. -0. 0. 0. -0. 0. -0. 0. -0. -0. -0. -0. -0. 0.
 -0. -0.]
 [ 0. -0. -0. 1. 0. 0. 0. -0. -0. -0. -0. 0. 0. -0. -0. 0. -0. -0.
 -0. 0.]
 [ 0. -0. -0. 0. 1. -0. -0. 0. 0. -0. -0. -0. -0. 0. 0. -0. -0. 0.
 -0. -0.]
 [-0. 0. -0. 0. -0. 1. 0. 0. 0. 0. -0. -0. -0. 0. -0. 0. -0. 0.
 -0. -0.]
 [ 0. 0. 0. 0. -0. 0. 1. -0. -0. -0. 0. -0. 0. -0. -0. -0. -0. -0.
  0. -0.]
 [-0. -0. 0. -0. 0. 0. -0. 1. -0. -0. 0. -0. -0. 0. -0. -0. -0. 0.
 -0. 0.]
 [ 0. -0. -0. -0. 0. 0. -0. -0. 1. -0. 0. 0. -0. -0. -0. 0. 0. -0.
 -0. -0.]
 [-0. -0. 0. -0. -0. 0. -0. -0. -0. 1. -0. -0. 0. -0. -0. -0. -0. 0.
 -0. -0.]
 [ 0. -0. -0. -0. -0. -0. 0. 0. 0. -0. 1. -0. 0. -0. -0. -0. 0. 0.
 -0. 0.]
 [-0. 0. 0. 0. -0. -0. -0. -0. 0. -0. -0. 1. 0. -0. -0. -0. -0. -0.
  0. -0.]
 [ 0. -0. -0. 0. -0. -0. 0. -0. -0. 0. 0. 0. 1. -0. 0. -0. -0. 0.
 -0. -0.]
 [-0. 0. -0. -0. 0. 0. -0. 0. -0. -0. -0. -0. -0. 1. -0. -0. 0. -0.
 -0. 0.]
 [-0. 0. -0. -0. 0. -0. -0. -0. -0. -0. -0. -0. 0. -0. 1. -0. -0. 0.
  0. 0.]
 [-0. 0. -0. 0. -0. 0. -0. -0. 0. -0. -0. -0. -0. -0. -0. 1. 0. -0.
  0. -0.]
 [ 0. -0. -0. -0. -0. -0. -0. -0. 0. -0. 0. -0. -0. 0. -0. 0. 1. -0.
  0. -0.]
 [-0. 0. 0. -0. 0. 0. -0. 0. -0. 0. 0. -0. 0. -0. 0. -0. -0. 1.
  0. 0.]
 [ 0. -0. -0. -0. -0. -0. 0. -0. -0. -0. -0. 0. -0. -0. 0. 0. 0. 0.
  1. 0.]
 [-0. 0. -0. 0. -0. -0. -0. 0. -0. -0. 0. -0. -0. 0. 0. -0. -0. 0.
  0. 1.]]
特征值累计求和占比为
[0.67 0.85 1. 1. 1. 1. 1. 1. 1. 1. 1. 1. 1. 1.
1. 1. 1. 1. 1. 1. ]
取最大的两个特征值,即 m = 2
```

```
最大的特征值为 13.383713286174538
最大特征值对应的特征向量为 [[-0.18898551]
[-0.19588564]
[-0.0017344 ]
[-0.16450184]
[-0.17774658]
[-0.26136468]
[-0.03117883]
[-0.23892608]
[-0.24404511]
[-0.24965421]
[-0.24327255]
[-0.25152832]
[-0.23964768]
[-0.23371465]
[-0.23961256]
[-0.23408353]
[-0.24362696]
[-0.26726936]
[-0.265319 ]
[-0.26666277]]
第二大的特征值为 3.6824763535925324
第二大特征值对应的特征向量为 [[ 0.36199002]
[ 0.02641444]
[ 0.49916202]
[ 0.41180012]
[ 0.02558159]
[ 0.15052039]
[ 0.47267224]
[ 0.07022528]
[ 0.08305062]
[ 0.03100384]
[ 0.03943046]
[ 0.01707855]
[ 0.05741193]
[-0.19437274]
[-0.18826057]
[-0.19406301]
[-0.18303382]
[-0.10941959]
[-0.12407624]
[-0.1144928 ]]
载荷矩阵 AA 为
[[ 0.96054611 0.53066996 0.66977966 0.96501674 0.48368013 0.86172361
   0.70894288 0.69793405 0.72797819 0.67278607 0.6678776 0.6589636
   0.68267879 0.33203828 0.35510366 0.33338416 0.37222476 0.53015336
   0.50568266 0.52185641]
 [ 0.53066996 0.51611825 0.05310082 0.47132675 0.46848249 0.69985503
   0.12771793 0.6332179 0.64788587 0.65752851 0.64161751 0.66108729
```

```
  0.63386335 0.59381761 0.60987456 0.59481482 0.62090744 0.69005068
  0.68351181 0.68796692]
 [ 0.66977966 0.05310082 0.91757608 0.76076988 0.05114886 0.2827464
  0.86956733 0.13463089 0.15832466 0.06278494 0.07812621 0.03723164
  0.11109476 -0.35186153 -0.34048954 -0.35128365 -0.33078878 -0.19492581
 -0.22191224 -0.20426522]
 [ 0.96501674 0.47132675 0.76076988 0.98664663 0.43012801 0.80368814
  0.78542581 0.63252323 0.66324244 0.59666565 0.59539399 0.57967484
  0.61468122 0.21980139 0.24205525 0.22108321 0.25881962 0.42250368
  0.39598368 0.41347494]
 [ 0.48368013 0.46848249 0.05114886 0.43012801 0.42525286 0.63594243
  0.11869904 0.57499893 0.58838483 0.59682539 0.58243781 0.5999719
  0.5755085 0.53767532 0.5522817 0.53858203 0.56232398 0.62550183
  0.6194814 0.62358089]
 [ 0.86172361 0.69985503 0.2827464 0.80368814 0.63594243 0.99769311
  0.37106094 0.87469559 0.89971105 0.89048297 0.87283049 0.88932002
  0.87011751 0.70980241 0.73382138 0.71126444 0.750761 0.87426629
  0.85931988 0.8693324 ]
 [ 0.70894288 0.12771793 0.86956733 0.78542581 0.11869904 0.37106094
  0.83574593 0.22193554 0.2463955 0.15814325 0.17014767 0.13468687
  0.19993369 -0.24079959 -0.2276996 -0.24010655 -0.21692672 -0.07892777
 -0.10525307 -0.08801134]
 [ 0.69793405 0.6332179 0.13463089 0.63252323 0.57499893 0.87469559
  0.22193554 0.7821787 0.80186459 0.80634148 0.78811386 0.80873321
  0.78117263 0.6970882 0.71752868 0.69834787 0.73171725 0.82635584
  0.81632889 0.82310419]
 [ 0.72797819 0.64788587 0.15832466 0.66324244 0.58838483 0.89971105
  0.2463955 0.80186459 0.82250692 0.82490998 0.80664313 0.82677243
  0.80030279 0.70392034 0.72505356 0.70521991 0.73976403 0.83949912
  0.82864633 0.83596631]
 [ 0.67278607 0.65752851 0.06278494 0.59666565 0.59682539 0.89048297
  0.15814325 0.80634148 0.82490998 0.83770945 0.81734847 0.84238153
  0.80728967 0.75871913 0.77912366 0.75998704 0.79313372 0.88053468
  0.87234459 0.87792867]
 [ 0.6678776 0.64161751 0.07812621 0.59539399 0.58243781 0.87283049
  0.17014767 0.78811386 0.80664313 0.81734847 0.79779404 0.82142837
  0.78860281 0.73272594 0.75281638 0.73397194 0.76664576 0.85431173
  0.84583341 0.8516001 ]
 [ 0.6589636 0.66108729 0.03723164 0.57967484 0.5999719 0.88932002
  0.13468687 0.80873321 0.82677243 0.84238153 0.82142837 0.8478147
  0.81035656 0.77454862 0.79478765 0.77580989 0.80863037 0.89284944
  0.88536202 0.89048836]
 [ 0.68267879 0.63386335 0.11109476 0.61468122 0.5755085 0.87011751
  0.19993369 0.78117263 0.80030279 0.80728967 0.78860281 0.81035656
  0.78077812 0.70851681 0.72872585 0.70976543 0.74270657 0.83410001
  0.8247458 0.83108188]
 [ 0.33203828 0.59381761 -0.35186153 0.21980139 0.53767532 0.70980241
 -0.24079959 0.6970882 0.70392034 0.75871913 0.73272594 0.77454862
  0.70851681 0.87017912 0.88425269 0.87111128 0.89306844 0.91433008
```

```
 0.91872025 0.91606395]
[ 0.35510366 0.60987456 -0.34048954 0.24205525 0.5522817 0.73382138
 -0.2276996 0.71752868 0.72505356 0.77912366 0.75281638 0.79478765
 0.72872585 0.88425269 0.89892938 0.88522093 0.90817966 0.93296443
 0.93687077 0.93453623]
[ 0.33338416 0.59481482 -0.35128365 0.22108321 0.53858203 0.71126444
 -0.24010655 0.69834787 0.70521991 0.75998704 0.73397194 0.77580989
 0.70976543 0.87111128 0.88522093 0.87204561 0.89406247 0.91552479
 0.91988862 0.91724987]
[ 0.37222476 0.62090744 -0.33078878 0.25881962 0.56232398 0.750761
 -0.21692672 0.73171725 0.73976403 0.79313372 0.76664576 0.80863037
 0.74270657 0.89306844 0.90817966 0.89406247 0.91774622 0.94521813
 0.94873757 0.94665969]
[ 0.53015336 0.69005068 -0.19492581 0.42250368 0.62550183 0.87426629
 -0.07892777 0.82635584 0.83949912 0.88053468 0.85431173 0.89284944
 0.83410001 0.91433008 0.93296443 0.91552479 0.94521813 1.00012658
 0.99905572 1.00000094]
[ 0.50568266 0.68351181 -0.22191224 0.39598368 0.6194814 0.85931988
 -0.10525307 0.81632889 0.82864633 0.87234459 0.84583341 0.88536202
 0.8247458 0.91872025 0.93687077 0.91988862 0.94873757 0.99905572
 0.99882683 0.99921973]
[ 0.52185641 0.68796692 -0.20426522 0.41347494 0.62358089 0.8693324
 -0.08801134 0.82310419 0.83596631 0.87792867 0.8516001 0.89048836
 0.83108188 0.91606395 0.93453623 0.91724987 0.94665969 1.00000094
 0.99921973 0.99997501]]
特殊因子方差为
[[ 3.94538912e-02  0.00000000e+00  0.00000000e+00  0.00000000e+00
  0.00000000e+00  0.00000000e+00  0.00000000e+00  0.00000000e+00
  0.00000000e+00  0.00000000e+00  0.00000000e+00  0.00000000e+00
  0.00000000e+00  0.00000000e+00  0.00000000e+00  0.00000000e+00
  0.00000000e+00  0.00000000e+00  0.00000000e+00  0.00000000e+00]
[ 0.00000000e+00  4.83881748e-01  0.00000000e+00  0.00000000e+00
  0.00000000e+00  0.00000000e+00  0.00000000e+00  0.00000000e+00
  0.00000000e+00  0.00000000e+00  0.00000000e+00  0.00000000e+00
  0.00000000e+00  0.00000000e+00  0.00000000e+00  0.00000000e+00
  0.00000000e+00  0.00000000e+00  0.00000000e+00  0.00000000e+00]
[ 0.00000000e+00  0.00000000e+00  8.24239186e-02  0.00000000e+00
  0.00000000e+00  0.00000000e+00  0.00000000e+00  0.00000000e+00
  0.00000000e+00  0.00000000e+00  0.00000000e+00  0.00000000e+00
  0.00000000e+00  0.00000000e+00  0.00000000e+00  0.00000000e+00
  0.00000000e+00  0.00000000e+00  0.00000000e+00  0.00000000e+00]
[ 0.00000000e+00  0.00000000e+00  0.00000000e+00  1.33533733e-02
  0.00000000e+00  0.00000000e+00  0.00000000e+00  0.00000000e+00
  0.00000000e+00  0.00000000e+00  0.00000000e+00  0.00000000e+00
  0.00000000e+00  0.00000000e+00  0.00000000e+00  0.00000000e+00
  0.00000000e+00  0.00000000e+00  0.00000000e+00  0.00000000e+00]
[ 0.00000000e+00  0.00000000e+00  0.00000000e+00  0.00000000e+00
  5.74747143e-01  0.00000000e+00  0.00000000e+00  0.00000000e+00
  0.00000000e+00  0.00000000e+00  0.00000000e+00  0.00000000e+00
```

```
    0.00000000e+00   0.00000000e+00   0.00000000e+00   0.00000000e+00
    0.00000000e+00   0.00000000e+00   0.00000000e+00   0.00000000e+00]
 [  0.00000000e+00   0.00000000e+00   0.00000000e+00   0.00000000e+00
    0.00000000e+00   2.30688758e-03   0.00000000e+00   0.00000000e+00
    0.00000000e+00   0.00000000e+00   0.00000000e+00   0.00000000e+00
    0.00000000e+00   0.00000000e+00   0.00000000e+00   0.00000000e+00
    0.00000000e+00   0.00000000e+00   0.00000000e+00   0.00000000e+00]
 [  0.00000000e+00   0.00000000e+00   0.00000000e+00   0.00000000e+00
    0.00000000e+00   0.00000000e+00   1.64254070e-01   0.00000000e+00
    0.00000000e+00   0.00000000e+00   0.00000000e+00   0.00000000e+00
    0.00000000e+00   0.00000000e+00   0.00000000e+00   0.00000000e+00
    0.00000000e+00   0.00000000e+00   0.00000000e+00   0.00000000e+00]
 [  0.00000000e+00   0.00000000e+00   0.00000000e+00   0.00000000e+00
    0.00000000e+00   0.00000000e+00   0.00000000e+00   2.17821299e-01
    0.00000000e+00   0.00000000e+00   0.00000000e+00   0.00000000e+00
    0.00000000e+00   0.00000000e+00   0.00000000e+00   0.00000000e+00
    0.00000000e+00   0.00000000e+00   0.00000000e+00   0.00000000e+00]
 [  0.00000000e+00   0.00000000e+00   0.00000000e+00   0.00000000e+00
    0.00000000e+00   0.00000000e+00   0.00000000e+00   0.00000000e+00
    1.77493080e-01   0.00000000e+00   0.00000000e+00   0.00000000e+00
    0.00000000e+00   0.00000000e+00   0.00000000e+00   0.00000000e+00
    0.00000000e+00   0.00000000e+00   0.00000000e+00   0.00000000e+00]
 [  0.00000000e+00   0.00000000e+00   0.00000000e+00   0.00000000e+00
    0.00000000e+00   0.00000000e+00   0.00000000e+00   0.00000000e+00
    0.00000000e+00   1.62290546e-01   0.00000000e+00   0.00000000e+00
    0.00000000e+00   0.00000000e+00   0.00000000e+00   0.00000000e+00
    0.00000000e+00   0.00000000e+00   0.00000000e+00   0.00000000e+00]
 [  0.00000000e+00   0.00000000e+00   0.00000000e+00   0.00000000e+00
    0.00000000e+00   0.00000000e+00   0.00000000e+00   0.00000000e+00
    0.00000000e+00   0.00000000e+00   2.02205961e-01   0.00000000e+00
    0.00000000e+00   0.00000000e+00   0.00000000e+00   0.00000000e+00
    0.00000000e+00   0.00000000e+00   0.00000000e+00   0.00000000e+00]
 [  0.00000000e+00   0.00000000e+00   0.00000000e+00   0.00000000e+00
    0.00000000e+00   0.00000000e+00   0.00000000e+00   0.00000000e+00
    0.00000000e+00   0.00000000e+00   0.00000000e+00   1.52185299e-01
    0.00000000e+00   0.00000000e+00   0.00000000e+00   0.00000000e+00
    0.00000000e+00   0.00000000e+00   0.00000000e+00   0.00000000e+00]
 [  0.00000000e+00   0.00000000e+00   0.00000000e+00   0.00000000e+00
    0.00000000e+00   0.00000000e+00   0.00000000e+00   0.00000000e+00
    0.00000000e+00   0.00000000e+00   0.00000000e+00   0.00000000e+00
    2.19221884e-01   0.00000000e+00   0.00000000e+00   0.00000000e+00
    0.00000000e+00   0.00000000e+00   0.00000000e+00   0.00000000e+00]
 [  0.00000000e+00   0.00000000e+00   0.00000000e+00   0.00000000e+00
    0.00000000e+00   0.00000000e+00   0.00000000e+00   0.00000000e+00
    0.00000000e+00   0.00000000e+00   0.00000000e+00   0.00000000e+00
    0.00000000e+00   1.29820879e-01   0.00000000e+00   0.00000000e+00
    0.00000000e+00   0.00000000e+00   0.00000000e+00   0.00000000e+00]
 [  0.00000000e+00   0.00000000e+00   0.00000000e+00   0.00000000e+00
    0.00000000e+00   0.00000000e+00   0.00000000e+00   0.00000000e+00
```

```
    0.00000000e+00  0.00000000e+00  0.00000000e+00  0.00000000e+00
    0.00000000e+00  0.00000000e+00  1.01070620e-01  0.00000000e+00
    0.00000000e+00  0.00000000e+00  0.00000000e+00  0.00000000e+00]
 [ 0.00000000e+00  0.00000000e+00  0.00000000e+00  0.00000000e+00
    0.00000000e+00  0.00000000e+00  0.00000000e+00  0.00000000e+00
    0.00000000e+00  0.00000000e+00  0.00000000e+00  0.00000000e+00
    0.00000000e+00  0.00000000e+00  0.00000000e+00  1.27954391e-01
    0.00000000e+00  0.00000000e+00  0.00000000e+00  0.00000000e+00]
 [ 0.00000000e+00  0.00000000e+00  0.00000000e+00  0.00000000e+00
    0.00000000e+00  0.00000000e+00  0.00000000e+00  0.00000000e+00
    0.00000000e+00  0.00000000e+00  0.00000000e+00  0.00000000e+00
    0.00000000e+00  0.00000000e+00  0.00000000e+00  0.00000000e+00
    8.22537775e-02  0.00000000e+00  0.00000000e+00  0.00000000e+00]
 [ 0.00000000e+00  0.00000000e+00  0.00000000e+00  0.00000000e+00
    0.00000000e+00  0.00000000e+00  0.00000000e+00  0.00000000e+00
    0.00000000e+00  0.00000000e+00  0.00000000e+00  0.00000000e+00
    0.00000000e+00  0.00000000e+00  0.00000000e+00  0.00000000e+00
    0.00000000e+00 -1.26576308e-04  0.00000000e+00  0.00000000e+00]
 [ 0.00000000e+00  0.00000000e+00  0.00000000e+00  0.00000000e+00
    0.00000000e+00  0.00000000e+00  0.00000000e+00  0.00000000e+00
    0.00000000e+00  0.00000000e+00  0.00000000e+00  0.00000000e+00
    0.00000000e+00  0.00000000e+00  0.00000000e+00  0.00000000e+00
    0.00000000e+00  0.00000000e+00  1.17317301e-03  0.00000000e+00]
 [ 0.00000000e+00  0.00000000e+00  0.00000000e+00  0.00000000e+00
    0.00000000e+00  0.00000000e+00  0.00000000e+00  0.00000000e+00
    0.00000000e+00  0.00000000e+00  0.00000000e+00  0.00000000e+00
    0.00000000e+00  0.00000000e+00  0.00000000e+00  0.00000000e+00
    0.00000000e+00  0.00000000e+00  0.00000000e+00  2.49941322e-05]]
```

附录 A Python 基础

Python 是由荷兰计算机学家 Guido van Rossum 于 20 世纪 90 年代设计的一门解释型的高级计算机语言。Python 提供了高级的数据结构,支持面向对象编程。Python 简单的语法和动态类型,以及解释型语言的本质,使它成为大多数平台上写脚本和快速开发应用的编程语言,随着版本的不断更新和语言新功能的添加,逐渐被用于独立的、大型项目的开发中。

Python 目前有两个大的版本,即 2. x 版和 3. x 版,也就是经常说的 Python 2 和 Python 3。目前官方已经不再支持 Python 2,它只是作为一个过渡版本存在,Python 2.7 被确定为最后一个 Python 2. x 版本。学习 Python 建议使用 Python 3。

Python 作为一门主流计算机高级语言,具有众多优点:

(1) 便于学习。Python 有相对较少的关键字,语法结构简单,初学者很容易接受。

(2) 方便阅读。Python 代码抽象性高,代码可读性强。

(3) 易于维护。Python 是脚本语言,它的成功在于它的源代码相当容易维护。

(4) 拥有一个广泛的标准库。Python 的最大优势之一是丰富的第三方库,支持跨平台,在 UNIX、Windows 和 Macintosh 上都能很好地运行。

(5) 支持互动模式。有了互动模式的支持,程序员可以从终端输入需要执行的代码并获得结果,以互动的模式测试和调试代码片断。

(6) 可移植性。基于其开放源代码特性,Python 已经移植(也就是使其工作)到许多平台。

(7) 可扩展性。如果程序员需要一段运行很快的关键代码,或者想要编写一些不愿开放的算法,就可以使用 C 或 C++完成那部分程序,然后从 Python 程序中调用。

(8) 支持数据库。Python 提供所有主要的商业数据库的接口。

(9) 支持 GUI 编程。Python 支持 GUI 可以创建和移植到许多系统。

(10) 支持嵌入。可以将 Python 嵌入 C/C++程序,让程序的用户获得"脚本化"的能力。

当然 Python 也有缺点,主要是程序运行速度不够快,因此对速度有要求的关键代码一般用 C 语言完成。总体而言,Python 是一门非常优秀且易于学习的高级计算机语言。

第 1 个 Python 程序,输出 Hello,World!,代码如下:

```
#附录 A/A-1.py
#输出 Hello, World!
print("Hello, World!")
```

输出如下：

```
Hello, World!
```

A.1 Python 开发环境

Python 标准库非常庞大，所提供的组件涉及范围十分广泛。这个库包含了多个内置模块（用 C 语言编写），Python 程序员必须依靠它们实现系统级功能，例如文件 I/O，此外还有大量以 Python 编写的模块，提供了日常编程中许多问题的标准解决方案。其中有些模块经过专门设计，通过将特定平台功能抽象化为平台中立的 API 来鼓励和加强 Python 程序的可移植性。

标准的 Python 安装包只包含内置模块和标准库。第三方库是由非 Python 官方的其他机构开发的具有特定功能的函数库，也称为包，其中含有若干模块，模块指包含函数的定义、类定义和常量等的 Python 源程序文件。

常用的 Python 开发环境包括 Python 官方自带的 IDLE、Anaconda、PyCharm、Eclipse 等。本书通过 Anaconda 提供的 Jupyter Notebook 讲解 Python 应用程序，但本书的代码也可以在其他开发环境中运行。

Anaconda 是一个开源的 Python 发行版本，其包含了 Conda、Python 等 180 多个科学包及其依赖项。Anaconda 支持 Windows、Linux 和 macOS 等常见操作系统，提供 Jupyter Notebook 和 Spyder 两个集成开发环境，深受广大教学科研人员和程序员喜爱。

Anaconda 安装很容易。首先打开 Anaconda 的官方网址 https://www.anaconda.com/，也可在搜索引擎中搜索并找到它的官网。在官网中找到 Products 菜单，菜单中罗列了 5 个不同的版本，分别是 Individual Edition、Commercial Edition、Team Edition、Enterprise Edition 和 Professional Services，其中 Individual Edition 是可以免费试用的版本，其他版本为付费版本。本书使用 Individual Edition。

Anaconda 作为 Python 的发行版，首先包含 Python 的解释器和标准库，此外还包括 Conda 及一大堆安装好的工具包，例如：NumPy、Pandas 等。Miniconda 只包括 Conda、Python，是 Anaconda 的简约版。Conda 是一个开源的包、环境管理器，可以用于在同一个机器上安装不同版本的软件包及其依赖，并能够在不同的环境之间切换。

A.2 Python 基础语法

默认情况下，Python 3 源码文件以 UTF-8 编码，所有字符串都是 Unicode 字符串。标识符第 1 个字符必须是字母表中字母或下画线。标识符的其他部分由字母、数字和下画线组成。标识符对大小写敏感。在 Python 3 中，可以用中文作为变量名，非 ASCII 标识符也是允许的。Python 3 有关键字，变量名称不能与关键字相同。输出关键字列表，代码如下：

```
#附录 A/A-2.py
#关键字列表
import keyword
print(keyword.kwlist)
```

输出如下：

```
['False', 'None', 'True', 'and', 'as', 'assert', 'async', 'await', 'break', 'class',
'continue', 'def', 'del', 'elif', 'else', 'except', 'finally', 'for', 'from', 'global',
'if', 'import', 'in', 'is', 'lambda', 'nonlocal', 'not', 'or', 'pass', 'raise', 'return',
'try', 'while', 'with', 'yield']
```

在 Python 3 程序中，用#表示单行注释，代码如下：

```
#这是一行注释
```

用#写在每一行注释开头，也可以用一对'''或者"""来包裹注释的内容，代码如下：

```
#这是第一行注释
#这是第二行注释
#或者

'''
这是多行注释，可以用一对'''
或者"""实现
'''
```

Python 使用缩进来表示代码块，不需要使用大括号{}。缩进的空格数是可变的，但是同一个代码块的语句必须包含相同的缩进空格数，代码如下：

```
if True:
    print ("True")
else:
    print ("False")
```

Python 通常在一行内写完一条语句，但如果语句很长，则可以使用反斜杠\实现多行语句，代码如下：

```
total = item_one + \
        item_two + \
        item_three
```

在[ ]、{ }或( )中的多行语句，不需要使用反斜杠\，代码如下：

```
total = ['item_one', 'item_two', 'item_three',
        'item_four', 'item_five']
```

A.2.1 Python 常用内置数据类型

在 Python 中，一切都可以称为对象，包括各种数据类型的内置对象和标准库与扩展库对象，自定义的函数和类也可称为对象。内置对象在 Python 启动之后就可以直接使用，不需要手工导入。常用的 Python 内置对象见表 A-1。

表 A-1 常用的 Python 内置对象

对象类型	类型名称	示例代码	解释说明
数值	int float complex	1,33,56745 3.14159 3.4−5.6j,−8j	不限制数值大小，支持复数运算
字符串	str	'abcd' "This is a book." '''He said,"Let's go" ''' r'd: \abc.exe'	字符串使用单引号、双引号和三引号作为定界符。前面加字母 r 或 R 表示原始字符，不转义
字节串	Bytes	b'hello world' b'byebye'	以字母 b 开头
列表	list	[1,2,3,4] [1,[2],[],[222]]	所有元素放入括号内，元素之间用逗号分隔。元素可以是任意类型
元组	tuple	(1,2,3,4) ('a','b','c') (1,)	所有元素放入括号内，元素之间用逗号分隔。元素可以是任意类型
字典	dict	{'a': (1,2,3),'b': 3}	所有元素放入大括号内，元素之间用逗号分隔。元素形式为键-值对，其中键不可重复，值为任意类型
集合	set	{'apple','banana','orange'} {'a','b',2,3,[]}	所有元素放入大括号内，元素之间用逗号分隔。元素可以是任意类型且不能重复
布尔型	bool	True,False	逻辑值，首字母大写
空类型	NoneType	None	空值，首字母大写

在编写程序时，必须用变量来保存数据。变量可以理解为表示某种类型的数据，即由机器操作的对象。变量中包含存储在内存中的值，这就意味着在创建变量时会在内存中开辟一个空间。基于变量的数据类型，解释器会分配指定内存，并决定什么数据可以被存储在内存中，因此，变量可以指定不同的数据类型，这些变量可以存储整数、小数或字符。Python 是动态类型编程语言，变量的值和类型随时可以发生改变。虽然 Python 变量的类型是随时可以变化的，但每个变量在某一时刻的类型都是确定的，从这个角度来看，Python 是强类型编程语言。

A.2.2 变量的赋值

Python 中的变量赋值不需要类型声明。每个变量在内存中创建，都包括变量的标识、名称和数据等信息。每个变量在使用前都必须赋值，变量赋值以后该变量才会被创建。用 print 语句可以打印已经赋值的变量，查看它的值。对于不再使用的变量，可以使用 del 语句将其删除。等号“=”用来给变量赋值。等号“=”运算符左边是一个变量名,等号“=”运算符右边是存储在变量中的值,示例代码如下:

```
#附录 A/A-3.py
counters = 1020 #赋值整型变量
miles = 90.0 #浮点型
name = "Jack" #字符串
print(counter)
print(miles)
print(name)
```

输出如下:

```
1020
90.0
Jack
```

Python 允许同时为多个变量赋值,示例代码如下:

```
a = b = c = 100
```

也可以为多个对象指定多个变量,示例代码如下:

```
a, b, c = 1, 2, "Rose"
```

A.2.3 数字类型 Numbers

Numbers 是数字和数值的意思。Numbers 数据类型用于存储数值。它们是不可改变的数据类型,这意味着改变数字数据类型会分配一个新的对象。当指定一个值时,Numbers 对象就会被创建,示例代码如下:

```
a = 1
b = 10
```

可以使用 del 语句删除一些对象,示例代码如下:

```
del a, b
```

Python 支持 4 种不同的数字类型,分别是 int(有符号整型)、long(长整型,也可以代表八进制和十六进制)、float(浮点型)、complex(复数),示例代码如下:

```
a = 19
b = 51924361L
c = 3.14159
d = 3 + 3.4j
```

有时候需要对数据内置的类型进行转换，数据类型的转换，只需将数据类型作为函数名。int(x)将 x 转换为一个整数。float(x)将 x 转换为一个浮点数。complex(x)将 x 转换为一个复数，实数部分为 x，虚数部分为 0。complex(x,y)将 x 和 y 转换为一个复数，实数部分为 x，虚数部分为 y。x 和 y 是数值表达式，示例代码如下：

```
a = 1.1234
print(int(a))
print(complex(a))
```

输出如下：

```
1
(1.1234 + 0j)
```

Python 解释器可以作为一个简单的计算器，用户可以在解释器里输入一个表达式，它将输出表达式的值。表达式的语法很简单：+、-、* 和/。Python 可以使用 ** 操作进行幂运算，示例代码如下：

```
a = 1.1234
print(a ** 2)
print(a + 3)
print(a/4)
```

输出如下：

```
1.26202756
4.1234
0.2808
```

常用的数学函数在 Python 的 math 库中有对应的实现，见表 A-2。

表 A-2 Python 常用的数学函数

函数名	解释说明
abs(x)	绝对值函数
ceil(x)	返回数值向上取整的值，例如 math.ceil(4.3) = 5
exp(x)	指数函数
floor(x)	返回数值向下取整的值，例如 math.ceil(4.3) = 4
log(x)	自然对数函数
max(x1,x2,...)	返回给定参数的最大值，参数可以为序列
min(x1,x2,...)	返回给定参数的最小值，参数可以为序列
pow(x,y)	返回 x 的 y 次方
round(x,n)	四舍五入保留 n 位有效数字
sqrt(x)	返回数字 x 的平方根
cos(x)	返回 x 的弧度的余弦值
sin(x)	返回 x 弧度的正弦值

续表

函 数 名	解 释 说 明
tan(x)	返回 x 弧度的正切值
acos(x)	返回 x 的反余弦弧度值
asin(x)	返回 x 的反正弦弧度值
atan(x)	返回 x 的反正切弧度值
degrees(x)	将弧度转换为角度,如 degrees(math.pi/2),返回 90.0
radians(x)	将角度转换为弧度
choice(seq)	从序列的元素中随机挑选一个元素,如 random.choice(range(10)),从 0~9 中随机挑选一个整数
randrange ([start,] stop [,step])	从指定范围内,按指定基数递增的集合中获取一个随机数,基数默认值为 1
random()	随机生成下一个实数,它在[0,1)
seed([x])	改变随机数生成器的种子 seed。如果不了解其原理,就不必特别去设定 seed,Python 会自动选择 seed
shuffle(lst)	将序列的所有元素随机排序
uniform(x,y)	随机生成下一个实数,它在[x,y]
pi	数学常量 pi(圆周率,一般以 π 来表示)
e	数学常量 e,即自然对数的底数(自然常数)

A.2.4 字符串类型 String

字符串或串(String)是由数字、字母、下画线组成的一串字符,示例代码如下:

```
s = 'abcdefg'
```

它是编程语言中表示文本的数据类型。Python 的字符串列表有两种取值顺序:从左到右索引,默认从 0 开始,最大范围比字符串长度少 1;从右到左索引,默认从 −1 开始,最大范围是字符串开头,即字符串长度的相反数。如果要实现从字符串中获取一段子字符串,可以使用[头下标:尾下标]来截取相应的字符串,其中下标从 0 开始算起,可以是正数或负数,下标可以为空,表示取到头或尾。[头下标:尾下标]获取的子字符串包含头下标的字符,但不包含尾下标的字符,示例代码如下:

```
s = 'abcdef'
print(s[1:5])
```

输出如下:

```
bcde
```

当使用以冒号分隔字符串时,Python 返回一个新的对象,结果包含了这对偏移标识的连续的内容,左边的开始位置包含了下边界。上面的结果包含了 s[1]的值 b,而取到的最大范围不包括尾下标,即不包括 s[5]的值 f。

加号(＋)是字符串连接运算符,星号(＊)是重复操作,示例代码如下:

```
str = 'Hello World! '
print(str)                                  #输出完整字符串
print(str * 2)                              #输出字符串两次
print(str + "TEST")                         #输出连接的字符串
```

输出如下:

```
Hello World!
Hello World! Hello World!
Hello World! TEST
```

Python 字符串截取可以接收第 3 个参数,此参数表示截取的步长,以下实例在索引 1 到索引 4 的位置并将步长设置为 2(间隔一个位置)来截取字符串,示例代码如下:

```
str = 'abcdefghijklmn! '
print(str[0: - 1:2])
```

输出如下:

```
acegikm
```

常用的字符串函数见表 A-3。

表 A-3 Python 常用的字符串函数

函 数 名	解 释 说 明
capitalize()	将字符串的第 1 个字符转换为大写
center(width,fillchar)	返回一个指定的宽度 width 且居中的字符串,fillchar 为填充的字符,默认为空格
count(str,beg= 0,end= len(string))	返回 str 在 string 里面出现的次数,如果用 beg 或者 end 指定,则返回指定范围内 str 出现的次数
Bytes. decode(encoding= "utf-8",errors= "strict")	Python 3 中没有 decode 方法,但可以使用 Bytes 对象的 decode()方法来解码给定的 Bytes 对象,这个 Bytes 对象可以由 str. encode()来编码返回
encode(encoding= 'UTF-8', errors= 'strict')	以 encoding 指定的编码格式编码字符串,如果出错,则默认报一个 ValueError 的异常,除非 errors 指定的是'ignore'或者'replace'
endswith(suffix,beg=0, end=len(string))	检查字符串是否以 obj 结束,如果用 beg 或者 end 指定,则检查指定的范围内是否以 obj 结束,如果是,返回值为 True,否则返回值为 False
expandtabs(tabsize=8)	把字符串 string 中的 tab 符号转换为空格,tab 符号表示默认空格数是 8
find(str,beg=0,end= len(string))	检测 str 是否包含在字符串中,如果指定范围 beg 和 end,则检查是否包含在指定范围内,如果包含,则返回索引值,否则返回－1
index(str,beg=0,end= len(string))	跟 find()方法一样,只不过如果 str 不在字符串中,则会报一个异常

续表

函 数 名	解释说明
isalnum()	如果字符串至少有一个字符并且所有字符都是字母或数字，则返回值为True，否则返回值为False
isalpha()	如果字符串至少有一个字符并且所有字符都是字母或中文字，则返回值为True，否则返回值为False
isdigit()	如果字符串只包含数字，则返回值为True，否则返回值为False
islower()	如果字符串中包含至少一个区分大小写的字符，并且所有这些(区分大小写的)字符都是小写，则返回值为True，否则返回值为False
isnumeric()	如果字符串中只包含数字字符，则返回值为True，否则返回值为False
isspace()	如果字符串中只包含空白，则返回值为True，否则返回值为False
istitle()	如果字符串是标题化的(见title())，则返回值为True，否则返回值为False
isupper()	如果字符串中包含至少一个区分大小写的字符，并且所有这些(区分大小写的)字符都是大写，则返回值为True，否则返回值为False
join(seq)	以指定字符串作为分隔符，将seq中所有的元素(字符串表示)合并为一个新的字符串
len(string)	返回字符串长度
ljust(width[,fillchar])	返回一个原字符串左对齐，并使用fillchar填充至长度width的新字符串，fillchar默认为空格
lower()	将字符串中所有大写字符转换为小写
lstrip()	截掉字符串左边的空格或指定字符
maketrans()	创建字符映射的转换表，对于接收两个参数的最简单的调用方式，第1个参数是字符串，表示需要转换的字符，第2个参数也是字符串，表示转换的目标
max(str)	返回字符串str中最大的字母
min(str)	返回字符串str中最小的字母
replace(old,new[max])	将字符串中的old替换成new，如果max指定，则替换不超过max次
rfind(str,beg=0,end=len(string))	类似于find()函数，不过是从右边开始查找
rindex(str,beg=0,end=len(string))	类似于index()函数，不过是从右边开始
rjust(width,[,fillchar])	返回一个原字符串右对齐，并使用fillchar(默认空格)填充至长度width的新字符串
rstrip()	删除字符串末尾的空格或指定字符
split(str="",num=string.count(str))	以str为分隔符截取字符串，如果num有指定值，则仅截取num+1个子字符串
splitlines([keepends])	按照行('\r','\r\n','\n')分隔，返回一个包含各行作为元素的列表，如果参数keepends为False，则表示不包含换行符，如果值为True，则保留换行符
startswith(substr,beg=0,end=len(string))	检查字符串是否是以指定子字符串substr开头，是则返回值为True，否则返回值为False。如果用beg和end指定值，则在指定范围内检查
strip([chars])	在字符串上执行lstrip()和rstrip()

续表

函　数　名	解释说明
swapcase()	将字符串中大写转换为小写，将小写转换为大写
title()	返回"标题化"的字符串，就是说所有单词都是以大写开始，其余字母均为小写(见 istitle())
translate(table,deletechars="")	根据 str 给出的表(包含 256 个字符)转换 string 的字符，要过滤掉的字符放到 deletechars 参数中
upper()	将字符串中的小写字母转换为大写
zfill (width)	返回长度为 width 的字符串，原字符串右对齐，前面填充 0
isdecimal()	检查字符串是否只包含十进制字符，如果是，则返回值为 True，否则返回值为 False

A.3　Python 标准数据类型

A.3.1　Python 标准数据类型：列表

List(列表)是 Python 中使用最频繁的数据类型之一。列表可以完成大多数集合类的数据结构实现。它支持字符、数字、字符串甚至可以包含列表(嵌套)。列表用[ ]标识，是 Python 最通用的复合数据类型。列表中值的切割用变量[头下标：尾下标]就可以截取相应的列表，从左到右索引，默认从 0 开始，从右到左索引，默认从 -1 开始，下标可以为空，表示取到头或尾，示例代码如下：

```
#附录 A/A-4.py
list = ['runoob', 786, 2.23, 'john', 70.2]
tinylist = [123, 'john']
print(list)                              #输出完整列表
print(list[0])                           #输出列表的第 1 个元素
print(list[1:3])                         #输出第 2 个至第 3 个元素
print(list[2:])                          #输出从第 3 个开始至列表末尾的所有元素
print(tinylist * 2)                      #输出列表两次
print(list + tinylist)                   #打印组合的列表
```

输出如下：

```
['runoob', 786, 2.23, 'john', 70.2]
runoob
[786, 2.23]
[2.23, 'john', 70.2]
[123, 'john', 123, 'john']
['runoob', 786, 2.23, 'john', 70.2, 123, 'john']
```

可以对列表的数据项进行修改或更新，也可以使用 append()方法来添加列表项，示例代码如下：

```
#附录 A/A-5.py
list = ['Google', 'Runoob', 1997, 2000]
print("第3个元素为 ", list[2])
list[2] = 2001
print ("更新后的第3个元素为 ", list[2])
list1 = ['Google', 'Runoob', 'Taobao']
list1.append('Baidu')
print("更新后的列表为 ", list1)
```

输出如下：

```
第3个元素为 1997
更新后的第3个元素为 2001
更新后的列表为 ['Google', 'Runoob', 'Taobao', 'Baidu']
```

可以使用 del 语句来删除列表的元素，示例代码如下：

```
#附录 A/A-6.py
list = ['Google', 'Runoob', 1997, 2000]
print ("原始列表为 ", list)
del list[2]
print ("删除第3个元素后的列表为 ", list)
```

输出如下：

```
原始列表为 ['Google', 'Runoob', 1997, 2000]
删除第3个元素后的列表为 ['Google', 'Runoob', 2000]
```

列表中+和*操作符的用法与字符串中的用法相似。+号用于组合列表，*号用于重复列表，示例代码如下：

```
#附录 A/A-7.py
print(len([1, 2, 3]))
print([1, 2, 3] + [4, 5, 6])
print(['Hi!'] * 4)
print(3 in [1, 2, 3])
for x in [1, 2, 3]: print(x, end=" ")
```

输出如下：

```
3
[1, 2, 3, 4, 5, 6]
['Hi!', 'Hi!', 'Hi!', 'Hi!']
True
1 2 3
```

常用的 list 函数见表 A-4。

表 A-4　Python 常用的 list 函数

函数名	解释说明
list.append(obj)	在列表末尾添加新的对象
list.count(obj)	统计某个元素在列表中出现的次数
list.extend(seq)	在列表末尾一次性追加另一个序列中的多个值(用新列表扩展原来的列表)
list.index(obj)	从列表中找出某个值第 1 个匹配项的索引位置
list.insert(index,obj)	将对象插入列表
list.pop([index=-1])	移除列表中的一个元素(默认最后一个元素),并且返回该元素值
list.remove(obj)	移除列表中某个值的第 1 个匹配项
list.reverse()	反向排序列表中元素
list.sort(key=None, reverse=False)	对原列表进行排序
list.clear()	清空列表
list.copy()	复制列表

A.3.2　Python 标准数据类型：元组

元组是另一种数据类型,类似于 List(列表)。元组用( )标识。内部元素用逗号隔开,但是元组不能二次赋值,相当于只读列表,示例代码如下：

```
#附录 A/A-7.py
tuple = ( 'runoob', 786 , 2.23, 'john', 70.2 )
tinytuple = (123, 'john')
print tuple                                 #输出完整元组
print tuple[0]                              #输出元组的第 1 个元素
print tuple[1:3]                            #输出第 2 个至第 4 个(不包含)元素
print tuple[2:]                             #输出从第 3 个开始至列表末尾的所有元素
print tinytuple * 2                         #输出元组两次
print tuple + tinytuple                     #打印组合的元组
```

输出如下：

```
('runoob', 786, 2.23, 'john', 70.2)
runoob
(786, 2.23)
(2.23, 'john', 70.2)
(123, 'john', 123, 'john')
('runoob', 786, 2.23, 'john', 70.2, 123, 'john')
```

元组可以使用下标索引访问元组中的值,示例代码如下：

```
#附录 A/A-8.py
tup1 = ('Google', 'Runoob', 1997, 2000)
tup2 = (1, 2, 3, 4, 5, 6, 7 )
print ("tup1[0]: ", tup1[0])
print ("tup2[1:5]: ", tup2[1:5])
```

输出如下：

```
tup1[0]: Google
tup2[1:5]: (2, 3, 4, 5)
```

元组中的元素值是不允许修改的，但可以对元组进行连接组合，示例代码如下：

```
#附录 A/A-9.py
tup1 = (12, 34.56)
tup2 = ('abc', 'xyz')
#以下修改元组中元素的操作是非法的
#tup1[0] = 100
#创建一个新的元组
tup3 = tup1 + tup2
print (tup3)
```

输出如下：

```
(12, 34.56, 'abc', 'xyz')
```

元组中的元素值是不允许删除的，但可以使用 del 语句来删除整个元组，示例代码如下：

```
tup = ('Google', 'Runoob', 1997, 2000)
print (tup)
del tup
```

与字符串一样，元组之间可以使用+号和 * 号进行运算。这就意味着它们可以组合和复制，运算后会生成一个新的元组，示例代码如下：

```
#附录 A/A-10.py
print(len((1, 2, 3)))
print((1, 2, 3) + (4, 5, 6))
print(('Hi!',) * 4)
print(3 in (1, 2, 3))
for x in (1, 2, 3): print (x,)
```

输出如下：

```
3
(1, 2, 3, 4, 5, 6)
('Hi!', 'Hi!', 'Hi!', 'Hi!')
True
1
2
3
```

元组也是一个序列，所以可以访问元组中的指定位置的元素，也可以截取索引中的一段元素，示例代码如下：

```
#附录 A/A-11.py
tup = ('Google', 'alibaba', 'Taobao', 'Wiki', 'Weibo','Weixin')
print(tup[1])
print(tup[-2])
print(tup[1:])
print(tup[1:4])
```

输出如下：

```
alibaba
Weibo
('alibaba', 'Taobao', 'Wiki', 'Weibo', 'Weixin')
('alibaba', 'Taobao', 'Wiki')
```

常用的 tuple 函数见表 A-5。

表 A-5　Python 常用的 tuple 函数

函　数　名	解 释 说 明
len(tuple)	计算元组中元素的个数
max(tuple)	返回元组中元素的最大值
min(tuple)	返回元组中元素的最小值
tuple(iterable)	将可迭代系列转换为元组

A.3.3　Python 标准数据类型：字典

字典(dictionary)是除列表以外 Python 之中最灵活的内置数据结构类型。列表是有序的对象集合，字典是无序的对象集合。两者之间的区别在于：字典当中的元素是通过键来存取的，而不是通过偏移存取。字典用“{ }”标识。字典由索引(key)和它对应的值(value)组成，示例代码如下：

```
#附录 A/A-12.py
dict = {}
dict['one'] = "This is one"
dict[2] = "This is two"
tinydict = {'name': 'alibaba','code':6734, 'dept': 'sales'}
print(dict['one'])                  #输出键为'one'的值
print(dict[2])                      #输出键为 2 的值
print(tinydict)                     #输出完整的字典
print(tinydict.keys())              #输出所有键
print(tinydict.values())            #输出所有值
```

输出如下：

```
This is one
This is two
{'dept': 'sales', 'code': 6734, 'name': 'alibaba'}
['dept', 'code', 'name']
['sales', 6734, 'alibaba']
```

字典的键必须是唯一的，但值则不必。值可以取任何数据类型，但键必须是不可变的，如字符串、数字。向字典添加新内容的方法是增加新的键-值对，可修改或删除已有键-值对，示例代码如下：

```
#附录 A/A-13.py
dict = {'Name': 'Runoob', 'Age': 7, 'Class': 'First'}
dict['Age'] = 8                    #更新 Age
dict['School'] = "这本书"          #添加信息
print ("dict['Age']: ", dict['Age'])
print ("dict['School']: ", dict['School'])
```

输出如下：

```
dict['Age']: 8
dict['School']: 这本书
```

字典的删除功能，能删除单一的元素也能清空字典，清空只需一项操作。删除一个字典用 del 命令，示例代码如下：

```
dict = {'Name': 'Ali', 'Age': 7, 'Class': 'First'}
del dict['Name']                #删除键 'Name'
dict.clear()                    #清空字典
del dict                        #删除字典
```

常用的 dict 函数见表 A-6。

表 A-6 Python 常用的 dict 函数

函 数 名	解 释 说 明
dict.clear()	删除字典内所有的元素
dict.copy()	返回一个字典的浅复制
dict.fromkeys()	创建一个新字典，以序列中的元素作为字典的键，值为字典所有键对应的初始值
dict.get(key,default=None)	返回指定键的值，如果键不在字典中，则返回 default 设置的默认值
key in dict	如果键在字典 dict 里，则返回值为 True，否则返回值为 False
dict.items()	以列表返回一个视图对象
dict.keys()	返回一个视图对象
dict.setdefault(key,default = None)	如果 key 在字典中，则返回对应的值。如果不在字典中，则插入 key 及设置的默认值 default，并返回 default，default 默认值为 None

续表

函 数 名	解 释 说 明
dict.update(dict2)	把字典 dict2 的键-值对更新到 dict 里
dict.values()	返回一个视图对象
dict.pop(key [,default])	删除字典给定键 key 所对应的值,返回值为被删除的值。key 值必须给出。否则,返回 default 值
dict.popitem()	返回一个键-值对(key,value),按照 LIFO(Last In First Out,后进先出)顺序规则,即最末尾的键-值对

A.3.4 Python 标准数据类型:集合

集合(set)是由一个或数个形态各异的大小整体组成的,构成集合的事物或对象称作元素或成员。基本功能是进行成员关系测试和删除重复元素。可以使用大括号{ }或者 set()函数创建集合。注意,创建一个空集合必须用 set()而不是{ },因为{ }用来创建一个空字典,示例代码如下:

```
#附录 A/A-14.py
sites = {'Google', 'Taobao', 'Ali', 'Facebook', 'Zhihu', 'Baidu'}
print(sites)                    #输出集合,重复的元素被自动去掉
#成员测试
if 'Ali' in sites :
    print('Ali 在集合中')
else :
    print('Ali 不在集合中')

#set 可以进行集合运算
a = set('abracadabra')
b = set('alacazam')
print(a)
print(a - b)                    #a 和 b 的差集
print(a | b)                    #a 和 b 的并集
print(a & b)                    #a 和 b 的交集
print(a ^ b)                    #a 和 b 中不同时存在的元素
```

输出如下:

```
{'Zhihu', 'Baidu', 'Taobao', 'Ali', 'Google', 'Facebook'}
Ali 在集合中
{'b', 'c', 'a', 'r', 'd'}
{'r', 'b', 'd'}
{'b', 'c', 'a', 'z', 'm', 'r', 'l', 'd'}
{'c', 'a'}
{'z', 'b', 'm', 'r', 'l', 'd'}
```

要向集合中增加元素,可以使用 add()和 update()方法,示例代码如下:

```
#附录 A/A-15.py
thisset = set(("Google", "Baidu", "Taobao"))
thisset.add("Facebook")
print(thisset)
thisset = set(("Google", "Ali", "Taobao"))
thisset.update({1,3})
print(thisset)
```

输出如下：

```
{'Baidu', 'Google', 'Facebook', 'Taobao'}
{1, 3, 'Taobao', 'Google', 'Ali'}
```

删除集合中的元素，可以使用 remove()和 discard()方法，示例代码如下：

```
#附录 A/A-16.py
thisset = set(("Google", "Ali", "Taobao"))
thisset.remove("Taobao")
print(thisset)
thisset = set(("Google", "Baidu", "Taobao"))
thisset.discard("Facebook")                    #不存在不会发生错误
print(thisset)
```

输出如下：

```
{'Google', 'Ali'}
{'Baidu', 'Google', 'Taobao'}
```

常用的 set 函数见表 A-7。

表 A-7 Python 常用的 set 函数

函数名	解释说明
add()	为集合添加元素
clear()	移除集合中的所有元素
copy()	复制一个集合
difference()	返回多个集合的差集
difference_update()	移除集合中的元素，该元素在指定的集合也存在
discard()	删除集合中指定的元素
intersection()	返回集合的交集
intersection_update()	返回集合的交集
isdisjoint()	判断两个集合是否包含相同的元素，如果没有，则返回 True，否则返回 False
issubset()	判断指定集合是否为该方法参数集合的子集
issuperset()	判断该方法的参数集合是否为指定集合的子集
pop()	随机移除元素
remove()	移除指定元素
symmetric_difference()	返回两个集合中不重复的元素集合

续表

函 数 名	解 释 说 明
symmetric_difference_update()	移除当前集合中在另外一个指定集合中相同的元素,并将另外一个指定集合中不同的元素插入当前集合中
union()	返回两个集合的并集
update()	给集合添加元素

A.4 Python 中的条件语句和循环语句

A.4.1 Python 条件语句

Python 条件语句是通过一条或多条语句的执行结果(True 或者 False)决定执行的代码块。Python 中条件语句的一般形式如下:

```
if condition_1:
    statement_block_1
elif condition_2:
    statement_block_2
else:
    statement_block_3
```

如果"condition_1"为 True,则将执行"statement_block_1"块语句;如果"condition_1"为 False,则将判断"condition_2";如果"condition_2"为 True,则将执行"statement_block_2"块语句;如果 "condition_2"为 False,则将执行"statement_block_3"块语句。Python 中用 elif 代替了 else if,所以 if 语句的关键字为 if-elif-else,示例代码如下:

```
#附录 A/A-17.py
var1 = 100
if var1:
    print ("if 表达式条件为 True")
    print (var1)
var2 = 0
if var2:
    print ("if 表达式条件为 True")
    print (var2)
print ("Good bye!")
```

输出如下:

```
if 表达式条件为 True
100
Good bye!
```

从结果可以看到由于变量 var2 为 0,所以对应的 if 内的语句没有执行。

每个条件后面要使用冒号,表示满足条件后要执行的语句块。使用缩进来划分语句块,相同缩进数的语句在一起组成一个语句块。在 Python 中没有 switch-case 语句。

对于较为复杂的条件语句,可以使用嵌套结构。在嵌套 if 语句中,可以把 if…elif…else 结构放在另外一个 if…elif…else 结构中,语法如下:

```
if 表达式 1:
    语句
    if 表达式 2:
        语句
    elif 表达式 3:
        语句
    else:
        语句
elif 表达式 4:
    语句
else:
    语句
```

示例代码如下:

```
#附录 A/A-18.py
num = int(input("输入一个数字:"))
if num % 2 == 0:
    if num % 3 == 0:
        print ("你输入的数字可以整除 2 和 3")
    else:
        print ("你输入的数字可以整除 2,但不能整除 3")
else:
    if num % 3 == 0:
        print ("你输入的数字可以整除 3,但不能整除 2")
    else:
        print ("你输入的数字不能整除 2 和 3")
```

如果输入的数字是 18,则输出如下:

```
输入一个数字:18
你输入的数字可以整除 2 和 3
```

A.4.2 Python 循环语句

Python 中的循环语句有 while 语句和 for 语句。Python 中 while 语句的一般形式如下:

```
while 判断条件(condition):
    执行语句(statements)…
```

同样需要注意冒号和缩进。另外,与 C 语言不同的是在 Python 中没有 do…while 循环。例如下面使用 while 来计算 1～100 的总和，示例代码如下：

```
#附录 A/A-19.py
n = 100
sum = 0
counter = 1
while counter <= n:
    sum = sum + counter
    counter += 1

print("1 到 %d 之和为 %d" % (n,sum))
```

输出如下：

```
1 到 100 之和为 5050
```

可以通过设置条件表达式永远不为 False 实现无限循环，示例代码如下：

```
#附录 A/A-20.py
var = 1
while var == 1 : #表达式永远为 True
   num = int(input("输入一个数字:"))
   print ("你输入的数字是: ", num)

print ("Good bye!")
```

输出如下：

```
输入一个数字:5
你输入的数字是: 5
输入一个数字:
```

while 循环也可以搭配 case 语句，如果 while 后面的条件语句为 False，则执行 else 的语句块，语法如下：

```
while <expr>:
    <statement(s)>
else:
    <additional_statement(s)>
```

示例代码如下：

```
#附录 A/A-21.py
count = 0
while count < 5:
   print (count, " 小于 5")
   count = count + 1
else:
   print (count, " 大于或等于 5")
```

输出如下：

```
0 小于 5
1 小于 5
2 小于 5
3 小于 5
4 小于 5
5 大于或等于 5
```

另一种循环语句是 for 语句。Python for 循环可以遍历任何可迭代对象，如一个列表或者一个字符串。for 循环的一般格式如下：

```
for <variable> in <sequence>:
   <statements>
else: <statements>
```

示例代码如下：

```
#附录 A/A-22.py
languages = ["C", "C++", "Perl", "Python"]
for x in languages:
     print (x)
```

输出如下：

```
C
C++
Perl
Python
```

如果在循环中加入条件终止循环，可以使用 break 语句，用于跳出当前循环体，在以下例子中使用了 break 语句，示例代码如下：

```
#附录 A/A-23.py
sites = ["Baidu", "Google","Ali","Taobao"]
for site in sites:
    if site == "Ali":
        print("阿里巴巴!")
        break
    print("循环数据 " + site)
else:
    print("没有循环数据!")
print("完成循环!")
```

输出如下：

```
循环数据 Baidu
循环数据 Google
阿里巴巴!
完成循环!
```

continue 语句与 break 语句不同，break 语句可以跳出 for 和 while 的循环体。如果从 for 或 while 循环中终止，则任何对应的循环 else 块将不执行，而 continue 语句被用来告诉 Python 跳过当前循环块中的剩余语句，然后继续进行下一轮循环，示例代码如下：

```
#附录 A/A-24.py
n = 5
while n > 0:
    n -= 1
    if n == 2:
        break
    print(n)
print('循环结束.')
```

使用 break 语句，输出如下：

```
4
3
循环结束.
```

使用 continue 语句，示例代码如下：

```
#附录 A/A-25.py
n = 5
while n > 0:
    n -= 1
    if n == 2:
        continue
    print(n)
print('循环结束.')
```

使用 continue 语句，输出如下：

```
4
3
1
0
循环结束.
```

循环语句可以有 else 语句，它在穷尽列表（以 for 循环）或条件变为 False（以 while 循环）导致循环终止时被执行，但循环被 break 终止时不执行。例如下面的例子用于查询质数，代码如下：

```
#附录 A/A-26.py
for n in range(2, 10):
    for x in range(2, n):
        if n % x == 0:
            print(n, '等于', x, '*', n//x)
            break
    else:
        #循环中没有找到元素
        print(n, '是质数')
```

输出如下：

```
2 是质数
3 是质数
4 等于 2 * 2
5 是质数
6 等于 2 * 3
7 是质数
8 等于 2 * 4
9 等于 3 * 3
```

Python pass 是空语句,此语句为了保持程序结构的完整性。pass 不做任何事情,一般用作占位语句,示例代码如下：

```
#附录 A/A-27.py
for letter in 'Alibaba':
   if letter == 'i':
      pass
      print ('执行 pass 块')
   print ('当前字母:', letter)

print ("Good bye!")
```

输出如下：

```
当前字母: A
当前字母: l
执行 pass 块
当前字母: i
当前字母: b
当前字母: a
当前字母: b
当前字母: a
Good bye!
```

附录 B 微积分基础

微积分是概率论的基础，对于学习连续型随机变量、中心极限定理和数理统计至关重要。传统的高等数学课程是通过板书进行的，侧重于数学理论的讲授和公式的推导，练习多涉及繁复的计算。此附录利用 Python 解决大多数微积分中的复杂计算问题。

B.1 映射、函数与极限

函数关系就是变量之间的依赖关系，它是微积分的基础。学习函数先从基本概念入手。

B.1.1 集合

集合是具有某种特性的事物的总体，在微积分中遇到最多的集合就是数集，或称为点集。

声明一个点集的常用方法是通过 Python 列表，示例代码如下：

```
#附录 B/B-1.py
a = [1,2,3,4]
```

但是这种声明方法不方便计算，特别是汇总计算，例如均值、方差等。故可以改用 NumPy 中的数组实现，数组支持多种函数对集合元素进行加工，示例代码如下：

```
#附录 B/B-2.py
import numpy as np
a = [1, 2, 3, 4]
arr = np.array(a)
#求和、平均值、方差等
print('和:', arr.sum())
print('平均:', arr.mean())
print('方差:', arr.var())
```

输出如下：

```
和: 10
平均: 2.5
方差: 1.25
```

集合的基本运算有以下几种：取交集、取并集、取差集。交集、并集和差集的定义很容易理解，交集指的是同时属于两个集合的元素，并集指的是至少属于两者之一的元素，差集指的是属于前一个集合，但不属于后一个集合的元素，示例代码如下：

```
#附录 B/B-3.py
import numpy as np
a1 = [1, 2, 3, 4]
a2 = [2, 4, 66, 88]
arr1 = np.array(a1)
arr2 = np.array(a2)
print('交集:', np.intersect1d(arr1, arr2))
print('并集:', np.union1d(arr1, arr2))
print('差集:', np.setdiff1d(arr1, arr2))
```

输出如下：

```
交集: [2 4]
并集: [ 1 2 3 4 66 88]
差集: [1 3]
```

B.1.2 映射与函数

映射就是一个对应法则。设 X 和 Y 是两个非空集合，如果存在一个对应法则 f，使对 X 中的每个元素 x 在 Y 中有唯一确定的元素 y 与之对应，则称 f 为从 X 到 Y 的映射，记作 $f: X \to Y$。其中 y 称为元素 x 的像，记作 $y=f(x)$，而元素 x 称为元素 y 的一个原像。

微积分中常用的映射是数集到数集的映射，也就是函数。设数集 $D \subset R$，则称映射 $f: D \to R$ 为定义在 D 上的函数，通常简记为 $y=f(x)$。因变量 y 与自变量 x 之间的这种依赖关系通常称为函数关系。函数定义的示例代码如下：

```
#附录 B/B-4.py
import numpy as np
a = [1, 2, 3, 4]
x = np.array(a)
print('自变量:', x)
f = lambda t: t ** 2 + 1
print('函数值:', f(x))
```

输出如下：

```
自变量: [1 2 3 4]
函数值: [ 2 5 10 17]
```

为了形象地表示函数，有时需要绘制函数的图像。函数的图像是把函数的自变量和函数值逐个描在二维平面上，以下作一个正弦函数在$[0, 2\pi]$周期上取值的图像，示例代码如下：

```
#附录 B/B-5.py
import numpy as np
import matplotlib.pyplot as plt
x = np.linspace(0, 2 * np.pi, 100)
y = np.sin(x)
plt.plot(x, y)
plt.tick_params(direction = 'in')
```

输出图像如图 B-1 所示。

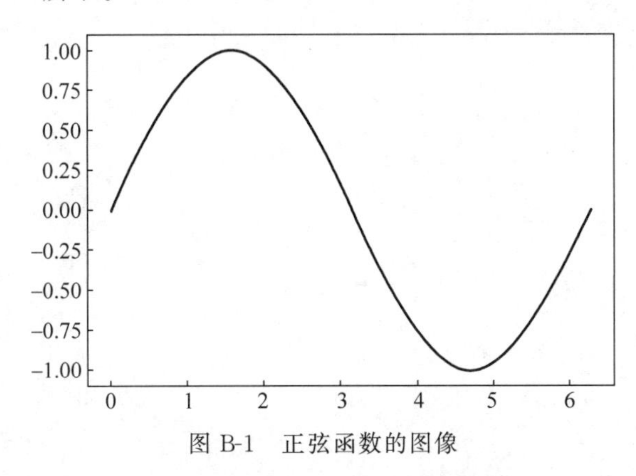

图 B-1 正弦函数的图像

常用的数学函数在 NumPy 库中有实现,稍微复杂的函数可以通过匿名函数 lambda 来定义。还有些函数的定义是分段的,称为分段函数,也就是说自变量在不同的变化范围中,对应法则用不同的式子来表示。例如

$$y=f(x)=\begin{cases}x+1, & x\leqslant 1\\ x^2-5, & x>1\end{cases}$$

这就是一个分段函数,它在不同的定义域有不同的映射法则,示例代码如下:

```
#附录 B/B-6.py
import numpy as np
x = np.array([1, -23, 0, 44, -12])
print('自变量为', x)
y = np.piecewise(x, [x <= 1, x > 1], [lambda t: t + 1, lambda t: t ** 2 - 5])
print('函数值为', y)
```

输出如下:

```
自变量为 [  1   -23  0  44   -12]
函数值为 [  2   -22  1  1931   -11]
```

除了使用 piecewise 函数,还可以使用函数的向量化实现分段函数,示例代码如下:

```
#附录 B/B-7.py
import numpy as np
def f(x):
```

```
    if x <= 1:
        return(x + 1)
    else:
        return(x ** 2 - 5)

fvec = np.vectorize(f)
x = np.array([1, -23, 0, 44, -12])
y = fvec(x)
print('自变量为', x)
print('函数值为', y)
```

输出如下：

```
自变量为 [   1   -23   0   44   -12]
函数值为 [   2   -22   1  1931  -11]
```

在此例中，定义分段函数使用def命令，然后将其向量化，就可以像使用NumPy中其他通用函数那样使用fvec了。

函数有复合的操作，即一个函数的值作为另一个函数的自变量，再构成新的函数值。在Python中，可以使用lambda匿名函数声明复合函数，示例代码如下：

```
#附录B/B-8.py
import numpy as np
f = lambda t: t + 2
g = lambda t: t ** 2
x = 4
y = g(f(x))
print('x的值为', x)
print('y = g(f(x)):', y)
```

输出如下：

```
x的值为 4
y = g(f(x)): 36
```

函数的加减乘除运算在Python中可直接写出，需要注意的是，为了方便向量化操作，要把函数用NumPy库中的vectorize函数向量化，或者直接使用NumPy库中的通用函数。NumPy库中包含了大部分常用的初等函数，它们是通用函数，可直接使用，示例代码如下：

```
#附录B/B-9.py
import numpy as np
x = np.array([1, 2, 3, 4])
y1 = np.sin(x)
y2 = np.exp(x)
print('函数之和:', y1 + y2)
print('函数之差:', y1 - y2)
print('函数之积:', y1 * y2)
print('函数之商:', y1 / y2)
```

输出如下：

```
函数之和：[ 3.55975281  8.29835353  20.22665693  53.84134754]
函数之差：[ -1.87681084  -6.47975867  -19.94441692  -55.35495253]
函数之积：[ 2.28735529  6.7188497  2.83447113  -41.32001618]
函数之商：[ 0.30955988  0.12306002  0.00702595  -0.01386132]
```

B.1.3 极限与连续

极限是高等数学的基础性概念，它源于实际问题中的无限逼近的思想。Python 中的 sympy 库提供计算极限的函数有 limit_seq 和 limit。limit_seq 用来计算数列的极限，limit 用来计算函数在某点处或者正负无穷处的极限。

数列是按照某一法则对应着的一列实数，可以看作自变量为正整数 n 的函数，当自变量 n 依次取值时，对应的函数值就排成数列。对于数列的极限而言，要研究的问题是，当 n 趋于无穷大时，对应的 x_n 能不能无限接近某个确定的数值，如果能，这个数值是多少？如果存在这样一个数 a，则称 x_n 收敛于 a，记作 $x_n \to a$，如果不存在这样的数，则称数列发散。

【例 B-1】 判断下面的数列的极限是否存在，如果存在，则计算数列的极限。

$$x_n = \frac{n+(-1)^n}{n}, \quad y_n = \frac{1}{n^2}, \quad z_n = \frac{3n+1}{2n+1}, \quad w_n = \frac{2^n-1}{3^n}$$

代码如下：

```
#附录 B/B-10.py
from sympy import *
n = symbols('n')
xn = (n + (-1) ** n) / n
yn = 1 / n ** 2
zn = (3 * n + 1) / (2 * n + 1)
wn = (2 ** n - 1) / 3 ** n
print('xn 的极限为', limit_seq(expr = xn, n = n))
print('yn 的极限为', limit_seq(expr = yn, n = n))
print('zn 的极限为', limit_seq(expr = zn, n = n))
print('wn 的极限为', limit_seq(expr = wn, n = n))
```

输出如下：

```
xn 的极限为 1
yn 的极限为 0
zn 的极限为 3/2
wn 的极限为 0
```

函数的极限要研究的问题是，当自变量 x 趋于某个定值 x_0 时，对应的函数值 $f(x)$ 是否无限接近于确定的数值 a。当然这里要首先假定 $f(x)$ 在点 x_0 的某个去心邻域内是有定义的。如果存在确定的数值 a，则称函数 $f(x)$ 在 x_0 处的极限为 a，记作 $f(x) \to a, x \to x_0$，否则称函数 $f(x)$ 在 x_0 处的极限不存在。

【例 B-2】 计算函数的极限。

$$\lim_{x \to 1} \frac{x^2-1}{x-1}, \quad \lim_{x \to 3} 3x-1, \quad \lim_{x \to \infty} \frac{1+x^3}{2x^3}, \quad \lim_{x \to -1/2} \frac{1-4x^2}{2x+1}$$

代码如下：

```
#附录 B/B-11.py
from sympy import *
x = symbols('x')
expr1 = (x ** 2 - 1) / (x - 1)
expr2 = 3 * x - 1
expr3 = (1 + x ** 3) / (2 * x ** 3)
expr4 = (1 - 4 * x ** 2) / (2 * x + 1)
print('第 1 个极限为', limit(expr1, x, 1))
print('第 2 个极限为', limit(expr2, x, 3))
print('第 3 个极限为', limit(expr3, x, oo))
print('第 4 个极限为', limit(expr4, x, -Rational(1, 2)))
```

输出如下：

```
第 1 个极限为 2
第 2 个极限为 8
第 3 个极限为 1/2
第 4 个极限为 2
```

【例 B-3】 计算下面两个重要的极限。

$$\lim_{x \to 0} \frac{\sin(x)}{x}, \quad \lim_{x \to \infty} \left(1+\frac{1}{x}\right)^x$$

代码如下：

```
#附录 B/B-12.py
from sympy import *
x = symbols('x')
expr1 = sin(x) / x
expr2 = (1 + 1 / x) ** x
print('第 1 个极限为', limit(expr1, x, 0))
print('第 2 个极限为', limit(expr2, x, oo))
```

输出如下：

```
第 1 个极限为 1
第 2 个极限为 E
```

对于函数来讲，如果它在某点的极限等于它此点处的函数值，则称这个函数连续，否则称为不连续。初等函数在定义域内都是连续的。连续函数的复合函数也是连续函数。

B.2 导数与微分

导数与微分源于对瞬间“变化率”的研究。在实际问题中，需要讨论各种具有不同意义的变量变化的“快慢”。在微积分的萌芽时期，人们对两类问题很感兴趣，一类是求速度的问题，另一类是求切线斜率的问题。速度可视为路程函数的“微分”，而斜率则是割线斜率的极限，是一种“差商”的极限形式。从这两类问题可以抽象出导数的概念。

B.2.1　一阶导数

设函数 $y=f(x)$在点 x_0 的某个邻域内有定义，当自变量 x 在 x_0 处取得增量 Δx 时，相应的函数取得增量 $\Delta y=f(x_0+\Delta x)-f(x_0)$，如果 Δy 与 Δx 之比当 Δx 趋于 0 的时候极限存在，则称函数 $y=f(x)$在点 x_0 处可导，并称这个极限为函数 $y=f(x)$在点 x_0 处的导数，记作 $f'(x_0)$。即有以下成立：

$$f'(x_0)=\lim_{\Delta x\to 0}\frac{\Delta y}{\Delta x}=\lim_{\Delta x\to 0}\frac{f(x_0+\Delta x)-f(x_0)}{\Delta x} \tag{B-1}$$

如果上述极限不存在，则称 $y=f(x)$在点 x_0 处不可导。如果函数 $y=f(x)$在某个开区间 I 内的每个点都可导，则称函数 $y=f(x)$在开区间 I 可导，此时对于任意 $x\in I$，都对应着 $f(x)$的一个确定的导数值，这就构成了一个新的函数，叫作原来函数的导函数，简称导数，记作 $f'(x)$。即有以下成立：

$$y'=\lim_{\Delta x\to 0}\frac{f(x+\Delta x)-f(x)}{\Delta x} \tag{B-2}$$

在 Python 中，sympy 库提供了计算导数的方法 diff，计算一个定义好的可导函数的导数。

【例 B-4】 计算下列初等函数的导数：

$\sin(x)$，　$\cos(x)$，　x^n，　$\tan(x)$，　$\log(x)$，　$\exp(x)$，　a^x，　$\arcsin(x)$

代码如下：

```
#附录 B/B-13.py
from sympy import *
x = symbols('x')
n = symbols('n')
a = symbols('a')
print('sin(x)的导数为', sin(x).diff(x))
print('cos(x)的导数为', cos(x).diff(x))
print('tan(x)的导数为', tan(x).diff(x))
print('x的n次方的导数为', (x ** n).diff(x))
print('log(x)的导数为', log(x).diff(x))
print('a的x次方的导数为', (a ** x).diff(x))
print('arcsin(x)的导数为', asin(x).diff(x))
```

输出如下：

```
sin(x)的导数为 cos(x)
cos(x)的导数为 -sin(x)
tan(x)的导数为 tan(x)**2 + 1
x的n次方的导数为 n*x**n/x
log(x)的导数为 1/x
a的x次方的导数为 a**x*log(a)
arcsin(x)的导数为 1/sqrt(1 - x**2)
```

【例 B-5】 设 $f(x)=\exp(\cos(x)+2)$,计算自定义函数 $f(x)$的导数。

代码如下:

```
#附录 B/B-14.py
from sympy import *
x = symbols('x')
fx = exp(cos(x) + 2)
print('自定义函数 f(x)的导数为', fx.diff(x))
```

输出如下:

```
自定义函数 f(x)的导数为 -exp(cos(x) + 2)*sin(x)
```

如果将函数的求导视为一种运算,则运算法则是其重要的内容。函数的和与差运算的求导法则很简单,即和差的导数等于导数的和差。积和商的求导法则稍微复杂一些,即

$$[f(x)g(x)]'=f'(x)g(x)+f(x)g'(x) \tag{B-3}$$

$$\left[\frac{f(x)}{g(x)}\right]'=\frac{f'(x)g(x)-f(x)g'(x)}{g^2(x)} \tag{B-4}$$

【例 B-6】 设 $y=2x^3-5x^2+3x-7$,求 y'。

代码如下:

```
#附录 B/B-15.py
from sympy import *
x = symbols('x')
y = 2 * x ** 3 - 5 * x ** 2 + 3 * x - 7
print('y的导数为', y.diff(x))
```

输出如下:

```
y的导数为 6*x**2 - 10*x + 3
```

【例 B-7】 设 $f(x)=x^3+4\cos(x)-\sin(\pi/2)$,求 $f'(x)$和 $f'(\pi/2)$。

代码如下:

```
#附录 B/B-16.py
from sympy import *
x = symbols('x')
fx = x ** 3 + 4 * cos(x) - sin(pi / 2)
fp = fx.diff(x)
print('f的导数为', fp)
print('f的导数在 pi/2 处的值为', fp.subs({x : pi / 2}))
```

输出如下:

```
f的导数为 3*x**2 - 4*sin(x)
f的导数在 pi/2 处的值为 -4 + 3*pi**2/4
```

【例 B-8】 设 $f(x)$与 $g(x)$是两个函数,验证 $f(x)$与 $g(x)$的和、差、积、商的求导法则。

代码如下:

```
#附录 B/B-17.py
from sympy import *
x = symbols('x')
fx = x ** 4 - sin(4 * x)
print('f(x)的导数为', fx.diff(x))
gx = log(x) + exp(x ** 4)
print('g(x)的导数为', gx.diff(x))
print('f(x)与 g(x)之和的导数为', (fx + gx).diff(x))
print('f(x)与 g(x)之差的导数为', (fx - gx).diff(x))
print('和的导数等于导数之和:', (fx + gx).diff(x) - fx.diff(x) - gx.diff(x))
print('差的导数等于导数之差:', (fx - gx).diff(x) - fx.diff(x) + gx.diff(x))
print('积的导数为', (fx * gx).diff(x) - fx.diff(x) * gx - gx.diff(x) * fx)
a = (fx / gx).diff(x) - (fx.diff(x) * gx - gx.diff(x) * fx) / gx ** 2
print('商的导数为', a.simplify() )
```

输出如下:

```
f(x)的导数为 4*x**3 - 4*cos(4*x)
g(x)的导数为 4*x**3*exp(x**4) + 1/x
f(x)与 g(x)之和的导数为 4*x**3*exp(x**4) + 4*x**3 - 4*cos(4*x) + 1/x
f(x)与 g(x)之差的导数为 -4*x**3*exp(x**4) + 4*x**3 - 4*cos(4*x) - 1/x
和的导数等于导数之和: 0
差的导数等于导数之差: 0
积的导数为 0
商的导数为 0
```

复合函数的求导法则。如果 $u=g(x)$在点 x 可导,而 $y=f(u)$在点 $u=g(x)$可导,则复合函数 $y=f[g(x)]$在点 x 可导,并且其导数为

$$\frac{\mathrm{d}y}{\mathrm{d}x}=f'(u)g'(u) \quad 或者 \quad \frac{\mathrm{d}y}{\mathrm{d}x}=\frac{\mathrm{d}y}{\mathrm{d}u}\frac{\mathrm{d}u}{\mathrm{d}x} \tag{B-5}$$

【例 B-9】 设 $y=\exp(x^3)$,求 $\mathrm{d}y/\mathrm{d}x$。

代码如下:

```
#附录 B/B-18.py
from sympy import *
x = symbols('x')
y = exp(x ** 3)
print('复合函数的求导:', y.diff(x))
```

输出如下:

```
复合函数的求导: 3*x**2*exp(x**3)
```

【例 B-10】 设 $y=\sin(2x/(1+x^2))$，求 $\mathrm{d}y/\mathrm{d}x$。

代码如下：

```
#附录 B/B-19.py
from sympy import *
x = symbols('x')
y = sin(2 * x / (1 + x ** 2))
print('复合函数的求导:', y.diff(x))
```

输出如下：

```
复合函数的求导: (-4*x**2/(x**2 + 1)**2 + 2/(x**2 + 1))*cos(2*x/(x**2 + 1))
```

B.2.2 高阶导数

函数 $y=f(x)$ 的导数 $y'=f'(x)$ 仍然是 x 的函数。把 $y'=f'(x)$ 的导数叫作函数 $y=f(x)$ 的二阶导数，记作 y''。类似地，二阶导数的导数叫作三阶导数，三阶导数的导数称为四阶导数，$(n-1)$ 阶导数的导数称为 n 阶导数。

【例 B-11】 设 $y=\sqrt{2x-x^2}$，求 y'''。

代码如下：

```
#附录 B/B-20.py
from sympy import *
x = symbols('x')
y = sqrt(2 * x - x ** 2)
print('y的三阶导数为', y.diff(x, 3))
```

输出如下：

```
y的三阶导数为 -3*(1 + (x - 1)**2/(x*(2 - x)))*(x - 1)/(x*(2 - x))**(3/2)
```

【例 B-12】 设 $y=\ln(1+x)$，求五阶导数 $y^{(5)}$。

代码如下：

```
#附录 B/B-21.py
from sympy import *
x = symbols('x')
y = log(1 + x)
print('y的五阶导数为', y.diff(x, 5))
```

输出如下：

```
y的五阶导数为 24/(x + 1)**5
```

两个函数之和的高阶导数展开式满足莱布尼兹公式，即

$$(uv)^{(n)}=u^{(n)}v+nu^{(n-1)}v'+\frac{n(n-1)}{2!}u^{(n-2)}v''+\cdots+\frac{n(n-1)\cdots(n-k+1)}{k!}u^{(n-k)}v^{(k)}+\cdots+uv^{(n)} \tag{B-6}$$

莱布尼兹公式在形式上与二项式展开式类似，系数完全一样。形式上可以记作

$$(uv)^{(n)}=\sum_{k=0}^{n}C_n^k u^{(n-k)}v^{(k)} \tag{B-7}$$

【例 B-13】 设 $y=x^2\exp(2x)$，求二十阶导数 $y^{(20)}$。

代码如下：

```
#附录 B/B-22.py
from sympy import *
x = symbols('x')
y = x ** 2 * exp(2 * x)
print('y的二十阶导数为', y.diff(x, 20))
```

输出如下：

```
y的二十阶导数为 1048576*(x**2 + 20*x + 95)*exp(2*x)
```

B.2.3 泰勒公式

对于某些非线性函数，为了方便研究，往往希望能用一些相对简单的常见函数来逼近。由于多项式函数的运算比较简单，只要对自变量进行有限次加、减、乘 3 种算术运算，就能求出它的函数值，因此经常用多项式来近似一个非线性函数，这就是泰勒公式。泰勒公式给出了在一个固定点处用多项式来近似一个函数的展开式。

如果函数 $f(x)$在某个含有 x_0 的某个开区间(a,b)内具有直到$(n+1)$阶导数，则对任意 $x\in(a,b)$有

$$f(x)=f(x_0)+f'(x_0)(x-x_0)+\frac{f''(x_0)}{2!}(x-x_0)^2+\cdots+R_n(x) \tag{B-8}$$

其中

$$R_n(x)=\frac{f^{(n+1)}(\xi)}{(n+1)!}(x-x_0)^{n+1} \tag{B-9}$$

其中 ξ 是 x_0 与 x 之间的某个值。式(B-9)中的多项式称为 n 次泰勒多项式，余项 $R_n(x)$ 称为拉格朗日型余项。此外常见的余项 $R_n(x)$还有皮亚诺型表达式 $R_n(x)=o[(x-x_0)^n]$。

Python 中的 sympy 库提供计算泰勒多项式的函数 series，用来求函数的泰勒展开式。

【例 B-14】 求 $\exp(x)$的泰勒展开式。

代码如下：

```
#附录 B/B-23.py
from sympy import *
x = symbols('x')
print('指数函数 exp 的泰勒公式为', series(exp(x)))
```

输出如下：

```
指数函数 exp 的泰勒公式为 1 + x + x**2/2 + x**3/6 + x**4/24 + x**5/120 + O(x**6)
```

【例 B-15】 求 $\sin(x)$的泰勒展开式，展开到 $n=20$。

代码如下：

```
#附录 B/B-24.py
from sympy import *
x = symbols('x')
print('正弦函数 sin()的 20 阶泰勒公式为', series(sin(x), n = 20))
```

输出如下：

```
正弦函数 sin()的 20 阶泰勒公式为 x - x**3/6 + x**5/120 - x**7/5040 + x**9/362880 -
x**11/39916800 + x**13/6227020800 - x**15/1307674368000 + x**17/355687428096000
- x**19/121645100408832000 + O(x**20)
```

B.2.4 函数的最大值与最小值

求一个可微函数的极大值和极小值是微积分的重要成就之一。设函数 $f(x)$在点 x_0 的某邻域内有定义，如果对于去心邻域 $U(x_0)$内的任意 x，有 $f(x)<f(x_0)$就称 $f(x_0)$是函数 $f(x)$的一个极大值；如果有 $f(x)>f(x_0)$就称 $f(x_0)$是函数 $f(x)$的一个极小值。函数的极大值和极小值统称为极值，使函数取得极值的点称为极值点。函数的极大值和极小值概念是局部概念，如果 $f(x_0)$是函数 $f(x)$的一个极大值，那只是就 x_0 附近的一个局部而言 $f(x_0)$是 $f(x)$的一个最大值，如果就 $f(x)$的整个定义域来讲，$f(x_0)$未必是最大值，如果是最大，则称为全局最大值。极小值也是类似的。

极值的必要条件。设函数 $f(x)$在 x_0 处可导，并且在 x_0 处取得极值，则有 $f'(x_0)=0$。求极值时，先求出导数为 0 的点，再判断其为极大值还是极小值。由于非线性问题一般不能求出极值的解析解，因此求极值通常采用数值解法。

Python 中 SciPy 库中函数求根函数 root_scalar 可以选择多种求根算法，包括 Bisect、Brentq、Brenth、Ridder、Toms748、Newton、Secant 和 Halley 等算法，有些算法需要初始值，有些需要搜索区间，详细用法可参考 SciPy 文档。SciPy 库还提供了求函数最小值的函数，如 minimize_scalar，该函数支持多种求最小值的方法，可以通过设定求极值区间或者迭代算法来求极小值，算法包括 Brent、Bounded 和 Golden 等，详细用法可参考 SciPy 文档。求函数的最大值与求最小值本质上相同，只需将目标函数加一个负号就可将最大值变成最小值。注意，不论是最大值还是最小值本质上都是局部极值，SciPy 也是只提供求局部极值的函数。

【例 B-16】 求下列函数的根：$y=f(x)=\sin^3(x)$。

代码如下：

```
#附录 B/B-25.py
from scipy.optimize import root_scalar
import numpy as np
def f(x):
    return(np.sin(x) ** 3)
```

```
def fp(x):
    return(3 * np.sin(x) ** 2 * np.cos(x))

root_scalar(f, x0 = 0.3, method = 'newton', fprime = fp)
```

输出如下：

```
      converged: True
           flag: 'converged'
function_calls: 80
     iterations: 40
           root: 2.6398510708501436e-08
```

【例 B-17】 求下列函数的根：$y=f(x)=x^3-2$。
代码如下：

```
#附录 B/B-26.py
from scipy.optimize import root_scalar
import numpy as np
def f(x):
    return(x ** 3 - 2)
def fp(x):
    return(3 * x ** 2)

root_scalar(f, x0 = 0.3, method = 'newton', fprime = fp)
```

输出如下：

```
      converged: True
           flag: 'converged'
function_calls: 20
     iterations: 10
           root: 1.2599210498948732
```

【例 B-18】 一元函数的最小值。求 $f(x)=x(x-2)(x+2)^2$ 的最小值。
代码如下：

```
#附录 B/B-27.py
from scipy.optimize import minimize_scalar
def f(x):
    return (x - 2) * x * (x + 2) ** 2
minimize_scalar(fun = f)
```

输出如下：

```
    fun: -9.914949590828147
   nfev: 15
    nit: 11
success: True
      x: 1.2807764040333458
```

如果求某个特定区间上的最小值，例如区间[−3，−1]则可以使用 bounds 参数。
代码如下：

```
#附录 B/B-28.py
from scipy.optimize import minimize_scalar
def f(x):
    return (x - 2) * x * (x + 2) ** 2
minimize_scalar(f, bounds = (-3, -1), method = 'bounded')
```

输出如下：

```
     fun: 3.2836517984978577e-13
 message: 'Solution found.'
    nfev: 12
  status: 0
 success: True
       x: -2.000000202597239
```

【例 B-19】 一元函数的最小值。求 $f(x)=x-\ln(1+x)$ 的最小值。
代码如下：

```
#附录 B/B-29.py
from scipy.optimize import minimize_scalar
import numpy as np
def f(x):
    return(x - np.log(1 + x) )
minimize_scalar(fun = f)
```

输出如下：

```
     fun: -9.511292681022707e-17
    nfev: 28
     nit: 24
 success: True
       x: 2.2514156228748687e-09
```

【例 B-20】 一元函数的最小值和最大值。求下列函数的最大值和最小值。

(1) $f(x)=2x^3-3x^2, -1\leqslant x\leqslant 4$

(2) $f(x)=x+\sqrt{1-x}, -5\leqslant x\leqslant 1$

(3) $f(x)=x^4-8x^2+2, -1\leqslant x\leqslant 3$

求第(1)题的最小值，代码如下：

```
#附录 B/B-30.py
#第(1)题的最小值
from scipy.optimize import minimize_scalar
import numpy as np
def f(x):
    return(2 * x ** 3 - 3 * x ** 2)
minimize_scalar(fun = f, bounds = [-1,4], method = 'Bounded')
```

输出如下：

```
     fun: -0.9999999999972631
 message: 'Solution found.'
    nfev: 12
  status: 0
 success: True
       x: 1.000000955177763
```

求第(1)题的最大值，代码如下：

```
#附录 B/B-31.py
#第(1)题的最大值
from scipy.optimize import minimize_scalar
import numpy as np
def f(x):
    t = 2 * x ** 3 - 3 * x ** 2
    return(-t)
minimize_scalar(fun = f, bounds = [-1,4],method = 'Bounded')
```

输出如下：

```
     fun: -79.99973769137853
 message: 'Solution found.'
    nfev: 29
  status: 0
 success: True
       x: 3.9999963568208305
```

注意此时函数的"最大值"要加负号，为 79.99973769137853。
求第(2)题的最小值，代码如下：

```
#附录 B/B-32.py
#第(2)题的最小值
from scipy.optimize import minimize_scalar
import numpy as np
def f(x):
    t = x + np.sqrt(1 - x)
    return(t)
minimize_scalar(fun = f, bounds = [-5, 1], method = 'Bounded')
```

输出如下：

```
     fun: -2.5505062495720803
 message: 'Solution found.'
    nfev: 29
  status: 0
 success: True
       x: -4.9999949644848085
```

求第(2)题的最小值,代码如下:

```
#附录 B/B-33.py
#第(2)题的最小值
from scipy.optimize import minimize_scalar
import numpy as np
def f(x):
    t = x + np.sqrt(1-x)
    return(-t)
minimize_scalar(fun = f, bounds = [-5, 1], method = 'Bounded')
```

输出如下:

```
     fun: -1.2499999999999918
 message: 'Solution found.'
    nfev: 14
  status: 0
 success: True
       x: 0.7499999091683154
```

注意此时函数的"最大值"要加负号,为1.2499999999999918。

求第(3)题的最小值,代码如下:

```
#附录 B/B-34.py
#第(3)题的最小值
from scipy.optimize import minimize_scalar
import numpy as np
def f(x):
    t = x ** 4 -8 * x ** 2 + 2
    return(t)
minimize_scalar(fun = f, bounds = [-1, 3], method = 'Bounded')
```

输出如下:

```
     fun: -13.999999999996676
 message: 'Solution found.'
    nfev: 10
  status: 0
 success: True
       x: 1.9999995443878096
```

求第(3)题的最大值,代码如下:

```
#附录 B/B-35.py
#第(3)题的最大值
from scipy.optimize import minimize_scalar
import numpy as np
def f(x):
    t = x ** 4 -8*x**2 + 2
    return(-t)
minimize_scalar(fun = f, bounds = [-1, 3], method = 'Bounded')
```

输出如下：

```
     fun: -1.9999999999984492
 message: 'Solution found.'
    nfev: 9
  status: 0
 success: True
       x: -4.4029291176832925e-07
```

注意此时函数的“最大值”要加负号，为 1.9999999999984492。

B.2.5 函数图形的绘制

借助导数工具，可以判断一个可微函数在哪个区间上升，在哪个区间下降，在哪里取得极值点；利用二阶导数的正负情况，可以确定函数在哪个区间是凹函数，在哪个区间是凸函数，在什么地方出现拐点。知道了函数的升降、凹凸性、极值点和拐点以后，可以大致把握函数的形态，将函数的图像描绘出来。

在计算机出现以后，借助计算机及各种软件可以更方便地绘制出函数图形。Python 语言的 matplotlib 库就是一个专门用于可视化的库，利用它能简便地画出各种函数图形。只需选择函数的定义域和分点个数就可顺利作图。

【例 B-21】 画出函数 $f(x)=x^3-x^2-x+1$ 的图形。

代码如下：

```
#附录 B/B-36.py
import matplotlib.pyplot as plt
import numpy as np
x = np.linspace(-2,3,100)
y = x ** 3 - x ** 2 - x + 1
plt.plot(x, y)
plt.tick_params(direction='in')
```

输出如图 B-2 所示。

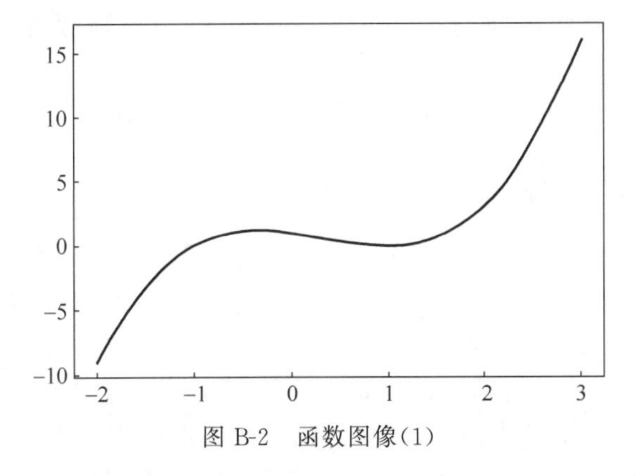

图 B-2 函数图像(1)

【例 B-22】 画出函数 $y=(1/\sqrt{2\pi})\exp(-x^2/2)$ 的图形。

代码如下：

```
#附录 B/B-37.py
import matplotlib.pyplot as plt
import numpy as np
pi = np.pi
x = np.linspace(-3, 3, 100)
y = (1 / np.sqrt(2 * pi) * np.exp(- x ** 2 / 2))
plt.plot(x, y)
plt.tick_params(direction = 'in')
```

输出如图 B-3 所示。

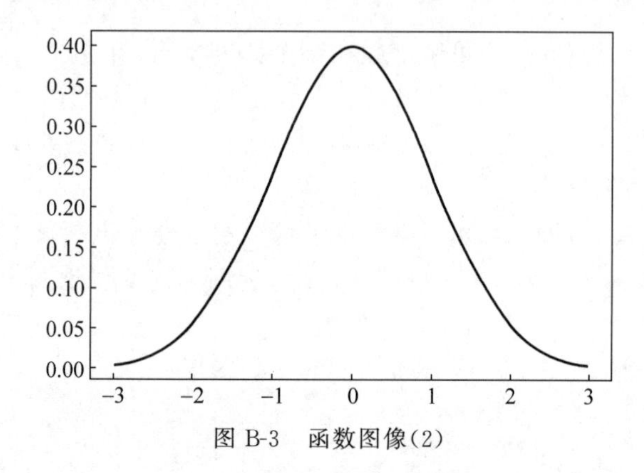

图 B-3　函数图像(2)

B.3　不定积分

不定积分是微积分里的重要问题之一，不定积分是求导的逆运算。这一节讨论如何求一个可导函数，使它的导函数等于已知函数。首先定义原函数不定积分的概念。

如果在某区间 I 上，可导函数 $F(x)$的导函数为 $f(x)$，即对任意 $x\in I$ 都有 $F'(x)=f(x)$或者 $\mathrm{d}F(x)=f(x)\mathrm{d}x$，则函数 $F(x)$就称为 $f(x)$在区间 I 上的原函数。

关于原函数，一个自然的问题是：在什么条件下，一个函数有原函数。对此有结论如下。

原函数存在定理。如果函数 $f(x)$在区间 I 上连续，则在区间 I 上 $f(x)$存在原函数。即存在可导函数 $F(x)$，使对任意 $x\in I$ 都有 $F'(x)=f(x)$。简单地说，连续函数一定有原函数。对于原函数，还要强调以下两点：

(1) 如果 $f(x)$在区间 I 上有原函数，不妨设 $F(x)$是它的一个原函数，则对任意常数 C，显然有$[F(x)+C]'=f(x)$。即对任何常数 C，函数 $F(x)+C$ 也是 $f(x)$的原函数；一个函数如果有一个原函数，则它有无穷多原函数。

(2) 如果在区间 I 上 $F(x)$是 $f(x)$的一个原函数，$G(x)$是 $f(x)$的另一个原函数，则容易知道$[G(x)-F(x)]'=f(x)-f(x)=0$。由导数的性质可知，在一个区间上导数恒为 0 的函数必然是常数，因此 $G(x)-F(x)=C$，C 是一个常数。换句话说 $G(x)$与 $F(x)$只相差一个常数。

鉴于以上两点,给出不定积分的定义。在区间 I 上,函数 $f(x)$ 的带有任何常数项的原函数称为 $f(x)$ 在区间 I 上的不定积分,记作

$$\int f(x)\mathrm{d}x \tag{B-10}$$

函数 $f(x)$ 称为被积函数,$f(x)\mathrm{d}x$ 称为被积表达式,x 称为积分变量。如果 $F(x)$ 是 $f(x)$ 在区间 I 上的一个原函数,则 $F(x)+C$ 就是 $f(x)$ 的不定积分,即

$$\int f(x)\mathrm{d}x = F(x) + C \tag{B-11}$$

因而不定积分可以表示 $f(x)$ 的任意一个原函数。

Python 中的 sympy 库的 integrate()函数可以计算一个连续函数的原函数。参见下面的例子。

【例 B-23】 求 $f(x)=x^3$ 的原函数,代码如下:

```
#附录 B/B-38.py
from sympy import *
x = symbols('x')
fx = x ** 3
print('原函数为', integrate(fx, x))
```

输出如下:

```
原函数为 x**4/4
```

【例 B-24】 求 $f(x)=x^3\sin(x^4/5)$ 的原函数,代码如下:

```
#附录 B/B-39.py
from sympy import *
x = symbols('x')
fx = x ** 3 * sin(x ** 4 / 5)
print('原函数为', integrate(fx, x))
```

输出如下:

```
原函数为 -5*cos(x**4/5)/4
```

【例 B-25】 为了方便使用,对常用的初等函数建立了基本积分表。基本积分表容易用 sympy 计算,示例代码如下:

```
#附录 B/B-40.py
from sympy import *
x = symbols('x')
k, a = symbols('k, a')
#常数函数
fx = k
t = integrate(fx, x)
print('常数函数的不定积分为', t)
```

```
#幂函数
fx = x ** a
t = integrate(fx, x)
print('幂函数的不定积分为', t)
#倒数函数
fx = x ** (-1)
t = integrate(fx, x)
print('倒数函数的不定积分为', t)
#指数函数
fx = log(x)
t = integrate(fx, x)
print('指数函数的不定积分为', t)
#正弦函数
fx = sin(x)
t = integrate(fx, x)
print('正弦函数的不定积分为', t)
#余弦函数
fx = cos(x)
t = integrate(fx, x)
print('余弦函数的不定积分为', t)
```

输出如下：

```
常数函数的不定积分为 k*x
幂函数的不定积分为 Piecewise((x**(a + 1)/(a + 1), Ne(a, -1)), (log(x), True))
倒数函数的不定积分为 log(x)
指数函数的不定积分为 x*log(x) - x
正弦函数的不定积分为 -cos(x)
余弦函数的不定积分为 sin(x)
```

其他常见函数的不定积分，示例代码如下：

```
#附录 B/B-41.py
from sympy import *
x = symbols('x')
#(1)
fx = 1/sqrt(1-x**2)
t = integrate(fx, x)
print('不定积分为', t)
#(2)
fx = 1/sqrt(1+x**2)
t = integrate(fx, x)
print('不定积分为', t)
#(3)
fx = 1/(1+x**2)
t = integrate(fx, x)
print('不定积分为', t)
#(4)
fx = 1/(1-x**2)
t = integrate(fx, x)
print('不定积分为', t)
```

输出如下：

```
不定积分为 asin(x)
不定积分为 asinh(x)
不定积分为 atan(x)
不定积分为 - log(x - 1)/2 + log(x + 1)/2
```

【例 B-26】 求下列函数的不定积分。

(1) $\sqrt{x}(x^2-5)$。

(2) $(x-1)^3/x^2$。

(3) $e^x-3\cos(x)$。

(4) $(2x^4+x^2+3)/(x^2+1)$。

代码如下：

```
#附录 B/B-42.py
from sympy import *
x = symbols('x')
#(1)
fx = sqrt(x) * (x ** 2 - 5)
t = integrate(fx, x)
print('第 1 个函数的原函数为', t)
#(2)
fx = (x - 1) ** 3 / x ** 2
t = integrate(fx, x)
print('第 2 个函数的原函数为', t)
#(3)
fx = exp(x) - 3 * cos(x)
t = integrate(fx, x)
print('第 3 个函数的原函数为', t)
#(4)
fx = (2 * x ** 4 + x ** 2 + 3) / (x ** 2 + 1)
t = integrate(fx, x)
print('第 4 个函数的原函数为', t)
```

输出如下：

```
第 1 个函数的原函数为 2*x**(7/2)/7 - 10*x**(3/2)/3
第 2 个函数的原函数为 x**2/2 - 3*x + 3*log(x) + 1/x
第 3 个函数的原函数为 exp(x) - 3*sin(x)
第 4 个函数的原函数为 2*x**3/3 - x + 4*atan(x)
```

【例 B-27】 求下列函数的不定积分。

(1) $f(x)=x^2/(x+2)^3$。

(2) $f(x)=2xe^{x^2}$。

(3) $f(x)=\exp(3\sqrt{x})/\sqrt{x}$。

(4) $f(x)=\sin^3(x)$。

代码如下：

```
#附录 B/B-43.py
from sympy import *
x = symbols('x')
#(1)
fx = x ** 2 / (x + 2) ** 3
t = integrate(fx, x)
print('第1个函数的原函数为', t)
#(2)
fx = 2 * x * exp(x ** 2)
t = integrate(fx, x)
print('第2个函数的原函数为', t)
#(3)
fx = exp(3 * sqrt(x)) / sqrt(x)
t = integrate(fx, x)
print('第3个函数的原函数为', t)
#(4)
fx = sin(x) ** 3
t = integrate(fx, x)
print('第4个函数的原函数为', t)
```

输出如下：

```
第1个函数的原函数为 (4*x + 6)/(x**2 + 4*x + 4) + log(x + 2)
第2个函数的原函数为 exp(x**2)
第3个函数的原函数为 2*exp(3*sqrt(x))/3
第4个函数的原函数为 cos(x)**3/3 - cos(x)
```

对于不定积分，有两类积分换元法，即第一积分换元法和第二积分换元法。此外还有分部积分公式。具体的理论可参考微积分的教材，用 sympy 库计算不定积分不必考虑这些细致的技巧问题。

B.4 定积分

定积分是微积分的另一个基本问题，它来源于具体的几何和物理学问题。在微积分课程里知道，在几何上，定积分的积分值可定义为曲边梯形的面积；物理学中变速直线运动求距离也与定积分有关。

先来看几何观点。设 $y=f(x)$ 在区间 $[a,b]$ 上非负，并且连续。由直线 $x=a$、$x=b$、$y=0$ 和曲线 $y=f(x)$ 所围成的图形称为曲边梯形，其中曲线弧称为曲边。矩形和梯形的面积是熟知的，但若求曲边梯形的面积，则可将曲边梯形划分为一系列小的矩形，将小矩形的面积求和则可得到整个曲边梯形的面积。具体来讲，在区间 $[a,b]$ 中插入若干分点 $a=x_0<x_1<\cdots<x_{n-1}<x_n=b$，把 $[a,b]$ 分成 n 个小区间，经过每个分点作平行于 y 轴的直线段，把曲边梯形分成 n 个窄边梯形，在每个小区间上任取一点 ξ_i，以小区间为底，$f(\xi_i)$ 为高的窄矩形近似第 i 个窄曲边梯形，把这样得到的 n 个窄矩形面积之和作为所求曲边梯形的

面积的近似值,对近似值取极限就是精确值。

再看物理的观点。设物体做直线运动,已知速度 $v=v(t)$ 是关于 t 的连续函数。若求这段时间内物体所经过的路程,则不能用匀速直线运动的路程计算公式来算。物体运动的速度函数 $v=v(t)$ 是连续变化的,在很短的一段时间内,速度变化很小,近似于匀速,因此如果把时间分割成若干小段,在小段时间内就可以算出部分路程的近似值,再求和即可得到整个路程的近似值。通过对时间间隔无限细分的极限过程取极限,就是变速直线运动的路程的精确值。

定积分的定义如下。设函数 $f(x)$ 在 $[a,b]$ 上有界,在 $[a,b]$ 中任意插入若干个分点

$$a=x_0<x_1<x_2<\cdots<x_{n-1}<x_n=b$$

把区间 $[a,b]$ 分成 n 个小区间 $[x_0,x_1],[x_1,x_2],\cdots,[x_{n-1},x_n]$,各个小区间的长度依次为 $\Delta x_1=x_1-x_0,\Delta x_2=x_2-x_1,\cdots,\Delta x_n=x_n-x_{n-1}$,在每个小区间 $[x_{i-1},x_i]$ 上任取一点 ξ_i,作函数值 $f(\xi_i)$ 与小区间长度 Δx_i 的乘积 $f(\xi_i)\Delta x_i$,并求和

$$S=\sum_{i=1}^{n} f(\xi_i)\Delta x_i \tag{B-12}$$

记 $\lambda=\max\{\Delta x_1,\Delta x_2,\cdots,\Delta x_n\}$,如果不论对 $[a,b]$ 怎样划分,也不论在小区间 $[x_{i-1},x_i]$ 上点 ξ_i 怎样选取,只要当 $\lambda\to 0$,总有 S 趋于确定的极限 z,那么称这个极限 z 为函数 $f(x)$ 在区间 $[a,b]$ 上的定积分,记作

$$\int_a^b f(x)\mathrm{d}x \tag{B-13}$$

其中,$f(x)$ 叫作被积函数,$f(x)\mathrm{d}x$ 叫作被积表达式,x 叫作积分变量,a 叫作积分下限,b 叫作积分上限,$[a,b]$ 叫作积分区间。

对于定积分,也存在与不定积分相同的问题,即函数 $f(x)$ 满足什么条件才能使 $f(x)$ 在某个区间上可积。对此有如下两个充分条件:

(1) 设 $f(x)$ 在区间 $[a,b]$ 上连续,则 $f(x)$ 在 $[a,b]$ 上可积。

(2) 设 $f(x)$ 在区间 $[a,b]$ 上有界,并且只有有限个间断点,则 $f(x)$ 在 $[a,b]$ 上可积。

具体计算方面,sympy 库中的 integrate()函数可用来计算某个函数在区间上的定积分值。

【例 B-28】 求下列函数的定积分。

(1) $\int_0^1 \sqrt{1-x^2}\,\mathrm{d}x$。

(2) $\int_{-\pi}^{\pi} \sin(x)\mathrm{d}x$。

(3) $\int_{-2}^{4} \left(\frac{x}{2}+3\right)\mathrm{d}x$。

(4) $\int_{-1}^{2} |x|\,\mathrm{d}x$。

代码如下:

```
#附录 B/B-44.py
from sympy import *
import numpy as np
pi = np.pi
x = symbols('x')
```

```
#(1)
fx = sqrt(1 - x ** 2)
t = integrate(fx, (x, 0, 1) )
print('第1个函数的定积分为', t)
#(2)
fx = sin(x)
t = integrate(fx, (x, -pi, pi))
print('第2个函数的定积分为', t)
#(3)
fx = x / 2 + 3
t = integrate(fx, (x, -2 , 4) )
print('第3个函数的定积分为', t)
#(4)
fx = abs(x)
t = integrate(fx, (x, -1, 2) )
print('第4个函数的定积分为', t)
```

输出如下：

```
第1个函数的定积分为 pi/4
第2个函数的定积分为 0
第3个函数的定积分为 21
第4个函数的定积分为 5/2
```

【例B-29】 求下列函数的定积分。

(1) $\int_{1}^{4}(x^2+1)\mathrm{d}x$。

(2) $\int_{-\frac{\pi}{4}}^{\frac{5\pi}{4}}(1+\sin^2(x))\mathrm{d}x$。

(3) $\int_{\frac{1}{\sqrt{3}}}^{\sqrt{3}}x\arctan(x)\mathrm{d}x$。

(4) $\int_{2}^{0}\mathrm{e}^{x^2-x}\mathrm{d}x$。

代码如下：

```
#附录B/B-45.py
from sympy import *
import numpy as np
x = symbols('x')
#(1)
fx = x ** 2 + 1
t = integrate(fx, (x, 1, 4) )
print('第1个函数的定积分为', t)
#(2)
fx = sin(x) ** 2 + 1
t = integrate(fx, (x, -pi / 4, 5 * pi / 4))
print('第2个函数的定积分为', t)
```

```
#(3)
fx = x * atan(x)
t = integrate(fx, (x, 1 / sqrt(3), sqrt(3)) )
print('第 3 个函数的定积分为', t)
#(4)
fx = exp(x ** 2 - x)
t = integrate(fx, (x, 2, 0) )
print('第 4 个函数的定积分为', t)
```

输出如下：

```
第 1 个函数的定积分为 24
第 2 个函数的定积分为 -1/2 + 9*pi/4
第 3 个函数的定积分为 -sqrt(3)/3 + 5*pi/9
第 4 个函数的定积分为 -sqrt(pi)*exp(-1/4)*erfi(3/2)/2 - sqrt(pi)*exp(-1/4)*
erfi(1/2)/2
```

在实际问题中，常会遇到积分区间为无穷区间，或者被积函数为无界函数的积分。

无穷限反常积分的定义如下。设 $f(x)$在区间$[a,+\infty)$上连续，取 $t>a$，如果极限

$$\lim_{t\to\infty}\int_a^t f(x)\mathrm{d}x \tag{B-14}$$

存在，则称此极限为函数 $f(x)$在无穷区间$[a,+\infty)$上的反常积分，记作

$$\int_a^{\infty} f(x)\mathrm{d}x \tag{B-15}$$

此时也称反常积分收敛。如果上面的极限不存在，则称反常积分发散。同理如果极限

$$\lim_{t\to-\infty}\int_t^b f(x)\mathrm{d}x \tag{B-16}$$

存在，则称此极限为函数 $f(x)$在无穷区间$(-\infty,b]$上的反常积分，记作

$$\int_{-\infty}^{b} f(x)\mathrm{d}x \tag{B-17}$$

此时也称反常积分收敛。如果上面的极限不存在，则称反常积分发散。设 $f(x)$在区间$(-\infty,\infty)$上连续，如果反常积分

$$\int_{-\infty}^{0} f(x)\mathrm{d}x \quad 和 \quad \int_{0}^{\infty} f(x)\mathrm{d}x$$

都收敛，则称上面两个反常积分之和为函数 $f(x)$在无穷区间$(-\infty,\infty)$上的反常积分，记作

$$\int_{-\infty}^{\infty} f(x)\mathrm{d}x \tag{B-18}$$

此时也称反常积分收敛。否则就称反常积分发散。这样的反常积分称为无穷限的反常积分。sympy 库也可用于计算无穷限的反常积分。

【例 B-30】 计算无穷限反常积分：

(1) $\int_{-\infty}^{\infty}\frac{1}{1+x^2}\mathrm{d}x$。

(2) $\int_{1}^{\infty}\frac{1}{x^3}\mathrm{d}x$。

代码如下：

```
#附录 B/B-46.py
from sympy import *
#第 1 个
x = symbols('x')
fx = 1 / (1 + x ** 2)
print('第 1 个反常积分值为', integrate(fx, (x, -oo, oo)))
#第 2 个
fx = 1 / x ** 3
print('第 2 个反常积分值为', integrate(fx, (x, 1, oo)) )
```

输出如下：

```
第 1 个反常积分值为 pi
第 2 个反常积分值为 1/2
```

无界函数的反常积分的定义如下。设函数 $f(x)$在点 a 的任一邻域内无界，那么点 a 称为函数 $f(x)$的瑕点（或无限间断点）。无界函数的反常积分也称为瑕积分。设函数 $f(x)$在$(a,b]$上连续，点 a 为 $f(x)$的瑕点，取 $t>a$，如果极限

$$\lim_{t\to a}\int_t^b f(x)\mathrm{d}x \tag{B-19}$$

存在，则称此极限为函数 $f(x)$在$(a,b]$上的反常积分，即

$$\int_a^b f(x)\mathrm{d}x=\lim_{t\to a}\int_t^b f(x)\mathrm{d}x \tag{B-20}$$

这时称反常积分收敛。如果上面的积分不存在，则称反常积分发散。类似可定义另一侧的反常积分：

$$\int_a^b f(x)\mathrm{d}x=\lim_{t\to b}\int_a^t f(x)\mathrm{d}x \tag{B-21}$$

如果上述积分不存在，则称反常积分发散。设函数 $f(x)$在区间$[a,b]$上除点 c 外连续，c 点为 $f(x)$的瑕点，如果两个反常积分

$$\int_a^c f(x)\mathrm{d}x \quad 和 \quad \int_c^b f(x)\mathrm{d}x$$

都收敛，则定义

$$\int_a^b f(x)\mathrm{d}x=\int_a^c f(x)\mathrm{d}x+\int_c^b f(x)\mathrm{d}x=\lim_{t\to a}\int_t^b f(x)\mathrm{d}x+\lim_{t\to b}\int_a^t f(x)\mathrm{d}x \tag{B-22}$$

否则称反常积分发散。

【例 B-31】 计算反常积分

$$\int_0^1 \frac{1}{\sqrt{1-x^2}}\mathrm{d}x,\quad \int_0^{\infty}\frac{1}{\sqrt{x(x+1)^3}}\mathrm{d}x$$

代码如下：

```
#附录 B/B-47.py
from sympy import *
x = symbols('x')
```

```
fx = 1 / sqrt(1 - x ** 2)
fx2 = 1 / sqrt(x * (x + 1) ** 3)
print('第 1 个反常积分值为', integrate(fx, (x, 0, 1)))
print('第 2 个反常积分值为', integrate(fx2, (x, 0, oo)))
```

输出如下：

```
第 1 个反常积分值为 pi/2
第 2 个反常积分值为 2
```

解决定积分的应用问题，经常采用微元法。微元法用微分形式来表示细小部分，再用积分将它们组合起来。一般解题步骤如下：

(1) 某个实际问题所求量 S 与某个变量 x 的变化区间$[a,b]$有关。

(2) 所求量 S 对于区间$[a,b]$具有可加性。也就是说，如果把区间$[a,b]$分成若干部分区间，则 S 也相应地被分成若干部分，具有可求和性。

(3) 部分量 ΔS_i 的近似值可表示为 $f(\xi_i)\Delta S_i$，用定积分来表达所求量 S。

【例 B-32】 平面图形的面积。计算由两条抛物线 $y^2=x$ 和 $y=x^2$ 所围成的图形的面积。

代码如下：

```
#附录 B/B-48.py
from sympy import *
x = symbols('x')
s = integrate(sqrt(x) - x ** 2, (x, 0, 1))
print('围成的图形的面积为', s)
```

输出如下：

```
围成的图形的面积为 1/3
```

【例 B-33】 平面图形的面积。计算抛物线 $y^2=2x$ 与直线 $y=x-4$ 所围成的图形的面积。

代码如下：

```
#附录 B/B-49.py
from sympy import *
y = symbols('y')
s = integrate(y + 4 - y ** 2 / 2, (y, -2, 4))
print('围成的图形的面积为', s)
```

输出如下：

```
围成的图形的面积为 18
```

【例 B-34】 平面图形的面积。求椭圆 $x^2/a^2+y^2/b^2=1$ 所围成的图形的面积。

代码如下：

```
#附录 B/B-50.py
from sympy import *
t, a, b = symbols('t, a, b')
s = 4 * integrate(b * sin(t) * ( - a * sin(t) ),(t, pi / 2, 0) )
print('围成图形的面积为', s)
```

输出如下：

```
围成图形的面积为 pi * a * b
```

【例 B-35】 平面图形的面积(极坐标)。计算阿基米德螺线 $\rho=a\theta$ 上 θ 从 0 变动到 2π 的一段弧与极轴所围成的图形的面积，代码如下：

```
#附录 B/B-51.py
from sympy import *
theta, a = symbols('theta, a')
s = integrate(a ** 2 / 2 * theta ** 2, (theta, 0, 2 * pi) )
print('阿基米德螺线面积为', s)
```

输出如下：

```
阿基米德螺线面积为 4 * pi ** 3 * a ** 2/3
```

【例 B-36】 平面图形的面积(极坐标)。计算心形线 $\rho=a(1+\cos(\theta))$ 所围成的图形的面积，代码如下：

```
#附录 B/B-52.py
from sympy import *
x, theta, a = symbols('x, theta, a')
fx = Rational(1, 2) * a ** 2 * (1 + cos(theta)) ** 2
s = integrate(fx,(theta, 0 , pi))
print('围成的图形的面积为', s)
```

输出如下：

```
围成的图形的面积为 3 * pi * a ** 2/4
```

旋转体的体积可由定积分计算。旋转体是由一个平面图形绕平面内一条直线旋转一周而成的立体，这条直线叫作旋转轴。圆柱、圆锥、球体等都可以看成由某个规则平面图形绕它的一条边旋转一周而成的立体，因此都属于旋转体。

用定积分解决旋转体的体积。取横坐标 x 为积分变量，它的变化区间为 $[a,b]$，相应于 $[a,b]$ 上的小区间 $[x,x+\mathrm{d}x]$ 的窄曲边梯形绕 x 轴旋转而成的薄片的体积近似于以 $f(x)$ 为底半径，以 $\mathrm{d}x$ 为高的扁圆柱体的体积，即体积元素 $\mathrm{d}V=\pi f(x)^2\mathrm{d}x$ 为被积表达式，在闭区间 $[a,b]$ 上做定积分，即可得到所求旋转体的体积。

【例 B-37】 连接坐标原点 O 及点 $P(h,r)$ 的直线、直线 $x=h$ 及 x 轴围成一个直角三角形。将它绕 x 轴旋转一周构成一个底半径为 r，高为 h 的圆锥体。计算这个圆锥体的体积。

代码如下：

```
#附录 B/B-53.py
from sympy import *
x, r, h = symbols('x, r, h')
fx = pi * ( (r / h ) * x) ** 2
s = integrate(fx, (x, 0 ,h))
print('围成的圆锥体的体积为', s)
```

输出如下：

```
围成的圆锥体的体积为 pi*h*r**2/3
```

【例 B-38】 计算由椭圆 $x^2/a^2+y^2/b^2=1$ 所围成的图形绕 x 轴旋转一周而成的旋转体体积，代码如下：

```
#附录 B/B-54.py
from sympy import *
x, a, b = symbols('x, a, b')
fx = pi * b ** 2 / a ** 2 * (a ** 2 - x ** 2)
s = integrate(fx, (x, -a , a) )
print('围成的旋转体的体积为', s)
```

输出如下：

```
围成的旋转体的体积为 4*pi*a*b**2/3
```

平面可微曲线的长度也可由定积分计算。已经知道圆的周长可用圆的内接多边形的周长逼近，当多边形的边数无限增多时，多边形的周长的极限就是圆的周长。用类似的方法可求得平面可微弧线的长度，此时用弦长之和的极限表示弧长。

如果可微曲线由参数方程决定

$$\begin{cases}x=\varphi(t)\\ y=\psi(t)\end{cases},\quad a\leqslant t\leqslant b \tag{B-23}$$

其中，$\varphi(t)$ 和 $\psi(t)$ 是连续可导的函数，并且 $\varphi'(t)$ 与 $\psi'(t)$ 不同时为 0，那么弧长元素为

$$\mathrm{d}s=\sqrt{(\mathrm{d}x)^2+(\mathrm{d}y)^2}=\sqrt{\varphi'^2(t)+\psi'^2(t)}\,\mathrm{d}t \tag{B-24}$$

而弧长就是对弧长元素的积分。

如果曲线由直角坐标方程 $y=f(x)$ 给出，此时弧长有参数方程

$$\begin{cases}x=x\\ y=f(t)\end{cases},\quad a\leqslant x\leqslant b \tag{B-25}$$

从而所求的弧长为

$$s=\int_a^b \sqrt{1+y'^2}\,\mathrm{d}x \tag{B-26}$$

如果曲线弧由极坐标方程 $\rho=\rho(\theta)$ 给出，则由直角坐标与极坐标的关系

$$\begin{cases} x=\rho(\theta)\cos(\theta) \\ y=\rho(\theta)\sin(\theta) \end{cases},\quad a\leqslant\theta\leqslant b \tag{B-27}$$

可得弧长元素为 $\mathrm{d}s=\sqrt{x'^2(\theta)+y'^2(\theta)}\,\mathrm{d}\theta=\sqrt{\rho^2+\rho'^2}\,\mathrm{d}\theta$，从而弧长为对弧长元素的积分。

【例 B-39】 计算曲线 $y=(2/3)x^{3/2}$ 上相应于 $a\leqslant x\leqslant b$ 的一段弧长，代码如下：

```
#附录 B/B-55.py
from sympy import *
x, a, b = symbols('x, a, b')
y = Rational(2, 3) * x ** Rational(3, 2)
ds = sqrt(1 + y.diff(x) ** 2)
s = integrate(ds, (x, a, b))
print('弧长为', s)
```

输出如下：

```
弧长为 -2*(a + 1)**(3/2)/3 + 2*(b + 1)**(3/2)/3
```

【例 B-40】 计算摆线 $x=a(\theta-\sin(\theta))$，$y=a(1-\cos(\theta))$的弧长，其中 $\theta\in[0,2\pi]$。代码如下：

```
#附录 B/B-56.py
from sympy import *
x, a, theta = symbols('x, a, theta')
x = a * (theta - sin(theta))
y = a * (1 - cos(theta))
ds = 2 * a * sin(theta / 2)
s = integrate(ds, (theta, 0, 2 * pi))
print('弧长为', s)
```

输出如下：

```
弧长为 8*a
```

【例 B-41】 计算阿基米德螺线 $\rho=a\theta$ 相应于 $0\leqslant\theta\leqslant 2\pi$ 一段的弧长，代码如下：

```
#附录 B/B-57.py
from sympy import *
a, rho, theta = symbols('a, rho, theta')
rho = a * theta
r = rho.diff(theta)
ds = sqrt(rho ** 2 + r ** 2)
s = integrate(ds, (theta, 0, 2 * pi))
print('弧长为', s)
```

输出如下：

```
弧长为 a*asinh(2*pi)/2 + pi*a*sqrt(1 + 4*pi**2)
```

B.5 常微分方程

常微分方程是一类重要的方程，在很多实际问题中经常会遇到。所谓微分方程是含有未知函数导数的方程。微分方程中出现的未知函数的最高阶导数的阶数，叫作微分方程的阶。一个 n 阶微分方程的一般形式是

$$F(x,y,y',\cdots,y^{(n)})=0 \tag{B-28}$$

其中 $y^{(n)}$ 是必须出现的项。如果能从上面的方程中解出最高阶导数，则可得微分方程

$$y^{(n)}=f(x,y,y',\cdots,y^{(n-1)}) \tag{B-29}$$

这里讨论的微分方程都是能解出最高阶导数的方程。如果微分方程的解中含有任意常数，并且任意常数的个数与微分方程的阶数相同，这样的解叫作微分方程的通解。确定了通解中的任意常数以后，就得到了微分方程的特解。微分方程的解的图像是一条曲线，叫作微分方程的积分曲线。由微分方程的理论知道大部分的常微分方程是无法求出解析解的，实际上可以求出解的只是几类特殊的方程，而这些方程可以用 sympy 库得到它们的解。

【例 B-42】 计算下面微分方程的通解

(1) $xy'-y\ln(y)=0$。

(2) $3x^2+5x-5y'=0$。

(3) $(x+1)^2y'+x^3=0$。

(4) $y\mathrm{d}x+(x^2-4x)\mathrm{d}y=0$。

代码如下：

```python
#附录 B/B-58.py
from sympy import *
x = symbols('x')
y = Function('y')
#第 1 个
eq1 = x * y(x).diff() - y(x) * ln(y(x))
solution1 = dsolve(eq1, y(x))
print('第 1 个微分方程的通解为', solution1)
#第 2 个
eq2 = 3 * x ** 2 + 5 * x - 5 * y(x).diff(x)
solution2 = dsolve(eq2, y(x))
print('第 2 个微分方程的通解为', solution2)
#第 3 个
eq3 = (x + 1) ** 2 * y(x).diff(x) + x ** 3
solution3 = dsolve(eq3, y(x))
print('第 3 个微分方程的通解为', solution3)
#第 4 个
eq4 = y(x) + (x ** 2 - 4 * x) * y(x).diff(x)
solution4 = dsolve(eq4, y(x))
print('第 4 个微分方程的通解为', solution4)
```

输出如下：

```
第 1 个微分方程的通解为 Eq(y(x), exp(C1 * x))
第 2 个微分方程的通解为 Eq(y(x), C1 + x** 3/5 + x** 2/2)
第 3 个微分方程的通解为 Eq(y(x), C1 - x** 2/2 + 2 * x - 3 * log(x + 1) - 1/(x + 1))
第 4 个微分方程的通解为 Eq(y(x), C1 * x** (1/4)/(x - 4) ** (1/4))
```

B.6 多元函数的偏导数

如果一个函数不止一个自变量，则称其为多元函数。在实际问题中，某个值往往依赖于多个变量，用数学语言来描述就是多元函数。相应地，可将一元函数的微积分推广到多元函数上去。定义多元函数要在 n 维空间中。设 D 是 n 维空间 R^n 内的点集，一个映射 $f: D \to R$ 就称为定义在 D 上的 n 元函数，通常记为 $u=f(x_1,x_2,\cdots,x_n),(x_1,x_2,\cdots,x_n)\in D$，当 $n=1$ 时，n 元函数就是一元函数，当 $n\geqslant 2$ 时，n 元函数统称为多元函数。

多元函数也可定义极限、连续和偏导数。极限和连续是一元函数的推广，这里着重讨论偏导数。由于多元函数的自变量有多个，因此称导数为偏导数。以二元函数为例，设函数 $z=f(x,y)$ 在点 (x_0,y_0) 的某一邻域内有定义，当 y 固定在 y_0 处且 x 在 x_0 处有增量 Δx 时，相应的函数有增量 $f(x_0+\Delta x,y_0)-f(x_0,y_0)$，如果极限

$$\lim_{\Delta x \to 0} \frac{f(x_0+\Delta x,y_0)-f(x_0,y_0)}{\Delta x} \tag{B-30}$$

存在，则称此极限为函数 $z=f(x,y)$ 在点 (x_0,y_0) 处对 x 的偏导数，记作 $f_x(x_0,y_0)$，或者

$$\frac{\partial z}{\partial x}(x_0,y_0) \tag{B-31}$$

求偏导数只有一个变量在变化，另一个变量看作固定值，所以本质上仍然是一元函数的导数。同理可求 $f_y(x_0,y_0)$。二元函数的偏导数很容易推广到 n 元函数的偏导数。

【例 B-43】 计算偏导数。

(1) 求 $z=x^2+3xy+y^2$ 在点(1,2)处的偏导数。

(2) 求 $z=x^2\sin(2y)$ 的偏导数。

(3) 求 $r=\sqrt{x^2+y^2+z^2}$ 的偏导数。

代码如下：

```
#附录 B/B-59.py
from sympy import *
x, y = symbols('x, y')
#第 1 题
z = x ** 2 + 3 * x * y + y ** 2
zx = z.diff(x).subs({x : 1,y : 2})
print('第 1 题对 x 的偏导数为', zx)
zy = z.diff(y).subs({x : 1,y : 2})
print('第 1 题对 y 的偏导数为', zy)
```

```
#第2题
z = x ** 2 * sin(2 * y)
zx = z.diff(x)
print('第2题对x的偏导数为', zx)
zy = z.diff(y)
print('第2题对y的偏导数为', zy)
#第3题
r = sqrt(x ** 2 + y ** 2 + z ** 2)
rx = r.diff(x)
print('第3题对x的偏导数为', rx)
ry = r.diff(y)
print('第3题对y的偏导数为', zy)
```

输出如下：

```
第1题对x的偏导数为 8
第1题对y的偏导数为 7
第2题对x的偏导数为 2*x*sin(2*y)
第2题对y的偏导数为 2*x**2*cos(2*y)
第3题对x的偏导数为 (2*x**3*sin(2*y)**2 + x)/sqrt(x**4*sin(2*y)**2 +
x**2 + y**2)
第3题对y的偏导数为 2*x**2*cos(2*y)
```

多元函数也可定义高阶偏导数。以二元函数为例，设函数 $z=f(x,y)$ 在区域 D 内有偏导数 f_x 和 f_y，那么在区域 D 内 f_x 和 f_y 也都是 x 与 y 的函数。如果这两个函数的偏导数也存在，则称它们是函数 $z=f(x,y)$ 的二阶偏导数。

按照对变量求导次数的不同可以定义 4 种二阶偏导数，其中 f_{xy} 和 f_{yx} 是二阶混合偏导数。可以证明，如果函数 $z=f(x,y)$ 的两个二阶混合偏导数在区域 D 内连续，则在该区域内这两个二阶混合偏导数必然相等。也就是说二阶混合偏导数在连续条件下与求导的次序无关。

【例 B-44】 计算以下多元函数的二阶偏导数。

(1) 求 $z=x^3y^2-3xy^3-xy+1$。

(2) 求 $z=\ln(x^2+y^2)$。

(3) 求 $z=\sqrt{x^2+y^2}$。

代码如下：

```
#附录B/B-60.py
from sympy import *
x, y = symbols('x, y')
#第1题
z = x ** 3 * y ** 2 - 3 * x * y ** 3 - x * y + 1
zxx = z.diff(x, x)
zxy = z.diff(x, y)
zyx = z.diff(y, x)
zyy = z.diff(y, y)
print('第1题对xx的二阶偏导数为', zxx)
print('第1题对xy的二阶偏导数为', zxy)
print('第1题对yx的二阶偏导数为', zyx)
print('第1题对yy的二阶偏导数为', zyy)
```

```
#第2题
z = ln(x ** 2 + y ** 2)
zxx = z.diff(x, x)
zxy = z.diff(x, y)
zyx = z.diff(y, x)
zyy = z.diff(y, y)
print('第2题对xx的二阶偏导数为', zxx)
print('第2题对xy的二阶偏导数为', zxy)
print('第2题对yx的二阶偏导数为', zyx)
print('第2题对yy的二阶偏导数为', zyy)
#第3题
z = sqrt(x ** 2 + y ** 2)
zxx = z.diff(x, x)
zxy = z.diff(x, y)
zyx = z.diff(y, x)
zyy = z.diff(y, y)
print('第3题对xx的二阶偏导数为', zxx)
print('第3题对xy的二阶偏导数为', zxy)
print('第3题对yx的二阶偏导数为', zyx)
print('第3题对yy的二阶偏导数为', zyy)
```

输出如下：

```
第1题对xx的二阶偏导数为 6*x*y**2
第1题对xy的二阶偏导数为 6*x**2*y - 9*y**2 - 1
第1题对yx的二阶偏导数为 6*x**2*y - 9*y**2 - 1
第1题对yy的二阶偏导数为 2*x*(x**2 - 9*y)
第2题对xx的二阶偏导数为 2*(-2*x**2/(x**2 + y**2) + 1)/(x**2 + y**2)
第2题对xy的二阶偏导数为 -4*x*y/(x**2 + y**2)**2
第2题对yx的二阶偏导数为 -4*x*y/(x**2 + y**2)**2
第2题对yy的二阶偏导数为 2*(-2*y**2/(x**2 + y**2) + 1)/(x**2 + y**2)
第3题对xx的二阶偏导数为 (-x**2/(x**2 + y**2) + 1)/sqrt(x**2 + y**2)
第3题对xy的二阶偏导数为 -x*y/(x**2 + y**2)**(3/2)
第3题对yx的二阶偏导数为 -x*y/(x**2 + y**2)**(3/2)
第3题对yy的二阶偏导数为 (-y**2/(x**2 + y**2) + 1)/sqrt(x**2 + y**2)
```

【例 B-45】 证明函数 $u=1/r$ 满足方程

$$\frac{\partial^2 u}{\partial x^2}+\frac{\partial^2 u}{\partial y^2}+\frac{\partial^2 u}{\partial z^2}=0$$

其中，$r=\sqrt{x^2+y^2+z^2}$。

代码如下：

```
#附录B/B-61.py
from sympy import *
x, y, z, u, r = symbols('x, y, z, u, r')
r = sqrt(x ** 2 + y ** 2 + z ** 2)
u = 1 / r
t = u.diff(x, 2) + u.diff(y, 2) + u.diff(z, 2)
res = t.simplify()
print('偏导数之和为', res)
```

输出如下：

```
偏导数之和为 0
```

多元函数的复合函数的偏导数也可由一元函数的复合函数的导数推广而来。分两种情况讨论：第1种，一元函数与多元函数的复合；第2种，多元函数与多元函数的复合。

(1) 如果函数 $u=\varphi(t)$ 及 $v=\psi(t)$ 都在点 t 可导，函数 $f(u,v)$ 在对应点 (u,v) 具有连续偏导数，则复合函数 $z=f[\varphi(t),\psi(t)]$ 在点 t 可导，并且有

$$\frac{\mathrm{d}z}{\mathrm{d}t}=\frac{\partial z}{\partial u}\frac{\mathrm{d}u}{\mathrm{d}t}+\frac{\partial z}{\partial v}\frac{\mathrm{d}v}{\mathrm{d}t} \tag{B-32}$$

(2) 如果函数 $u=\varphi(x,y)$ 及 $v=\psi(x,y)$ 都在点 (x,y) 具有对 x 和 y 的偏导数，函数 $z=f(u,v)$ 在对应点 (u,v) 具有连续偏导数，则复合函数 $z=f[\varphi(x,y),\psi(x,y)]$ 在点 (x,y) 的两个偏导数都存在，并且有

$$\frac{\partial z}{\partial x}=\frac{\partial z}{\partial u}\frac{\partial u}{\partial x}+\frac{\partial z}{\partial v}\frac{\partial v}{\partial x} \tag{B-33}$$

【例 B-46】 求下列复合函数的偏导数。

(1) 设 $z=\exp(u)\sin(v)$，其中 $u=xy$，$v=x+y$，求 z_x 和 z_y。

(2) 设 $u=\exp(x^2+y^2+z^2)$，求 u_x 和 u_y。

(3) 设 $z=uv+\sin(t)$，而 $u=\exp(t)$，$v=\cos(t)$，求导数 $\mathrm{d}z/\mathrm{d}t$。

代码如下：

```python
#附录 B/B-62.py
from sympy import *
u, v, x, y, z, t = symbols('u, v, x, y, z, t')
#第 1 题
u = x * y
v = x + y
z = exp(u) * sin(v)
zx = z.diff(x)
print('第 1 题对 x 的偏导数为', zx)
zy = z.diff(y)
print('第 1 题对 y 的偏导数为', zy)
#第 2 题
u = exp(x ** 2 + y ** 2 + z ** 2)
ux = u.diff(x)
print('第 2 题对 x 的偏导数为', ux)
uy = u.diff(y)
print('第 2 题对 y 的偏导数为', uy)
#第 3 题
u = exp(t)
v = cos(t)
z = u * v + sin(t)
zt = z.diff(t)
print('第 3 题对 t 的导数为', zt)
```

输出如下：

```
第1题对x的偏导数为 y*exp(x*y)*sin(x + y) + exp(x*y)*cos(x + y)
第1题对y的偏导数为 x*exp(x*y)*sin(x + y) + exp(x*y)*cos(x + y)
第2题对x的偏导数为 (2*x + 2*y*exp(2*x*y)*sin(x + y)**2 + 2*exp(2*x*y)*
sin(x + y)*cos(x + y))*exp(x**2 + y**2 + exp(2*x*y)*sin(x + y)**2)
第2题对y的偏导数为 (2*x*exp(2*x*y)*sin(x + y)**2 + 2*y + 2*exp(2*x*y)*
sin(x + y)*cos(x + y))*exp(x**2 + y**2 + exp(2*x*y)*sin(x + y)**2)
第3题对t的导数为 -exp(t)*sin(t) + exp(t)*cos(t) + cos(t)
```

B.7 多元函数的极值

在实际问题中，最大值、最小值往往是一个多元函数的极值。

多元函数的极值有必要条件和充分条件。极值的必要条件，设函数 $z=f(x,y)$ 在点 (x_0,y_0) 具有偏导数，并且在点 (x_0,y_0) 处有 $f_x(x_0,y_0)=0,f_y(x_0,y_0)=0$。极值的充分条件，设函数 $z=f(x,y)$ 在点 (x_0,y_0) 的某个邻域内连续且有一阶及二阶连续偏导数，又有 $f_x(x_0,y_0)=0,f_y(x_0,y_0)=0$，令 $f_{xx}(x_0,y_0)=A,f_{xy}(x_0,y_0)=B,f_{yy}(x_0,y_0)=C$，则函数在 (x_0,y_0) 处是否取得极值的条件如下：

(1) 当 $AC-B^2>0$ 时具有极值，并且当 $A<0$ 时有极大值，当 $A>0$ 时有极小值。

(2) 当 $AC-B^2<0$ 时没有极值。

(3) 当 $AC-B^2=0$ 时可能有极值，也可能没有极值，需要另外讨论。

【例 B-47】 求二元函数 $f(x,y)=x^3-y^3+3x^2+3y^2-9x$ 的极值，代码如下：

```python
#附录 B/B-63.py
from scipy.optimize import minimize
def f(x):
    t = x[0]**3 - x[1]**3 + 3 * x[0]**2 + 3*x[1]**2 - 9*x[0]
    return(t)

res = minimize(fun = f, x0 = [0,0])
print(res)
print('最优函数值为', res['fun'])
print('取得最优值点为', res['x'])
```

输出如下：

```
fun: -5.0
hess_inv: array([[8.34028325e-02, 3.27721596e-09],
       [3.27721596e-09, 1.00000000e+00]])
      jac: array([1.1920929e-07, 0.0000000e+00])
  message: 'Optimization terminated successfully.'
     nfev: 15
      nit: 4
     njev: 5
```

```
   status: 0
  success: True
        x: array([ 1.00000000e+00, -5.40966234e-09])
最优函数值为 -5.0
取得最优值点为 [ 1.00000000e+00 -5.40966234e-09]
```

【例 B-48】 求下列二元函数的极值：

(1) $f(x,y)=4(x-y)-x^2-y^2$。

(2) $f(x,y)=(6x-x^2)(4y-y^2)$。

(3) $f(x,y)=\exp(2x)(x+y^2+2y)$。

代码如下：

```
#附录 B/B-64.py
from scipy.optimize import minimize
import numpy as np
#3 个函数的定义
def f1(x):
    t = 4 * (x[0] - x[1]) - x[0] ** 2 - x[1] ** 2
    return(t)
def f2(x):
    t = (6 * x[0] - x[0] ** 2) * (4 * x[1] - x[1] ** 2)
    return(t)
def f3(x):
    t = np.exp(2 * x[0]) * (x[0] + x[1] ** 2 + 2 * x[1])
    return(t)
#第(1)问
res1 = minimize(fun = f1, x0 = [0,0])
print('--------第(1)问:')
print(res1)
print('最优函数值为', res1['fun'])
print('取得最优值点为', res1['x'])
#第(2)问
res2 = minimize(fun = f2, x0 = [0,0])
print('--------第(2)问:')
print(res2)
print('最优函数值为', res2['fun'])
print('取得最优值点为', res2['x'])
#第(3)问
res3 = minimize(fun = f3, x0 = [0,0])
print('--------第(3)问:')
print(res3)
print('最优函数值为', res3['fun'])
print('取得最优值点为', res3['x'])
```

输出如下：

```
--------第(1)问:
     fun: -1075502.9225389953
```

```
hess_inv: array([[0.24999808, 0.75000192],
       [0.75000192, 0.24999808]])
      jac: array([ 1466.625, -1466.625])
  message: 'Desired error not necessarily achieved due to precision loss.'
     nfev: 348
      nit: 1
     njev: 112
   status: 2
  success: False
        x: array([-731.31811465, 731.3181201 ])
最优函数值为 -1075502.9225389953
取得最优值点为 [-731.31811465 731.3181201 ]
--------第(2)问:
      fun: 0.0
hess_inv: array([[1, 0],
       [0, 1]])
      jac: array([0., 0.])
  message: 'Optimization terminated successfully.'
     nfev: 3
      nit: 0
     njev: 1
   status: 0
  success: True
        x: array([0., 0.])
最优函数值为 0.0
取得最优值点为 [0. 0.]
--------第(3)问:
      fun: -1.3591409142295163
hess_inv: array([[0.18420012, 0.00063741],
       [0.00063741, 0.18581578]])
      jac: array([-8.94069672e-08, -2.08616257e-07])
  message: 'Optimization terminated successfully.'
     nfev: 42
      nit: 11
     njev: 14
   status: 0
  success: True
        x: array([ 0.49999998, -1.00000004])
最优函数值为 -1.3591409142295163
取得最优值点为 [ 0.49999998 -1.00000004]
```

B.8 重积分

以二元函数为例。如果说一元函数的积分类比于求曲线的下方图形的面积,则二元函数的积分就可以类比于曲面下方的体积。从直观上看,求一个曲面下方的体积先要把定义域划分成若干小的闭区域,分别以这些小闭区域的边界为准线,做母线平行于 z 轴的柱面,这些柱面把原来的曲顶柱体分成若干细小曲顶柱体。当被积函数 $f(x,y)$ 连续时,这些细小曲顶柱体可近似看作平顶柱体，在每个小区域中任选一点(ξ_i,η_i)，以$f(\xi_i,\eta_i)$为高而底为Δ_i作的平顶柱体的体积为$f(\xi_i,\eta_i)\Delta_i$，因此这些平顶柱体体积之和为

$$\sum_{i=1}^{n} f(\xi_i,\eta_i)\Delta_i \tag{B-34}$$

可以视为整个曲顶柱体体积的近似值，令它取极限就得到曲顶柱体的体积。

二重积分的定义如下。设$f(x,y)$是有界闭区域D上的有界函数，将闭区域D分成n个小区域Δ_i，在每个小区域上任取一点(ξ_i,η_i)，求$f(\xi_i,\eta_i)\Delta_i$之和$\sum_{i=1}^{n} f(\xi_i,\eta_i)\Delta_i$。如果当各个小区域中的直径中的最大值趋于0，且这个和的极限总是存在，则称此极限为函数$f(x,y)$在闭区域D上的二重积分，记作

$$\iint_D f(x,y)\mathrm{d}\sigma \tag{B-35}$$

其中，$f(x,y)$叫作被积函数，$f(x,y)\mathrm{d}\sigma$叫作被积表达式，$\mathrm{d}\sigma$叫作面积元素，x与y叫作积分变量，D叫作积分区域。

以上定义不能直接用来计算重积分，实际上，在计算重积分时要把它转化为两次单积分来处理。也就是说，先固定一个变量，然后让另一个变量变化，算得一个积分，再让原来固定不变的变量变化计算另一个积分，即把重积分化为累次积分。

【例 B-49】 计算

$$\iint_D xy\,\mathrm{d}\sigma$$

其中，D是由直线$y=1$，$x=2$和$y=x$所围成的闭区域，代码如下：

```
#附录 B/B-65.py
from sympy import *
x, y = symbols('x, y')
expr = x * y
#先对 x 积分,再对 y 积分
a = integrate(expr, (x, y, 2), (y,1,2))
print('先对 x 积分,再对 y 积分的积分值为', a)
#先对 y 积分,再对 x 积分
b = integrate(expr, (y, 1, x), (x,1,2))
print('先对 y 积分,再对 x 积分的积分值为', b)
```

输出如下：

```
先对 x 积分,再对 y 积分的积分值为 9/8
先对 y 积分,再对 x 积分的积分值为 9/8
```

【例 B-50】 计算

$$\iint_D xy\,\mathrm{d}\sigma$$

其中，D是由抛物线$y^2=x$，以及直线$y=x-2$所围成的闭区域，代码如下：

```
#附录 B/B-66.py
from sympy import *
x, y = symbols('x, y')
expr = x * y
a = integrate(expr, (x, y**2, y + 2), (y, -1, 2))
print('围成的闭区域的面积为', a)
```

输出如下：

```
围成的闭区域的面积为 45/8
```

【例 B-51】 设某个平面薄片所占的闭区域 D 由直线 $x+y=2$，$y=x$ 和 x 轴所围成，它的面密度为 $f(x,y)=x^2+y^2$，求该薄片的质量，代码如下：

```
#附录 B/B-67.py
from sympy import *
x, y = symbols('x, y')
expr = x ** 2 + y ** 2
#先对 y 积分,再对 x 积分
a = integrate(expr, (y, 0, x), (x, 0, 1)) + integrate(expr, (y, 0, 2 - x), (x, 1, 2))
print('先对 y 积分,再对 x 积分,质量为', a)
#先对 x 积分,再对 y 积分
b = integrate(expr, (x, y, 2 - y), (y, 0, 1))
print('先对 x 积分,再对 y 积分,质量为', b)
```

输出如下：

```
先对 y 积分,再对 x 积分,质量为 4/3
先对 x 积分,再对 y 积分,质量为 4/3
```

附录 C

线性代数基础

线性代数对于概率统计来讲是很重要的基础，附录 C 基于 Python 讨论线性代数知识。

C.1 向量与矩阵

向量和矩阵是线性代数的基本概念，本章应掌握向量和矩阵的定义及相关的计算。

C.1.1 数域

设 F 是由数组成的集合，它包含 0 和 1。如果 F 中任意两个数的和、差、积、商(除数不为 0)仍然在 F 中，则称 F 是一个数域。加减乘除运算也简称为有理运算。

例如，全体有理数组成的集合 **Q** 是数域；全体实数组成的集合 **R** 是数域；全体复数组成的集合 **C** 是数域，但是全体整数集合 **Z** 不是数域，全体自然数集合 **N** 也不是数域。从数域的定义知道，一个数域中的数经过有理运算后仍在数域中，也可以说，数域对于有理运算具有封闭性。显然一个数域包含 0 和 1，当然也就包含所有的有理数，因此有理数域是最小的数域。即有下面的定理：任何一个数域都包含有理数域。

【例 C-1】 判断下列集合是不是数域：

(1) 全体偶数集合。

(2) 全体奇数集合。

(3) 全体正实数集合。

(4) $P=\{a+b\sqrt{2}: a,b$ 是有理数$\}$。

解：(1) 两个偶数相除不一定是偶数，因此全体偶数的集合不是数域。

(2) 两个奇数相加不是奇数，因此奇数集合不是数域。

(3) 两个正实数相减不一定是正实数，因此正实数不是数域。

(4) 容易看出集合 P 中的两个数加、减之后仍在集合 P 中。对于乘法有

$$(a_1+b_1\sqrt{2})(a_2+b_2\sqrt{2})=a_1a_2+2b_1b_2+(a_2b_1+a_1b_2)\sqrt{2}$$

由于 $a_1a_2+2b_1b_2$ 和 $a_2b_1+a_1b_2$ 都是有理数，因此集合 P 对乘法封闭。对于除法有

$$\frac{a_1+b_1\sqrt{2}}{a_2+b_2\sqrt{2}}=\frac{(a_1+b_1\sqrt{2})(a_2-b_2\sqrt{2})}{(a_2+b_2\sqrt{2})(a_2-b_2\sqrt{2})}=\frac{1}{a_2^2-2b_2^2}(a_1+b_1\sqrt{2})(a_2-b_2\sqrt{2})$$

由于$(a_1+b_1\sqrt{2})(a_2-b_2\sqrt{2})$在 P 中且 $a_2^2-2b_2^2$ 是有理数，故集合 P 对除法封闭。

C.1.2 向量的代数意义

由 n 个数 $x_1, x_2, \cdots, x_n$ 组成的有序数组称为 n 维向量，简称向量，x_i 称为第 i 个分量。向量可以写成一行，称为行向量；也可以写成一列，称为列向量。习惯上把向量写成一列并用小写字母表示，例如：

$$\boldsymbol{x} = \begin{bmatrix} x_1 \\ x_2 \\ \vdots \\ x_n \end{bmatrix} \tag{C-1}$$

n 称为向量的维数，记作 $\dim(x) = n$。

(1) 向量的转置。设向量 $\boldsymbol{x}$ 如上所示是列向量，则 $\boldsymbol{x}^{\mathrm{T}}$ 表示 $\boldsymbol{x}$ 的转置，$\boldsymbol{x}^{\mathrm{T}}$ 是行向量，定义如下：

$$\boldsymbol{x}^{\mathrm{T}} = [x_1, x_2, \cdots, x_n] \qquad (\boldsymbol{x}^{\mathrm{T}})^{\mathrm{T}} = [x_1, x_2, \cdots, x_n]^{\mathrm{T}} = \boldsymbol{x}$$

也就是说，向量的转置表示行列互换，即转置把列向量变为行向量，把行向量变为列向量。

(2) 向量的相等。两个向量相等当且仅当它们的维数相等，并且对应分量都相等。

(3) 零向量。分量全为 0 的向量称为零向量。

(4) 负向量。向量 $\boldsymbol{x} = [-x_1, -x_2, \cdots, -x_n]^{\mathrm{T}}$ 称为向量 $\boldsymbol{x}$ 的负向量。

向量的生成代码如下：

```
#附录 C/C-1.py
import numpy as np
#向量定义用 NumPy
print(np.array([1, 2, 3]))
print(np.array([4, 2, 5, 6, 8]))
#向量的转置
print(np.array([1, 2, 3]).T)
print(np.array([4, 2, 5, 6, 8]).T)
#向量的维数
print(np.array([1, 2, 3]).shape)
#零向量与负向量
print(np.zeros(3))
print(-np.array([1, 2, 3]))
#或者用 sympy
from sympy import Matrix, zeros
#转置
print(Matrix([1, 2, 3, 4]).T)
#向量的维数
print(Matrix([1, 2, 3, 4]).shape)
#零向量与负向量
print(zeros(4,1))
print(-Matrix([1, 2, 3, 4]))
```

输出如下：

```
[1 2 3]
[4 2 5 6 8]
[1 2 3]
[4 2 5 6 8]
(3,)
[0. 0. 0.]
[-1 -2 -3]
Matrix([[1, 2, 3, 4]])
(4, 1)
Matrix([[0], [0], [0], [0]])
Matrix([[-1], [-2], [-3], [-4]])
```

C.1.3　向量的代数运算

设 $\boldsymbol{x}$ 和 $\boldsymbol{y}$ 是两个 n 维向量，α 是一个数，则可以定义向量的加减和数乘计算。向量的加减运算，定义如下：

$$\boldsymbol{x} \pm \boldsymbol{y} = \begin{bmatrix} x_1 \\ x_2 \\ \vdots \\ x_n \end{bmatrix} \pm \begin{bmatrix} y_1 \\ y_2 \\ \vdots \\ y_n \end{bmatrix} = \begin{bmatrix} x_1 \pm y_1 \\ x_2 \pm y_2 \\ \vdots \\ x_n \pm y_n \end{bmatrix} \tag{C-2}$$

向量的数乘运算，定义如下：

$$\alpha \times \boldsymbol{x} = \alpha * \boldsymbol{x} = \alpha \boldsymbol{x} = \begin{bmatrix} \alpha x_1 \\ \alpha x_2 \\ \vdots \\ \alpha x_n \end{bmatrix} \tag{C-3}$$

利用 Python 创建数组之后，计算数组的加减和数乘与数学中的计算完全一样。

向量的代数运算，代码如下：

```
#附录 C/C-2.py
import numpy as np
x = np.array([1, 2, 3])
y = np.array([3, 4, 5])
print('向量 x 为', x)
print('向量 y 为', y)
a = 3
print('向量之和', x + y)
print('向量之差', x - y)
print('向量的数乘', a * x)
#或者
from sympy import Matrix
x = Matrix([1, 2, 3])
y = Matrix([4, 5, 6])
print('sympy 向量之和', x + y)
print('sympy 向量之差', x - y)
print('向量的数乘', a * y)
```

输出如下：

```
向量 x 为 [1 2 3]
向量 y 为 [3 4 5]
向量之和 [4 6 8]
向量之差 [-2 -2 -2]
向量的数乘 [3 6 9]
sympy 向量之和 Matrix([[5], [7], [9]])
sympy 向量之差 Matrix([[-3], [-3], [-3]])
向量的数乘 Matrix([[12], [15], [18]])
```

【例 C-2】 计算下列向量的值

(1) 设向量 $\boldsymbol{x}=(11,0,-15,20)$，$\boldsymbol{y}=(32,23,14,47)$，计算 $-3\boldsymbol{x}$、$2\boldsymbol{y}$、$-7\boldsymbol{y}+13\boldsymbol{x}$ 和 $16\boldsymbol{x}+22\boldsymbol{y}$。

(2) 设向量 $\boldsymbol{x}=(12,0,-12,49)$，$\boldsymbol{y}=(6,-3,-4,-7)$，求向量 $\boldsymbol{z}$ 使 $3\boldsymbol{x}-\boldsymbol{z}=4\boldsymbol{y}$。

代码如下：

```
#附录 C/C-3.py
import numpy as np
#第(1)题
x = np.array([11, 0, -15, 20])
y = np.array([32, 23, 14, 47])
print('-3x = ', -3 * x)
print('2y = ', 2 * y)
print('-7y + 13x = ', -7 * y + 13 * x)
print('16x + 22y = ', 16 * x + 22 * y)
#第(2)题
z = 3 * x - 4 * y
print('向量 z 等于', z)
```

输出如下：

```
-3x = [-33 0 45 -60]
2y = [64 46 28 94]
-7y + 13x = [ -81 -161 -293 -69]
16x + 22y = [ 880 506 68 1354]
向量 z 等于 [ -95 -92 -101 -128]
```

C.1.4 向量的几何意义

向量是既有长度(模)又有方向的量，向量包含 3 个要素：起点、终点、方向。在取定坐标系以后，可以把向量的起点平移到坐标原点，这样向量的终点和空间中的点就构成了一一对应关系，因此向量空间可以类比为取定了坐标系的点空间。注意：零向量的模是 0，方向任意。

向量的模和向量之间的夹角可通过内积来计算。设 $\boldsymbol{x}$ 和 $\boldsymbol{y}$ 是两个 n 维向量，α 是一个数，则向量的(实)内积定义如下：

$$(\boldsymbol{x},\boldsymbol{y})=\sum_{k=1}^{n}x_k y_k=x_1y_1+x_2y_2+\cdots+x_ny_n \tag{C-4}$$

向量的(欧几里得)长度(模)定义如下：

$$\|\boldsymbol{x}\|=\sqrt{(\boldsymbol{x},\boldsymbol{x})}=\sqrt{\sum x_k^2}=\sqrt{x_1^2+x_2^2+\cdots+x_n^2} \tag{C-5}$$

非零向量的单位化 $\boldsymbol{x}_{\text{norm}}$ 定义如下：

$$\boldsymbol{x}_{\text{norm}}=\frac{x}{\|x\|} \tag{C-6}$$

两个向量 $\boldsymbol{x}$ 与 $\boldsymbol{y}$ 的夹角 θ 的余弦值定义如下：

$$\cos(\theta)=\left(\frac{\boldsymbol{x}}{\|\boldsymbol{x}\|},\frac{\boldsymbol{y}}{\|\boldsymbol{y}\|}\right)=\frac{(\boldsymbol{x},\boldsymbol{y})}{\|\boldsymbol{x}\|\|\boldsymbol{y}\|} \tag{C-7}$$

通过反余弦函数即可得出夹角 θ,即

$$\theta=\arccos\left(\frac{(\boldsymbol{x},\boldsymbol{y})}{\|\boldsymbol{x}\|\|\boldsymbol{y}\|}\right) \tag{C-8}$$

两个向量的正交定义：若$(\boldsymbol{x},\boldsymbol{y})=0$,则称 $\boldsymbol{x}$ 与 $\boldsymbol{y}$ 正交。

向量的几何意义,代码如下：

```
#附录 C/C-4.py
import numpy as np
x = np.array([1, 2, 3, 4])
y = np.array([5, 6, 7, 2])
print('向量 x 为', x)
print('向量 y 为', y)
#计算向量内积
print('x 与 y 的内积为', x.dot(y))
print('x 与 y 的内积为', np.dot(x, y))
print('x 与 y 的内积为', x @ y)
#计算向量的长度
print('x 的长度为', np.sqrt(x.dot(x)))
print('x 的长度为', np.sqrt(np.dot(x, x)))
print('x 的长度为', np.sqrt(x @ x))
#计算向量单位化
print('x 的单位化为', x / np.sqrt(x @ x))
print('y 的单位化为', y / np.sqrt(y @ y))
#计算向量夹角余弦值
x_norm = np.sqrt(x @ x)
y_norm = np.sqrt(y @ y)
print('xy 夹角余弦值', x.dot(y) / (x_norm * y_norm))
#判断 x 与 y 是否正交
print('xy 是否正交', x.dot(y) == 0)
#或者用 sympy
from sympy import Matrix
x = Matrix([-3,2,4,1])
y = Matrix([-1,4,-3,6])
#计算向量内积
print('x 与 y 的内积', x.dot(y))
```

```
#计算向量的长度
print('x的长度', x.norm())
print('y的长度', y.norm())
#计算向量单位化
print('x的单位化为', x/x.norm())
print('y的单位化为', y/y.norm())
#计算向量夹角余弦值
print('xy夹角余弦值', x.dot(y) / (x.norm() * y.norm()))
#判断x与y是否正交
print('xy是否正交', x.dot(y) == 0)
```

输出如下：

```
向量x为 [1 2 3 4]
向量y为 [5 6 7 2]
x与y的内积为 46
x与y的内积为 46
x与y的内积为 46
x的长度为 5.477225575051661
x的长度为 5.477225575051661
x的长度为 5.477225575051661
x的单位化为 [0.18257419 0.36514837 0.54772256 0.73029674]
y的单位化为 [0.46829291 0.56195149 0.65561007 0.18731716]
xy夹角余弦值 0.7865834032652849
xy是否正交 False
x与y的内积 5
x的长度 sqrt(30)
y的长度 sqrt(62)
x的单位化为 Matrix([[-sqrt(30)/10], [sqrt(30)/15], [2*sqrt(30)/15], [sqrt(30)/30]])
y的单位化为 Matrix([[-sqrt(62)/62], [2*sqrt(62)/31], [-3*sqrt(62)/62], [3*sqrt(62)/
31]])
xy夹角余弦值 sqrt(465)/186
xy是否正交 False
```

【例 C-3】 设向量 $\boldsymbol{x}=(-11,-22,33,25)^{\mathrm{T}}$，$\boldsymbol{y}=(31,92,-5,25)^{\mathrm{T}}$，求

(1) $-\boldsymbol{x}+3\boldsymbol{y}$。

(2) $(\boldsymbol{x},\boldsymbol{y})$。

(3) $\|\boldsymbol{x}\|$和$\|\boldsymbol{y}\|$。

(4) 向量 $\boldsymbol{x}$ 与向量 $\boldsymbol{y}$ 的夹角。

代码如下：

```
#附录C/C-5.py
import numpy as np
x = np.array([-11, -22, 33, 25])
y = np.array([31, 92, -5, 25])
#(1)
t = -x + 3 * y
print('-x+3y = ', t)
```

```
#(2)
t = x.dot(y)
print('(x,y) = ', t)
#(3)
t1 = np.sqrt(x.dot(x))
print('x的模为', t1)
t2 = np.sqrt(y.dot(y))
print('y的模为', t2)
#(4)
t = x.dot(y) / (t1 * t2)
print('x与y的夹角为', np.arccos(t))
```

输出如下：

```
-x+3y = [104 298 -48 50]
(x,y) = -1905
x的模为 48.155996511338024
y的模为 100.37429949942366
x与y的夹角为 1.9759001646398053
```

【例 C-4】 设向量 $\boldsymbol{x}=(11,-12,31,0,5)^{\mathrm{T}}$，$\boldsymbol{y}=(1,-9,-3,-5,-8)^{\mathrm{T}}$，求

(1) $13\boldsymbol{x}+2\boldsymbol{y}$。

(2) $(\boldsymbol{y},\boldsymbol{x}+\boldsymbol{y})$。

(3) $\|\boldsymbol{x}-\boldsymbol{y}\|$ 和 $\|4\boldsymbol{y}\|$。

(4) 向量 $\boldsymbol{x}$ 与向量 $\boldsymbol{x}+2\boldsymbol{y}$ 的夹角。

代码如下：

```
#附录C/C-6.py
import numpy as np
x = np.array([11, -12, 31, 0, 5])
y = np.array([1, -9, -3, -5, -8])
#(1)
t = 13 * x + 2 * y
print('13x + 2y = ', t)
#(2)
t = y.dot(x + y)
print('(y,x + y) = ', t)
#(3)
t = x - y
t1 = np.sqrt(t.dot(t))
print('x-y的模为', t1)
t = 4 * y
t2 = np.sqrt(t.dot(t))
print('4y的模为', t2)
#(4)
t = x + 2 * y
tt = np.sqrt(x.dot(x))
a = np.sqrt(t.dot(t))
b = x.dot(t) / (a * tt)
print('x与y的夹角为', np.arccos(b))
```

输出如下：

```
13x + 2y = [ 145 -174 397 -10 49]
(y,x + y) = 166
x-y的模为 38.19685850956856
4y的模为 53.665631459994955
x与y的夹角为 0.6597311514718618
```

C.1.5 矩阵

由 $m\times n$ 个数排成的 m 行 n 列的矩形数字表格称为 $m\times n$ 矩阵，简称矩阵。习惯上用大写字母 $\boldsymbol{A}$、$\boldsymbol{B}$、$\boldsymbol{C}$、…表示矩阵，例如：

$$\boldsymbol{A}=\begin{bmatrix} a_{11} & a_{12} & \cdots & a_{1n} \\ a_{21} & a_{22} & \cdots & a_{2n} \\ \vdots & \vdots & & \vdots \\ a_{m1} & a_{m2} & \cdots & a_{mn} \end{bmatrix} \tag{C-9}$$

其中，a_{ij} 表示第 i 行第 j 列的数（也称为元素）。有时为了强调矩阵的行数和列数，可把矩阵记为 $\boldsymbol{A}=\boldsymbol{A}_{m\times n}=(a_{ij})_{m\times n}=(a_{ij})$。

行向量可视为只有一行的矩阵，列向量可视为只有一列的矩阵。矩阵的每一行可视为行向量，每一列可视为列向量。

矩阵的相等：如果两个矩阵行数相等，列数也相等，并且对应位置上的元素都相等，则称两个矩阵相等。

矩阵的转置：把 $m\times n$ 矩阵 $\boldsymbol{A}$ 的行列互换，得到一个 $n\times m$ 矩阵称为 $\boldsymbol{A}$ 的转置矩阵，记作 $\boldsymbol{A}^{\mathrm{T}}$，即如果

$$\boldsymbol{A}=\begin{bmatrix} a_{11} & a_{12} & \cdots & a_{1n} \\ a_{21} & a_{22} & \cdots & a_{2n} \\ \vdots & \vdots & & \vdots \\ a_{m1} & a_{m2} & \cdots & a_{mn} \end{bmatrix}$$

则

$$\boldsymbol{A}^{\mathrm{T}}=\begin{bmatrix} a_{11} & a_{12} & \cdots & a_{1n} \\ a_{21} & a_{22} & \cdots & a_{2n} \\ \vdots & \vdots & & \vdots \\ a_{m1} & a_{m2} & \cdots & a_{mn} \end{bmatrix}^{\mathrm{T}}=\begin{bmatrix} a_{11} & a_{21} & \cdots & a_{m1} \\ a_{12} & a_{22} & \cdots & a_{m2} \\ \vdots & \vdots & & \vdots \\ a_{1n} & a_{2n} & \cdots & a_{mn} \end{bmatrix}$$

例如若矩阵

$$\boldsymbol{A}=\begin{bmatrix} -1 & 11 & 42 & 6 \\ 0 & 4 & -99 & 10 \\ 3 & 55 & 2 & -23 \end{bmatrix}$$

则

$$A^{T}=\begin{bmatrix}-1 & 0 & 3\\ 11 & 4 & 55\\ 42 & -99 & 2\\ 6 & 10 & -23\end{bmatrix}$$

A 是 3×4 矩阵，转置后变为 4×3 矩阵。显然$(A^{T})^{T}=A$。

零矩阵：分量全为 0 的矩阵称为零矩阵。例如 $A=\begin{bmatrix}0 & 0 & 0\\ 0 & 0 & 0\\ 0 & 0 & 0\end{bmatrix}$ 是 3×3 零矩阵。

负矩阵：矩阵 A 的每个元素都取相反数即得负矩阵$-A$。即如果

$$A=\begin{bmatrix}a_{11} & a_{12} & \cdots & a_{1n}\\ a_{21} & a_{22} & \cdots & a_{2n}\\ \vdots & \vdots & & \vdots\\ a_{m1} & a_{m2} & \cdots & a_{mn}\end{bmatrix},\quad 则 -A=\begin{bmatrix}-a_{11} & -a_{12} & \cdots & -a_{1n}\\ -a_{21} & -a_{22} & \cdots & -a_{2n}\\ \vdots & \vdots & & \vdots\\ -a_{m1} & -a_{m2} & \cdots & -a_{mn}\end{bmatrix}$$

例如若矩阵

$$A=\begin{bmatrix}-1 & 5 & 3\\ 0 & 2 & -8\end{bmatrix}$$

则

$$-A=\begin{bmatrix}1 & -5 & -3\\ 0 & -2 & 8\end{bmatrix}$$

矩阵的简单计算，代码如下：

```
#附录 C/C-7.py
import numpy as np
from sympy import Matrix, zeros
#定义矩阵
A = np.array([[1, 2, 3], [4, 5, 6]])
print('矩阵 A 为\n', A)
B = Matrix([[1, 2, 3], [4, 5, 6]])
print('矩阵 B 为\n', B)
#矩阵的转置
print('矩阵 A 的转置为\n', A.T)
print('矩阵 B 的转置为\n', B.T)
#负矩阵
print('A 的负矩阵为\n', - A)
print('B 的负矩阵为\n', - B)
#零矩阵
print('零矩阵\n', np.zeros((3, 4)))
print('零矩阵\n', zeros(3,4))
```

输出如下：

```
矩阵 A 为
[[1 2 3]
[4 5 6]]
```

```
矩阵 B:
Matrix([[1, 2, 3], [4, 5, 6]])
矩阵 A 的转置为
[[1 4]
[2 5]
[3 6]]
矩阵 B 的转置为
Matrix([[1, 4], [2, 5], [3, 6]])
A 的负矩阵为
[[-1 -2 -3]
[-4 -5 -6]]
B 的负矩阵为
Matrix([[-1, -2, -3], [-4, -5, -6]])
零矩阵
[[0. 0. 0. 0.]
[0. 0. 0. 0.]
[0. 0. 0. 0.]]
零矩阵
Matrix([[0, 0, 0, 0], [0, 0, 0, 0], [0, 0, 0, 0]])
```

C.1.6 常见特殊矩阵

方阵：若矩阵 $\boldsymbol{A}$ 的行数与列数相等，都等于 n，则称 $\boldsymbol{A}$ 为 n 阶方阵，简称方阵。即

$$\boldsymbol{A}=\begin{bmatrix} a_{11} & a_{12} & \cdots & a_{1n} \\ a_{21} & a_{22} & \cdots & a_{2n} \\ \vdots & \vdots & & \vdots \\ a_{n1} & a_{n2} & \cdots & a_{nn} \end{bmatrix}$$

例如，$\boldsymbol{A}=\begin{bmatrix} 1 & 3 & -2 \\ -3 & 1 & 1 \\ 4 & -7 & 0 \end{bmatrix}$是 3 阶方阵。

对角矩阵：在一个 n 阶方阵中，从左上角到右下角这一斜线上的 n 个元素，称为主对角线。若 n 阶方阵 $\boldsymbol{A}$ 主对角线以外的元素全为 0，则称 $\boldsymbol{A}$ 为 n 阶对角矩阵，简称对角矩阵。即

$$\boldsymbol{A}=\begin{bmatrix} a_{11} & 0 & \cdots & 0 \\ 0 & a_{22} & \cdots & 0 \\ \vdots & \vdots & & \vdots \\ 0 & 0 & \cdots & a_{nn} \end{bmatrix}$$

例如，$\boldsymbol{A}=\begin{bmatrix} 1 & 0 & 0 \\ 0 & 2 & 0 \\ 0 & 0 & 3 \end{bmatrix}$是 3 阶对角矩阵。

上三角矩阵：若 n 阶方阵 $\boldsymbol{A}$ 主对角线以下的元素全为 0，则称 $\boldsymbol{A}$ 为上三角矩阵。即

$$\begin{bmatrix} a_{11} & a_{12} & \cdots & a_{1n} \\ 0 & a_{22} & \cdots & a_{2n} \\ \vdots & \vdots & & \vdots \\ 0 & 0 & \cdots & a_{nn} \end{bmatrix}$$

例如，$\boldsymbol{A}=\begin{bmatrix}1 & 3 & 44\\0 & 2 & -5\\0 & 0 & 3\end{bmatrix}$是上三角矩阵。

下三角矩阵：若 n 阶方阵 $\boldsymbol{A}$ 主对角线以上的元素全为0，则称 $\boldsymbol{A}$ 为下三角矩阵。即

$$\begin{bmatrix}a_{11} & 0 & \cdots & 0\\a_{21} & a_{22} & \cdots & 0\\\vdots & \vdots & & \vdots\\a_{n1} & a_{n2} & \cdots & a_{nn}\end{bmatrix}$$

例如，$\boldsymbol{A}=\begin{bmatrix}1 & 0 & 0\\-3 & 2 & 0\\4 & 5 & 3\end{bmatrix}$是下三角矩阵。显然，上三角矩阵与下三角矩阵互为转置。

单位矩阵：n 阶对角矩阵 $\boldsymbol{A}$ 主对角线上元素全为1，则称 $\boldsymbol{A}$ 为单位矩阵，一般用 $\boldsymbol{I}_n$ 表示 n 阶单位矩阵。例如，$\boldsymbol{I}_n=\begin{bmatrix}1 & 0 & \cdots & 0\\0 & 1 & \cdots & 0\\\vdots & \vdots & & \vdots\\0 & 0 & \cdots & 1\end{bmatrix}$是单位矩阵。

对称矩阵：若 n 阶方阵 $\boldsymbol{A}$ 的元素满足 $a_{ij}=a_{ji}(i,j=1,2,\cdots,n)$，则称 $\boldsymbol{A}$ 为对称矩阵。

例如，$\boldsymbol{A}=\begin{bmatrix}-2 & 5 & 2 & 0\\5 & 3 & 23 & -1\\2 & 23 & -5 & 6\\0 & -1 & 6 & 1\end{bmatrix}$是对称矩阵。显然，对称矩阵满足 $\boldsymbol{A}^{\mathrm{T}}=\boldsymbol{A}$。

反对称矩阵：若 n 阶方阵 $\boldsymbol{A}$ 的元素满足 $a_{ij}=-a_{ji}(i,j=1,2,\cdots,n)$，则称 $\boldsymbol{A}$ 为反对称矩阵。

例如，$\boldsymbol{A}=\begin{bmatrix}0 & -5 & -2 & 0\\5 & 0 & -23 & 1\\2 & 23 & 0 & -6\\0 & -1 & 6 & 0\end{bmatrix}$是反对称矩阵。显然，反对称矩阵 $\boldsymbol{A}$ 满足 $\boldsymbol{A}^{\mathrm{T}}=-\boldsymbol{A}$，并且 $\boldsymbol{A}$ 的主对角线上的元素全为0。

常见的特殊矩阵，代码如下：

```
#附录 C/C-8.py
import numpy as np
A = np.array([[1,2,3,4],[2,3,4,1],[0,8,6,4],[2,3,5,1]])
#上三角矩阵
print('上三角矩阵为\n', np.triu(A))
#下三角矩阵
print('下三角矩阵为\n', np.tril(A))
#对角矩阵
print('对角矩阵为\n', np.diag([1,2,3,4]))
print(np.diag(np.diag(A)))
#单位矩阵
print('3 阶单位矩阵\n', np.eye(3))
```

```
print('4 阶单位矩阵\n', np.identity(4))
#全零矩阵
print('全零矩阵为\n', np.zeros((3,4)))
#对称矩阵与反对称矩阵
print('对称矩阵举例:\n', A + A.T)
print('反称矩阵举例:\n', A - A.T)
```

输出如下：

```
上三角矩阵为
[[1 2 3 4]
[0 3 4 1]
[0 0 6 4]
[0 0 0 1]]
下三角矩阵为
[[1 0 0 0]
[2 3 0 0]
[0 8 6 0]
[2 3 5 1]]
对角矩阵为
[[1 0 0 0]
[0 2 0 0]
[0 0 3 0]
[0 0 0 4]]
[[1 0 0 0]
[0 3 0 0]
[0 0 6 0]
[0 0 0 1]]
3 阶单位矩阵
[[1. 0. 0.]
[0. 1. 0.]
[0. 0. 1.]]
4 阶单位矩阵
[[1. 0. 0. 0.]
[0. 1. 0. 0.]
[0. 0. 1. 0.]
[0. 0. 0. 1.]]
全零矩阵为
[[0. 0. 0. 0.]
[0. 0. 0. 0.]
[0. 0. 0. 0.]]
对称矩阵举例:
[[ 2 4 3 6]
[ 4 6 12 4]
[ 3 12 12 9]
[ 6 4 9 2]]
反称矩阵举例:
[[ 0 0 3 2]
[ 0 0 -4 -2]
[-3 4 0 -1]
[-2 2 1 0]]
```

C.1.7 矩阵的运算

设 $\boldsymbol{A}=\begin{bmatrix} a_{11} & a_{12} & \cdots & a_{1n} \\ a_{21} & a_{22} & \cdots & a_{2n} \\ \vdots & \vdots & & \vdots \\ a_{m1} & a_{m2} & \cdots & a_{mn} \end{bmatrix}$，$\boldsymbol{B}=\begin{bmatrix} b_{11} & b_{12} & \cdots & b_{1n} \\ b_{21} & b_{22} & \cdots & b_{2n} \\ \vdots & \vdots & & \vdots \\ b_{m1} & b_{m2} & \cdots & b_{mn} \end{bmatrix}$，$\alpha$ 是一个数。

矩阵的加减运算：

$$\boldsymbol{A}\pm\boldsymbol{B}=\begin{bmatrix} a_{11}\pm b_{11} & a_{12}\pm b_{12} & \cdots & a_{1n}\pm b_{1n} \\ a_{21}\pm b_{21} & a_{22}\pm b_{22} & \cdots & a_{2n}\pm b_{2n} \\ \vdots & \vdots & & \vdots \\ a_{m1}\pm b_{m1} & a_{m2}\pm b_{m2} & \cdots & a_{mn}\pm b_{mn} \end{bmatrix}=(a_{ij}\pm b_{ij})_{m\times n}$$

例如，$\boldsymbol{A}=\begin{bmatrix} -1 & 1 & 2 & 5 \\ 0 & -4 & -2 & 3 \\ 3 & 2 & 4 & 1 \end{bmatrix}$，$\boldsymbol{B}=\begin{bmatrix} 3 & 4 & 7 & 2 \\ 1 & 1 & -2 & 3 \\ 4 & 1 & 3 & -6 \end{bmatrix}$，则有

$$\boldsymbol{A}+\boldsymbol{B}=\begin{bmatrix} 2 & 5 & 9 & 7 \\ 1 & -3 & -4 & 6 \\ 7 & 3 & 7 & -5 \end{bmatrix},\quad \boldsymbol{A}-\boldsymbol{B}=\begin{bmatrix} -4 & -3 & -5 & 3 \\ -1 & -5 & -4 & 0 \\ -1 & 1 & 1 & 7 \end{bmatrix}$$

矩阵的加法满足以下运算规律。

(1) 交换律：$\boldsymbol{A}+\boldsymbol{B}=\boldsymbol{B}+\boldsymbol{A}$。

(2) 结合律：$(\boldsymbol{A}+\boldsymbol{B})+\boldsymbol{C}=\boldsymbol{A}+(\boldsymbol{B}+\boldsymbol{C})$。

(3) $\boldsymbol{A}+\boldsymbol{O}=\boldsymbol{O}+\boldsymbol{A}=\boldsymbol{A}$，其中 $\boldsymbol{O}$ 是零矩阵。

(4) $\boldsymbol{A}+(-\boldsymbol{A})=\boldsymbol{O}$，其中 $-\boldsymbol{A}$ 是 $\boldsymbol{A}$ 的负矩阵，$\boldsymbol{O}$ 是零矩阵。

(5) $(\boldsymbol{A}+\boldsymbol{B})^{\mathrm{T}}=\boldsymbol{A}^{\mathrm{T}}+\boldsymbol{B}^{\mathrm{T}}$。

矩阵的数乘运算：

$$\alpha\boldsymbol{A}=\alpha\times\boldsymbol{A}=\begin{bmatrix} \alpha\times a_{11} & \alpha\times a_{12} & \cdots & \alpha\times a_{1n} \\ \alpha\times a_{21} & \alpha\times a_{22} & \cdots & \alpha\times a_{2n} \\ \vdots & \vdots & & \vdots \\ \alpha\times a_{m1} & \alpha\times a_{m2} & \cdots & \alpha\times a_{mn} \end{bmatrix}=(\alpha a_{ij})_{m\times n}$$

特别地，$(-1)\boldsymbol{A}=-\boldsymbol{A}$，即为 $\boldsymbol{A}$ 的负矩阵。

例如，$\boldsymbol{A}=\begin{bmatrix} 1 & 1 & 2 & 3 \\ 0 & -4 & -2 & 3 \\ 3 & 2 & 1 & 1 \end{bmatrix}$，则 $2\boldsymbol{A}=\begin{bmatrix} 2 & 2 & 4 & 6 \\ 0 & -8 & -4 & 6 \\ 6 & 4 & 2 & 2 \end{bmatrix}$。

矩阵的数乘满足以下运算规律，设 k,l 是常数，则

(1) 结合律：$(kl)\boldsymbol{A}=k(l\boldsymbol{A})=l(k\boldsymbol{A})$。

(2) 分配律：$(k+l)\boldsymbol{A}=l\boldsymbol{A}+k\boldsymbol{A}$，$k(\boldsymbol{A}+\boldsymbol{B})=k\boldsymbol{A}+k\boldsymbol{B}$。

矩阵的乘法：设 $\boldsymbol{A}=(a_{ij})_{m\times s}$ 是 $m\times s$ 矩阵，$\boldsymbol{B}=(b_{ij})_{s\times n}$ 是 $s\times n$ 矩阵，则 $\boldsymbol{A}$ 与 $\boldsymbol{B}$ 的

乘积 $\boldsymbol{C}$ 是一个 $m\times n$ 矩阵，$\boldsymbol{C}=(c_{ij})_{m\times n}$，其中 $c_{ij}=a_{i1}b_{1j}+a_{i2}b_{2j}+\cdots+a_{is}b_{sj}$，记作 $\boldsymbol{C}=\boldsymbol{AB}$。注意，只有当左边矩阵 $\boldsymbol{A}$ 的列数等于右边矩阵 $\boldsymbol{B}$ 的行数时，$\boldsymbol{A}$ 和 $\boldsymbol{B}$ 才能相乘，并且 $\boldsymbol{C}$ 的行数等于 $\boldsymbol{A}$ 的行数，$\boldsymbol{C}$ 的列数等于 $\boldsymbol{B}$ 的列数。

【例 C-5】 已知 $\boldsymbol{A}=\begin{bmatrix}1 & -2\\ -3 & 1\\ 4 & 0\end{bmatrix}$，$\boldsymbol{B}=\begin{bmatrix}1 & 3\\ -2 & 4\end{bmatrix}$，求 $\boldsymbol{AB}$。

解：由矩阵乘法公式得

$$\boldsymbol{C}=\boldsymbol{AB}=\begin{bmatrix}c_{11} & c_{12}\\ c_{21} & c_{22}\\ c_{31} & c_{32}\end{bmatrix}=\begin{bmatrix}a_{11}\times b_{11}+a_{12}\times b_{21} & a_{11}\times b_{12}+a_{12}\times b_{22}\\ a_{21}\times b_{11}+a_{22}\times b_{21} & a_{21}\times b_{12}+a_{22}\times b_{22}\\ a_{31}\times b_{11}+a_{32}\times b_{21} & a_{31}\times b_{12}+a_{32}\times b_{22}\end{bmatrix}$$

$$=\begin{bmatrix}1\times1+(-2)\times(-2) & 1\times3+(-2)\times4\\ (-3)\times1+1\times(-2) & (-3)\times3+1\times4\\ 4\times1+0\times(-2) & 4\times3+0\times4\end{bmatrix}=\begin{bmatrix}5 & -5\\ -5 & -5\\ 4 & 12\end{bmatrix}$$

矩阵乘法，示例代码如下：

```
#附录 C/C-9.py
import numpy as np
A = np.array([[1, 2],[-3, 1],[4, 0]])
B = np.array([[1, 3],[-2, 4]])
print('A与B的乘积为\n', A@B)
```

输出如下：

```
A与B的乘积为
[[-3 11]
[-5 -5]
[ 4 12]]
```

矩阵的乘法满足以下运算规律。

(1) 结合律：$(\boldsymbol{AB})\boldsymbol{C}=\boldsymbol{A}(\boldsymbol{BC})$，$k(\boldsymbol{AB})=(k\boldsymbol{A})\boldsymbol{B}=\boldsymbol{A}(k\boldsymbol{B})$。

(2) 左分配律：$\boldsymbol{A}(\boldsymbol{B}+\boldsymbol{C})=\boldsymbol{AB}+\boldsymbol{AC}$。

(3) 右分配律：$(\boldsymbol{B}+\boldsymbol{C})\boldsymbol{A}=\boldsymbol{BA}+\boldsymbol{CA}$。

(4) $\boldsymbol{I}_m\boldsymbol{A}_{m\times n}=\boldsymbol{A}_{m\times n}\boldsymbol{I}_n=\boldsymbol{A}_{m\times n}$。

(5) $(\boldsymbol{AB})^{\mathrm{T}}=\boldsymbol{B}^{\mathrm{T}}\boldsymbol{A}^{\mathrm{T}}$。

再次强调，矩阵的乘法不满足交换律，即一般情况下，$\boldsymbol{AB}\neq\boldsymbol{BA}$。

方阵的幂运算：设 $\boldsymbol{A}$ 是 n 阶方阵，k 是正整数，则称 $\boldsymbol{A}^k=\underbrace{\boldsymbol{A}\times\boldsymbol{A}\times\cdots\times\boldsymbol{A}}_{k个}$ 为方阵 $\boldsymbol{A}$ 的 k 次幂。规定 $\boldsymbol{A}^0=\boldsymbol{I}_n$。注意，幂运算要求 $\boldsymbol{A}$ 必须是方阵。

方阵的幂运算满足以下规律，设 k，l 是正整数，则

(1) $\boldsymbol{A}^k\boldsymbol{A}^l=\boldsymbol{A}^{k+l}$。

(2) $(\boldsymbol{A}^k)^l=\boldsymbol{A}^{kl}$。

矩阵乘法,示例代码如下:

```
#附录 C/C-10.py
import numpy as np
from sympy import Matrix
#矩阵的加减、数乘和乘法
A = np.array([[1, 2, 3], [5, 6, 7]])
#或者
A = Matrix([[1, 2, 3], [5, 6, 7]])
print('矩阵 A:\n', A)
B = np.array([[1, 2], [5, 7], [3, 4]])
#或者
B = Matrix([[1, 2], [5, 7], [3, 4]])
print('矩阵 B:\n', B)
print('A + A:\n', A + A)
print('B - B:\n', B - B)
print('3B:\n', 3 * B)
print('AB:\n', A @ B)
print('BA:\n', B @ A)
#矩阵的幂运算
C = np.array([[2, 3], [-4, 2]])
print('矩阵 C: \n',C)
print('矩阵 C 的 5 次幂:\n', C @ C @ C @ C @ C)
```

输出如下:

```
矩阵 A:
Matrix([[1, 2, 3], [5, 6, 7]])
矩阵 B:
Matrix([[1, 2], [5, 7], [3, 4]])
A + A:
Matrix([[2, 4, 6], [10, 12, 14]])
B - B:
Matrix([[0, 0], [0, 0], [0, 0]])
3B:
Matrix([[3, 6], [15, 21], [9, 12]])
AB:
Matrix([[20, 28], [56, 80]])
BA:
Matrix([[11, 14, 17], [40, 52, 64], [23, 30, 37]])
矩阵 C:
[[ 2 3]
[-4 2]]
矩阵 C 的 5 次幂:
[[ 512 -768]
[1024 512]]
```

【例 C-6】 设 $\boldsymbol{A}=\begin{bmatrix}12 & 3 & 4\\ 10 & -1 & 2\\ -3 & 4 & 3\end{bmatrix}$,$\boldsymbol{B}=\begin{bmatrix}2 & 3 & 4\\ 30 & 11 & -2\\ 3 & 14 & -7\end{bmatrix}$,并且 $3\boldsymbol{A}+2\boldsymbol{X}=6\boldsymbol{B}$,求矩阵 $\boldsymbol{X}$。

代码如下：

```
#附录 C/C-11.py
import numpy as np
A = np.array([[12, 3, 4],[10, -1, 2],[-3, 4, 3]])
print('矩阵 A 为\n', A)
B = np.array([[2, 3, 4],[30, 11, -2],[3, 14, -7]])
print('矩阵 B 为\n', B)
#X = (6B - 3A) / 2
X = (6 * B - 3 * A) / 2
print('矩阵 X 等于\n ', X)
```

输出如下：

```
矩阵 A 为
[[12 3 4]
[10 -1 2]
[-3 4 3]]
矩阵 B 为
[[ 2 3 4]
[30 11 -2]
[ 3 14 -7]]
矩阵 X 等于
  [[-12. 4.5 6. ]
[ 75. 34.5 -9. ]
[ 13.5 36. -25.5]]
```

【例 C-7】 设 $\boldsymbol{A}=\begin{bmatrix}10 & -21 & -12\\ -3 & 14 & -25\end{bmatrix}$，$\boldsymbol{B}=\begin{bmatrix}23 & 14\\ 13 & -32\\ 15 & 7\end{bmatrix}$，求矩阵乘积 $\boldsymbol{AB}$ 和 $\boldsymbol{BA}$。

代码如下：

```
#附录 C/C-12.py
import numpy as np
A = np.array([[10, -21, -12],[-3, 14, -25]])
print('矩阵 A 为\n', A)
B = np.array([[23, 14],[13, -32],[15, 7]])
print('矩阵 B 为\n', B)
#AB 和 BA
AB = A @ B
BA = B @ A
print('矩阵 AB 乘积等于 \n ', AB)
print('矩阵 BA 乘积等于 \n ', BA)
```

输出如下：

```
矩阵 A 为
[[ 10 -21 -12]
[ -3 14 -25]]
```

```
矩阵 B 为
[[ 23 14]
[ 13 -32]
[ 15 7]]
矩阵 AB 乘积等于
 [[-223 728]
[-262 -665]]
矩阵 BA 乘积等于
 [[ 188 -287 -626]
[ 226 -721 644]
[ 129 -217 -355]]
```

【例 C-8】 设调用 SymPy 库创建一个矩阵对象，求矩阵每一列的向量范数，判断第一列和最后一列是否正交。

代码如下：

```
#附录 C/C-13.py
from sympy import Matrix
m = Matrix([[1,2,3],[3,2,5],[2,1,4]])
for k in range(m.rows):
    print('第',k,'列向量的范数为',m[:,k].norm())
if m[:,0].dot(m[:,-1]) == 0:
    print('正交')
else:
    print('不正交')
```

输出如下：

```
第 0 列向量的范数为 sqrt(14)
第 1 列向量的范数为 3
第 2 列向量的范数为 5*sqrt(2)
不正交
```

【例 C-9】 设调用 NumPy 库创建两个矩阵对象，求每个矩阵的转置及两个矩阵的乘积，并将每个矩阵的每个行向量单位化，代码如下：

```
#附录 C/C-14.py
from sympy import Matrix
A = Matrix([[1,2,3],[3,2,5],[2,1,4]])
B = Matrix([[12,-2,3],[0,2,-1],[2,0,4]])
print('A 的转置:\n',A.T)
print('B 的转置:\n',B.T)
print('A 与 B 的乘积:\n',A @ B)
for k in range(A.rows):
    print(A[k,:]/A[k,:].norm())
for k in range(B.rows):
    print(B[k,:]/B[k,:].norm())
```

输出如下：

```
A的转置:
Matrix([[1, 3, 2], [2, 2, 1], [3, 5, 4]])
B的转置:
Matrix([[12, 0, 2], [-2, 2, 0], [3, -1, 4]])
A与B的乘积:
Matrix([[18, 2, 13], [46, -2, 27], [32, -2, 21]])
Matrix([[sqrt(14)/14, sqrt(14)/7, 3*sqrt(14)/14]])
Matrix([[3*sqrt(38)/38, sqrt(38)/19, 5*sqrt(38)/38]])
Matrix([[2*sqrt(21)/21, sqrt(21)/21, 4*sqrt(21)/21]])
Matrix([[12*sqrt(157)/157, -2*sqrt(157)/157, 3*sqrt(157)/157]])
Matrix([[0, 2*sqrt(5)/5, -sqrt(5)/5]])
Matrix([[sqrt(5)/5, 0, 2*sqrt(5)/5]])
```

【例 C-10】 创建一个矩阵对象，求该矩阵的4次幂。删除矩阵的第1列，删除矩阵的第2行，输出剩余的矩阵。将原矩阵的第2行与第1行合并为一个新的矩阵，代码如下：

```
#附录C/C-15.py
from sympy import Matrix
A = Matrix([[1,2,3],[3,2,5],[2,1,4]])
print(A)
print('A的4次幂:\n',A @ A @ A @ A)
#删除
A.row_del(0)
A.col_del(1)
print(A)
A = Matrix([[1,2,3],[3,2,5],[2,1,4]])
print('合并:\n',A[2,:].col_join(A[1,:]))
```

输出如下：

```
Matrix([[1, 2, 3], [3, 2, 5], [2, 1, 4]])
A的4次幂:
Matrix([[665, 502, 1351], [1039, 786, 2113], [710, 537, 1444]])
Matrix([[3, 5], [2, 4]])
合并:
Matrix([[2, 1, 4], [3, 2, 5]])
```

【例 C-11】 创建两个矩阵对象，合并这两个矩阵，代码如下：

```
#附录C/C-16.py
import numpy as np
a = np.array([[1,2,3],[3,4,5]])
b = np.array([[11,22,33],[33,44,55]])
c = np.concatenate((a, b),axis = 0)
print('纵向合并:\n', c)
d = np.concatenate((a, b),axis = 1)
print('横向合并:\n', d)
```

```
#或者
a = np.array([[1,2,3],[3,4,5]])
b = np.array([[11,22,33],[33,44,55]])
c = np.vstack((a, b))
print('纵向合并:\n', c)
d = np.hstack((a, b))
print('横向合并:\n', d)
```

输出如下:

```
纵向合并:
[[ 1 2 3]
 [ 3 4 5]
 [11 22 33]
 [33 44 55]]
横向合并:
[[ 1 2 3 11 22 33]
 [ 3 4 5 33 44 55]]
纵向合并:
[[ 1 2 3]
 [ 3 4 5]
 [11 22 33]
 [33 44 55]]
横向合并:
[[ 1 2 3 11 22 33]
 [ 3 4 5 33 44 55]]
```

【例 C-12】 创建一个矩阵对象,并将其拆分为两个矩阵,代码如下:

```
#附录 C/C-17.py
import numpy as np
a = np.array([[1,2,34,5],[3,4,5,23],[2,3,4,5]])
print('矩阵 a:\n', a)
a1,a2 = np.split(a,[1],axis = 0)
print('矩阵 a 在列方向上拆分为两部分:\n', a1)
print('矩阵 a 在列方向上拆分为两部分:\n', a2)
b1,b2 = np.split(a,[1],axis = 1)
print('矩阵 a 在行方向上拆分为两部分:\n', b1)
print('矩阵 a 在行方向上拆分为两部分:\n', b2)
#或者
c1,c2 = np.hsplit(a,[1])
print(c1)
print(c2)
d1,d2 = np.vsplit(a,[2])
print(d1)
print(d2)
```

输出如下：

```
矩阵a:
[[ 1 2 34 5]
[ 3 4 5 23]
[ 2 3 4 5]]
矩阵a在列方向上拆分为两部分:
[[ 1 2 34 5]]
矩阵a在列方向上拆分为两部分:
[[ 3 4 5 23]
[ 2 3 4 5]]
矩阵a在行方向上拆分为两部分:
[[1]
[3]
[2]]
矩阵a在行方向上拆分为两部分:
[[ 2 34 5]
[ 4 5 23]
[ 3 4 5]]
[[1]
[3]
[2]]
[[ 2 34 5]
[ 4 5 23]
[ 3 4 5]]
[[ 1 2 34 5]
[ 3 4 5 23]]
[[2 3 4 5]]
```

C.2 线性方程组

线性方程组是一类基本且重要的方程组，它的基本形式如下：

$$\begin{cases} a_{11}x_1 + a_{12}x_2 + \cdots + a_{1n}x_n = b_1 \\ a_{21}x_1 + a_{22}x_2 + \cdots + a_{2n}x_n = b_2 \\ \quad \vdots \qquad\quad \vdots \qquad\qquad\quad \vdots \quad\ \ \vdots \\ a_{m1}x_1 + a_{m2}x_2 + \cdots + a_{mn}x_n = b_m \end{cases} \tag{C-10}$$

线性方程组的求解理论非常完备，本章的重点内容就是求解一般的线性方程组。

C.2.1 高斯消元法

方程是含有未知数的等式。包含未知数 $x_1, x_2, \cdots, x_n$ 的线性方程是指形如 $a_1x_1 + a_2x_2 + \cdots + a_nx_n = b$ 的方程，其中 $a_1, a_2, \cdots, a_n$ 是系数，b 是常数项，下标 n 可以取任意正整数。例如 $3x_1 - 2x_2 = \sqrt{5}$ 就是一个含有两个未知数 x_1, x_2 的线性方程。

由 m 个方程，n 个未知数组成的线性方程组可表示为

$$\begin{cases} a_{11}x_1+a_{12}x_2+\cdots+a_{1n}x_n=b_1 \\ a_{21}x_1+a_{22}x_2+\cdots+a_{2n}x_n=b_2 \\ \quad\vdots \qquad\quad \vdots \qquad\qquad\quad \vdots \qquad \vdots \\ a_{m1}x_1+a_{m2}x_2+\cdots+a_{mn}x_n=b_m \end{cases} \tag{C-11}$$

其中,$a_{11}, a_{12}, \cdots, a_{mn}$ 是方程组的系数,$b_1, b_2, \cdots, b_m$ 是常数项,$x_1, x_2, \cdots, x_n$ 是未知数。a_{ij} 的第 1 个下标 i 表示第 i 个方程,第 2 个下标 j 表示它是第 j 个未知数 x_j 的系数。b_i 的下标 i 表示它是第 i 个常数项。如果 $b_j(j=1,2,\cdots,m)$ 全为 0,则方程组称为齐次线性方程组,否则称为非齐次线性方程组。

如果未知数 $x_1, x_2, \cdots, x_n$ 分别用 $c_1, c_2, \cdots, c_n$ 代入后方程组成立,则称 $(c_1, c_2, \cdots, c_n)$ 是方程组的一个解。方程组的解的全体称为方程组的解集。如果两个线性方程组有相同的解集,则称它们同解。

解线性方程组就是要判断一个方程组是否有解,以及有多少个解,并在有解的情况下求出它的解集。高斯消元法就是解线性方程组的一种方法。它的基本思想是把线性方程组通过一系列"初等变换"化为另一个与之同解的、简单的线性方程组,通过求后者的解得到原来方程组的解。

以下 3 种变换称为初等变换:

(1) 互换两个方程的位置。

(2) 用一个非零数乘某一个方程。

(3) 把一个方程的倍数加到另一个方程上。

容易证明使用初等变换可以把一个线性方程组变为与它同解的另一个线性方程组,下面举例说明如何使用高斯消元法求解线性方程组。

【例 C-13】 解线性方程组

$$\begin{cases} x_1+2x_2+5x_3=11 \\ 2x_1-x_2+6x_3=19 \\ 3x_1+10x_2+2x_3=3 \\ -x_1+3x_2-x_3=-8 \end{cases}$$

解:分别用①、②、③、④表示方程组从上到下的 4 个方程。则初等变换②+①×(−2),③+①×(−3),④+①可得

$$\begin{cases} x_1+2x_2+5x_3=11 \\ -5x_2-4x_3=-3 \\ 4x_2-13x_3=-30 \\ 5x_2+4x_3=3 \end{cases}$$

③+②、④+②可得

$$\begin{cases} x_1+2x_2+5x_3=11 \\ -5x_2-4x_3=-3 \\ -x_2-17x_3=-33 \\ 0=0 \end{cases}$$

③和②互换位置可得

$$\begin{cases} x_1 + 2x_2 + 5x_3 = 11 \\ -x_2 - 17x_3 = -33 \\ -5x_2 - 4x_3 = -3 \\ 0 = 0 \end{cases}$$

③+②×(−5)可得

$$\begin{cases} x_1 + 2x_2 + 5x_3 = 11 \\ -x_2 - 17x_3 = -33 \\ 81x_3 = 162 \\ 0 = 0 \end{cases}$$

由③可得 $x_3=2$,然后把 $x_3=2$ 代入②可得 $x_2=-1$,然后把 $x_3=2$,$x_2=-1$ 代入①可得 $x_1=3$。综上方程组的解为

$$\begin{cases} x_1 = 3 \\ x_2 = -1 \\ x_3 = 2 \end{cases}$$

求解代码如下：

```
#附录 C/C-18.py
from sympy import *
coef = [[1, 2, 5],[2, -1, 6],[3, 10, 2],[-1, 3, -1]]
A = Matrix(coef)
b = Matrix([[11],[19],[3],[-8]])
#第 1 种解法
sol, _ = A.gauss_jordan_solve(b)
print('第 1 种解法,方程组的解为', sol)
#第 2 种解法
sol2 = linsolve([A,b])
print('第 2 种解法,方程组的解为', sol2)
```

输出如下：

```
第 1 种解法,方程组的解为 Matrix([[3], [-1], [2]])
第 2 种解法,方程组的解为 FiniteSet((3, -1, 2))
```

【例 C-14】 解线性方程组

$$\begin{cases} x_1 - x_2 + x_3 = 1 \\ x_1 - x_2 - x_3 = 3 \\ 2x_1 - 2x_2 - x_3 = 5 \end{cases}$$

解：分别用①、②、③表示方程组的 3 个方程,则②+①×(−1),③+①×(−2)得到：

$$\begin{cases} x_1 - x_2 + x_3 = 1 \\ -2x_3 = 2 \\ -3x_3 = 3 \end{cases}$$

②×(−1/2),③×(−1/3),③+②×(−1)可得

$$\begin{cases}x_1-x_2+x_3=1\\x_3=-1\\0=0\end{cases}$$

解得

$$\begin{cases}x_1=x_2+2\\x_3=-1\end{cases}$$

任取 x_2 的一个值,就可以得到一组解,故原方程组有无穷多解。

要验证一组数是方程组的解,只要把这组数代入原方程组看等式是否成立即可。

代码如下:

```
#附录 C/C-19.py
from sympy import *
coef = [[1, -1, 1],[1, -1, -1],[2, -2, -1]]
A = Matrix(coef)
b = Matrix([[1],[3],[5]])
#第 1 种解法
sol, _ = A.gauss_jordan_solve(b)
print('第 1 种解法,方程组的解为', sol)
#第 2 种解法
sol2 = linsolve([A,b])
print('第 2 种解法,方程组的解为', sol2)
```

输出如下:

```
第 1 种解法,方程组的解为 Matrix([[tau0 + 2], [tau0], [-1]])
第 2 种解法,方程组的解为 FiniteSet((tau0 + 2, tau0, -1))
```

从在上面的例子中可以发现:反复使用初等变换可以把线性方程组变为如下与它同解的阶梯型线性方程组

$$\begin{cases}d_{1j_1}x_{j_1}+\cdots+d_{1j_2}x_{j_2}+\cdots+d_{1j_r}x_{j_r}+\cdots+d_{1n}x_n=f_1\\ \qquad d_{2j_2}x_{j_2}+\cdots+d_{2j_r}x_{j_r}+\cdots+d_{2n}x_n=f_2\\ \qquad\qquad \vdots \qquad \vdots \qquad \vdots \qquad\qquad \vdots \qquad \vdots\\ \qquad\qquad d_{rj_r}x_{j_r}+\cdots+d_{rn}x_n=f_r\\ \qquad\qquad\qquad 0=f_{r+1}\\ \qquad\qquad\qquad 0=0\\ \qquad\qquad\qquad \vdots\\ \qquad\qquad\qquad 0=0\end{cases} \tag{C-12}$$

其中,$d_{kj_k}\neq 0,k=1,2,\cdots,r$。此阶梯型方程组中最后一些方程 $0=0$ 为恒等式并且该方程组和原方程组同解,所以可以通过求解阶梯型方程组来得到原方程组的解:

(1) 如果 $f_{r+1}\neq 0$,则原线性方程组无解。

(2) 如果 $f_{r+1}=0,r=n$,则原线性方程组有唯一解,此时可由阶梯型方程组求出该解。

(3) 如果 $f_{r+1}=0, r<n$，则原线性方程组有无穷多解，此时将阶梯型方程组改写为

$$\begin{cases} d_{1j_1}x_{j_1}+\cdots+d_{1j_2}x_{j_2}+\cdots+d_{1j_r}x_{j_r}=f_1-d_{1j_r+1}x_{jr+1}-\cdots-d_{1n}x_n \\ \qquad d_{2j_2}x_{j_2}+\cdots+d_{2j_r}x_{j_r}=f_2-d_{2j_r+1}x_{jr+1}-\cdots-d_{2n}x_n \\ \qquad \vdots \qquad \vdots \qquad \vdots \qquad \vdots \qquad \qquad \vdots \qquad \vdots \\ \qquad \qquad d_{rj_r}x_{j_r}=f_r-d_{rj_r+1}x_{jr+1}-\cdots-d_{rn}x_n \end{cases} \tag{C-13}$$

求解这个方程组得

$$\begin{cases} x_{j_1}=k_1+k_{1,r+1}x_{jr+1}+\cdots+k_{1n}x_n \\ x_{j_2}=k_2+k_{2,r+1}x_{jr+1}+\cdots+k_{2n}x_n \\ \qquad \vdots \qquad \vdots \qquad \qquad \vdots \\ x_{j_r}=k_r+k_{r,r+1}x_{jr+1}+\cdots+k_{rn}x_n \end{cases} \tag{C-14}$$

这也称为方程组的通解，其中 $x_{j_r+1},\cdots,x_n$ 为自由未知数，任给 $x_{j_r+1},\cdots,x_n$ 的一组值就可以唯一确定 $x_{j_1},\cdots,x_{j_r}$ 的一组值，从而得到原方程组的解，代码如下：

```
#附录 C/C-20.py
from sympy import linsolve, Matrix
#有无穷多个解
A = Matrix([[1,2,3,4],[0,-2,3,-3],[-1,3,5,0]])
b = Matrix([1,2,3])
print(linsolve([A,b]))
#有唯一解
A = Matrix([[1,2,3],[0,-2,2],[-1,3,5]])
b = Matrix([1,2,3])
print(linsolve([A,b]))
#无解
A = Matrix([[1,2],[0,-2],[-1,3]])
b = Matrix([1,2,3])
print(linsolve(system = (A,b)))
#利用高斯消元法求解线性方程组
from sympy import Matrix
#有无穷多个解
A = Matrix([[1,2,4,4],[0,-2,5,5],[-1,3,7,0]])
b = Matrix([1,2,3])
print(A.gauss_jordan_solve(b))
#有唯一解
A = Matrix([[1,2,3],[0,-2,2],[-1,3,5]])
b = Matrix([1,2,3])
print(A.gauss_jordan_solve(b))
#无解
A = Matrix([[1,2], [0,-2], [-1,3]])
b = Matrix([1,2,3])
print(A.gauss_jordan_solve(b)) #无解时程序报错
```

输出如下：

```
FiniteSet((-73*tau0/31 - 15/31, -36*tau0/31 - 4/31, 7*tau0/31 + 18/31, tau0))
FiniteSet((-6/13, -4/13, 9/13))
EmptySet
(Matrix([
[-126*tau0/47 - 21/47],
[  35*tau0/47 - 2/47],
[  18/47 - 33*tau0/47],
[            tau0]]), Matrix([[tau0]]))
(Matrix([
[-6/13],
[-4/13],
[ 9/13]]), Matrix(0, 1, []))
---------------------------------------------------------------------------
ValueError                      Traceback (most recent call last)
<ipython-input-109-0a51ba46b8d3> in <module>
     25 A = Matrix([[1,2],[0,-2],[-1,3]])
     26 b = Matrix([1,2,3])
---> 27 print(A.gauss_jordan_solve(b))        #无解时程序报错

G:\anaconda\lib\site-packages\sympy\matrices\matrices.py in gauss_jordan_solve(self, B,
freevar)
   3470         #rank of aug Matrix should be equal to rank of coefficient matrix
   3471         if not v[rank:, :].is_zero:
-> 3472             raise ValueError("Linear system has no solution")
   3473
   3474         #Get index of free symbols (free parameters)

ValueError: Linear system has no solution
```

【例 C-15】 用高斯消元法求解方程组

$$\begin{cases}3x_1+5x_2-x_3+2x_4=-2\\12x_1+3x_2-x_3+2x_4=-2\\4x_1-x_2+2x_3-3x_4=10\\-2x_1-7x_2+12x_3-6x_4=5\\2x_1+3x_2-5x_3-12x_4=-1\end{cases}$$

代码如下：

```
#附录 C/C-21.py
from sympy import linsolve, Matrix
A = Matrix([[1, 5, -1, 2], [12, 3, -1, 2], [4, -1, 2, -3],
            [-2, -7, 12, -6], [2, 3, -5, -12]])
b = Matrix([-2, -2, 10, 5, -1])
print('方程组的解集为', linsolve([A,b]))
```

输出如下：

```
方程组的解集为 EmptySet
```

C.2.2 线性方程组的矩阵

线性方程组的矩阵描述。从高斯消元法的求解过程可以看到在对线性方程组作初等变换时，只是对它的系数和常数项进行四则运算，因此为了方便，利用矩阵和向量记号，定义系数矩阵 $\boldsymbol{A}$，常数向量 $\boldsymbol{b}$，增广矩阵 $\widetilde{\boldsymbol{A}}$ 如下：

$$\boldsymbol{A}=\begin{bmatrix} a_{11} & a_{12} & \cdots & a_{1n} \\ a_{21} & a_{22} & \cdots & a_{2n} \\ \vdots & \vdots & & \vdots \\ a_{m1} & a_{m2} & \cdots & a_{mn} \end{bmatrix},\quad \boldsymbol{b}=\begin{bmatrix} b_1 \\ b_2 \\ \vdots \\ b_m \end{bmatrix},\quad \widetilde{\boldsymbol{A}}=\begin{bmatrix} a_{11} & a_{12} & \cdots & a_{1n} & b_1 \\ a_{21} & a_{22} & \cdots & a_{2n} & b_2 \\ \vdots & \vdots & & \vdots & \vdots \\ a_{m1} & a_{m2} & \cdots & a_{mn} & b_m \end{bmatrix}。$$

定义未知数向量 $\boldsymbol{x}$ 如下：

$$\boldsymbol{x}=\begin{bmatrix} x_1 \\ x_2 \\ \vdots \\ x_n \end{bmatrix}$$

则原线性方程组可写成：$\boldsymbol{Ax}=\boldsymbol{b}$。

相应地，用矩阵语言描述初等变换称为矩阵的初等行变换，它是以下 3 种变换：

(1) 互换矩阵两行的位置。

(2) 用一个非零数乘以矩阵的某一行。

(3) 把矩阵某一行乘以一个常数加到另一行。

阶梯型矩阵与简化阶梯型矩阵：矩阵 $\boldsymbol{J}$ 称为阶梯型矩阵，如果 $\boldsymbol{J}$ 满足：

(1) $\boldsymbol{J}$ 的非零行在上方，零行在下方(如果有零行)。

(2) $\boldsymbol{J}$ 的每个非零行的第 1 个不为 0 的元素称为 $\boldsymbol{J}$ 的主元，主元的列指标随着行指标的递增而严格增大。

矩阵 $\boldsymbol{J}$ 称为简化阶梯型矩阵，如果 $\boldsymbol{J}$ 满足：

(1) $\boldsymbol{J}$ 是阶梯型矩阵。

(2) $\boldsymbol{J}$ 的主元都是 1。

(3) $\boldsymbol{J}$ 的每个主元所在的列的其余元素都是 0。

可以证明，任何一个非零矩阵都可以经过一系列初等行变换化为阶梯型矩阵和简化阶梯型矩阵，阶梯型矩阵的形式不是唯一的，但简化阶梯型矩阵形式是唯一的。直观来看，阶梯型矩阵和简化阶梯型矩阵具有类似下面的形状，左边为阶梯型矩阵，右边为简化阶梯型矩阵：

$$\begin{bmatrix} \blacksquare & * & * & * & * & * & * & * \\ 0 & \blacksquare & * & * & * & * & * & * \\ 0 & 0 & 0 & \blacksquare & * & * & * & * \\ 0 & 0 & 0 & 0 & \blacksquare & * & * & * \\ 0 & 0 & 0 & 0 & 0 & \blacksquare & * & * \\ 0 & 0 & 0 & 0 & 0 & 0 & \blacksquare & * \\ 0 & 0 & 0 & 0 & 0 & 0 & 0 & 0 \end{bmatrix} \qquad \begin{bmatrix} 1 & * & * & * & * & * & * & * \\ 0 & 1 & * & * & * & * & * & * \\ 0 & 0 & 0 & 1 & * & * & * & * \\ 0 & 0 & 0 & 0 & 1 & * & * & * \\ 0 & 0 & 0 & 0 & 0 & 1 & * & * \\ 0 & 0 & 0 & 0 & 0 & 0 & 1 & * \\ 0 & 0 & 0 & 0 & 0 & 0 & 0 & 0 \end{bmatrix}$$

其中，■为每行第 1 个不是零的数，称为主元，* 表示任意数。对应于主元的变量称为主元或基本变量，其余变量称为自由变量。在方程组中，自由变量可以任意取值。

【例 C-16】 用初等行变换把下面的矩阵化为阶梯型矩阵和最简阶梯型矩阵

$$\begin{bmatrix} 1 & -1 & 1 & 2 \\ 2 & 3 & 3 & 2 \\ 1 & 1 & 2 & 1 \end{bmatrix}$$

解：用 r_k 表示矩阵的第 k 行，对矩阵施行初等行变换，化为阶梯型矩阵：

$$\begin{bmatrix} 1 & -1 & 1 & 2 \\ 2 & 3 & 3 & 2 \\ 1 & 1 & 2 & 1 \end{bmatrix} \xrightarrow[r_3-r_1]{r_2-2r_1} \begin{bmatrix} 1 & -1 & 1 & 2 \\ 0 & 5 & 1 & -2 \\ 0 & 2 & 1 & -1 \end{bmatrix} \xrightarrow{r_2-2r_3} \begin{bmatrix} 1 & -1 & 1 & 2 \\ 0 & 1 & -1 & 0 \\ 0 & 2 & 1 & -1 \end{bmatrix}$$

$$\xrightarrow{r_3-2r_2} \begin{bmatrix} 1 & -1 & 1 & 2 \\ 0 & 1 & -1 & 0 \\ 0 & 0 & 3 & -1 \end{bmatrix}$$

再对阶梯型矩阵施行初等行变换，化为最简阶梯型矩阵：

$$\begin{bmatrix} 1 & -1 & 1 & 2 \\ 0 & 1 & -1 & 0 \\ 0 & 0 & 3 & -1 \end{bmatrix} \xrightarrow{r_3\times(1/3)} \begin{bmatrix} 1 & -1 & 1 & 2 \\ 0 & 1 & -1 & 0 \\ 0 & 0 & 1 & -1/3 \end{bmatrix}$$

$$\xrightarrow[r_2+r_3]{r_1-r_3} \begin{bmatrix} 1 & -1 & 0 & 7/3 \\ 0 & 1 & 0 & -1/3 \\ 0 & 0 & 1 & -1/3 \end{bmatrix} \xrightarrow{r_1+r_2} \begin{bmatrix} 1 & 0 & 0 & 2 \\ 0 & 1 & 0 & -1/3 \\ 0 & 0 & 1 & -1/3 \end{bmatrix}$$

注意 一个矩阵化为阶梯型矩阵的形式不是唯一的，但其阶梯型矩阵中非零行数是唯一的，这个非零行数称为矩阵的秩。一个矩阵化为阶梯型矩阵的形状不唯一，即用不同的方法可化为不同的阶梯型矩阵，但简化阶梯型矩阵的形式是唯一的。

一个矩阵化为阶梯型矩阵后，非零行的数量称为矩阵的秩。

【定理 C-1】 线性方程组的解有且只有 3 种可能：

(1) 无解充分必要条件。

(2) 有唯一解。

(3) 有无穷多个解。

【定理 C-2】 线性方程组有解的充分必要条件是它的系数矩阵 $\boldsymbol{A}$ 与增广矩阵 $\widetilde{\boldsymbol{A}}$ 有相同的秩。

【定理 C-3】 线性方程组有解时，如果 $\boldsymbol{A}$ 的秩 r 等于未知数的个数 n，则线性方程组有唯一解；如果 $r<n$，则线性方程组有无穷多个解。

```
#附录 C/C-22.py
from sympy import Matrix
m = Matrix([[1, 2, 0], [4, 3, 6], [7, 8, 9]])
#某行乘以一个常数 k,row * k
tmp = m.elementary_row_op(op = 'n->kn', k = 20, row = 1)
print('某行乘以一个常数 k', tmp)
```

```
#交换两行的位置,row1 和 row2 交换位置
tmp = m.elementary_row_op(op = 'n<->m', row1 = 0,row2 = 1)
print('交换两行的位置', tmp)
#某行乘以一个常数加到另外一行,row1 + row2 * k
tmp = m.elementary_row_op(op = 'n->n+km', row1 = 2, row2 = 0, k = 100)
print('某行乘以一个常数加到另外一行', tmp)
```

输出如下：

```
某行乘以一个常数 k Matrix([[1, 2, 0], [80, 60, 120], [7, 8, 9]])
交换两行的位置 Matrix([[4, 3, 6], [1, 2, 0], [7, 8, 9]])
某行乘以一个常数加到另外一行 Matrix([[1, 2, 0], [4, 3, 6], [107, 208, 9]])
```

注意 矩阵也有初等列变换的概念,与初等行变换类似,只是对列进行操作。

求矩阵的秩,代码如下：

```
#附录 C/C-23.py
from sympy import Matrix
A = Matrix([[1,2],[0,-2],[-1,3]])
print('A 的秩为', A.rank())
#或者
import numpy as np
arr = np.array([[1,2],[0,-2],[-1,3]])
r = np.linalg.matrix_rank(arr)
print('矩阵 A 的秩为', r)
```

输出如下：

```
A 的秩为 2
矩阵 A 的秩为 2
```

将已知矩阵化为阶梯型和简化阶梯型矩阵,代码如下：

```
#附录 C/C-24.py
from sympy import Matrix
A = Matrix([[1,2,4],[0,-2,5],[-1,3,7]])
#阶梯型矩阵
print('把 A 转化为阶梯型矩阵:\n', A.echelon_form())
#简化阶梯型矩阵
print('把 A 转化为简化阶梯型矩阵:\n', A.rref())
```

输出如下：

```
把 A 转化为阶梯型矩阵:
Matrix([[1, 2, 4], [0, -2, 5], [0, 0, -47]])
把 A 转化为了简化阶梯型矩阵:
(Matrix([
```

```
    [1, 0, 0],
    [0, 1, 0],
    [0, 0, 1]]), (0, 1, 2))
```

【例 C-17】 计算下列矩阵的秩

$$(1)\begin{bmatrix}2&1&2&3\\4&1&3&5\\2&0&2&3\end{bmatrix}\quad(2)\begin{bmatrix}1&0&1&12&7\\4&2&1&3&25\\1&3&1&8&4\\2&1&0&12&-3\end{bmatrix}\quad(3)\begin{bmatrix}-1&10&12&57\\3&12&-3&25\\11&3&18&20\\0&11&12&5\end{bmatrix}$$

```
#附录 C/C-25.py
from sympy import Matrix
#矩阵(1)
A = Matrix([[2, 1, 2, 3], [4, 1, 3, 5], [2, 0, 2, 3]])
print('第 1 个矩阵的秩为', A.rank())
#矩阵(2)
B = Matrix([[1, 0, 1, 12, 7], [4, 2, 1, 3, 25], [1, 3, 1, 8, 4], [2, 1, 0, 12, -3]])
print('第 2 个矩阵的秩为', B.rank())
#矩阵(3)
C = Matrix([[-1, 10, 12, 57], [3, 12, -3, 25], [11, 3, 18, 20], [0, 11, 12, 5]])
print('第 3 个矩阵的秩为', C.rank())
```

输出如下：

```
第 1 个矩阵的秩为 3
第 2 个矩阵的秩为 4
第 3 个矩阵的秩为 4
```

【例 C-18】 求解下面的线性方程组

$$\begin{cases}2x_1-3x_2-2x_3-x_4=1\\3x_1-2x_2+3x_3+5x_4=1\\2x_1+x_2-4x_3+x_4=-1\\x_1+4x_2-x_3-3x_4=1\end{cases}$$

代码如下：

```
#附录 C/C-26.py
from sympy import *
#第 1 种解法
A = [[2, -3, -2, -1], [3, -2, 3, 5], [2, 1, -4, 1], [1, 4, -1, -3]]
A = Matrix(A)
b = Matrix([[1], [1], [-1], [1]])
sol, _ = A.gauss_jordan_solve(b)
print('第 1 种解法,方程组的解为', sol)
#第 2 种解法
sol2 = linsolve((A, b))
print('第 2 种解法,方程组的解为', sol2)
```

输出如下：

```
第 1 种解法,方程组的解为 Matrix([[58/105], [ - 2/21], [2/5], [ - 43/105]])
第 2 种解法,方程组的解为 FiniteSet((58/105, - 2/21, 2/5, - 43/105))
```

C.2.3 齐次线性方程组的解

齐次线性方程组是一种特殊的线性方程组。在第一节中讲过的求解方法也适用于齐次线性方程组。线性方程组 $\boldsymbol{Ax}=0$ 称为齐次线性方程组。齐次方程组总是有解的，显然 $\boldsymbol{x}=0$ 就是它的一个解，称为零解或平凡解。分量不全为 0 的解称为非零解或非平凡解。解齐次线性方程组就是要判断它有没有非零解，并在有非零解的情况下求出解集。

【定理 C-4】 齐次线性方程组 $\boldsymbol{Ax}=0$ 有非零解的充分必要条件是系数矩阵 $\boldsymbol{A}$ 的秩小于未知量的个数 n。

【定理 C-5】 如果齐次线性方程组的方程个数少于未知量的个数，则它有非零解。

```
#附录 C/C - 27.py
from sympy import Matrix
#有无穷多个解
A = Matrix([[1,2,4,4],[0, - 2,5,5],[ - 1,3,7,0]])
b = Matrix([0,0,0])
print('无穷多解的情况:\n', A.gauss_jordan_solve(b))
#或者
A = Matrix([[1,2,4,4],[0, - 2,5,5],[ - 1,3,7,0]])
b = Matrix([0,0,0])
print('第 2 种解法,无穷多解的情况:\n', linsolve((A,b)))
```

输出如下：

```
无穷多解的情况:
(Matrix([
[ - 126 * tau0/47],
[   35 * tau0/47],
[   - 33 * tau0/47],
[      tau0]]), Matrix([[tau0]]))
第 2 种解法,无穷多解的情况:
FiniteSet(( - 126 * tau0/47, 35 * tau0/47, - 33 * tau0/47, tau0))
```

【例 C-19】 求下列齐次线性方程组的解

(1) $\begin{cases} 2x_1-3x_2-2x_3-2x_4=0 \\ 12x_1-12x_2+2x_3+3x_4=0 \\ 2x_1+4x_2-x_3-2x_4=0 \end{cases}$　　(2) $\begin{cases} 10x_1-6x_2+4x_3+16x_4=0 \\ 12x_1+3x_2-4x_3+x_4=0 \\ 12x_1+3x_2-4x_3-4x_4=0 \end{cases}$

(3) $\begin{cases} 8x_1-12x_2-3x_3-2x_4=0 \\ x_1-2x_2+4x_3+2x_4=0 \\ 2x_1+3x_2-4x_3+2x_4=0 \end{cases}$　　(4) $\begin{cases} 6x_1-3x_2-4x_3-x_4=0 \\ 3x_1-6x_2+3x_3+4x_4=0 \\ 3x_1+6x_2-4x_3-12x_4=0 \end{cases}$

代码如下：

```
#附录 C/C-28.py
from sympy import Matrix
#第(1)题
A = Matrix([[2, -3, -2, -2],[12, -12, 2, 3],[2, 4, -1, -2]])
b = Matrix([0,0,0])
print('第(1)题的解为\n', A.gauss_jordan_solve(b))
#第(2)题
A = Matrix([[10, -6, 4, 16],[12, 3, -4, 1],[12, 3, -4, -4]])
b = Matrix([0,0,0])
print('第(2)题的解为\n', A.gauss_jordan_solve(b))
#第(3)题
A = Matrix([[8, -12, -3, -2],[1, -2, 4, 2],[2, 3, -4, 2]])
b = Matrix([0,0,0])
print('第(3)题的解为\n', A.gauss_jordan_solve(b))
#第(4)题
A = Matrix([[6, -3, -4, -1],[3, -6, 3, 4],[3, 6, -4, -12]])
b = Matrix([0,0,0])
print('第(4)题的解为\n', A.gauss_jordan_solve(b))
```

输出如下：

```
第(1)题的解为
(Matrix([
[   19*tau0/184],
[    15*tau0/92],
[-105*tau0/92],
[        tau0]]), Matrix([[tau0]]))
第(2)题的解为
(Matrix([
[ 2*tau0/17],
[44*tau0/51],
[      tau0],
[         0]]), Matrix([[tau0]]))
第(3)题的解为
(Matrix([
[-214*tau0/197],
[-146*tau0/197],
[-118*tau0/197],
[         tau0]]), Matrix([[tau0]]))
第(4)题的解为
(Matrix([
[82*tau0/57],
[97*tau0/57],
[12*tau0/19],
[      tau0]]), Matrix([[tau0]]))
```

【例 C-20】 创建一个矩阵对象,练习矩阵的初等行变换,代码如下:

```
#代码清单 C-29
#例 20
from sympy import Matrix
m = Matrix([[11, 2, 0], [24, 3, 6], [73, 82, 9]])
print('原始矩阵为', m)
#某行乘以一个常数 k
tmp = m.elementary_row_op(op = 'n->kn',k = 20, row = 1)
print('第 2 行乘以 20:', tmp)
#交换两行的位置
tmp = m.elementary_row_op(op = 'n<->m', row1 = 0,row2 = 1)
print('交换前两行:', tmp)
#某行乘以一个常数加到另外一行
tmp = m.elementary_row_op(op = 'n->n+km', row1 = 2, row2 = 0, k = 100)
print('第 1 行乘以 100 加到第 3 行:', tmp)
```

输出如下:

```
原始矩阵为 Matrix([[11, 2, 0], [24, 3, 6], [73, 82, 9]])
第 2 行乘以 20: Matrix([[11, 2, 0], [480, 60, 120], [73, 82, 9]])
交换前两行: Matrix([[24, 3, 6], [11, 2, 0], [73, 82, 9]])
第 1 行乘以 100 加到第 3 行: Matrix([[11, 2, 0], [24, 3, 6], [1173, 282, 9]])
```

【例 C-21】 创建一个矩阵对象,并将其化为阶梯型和简化阶梯型矩阵,代码如下:

```
#附录 C/C-30.py
#例 21
from sympy import Matrix
m = Matrix([[11, 2, 0], [24, 3, 6], [73, 82, 9]])
print('原始矩阵为\n', m)
t = m.echelon_form()
print('化为阶梯型矩阵:\n', t)
s = m.rref(pivots = False)
print('化为简化阶梯型矩阵:\n', s)
```

输出如下:

```
原始矩阵为
Matrix([[11, 2, 0], [24, 3, 6], [73, 82, 9]])
化为阶梯型矩阵:
Matrix([[11, 2, 0], [0, -15, 66], [0, 0, -51381]])
化为简化阶梯型矩阵:
Matrix([[1, 0, 0], [0, 1, 0], [0, 0, 1]])
```

【例 C-22】 创建一个矩阵对象,求矩阵的秩,将其化为阶梯型矩阵并验证秩的正确性。代码如下:

```
#附录 C/C-31.py
from sympy import Matrix
import numpy as np
m = Matrix([[11, 2, 0], [24, 3, 6], [73, 82, 9]])
#化为阶梯型矩阵
t = m.echelon_form()
print('化为阶梯型矩阵:\n', t)
print('根据阶梯型矩阵可知,原矩阵的秩为', m.rank())
#用数值计算方法求矩阵的秩
arr = np.array(m,dtype = 'float')
print('用数值计算方法求矩阵的秩:\n', np.linalg.matrix_rank(arr))
```

输出如下：

```
化为阶梯型矩阵:
Matrix([[11, 2, 0], [0, -15, 66], [0, 0, -51381]])
根据阶梯型矩阵可知,原矩阵的秩为 3
用数值计算方法求矩阵的秩:
3
```

【例 C-23】 创建一个线性方程组并求解，代码如下：

```
#附录 C/C-32.py
from sympy import Matrix,linsolve
A = Matrix([[11, 2, 0], [24, 3, 6], [73, 82, 9]])
b = Matrix([1,2,3])
print('系数矩阵为\n', A)
print('常数向量为\n', b)
#第 1 种解法
x = m.gauss_jordan_solve(b)
print('第 1 种解法\n', x)
#第 2 种解法
x = linsolve(system = (m,b))
print('第 2 种解法\n', x)
```

输出如下：

```
系数矩阵为
Matrix([[11, 2, 0], [24, 3, 6], [73, 82, 9]])
常数向量为
Matrix([[1], [2], [3]])
第 1 种解法
(Matrix([
[155/1557],
[-74/1557],
[-64/1557]]), Matrix(0, 1, []))
第 2 种解法
FiniteSet((155/1557, -74/1557, -64/1557))
```

C.3 行列式

行列式用 Python 计算非常方便。

C.3.1 二阶与三阶行列式

行列式对于解线性方程组和矩阵理论上来讲有重要意义。本节内容是掌握行列式的基础知识。设矩阵 $\boldsymbol{A}$ 是一个方阵，一般用 $\det(\boldsymbol{A})$或$|\boldsymbol{A}|$表示 $\boldsymbol{A}$ 的行列式。

当 $\boldsymbol{A}$ 是二阶方阵时，它的行列式定义为

$$\det(\boldsymbol{A})=|\boldsymbol{A}|=\det\begin{bmatrix}a_{11} & a_{12}\\ a_{21} & a_{22}\end{bmatrix}=a_{11}a_{22}-a_{21}a_{12} \tag{C-15}$$

【例 C-24】 已知矩阵 $\boldsymbol{A}$ 如下

$$\boldsymbol{A}=\begin{bmatrix}a_{11} & a_{12}\\ a_{21} & a_{22}\end{bmatrix}=\begin{bmatrix}1 & 2\\ 3 & 4\end{bmatrix}$$

则

$$\det(\boldsymbol{A})=|\boldsymbol{A}|=1\times4-2\times3=4-6=-2$$

当 $\boldsymbol{A}$ 是三阶方阵时，它的行列式定义为

$$\begin{aligned}\det(\boldsymbol{A})=|\boldsymbol{A}|&=\det\begin{bmatrix}a_{11} & a_{12} & a_{13}\\ a_{21} & a_{22} & a_{23}\\ a_{31} & a_{32} & a_{33}\end{bmatrix}\\ &=a_{11}a_{22}a_{33}+a_{12}a_{23}a_{31}+a_{13}a_{21}a_{32}-a_{11}a_{23}a_{32}-a_{12}a_{21}a_{33}-a_{13}a_{22}a_{31}\end{aligned}$$

【例 C-25】 已知矩阵 $\boldsymbol{A}$ 如下

$$\boldsymbol{A}=\begin{bmatrix}a_{11} & a_{12} & a_{13}\\ a_{21} & a_{22} & a_{23}\\ a_{31} & a_{32} & a_{33}\end{bmatrix}=\begin{bmatrix}1 & 2 & 2\\ 0 & 1 & 3\\ 3 & -2 & 1\end{bmatrix}$$

则有

$$\begin{aligned}\det(\boldsymbol{A})&=|\boldsymbol{A}|\\ &=1\times1\times1+2\times3\times3+2\times0\times(-2)-1\times3\\ &\quad\times(-2)-2\times0\times1-2\times1\times3=19\end{aligned}$$

【例 C-26】 已知矩阵 $\boldsymbol{A}$ 如下

$$\boldsymbol{A}=\begin{bmatrix}1 & 1 & 0\\ 2 & 3 & x\\ 1 & x^2 & -1\end{bmatrix}$$

则 $\det(\boldsymbol{A})=-x^3+x-1$。

行列式示例代码如下：

```
#附录 C/C-33.py
from sympy import Matrix
A = Matrix([[1, 2, 4],[0, 5, 5],[-1, 3, 7]])
```

```
print('矩阵 A 为\n', A)
#第 1 种方法
print('第一种方法计算行列式:', A.det() )
#第 2 种方法
import numpy as np
arr = np.array([[1, 2, 4],[0, 5, 5],[-1, 3, 7]])
print('矩阵 A 为\n', arr)
print('第 1 种方法计算行列式:', np.linalg.det(arr) )
#第 3 种方法
import scipy.linalg as sg
arr = np.array([[1, 2, 4],[0, 5, 5],[-1, 3, 7]])
print('矩阵 A 为\n', arr)
print('第 3 种方法计算行列式:', sg.det(arr) )
```

输出如下：

```
矩阵 A 为
Matrix([[1, 2, 4], [0, 5, 5], [-1, 3, 7]])
第 1 种方法计算行列式: 30
矩阵 A 为
[[ 1 2 4]
[ 0 5 5]
[-1 3 7]]
第 1 种方法计算行列式: 29.99999999999999
矩阵 A 为
[[ 1 2 4]
[ 0 5 5]
[-1 3 7]]
第 3 种方法计算行列式: 30.0
```

【例 C-27】 假设

$$\mathbf{A}=\begin{bmatrix}a+b & a-b\\ 3b & b-2a\end{bmatrix}$$

求 **A** 的行列式，代码如下：

```
#附录 C/C-34.py
from sympy import Matrix
a, b = symbols('a, b')
A = Matrix([[a + b, a - b],[3 * b, b - 2 * a]])
print('矩阵 A 为\n', A)
d = A.det()
print('A 的行列式为', d)
```

输出如下：

```
矩阵 A 为
Matrix([[a + b, a - b], [3*b, -2*a + b]])
A 的行列式为 -3*b*(a - b) + (-2*a + b)*(a + b)
```

C.3.2 排列与逆序数

n 阶行列式的一般定义需要借助排列的概念。n 阶排列：由 1,2,…,n 组成的一个有序数组称为一个 n 阶排列。例如，1342 是一个 4 排列，312 是一个 3 排列，123456 是一个 6 排列。再例如由 1,2,3 所组成的排列有 6 种，分别是 123,132,213,231,312,321。显然，给定 n 个不同的正整数，它们可以形成 $n!$ 个不同的 n 阶排列。

n 阶排列，代码如下：

```
#附录 C/C-35.py
from itertools import permutations
import numpy as np
n = 4
arr = np.arange(1,int(n) + 1)
print(list(permutations(arr)))
```

输出如下：

```
[(1, 2, 3, 4), (1, 2, 4, 3), (1, 3, 2, 4), (1, 3, 4, 2), (1, 4, 2, 3), (1, 4, 3, 2), (2, 1, 3, 4),
(2, 1, 4, 3), (2, 3, 1, 4), (2, 3, 4, 1), (2, 4, 1, 3), (2, 4, 3, 1), (3, 1, 2, 4), (3, 1, 4, 2),
(3, 2, 1, 4), (3, 2, 4, 1), (3, 4, 1, 2), (3, 4, 2, 1), (4, 1, 2, 3), (4, 1, 3, 2), (4, 2, 1, 3),
(4, 2, 3, 1), (4, 3, 1, 2), (4, 3, 2, 1)]
```

如果考虑 n 阶排列中数字的大小顺序，则可以抽象出逆序的概念。例如在 4 排列 2143 中，1 比 2 小，3 比 4 小，但 1 和 3 排在了 2 和 4 的后面。逆序数的定义：在一个 n 阶排列里，如果一个大数排在一个小数之前，就称这两个数组成一个逆序，否则就称这两个数组成一个顺序。在一个排列中，逆序的总数称为这个排列的逆序数。一般用 $\tau(a_1a_2\cdots a_n)$ 表示排列 $a_1a_2\cdots a_n$ 的逆序数。例子：在排列 1342 中，32 是一个逆序，42 是一个逆序，排列 1342 的逆序数为 2，即 $\tau(1342)=2$。

求逆序数的代码如下：

```
#附录 C/C-36.py
#已知一个排列,求该排列的逆序数
per = '164325'
arr = list(per)
s = 0
for i in range(len(arr)):
    for j in range(i + 1, len(arr)):
        if int(arr[i]) > int(arr[j]):
            s += 1
print('逆序数为', s)
```

输出如下：

```
逆序数为 7
```

由逆序数的奇偶性，把 n 阶排列分为奇排列和偶排列。

奇排列与偶排列：逆序数为奇数的 n 阶排列称为奇排列，逆序数为偶数的 n 阶排列称为偶排列。例如，5 阶排列 12345 的逆序数为 0，它是一个偶排列。3 阶排列 321 的逆序数为 3，它是一个奇排列。

关于排列的奇偶性有以下重要结论：

(1) 对换改变排列的奇偶性。也就是说，交换一个排列中任何两个数的顺序，把奇排列变为偶排列，把偶排列变为奇排列。例如，12345 逆序数为 0，因此它是一个偶排列。交换 1 和 2 的位置，变为 21345，逆序数为 1，是一个奇排列。

(2) 任意 n 阶排列可经过一系列对换变为 $1,2,3,4,\cdots,n$，而且这一系列对换的次数的奇偶性与这个 n 阶排列的奇偶性相同。例如，34215 的逆序数是 5，经过 5 次对换最终变为 12345：1 与 2 对换，变为 34125；1 与 4 对换，变为 31425；1 与 3 对换，变为 13425；2 与 4 对换，变为 13245；2 与 3 对换，变为 12345。

【例 C-28】 求下列排列的逆序数：317428695、528497631、654321，代码如下：

```python
#附录 C/C-37.py
per = '317428695'
arr = list(per)
s = 0
for i in range(len(arr)):
    for j in range(i + 1, len(arr)):
        if int(arr[i]) > int(arr[j]):
            s += 1
print('317428695 的逆序数为', s)
per = '528497631'
arr = list(per)
s = 0
for i in range(len(arr)):
    for j in range(i + 1, len(arr)):
        if int(arr[i]) > int(arr[j]):
            s += 1
print('528497631 的逆序数为', s)
per = '654321'
arr = list(per)
s = 0
for i in range(len(arr)):
    for j in range(i + 1, len(arr)):
        if int(arr[i]) > int(arr[j]):
            s += 1
print('654321 的逆序数为', s)
```

输出如下：

```
317428695 的逆序数为 11
528497631 的逆序数为 22
654321 的逆序数为 15
```

C.3.3 n 阶行列式

有了排列和排列奇偶性的概念，就可以定义行列式。一般用 det($\boldsymbol{A}$)或者$|\boldsymbol{A}|$表示方阵 $\boldsymbol{A}$ 的行列式。行列式定义：假设 $\boldsymbol{A}$ 是 n 方阵，即

$$\boldsymbol{A}=(a_{ij})=\begin{bmatrix} a_{11} & a_{12} & \cdots & a_{1n} \\ a_{21} & a_{22} & \cdots & a_{2n} \\ \vdots & \vdots & & \vdots \\ a_{n1} & a_{n2} & \cdots & a_{nn} \end{bmatrix}$$

则 $\boldsymbol{A}$ 的行列式 det($\boldsymbol{A}$)等于所有取自不同行、不同列的 n 个元素的乘积的代数和，即

$$\det(\boldsymbol{A})=|\boldsymbol{A}|=\sum_{(j_1j_2\cdots j_n)}(-1)^{\tau(j_1j_2\cdots j_n)}a_{1j_1}a_{2j_2}\cdots a_{nj_n} \tag{C-16}$$

其中，$j_1j_2\cdots j_n$ 是一个 n 阶排列，当 $j_1j_2\cdots j_n$ 是偶排列时，$(-1)^{\tau(j_1j_2\cdots j_n)}=1$，当 $j_1j_2\cdots j_n$ 是奇排列时，$(-1)^{\tau(j_1j_2\cdots j_n)}=-1$。这里

$$\sum_{(j_1j_2\cdots j_n)}(-1)^{\tau(j_1j_2\cdots j_n)}a_{1j_1}a_{2j_2}\cdots a_{nj_n} \tag{C-17}$$

表示对所有 n 阶排列求和，式(C-17)也称为行列式的展开式。

注意 只有方阵才能定义行列式，行数与列数不相等的矩阵不能定义行列式。

【例 C-29】 一阶方阵 $\boldsymbol{A}=[a]=[a_{11}]$，则 $\det(\boldsymbol{A})=a=a_{11}$。

【例 C-30】 二阶方阵

$$\boldsymbol{A}=\begin{bmatrix} a_{11} & a_{12} \\ a_{21} & a_{22} \end{bmatrix}$$

的行列式

$$\det(\boldsymbol{A})=\sum_{(j_1j_2)}(-1)^{\tau(j_1j_2)}a_{1j_1}a_{2j_2}=a_{11}a_{22}-a_{12}a_{21}$$

【例 C-31】 求三阶方阵

$$\boldsymbol{A}=\begin{bmatrix} a_{11} & a_{12} & a_{13} \\ a_{21} & a_{22} & a_{23} \\ a_{31} & a_{32} & a_{33} \end{bmatrix}$$

的行列式

$$\det(\boldsymbol{A})=\sum_{(j_1j_2j_3)}(-1)^{\tau(j_1j_2j_3)}a_{1j_1}a_{2j_2}a_{2j_3}$$

展开后可得

$$\det(\boldsymbol{A})=a_{11}a_{22}a_{33}+a_{12}a_{23}a_{31}+a_{13}a_{32}a_{21}-a_{13}a_{22}a_{31}-a_{12}a_{21}a_{33}-a_{11}a_{32}a_{23}$$

更高阶的行列式的展开可根据定义计算，容易知道，一个 n 阶方阵的展开式共有 $n!$ 项。

代码如下：

```
# 附录 C/C-38.py
from numpy.linalg import det
```

```
import numpy as np
arr = [[1, -2, 3], [-1, 2, 0], [0, 3, 1]]
arr = np.array(arr)
print('矩阵为\n', arr)
print('行列式为', det(arr))
#或者
from sympy import Matrix
A = Matrix([[1,2,4],[0,5,5],[-1,3,7]])
print('矩阵为\n', A)
print('行列式为', A.det())
```

输出如下：

```
矩阵为
[[ 1 -2 3]
[-1 2 0]
[ 0 3 1]]
行列式为 -9.000000000000002
矩阵为
Matrix([[1, 2, 4], [0, 5, 5], [-1, 3, 7]])
行列式为 30
```

一些特殊矩阵的行列式包括以下几种。

(1) 上三角矩阵行列式：上三角矩阵的行列式等于对角线元素的乘积。即

$$\det(\boldsymbol{A})=\det\begin{bmatrix}a_{11} & a_{12} & \cdots & a_{1n}\\ 0 & a_{22} & \cdots & a_{2n}\\ \vdots & \vdots & & \vdots\\ 0 & 0 & \cdots & a_{nn}\end{bmatrix}=a_{11}a_{22}\cdots a_{nn} \tag{C-18}$$

(2) 下三角矩阵行列式：下三角矩阵的行列式等于对角线元素的乘积。即

$$\det(\boldsymbol{A})=\det\begin{bmatrix}a_{11} & 0 & \cdots & 0\\ a_{21} & a_{22} & \cdots & 0\\ \vdots & \vdots & & \vdots\\ a_{n1} & a_{n2} & \cdots & a_{nn}\end{bmatrix}=a_{11}a_{22}\cdots a_{nn} \tag{C-19}$$

(3) 对角矩阵行列式：对角矩阵的行列式等于对角线元素的乘积。即

$$\det(\boldsymbol{A})=\det\begin{bmatrix}a_{11} & 0 & \cdots & 0\\ 0 & a_{22} & \cdots & 0\\ \vdots & \vdots & & \vdots\\ 0 & 0 & \cdots & a_{nn}\end{bmatrix}=a_{11}a_{22}\cdots a_{nn} \tag{C-20}$$

(4) 分块矩阵行列式：分块矩阵的行列式等于对角线上矩阵的行列式的乘积。即

$$\det(D)=\det\begin{bmatrix}\boldsymbol{A} & \boldsymbol{B}\\ 0 & \boldsymbol{C}\end{bmatrix}=\det(\boldsymbol{A})\det(\boldsymbol{C}) \tag{C-21}$$

特殊矩阵行列式，示例代码如下：

```
#附录 C/C-39.py
import numpy as np
#定义矩阵 A
A = np.array([[1, 2, 3, 4],[3, -1, 0, 1],[3, 2, 4, -2],[-1, 2, 1, 5]])
#下三角
B = np.tril(A)
print('下三角行列式为',np.linalg.det(B))
#上三角
C = np.triu(A)
print('上三角行列式为',np.linalg.det(C))
#对角线
D = np.diag(A)
print('对角线乘积为',D.prod())
#定义分块矩阵
B1 = np.array([[1, 2, 3, 4],[3, -1, 0, 1],[3, 2, 4, -2],[-1, 2, 1, 5]])
B2 = np.array([[-1, -2, 3, 4],[3, -1, 3, 1],[3, -2, 4, -2],[-1, -2, 0, 5]])
B3 = np.zeros((4, 4))
B4 = np.array([[-11, -2, -13, 4],[1, -1, 3, 10],[33, -2, 4, -2],[-1, -12, 2, 5]])
temp1 = np.hstack((B1, B2))
temp2 = np.hstack((B3, B4))
block = np.vstack((temp1, temp2))
print('分块矩阵的行列式为',np.linalg.det(block))
print('行列式的乘积为',np.linalg.det(B1) * np.linalg.det(B4))
```

输出如下：

```
下三角行列式为 -19.999999999999996
上三角行列式为 -19.999999999999996
对角线乘积为 -20
分块矩阵的行列式为 2900145.000000002
行列式的乘积为 2900145.000000004
```

【例 C-32】 求下列各方阵的行列式

(1) $\begin{bmatrix} 12 & 1 & -3 \\ 8 & 11 & 9 \\ 1 & -1 & -4 \end{bmatrix}$　(2) $\begin{bmatrix} 0 & 2 & -3 \\ 4 & 31 & 1 \\ -12 & -1 & 1 \end{bmatrix}$　(3) $\begin{bmatrix} 1 & 2 & 2 & -3 \\ 15 & 0 & 0 & -3 \\ 4 & 13 & 5 & 1 \\ -12 & -1 & 9 & 16 \end{bmatrix}$

代码如下：

```
#附录 C/C-40.py
import numpy as np
a = np.array([[12, 1, -3],[8, 11, 9],[1, -1, -4]])
b = np.array([[0, 2, -3,],[4, 31, 1],[-12,-1,1]])
c = np.array([[1,2,2,-3],[15,0,0,-3],[4,13,5,1],[-12,-1,9,16]])
da = np.linalg.det(a).round(2)
db = np.linalg.det(b).round(2)
dc = np.linalg.det(c).round(2)
print('第 1 个矩阵的行列式为', da)
print('第 2 个矩阵的行列式为', db)
print('第 3 个矩阵的行列式为', dc)
```

```
#第2种方法
from sympy import Matrix
A, B, C = Matrix(a), Matrix(b), Matrix(c)
print('第1个矩阵的行列式为', A.det())
print('第2个矩阵的行列式为', B.det())
print('第3个矩阵的行列式为', C.det())
```

输出如下：

```
第1个矩阵的行列式为 -322.0
第2个矩阵的行列式为 -1136.0
第3个矩阵的行列式为 8928.0
第1个矩阵的行列式为 -322
第2个矩阵的行列式为 -1136
第3个矩阵的行列式为 8928
```

C.3.4 行列式的性质

行列式的常用性质：

(1) 行列互换，行列式的值不变。即转置操作不改变行列式的值：$\det(\boldsymbol{A})=\det(\boldsymbol{A}^{\mathrm{T}})$。

(2) 行列式中某一行的公因子可以提出来，即

$$\det\begin{bmatrix} a_{11} & a_{12} & \cdots & a_{1n} \\ \vdots & \vdots & & \vdots \\ ka_{j1} & ka_{j2} & \cdots & ka_{jn} \\ \vdots & \vdots & & \vdots \\ a_{n1} & a_{n2} & \cdots & a_{nn} \end{bmatrix} = k\det\begin{bmatrix} a_{11} & a_{12} & \cdots & a_{1n} \\ \vdots & \vdots & & \vdots \\ a_{j1} & a_{j2} & \cdots & a_{jn} \\ \vdots & \vdots & & \vdots \\ a_{n1} & a_{n2} & \cdots & a_{nn} \end{bmatrix} \tag{C-22}$$

推论：如果行列式中有一行为0，则该行列式等于0。

(3) 如果行列式中的某一行是两组数的和，则这个行列式等于两个行列式的和，即

$$\det\begin{bmatrix} a_{11} & \cdots & a_{1n} \\ \vdots & & \vdots \\ x_1+y_1 & \cdots & x_n+y_n \\ \vdots & & \vdots \\ a_{n1} & \cdots & a_{nn} \end{bmatrix} = \det\begin{bmatrix} a_{11} & \cdots & a_{1n} \\ \vdots & & \vdots \\ x_1 & \cdots & x_n \\ \vdots & & \vdots \\ a_{n1} & \cdots & a_{nn} \end{bmatrix} + \det\begin{bmatrix} a_{11} & \cdots & a_{1n} \\ \vdots & & \vdots \\ y_1 & \cdots & y_n \\ \vdots & & \vdots \\ a_{n1} & \cdots & a_{nn} \end{bmatrix} \tag{C-23}$$

(4) 对换行列式中两行的位置，行列式反号。由性质(1)可知，行列互换不改变行列式的值，因此对换行列式两列的位置，行列式也反号。即

$$\det\begin{bmatrix} a_{11} & a_{12} & \cdots & a_{1n} \\ \vdots & \vdots & & \vdots \\ x_1 & x_2 & \cdots & x_n \\ \vdots & \vdots & & \vdots \\ y_1 & y_2 & \cdots & y_n \\ \vdots & \vdots & & \vdots \\ a_{n1} & a_{n2} & \cdots & a_{nn} \end{bmatrix} = -\det\begin{bmatrix} a_{11} & a_{12} & \cdots & a_{1n} \\ \vdots & \vdots & & \vdots \\ y_1 & y_2 & \cdots & y_n \\ \vdots & \vdots & & \vdots \\ x_1 & x_2 & \cdots & x_n \\ \vdots & \vdots & & \vdots \\ a_{n1} & a_{n2} & \cdots & a_{nn} \end{bmatrix} \tag{C-24}$$

注意：对换一次就乘以-1，如果对换m次，就乘以$(-1)^m$。

(5) 如果行列式中有两行成比例，则该行列式为0。即

$$\det\begin{bmatrix} a_{11} & a_{12} & \cdots & a_{1n} \\ \vdots & \vdots & & \vdots \\ x_1 & x_2 & \cdots & x_n \\ \vdots & \vdots & & \vdots \\ kx_1 & kx_2 & \cdots & kx_n \\ \vdots & \vdots & & \vdots \\ a_{n1} & a_{n2} & \cdots & a_{nn} \end{bmatrix}=0 \tag{C-25}$$

行列式性质，示例代码如下：

```
#附录 C/C-41.py
import numpy as np
#转置
A = np.array([[2,1,-3],[3,0,5],[1,-1,4]])
print('A 的行列式的值为',np.linalg.det(A))
print('A 转置的行列式的值为',np.linalg.det(A.T).round(2))
#行列式中某一行的公因子可以提出来
A = np.array([[2,1,-3],[2,0,1],[1,-1,4]])
print(np.linalg.det(A).round(2))
A_ = np.array([[2,1,-3],[10,0,5],[1,-1,4]])
print(np.linalg.det(A_).round(2))
#如果行列式中的某一行是两组数的和,则这个行列式等于两个行列式的和
a = np.array([1,2,3])
b = np.array([2,4,-1])
A0 = np.array([[2,1,-3],a+b,[1,-1,4]])
A1 = np.array([[2,1,-3],a,[1,-1,4]])
A2 = np.array([[2,1,-3],b,[1,-1,4]])
#det(A0) = det(A1) + det(A2)
print(np.linalg.det(A0))
print(np.linalg.det(A1))
print(np.linalg.det(A2))
#对换行列式中两行的位置,行列式反号
A = np.array([[2,1,-3],[1,2,3],[1,-1,4]])
B = np.array([[1,2,3],[2,1,-3],[1,-1,4]])
print('A 的行列式的值为', np.linalg.det(A).round(2))
print('交换 A 的两行后行列式的值为', np.linalg.det(B).round(2))
#如果行列式中有两行成比例,则该行列式为零
A = np.array([[2,1,-3],[1,2,3],[2,4,6]])
print(np.linalg.det(A))
#某一行加上另一行的 k 倍,行列式保持不变
A = np.array([[2,1,-3],[1,2,3],[3,4,7]])
B = np.array([[2,1,-3],[1,2,3],[1,0,1]])
print(np.linalg.det(A))
print(np.linalg.det(B))
```

输出如下：

```
A的行列式的值为 12.0
A转置的行列式的值为 12.0
1.0
5.0
69.0
30.0
39.0
A的行列式的值为 30.0
交换A的两行后行列式的值为 -30.0
0.0
12.0
12.0
```

C.3.5 行列式的展开

行列式也可以通过递归的方式定义，即利用代数余子式把高阶行列式转化为一系列低阶行列式的代数和，从而使计算更有条理。这就使行列式按一行或一列展开。余子式的定义为在 n 阶方阵

$$\boldsymbol{A}=(a_{ij})=\begin{bmatrix} a_{11} & a_{12} & \cdots & a_{1n} \\ a_{21} & a_{22} & \cdots & a_{2n} \\ \vdots & \vdots & & \vdots \\ a_{n1} & a_{n2} & \cdots & a_{nn} \end{bmatrix}$$

中，划去 a_{ij} 所在的第 i 行和第 j 列，剩下的元素按原来的排法构成一个 $n-1$ 阶方阵，称此 $n-1$ 阶方阵的行列式为元素 a_{ij} 的余子式，记作 M_{ij}。

【例 C-33】 若

$$\boldsymbol{A}=\begin{bmatrix} 1 & 2 & -3 \\ -2 & 4 & 0 \\ 3 & -1 & 1 \end{bmatrix}$$

$a_{21}=-2$，M_{12} 等于划掉 a_{21} 所在的行和列之后剩下的方阵的行列式，即

$$\boldsymbol{M}_{12}=\det\begin{bmatrix} 2 & -3 \\ -1 & 1 \end{bmatrix}=-1$$

$a_{33}=1$，M_{33} 等于划掉 a_{33} 所在的行和列之后剩下的方阵的行列式，即

$$\boldsymbol{M}_{33}=\det\begin{bmatrix} 1 & 2 \\ -2 & 4 \end{bmatrix}=8$$

其他的 M_{ij} 可用类似的方法得到，代码如下：

```
#附录 C/C-42.py
from sympy import Matrix
m = Matrix([[1, 2, 0], [4, 3, 6], [7, 8, 9]])
print('原矩阵为\n', m)
```

```
#删掉第几行和第几列
print(m.minor_submatrix(1, 1))
#或者
import numpy as np
arr = np.array([[1, 2, 0], [4, 3, 6], [7, 8, 9]])
arr = np.delete(arr, 1, axis=0)
arr = np.delete(arr, 2, axis=1)
print(arr)
```

输出如下：

```
原矩阵为
Matrix([[1, 2, 0], [4, 3, 6], [7, 8, 9]])
Matrix([[1, 0], [7, 9]])
[[1 2]
[7 8]]
```

要说明一下，Python 里数组和矩阵的下标从 0 开始，这与数学中的情况略有不同，因此，如果在数学意义下删掉第 2 行和第 3 列，则应在 Python 程序中写第 1 行和第 2 列。

余子式的计算，示例代码如下：

```
#附录 C/C-43.py
#余子式的计算
from sympy import Matrix, det
m = Matrix([[1, 2, 0], [4, 3, 6], [7, 8, 9]])
print('矩阵为\n', m)
print('余子式为', m.minor(1, 2))
#或者
import numpy as np
arr = np.array([[1, 2, 0], [4, 3, 6], [7, 8, 9]])
arr = np.delete(arr, 1, axis = 0)
arr = np.delete(arr, 2, axis = 1)
print('余子式为', np.linalg.det(arr))
```

输出如下：

```
矩阵为
Matrix([[1, 2, 0], [4, 3, 6], [7, 8, 9]])
余子式为 -6
余子式为 -6.0
```

代数余子式定义。代数余子式是带符号的余子式，令

$$A_{ij}=(-1)^{i+j}M_{ij}$$

A_{ij} 称为元素 a_{ij} 的代数余子式。

【例 C-34】 若

$$A=\begin{bmatrix}1 & 2 & -3\\ -2 & 4 & 0\\ 3 & -1 & 1\end{bmatrix}$$

$a_{21}=-2,A_{12}=(-1)^{1+2}M_{12}$。又因为

$$M_{12}=\det\begin{bmatrix}2 & -3\\ -1 & 1\end{bmatrix}=-1$$

故 $A_{12}=(-1)(-1)=1$。再例如 $a_{33}=1,A_{33}=(-1)^{3+3}M_{33}$。又因为

$$M_{33}=\det\begin{bmatrix}1 & 2\\ -2 & 4\end{bmatrix}=8$$

故 $A_{33}=(-1)^6 8=8$。其他的 A_{ij} 可用类似的方法得到。

代数余子式,示例代码如下:

```
#附录 C/C-44.py
#代数余子式的计算
from sympy import Matrix
m = Matrix([[1, 2, 0], [4, 3, 6], [7, 8, 9]])
print('原矩阵为\n', m)
print(m.cofactor(1, 2))
#代数余子式矩阵
print('代数余子式矩阵为\n', m.cofactor_matrix())
#或者
import numpy as np
arr = np.array([[1, 2, 0], [4, 3, 6], [7, 8, 9]])
print(arr)
arr = np.delete(arr, 1, axis = 0)
arr = np.delete(arr, 2, axis = 1)
print('代数余子式为', (-1) ** (1 + 2) * np.linalg.det(arr))
```

输出如下:

```
原矩阵为
Matrix([[1, 2, 0], [4, 3, 6], [7, 8, 9]])
6
代数余子式矩阵为
Matrix([[-21, 6, 11], [-18, 9, 6], [12, -6, -5]])
[[1 2 0]
[4 3 6]
[7 8 9]]
代数余子式为 6.0
```

利用代数余子式,可以把行列式按照一行或者一列展开。

【定理 C-6】 行列式按一行展开公式:n 阶行列式等于它任意一行的所有元素与它们对应的代数余子式的乘积之和,即

$$\det(A)=|A|=a_{i1}A_{i1}+a_{i2}A_{i2}+\cdots+a_{in}A_{in}=\sum_{j=1}^{n}a_{ij}A_{ij} \tag{C-26}$$

【定理 C-7】 行列式一列展开公式：n 阶行列式等于它任意一列的所有元素与它们对应的代数余子式的乘积之和，即

$$\det(\boldsymbol{A})=|\boldsymbol{A}|=a_{1j}A_{1j}+a_{2j}A_{2j}+\cdots+a_{nj}A_{nj}=\sum_{i=1}^{n}a_{ij}A_{ij} \tag{C-27}$$

【例 C-35】 用行列式按行展开的方法计算 4 阶行列式

$$\det\begin{bmatrix}0 & 2 & 1 & 0\\ -1 & 3 & 0 & -2\\ 4 & -7 & -1 & 0\\ -3 & 2 & 4 & 1\end{bmatrix}$$

解：将行列式按某一行展开，不妨取第 1 行

$$\det=0\times A_{11}+2\times A_{12}+1\times A_{13}+0\times A_{14}$$

将代数余子式代入可得

$$\det=0+2\times(-1)^{1+2}\det\begin{bmatrix}-1 & 0 & -2\\ 4 & -1 & 0\\ -3 & 4 & 1\end{bmatrix}+1\times(-1)^{1+3}\det\begin{bmatrix}-1 & 3 & -2\\ 4 & -7 & 0\\ -3 & 2 & 1\end{bmatrix}+0=71$$

也可按某一列展开，不妨取第 4 列

$$\det=0\times A_{14}-2\times A_{24}+0\times A_{34}+1\times A_{44}$$

将代数余子式代入可得

$$\det=0+(-2)(-1)^{2+4}\det\begin{bmatrix}0 & 2 & 1\\ 4 & -7 & -1\\ -3 & 2 & 4\end{bmatrix}+0+1\times(-1)^{4+4}\det\begin{bmatrix}0 & 2 & 1\\ -1 & 3 & 0\\ 4 & -7 & -1\end{bmatrix}=71$$

代码如下：

```
#附录 C/C-45.py
from sympy import Matrix
m = Matrix([[0,2,1,0],[-1,3,0,-2],[4,-7,-1,0],[-3,2,4,1]])
print('按第 0 行展开:', m.cofactor_matrix()[0,:] @ m[0,:].T)
print('按第 3 列展开:', m.cofactor_matrix()[:,3].T @ m[:,3])
```

输出如下：

```
按第 0 行展开: Matrix([[71]])
按第 3 列展开: Matrix([[71]])
```

关于代数余子式，还有以下重要结论。

【定理 C-8】 n 阶行列式中某一行（或一列）的每个元素与另一行（或另一列）相应元素的代数余子式的乘积之和为零。

综合上面三个定理，可以总结出下面的定理。

【定理 C-9】

$$\sum_{s=1}^{n}a_{ks}A_{is}=\begin{cases}\det(\boldsymbol{A}), & k=i\\ 0, & k\neq i\end{cases} \tag{C-28}$$

或者

$$\sum_{s=1}^{n} a_{sl} A_{sj} = \begin{cases} \det(\boldsymbol{A}), & l = j \\ 0, & l \neq j \end{cases} \tag{C-29}$$

其中，$\det(\boldsymbol{A})$表示行列式。

如果定义一个新的矩阵(伴随矩阵)，则可将上面的公式更简洁地表示出来。由已知方阵 $\boldsymbol{A}$ 的全体代数余子式 A_{ij} 所形成的新的方阵称为 $\boldsymbol{A}$ 的伴随矩阵，一般用 $\boldsymbol{A}^*$ 表示。

伴随矩阵的定义：方阵 $\boldsymbol{A}$ 的伴随矩阵 $\boldsymbol{A}^*$ 的数学定义如下：

$$\boldsymbol{A}^* = \begin{bmatrix} A_{11} & A_{21} & \cdots & A_{n1} \\ A_{12} & A_{22} & \cdots & A_{n2} \\ \vdots & \vdots & & \vdots \\ A_{1n} & A_{2n} & \cdots & A_{nn} \end{bmatrix} \tag{C-30}$$

则上面的定理 4 用矩阵相乘形式写出来更为简洁：

$$\boldsymbol{A}\boldsymbol{A}^* = \boldsymbol{A}^*\boldsymbol{A} = \det(\boldsymbol{A})\mathrm{Id}(n) \tag{C-31}$$

其中，$\det(\boldsymbol{A})$表示 $\boldsymbol{A}$ 的行列式，$\boldsymbol{A}^*$ 表示 $\boldsymbol{A}$ 的伴随矩阵，其 i 行 j 列的元素为代数余子式 $\boldsymbol{A}_{ij}$，$\mathrm{Id}(n)$表示 n 阶单位矩阵。这说明如果 $\det(\boldsymbol{A}) \neq 0$，则 $\boldsymbol{A}$ 可逆，并且 $\boldsymbol{A}^{-1} = \boldsymbol{A}^* / \det(\boldsymbol{A})$。

伴随矩阵与原矩阵的关系，代码如下：

```
#附录 C/C-46.py
from sympy import Matrix, det
m = Matrix([[1, 2, 0], [4, 3, 6], [7, 8, 9]])
print('矩阵为\n', m)
print('行列式为', det(m))
m_star = m.cofactor_matrix().T
#伴随矩阵
print('伴随矩阵为\n', m_star)
#或者, 伴随矩阵
print('伴随矩阵为\n', m.adjugate())
#验证定理
print('验证定理为\n', m_star @ m)
```

输出如下：

```
矩阵为
Matrix([[1, 2, 0], [4, 3, 6], [7, 8, 9]])
行列式为 -9
伴随矩阵为
Matrix([[-21, -18, 12], [6, 9, -6], [11, 6, -5]])
伴随矩阵为
Matrix([[-21, -18, 12], [6, 9, -6], [11, 6, -5]])
验证定理为
Matrix([[-9, 0, 0], [0, -9, 0], [0, 0, -9]])
```

C.3.6 克莱姆法则

设有 n 个方程，n 个未知数的线性方程组如下：

$$\begin{cases} a_{11}x_1 + a_{12}x_2 + \cdots + a_{1n}x_n = b_1 \\ a_{21}x_1 + a_{22}x_2 + \cdots + a_{2n}x_n = b_2 \\ \vdots \qquad \vdots \qquad \vdots \qquad \vdots \\ a_{n1}x_1 + a_{n2}x_2 + \cdots + a_{nn}x_n = b_n \end{cases} \tag{C-32}$$

设系数矩阵 $\boldsymbol{A}=\begin{bmatrix} a_{11} & a_{12} & \cdots & a_{1n} \\ a_{21} & a_{22} & \cdots & a_{2n} \\ \vdots & \vdots & & \vdots \\ a_{n1} & a_{n2} & \cdots & a_{nn} \end{bmatrix}$，如果系数矩阵的行列式不为0，即

$$\det(\boldsymbol{A}) = |\boldsymbol{A}| = \det\begin{bmatrix} a_{11} & a_{12} & \cdots & a_{1n} \\ a_{21} & a_{22} & \cdots & a_{2n} \\ \vdots & \vdots & & \vdots \\ a_{n1} & a_{n2} & \cdots & a_{nn} \end{bmatrix} \neq 0$$

则此线性方程组有解，并且解是唯一的，这个解可以表示为

$$x_1 = \frac{D_1}{|\boldsymbol{A}|}, \quad x_2 = \frac{D_2}{|\boldsymbol{A}|}, \quad x_3 = \frac{D_3}{|\boldsymbol{A}|}, \quad \cdots, \quad x_n = \frac{D_n}{|\boldsymbol{A}|} \tag{C-33}$$

其中，D_i 是把 $\boldsymbol{A}$ 中第 i 列换成常数项 $b_1, b_2, \cdots, b_n$ 所得的行列式，这就是克莱姆法则。

对于齐次线性方程组，由克莱姆法则和行列式的性质可知，它有非零解的充分必要条件是系数矩阵行列式等于0，即有以下定理。

【定理 C-10】 设有齐次线性方程组

$$\begin{cases} a_{11}x_1 + a_{12}x_2 + \cdots + a_{1n}x_n = 0 \\ a_{21}x_1 + a_{22}x_2 + \cdots + a_{2n}x_n = 0 \\ \vdots \qquad \vdots \qquad \vdots \qquad \vdots \\ a_{n1}x_1 + a_{n2}x_2 + \cdots + a_{nn}x_n = 0 \end{cases}$$

如果系数矩阵的行列式 $\det(\boldsymbol{A})$ 不等于0，则它只有零解，即

$$x_1 = 0, x_2 = 0, x_3 = 0, \cdots, x_n = 0$$

齐次线性方程组有非零解的充分必要条件是 $\det(\boldsymbol{A})=0$。

【例 C-36】 解线性方程组

$$\begin{cases} 3x_1 + 2x_2 = 1 \\ x_1 + 3x_2 + 2x_3 = 0 \\ x_2 + 3x_3 + 2x_4 = 0 \\ x_3 + 3x_4 + 2x_5 = 0 \\ x_4 + 3x_5 = 1 \end{cases}$$

解：设系数矩阵为 $\boldsymbol{A}$，它的行列式为

$$\det(\boldsymbol{A}) = \det\begin{bmatrix} 3 & 2 & 0 & 0 & 0 \\ 1 & 3 & 2 & 0 & 0 \\ 0 & 1 & 3 & 2 & 0 \\ 0 & 0 & 1 & 3 & 2 \\ 0 & 0 & 0 & 1 & 3 \end{bmatrix} = 63 \neq 0$$

分别计算下列行列式：

$$D_1=\det\begin{bmatrix}1&2&0&0&0\\0&3&2&0&0\\0&1&3&2&0\\0&0&1&3&2\\1&0&0&1&3\end{bmatrix}=47 \qquad D_2=\det\begin{bmatrix}3&1&0&0&0\\1&0&2&0&0\\0&0&3&2&0\\0&0&1&3&2\\0&1&0&1&3\end{bmatrix}=-39$$

$$D_3=\det\begin{bmatrix}3&2&1&0&0\\1&3&0&0&0\\0&1&0&2&0\\0&0&0&3&2\\0&0&1&1&3\end{bmatrix}=35 \qquad D_4=\det\begin{bmatrix}3&2&0&1&0\\1&3&2&0&0\\0&1&3&0&0\\0&0&1&0&2\\0&0&0&1&3\end{bmatrix}=-33$$

$$D_5=\det\begin{bmatrix}3&2&0&0&1\\1&3&2&0&0\\0&1&3&2&0\\0&0&1&3&0\\0&0&0&1&1\end{bmatrix}=32$$

利用克莱姆法则可得

$$x_1=\frac{D_1}{|\boldsymbol{A}|}=\frac{47}{63},\qquad x_2=\frac{D_2}{|\boldsymbol{A}|}=\frac{-39}{63}=-\frac{13}{21},\qquad x_3=\frac{D_3}{|\boldsymbol{A}|}=\frac{35}{63}=\frac{5}{9}$$

$$x_4=\frac{D_4}{|\boldsymbol{A}|}=\frac{-33}{63}=-\frac{11}{21},\qquad x_5=\frac{D_5}{|\boldsymbol{A}|}=\frac{32}{63}$$

利用克莱姆法则解线性方程组要满足两个条件：

(1) 线性方程组中方程的个数与未知数的个数要相等。

(2) 方程组系数矩阵的行列式不等于0。

求解线性方程组的多种方法,示例代码如下：

```
#附录 C/C-47.py
#解线性方程组 Ax = b
import numpy as np
A = np.array([[1, 2, 0], [4, 3, 6], [7, 8, 9]])
b = np.array([11, 22, 33])
print(np.linalg.solve(A, b))
#或者
import numpy as np
A = np.array([[1, 2, 0], [4, 3, 6], [7, 8, 9]])
b = np.array([11, 22, 33])
print(np.linalg.inv(A) @ b)
#或者利用克莱姆法则
from sympy import Matrix,zeros
A = Matrix([[1, 2, 0], [4, 3, 6], [-5, 8, 0]])
b = Matrix([11, 22, 33])
det_ = A.det()
x = zeros(3,1)
```

```
for k in range(A.rows):
    m = A.copy()
    m[:,k] = b
    print(m)
    x[k] = m.det()/det_
print(x)
```

输出如下：

```
[25.66666667 - 7.33333333 - 9.77777778]
[25.66666667 - 7.33333333 - 9.77777778]
Matrix([[11, 2, 0], [22, 3, 6], [33, 8, 0]])
Matrix([[1, 11, 0], [4, 22, 6], [ - 5, 33, 0]])
Matrix([[1, 2, 11], [4, 3, 22], [ - 5, 8, 33]])
Matrix([[11/9], [44/9], [11/27]])
```

【例 C-37】 创建一个方阵，计算它的余子式、代数余子式和伴随矩阵。

代码如下：

```
#附录 C/C - 48.py
from sympy import Matrix
m = Matrix([[1, 2, 0], [4, 3, 6], [7, 8, 9]])
for i in range(m.rows):
    for j in range(m.cols):
        print('余子式为',m.minor(i,j))
        print('代数余子式为',m.cofactor(i,j))
print(m.cofactor_matrix())
print(m.adjugate())
```

输出如下：

```
余子式为 - 21
代数余子式为 - 21
余子式为 - 6
代数余子式为 6
余子式为 11
代数余子式为 11
余子式为 18
代数余子式为 - 18
余子式为 9
代数余子式为 9
余子式为 - 6
代数余子式为 6
余子式为 12
代数余子式为 12
余子式为 6
代数余子式为 - 6
余子式为 - 5
代数余子式为 - 5
Matrix([[ - 21, 6, 11], [ - 18, 9, 6], [12, - 6, - 5]])
Matrix([[ - 21, - 18, 12], [6, 9, - 6], [11, 6, - 5]])
```

C.4 矩阵的逆

设 $\boldsymbol{A}$ 是一个 n 阶矩阵，如果有矩阵 $\boldsymbol{B}$ 使

$$\boldsymbol{AB}=\boldsymbol{BA}=\mathrm{Id}(n) \tag{C-34}$$

则称 $\boldsymbol{A}$ 是可逆矩阵，称 $\boldsymbol{B}$ 是 $\boldsymbol{A}$ 的逆矩阵，记作 $\boldsymbol{B}=\boldsymbol{A}^{-1}$。注意，此时 $\boldsymbol{B}$ 也是可逆矩阵，而且 $\boldsymbol{B}^{-1}=\boldsymbol{A}$。

【定理 C-11】 一个 n 阶矩阵 $\boldsymbol{A}$ 可逆的充分必要条件是 $\boldsymbol{A}$ 的行列式不等于 0。

【例 C-38】

$$\boldsymbol{A}=\begin{bmatrix}1 & 2\\3 & 4\end{bmatrix}$$

则 $\det(\boldsymbol{A})=4-6=-2\neq 0$，由定理可知，$\boldsymbol{A}$ 是可逆矩阵，代码如下：

```
#附录 C/C-49.py
import numpy as np
arr = np.array([[1, 2, 3], [4, 5, 6], [-2, 3, 0]])
print(np.linalg.det(arr))
#或者
from sympy import Matrix
m = Matrix([[1, 2, 3],[4, 5, 6],[-2, 3, 0]])
print(m.det())
print('行列式不为 0,所以可逆')
```

输出如下：

```
24.000000000000004
24
行列式不为 0,所以可逆
```

【定理 C-12】 当一个 n 阶矩阵 $\boldsymbol{A}$ 可逆时，$\boldsymbol{A}^{-1}=\boldsymbol{A}^{*}/\det(\boldsymbol{A})$，其中 $\boldsymbol{A}^{*}$ 是 $\boldsymbol{A}$ 的伴随矩阵。即

$$\boldsymbol{A}^{*}=\begin{bmatrix}A_{11} & A_{21} & \cdots & A_{n1}\\A_{12} & A_{22} & \cdots & A_{n2}\\\vdots & \vdots & & \vdots\\A_{1n} & A_{2n} & \cdots & A_{nn}\end{bmatrix}$$

这里 A_{ij} 是矩阵 $\boldsymbol{A}$ 的代数余子式。

$$\boldsymbol{AA}^{*}=\boldsymbol{A}^{*}\boldsymbol{A}=\begin{bmatrix}\det(\boldsymbol{A}) & 0 & 0 & 0\\0 & \det(\boldsymbol{A}) & 0 & 0\\0 & 0 & & 0\\0 & 0 & 0 & \det(\boldsymbol{A})\end{bmatrix}=\det(\boldsymbol{A})\mathrm{Id}(n) \tag{C-35}$$

可逆矩阵的性质：

(1) $(\boldsymbol{A}^{-1})^{-1}=\boldsymbol{A}$。

(2) $\det(\boldsymbol{A}^{-1})=1/\det(\boldsymbol{A})$。

(3) 如果 $\boldsymbol{A}$ 可逆，则 $\boldsymbol{A}$ 的转置也可逆，并且 $(\boldsymbol{A}^{\mathrm{T}})^{-1}=(\boldsymbol{A}^{-1})^{\mathrm{T}}$。

(4) 如果 $\boldsymbol{A}$ 与 $\boldsymbol{B}$ 都可逆，则 $\boldsymbol{A}$ 与 $\boldsymbol{B}$ 的乘积 $\boldsymbol{AB}$ 也可逆，并且 $(\boldsymbol{AB})^{-1}=\boldsymbol{B}^{-1}\boldsymbol{A}^{-1}$；

(5) 如果 $\boldsymbol{A}$ 可逆，则方程 $\boldsymbol{AX}=\boldsymbol{B}$ 有唯一解 $\boldsymbol{X}=\boldsymbol{A}^{-1}\boldsymbol{B}$，$\boldsymbol{YA}=\boldsymbol{B}$ 有唯一解 $\boldsymbol{Y}=\boldsymbol{BA}^{-1}$。

计算矩阵的逆矩阵，示例代码如下：

```
#附录 C/C-50.py
#计算矩阵的逆
import numpy as np
arr = np.array([[1,2,3],[4,5,6],[-2,3,0]])
print('行列式为', np.linalg.det(arr))
print('矩阵 A 的逆为', np.linalg.inv(arr))
#或者
from sympy import Matrix
A = Matrix([[1,2,3], [4,5,6], [-2,3,0]])
print('行列式为', A.det())
print('矩阵 A 的逆为', A.inv())
print('矩阵 A 的逆为', A.adjugate() / A.det())
```

输出如下：

```
行列式为 24.000000000000004
矩阵 A 的逆为 [[-0.75        0.375       -0.125      ]
 [-0.5         0.25        0.25       ]
 [ 0.91666667 -0.29166667 -0.125      ]]
行列式为 24
矩阵 A 的逆为 Matrix([[-3/4, 3/8, -1/8], [-1/2, 1/4, 1/4], [11/12, -7/24, -1/8]])
矩阵 A 的逆为 Matrix([[-3/4, 3/8, -1/8], [-1/2, 1/4, 1/4], [11/12, -7/24, -1/8]])
```

验证可逆矩阵的性质，示例代码如下：

```
#附录 C/C-51.py
#验证可逆矩阵的性质
from sympy import Matrix
A = Matrix([[1,2,3],[3,0,1],[-1,2,0]])
B = Matrix([[1,-2,-1],[0,1,3],[2,0,5]])
print('A 的行列式为', A.det())
print('A 的逆矩阵的行列式为', A.inv().det())
C = A @ B
print('两个矩阵的乘积为', C)
print('矩阵乘积的逆为', C.inv())
D = B.inv() @ A.inv()
print('两个逆矩阵的乘积为',D)
```

输出如下：

```
A 的行列式为 14
A 的逆矩阵的行列式为 1/14
```

```
两个矩阵的乘积为 Matrix([[7, 0, 20], [5, -6, 2], [-1, 4, 7]])
矩阵乘积的逆为 Matrix([[5/7, -8/7, -12/7], [37/70, -69/70, -43/35], [-1/5, 2/5,
3/5]])
两个逆矩阵的乘积为 Matrix([[5/7, -8/7, -12/7], [37/70, -69/70, -43/35], [-1/5, 2/5,
3/5]])
```

C.5 矩阵的对角化

本节讨论矩阵的对角化问题。

C.5.1 矩阵的相似

矩阵的相似。设 $\boldsymbol{A}$ 与 $\boldsymbol{B}$ 是两个同阶方阵。如果存在可逆矩阵 $\boldsymbol{X}$，使 $\boldsymbol{B}=\boldsymbol{X}^{-1}\boldsymbol{A}\boldsymbol{X}$，则称 $\boldsymbol{A}$ 相似于 $\boldsymbol{B}$，记作 $\boldsymbol{A}\sim\boldsymbol{B}$。矩阵的相似是一种等价关系，即满足下面三个性质。

(1) 反身性：$\boldsymbol{A}\sim\boldsymbol{A}$。

(2) 对称性：如果 $\boldsymbol{A}\sim\boldsymbol{B}$，则 $\boldsymbol{B}\sim\boldsymbol{A}$。

(3) 传递性：如果 $\boldsymbol{A}\sim\boldsymbol{B}$，$\boldsymbol{B}\sim\boldsymbol{C}$，则 $\boldsymbol{A}\sim\boldsymbol{C}$。

相似矩阵具有以下性质：

(1) 相似矩阵有相同的行列式。

(2) 相似矩阵或者都可逆，或者都不可逆。

(3) 相似矩阵的逆矩阵也相似。

验证相似矩阵的性质，示例代码如下：

```
#附录 C/C-52.py
#验证相似矩阵的性质
import numpy as np
#定义矩阵 A
A = np.array([[1,2,3,4],[3,-1,0,1],[3,2,4,-2],[-1,2,1,5]])
print('矩阵 A = \n', A)
#可逆矩阵 X
X = np.array([[9,0,1,2],[2,3,-1,2],[0,1,8,-2],[2,3,-1,-3]])
print(np.linalg.det(X))
print('矩阵 X = \n', X)
#B 与 A 相似
B = np.linalg.inv(X) @ A @ X
print('矩阵 B = \n', B)
print('A 的行列式为', np.linalg.det(A).round(2))
print('B 的行列式为', np.linalg.det(B).round(2))
#或者
from sympy import Matrix
A = Matrix([[1,2,3,4],[3,-1,0,1],[3,2,4,-2],[-1,2,1,5]])
X = Matrix([[9,0,1,2],[2,3,-1,2],[0,1,8,-2],[2,3,-1,-3]])
B = X.inv() @ A @ X
print('A 的行列式为', A.det())
print('B 的行列式为', B.det())
```

输出如下：

```
矩阵 A =
[[ 1 2 3 4]
 [ 3 -1 0 1]
 [ 3 2 4 -2]
 [-1 2 1 5]]
-1134.9999999999993
矩阵 X =
[[ 9 0 1 2]
 [ 2 3 -1 2]
 [ 0 1 8 -2]
 [ 2 3 -1 -3]]
矩阵 B =
[[ 0.95066079 3.38414097 1.48986784 -2.24052863]
 [ 6.64757709 0.45814978 1.07048458 0.28193833]
 [ 3.64405286 -0.65726872 4.39118943 1.76475771]
 [ 4.4         -4.4         0.6         3.2       ]]
A 的行列式为 59.0
B 的行列式为 59.0
A 的行列式为 59
B 的行列式为 59
```

C.5.2 特征值与特征向量

设 $\boldsymbol{A}$ 是数域上的一个 n 阶方阵，λ 是数域中的数，如果有数域中的非零列向量 $\boldsymbol{x}$，使

$$\boldsymbol{A}\boldsymbol{x}=\lambda\boldsymbol{x} \tag{C-36}$$

则称 λ 是 $\boldsymbol{A}$ 的一个特征值(或者特征根)，$\boldsymbol{x}$ 是 $\boldsymbol{A}$ 的属于特征值 λ 的特征向量，简称特征向量。从直观上看，一个矩阵与它的特征向量相乘，相当于拉伸或压缩了特征向量的长度，而不改变特征向量的方向。

【例 C-39】 设 $\boldsymbol{A}=\begin{bmatrix}2 & -3\\ -1 & 4\end{bmatrix}$，$\boldsymbol{x}_1=\begin{bmatrix}3\\ 1\end{bmatrix}$，$\boldsymbol{x}_2=\begin{bmatrix}-1\\ 1\end{bmatrix}$。可以验证 $\boldsymbol{x}_1$ 和 $\boldsymbol{x}_2$ 都是 $\boldsymbol{A}$ 的特征向量：

$$\boldsymbol{A}\boldsymbol{x}_1=\begin{bmatrix}2 & -3\\ -1 & 4\end{bmatrix}\begin{bmatrix}3\\ 1\end{bmatrix}=\begin{bmatrix}3\\ 1\end{bmatrix}=1\begin{bmatrix}3\\ 1\end{bmatrix}$$

$$\boldsymbol{A}\boldsymbol{x}_2=\begin{bmatrix}2 & -3\\ -1 & 4\end{bmatrix}\begin{bmatrix}-1\\ 1\end{bmatrix}=\begin{bmatrix}-5\\ 5\end{bmatrix}=5\begin{bmatrix}-1\\ 1\end{bmatrix}$$

其中，特征向量 $\boldsymbol{x}_1$ 属于特征值 1，特征向量 $\boldsymbol{x}_2$ 属于特征值 5。

设 $\boldsymbol{A}$ 是一个 n 阶方阵，λ 是数域中的数，矩阵

$$\lambda\boldsymbol{I}-\boldsymbol{A}=\begin{bmatrix}\lambda-a_{11} & -a_{12} & \cdots & -a_{1n}\\ -a_{21} & \lambda-a_{22} & \cdots & -a_{2n}\\ \vdots & \vdots & & \vdots\\ -a_{n1} & -a_{n2} & \cdots & \lambda-a_{nn}\end{bmatrix} \tag{C-37}$$

称为 $\boldsymbol{A}$ 的特征矩阵。它的行列式 $\det(\lambda\boldsymbol{I}-\boldsymbol{A})$ 是关于 λ 的多项式，称为 $\boldsymbol{A}$ 的特征多项

式。方程 $\det(\lambda \boldsymbol{I}-\boldsymbol{A})=0$ 称为 $\boldsymbol{A}$ 的特征方程。特征方程的解称为 $\boldsymbol{A}$ 的特征值。

【例 C-40】 设矩阵 $\boldsymbol{A}=\begin{bmatrix}1 & 2 & 3\\ 4 & 2 & 6\\ 2 & -1 & 0\end{bmatrix}$，求 $\boldsymbol{A}$ 的特征多项式和特征值。

代码如下：

```
#附录 C/C-53.py
from sympy import Matrix, solveset
m = Matrix([[1,2,3],[4,2,6],[2,-1,0]])
#特征多项式
print('特征多项式为', m.charpoly().as_expr())
#特征值
print('特征值为\n',solveset(m.charpoly().as_expr()))
#或者
m = Matrix([[1,2,3],[4,2,6],[2,-1,0]])
print('特征值为\n', list(m.eigenvals()))
```

输出如下：

```
特征多项式为 lambda**3 - 3*lambda**2 - 6*lambda - 6
特征值为
FiniteSet(1 + 3/(sqrt(22) + 7)**(1/3) + (sqrt(22) + 7)**(1/3), -(sqrt(22) + 7)**
(1/3)/2 - 3/(2*(sqrt(22) + 7)**(1/3)) + 1 + I*(-3*sqrt(3)/(2*(sqrt(22) + 7)**
(1/3)) + sqrt(3)*(sqrt(22) + 7)**(1/3)/2), -(sqrt(22) + 7)**(1/3)/2 - 3/(2*
(sqrt(22) + 7)**(1/3)) + 1 + I*(-sqrt(3)*(sqrt(22) + 7)**(1/3)/2 + 3*sqrt(3)/
(2*(sqrt(22) + 7)**(1/3))))
特征值为
[1 + 3/(sqrt(22) + 7)**(1/3) + (sqrt(22) + 7)**(1/3), 1 + 3/((-1/2 + sqrt(3)*
I/2)*(sqrt(22) + 7)**(1/3)) + (-1/2 + sqrt(3)*I/2)*(sqrt(22) + 7)**(1/3), 1 +
(-1/2 - sqrt(3)*I/2)*(sqrt(22) + 7)**(1/3) + 3/((-1/2 - sqrt(3)*I/2)*(sqrt(22)
+ 7)**(1/3))]
```

设 $\boldsymbol{A}$ 是一个 n 阶方阵，$\boldsymbol{A}$ 的对角线元素之和称为 $\boldsymbol{A}$ 的迹，记作 $\operatorname{tr}(\boldsymbol{A})$，即

$$\operatorname{tr}(\boldsymbol{A})=a_{11}+a_{22}+\cdots+a_{nn} \tag{C-38}$$

矩阵的特征多项式有下面重要性质：n 阶方阵 $\boldsymbol{A}$ 的特征多项式 $f(\lambda)$是一个 n 次多项式，首项系数为 1。不妨设

$$f(\lambda)=\lambda^n+a_{n-1}\lambda^{n-1}+\cdots+a_1\lambda+a_0 \tag{C-39}$$

则有

$$a_{n-1}=-(a_{11}+a_{22}+\cdots+a_{nn})=-\operatorname{tr}(\boldsymbol{A}) \tag{C-40}$$

$$a_0=(-1)^n\det(\boldsymbol{A}) \tag{C-41}$$

$\boldsymbol{A}$ 的特征多项式的根就是 $\boldsymbol{A}$ 的特征值。由代数基本定理知道，n 次多项式有 n 个根（重根按重数计算）。不妨设 $\boldsymbol{A}$ 的 n 个特征值为 $\lambda_1,\lambda_2,\cdots,\lambda_n$，则由根与系数的关系可知：

$$\lambda_1+\lambda_2+\cdots+\lambda_n=\operatorname{tr}(\boldsymbol{A}) \tag{C-42}$$

$$\lambda_1\lambda_2\cdots\lambda_n=\det(\boldsymbol{A}) \tag{C-43}$$

【例 C-41】 设矩阵 $A=\begin{bmatrix}1 & 2 & 3\\4 & 2 & 6\\2 & -1 & 0\end{bmatrix}$,验证特征值的和等于迹,特征值的积等于行列式。

代码如下:

```
#附录 C/C-54.py
from sympy import Matrix,solveset,diag
import numpy as np
m = Matrix([[1,2,3],[4,2,6],[2,-1,0]])
p = m.charpoly().as_expr()
#特征值
x = solveset(p)
x = list(x)
print('特征值的和为',(x[0] + x[1] + x[2]).simplify())
print('特征值的积为',(x[0] * x[1] * x[2]).simplify())
#矩阵的迹
print('矩阵的迹为',np.diag(m).sum())
#矩阵的行列式
print('阵的行列式为',m.det())
#或者
print(np.array(list(m.eigenvals()), dtype = 'complex').sum())
print(np.array(list(m.eigenvals()), dtype = 'complex').prod())
```

输出如下:

```
特征值的和为 3
特征值的积为 6
矩阵的迹为 3
阵的行列式为 6
(3+0j)
(6+4.440892098500626e-16j)
```

对于多项式方程,如果多项式次数小于或等于 4 次,则它的解可以用系数明确地表达出来,其解称为根式解,如果次数大于或等于 5 次,则一般只能求数值解。

【例 C-42】 设有两个多项式 $p_1(x)$和 $p_2(x)$

$$p_1(x)=1+x+2x^2+2x^3+4x^4$$

$$p_2(x)=2+3x+x^2-x^3+2x^4-5x^5$$

求第 1 个多项式方程的根式解,求第 2 个多项式方程的数值解。

代码如下:

```
#附录 C/C-55.py
from sympy import symbols, solveset
#第 1 个根式解
x = symbols('x')
p1 = 1 + x + 2 * x**2 + 2 * x**3 + 4 * x**4
```

```
#解析解
solutions = solveset(p1)
print('第 1 个方程的根式解为', list(solutions))
#转化为数值解
print('第 1 个方程的数值解为', solutions.evalf())
#第 2 个方程的数值解
from numpy.polynomial import Polynomial
p = Polynomial([2, 3, 1, -1, 2, -5])
print('第 2 个方程的数值解为', p.roots().round(2))
```

输出如下：

```
第 1 个方程的根式解为 [-1/2 - I/2, -1/2 + I/2, 1/4 - sqrt(7)*I/4, 1/4 + sqrt(7)*I/4]
第 1 个方程的数值解为 FiniteSet(-0.5 - 0.5*I, -0.5 + 0.5*I, 0.25 - 0.661437827766148
*I, 0.25 + 0.661437827766148*I)
第 2 个方程的数值解为 [-0.52-0.32j -0.52+0.32j 0.17-0.96j 0.17+0.96j 1.1 +0.j ]
```

相似矩阵的特征值有以下重要结论：

（1）相似矩阵有相同的特征多项式。

（2）相似矩阵有相同的特征值。

（3）相似矩阵有相同的迹和相同的行列式。

【例 C-43】 验证两个相似矩阵的特征多项式是否相同，如果特征值相同，则迹与行列式也相同。

设 $\boldsymbol{A}=\begin{bmatrix}2 & 1 & -1\\0 & 3 & 2\\0 & 0 & -4\end{bmatrix}$，$\boldsymbol{X}=\begin{bmatrix}1 & 1 & -1\\0 & 1 & 2\\-1 & 0 & 1\end{bmatrix}$，$\boldsymbol{B}=\boldsymbol{X}^{-1}\boldsymbol{A}\boldsymbol{X}$，则由相似的定义可知 $\boldsymbol{A}$ 与 $\boldsymbol{B}$ 相似。

代码如下：

```
#附录 C/C-56.py
from sympy import Matrix,solveset
import numpy as np
A = Matrix([[2, 1, -1],[0, 3, 2],[0, 0, -4]])
X = Matrix([[1, 1, -1],[0, 1, 2],[-1, 0, 1]])
B = X.inv() @ A @ X
#特征多项式相同
print('B 的特征多项式为',B.charpoly().as_expr())
print('A 的特征多项式为',A.charpoly().as_expr())
#特征值相同
print('B 的特征值为',solveset(B.charpoly().as_expr()))
print('A 的特征值为',solveset(A.charpoly().as_expr()))
#迹相同
print('A 矩阵的迹为',np.diag(A).sum())
print('B 矩阵的迹为',np.diag(B).sum())
#行列式相同
print('A 的行列式为',A.det())
print('B 的行列式为',B.det())
```

输出如下：

```
B的特征多项式为 lambda ** 3 - lambda ** 2 - 14 * lambda + 24
A的特征多项式为 lambda ** 3 - lambda ** 2 - 14 * lambda + 24
B的特征值为 FiniteSet( - 4, 2, 3)
A的特征值为 FiniteSet( - 4, 2, 3)
A矩阵的迹为 1
B矩阵的迹为 1
A的行列式为 - 24
B的行列式为 - 24
```

【定理 C-13】 设 $\boldsymbol{A}$ 是一个 n 阶方阵，$f(\lambda)=\det(\lambda\boldsymbol{I}-\boldsymbol{A})$是 $\boldsymbol{A}$ 的特征多项式，则 $f(\boldsymbol{A})=0$。

【例 C-44】 设 $\boldsymbol{A}=\begin{bmatrix}2 & 1 & -1\\0 & 3 & 2\\0 & 0 & -4\end{bmatrix}$，验证定理 C-13。

代码如下：

```
#附录 C/C-57.py
from sympy import Matrix, solveset, eye
import numpy as np
A = Matrix([[2,1,-1],[0,3,2],[0,0,-4]])
I = eye(3)
p = A.charpoly().as_expr()
#特征多项式
print(p)
#把 lambda 换成 A 后代入
print(A @ A @ A - A @ A - 14 * A + 24 * I )
```

输出如下：

```
lambda ** 3 - lambda ** 2 - 14 * lambda + 24
Matrix([[0, 0, 0], [0, 0, 0], [0, 0, 0]])
```

求一个方阵的特征值与特征向量的步骤，设 $\boldsymbol{A}$ 是一个 n 阶方阵，$\boldsymbol{A}$ 的特征值与特征向量可以按照下述步骤求出：

(1) 计算 $\boldsymbol{A}$ 的特征多项式 $f(\lambda)=\det(\lambda\boldsymbol{I}-\boldsymbol{A})$。

(2) 求出 $f(\lambda)$的全部根，这就是 $\boldsymbol{A}$ 的全部特征值(重根按重数计算)。

(3) 对于每个特征值 λ，求出关于 $\boldsymbol{x}$ 的齐次方程组$(\lambda\boldsymbol{I}-\boldsymbol{A})\boldsymbol{x}=0$ 的一个基础解系。不妨设该基础解系包含 $x_1,x_2,\cdots,x_s$，则 $k_1x_1+k_2x_2+\cdots+k_sx_s$ 就是 $\boldsymbol{A}$ 的属于特征值 λ 的全部特征向量，其中 $k_1,k_2,\cdots,k_s$ 为常数。

【例 C-45】 设 $\boldsymbol{A}=\begin{bmatrix}2 & 1 & -1\\0 & 3 & 2\\0 & 0 & -4\end{bmatrix}$，求 $\boldsymbol{A}$ 的特征值与特征向量。

解：先求 $\boldsymbol{A}$ 的特征值，特征值是特征多项式的根。

$$\det(\lambda \boldsymbol{I}-\boldsymbol{A})=\det\begin{bmatrix}\lambda-2 & -1 & 1\\ 0 & \lambda-3 & -2\\ 0 & 0 & \lambda+4\end{bmatrix}=(\lambda-2)(\lambda-3)(\lambda+4)$$

由$(\lambda-2)(\lambda-3)(\lambda+4)=0$得$\boldsymbol{A}$的特征值为$\lambda_1=2,\lambda_2=3,\lambda_3=-4$。再求相应的特征向量。

当$\lambda_1=2$时，齐次线性方程组$(\lambda\boldsymbol{I}-\boldsymbol{A})\boldsymbol{x}=0$为

$$(2\boldsymbol{I}-\boldsymbol{A})\boldsymbol{x}=\begin{bmatrix}0 & -1 & 1\\ 0 & -1 & -2\\ 0 & 0 & 6\end{bmatrix}\boldsymbol{x}=0$$

该齐次线性方程组的基础解系中只有一个向量$\boldsymbol{v}=\begin{bmatrix}1\\0\\0\end{bmatrix}$，则矩阵$\boldsymbol{A}$属于特征值$\lambda_1=2$的特征向量为$k\boldsymbol{v}=k\begin{bmatrix}1\\0\\0\end{bmatrix}, k\neq0$。

当$\lambda_2=3$时，齐次线性方程组$(\lambda\boldsymbol{I}-\boldsymbol{A})\boldsymbol{x}=0$为

$$(3\boldsymbol{I}-\boldsymbol{A})\boldsymbol{x}\begin{bmatrix}1 & -1 & 1\\ 0 & 0 & -2\\ 0 & 0 & 7\end{bmatrix}\boldsymbol{x}=0$$

该齐次线性方程组的基础解系中只有一个向量$\boldsymbol{v}=\begin{bmatrix}1\\1\\0\end{bmatrix}$，则矩阵$\boldsymbol{A}$属于特征值$\lambda_2=3$的特征向量为$k\boldsymbol{v}=k\begin{bmatrix}1\\1\\0\end{bmatrix}, k\neq0$。

当$\lambda_3=-4$时，齐次线性方程组$(\lambda\boldsymbol{I}-\boldsymbol{A})x=0$为

$$(-4\boldsymbol{I}-\boldsymbol{A})\boldsymbol{x}\begin{bmatrix}-6 & -1 & 1\\ 0 & -7 & -2\\ 0 & 0 & 0\end{bmatrix}\boldsymbol{x}=0$$

该齐次线性方程组的基础解系中只有一个向量$\boldsymbol{v}=\begin{bmatrix}3/14\\-2/7\\1\end{bmatrix}$，则矩阵$\boldsymbol{A}$属于特征值$\lambda_3=-4$的特征向量为$k\boldsymbol{v}=k\begin{bmatrix}3/14\\-2/7\\1\end{bmatrix}, k\neq0$。

代码如下：

```
#附录 C/C-58.py
from sympy import Matrix
A = Matrix([[2,1,-1],[0,3,2],[0,0,-4]])
```

```
#单独计算特征值
print(A.eigenvals())
#计算特征值与特征向量
print(A.eigenvects())
#也可以根据定义来计算矩阵的特征值和特征向量
from sympy import Matrix,eye,symbols,solveset,linsolve
A = Matrix([[2,1,-1],[0,3,2],[0,0,-4]])
x = symbols('x')
#特征矩阵
p_matrix = x * eye(A.rows) - A
p = p_matrix.det()
print(solveset(p))
#当 x = -4 时,求相应的特征向量
p_mat = p_matrix.subs({'x':-4})
solution = linsolve(system = (p_mat, Matrix([0,0,0])))
print(solution)
#当 x = 2 时,求相应的特征向量
p_mat = p_matrix.subs({'x':2})
solution = linsolve(system = (p_mat, Matrix([0,0,0])))
print(solution)
#当 x = 3 时,求相应的特征向量
p_mat = p_matrix.subs({'x':3})
solution = linsolve(system = (p_mat, Matrix([0,0,0])))
print(solution)
#对于 5 阶及以上方阵,可以求特征值与特征向量的数值解
import numpy as np
A = np.array([[2,1,-1,0,1],[0,3,2,-2,-3],[0,0,-4,1,2],[1,2,3,-1,-4],[0,0,1,-2,
-7]])
#只计算特征值
print(np.linalg.eigvals(A))
#特征值与特征向量
print(np.linalg.eig(A))
```

输出如下：

```
{2: 1, 3: 1, -4: 1}
[(-4, 1, [Matrix([
[3/14],
[-2/7],
[ 1]])]), (2, 1, [Matrix([
[1],
[0],
[0]])]), (3, 1, [Matrix([
[1],
[1],
[0]])])]
FiniteSet(-4, 2, 3)
FiniteSet((3 * tau0/14, -2 * tau0/7, tau0))
FiniteSet((tau0, 0, 0))
```

```
FiniteSet((tau0, tau0, 0))
[-8.80732204+0.j        2.04112188+0.93985751j  2.04112188-0.93985751j
  1.12944796+0.j        -3.40436968+0.j        ]
(array([-8.80732204+0.j        ,  2.04112188+0.93985751j,
         2.04112188-0.93985751j,  1.12944796+0.j        ,
        -3.40436968+0.j        ]), array([[ 0.13303199+0.j   , 0.47399739-0.1726902j ,
          0.47399739+0.1726902j , -0.23242943+0.j        ,
          0.11352728+0.j        ],
        [-0.32589526+0.j        , 0.37547712+0.42006884j,
          0.37547712-0.42006884j, 0.47894528+0.j        ,
         -0.16886534+0.j        ],
        [ 0.39317595+0.j        , 0.06073936-0.00505966j,
          0.06073936+0.00505966j, 0.08531445+0.j        ,
          0.84376676+0.j        ],
        [-0.45282658+0.j        , 0.63757306+0.j        ,
          0.63757306-0.j        , 0.82019386+0.j        ,
         -0.29560433+0.j        ],
        [-0.71864841+0.j        , -0.13294192+0.01326017j,
         -0.13294192-0.01326017j, -0.19128891+0.j        ,
          0.3990887 +0.j        ]]))
```

特征向量的性质：

(1) 方阵 $\boldsymbol{A}$ 属于不同特征值的特征向量是线性无关的。

(2) 方阵 $\boldsymbol{A}$ 属于同个特征值的特征向量的非零线性组合是 $\boldsymbol{A}$ 属于这个特征值的特征向量。

(3) 方阵 $\boldsymbol{A}$ 属于不同特征值的特征向量的线性组合不再是 $\boldsymbol{A}$ 的特征向量。

C.5.3 矩阵的对角化

矩阵可对角化的条件：

【定理 C-14】 n 阶方阵 $\boldsymbol{A}$ 与某个对角矩阵相似的充分必要条件是 $\boldsymbol{A}$ 有 n 个线性无关的特征向量。

【定理 C-15】 如果 n 阶方阵 $\boldsymbol{A}$ 有 n 个不同的特征值，则 $\boldsymbol{A}$ 可以对角化。

【定理 C-16】 如果 n 阶方阵 $\boldsymbol{A}$ 的特征多项式在复数域内没有重根，则 $\boldsymbol{A}$ 可以对角化。

n 阶方阵 $\boldsymbol{A}$ 的对角化方法。假设 $\boldsymbol{A}$ 可以化为对角矩阵，由上面的定理可知 $\boldsymbol{A}$ 一定有 n 个线性无关的特征向量，不妨设为 $x_1,x_2,\cdots,x_n$。以这些特征向量为列，构造矩阵 $\boldsymbol{X}$，则 $\boldsymbol{X}$ 必为可逆矩阵，并且满足

$$\boldsymbol{X}^{-1}\boldsymbol{A}\boldsymbol{X}=\begin{bmatrix}\lambda_1 & 0 & \cdots & 0\\ 0 & \lambda_2 & \cdots & 0\\ \vdots & 0 & & \vdots\\ 0 & 0 & \cdots & \lambda_n\end{bmatrix}=\mathrm{diag}(\lambda_1,\lambda_2,\cdots,\lambda_n) \tag{C-44}$$

其中，$\lambda_1,\lambda_2,\cdots,\lambda_n$ 依次为 $x_1,x_2,\cdots,x_n$ 所对应的特征值。

【例 C-46】 设 $\boldsymbol{A}=\begin{bmatrix}3 & 1\\ 5 & -1\end{bmatrix}$，判断 $\boldsymbol{A}$ 是否可以对角化，如可以，则构造矩阵 $\boldsymbol{X}$ 将其对角化。

解：求矩阵 $\boldsymbol{A}$ 的特征值

$$\det(\lambda\boldsymbol{I}-\boldsymbol{A})=\det\begin{bmatrix}\lambda-3 & -1\\ -5 & \lambda+1\end{bmatrix}=\lambda^2-2\lambda-8=0$$

得到 $\lambda_1=4,\lambda_2=-2$。由于 $\boldsymbol{A}$ 有两个不同的特征值，故 $\boldsymbol{A}$ 可以对角化。为了构造矩阵 $\boldsymbol{X}$，需要求 $\boldsymbol{A}$ 的特征向量。当 $\lambda_1=4$ 时，齐次线性方程组 $(\lambda I-A)x=0$ 为

$$(\lambda\boldsymbol{I}-\boldsymbol{A})\boldsymbol{x}=(4\boldsymbol{I}-\boldsymbol{A})\boldsymbol{x}=\begin{bmatrix}1 & -1\\ -5 & 5\end{bmatrix}\boldsymbol{x}=0$$

它的通解是 $\boldsymbol{x}=\begin{bmatrix}k\\ k\end{bmatrix}=k\begin{bmatrix}1\\ 1\end{bmatrix}$，其基础解系中只有一个向量，可取为 $\boldsymbol{v}_1=\begin{bmatrix}1\\ 1\end{bmatrix}$。当 $\lambda_2=-2$ 时，齐次线性方程组 $(\lambda\boldsymbol{I}-\boldsymbol{A})\boldsymbol{x}=0$ 为

$$(\lambda\boldsymbol{I}-\boldsymbol{A})\boldsymbol{x}=(-2\boldsymbol{I}-\boldsymbol{A})\boldsymbol{x}=\begin{bmatrix}-5 & -1\\ -5 & -1\end{bmatrix}\boldsymbol{x}=0$$

它的通解是 $\boldsymbol{x}=\begin{bmatrix}-k\\ 5k\end{bmatrix}=k\begin{bmatrix}-1\\ 5\end{bmatrix}$，其基础解系中只有一个向量，可取为 $\boldsymbol{v}_2=\begin{bmatrix}-1\\ 5\end{bmatrix}$。以 $\boldsymbol{v}_1$ 和 $\boldsymbol{v}_2$ 为列构造矩阵 $\boldsymbol{X}$，$\boldsymbol{X}$ 的第一列为 $\boldsymbol{v}_1$，第二列为 $\boldsymbol{v}_2$，即

$$\boldsymbol{X}=\begin{bmatrix}1 & -1\\ 1 & 5\end{bmatrix}$$

容易求出

$$\boldsymbol{X}^{-1}=\frac{1}{6}\begin{bmatrix}5 & 1\\ -1 & 1\end{bmatrix}$$

则此时有

$$\boldsymbol{X}^{-1}\boldsymbol{A}\boldsymbol{X}=\begin{bmatrix}4 & 0\\ 0 & -2\end{bmatrix}$$

这就是对角矩阵。

代码如下：

```
#附录 C/C-59.py
from sympy import Matrix
A = Matrix([[1,0,0],[ - 1,2,0],[ - 1, - 1,3]])
#计算特征值
print('矩阵为\n', A)
print('特征值为',list(A.eigenvals()))
print('它有三个不同的特征值故可以对角化,下面计算特征向量')
x1 = Matrix(list(A.eigenvects())[0][2])
x2 = Matrix(list(A.eigenvects())[1][2])
x3 = Matrix(list(A.eigenvects())[2][2])
print('第 1 个特征向量为', x1)
print('第 2 个特征向量为', x2)
print('第 3 个特征向量为', x3)
#将特征向量合成矩阵
X = x1.row_join(x2).row_join(x3)
#对角化
print(X.inv() @ A @ X)
#方法 2,直接调用对角化函数
from sympy import Matrix
```

```
A = Matrix([[1,0,0],[-1,2,0],[-1,-1,3]])
X,D = A.diagonalize()
print(X.inv() @ A @ X)
```

输出如下：

```
矩阵为
Matrix([[1, 0, 0], [-1, 2, 0], [-1, -1, 3]])
特征值为 [1, 2, 3]
它有三个不同的特征值故可以对角化,下面计算特征向量
第 1 个特征向量为 Matrix([[1], [1], [1]])
第 2 个特征向量为 Matrix([[0], [1], [1]])
第 3 个特征向量为 Matrix([[0], [0], [1]])
Matrix([[1, 0, 0], [0, 2, 0], [0, 0, 3]])
Matrix([[1, 0, 0], [0, 2, 0], [0, 0, 3]])
```

C.5.4　正交矩阵

如果实数域上的矩阵 $\boldsymbol{A}$ 满足 $\boldsymbol{A}\boldsymbol{A}^{\mathrm{T}}=\boldsymbol{A}^{\mathrm{T}}\boldsymbol{A}=\boldsymbol{I}$，则 $\boldsymbol{A}$ 称为正交矩阵。

【例 C-47】 设 $\boldsymbol{A}=\begin{bmatrix}\sqrt{3}/2 & -1/2\\ 1/2 & \sqrt{3}/2\end{bmatrix}$，则 $\boldsymbol{A}^{\mathrm{T}}=\begin{bmatrix}\sqrt{3}/2 & 1/2\\ -1/2 & \sqrt{3}/2\end{bmatrix}$。容易验证 $\boldsymbol{A}\boldsymbol{A}^{\mathrm{T}}=\boldsymbol{A}^{\mathrm{T}}\boldsymbol{A}=\begin{bmatrix}1 & 0\\ 0 & 1\end{bmatrix}=\boldsymbol{I}$，因此 $\boldsymbol{A}$ 是正交矩阵。

正交矩阵有以下性质：

(1) 正交矩阵的行列式等于 1 或 -1。

(2) 如果 $\boldsymbol{A}$ 是正交矩阵，则 $\boldsymbol{A}$ 可逆，并且 $\boldsymbol{A}^{-1}=\boldsymbol{A}^{\mathrm{T}}$。

(3) 如果 $\boldsymbol{A}$ 是正交矩阵，则 $\boldsymbol{A}^{\mathrm{T}}$ 也是正交矩阵。

(4) 如果 $\boldsymbol{A}$ 和 $\boldsymbol{B}$ 是同阶正交矩阵，则它们的乘积 $\boldsymbol{AB}$ 也是正交矩阵。

【例 C-48】 设 $\boldsymbol{A}=\begin{bmatrix}\sqrt{3}/2 & -1/2\\ 1/2 & \sqrt{3}/2\end{bmatrix}$，$\boldsymbol{B}=\begin{bmatrix}1/2 & -\sqrt{3}/2\\ \sqrt{3}/2 & 1/2\end{bmatrix}$，容易验证 $\boldsymbol{A}$ 与 $\boldsymbol{B}$ 是正交矩阵。

(1) 计算得 $\det(\boldsymbol{A})=1$。

(2) 显然由 $\boldsymbol{A}\boldsymbol{A}^{\mathrm{T}}=\boldsymbol{A}^{\mathrm{T}}\boldsymbol{A}=\boldsymbol{I}$ 可得 $\boldsymbol{A}^{-1}=\boldsymbol{A}^{\mathrm{T}}$。

(3) $\boldsymbol{A}^{\mathrm{T}}=\begin{bmatrix}\sqrt{3}/2 & 1/2\\ -1/2 & \sqrt{3}/2\end{bmatrix}$，容易验证，$\boldsymbol{A}^{\mathrm{T}}(\boldsymbol{A}^{\mathrm{T}})^{\mathrm{T}}=\boldsymbol{A}^{\mathrm{T}}\boldsymbol{A}=\begin{bmatrix}1 & 0\\ 0 & 1\end{bmatrix}=\boldsymbol{I}$，因此 $\boldsymbol{A}^{\mathrm{T}}$ 也是正交矩阵。

(4) 计算可得 $\boldsymbol{AB}=\begin{bmatrix}0 & -1\\ 1 & 0\end{bmatrix}$，容易验证 $\begin{bmatrix}0 & -1\\ 1 & 0\end{bmatrix}$ 也是正交矩阵。

两个 n 维实向量 $\boldsymbol{x}=(x_1,x_2,\cdots,x_n)$ 和 $\boldsymbol{y}=(y_1,y_2,\cdots,y_n)$ 的内积 $(\boldsymbol{x},\boldsymbol{y})$ 定义如下

$$(\boldsymbol{x},\boldsymbol{y})=x_1y_1+x_2y_2+\cdots+x_ny_n$$

内积的性质：容易验证

(1) $(\boldsymbol{x},\boldsymbol{y})=(\boldsymbol{y},\boldsymbol{x})$。

(2) $(x_1+x_2,\boldsymbol{y})=(x_1,\boldsymbol{y})+(x_2,\boldsymbol{y})$。

(3) $(k\boldsymbol{x},\boldsymbol{y})=k(\boldsymbol{x},\boldsymbol{y})$,其中 k 是任意实数。

定义:如果$(\boldsymbol{x},\boldsymbol{y})=0$,则称 $\boldsymbol{x}$ 与 $\boldsymbol{y}$ 正交。

定义:设 $\boldsymbol{x}$ 是一个 n 维实向量,$\|\boldsymbol{x}\|=\sqrt{(\boldsymbol{x},\boldsymbol{x})}$ 称为 $\boldsymbol{x}$ 的长度。如果$\|\boldsymbol{x}\|=1$,则称 $\boldsymbol{x}$ 是单位向量。

定义:如果向量组 $\boldsymbol{x}_1,\boldsymbol{x}_2,\cdots,\boldsymbol{x}_s$ 中任意两个向量都正交,而且每个 $\boldsymbol{x}_i$ 都不是零向量,则称这个向量组为正交向量组。由单位正交向量组成的正交向量组称为正交单位向量组。

【定理 C-17】 正交向量组一定是线性无关的。

【定理 C-18】 格拉姆-施密特正交化方法:设 $\boldsymbol{x}_1,\boldsymbol{x}_2,\cdots,\boldsymbol{x}_s$ 是一组线性无关的向量,步骤如下。

(1) $\boldsymbol{y}_1=\boldsymbol{x}_1$

(2) $\boldsymbol{y}_2=\boldsymbol{x}_2-(\boldsymbol{x}_2,\boldsymbol{y}_1)/(\boldsymbol{y}_1,\boldsymbol{y}_1)\boldsymbol{y}_1$

(3) $\boldsymbol{y}_3=\boldsymbol{x}_3-(\boldsymbol{x}_3,\boldsymbol{y}_1)/(\boldsymbol{y}_1,\boldsymbol{y}_1)\boldsymbol{y}_1-(\boldsymbol{x}_3,\boldsymbol{y}_2)/(\boldsymbol{y}_2,\boldsymbol{y}_2)\boldsymbol{y}_2$

(4) $\boldsymbol{y}_s=\boldsymbol{x}_s-(\boldsymbol{x}_s,\boldsymbol{y}_1)/(\boldsymbol{y}_1,\boldsymbol{y}_1)\boldsymbol{y}_1-(\boldsymbol{x}_s,\boldsymbol{y}_2)/(\boldsymbol{y}_2,\boldsymbol{y}_2)\boldsymbol{y}_2-\cdots-(\boldsymbol{x}_s,\boldsymbol{y}_{s-1})/(\boldsymbol{y}_{s-1},\boldsymbol{y}_{s-1})\boldsymbol{y}_{s-1}$

也就是:

$$\begin{cases}\boldsymbol{y}_1=\boldsymbol{x}_1\\ \boldsymbol{y}_2=\boldsymbol{x}_2-(\boldsymbol{x}_2,\boldsymbol{y}_1)/(\boldsymbol{y}_1,\boldsymbol{y}_1)\boldsymbol{y}_1\\ \boldsymbol{y}_3=\boldsymbol{x}_3-(\boldsymbol{x}_3,\boldsymbol{y}_1)/(\boldsymbol{y}_1,\boldsymbol{y}_1)\boldsymbol{y}_1-(\boldsymbol{x}_3,\boldsymbol{y}_2)/(\boldsymbol{y}_2,\boldsymbol{y}_2)\boldsymbol{y}_2\\ \vdots\quad\vdots\qquad\qquad\vdots\qquad\qquad\qquad\vdots\\ \boldsymbol{y}_s=\boldsymbol{x}_s-(\boldsymbol{x}_s,\boldsymbol{y}_1)/(\boldsymbol{y}_1,\boldsymbol{y}_1)\boldsymbol{y}_1-(\boldsymbol{x}_s,\boldsymbol{y}_2)/(\boldsymbol{y}_2,\boldsymbol{y}_2)\boldsymbol{y}_2-\cdots-(\boldsymbol{x}_s,\boldsymbol{y}_{s-1})/(\boldsymbol{y}_{s-1},\boldsymbol{y}_{s-1})\boldsymbol{y}_{s-1}\end{cases}\tag{C-45}$$

则 $\boldsymbol{y}_1,\boldsymbol{y}_2,\cdots,\boldsymbol{y}_s$ 是一个正交向量组,而且两个向量组 $\boldsymbol{x}_1,\boldsymbol{x}_2,\cdots,\boldsymbol{x}_s$ 与 $\boldsymbol{y}_1,\boldsymbol{y}_2,\cdots,\boldsymbol{y}_s$ 等价。如果再将 $\boldsymbol{y}_1,\boldsymbol{y}_2,\cdots,\boldsymbol{y}_s$ 单位化,即令

$$\boldsymbol{\gamma}_i=\frac{\boldsymbol{y}_i}{\|\boldsymbol{y}_i\|}\tag{C-46}$$

那么$\boldsymbol{\gamma}_1,\boldsymbol{\gamma}_2,\cdots,\boldsymbol{\gamma}_s$就是与 $\boldsymbol{x}_1,\boldsymbol{x}_2,\cdots,\boldsymbol{x}_s$ 等价的正交单位向量组。

【例 C-49】 已知向量组 $\boldsymbol{x}_1=\begin{bmatrix}1\\2\\3\end{bmatrix},\boldsymbol{x}_2=\begin{bmatrix}-1\\0\\4\end{bmatrix},\boldsymbol{x}_3=\begin{bmatrix}2\\-2\\1\end{bmatrix}$,将该向量组正交化。

解:令 $\boldsymbol{y}_1=\boldsymbol{x}_1=\begin{bmatrix}1\\2\\3\end{bmatrix}$

$$\boldsymbol{y}_2=\boldsymbol{x}_2-(\boldsymbol{x}_2,\boldsymbol{y}_1)/(\boldsymbol{y}_1,\boldsymbol{y}_1)\boldsymbol{y}_1=\begin{bmatrix}-1\\0\\4\end{bmatrix}-\frac{11}{14}\begin{bmatrix}1\\2\\3\end{bmatrix}=\begin{bmatrix}-25/14\\-11/7\\23/14\end{bmatrix}$$

$$\boldsymbol{y}_3=\boldsymbol{x}_3-(\boldsymbol{x}_3,\boldsymbol{y}_1)/(\boldsymbol{y}_1,\boldsymbol{y}_1)\boldsymbol{y}_1-(\boldsymbol{x}_3,\boldsymbol{y}_2)/(\boldsymbol{y}_2,\boldsymbol{y}_2)\boldsymbol{y}_2$$

$$=\begin{bmatrix}2\\-2\\1\end{bmatrix}-\frac{1}{14}\begin{bmatrix}1\\2\\3\end{bmatrix}-\frac{17}{117}\begin{bmatrix}-25/14\\-11/7\\23/14\end{bmatrix}=\begin{bmatrix}256/117\\-224/117\\64/117\end{bmatrix}$$

将 $\boldsymbol{y}_1,\boldsymbol{y}_2,\boldsymbol{y}_3$ 单位化可得

$$\boldsymbol{\gamma}_1=\begin{bmatrix}\sqrt{14}/14\\\sqrt{14}/7\\3\sqrt{14}/14\end{bmatrix},\quad \boldsymbol{\gamma}_2=\begin{bmatrix}-25\sqrt{128}/546\\-11\sqrt{182}/273\\23\sqrt{182}/546\end{bmatrix},\quad \boldsymbol{\gamma}_3=\begin{bmatrix}8\sqrt{13}/39\\-7\sqrt{13}/39\\2\sqrt{13}/39\end{bmatrix}$$

代码如下：

```
#附录 C/C-60.py
from sympy import Matrix, GramSchmidt
x1 = Matrix([1,2,3])
x2 = Matrix([-1,0,4])
x3 = Matrix([2,-2,1])
g1,g2,g3 = GramSchmidt([x1,x2,x3],orthonormal = True)
print(g1)
print(g2)
print(g3)
#或者,用 QR 分解
m = x1.row_join(x2).row_join(x3)
Q,R = m.QRdecomposition()
print(Q)
```

输出如下：

```
Matrix([[sqrt(14)/14], [sqrt(14)/7], [3*sqrt(14)/14]])
Matrix([[-25*sqrt(182)/546], [-11*sqrt(182)/273], [23*sqrt(182)/546]])
Matrix([[8*sqrt(13)/39], [-7*sqrt(13)/39], [2*sqrt(13)/39]])
Matrix([[sqrt(14)/14, -25*sqrt(182)/546, 8*sqrt(13)/39], [sqrt(14)/7, -11*sqrt(182)/
273, -7*sqrt(13)/39], [3*sqrt(14)/14, 23*sqrt(182)/546, 2*sqrt(13)/39]])
```

C.5.5 实对称矩阵的对角化

【定理 C-19】 实对称矩阵的特征多项式的根都是实数。

【定理 C-20】 n 阶实对称矩阵有 n 个实特征值(重根按重数计算)。

【定理 C-21】 设 $\boldsymbol{A}$ 是 n 阶实对称矩阵,则可以找到 n 阶正交矩阵 $\boldsymbol{T}$ 使 $\boldsymbol{T}^{-1}\boldsymbol{A}\boldsymbol{T}$ 是对角矩阵。

【定理 C-22】 实对称矩阵的属于不同特征值的特征向量是正交的。

验证实对称矩阵特征值和特征向量的性质,代码如下：

```
#附录 C/C-61.py
from sympy import Matrix
#对称矩阵的特征值是实数
m = Matrix([[1,2,3],[1,2,-1],[2,-1,0]])
m = m.T @ m
print(list(m.eigenvals()))
```

```
#对称矩阵的特征向量是正交的
v1 = list(m.eigenvects())[0][2][0]
v2 = list(m.eigenvects())[1][2][0]
v3 = list(m.eigenvects())[2][2][0]
print(v1.dot(v2).simplify())
print(v1.dot(v3).simplify())
print(v2.dot(v3).simplify())
```

输出如下：

```
[5, 10 - 2 * sqrt(5), 2 * sqrt(5) + 10]
0
0
0
```

求正交矩阵 $\boldsymbol{T}$ 使 $\boldsymbol{T}^{-1}\boldsymbol{AT}$ 为对角矩阵的方法：

(1) 计算特征多项式 $f(\lambda)=\det(\lambda\boldsymbol{I}-\boldsymbol{A})$ 的全部根(由定理可知，一定有 n 个实根)，不妨设 $\boldsymbol{A}$ 的全部特征值为 $\lambda_1,\lambda_2,\cdots,\lambda_s$(可能有重复的特征根)。

(2) 对每个 λ_i，解齐次线性方程组 $(\lambda_i\boldsymbol{I}-\boldsymbol{A})x=0$，求出基础解系，不妨设为 $x_1^{(i)}$，$x_2^{(i)}$，$\cdots$，$x_{si}^{(i)}$。

(3) 将这些 $x_1^{(i)},x_2^{(i)},\cdots,x_{si}^{(i)},(i=1,2,\cdots,s)$ 用格拉姆-施密特方法正交化，单位化得到一组正交的单位向量，以这些单位向量作为一个矩阵的列，就得到一个矩阵 $\boldsymbol{T}$，则该矩阵 $\boldsymbol{T}$ 就是满足要求的正交矩阵，并且有

$$\boldsymbol{T}^{-1}\boldsymbol{AT}=\mathrm{diag}(\lambda_1,\lambda_2,\cdots,\lambda_s)$$

实对称矩阵对角化，示例代码如下：

```
#附录 C/C-62.py
#实对称矩阵的对角化
from sympy import Matrix
m = Matrix([[1,2,3],[1,2,-1],[2,-1,0]])
m = m.T @ m
P = m.diagonalize(normalize = True)[0]
D = m.diagonalize()[1]
diag_ = P.T @ m @ P
print(diag_)
```

输出如下：

```
Matrix([[5, 0, 0], [sqrt(5) * (-2 * sqrt(10) + 2 * sqrt(2))/5 - 2 * sqrt(5) * (-sqrt(10) +
sqrt(2))/5, -sqrt(10) * (-sqrt(10) + sqrt(2))/10 - sqrt(10) * (-2 * sqrt(10) + 2 *
sqrt(2))/5 + sqrt(2) * (-sqrt(10) + 5 * sqrt(2))/2, sqrt(10) * (-2 * sqrt(10) + 2 *
sqrt(2))/5 + sqrt(10) * (-sqrt(10) + sqrt(2))/10 + sqrt(2) * (-sqrt(10) + 5 * sqrt(2))/2],
[-2 * sqrt(5) * (sqrt(2) + sqrt(10))/5 + sqrt(5) * (2 * sqrt(2) + 2 * sqrt(10))/5, -sqrt(10) *
(2 * sqrt(2) + 2 * sqrt(10))/5 - sqrt(10) * (sqrt(2) + sqrt(10))/10 + sqrt(2) * (sqrt(10) +
5 * sqrt(2))/2, sqrt(10) * (sqrt(2) + sqrt(10))/10 + sqrt(10) * (2 * sqrt(2) + 2 * sqrt(10))/5 +
sqrt(2) * (sqrt(10) + 5 * sqrt(2))/2]])
```

附录 D

NumPy 基础

NumPy 是一个功能强大的 Python 库，主要用于对多维数组执行计算。NumPy 这个词来源于两个单词，即 Numerical 和 Python。NumPy 提供了大量的库函数和操作，可以帮助用户轻松地进行数值计算。这类数值计算广泛用于以下任务：

(1) 机器学习模型。在编写机器学习算法时，需要对矩阵进行各种数值计算。例如矩阵乘法、换位、加法等。NumPy 提供了一个非常好的库，用于简单(在编写代码方面)和快速(在速度方面)计算。NumPy 数组用于存储训练数据和机器学习模型的参数。

(2) 图像处理和计算机图形学。计算机中的图像表示为多维数字数组。NumPy 成为同样情况下最自然的选择。实际上，NumPy 提供了一些优秀的库函数来快速处理图像。例如，镜像图像、按特定角度旋转图像等。

(3) 数学任务。NumPy 对于执行各种数学任务非常有用，如数值积分、微分、内插、外推等，因此，当涉及数学计算时，它形成了一种基于 Python 的 MATLAB 的快速替代。

NumPy 提供的最重要的数据结构是一个称为 NumPy 数组的强大对象。NumPy 数组是通常的 Python 数组的扩展。NumPy 数组配备了大量的函数和运算符，可以帮助用户快速编写上面讨论过的各种类型计算的高性能代码。

快速定义一维 NumPy 数组，代码如下：

```
#附录 D/D-1.py
#快速定义一维数组
import numpy as np
my_array = np.array([1, 2, 3, 4, 5])
print('数组为', my_array)
```

输出如下：

```
数组为 [1 2 3 4 5]
```

NumPy 定义数据简洁高效，易于计算。本附录讨论 NumPy 的基础用法。

D.1 创建 NumPy 数组

NumPy 是 Python 中的一个运算速度非常快的一个数学库，它非常重视数组。它允许用户在 Python 中进行向量和矩阵计算，并且由于许多底层函数实际上是用 C 语言编写的，因此用户可以体验在原生 Python 中永远无法体验到的速度。

NumPy 库的核心是数组对象或 ndarray 对象(n 维数组),用户使用 NumPy 数组执行逻辑,统计和傅里叶变换等运算。作为使用 NumPy 的一部分,用户要做的第一件事就是创建 NumPy 数组。本节的主要目的是帮助用户了解可用于创建 NumPy 数组的不同方式。

创建 NumPy 数组有 3 种不同的方法:

(1) 使用 NumPy 内部功能函数。

(2) 从列表等其他 Python 的结构进行转换。

(3) 使用特殊的库函数。

D.1.1 使用 NumPy 内部功能函数

创建一维数组或 rank 为 1 的数组。arange()是一种广泛使用的函数,用于快速创建数组。将值 20 传递给 arange()函数会创建一个值范围为 0~19 的数组。

arange 示例代码如下:

```
#附录 D/D-2.py
import numpy as np
array = np.arange(20)
print('数组为\n', array)
```

输出如下:

```
数组为
[ 0 1 2 3 4 5 6 7 8 9 10 11 12 13 14 15 16 17 18 19]
```

要验证此数组的维度,可以使用 shape 属性,代码如下:

```
array.shape
```

输出如下:

```
(20,)
```

由于逗号后面没有值,因此这是一维数组。要访问此数组中的值,需要指定非负索引。与大多数其他编程语言一样,索引从 0 开始,因此,要访问数组中的第 4 个元素,应使用索引 3。NumPy 的数组是可变的,这表明用户可以在初始化数组后更改数组中元素的值,使用 print()函数查看数组的内容。与 Python 列表不同,NumPy 数组的内容是同质的,因此,如果用户尝试将字符串值分配给数组中的元素,由于其数据类型不同,则会出现错误。

创建二维数组。如果只使用 arange()函数,则它将输出一维数组。要使其成为二维数组,则可使用 reshape()函数将其变形输出,示例代码如下:

```
#附录 D/D-3.py
array = np.arange(20).reshape(4,5)
array
```

输出如下：

```
array([[ 0, 1, 2, 3, 4],
       [ 5, 6, 7, 8, 9],
       [10, 11, 12, 13, 14],
       [15, 16, 17, 18, 19]])
```

要创建三维数组，应为重塑形状函数指定 3 个参数，示例代码如下：

```
#附录 D/D-4.py
array = np.arange(27).reshape(3,3,3)
array
```

输出如下：

```
array([[[ 0, 1, 2],
        [ 3, 4, 5],
        [ 6, 7, 8]],

       [[ 9, 10, 11],
        [12, 13, 14],
        [15, 16, 17]],

       [[18, 19, 20],
        [21, 22, 23],
        [24, 25, 26]]])
```

需要强调的是：数组中元素的数量 27 必须是其尺寸 3×3×3 的乘积。要交叉检查它是否是三维数组，可以使用 shape 属性。

除了 arange()函数之外，还可以使用其他有用的函数(如 zeros()和 ones())来快速创建和填充数组。使用 zeros()函数创建一个填充 0 的数组。函数的参数表示行数和列数(或其维数)。zeros()函数的示例代码如下：

```
#附录 D/D-5.py
np.zeros((2,4))
```

输出如下：

```
array([[0., 0., 0., 0.],
       [0., 0., 0., 0.]])
```

使用 ones()函数创建一个填充了 1 的数组，示例代码如下：

```
#附录 D/D-6.py
np.ones((2,4))
```

输出如下：

```
array([[1., 1., 1., 1.],
       [1., 1., 1., 1.]])
```

full()函数创建一个填充给定值的 n×n 数组，示例代码如下：

```
#附录 D/D-7.py
np.full((2,2),3)
```

输出如下：

```
array([[3, 3],
       [3, 3]])
```

eye()函数可以创建一个 n×n 矩阵，对角线为 1，其他为 0，示例代码如下：

```
#附录 D/D-8.py
np.eye(3,3)
```

输出如下：

```
array([[1., 0., 0.],
       [0., 1., 0.],
       [0., 0., 1.]])
```

函数 linspace()在指定的时间间隔内返回均匀间隔的数字。例如下面的函数返回 0～10 的 4 个等间距数字，示例代码如下：

```
#附录 D/D-9.py
np.linspace(0, 10, num = 4)
```

输出如下：

```
array([ 0.        ,  3.33333333,  6.66666667, 10.        ])
```

D.1.2 从 Python 列表转换

除了使用 NumPy 函数之外，还可以直接从 Python 列表创建数组。将 Python 列表传递给数组函数以创建 NumPy 数组，示例代码如下：

```
#附录 D/D-10.py
array = np.array([4,5,6])
array
```

输出如下：

```
array([4, 5, 6])
```

还可以创建 Python 列表并传递其变量名以创建 NumPy 数组，示例代码如下：

```
#附录 D/D-11.py
list = [4,5,6]
list
```

输出如下：

```
[4, 5, 6]
```

创建数组，示例代码如下：

```
#附录 D/D-12.py
array = np.array(list)
array
```

输出如下：

```
array([4, 5, 6])
```

要创建二维数组，则可将一系列列表传递给数组函数，示例代码如下：

```
#附录 D/D-13.py
array = np.array([(1,2,3), (4,5,6)])
array
```

输出如下：

```
array([[1, 2, 3],
       [4, 5, 6]])
```

D.1.3 使用特殊的库函数

还可以使用特殊库函数来创建数组。例如要创建一个填充 0～1 随机值的数组，则可使用 random()函数。这对于需要随机状态才能开始的问题特别有用。

创建随机数组，示例代码如下：

```
#附录 D/D-14.py
np.random.random((2,2))
```

输出如下：

```
array([[0.30615715, 0.25067551],
       [0.6902574 , 0.03925809]])
```

创建和填充 NumPy 数组是使用 NumPy 执行快速数值数组计算的第一步。使用不同的方式创建数组，现在可以很好地执行基本的数组操作。

D.2 NumPy 中的矩阵和向量

NumPy 的 ndarray 类用于表示矩阵和向量。要在 NumPy 中构造矩阵，可以在列表中列出矩阵的行，并将该列表传递给 NumPy 数组构造函数。构造与矩阵对应 NumPy 数组的代码如下：

```
#附录 D/D-15.py
A = np.array([[1,-1,2],[3,2,0]])
A
```

输出如下：

```
array([[ 1, -1, 2],
       [ 3, 2, 0]])
```

线性代数中比较常见的问题之一是求解矩阵向量方程，示例代码如下：

```
#附录 D/D-16.py
A = np.array([[2,1,-2],[3,0,1],[1,1,-1]])
b = np.transpose(np.array([[-3,5,-2]]))
x = np.linalg.solve(A, b)
x
```

输出如下：

```
array([[ 1.],
       [-1.],
       [ 2.]])
```

D.3 数组属性和操作

数组的属性可通过相应的方法获得。下面总结了常用的方法，示例代码如下：

```
#附录 D/D-17.py
a = np.array([[11, 12, 13, 14, 15],
              [16, 17, 18, 19, 20],
```

```
              [21, 22, 23, 24, 25],
              [26, 27, 28 ,29, 30],
              [31, 32, 33, 34, 35]])
print('类型为', type(a))
print('类型为', a.dtype)
print('数据大小为', a.size)
print('数据形状为', a.shape)
print('元素大小为', a.itemsize)
print('维数为', a.ndim)
print('所占内存字节数为', a.nBytes)
```

输出如下：

```
类型为 <class 'numpy.ndarray'>
类型为 int32
数据大小为 25
数据形状为 (5, 5)
元素大小为 4
维数为 2
所占内存字节数为 100
```

正如在上面的代码中看到的，NumPy数组实际上被称为ndarray。数组的形状是它有多少行和列，上面的数组有5行和5列，所以它的形状是(5,5)。itemsize属性是每个项占用的字节数。这个数组的数据类型是int64，一个int64中有64位，一字节中有8位，先除以64再除以8，就可以得到它占用了多少字节，在本例中是8。ndim属性是数组的维数。这个有两个。例如，向量只有1。nBytes属性是数组中的所有数据消耗掉的字节数。注意，这并不计算数组的开销，因此数组占用的实际空间将稍微大一点。

如果只能够从数组中创建和检索元素及属性，则不能满足用户的需求，用户有时也需要对它们进行数学运算。可以使用四则运算符(加减乘除)来完成运算操作，示例代码如下：

```
#附录D/D-18.py
a = np.arange(25)
a = a.reshape((5, 5))
b = np.array([10, 62, 1, 14, 2, 56, 79, 2, 1, 45,
              4, 92, 5, 55, 63, 43, 35, 6, 53, 24,
              56, 3, 56, 44, 78])
b = b.reshape((5,5))
print('a + b = \n', a + b)
print('a - b = \n', a - b)
print('a * b = \n', a * b)
print('a / b = \n', a / b)
print('a的平方\n', a ** 2)
print('a < b, ', a < b)
print('a > b', a > b)
print('a与b的内积', a.dot(b))
```

输出如下：

```
a + b =
[[ 10 63 3 17 6]
[ 61 85 9 9 54]
[ 14 103 17 68 77]
[ 58 51 23 71 43]
[ 76 24 78 67 102]]
a - b =
[[ -10 -61 1 -11 2]
[ -51 -73 5 7 -36]
[ 6 -81 7 -42 -49]
[ -28 -19 11 -35 -5]
[ -36 18 -34 -21 -54]]
a * b =
[[ 0 62 2 42 8]
[ 280 474 14 8 405]
[ 40 1012 60 715 882]
[ 645 560 102 954 456]
[1120 63 1232 1012 1872]]
a / b =
[[0.         0.01612903 2.         0.21428571 2.        ]
[0.08928571 0.07594937 3.5        8.         0.2       ]
[2.5        0.11956522 2.4        0.23636364 0.22222222]
[0.34883721 0.45714286 2.83333333 0.33962264 0.79166667]
[0.35714286 7.         0.39285714 0.52272727 0.30769231]]
a 的平方
[[ 0 1 4 9 16]
[ 25 36 49 64 81]
[100 121 144 169 196]
[225 256 289 324 361]
[400 441 484 529 576]]
a < b, [[ True True False True False]
[ True True False False True]
[False True False True True]
[ True True False True True]
[ True False True True True]]
a > b [[False False True False True]
[False False True True False]
[ True False True False False]
[False False True False False]
[False True False False False]]
a 与 b 的内积 [[ 417 380 254 446 555]
[1262 1735 604 1281 1615]
[2107 3090 954 2116 2675]
[2952 4445 1304 2951 3735]
[3797 5800 1654 3786 4795]]
```

NumPy 还提供了一些别的用于处理数组的好用的运算符,示例代码如下:

```
#附录 D/D-19.py
a = np.arange(10)
print('数组元素之和为', a.sum())
print('数组最小元素为', a.min())
print('数组最大元素为', a.max())
print('数组累计求和为', a.cumsum())
```

输出如下:

```
数组元素之和为 45
数组最小元为 0
数组最大元为 9
数组累计求和为 [ 0 1 3 6 10 15 21 28 36 45]
```

D.4 数组的索引

利用索引访问数组的元素。

D.4.1 花式索引

花式索引是获取数组中想要的特定元素的有效方法,示例代码如下:

```
#附录 D/D-20.py
a = np.arange(0, 100, 10)
indices = [1, 5, -1]
#花式索引
b = a[indices]
print(a)
print(b)
```

输出如下:

```
[ 0 10 20 30 40 50 60 70 80 90]
[10 50 90]
```

用户使用想要检索的特定索引序列对数组进行索引,返回索引的元素的列表。

D.4.2 布尔索引

布尔索引是一个很有用的功能,它允许我们根据指定的条件检索数组中的元素,示例代码如下:

```
#附录 D/D-21.py
a = np.linspace(0, 2 * np.pi, 50)
b = np.sin(a)
```

```
mask = b >= 0
t1 = a[mask]
t2 = b[mask]
print(t1)
print(t2)
```

输出如下：

```
[0.         0.12822827 0.25645654 0.38468481 0.51291309 0.64114136
 0.76936963 0.8975979 1.02582617 1.15405444 1.28228272 1.41051099
 1.53873926 1.66696753 1.7951958 1.92342407 2.05165235 2.17988062
 2.30810889 2.43633716 2.56456543 2.6927937 2.82102197 2.94925025
 3.07747852]
[0.         0.12787716 0.25365458 0.375267 0.49071755 0.59811053
 0.69568255 0.78183148 0.85514276 0.91441262 0.95866785 0.98718178
 0.99948622 0.99537911 0.97492791 0.93846842 0.88659931 0.82017225
 0.740278 0.6482284 0.5455349 0.43388374 0.31510822 0.19115863
 0.06407022]
```

D.4.3 缺省索引

不完全索引是从多维数组的第 1 个维度获取索引或切片的一种方便方法。例如，如果数组 a=[1,2,3,4,5],[6,7,8,9,10]，则[3]将在数组的第 1 个维度中给出索引为 3 的元素，这里的值为 4。缺省索引，示例代码如下：

```
#附录 D/D-22.py
a = np.arange(0, 100, 10)
b = a[:5]
c = a[a >= 50]
print(b)
print(c)
```

输出如下：

```
[ 0 10 20 30 40]
[50 60 70 80 90]
```

D.4.4 where()函数

where()函数是另外一个根据条件返回数组中的值的有效方法。只需把条件传递给它，它就会返回一个使条件为真的元素的列表，示例代码如下：

```
#附录 D/D-23.py
a = np.arange(0, 100, 10)
b = np.where(a < 50)
c = np.where(a >= 50)[0]
print(b)
print(c)
```

输出如下：

```
(array([0, 1, 2, 3, 4], dtype = int64),)
[5 6 7 8 9]
```

D.5　通用函数

通用函数(或简称为 ufunc)是一种 ndarrays 以逐元素方式操作的函数，支持数组广播、类型转换和其他一些标准功能。也就是说，ufunc 是一个函数的"向量化"包装器，它接受固定数量的特定输入并产生固定数量的特定输出。在 NumPy 中，通用函数是 numpy. ufunc 类的实例。许多内置函数是在编译的 C 代码中实现的。基本的 ufuncs 对标量进行操作，但也有一种通用类型，基本元素是子数组(向量、矩阵等)，广播是在其他维度上完成的。

目前在 NumPy 中定义了一种或多种类型的 60 多种通用功能，涵盖了各种各样的操作。当使用相关的中缀符号时，在数组上自动调用这些 ufunc 中的某些功能(例如，当写入 a ＋ b 并且 a 或 b 是 ndarray 时，在内部调用 add(a,b))。尽管如此，用户可能仍希望使用 ufunc 调用以使用可选的输出参数将输出放置在所选择的对象(或多个对象)中。回想一下，每个 ufunc 都是逐个元素运行的，因此，每个标量 ufunc 将被描述为如果作用于一组标量输入，则返回一组标量输出。

D.5.1　数学运算

常见的数学函数在 NumPy 中有实现，常见数学函数的示例代码如下：

```
#附录 D/D-24.py
import numpy as np
a = np.arange(0, 10)
b = np.arange(1, 11)
print('指数函数为\n', np.exp(a))
print('绝对值函数为\n', np.abs(a))
print('共轭函数为\n', np.conj(a))
print('幂函数为\n', a ** b)
print('平方根函数为\n', np.sqrt(a))
print('余数函数为\n', np.mod(a,b))
```

输出如下：

```
指数函数为
[1.00000000e+00 2.71828183e+00 7.38905610e+00 2.00855369e+01
5.45981500e+01 1.48413159e+02 4.03428793e+02 1.09663316e+03
2.98095799e+03 8.10308393e+03]
绝对值函数为
[0 1 2 3 4 5 6 7 8 9]
共轭函数为
[0 1 2 3 4 5 6 7 8 9]
```

```
幂函数为
[         0          1          8         81       1024      15625
     279936 5764801 134217728 -808182895]
平方根函数为
[0.         1.         1.41421356 1.73205081 2.         2.23606798
2.44948974 2.64575131 2.82842712 3.        ]
余数函数为
[0 1 2 3 4 5 6 7 8 9]
```

D.5.2 三角函数

当需要角度时,所有三角函数都使用弧度,示例代码如下:

```
#附录 D/D-25.py
import numpy as np
a = np.arange(2, 10)
b = np.linspace(0,1,10)
print('正弦函数为\n', np.sin(a))
print('余弦函数为\n', np.cos(a))
print('正切函数为\n', np.tan(a))
print('反正弦函数为\n', np.arcsin(b))
print('反余弦函数为\n', np.arccos(b))
print('双曲正弦函数为\n', np.sinh(a))
print('双曲余弦函数为\n', np.cosh(a))
print('弧度转角度为\n', np.deg2rad(a))
```

输出如下:

```
正弦函数为
[ 0.90929743 0.14112001 -0.7568025 -0.95892427 -0.2794155 0.6569866
  0.98935825 0.41211849]
余弦函数为
[-0.41614684 -0.9899925 -0.65364362 0.28366219 0.96017029 0.75390225
-0.14550003 -0.91113026]
正切函数为
[-2.18503986 -0.14254654 1.15782128 -3.38051501 -0.29100619 0.87144798
-6.79971146 -0.45231566]
反正弦函数为
[0. 0.11134101 0.22409309 0.33983691 0.46055399 0.58903097
0.72972766 0.89112251 1.09491408 1.57079633]
反余弦函数为
[1.57079633 1.45945531 1.34670323 1.23095942 1.11024234 0.98176536
0.84106867 0.67967382 0.47588225 0. ]
双曲正弦函数为
[3.62686041e+00 1.00178749e+01 2.72899172e+01 7.42032106e+01
2.01713157e+02 5.48316123e+02 1.49047883e+03 4.05154190e+03]
双曲余弦函数为
[3.76219569e+00 1.00676620e+01 2.73082328e+01 7.42099485e+01
2.01715636e+02 5.48317035e+02 1.49047916e+03 4.05154203e+03]
弧度转角度为
[0.03490659 0.05235988 0.06981317 0.08726646 0.10471976 0.12217305
0.13962634 0.15707963]
```

D.5.3 位运算函数

位运算函数都需要整数参数,并且它们操作这些参数的位模式。位运算的示例代码如下:

```
#附录 D/D-26.py
import numpy as np
a = np.random.randint(0, 2, 12)
b = np.random.randint(0, 2, 12)
print('a = ', a)
print('b = ', b)
print('按位与运算:', np.bitwise_and(a,b))
print('按位或运算:', np.bitwise_or(a,b))
print('按位非运算:', np.bitwise_not(b))
print('按位异或运算:', np.bitwise_xor(a,b))
print('左移位一位:', np.left_shift(a,1))
print('右移位一位:', np.right_shift(b,1))
```

输出如下:

```
a = [1 1 0 1 1 0 1 1 1 0 0 0]
b = [0 1 0 1 1 1 1 0 0 1 0 0]
按位与运算: [0 1 0 1 1 0 1 0 0 0 0 0]
按位或运算: [1 1 0 1 1 1 1 1 1 1 0 0]
按位非运算: [ -1 -2 -1 -2 -2 -2 -2 -1 -1 -2 -1 -1]
按位异或运算: [1 0 0 0 0 1 0 1 1 1 0 0]
左移位一位: [2 2 0 2 2 0 2 2 2 0 0 0]
右移位一位: [0 0 0 0 0 0 0 0 0 0 0 0]
```

D.5.4 比较函数

比较函数用于数值的大小比较和逻辑与或非比较。比较函数的示例代码如下:

```
#附录 D/D-27.py
impo#附录 D/D-21.py
randint(0, 100, 12)
b = np.random.randint(0, 100, 12)
print('a = ', a)
print('b = ', b)
print('a大于 b:', np.greater(a,b))
print('a小于 b:', np.less(a,b))
print('a不等于 b:', np.not_equal(a,b))
print('a等于 b:', np.equal(a,b))
```

输出如下:

```
a = [62 14 22 20 19 58 51 58 18 56 11 60]
b = [ 2 33 66 39 16 48 28 90 38 25 40 57]
a大于 b: [ True False False False True True True False False True False True]
```

```
a 小于 b: [False True True True False False False True True False True False]
a 不等于 b: [ True True True True True True True True True True True True]
a 等于 b: [False False False False False False False False False False False False]
```

逻辑运算示例代码如下：

```
#附录 D/D-28.py
import numpy as np
a = np.random.randint(0, 2, 12)
b = np.random.randint(0, 2, 12)
print('a = ', a)
print('b = ', b)
print('逻辑与', np.logical_and(a, b))
print('逻辑或', np.logical_or(a, b))
print('逻辑非', np.logical_not(a))
print('逻辑异或', np.logical_xor(a, b))
```

输出如下：

```
a = [1 0 0 1 0 1 0 0 0 0 1 0]
b = [1 0 0 0 1 1 0 1 1 0 1 1]
逻辑与 [ True False False False False True False False False False True False]
逻辑或 [ True False False True True True False True True False True True]
逻辑非 [False True True False True False True True True True False True]
逻辑异或 [False False False True True False False True True False False True]
```

D.6 矩阵计算

NumPy 矩阵计算函数依赖于 BLAS 和 LAPACK 来提供标准线性代数算法的高效低级实现。这些库可以由 NumPy 本身使用其参考实现子集的 C 语言版本提供，但如果可能，则最好利用专用处理器功能的高度优化的库。这样的库包括 OpenBLAS、MKL(TM)和 ATLAS。由于这些库是多线程的并且与处理器相关，所以可能需要环境变量和外部包(如 threadpoolctl)来控制线程数量或指定处理器体系结构。

D.6.1 矩阵和向量积

常用的矩阵与向量积包括矩阵的乘积、向量的内积、克罗内克积和方阵的幂运算等，示例代码如下：

```
#附录 D/D-29.py
import numpy as np
a = np.array([1, 2, 3, 4, 5])
b = np.array([6, 7, 8, 9, 10])
A = np.array([[1, 2, 3], [4, 5, 6], [7, 8, 9]])
B = np.array([[11, -2, 33], [24, 15, 96], [-7, 18, 39]])
```

```
print('向量 a 与 b 的内积为', a.dot(b))
print('矩阵 A 与 B 的乘积为\n', A @ B)
print('矩阵 A 与 B 的克罗内克积为\n', np.kron(A,B))
print('矩阵 A 的 9 次幂为\n', np.linalg.matrix_power(A,9))
```

输出如下：

```
向量 a 与 b 的内积为 130
矩阵 A 与 B 的乘积为
[[ 38 82 342]
[ 122 175 846]
[ 206 268 1350]]
矩阵 A 与 B 的克罗内克积为
[[ 11 -2 33 22 -4 66 33 -6 99]
[ 24 15 96 48 30 192 72 45 288]
[ -7 18 39 -14 36 78 -21 54 117]
[ 44 -8 132 55 -10 165 66 -12 198]
[ 96 60 384 120 75 480 144 90 576]
[-28 72 156 -35 90 195 -42 108 234]
[ 77 -14 231 88 -16 264 99 -18 297]
[168 105 672 192 120 768 216 135 864]
[-49 126 273 -56 144 312 -63 162 351]]
矩阵 A 的 9 次幂为
[[ -370208816 1509753880 -905250720]
[ 1434566990 1396973545 1359380100]
[-1055624500 1284193210 -670956376]]
```

D.6.2 矩阵的分解

矩阵的分解主要有乔勒斯基分解、QR 分解和奇异值分解等，这些分解在 NumPy 中都有现成的函数，使用方便。矩阵分解的示例代码如下：

```
#附录 D/D-30.py
import numpy as np
np.random.seed(1)
A = np.random.randint(2,19,size = (5,5))
print('矩阵 A = \n', A)
#乔勒斯基分解，构造对称正定矩阵如下
B = A.T @ A
print('对称正定矩阵 B = \n', B)
tmp = np.linalg.cholesky(B)
print('矩阵 B 的乔勒斯基为\n', tmp)
#qr 分解
Q,R = np.linalg.qr(A)
print('QR 分解 Q = \n', Q)
print('QR 分解 R = \n', R)
#svd 分解(奇异值分解)
u, s, vh = np.linalg.svd(A)
```

```
print('奇异值分解 A = u*s*vh 中的 u\n', u)
print('奇异值分解 A = u*s*vh 中的 s\n', s)
print('奇异值分解 A = u*s*vh 中的 vh \n', vh)
```

输出如下：

```
矩阵 A =
[[ 7 13 14 10 11]
[13 7 17 2 18]
[ 3 14 9 15 8]
[ 7 13 12 16 6]
[11 2 15 11 11]]
对称正定矩阵 B =
[[397 337 595 374 498]
[337 587 613 584 481]
[595 613 935 666 769]
[374 584 666 706 483]
[498 481 769 483 666]]
矩阵 B 的乔勒斯基为
[[19.92485885 0.         0.         0.         0.        ]
[16.91354517 17.34739144 0.         0.         0.        ]
[29.86219399 6.22136381 2.13166664 0.         0.        ]
[18.77052193 15.36391972 4.63791969 9.80342686 0.        ]
[24.99390354 3.35868847 0.81231329 -4.23511891 3.38051958]]
QR 分解 Q =
[[-0.35131993 0.40685855 0.4586088 0.5072095 -0.49341354]
[-0.6524513 -0.23261506 -0.48621312 0.45065414 0.28408658]
[-0.15056568 0.66023762 0.1858639 -0.11913628 0.70190983]
[-0.35131993 0.40685855 -0.47962421 -0.54869161 -0.42419166]
[-0.55207417 -0.42297607 0.5372988 -0.47370184 0.05676194]]
QR 分解 R =
[[-19.92485885 -16.91354517 -29.86219399 -18.77052193 -24.99390354]
[ 0.         17.34739144 6.22136381 15.36391972 3.35868847]
[ 0.         0.         2.13166664 4.63791969 0.81231329]
[ 0.         0.         0.         -9.80342686 4.23511891]
[ 0.         0.         0.         0.         3.38051958]]
奇异值分解 A = u*s*vh 中的 u
[[-0.4643331 0.08452446 -0.35119618 -0.20984858 -0.78094508]
[-0.4826827 -0.68395222 -0.38526547 -0.00755522 0.38825275]
[-0.40946974 0.50927377 -0.2021911 0.70118095 0.20109399]
[-0.45021159 0.4387042 0.19833852 -0.63835544 0.39750763]
[-0.42550704 -0.27063597 0.80499214 0.23823119 -0.20232024]]
奇异值分解 A = u*s*vh 中的 s
[53.7598238 17.98185593 8.29287722 2.74415758 1.10995011]
奇异值分解 A = u*s*vh 中的 vh
[[-0.34571681 -0.40646432 -0.5613233 -0.4396351 -0.45486677]
```

```
[-0.37137171 0.47841935 -0.25889823 0.62055431 -0.42553735]
[ 0.26165654 -0.71202055 0.14096012 0.5683155 -0.28585019]
[-0.47794635 -0.28662462 -0.30701145 0.2955275 0.71261566]
[ 0.66758227 0.12951738 -0.70976199 0.10636877 0.14994257]]
```

D.6.3　矩阵的特征值

方阵的特征值在实际问题中经常用到，NumPy 中提供多个求特征值的函数。对于一般的矩阵，可用 numpy.linalg.eig()函数计算特征值和特征向量。如果方阵本身是对称的，则可以使用 numpy.linalg.eigh()函数求特征值和特征向量。如果只想计算特征值，则可以使用 numpy.linalg.eigvals()函数。求特征值和特征向量的示例代码如下：

```
#附录 D/D-31.py
import numpy as np
np.random.seed(1)
A = np.random.randint(2,19,size = (5,5))
print('矩阵 A = \n', A)
B = A.T @ A
print('对称矩阵 B = \n', B)
#eig
U, S = np.linalg.eig(A)
print('A 的特征值为\n', U.round(2))
print('A 的特征向量为\n', S.round(2))
#eigh
U, S = np.linalg.eigh(B)
print('B 的特征值为\n', U.round(2))
print('B 的特征向量为\n', S.round(2))
#eigvals
tmp = np.linalg.eigvals(B)
print('B 的特征值为\n', tmp.round(2))
```

输出如下：

```
矩阵 A =
[[ 7 13 14 10 11]
[13 7 17 2 18]
[ 3 14 9 15 8]
[ 7 13 12 16 6]
[11 2 15 11 11]]
对称矩阵 B =
[[397 337 595 374 498]
[337 587 613 584 481]
[595 613 935 666 769]
[374 584 666 706 483]
[498 481 769 483 666]]
A 的特征值为
[52.67+0.j   -2.83+0.84j -2.83-0.84j 1.49+7.13j 1.49-7.13j]
```

```
A的特征向量为
[[-0.46+0.j   0.14+0.15j 0.14-0.15j -0.29-0.04j -0.29+0.04j]
[-0.47+0.j   0.09-0.04j 0.09+0.04j -0.21-0.55j -0.21+0.55j]
[-0.42+0.j   -0.77+0.j -0.77-0.j -0.11+0.07j -0.11-0.07j]
[-0.46+0.j   0.2 +0.01j 0.2 -0.01j -0.04+0.44j -0.04-0.44j]
[-0.42+0.j   0.56-0.08j 0.56+0.08j 0.6 +0.j 0.6 -0.j ]]
B的特征值为
[1.23000e+00 7.53000e+00 6.87700e+01 3.23350e+02 2.89012e+03]
B的特征向量为
[[ 0.67 0.48 0.26 0.37 -0.35]
[ 0.13 0.29 -0.71 -0.48 -0.41]
[-0.71 0.31 0.14 0.26 -0.56]
[ 0.11 -0.3 0.57 -0.62 -0.44]
[ 0.15 -0.71 -0.29 0.43 -0.45]]
B的特征值为
[2.89012e+03 3.23350e+02 6.87700e+01 1.23000e+00 7.53000e+00]
```

D.6.4 矩阵的逆和解方程

在实际问题中经常遇到矩阵的逆和解方程问题。使用 numpy.linalg.solve()函数求解线性方程组,用 numpy.linalg.lstsq()函数求线性系统的最小二乘解,用 numpy.linalg.inv()函数求可逆方阵的逆。矩阵的逆和解方程的示例代码如下:

```
#附录 D/D-32.py
import numpy as np
np.random.seed(42)
A = np.random.randint(2,19,size = (4,4))
print('矩阵 A 为\n', A)
b = np.random.randint(4,90, size = (4,1))
print('向量 b 为\n', b)
#矩阵的逆
print('A的逆矩阵为\n', np.linalg.inv(A))
#Ax=b的解
print('Ax = b的解为\n', np.linalg.solve(A,b))
#Ax = b的最小二乘解
print('Ax = b的最小二乘解为\n', np.linalg.lstsq(A, b))
```

输出如下:

```
矩阵 A 为
[[ 8 16 12 9]
[ 8 12 12 5]
[ 9 4 3 13]
[ 7 3 2 13]]
向量 b 为
[[61]
[25]
[52]
```

```
[62]]
A 的逆矩阵为
[[-0.00603865 -0.05193237 0.647343 -0.62318841]
 [ 0.26932367 -0.28381643 0.32850242 -0.4057971 ]
 [-0.25724638 0.38768116 -0.62318841 0.65217391]
 [-0.01932367 0.03381643 -0.32850242 0.4057971 ]]
Ax = b的解为
[[-6.64251208]
 [ 1.25603865]
 [ 2.02898551]
 [ 7.74396135]]
Ax = b的最小二乘解为
(array([[-6.64251208],
        [ 1.25603865],
        [ 2.02898551],
        [ 7.74396135]]), array([ ], dtype=float64), 4, array([35.00344956, 13.98233108,
2.61422028, 0.64713923]))
```

参考文献

[1] 盛骤,谢式千,潘承毅.概率论与数理统计[M].4版.北京：高等教育出版社,2019.

[2] 李贤平.基础概率论[M].3版.北京：高等教育出版社,2019.

[3] 贾俊平,何晓群,金勇进.统计学[M].7版.北京：中国人民大学出版社,2021.

[4] 埃伟森.统计学——基本概念和方法 [M].北京：高等教育出版社,2020.

[5] ROSS S M.概率论基础教程[M].童伟行,梁宝生,译.9版.北京：机械工业出版社,2020.

[6] HOGG R V,MCKEAN J W,CRAIG A T.数理统计学导论[M].王忠玉,卜长江,译.7版.北京：机械工业出版社,2020.

[7] 师义民,徐伟,秦超英,等.数理统计[M].4版.北京：科学出版社,2019.

[8] 陈希孺.数理统计引论[M].北京：科学出版社,1997.

[9] 袁志发,周静宇.多元统计分析[M].北京：科学出版社,2002.

[10] 茆诗松,吕晓玲.数理统计学[M].2版.北京：中国人民大学出版社,2021.

图书推荐

书　　名	作　　者
HarmonyOS 应用开发实战(JavaScript 版)	徐礼文
HarmonyOS 原子化服务卡片原理与实战	李洋
鸿蒙操作系统开发入门经典	徐礼文
鸿蒙应用程序开发	董昱
鸿蒙操作系统应用开发实践	陈美汝、郑森文、武延军、吴敬征
HarmonyOS 移动应用开发	刘安战、余雨萍、李勇军 等
HarmonyOS App 开发从 0 到 1	张诏添、李凯杰
HarmonyOS 从入门到精通 40 例	戈帅
JavaScript 基础语法详解	张旭乾
华为方舟编译器之美——基于开源代码的架构分析与实现	史宁宁
Android Runtime 源码解析	史宁宁
鲲鹏架构入门与实战	张磊
鲲鹏开发套件应用快速入门	张磊
华为 HCIA 路由与交换技术实战	江礼教
深度探索 Go 语言——对象模型与 runtime 的原理、特性及应用	封幼林
深度探索 Flutter——企业应用开发实战	赵龙
Flutter 组件精讲与实战	赵龙
Flutter 组件详解与实战	[加]王浩然(Bradley Wang)
Flutter 跨平台移动开发实战	董运成
Dart 语言实战——基于 Flutter 框架的程序开发(第 2 版)	亢少军
Dart 语言实战——基于 Angular 框架的 Web 开发	刘仕文
IntelliJ IDEA 软件开发与应用	乔国辉
Vue+Spring Boot 前后端分离开发实战	贾志杰
Vue.js 快速入门与深入实战	杨世文
Vue.js 企业开发实战	千锋教育高教产品研发部
Python 从入门到全栈开发	钱超
Python 全栈开发——基础入门	夏正东
Python 全栈开发——高阶编程	夏正东
Python 游戏编程项目开发实战	李志远
Python 人工智能——原理、实践及应用	杨博雄 主编,于营、肖衡、潘玉霞、高华玲、梁志勇 副主编
Python 深度学习	王志立
Python 预测分析与机器学习	王沁晨
Python 异步编程实战——基于 AIO 的全栈开发技术	陈少佳
Python 数据分析实战——从 Excel 轻松入门 Pandas	曾贤志
Python 数据分析从 0 到 1	邓立文、俞心宇、牛瑶
Python Web 数据分析可视化——基于 Django 框架的开发实战	韩伟、赵盼
Python 玩转数学问题——轻松学习 NumPy、SciPy 和 Matplotlib	张骞
Pandas 通关实战	黄福星
深入浅出 Power Query M 语言	黄福星

图书推荐

书　　名	作　　者
FFmpeg 入门详解——音视频原理及应用	梅会东
云原生开发实践	高尚衡
虚拟化 KVM 极速入门	陈涛
虚拟化 KVM 进阶实践	陈涛
边缘计算	方娟、陆帅冰
物联网——嵌入式开发实战	连志安
动手学推荐系统——基于 PyTorch 的算法实现(微课视频版)	於方仁
人工智能算法——原理、技巧及应用	韩龙、张娜、汝洪芳
跟我一起学机器学习	王成、黄晓辉
TensorFlow 计算机视觉原理与实战	欧阳鹏程、任浩然
分布式机器学习实战	陈敬雷
计算机视觉——基于 OpenCV 与 TensorFlow 的深度学习方法	余海林、翟中华
深度学习——理论、方法与 PyTorch 实践	翟中华、孟翔宇
深度学习原理与 PyTorch 实战	张伟振
AR Foundation 增强现实开发实战(ARCore 版)	汪祥春
ARKit 原生开发入门精粹——RealityKit + Swift + SwiftUI	汪祥春
HoloLens 2 开发入门精要——基于 Unity 和 MRTK	汪祥春
Altium Designer 20 PCB 设计实战(视频微课版)	白军杰
Cadence 高速 PCB 设计——基于手机高阶板的案例分析与实现	李卫国、张彬、林超文
Octave 程序设计	于红博
ANSYS 19.0 实例详解	李大勇、周宝
AutoCAD 2022 快速入门、进阶与精通	邵为龙
SolidWorks 2020 快速入门与深入实战	邵为龙
SolidWorks 2021 快速入门与深入实战	邵为龙
UG NX 1926 快速入门与深入实战	邵为龙
西门子 S7-200 SMART PLC 编程及应用(视频微课版)	徐宁、赵丽君
三菱 FX3U PLC 编程及应用(视频微课版)	吴文灵
全栈 UI 自动化测试实战	胡胜强、单镜石、李睿
FFmpeg 入门详解——音视频原理及应用	梅会东
pytest 框架与自动化测试应用	房荔枝、梁丽丽
软件测试与面试通识	于晶、张丹
智慧教育技术与应用	[澳]朱佳(Jia Zhu)
敏捷测试从零开始	陈霁、王富、武夏
智慧建造——物联网在建筑设计与管理中的实践	[美]周晨光(Timothy Chou)著；段晨东、柯吉译
深入理解微电子电路设计——电子元器件原理及应用(原书第 5 版)	[美]理查德·C. 耶格(Richard C. Jaeger)、[美]特拉维斯·N. 布莱洛克(Travis N. Blalock)著；宋廷强 译
深入理解微电子电路设计——数字电子技术及应用(原书第 5 版)	[美]理查德·C. 耶格(Richard C. Jaeger)、[美]特拉维斯·N. 布莱洛克(Travis N. Blalock)著；宋廷强 译
深入理解微电子电路设计——模拟电子技术及应用(原书第 5 版)	[美]理查德·C. 耶格(Richard C. Jaeger)、[美]特拉维斯·N. 布莱洛克(Travis N. Blalock)著；宋廷强 译